普通高等教育“十一五”国家级规划教材

计算机网络

孙学军　主　编
喻　梅　副主编
史利永　张　辉　主　审

机械工业出版社

本书为普通高等教育“十一五”国家级规划教材。

本书系统地讲述计算机网络的基本原理和技术。全书共分12章，主要内容包括：计算机网络的概念、数据通信基础知识、网络体系结构与协议、局域网、广域网、网络互联、TCP/IP与Internet、网络管理与安全、网络系统设计与实现，以及网络新技术等。各章后附有习题。

本书强调物理概念，理论联系实际，注重新技术发展。全书叙述条理性强，概念准确，深入浅出，通俗易懂，图文并茂，便于自学。

本书可作为高等学校计算机、网络工程、信息管理、通信工程、自动化及其他相近专业本科生教材，也可供从事这方面工作的广大科技工作者阅读和参考。

本书配有电子课件，欢迎选用本书作教材的老师索取，索取邮箱：wxd2677@163.com。

图书在版编目（CIP）数据

计算机网络/孙学军主编. —北京：机械工业出版社，2008.8

普通高等教育“十一五”国家级规划教材

ISBN 978-7-111-24834-7

Ⅰ.计… Ⅱ.孙… Ⅲ.计算机网络-高等学校-教材 Ⅳ.TP393

中国版本图书馆CIP数据核字（2008）第121793号

机械工业出版社（北京市百万庄大街22号 邮政编码100037）

责任编辑：王小东 版式设计：霍永明

责任印制：杨 曦 责任校对：陈立辉

三河市国英印务有限公司印刷

2009年1月第1版第1次印刷

184mm×260mm·25印张·618千字

标准书号：ISBN 978-7-111-24834-7

定价：42.00元

凡购本书，如有缺页、倒页、脱页，由本社发行部调换

销售服务热线电话：（010）68326294

购书热线电话：（010）88379639 88379641 88379643

编辑热线电话：（010）88379728

前　言

计算机网络是计算机技术与通信技术相结合的产物，是信息技术中的一门交叉学科。计算机网络是计算机科学与工程中发展最迅速的技术之一，也是计算机应用中一个空前活跃的领域。

计算机网络已成为计算机专业的一门核心课程，其任务是介绍计算机网络的原理与技术。本书以现代计算机网络为基础，以 OSI 参考模型和 TCP/IP 模型为线索，以 Internet/Intranet 为对象，全面系统地讲述计算机网络的基本原理、基本技术和系统组成。在内容选取上注重基础性、系统性、方向性、先进性和实用性，理论联系实际，努力反应现代计算机网络技术的最新发展。在文字表述上，力求条理清楚、概念准确、深入浅出、通俗易懂，强调物理概念，注重利用直观图形描述所讨论的问题。

全书共分 12 章，可划分为五个部分。第一部分包括第 1 ~ 3 章，主要讲述计算机网络的概念、构成、拓扑结构、功能，及数据通信的概念、模型、理论、方法等，以及 OSI 参考模型和 TCP/IP 模型。这一部分是全书的基础，为后面章节内容的学习准备必要的知识。第二部分包括第 4 ~ 8 章，主要讲述各种网络技术，包括局域网、广域网、网络互联、TCP/IP、Internet/Intranet 等。第三部分包括第 9、10 章，主要讲述网络管理和网络安全的原理与技术。第四部分（第 11 章），主要讲述网络系统设计与实现，通过这部分内容的学习，可培养学生运用所学知识解决问题的能力。第五部分（第 12 章），主要讲述计算机网络的新技术和新发展。各章后均有一定数量的习题。

本书参考学时为 60 ~ 80 学时。选用本书作为教材，可根据培养目标、专业特点和教学要求进行取舍讲授，灵活掌握。

本书图文并茂，通俗易懂，可作为高等学校计算机、网络工程、信息管理、通信工程、自动化及其他相近专业本科生教材，也可供从事这方面工作的广大科技工作者阅读和参考。

本书由孙学军主编，喻梅副主编。第 1、2、3、5、11 章由孙学军编写；第 4、6、12 章由孙学军和于丽共同编写；第 7 ~ 10 章由喻梅和于健共同编写。参加本书编写的还有王平、孙岩、刘磊。

本书由史利永教授、张辉教授担任主审，对本书提出了许多宝贵意见，在此，我们表示诚挚的谢意。

由于编者水平所限，书中难免存在一些疏漏和错误，殷切希望同行专家和广大读者批评指正。

编者

目 录

第1章　计算机网络概论

计算机网络的建立和发展是20世纪的伟大成就之一，它的广泛应用和普及对人类社会的进步做出了巨大贡献。本章介绍计算机网络的形成和发展、计算机网络的定义、组成、拓扑结构、分类和功能，使读者对计算机网络建立一个初步的概念和认识。

1.1　计算机网络的形成和发展

计算机网络是适应客观需要，在计算机技术和通信技术高度发展的基础上二者紧密结合的产物。计算机网络发展的历史并不长，但发展速度非常快。它经历了一个从简单到复杂的发展过程，从为解决远程计算、信息收集和处理而形成的专用联机系统开始，发展到把多台计算机连接起来，组成以资源共享为目的的计算机网络。这进一步扩大了计算机的应用，促进了计算机技术和通信技术飞速发展，使之渗透到社会的各个领域。其发展过程可归结为以下5个阶段：

1. 远程联机系统

早期的计算机价格十分昂贵，只有少数的计算中心才拥有这种资源，使用计算机的用户不得不千里迢迢到计算中心去上机。这样，除花费大量时间、精力和资金外，还无法及时处理实时性要求很强的信息。为了解决这个问题，20世纪50年代中期开始在计算机内部增加了通信处理功能，把远程的输入输出设备通过通信线路直接与计算机主机相连接。这样，用户在远程终端输入信息，主机为其处理信息，最后将处理结果再通过通信线路送回到远程用户。这种系统就称为远程联机系统，如图1.1所示。这种联机工作方式，促进了计算机技术和通信技术的结合与发展，提高了计算机系统的工作效率和服务能力。

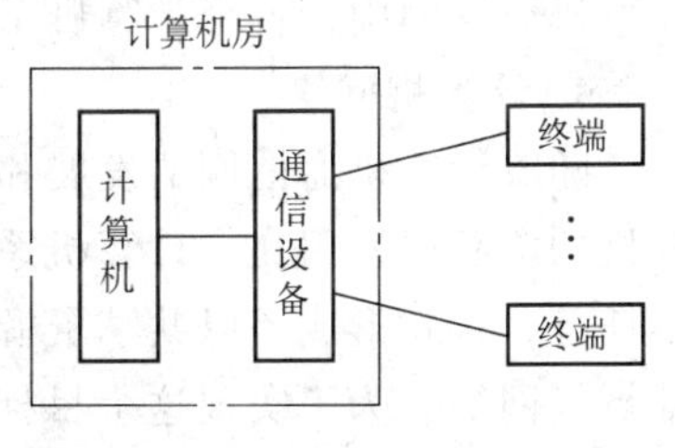

图1.1　远程联机系统

但是，这种系统也存在着一些缺点：当终端较多时，主机负荷较重，它既要处理数据，又要与终端进行通信，当通信量很大时，主机几乎没有时间处理数据，同时，也会导致系统响应时间过长；再有，远程联机系统的可靠性一般也较低，一旦主机发生故障，将导致整个网络系统的瘫痪；最后，通信线路利用率低，尤其是当终端远离主机时更是如此。

2. 具有通信功能的多机系统

随着计算机技术和通信技术的发展，出现了将多台计算机通过通信线路连接起来的系统，称为具有通信功能的多机系统，如图1.2所示。

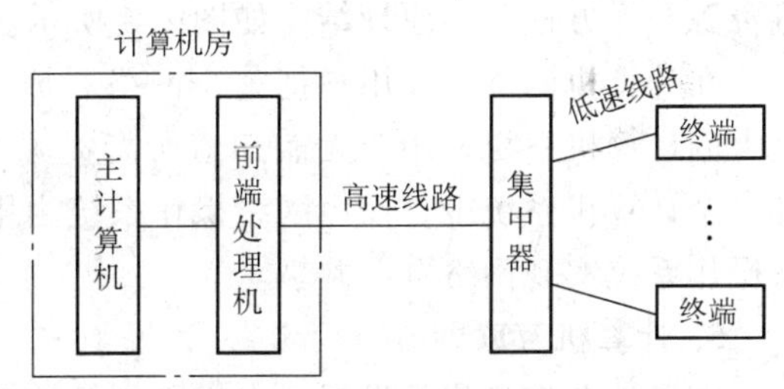

图1.2　具有通信功能的多机系统

在具有通信功能的多机系统中，可采取两种措施来克服远程联机系统的缺点：

1）为主机配置前端处理机，负责与终端的通信处理工作，主机专门用于数据处理。使数据处理与通信处理由两台机器分工进行。

2）在终端较为集中的区域设置集中器，先通过低速线路将附近的大量终端连接到集中器上，然后再通过高速线路将集中器与主机连接起来。各终端的数据经集中器集中后，按一定格式经高速线路送到主机。前端处理机和集中器负责通信处理、数据压缩和代码转换等功能，因而大大减轻了主机的负担。同时，这种系统也提高了线路的利用率，降低了系统成本。

3. 计算机通信网

随着计算机应用的发展和计算机硬件价格的下降，一个部门或一个单位常拥有多台计算机，这些计算机可能分布在不同的地区，它们之间经常需要进行信息交换。对于大的公司，远地的子公司需要经常将信息汇总后送给总公司的主机系统，供总公司使用。这种用通信线路将主机系统连接起来以信息传输为主要目的的计算机群，称为计算机通信网，如图 1.3 所示。

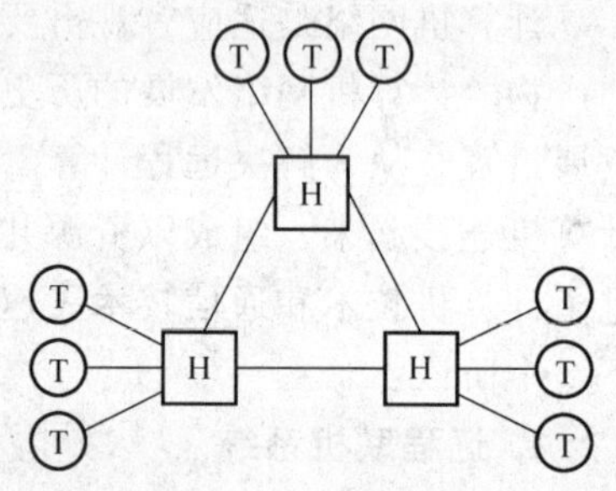

图 1.3 计算机通信网

在计算机通信网中，用户把整个通信网看做是若干个功能不同的计算机系统的集合。用户为了访问这些资源，首先需要了解网络中是否有所需的资源，同时还需要了解该资源放在哪个计算机系统中，然后才能从该计算机系统中调用此资源，而在别的计算机系统中是调不出该资源的。所以，计算机通信网的特点是用户必须具体地了解网内所有计算机的资源存放情况。在计算机通信网中，各个计算机子系统相对独立，形成一个松散耦合的大系统。

4. 计算机网络

随着计算机通信网的发展和广泛应用，用户对网络提出了更高的要求，希望共享网内计算机的资源或调用几个计算机系统共同完成某项任务，这就形成了以共享资源为主要目的的计算机网络。为了实现这个目标，除了要有可靠且有效的计算机和通信系统外，还需要制定一套全网共同遵循的规则（网络协议），并配备网络操作系统，由网络操作系统管理和维护网络，用户使用网络资源就像使用自己的计算机资源一样方便，其原理结构如图 1.4 所示。

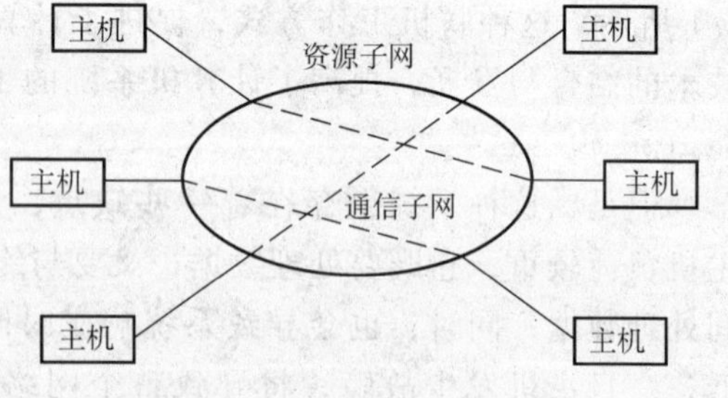

图 1.4 计算机网络

在计算机网络中，用户把整个网络看成一个大的计算机系统，用户无需知道所需资源在哪一个计算机系统中，而由网络操作系统为用户调用这些资源。计算机网络的特点是通过网络操作系统实现网络资源共享。

5. 计算机互联网

随着社会信息化的发展，人们希望能够实现不同网络之间的信息交换，局域网已不能满足要求。因此，实现网络互联，建立全球性的信息网络是计算机网络发展的必然趋势。1964

年8月，Baran首先提出了分组交换的概念。1969年12月，美国的分组交换网ARPARNET投入运行。20世纪70年代末推出了TCP/IP协议规范，1983年将ARPARNET上的所有计算机转向TCP/IP，并以ARPARNET为主干形成了互联网Internet。Internet是一个用路由器实现多个广域网和局域网互联的大型国际网，目前，Internet已成为一个全球性的计算机网络，连接有成千上万台计算机。用户可以利用Internet来实现全球范围的电子邮件、WWW信息查询与浏览、电子新闻、文件传输、语音与图像通信服务等功能。它对推动世界科学、文化、经济和社会进步发挥了巨大作用。

1.2　计算机网络的定义

计算机网络是计算机技术与通信技术相结合的产物，它是将分布在不同地理位置的计算机、终端以及外设等通过通信线路互相连接起来的集合。在计算机网络发展过程中，人们对其提出了不同的定义观点，这些观点可分为三类：广义的观点、资源共享的观点和对用户透明的观点。

1. 广义的观点

广义的观点出现较早，它把计算机网络定义为“计算机技术与通信技术相结合，实现远程信息处理或进一步达到资源共享的系统”。广义的观点描述的是以数据传输为主要目的，用通信线路将多台计算机连接起来的计算机系统的集合。20世纪50年代出现的面向终端的计算机系统，60年代后期出现的面向计算机的计算机系统以及后来出现的以提供共享计算机通信子网为特征的公用数据网系统均属于计算机网络。因此，从广义的观点来看，计算机网络与计算机通信网的概念是相同的。计算机通信网在网络结构上具有计算机网络的雏形，但它以数据传输为主要目的，资源共享的能力较弱，它是计算机网络发展的低级阶段。

2. 资源共享的观点

资源共享的观点将计算机网络定义为“以能够相互共享资源的方式连接起来，并且各自具有独立功能的计算机系统的集合”。这一定义包含以下两个方面的含义：

1）建立计算机网络的主要目的是共享资源，包括硬件资源、软件资源和数据资源等。网络用户可以享用本地网络资源，也可以享用远地网络资源。

2）各个联网计算机系统在地理位置上是分散的，并且各自具有独立的功能，它们之间没有明确的主从关系，联网的每台计算机的操作和资源是由自己的操作系统管理的。计算机通信的管理是由各自独立的操作系统实现的。按照这个定义，面向终端的计算机系统和具有主从关系的计算机系统，都不能算作完备的计算机网络。

3. 对用户透明的观点

对用户透明的观点将计算机网络定义为“存在一个能为用户自动管理资源的网络操作系统，由它来调用完成用户任务所需要的资源，而整个网络像一个大的计算机系统一样对用户是透明的”。实际上这种观点所描述的是一个分布式系统。

构建一个计算机网络需要有网络硬件和网络系统软件，后者也称为网络操作系统。目前计算机网络操作系统要求用户在使用网络资源时必须明确资源的分布情况。共享网络中某一台计算机的资源时，首先要登录到该计算机上，成为这台计算机的合法用户，然后才能进行允许的资源共享操作。而分布式操作系统以全局的方式管理网络，可为用户自动调度网络资源。分布式系统的用户不必关心网络中资源的分布状况及联网计算机的差异，用户作业管理和文件管理过程对用户是透明的。计算机网络是一种松耦合系统，而分布式系统是一种紧耦合系统。分布式系统与计算机网络的区别主要不在它们的物理结构上，而在于它们的网络操作系统上。分布式系统是计算机网络技术发展的更高级形式。

目前通常把计算机网络定义为：计算机网络是用通信线路将分散在不同地点并具有独立功能的多台计算机系统互相连接，按照网络协议进行数据通信，实现资源共享的信息系统。这里强调计算机网络是在协议控制下，进行计算机之间的数据通信，实现资源的共享。网络协议是区别计算机网络与一般计算机互联系统的标志。

1.3 计算机网络的组成

计算机网络是由一系列的用户终端、具有信息处理和交换功能的节点以及连接节点的通信线路等组成。用户通过终端访问网络，信息通过具有交换功能的节点在网络中传输。

1.3.1 计算机网络的基本组成

从常用的网络设备及其运行环境来看，计算机网络由网络服务器、用户终端设备、网络接入设备、网络互联设备、网络外部设备、通信线路和网络软件等组成。

1. 网络服务器

网络服务器是网络的核心设备和网络服务的提供者，也是数据存放和收发的集散地。根据应用不同，服务器可有文件服务器、邮件服务器、数据库服务器、Web 服务器、FTP 服务器等不同的类型。

2. 用户终端设备

用户终端设备是用户访问网络的界面。终端可以是简单的输入输出设备，也可以是计算机或其他智能终端。

3. 网络接入设备

为把用户终端设备接入网络，一般需要安装网络适配器，即网卡。网卡的种类很多，其类型取决于所使用的网络设备和传输介质。例如有线网卡通过有线接入，无线网卡通过无线接入等。

4. 网络互联设备

为了进行网络互联，常用集线器、交换机、网桥、路由器、网关等网络互联设备。

5. 网络外部设备

打印机、绘图仪、磁盘阵列等都是网络外部设备，用户可以共享这些设备。

6. 通信线路

通信线路是收发双方的物理通路。有多种传输介质可用作通信线路，如双绞线、同轴电缆、光纤、无线电波、卫星链路、激光、红外等。还可借助其他网络实现数据的远距离传输。

7. 网络软件

网络软件包括网络操作系统、网络管理系统和网络安全系统等。网络操作系统是网络的灵魂；网络管理系统协助网络管理员监视网络的运行状态，控制网络的运行参数，提高网络的运行性能；网络安全系统用于保障网络的安全，主要包括入侵检测、病毒防范、加密解密以及防火墙等。

1.3.2 计算机网络的功能组成

计算机网络的基本功能是数据处理与数据通信，因此，在逻辑功能上形成了与之相应的两部分：资源子网和通信子网，如图1.5所示。网络上的计算机称为主机，主机通过通信子网连接。通信子网负责整个网络的通信任务，把数据从一台主机传输到另一台主机，最终将数据传送给目的主机。

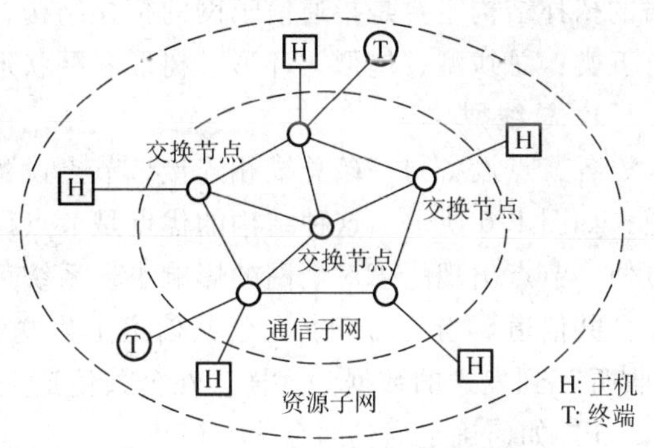

图1.5 计算机网络组成

1. 资源子网

计算机网络中实现资源共享功能的设备及其软件的集合称为资源子网。资源子网是各种网络资源的集合，是资源共享的主体。资源子网由各种计算机系统以及外部设备组成，它们利用通信子网的通信服务功能，实现彼此间的互联，为用户提供资源共享服务。资源子网主要由计算机系统、终端、终端控制器、联网外部设备、各种软件资源和数据资源等组成。资源子网负责全网的数据处理业务，向网络用户提供各种网络资源和网络服务。

主机是资源子网的主要组成单元，它通过通信线路与通信子网相连接。终端与主机统称为网络的访问节点。在国际电报电话咨询委员会（CCITT）有关建议中，将它们称为数据终端设备（DTE）。终端可以是简单的输入、输出设备，也可以是带有微处理机的智能终端。智能终端除具有信息的输入、输出功能外，还具有存储和处理信息的功能。

2. 通信子网

计算机网络中实现网络通信功能的设备及其软件的集合称为通信子网。通信子网是信息传输的主体，主要由通信线路和交换节点组成。通信线路用于连接网络节点，交换节点用于连接传输线路，并进行信息交换。计算机网络中采用的通信线路有：双绞线、同轴电缆、光缆、无线链路等。通信子网负责全网的数据传输、交换及通信控制等通信处理工作。网络节点具有两个方面的功能：

1）资源子网主机、终端的接口节点，主机和终端通过接口节点接入网络。

2）通信子网中的交换节点完成报文分组的接收、校验、存储、转发等功能，将源主机报文正确、可靠地转发到目的主机。

随着局域网的出现和网络互联技术的发展，现代网络系统已经很难划分出资源子网和通信子网。因此，研究局域网和互联网可能更有意义。

1.4 计算机网络的拓扑结构

计算机网络采用拓扑学中的研究方法，将网络中的设备定义为节点，把两个设备之间的连接线路定义为链路。于是，计算机网络可看做是由一系列节点和链路组成的几何图形，这种几何图形就是计算机网络的拓扑结构。计算机网络中的节点有两类：交换节点和访问节点。交换设备、路由设备、集中器和终端控制器等属于交换节点，它们在网络中只是转发和交换传送的信息。计算机和终端等是访问节点，它们是信息传输的源和目的节点。计算机网络拓扑反映了网络中各实体间的结构关系。拓扑设计是构建计算机网络的第一步，也是实现各种网络协议的基础，它对网络的性能、系统可靠性、通信费用等都有重大影响。计算机网络的拓扑结构主要是指通信子网的拓扑结构，其基本拓扑结构有五类：总线型、星形、环形、树形和网状形。

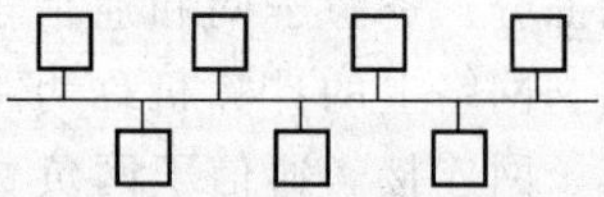

图 1.6 总线型拓扑结构

1. 总线型

各节点设备与一条总线相连接，节点设备共享一条公共信道，如图 1.6 所示。这种结构的优点是节点设备的接入或撤出方便，节点出现故障对全网的影响小，系统可靠性高。但是，任一时间内只允许一个节点使用公共信道。当某一节点在公共信道上发送数据时，接于公共信道上的其他网络节点都能“收听”到发送的数据。这样，在公共信道上进行网络通信时需要解决两个问题：

1） 如何确定通信对象。

2） 如何解决多个节点对公共信道的争用问题。

总线型拓扑结构的优点是可靠性高，局部节点出现故障不影响整个网络；其缺点是总线出现故障会造成整个网络瘫痪。

2. 星形

星形拓扑结构如图 1.7 所示。在星形拓扑结构中，每个节点由一单独通信线路与中心节点相连。中心节点是全网的控制中心，任何两个节点之间的通信都要经过中心节点转发来实现。

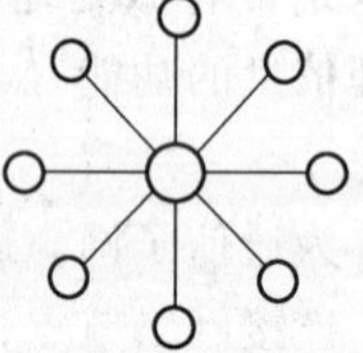

图 1.7 星形拓扑结构

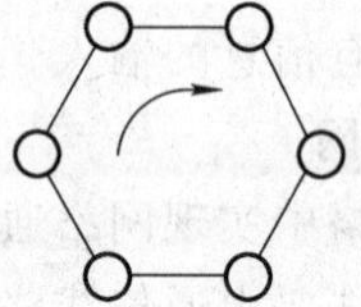

图 1.8 环形拓扑结构

星形拓扑结构的优点是结构简单，建网容易，管理方便；缺点是中心节点是全网可靠性的“瓶颈”，如果中心节点产生故障，则会影响全网的通信。

3. 环形

环形拓扑结构如图 1.8 所示。在环形拓扑结构中，由通信线路连接起来的各节点构成一闭合环路，数据沿一个方向在环中逐节点传输。

环形拓扑结构的优点是结构简单，实现容易，数据传输延迟确定。缺点是环中的节点及连接它们的通信线路都是网络可靠性的“瓶颈”。环中任何一个节点出现故障，均可造成全网瘫痪。为了保证环路正常工作，需要较复杂的环路维护工作。同时环中有新节点加入或有节点撤出时，环路的恢复工作都较复杂。

4. 树形

树形拓扑结构如图 1.9 所示。树形拓扑结构可看做是星形的拓展。其节点按层次进行连

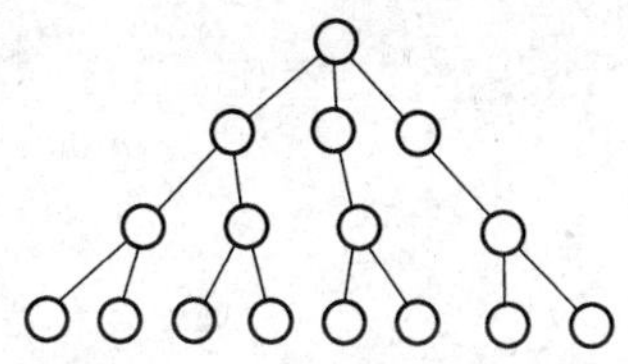

图 1.9 树形拓扑结构

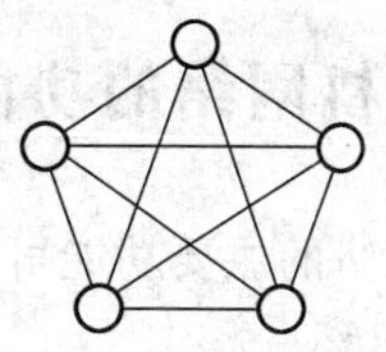

图 1.10 网状形拓扑结构

接，数据交换主要在上下层节点之间进行，相邻或同层节点之间一般很少进行数据交换。

树形结构的优点是通信线路连接简单，其管理软件也不复杂，维护亦方便，缺点是资源共享能力差，可靠性也不够高。它主要应用于进行信息汇集的场合，如统计部门等。

5. 网状形

这里讨论全联网状形，其拓扑结构如图 1.10 所示。它与星形结构相反，任何两个节点都要相互联接，当有个 n 节点时，就需要 $n(n-1)/2$ 条连接线路。网状型拓扑结构的主要优点是系统的可靠性高，资源共享方便；缺点是结构复杂，软件控制麻烦，必须采用路由选择算法和流量控制方法。目前在远程网中多采用这种拓扑结构。

1.5 计算机网络的分类

计算机网络有多种分类方法。例如，可按用途分，可按结构分，可按覆盖地理范围分，还可按网络使用的技术分等。使用最广泛的是按网络覆盖的地理范围分，按照这种分类方法，能较好地反映不同网络的技术特征与服务功能。因此，本节介绍按覆盖地理范围的分类方法。

按照覆盖的地理范围，计算机网络分为三类：

1. 广域网

广域网（Wide Area Network，WAN）又称远程网，其覆盖范围多为几十 km 以上，可以是覆盖一个国家、一个地区或横跨几大洲，形成一个国际性的大网。它的通信子网主要使用分组交换技术，利用公用分组交换网络、卫星信道和无线分组网，将分布在不同地理位置、不同区域的计算机系统相互联接起来，实现全网资源的共享。

2. 城域网

城市地区构成的计算机网络常称为城域网（Metropolitan Area Network，MAN）。它是介于广域网和局域网之间的一种覆盖范围较大的高速计算机网络。构建这种网络的主要目的是为企业、事业、机关、公司、社会服务等部门提供计算机联网服务，实现大量用户的多种信息（例如数据、语音、图形、图像等）的传输，是一种综合性的信息网络。其协议标准和技术规范采用 IEEE802.6 中的分布队列双总线、光纤分布式数据接口及交换多兆位数据等。城域网本身具有开放性，用户不仅可以从城域网中获得高质量的服务，而且还可通过城域网访问广域网。

3. 局域网

将一个实验室、一幢大楼、一个校园等有限范围内的各种计算机、终端、外设等互相连接便构成局域网（Local Area Network，LAN）。目前，LAN 技术发展迅速，应用广泛，是计算机网络中十分活跃的领域。

1.6 计算机网络的功能

计算机网络的主要功能可概括为以下几个方面：

1. 数据传输

数据传输是计算机网络的最基本的功能。从数据传输的角度来看，计算机网络实际上是一计算机通信系统。这一通信系统能实现计算机与终端、计算机与计算机之间的通信，对地理上分散的对象进行实时集中控制和管理。

2. 资源共享

这里的资源共享主要是指计算机资源的共享。计算机资源主要包括计算机硬件、软件和数据资源等。资源共享是构建计算机网络的主要目的，利用计算机网络克服地理位置上的差异，用户可以共享网络资源。共享硬件资源可避免设备的重复购置，提高设备的利用率；共享软件资源可避免软件的重复开发和大型软件的重复购置，可以达到分布式计算的目的；共享数据资源可避免大型数据库的重复建立，使得数据资源得以充分利用。

3. 均衡负荷与分布处理

当网络中的某个计算机系统负荷过重时，可采取分散作业的办法，将一些作业传送到网络中的其他计算机系统上进行处理。对于覆盖范围广阔的网络，还可利用时差来均衡日夜负荷，提高系统的利用率。对于大型的科学计算和信息处理问题，可采用适当的算法，把任务分散到不同的计算机上进行作业，还可通过网络集中分散的软件人员和计算机，协同完成重大科研与软件开发任务。

4. 提高计算机的可靠性和可用性

网络中的计算机彼此可以互为备用，一台计算机出现故障，可将任务交由其他计算机完成，避免了单机无备份使用情况下机器故障会使系统瘫痪的现象，因而提高了可靠性。

另一方面，当网络中某台计算机负担过重时，网络可将新的作业传送给网络中较空闲的计算机去处理，通过计算机网络均衡各计算机的负担，避免了忙闲不均的现象，从而提高了每台计算机的可用性。

5. 综合信息服务

计算机网络支持文字、数据、语音、图像等多媒体信息传输、收集和处理，因此，计算机网络可以提供综合信息服务功能，Internet 就是一个很好的例证。

1.7 计算机网络的发展趋势

计算机网络已由远程联机系统发展到互联网阶段，未来的 Internet 将向全球化、宽带化、综合化、智能化方向发展。

1. 全球化

Internet 经过了几十年的发展，已由早期的只限于美国国内及其欧洲联盟使用，发展到已经覆盖到世界上绝大多数国家和地区的世界性大网。随着科学技术的进步，未来将发展为从空中到地面覆盖全球的网络，在世界上的任何时间、任何地点都可以得到 Internet 服务。

2. 宽带化

宽带化意味着高速率，即以每秒几千兆比特以上的速率传输和交换信息，以满足高速数据传输的需要。

3. 综合化

随着社会的进步，信息技术的发展，人们对业务的多样性要求越来越高，将数据、语音、视频等多媒体信息综合在一起，必将成为Internet的服务趋势。

4. 智能化

智能化是指网络与终端、业务与管理都充满智能，动态分配网络资源，自动适应各类用户的需要。

习　　题

1.1　计算机网络的发展可划分为几个阶段？每个阶段有什么特点？

1.2　什么是计算机网络？

1.3　计算机网络由哪些部分组成？每部分的功能是什么？

1.4　什么是计算机网络的拓扑结构？计算机网络的拓扑结构有哪几种？各有什么特点？

1.5　通信子网的作用是什么？它是怎样构成的？

1.6　资源子网的作用是什么？它由哪些要素构成？

1.7　网络节点的功能是什么？

1.8　计算机网络根据覆盖的地理范围可分为几类？每类各有什么特点？

1.9　列举一个你所知道的局域网、城域网和广域网的例子。

1.10　计算机网络有哪些功能？

1.11　计算机网络将如何发展？

第 2 章　数据通信基础

本章介绍数据通信的一些基础知识，为后面章节的学习奠定必要的基础。

2.1　通信的基本概念

通信就是由一地向另一地传递消息。实现通信的方法很多，目前广泛使用的是电通信和光通信。电通信是利用电磁波携带消息通过信道进行传输，使消息传输到对方。电通信具有迅速、准确、可靠的特点，几乎不受时间、空间、地点、距离的限制，因此，应用广泛。光通信是利用光波携带消息进行传输，从而达到通信的目的。光也是一种电磁波，所以光通信也属于电通信一类。

消息是通信过程中传输的具体对象，例如，电话中的语音、电视中的活动图像、电报中的电文、计算机网络中的数据等。消息分为连续（模拟）消息和离散消息两类，例如语音、视频、活动图像等就是连续消息，而书信、电报、数据等就是离散消息。这里“连续”或“离散”是对时间而言的。

信号是消息的表现形式，是消息的载荷者，与消息一一对应。通信系统中传输的信号，当它为时间的连续函数时，称为连续信号，亦称模拟信号。而当其参量（如电信号的幅度、频率、相位等）的改变，在时间上是离散的时，则称为离散信号。如果不仅在时间上离散，而且取值也离散，并且有限，则称之为数字信号。

2.2　通信系统的分类

通信系统从不同的角度可有不同的分类方法。

1. 按照业务类型

按照通信业务类型的不同，通信系统可分为语音通信和非语音通信。电话通信是语音通信最典型的例子，它属于人与人之间的通信，在电信领域一直处于主导地位。但是，近年来非语音通信发展迅速，以互联网为代表的非语音通信业务突飞猛进，日新月异。

2. 按照传输方式

按照传输方式的不同，通信系统可分为基带传输系统和频带传输系统。基带传输系统用于传输基带信号，如市话系统、计算机局域网等。频带信号是一种已调信号，频带传输系统用于传输调制以后的信号，如广播系统、卫星通信系统等。

3. 按照信号类型

信号有模拟信号和数字信号之分，按照信号类型的不同，通信系统可分为模拟通信系统和数字通信系统。模拟通信系统用于传输模拟信号，如无线电广播系统。数字通信系统用于传输数字信号，如计算机网络等。

4. 按照信道类型

信道有有线信道和无线信道之分，因此，根据通信系统所采用的信道不同，可分为有线通信系统和无线通信系统。电话网、有线电视网等采用电缆或光缆作为传输介质，形成有线通信系统。电视广播系统、卫星通信系统等利用电磁波在空间传播进行通信，其信道属于无线信道，形成无线通信系统。

当然，还可以从其他的角度来分类，如按照复用方式，可分为频分复用通信系统、时分复用通信系统、波分复用通信系统、码分复用通信系统等。若按照多址方式，又可分为频分多址通信系统、时分多址通信系统、码分多址通信系统等。

2.3　通信系统模型

消息的传递是利用通信系统来实现的。通信系统是指完成通信过程的全部设备和传输介质。通信系统有各种各样的形式，其具体设备和业务功能也各不相同。但是，经过抽象和概括，可用一定的模型来描述。

2.3.1　通信系统一般模型

通信系统一般都可以用图 2.1 所示的模型来描述。

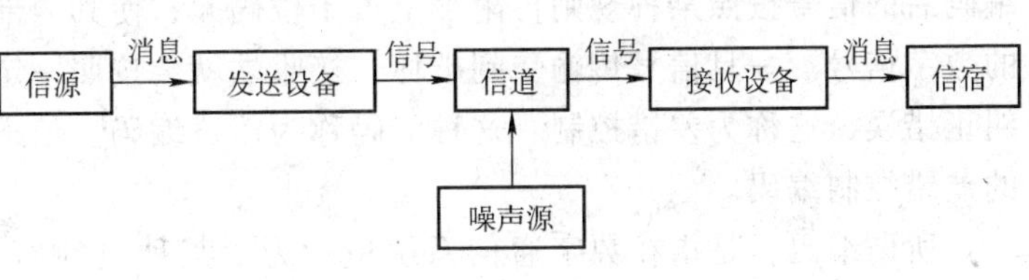

图 2.1　通信系统一般模型

其中，信源是消息的来源，它产生消息。信源可以是发出消息的人，也可以是产生消息的设备，如摄像机、计算机等。信源可分为两类，一类是离散信源，另一类是连续（模拟）信源。离散信源产生离散消息，连续（模拟）信源产生连续（模拟）消息。

由消息变换过来的原始信号称为基带信号（或低通信号），其特点是频率由零频附近开始延伸到通常小于几兆赫的某个有限值。

发送设备的功能是将消息转换为适合在信道中传输的信号，以提高消息传输的效率和可靠性。

信道是信号传输的通道，在此是指将信号由发送设备传输到接收设备的传输介质。信道的传输特性对通信质量产生直接影响。

在通信系统中，噪声来源很多，它分布在通信系统各处，为了分析方便，一般将通信系统所存在的噪声折合到信道中，集中用噪声源表示，如图 2.1 所示。

接收设备的功能与发送设备相反，将接收信号转换为消息。由于信号经过信道的传输，不可避免地会受到信道和噪声的影响，引起信号的畸变和失真。因此，接收设备的信号处理过程是复杂的，它要根据不同的传输信道和传输信号设计对策。

信宿是消息传输的对象，即消息的归宿。它的作用与信源相反，把接收到的消息转换成适当的形式。一般信宿转换的消息形式与信源产生的消息形式相同。信宿和信源一样，可以是人，也可以是设备。

图 2.1 所示的模型是对各种通信系统的简化和概括，它反映通信系统的共性。根据传输的信号不同，可以形成不同的通信系统模型。

2.3.2 数字通信系统模型

传输数字信号的通信系统是数字通信系统。对于数字通信系统，图 2.1 可具体化为图 2.2。

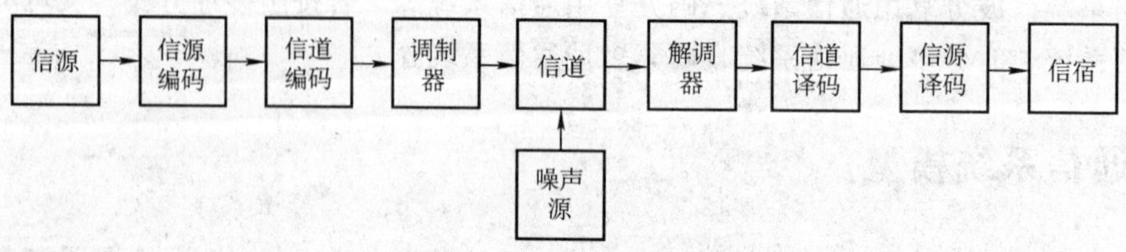

图 2.2 数字通信系统模型

图 2.2 中信源编码是用来提高传输的有效性而对信号采取的处理功能。信源编码后的信号仍然是基带信号。当通信需要保密时，编码后的信号可进行加密处理。在此，数字加密归并到了信源编码中。

信道噪声会对传输的数字信号产生影响，从而引起差错。为了控制这种差错，可对信源编码后的信号按照某种规则再附加上若干位码元，使其内部码元间满足一定的规则，形成新的数字信号。一旦信号传输受到破坏，接收端就会按照一定的规则自动检查出错误或者自动纠正错误，这称为差错控制。这种编码称为信道编码。信道编码是一种为了提高传输可靠性的差错控制编码。

所谓编码，是指在数字通信系统里，为了某种目的而对数字信号进行的变换。一般来说，信源编码是通过压缩原始信号中的信息冗余量，使信号传输的有效性得到提高；而信道编码则是通过适当增加信号传输的冗余信息，以换取传输可靠性的提高。进行编码的设备称为编码器。

收端译码器的功能是将接收的编码信号恢复成编码前的信号。

调制在通信系统中主要是用来变换信号，以适合信道的传输。在某些通信系统中（如市话系统、计算机局域网等），基带信号可以直接传输，称为基带传输。但大量的通信系统需要调制，将基带信号变换为更适合于信道传输的形式。例如无线通信系统中，基带信号必须变换到射频波段才能进行有效的传输。即使在有线信道，有时也需经过调制使信号频率和信道的有效传输频带相匹配。

调制对通信系统是至关重要的，调制方式在很大程度上能决定系统可能达到的性能。调制是把基带信号加到载波上去的过程，载波可以是连续变化的正弦波，也可以是脉冲序列。原来的基带信号称为调制信号，调制以后的信号称为已调信号。解调就是把已调信号还原为调制信号的过程，即从已调信号中取出基带信号的过程。

应当指出，实际数字通信系统不一定包括图 2.2 中的所有环节，如基带传输系统就不包括调制与解调环节。至于采用哪些环节，取决于系统的实际需要。此外，在数字通信中同步系统是不可缺少的。但因它的位置往往不是固定的，因此图 2.2 中没有画出。

最后还应指出，虽然前面提供的是通信系统的简化模型，但是它们却能反映系统的特征。

2.4 传输方式

信号在信道中传输，可采用多种方式，包括：串行传输和并行传输；单工传输、半双工传输和全双工传输；异步传输和同步传输。

2.4.1 串行传输和并行传输

在数据终端之间进行通信时，根据一次传输数据的位数多少，可将数据传输方式分为串行传输和并行传输。

1. 串行传输

在串行传输系统中，数据流的各个比特按照顺序一位接一位地在一条信道上传输，收发双方只需要一条传输通道。显然，同步是重要的，收发双方要保持位同步和字符同步。在二进制传输方式中，一个码元就是一个比特，一个字符用几位二进制码的一种组合来表示，这种组合称为码组。串行传输方式实现容易，在通信系统中是一种广泛采用的传输方式。

2. 并行传输

在并行传输中，一个编码字符的所有比特是同时传送的，码组的每一位都单独使用一条通道，如图 2.3 所示。并行传输通常用于近距离通信，如现场通信或计算机与外设之间的通信。

并行传输一次传送一个字符，收发之间不存在字符同步问题。长距离传输时，由于并行信道成本高，所以很少采用，多采用串行信道。所以串行传输存在着并/串、串/并变换问题，即发送端要将计算机中的字符进行并/串变换，接收端再通过串/并变换，还原成计算机的字符结构，如图 2.4 所示。

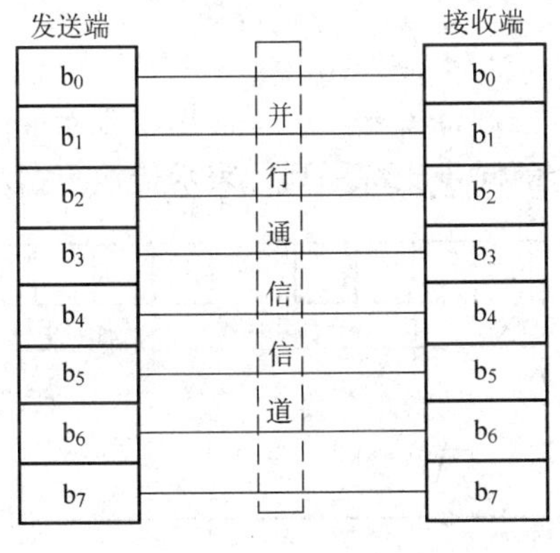

图 2.3 并行传输

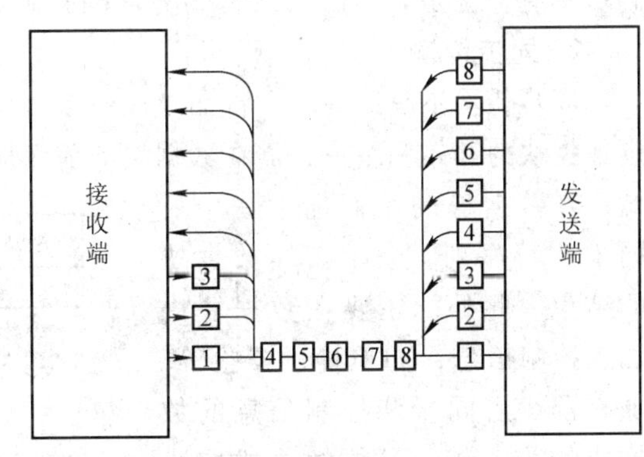

图 2.4 串/并变换

显然，在相同的发送时钟控制情况下，并行传输数据速率高于串行传输数据速率。但并行信道成本高，所以，串行传输方式在远距离通信中更具有明显的优势。

2.4.2 异步传输和同步传输

在传送数字信号时，接收端必须有与数据比特同频率的时钟来指挥逐位读取数据。这种在接收端使数据比特与时钟在频率和相位上保持一致的机制称为同步。为了能够正确地对接收的比特序列采样，接收端就必须知道它所接收的每一个比特到达的时刻和持续时间。如果不采取措施使接收端时钟与发送端时钟严格同步，就会产生数据恢复错误。常用的两种同步方法是字符同步和位同步，也叫异步传输和同步传输。

1. 异步传输

异步传输也称为起止式传输，它是利用起止方式来达到收发同步的。异步传输每次只传送一个字符，用起始位和停止位来指示被传输字符的开始和结束。这种方法只需要在每个字符内进行定时或同步，因此，接收端就可以在每个字符开始时刻重新同步，避免了长时间收发同步的困难。

异步传输的每个字符由 4 个部分组成：起始位、数据位、奇偶校验位和停止位。字符的传输由起始位引导（低电平），表示字符的开始，起始位占 1 位的时间。数据由 5 ~ 8 位组成。被编码的字符后面通常附加 1 位校验位，采用奇偶校验，也可以没有。在每个字符的校验位后加一个停止位（高电平），表示字符的结束。停止位占 1、1.5 或 2 位的时间，可根据需要选择。在下一个字符的起始位收到之前，线路一直处于高电平状态，接收方根据从高电平到低电平的跳变来识别一个新字符的开始，如图 2.5 所示。

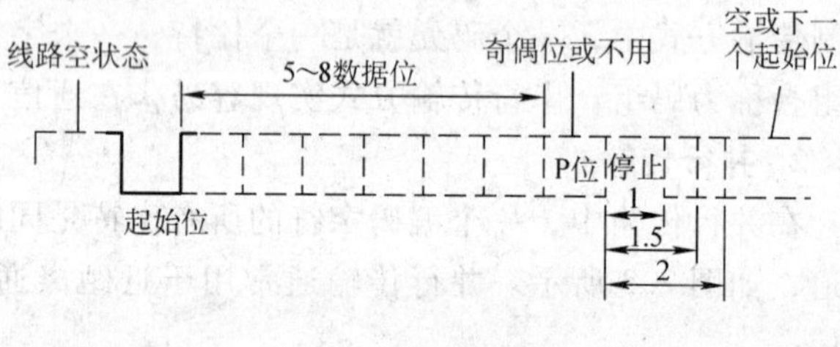

图 2.5　异步传输

异步传输方式的每一个字符的发送都是独立的和随机的，以不均匀的速率传输，所以这种方式被称为异步传输。异步传输方法简单，但每个字符要有 2 ~ 3 位的附加位，故传输效率低。例如，传输一个 ASCII 码字符，每个字符有 7 位，若停止位用 2 位，加上 1 位校验位和 1 位起始位，共计 11 位。11 位传输码中只有 7 位是有用信息，效率仅为 64%。

2. 同步传输

同步传输不是以一个字符而是以一个数据块为单位进行传输。为了使接收方能准确地确定数据块的开始和结束，需在数据块的前面加上一个前同步比特序列，表示传输数据块的开始；在数据块的后面加上一个后同步比特序列，表示传输数据块的结束。此外，还要在数据块中加入控制信息，如地址、校验等。加有前、后同步和控制信息的数据块称为一帧。具体帧格式取决于所使用的传输控制规程，图 2.6 示出了面向字符型和面向比特型的帧结构。面向字符型的帧，每个数据块以一个或多个同步字符 SYN 作为开始，以确定的控制字符结束。面向比特型的帧，如采

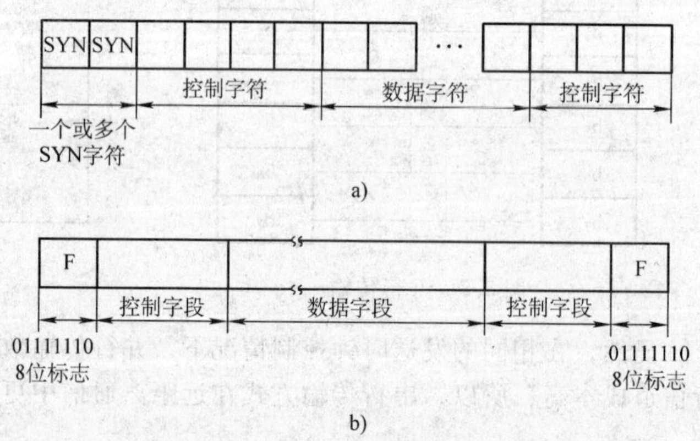

图 2.6　同步传输

a）面向字符型帧　b）面向比特型帧

用高级数据链路控制（HDLC）规程，则帧用标志字段01111110标示一帧的开始和结束。

同步传输比异步传输效率高，因此，更适用于高速数据传输。

2.4.3　单工、半双工和全双工传输

如果通信仅在点-点之间进行，按照信号传输方向和时间的关系，传输方式可分为三类：单工传输、半双工传输和全双工传输。

1. 单工传输

在单工传输方式中，信号只能在一个方向传输，任何时候都不能进行相反方向的传输，如图2.7a所示。无线电广播、广播电视都是单工传输的例子。收音机、电视机只能接收信号，而不能向电台、电视台发送信号。

2. 半双工传输

在半双工传输方式中，信号可以在两个方向上传输，但不能同时传输，它们必须交替进行，一段时间内只允许向一个方向传送。这种方式使用的信道是一种双向信道，如图2.7b所示。对讲机就是半双工传输的例子。

3. 全双工传输

在全双工传输方式中，信号可以同时在两个方向上传输，如图2.7c所示。全双工通信系统的每一端都设有发送装置和接收装置，用于信号的发送和接收。全双工方式使用的信道也是一种双向信道。

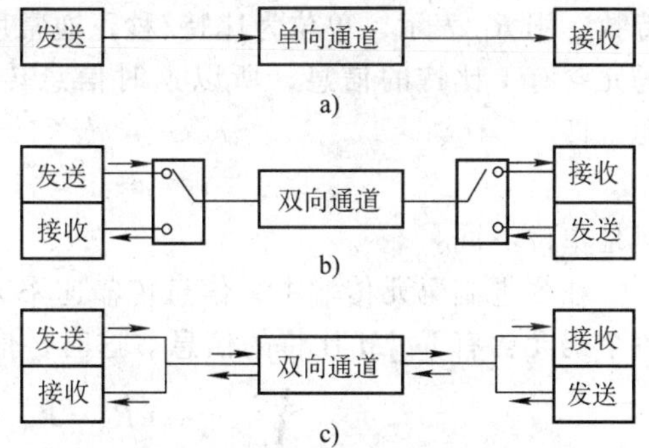

图2.7　单工、半双工、全双工传输
a）单工传输　b）半双工传输　c）全双工传输

2.5　数据通信系统的主要质量指标

通信系统的质量指标是衡量通信系统质量好坏的一种标准。没有这种指标，就无法评价一个系统，也无法设计一个系统。因此，了解通信系统的质量指标是很重要的。

质量指标是综合分析了整个系统后提出来的。然而，通信系统的质量指标涉及到系统的各个方面，诸如有效性、可靠性、适应性、标准性、经济性以及维护使用等。如果把所有的因素都考虑进去，系统的设计就难以进行，评价一个系统也将十分困难。所以，只能考虑主要质量指标。构成一个通信系统的目的是为了传输消息。对消息的传输来说，通信的有效性和可靠性是最主要的。

有效性是指消息的传输“速度”问题，即讨论如何以最合理、最经济的方法来传输最大数量的消息。

可靠性反映系统传输消息的可靠程度，它用于衡量收发消息的相似度，该指标取决于系统的抗干扰能力。

但应指出，有效性和可靠性是相互矛盾的，提高了有效性，会降低可靠性，反之亦然。因此，在设计一个系统时要兼顾二者，根据实际情况，在满足一个的前提下，尽量提高另一个。

在数据通信系统中，有效性和可靠性是用数字信号的传输速率和差错率来分别度量的。

1. 有效性

在数据通信系统中，有效性可用传输速率来衡量。传输速率有码元速率和比特速率之分。

(1) *码元速率* 码元速率又称传码率，它是指每秒钟传送的码元数目，而不管码元是何进制，单位为“波特”(Band，通常用符号“B”表示)。码元速率

$$R_B = 1/T \tag{2.1}$$

式中，T 为码元周期。

(2) *比特速率* 比特速率也称信息速率，是指每秒钟传送的信息量，即每秒传送的比特数，用 R_b 表示，单位为比特/秒，通常用符号 bit/s 表示。在二进制码元的传输中，每个码元含有 1 比特的信息，所以这时信息传输速率 R_b 和码元传输速率 R_B 在数值上是相等的，即

$$R_b = R_B \tag{2.2}$$

但是单位不同。

在多进制码元传输中，信息传输速率 R_b 和码元传输速率 R_B 不相等。例如在 M 进制中，每个码元含有 $\log_2 M$ 比特的信息。这时，信息传输速率和码元传输速率的关系是

$$R_b = R_{B_M}\log_2 M = \frac{1}{T_M}\log_2 M \tag{2.3}$$

式中，M 为码元状态数；T_M 为 M 进制码元周期。

反之，

$$R_{B_M} = \frac{R_b}{\log_2 M} \tag{2.4}$$

但应注意，虽然码元速率和比特速率都是传输速率的度量，但二者概念是根本不同的，使用时不可混淆。例如，四进制码元速率为 1200B，根据式(2.3)，其信息速率为 2400bit/s。

同时还应注意，在进行差错控制编码传输时，计算信息速率不应包括所附加的校验位。

2. 可靠性

数据通信系统的可靠性用差错率来衡量，它是衡量系统正常工作时，消息传输可靠程度的重要质量指标。差错率有两种表述方法：误码率和误比特率。

(1) *误码率* 误码率是指错误接收码元数在传输码元总数中所占的比例，即

$$P_e = \frac{\text{错误接收码元数}}{\text{传输码元总数}} \tag{2.5}$$

(2) *误比特率* 误比特率是指错误接收的比特数在传输总比特数中所占的比例，即

$$P_b = \frac{\text{错误接收比特数}}{\text{传输比特总数}} \tag{2.6}$$

更确切地说，误码率应是指码元在传输中被错误接收的概率；误比特率应是指传输每比特信息被错误接收的概率。

2.6 信息及其度量

通信的根本目的在于传输信息，信息是依附于消息进行传输的。消息是事物的表象，而

信息是事物的本质。在一切有意义的通信中，消息包含着对用户有意义的信息。

2.6.1 信息的概念

信息是今天应用最广泛、使用最频繁的词汇之一。经常听到人们谈论“信息时代”、“信息交流”、“信息服务”、“信息量”等。这里使用的多是信息的社会概念，是和消息混在一起的。但在信息论中信息和消息是有区别的。消息可能包含有信息，也可能完全不包含信息。

通信系统中传输的具体对象是消息，但是通信的最终目的是传递信息，信息是抽象化的消息。信息的含义比消息更广泛，而且更抽象。电报通信中的电文是消息，电话通信中的话音是消息，电视中的画面图像是消息，计算机网络中的数据也是消息。显然，各种消息的组成是不同的，其物理特征也不相同。但是，它们有一个共同的特性，即消息具有随机性。发送端发送消息可以随心所欲，接收端在收到消息之前是无法预测的，这就是说，消息的出现是随机的。在通信系统中传输的消息本身无法度量，但其不确定性是可以度量的。在科学技术中，“信息”的概念是实际生活中原始的、含糊不清的概念的提炼、概括、抽象和深化。我们通常把文字、语音、数据、图像等看成是“消息”的集合，这些消息集合具有一定的统计特性，因而将“信息”定义为对消息统计特性的一种定量描述。更具体地说，当人们得到消息之前，对它的内容有一种“不确定性”，信息就是对这种不确定性的定量描述。

2.6.2 信息度量

若消息所描述事件发生的可能性越小，当人们得到消息后，就认为这个消息带给他的信息量越大。某人告诉我们一件不太可能发生的消息，比起告诉我们一件非常可能发生的消息来说，它所包含的信息要多。例如，天气预报“8 月 6 日有小雨”不会使我们有什么奇怪；而预报“8 月 6 日有大雪”会使我们为之震惊。这表明，消息中包含有不同的信息量。消息所表达的事件越不可能发生，越使人感到意外，其信息量就越大。因此，可用消息发生的概率作为对其预期程度的度量。可见，信息的量值与消息所代表事件发生的概率有关。如果消息是确定的，即概率为 1，则它包含的信息量为零。如果消息是完全不可能的，即概率为零，则包含有无限的信息量。这表明，信息量可用消息发生概率的倒数来表示。从这点出发，信息论利用统计的概念对信息提出了一种度量方法，把度量信息大小的物理量称为信息量，简称信息。

综上所述，若消息所代表的事件出现的概率为 $P(x)$，则该消息所含有的信息量 I 定义为

$$I = \log_a \frac{1}{P(x)} = -\log_a P(x) \tag{2.7}$$

对数的底决定量度信息的单位。若式中对数底 $a=2$，则信息量的单位为比特（bit）；若 $a=e$，则信息量的单位为奈特（nat）；若 $a=10$，则信息量的单位为哈特莱（hartley）。应用最多的单位是比特，它代表出现概率为 1/2 的消息所含有的信息量。当所传递的消息是两个等概率的消息之一时，任一消息所含有的信息量为 1*bit*。在实际中，常把一位二进制数称为 1 比特，而不管这两个符号的出现概率是否相等。

2.7 信道与信道容量

信道是信息传输的通道，是通信系统中不可缺少的组成部分，其特性对信号传输有很大影响，其性能好坏直接影响着通信质量。

2.7.1 信道类型

信道种类繁多，按其不同特征有不同的分类方法。按信道的组成来划分，可分为狭义信道和广义信道两大类。在前面把信道定义为发送设备和接收设备之间用以传输信号的媒介，这种信道称为狭义信道。但是，为了简化通信系统的模型和突出重点，常常把信道范围适当扩大，除了传输介质外，还包括有关的部件和电路，如调制器与解调器、编码器与解码器等。这种范围扩大了的信道称为广义信道，如图 2.8 所示。信道的特性主要是由狭义信道决定的。

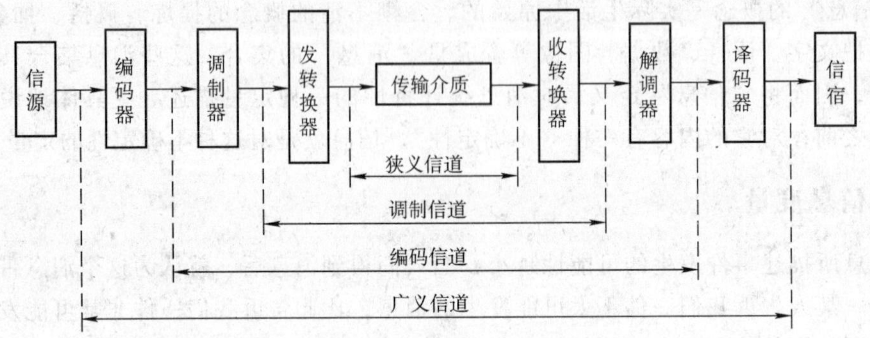

图 2.8 狭义信道和广义信道

传输调制信号的信道称为调制信道，其范围从调制器的输出端至解调器的输入端，在此之间的一切部件和介质，都是为了把已调信号由调制器输出端传输到解调器输入端，因此可将其视为传输已调信号的一个整体。

在数字通信系统中，如果仅研究编码和解码问题，则形成了编码信道，它是传输编码信号的信道。编码信道的范围是从编码器输出端至解码器输入端，这之间的一切环节都是为了传输编码信号，所以可以把其视为传输编码信号的一个整体。

调制信道和编码信道都属于广义信道。

按传输介质来划分，又可划分为有线信道和无线信道。由各种传输线路构成的信道就是有线信道，而电波传播空间构成的信道则是无线信道。

此外，按传输信号的特征，又有模拟信道（连续信道）和数字信道之分。前者用于传输模拟信号，后者用于传输数字信号。例如，广义信道中的调制信道就属于模拟信道。

2.7.2 信道容量

信息通过信道传输，信道对信息传输速率是有制约的，这种制约是由信道容量决定的。信道容量是信道的极限传输能力，是用信道的最大信息传输速率来度量的，即单位时间内信道无差错传输的最大信息量，单位是比特/秒（bit/s）。

1. 数字信道的信道容量

对于信道容量，奈奎斯特和香农从不同的角度，在不同的条件下分别进行了研究。奈奎斯特研究了无噪声、无码间干扰的理想数字信道的信道容量，给出了如下结果：

$$C = 2B\log_2 M \tag{2.8}$$

式中，C 为信道容量，单位是 bit/s；B 为信道带宽，单位是 Hz；M 为传输的数字信号的状态值，即进制数。

2. 模拟信道的信道容量

香农研究了在模拟信道中传输数字信号的信道容量，并给出了著名的香农公式。该公式描述了在加性高斯白噪声信道中，传输功率受限信号时，信道所能达到的最大传输速率，即信道容量：

$$C = B\log_2(1 + S/N) \tag{2.9}$$

式中，C 为信道容量，单位是 bit/s；B 为信道带宽，单位是 Hz；S 为信号的平均功率；N 为噪声的平均功率；S/N 为信噪功率比，简称信噪比。

香农公式表示了可能达到的理论最大值。但是，在实际中，要比该理论值低得多。其中的一个原因是该公式只考虑了白噪声的影响，没有考虑其他噪声，也没有考虑衰减和延迟等因素，该公式只是提供了信道信息传输速率的理论上限。

由式（2.9）可得到以下结论：

1）任何一个信道，都有信道容量 C。如果信息速率 $R_b \leqslant C$，理论上存在一种方法，能以任意小的差错概率通过信道传输；如果 $R_b > C$，在理论上无差错传输是不可能的。

2）对于给定的 C，可以用不同的带宽和信噪比的组合来传输。若减小带宽，则必须加大发送信号的功率，即增大信噪比 S/N；若有较大的传输带宽，则可用较小的信号功率（即较小的 S/N）来传输。

3）由于信息速率 $C = I/T$，T 为传输时间，代入式（2.9）则可得

$$I = TB\log_2(1 + S/N) \tag{2.10}$$

可见，当 S/N 一定时，给定的信息量可以用不同的带宽和时间 T 的组合来传输。

【例 2.1】 某信道带宽 $B = 3\text{kHz}$，信号功率 $S = 1 \times 10^{-4}\text{W}$，信道噪声功率 $N = 4 \times 10^{-7}\text{W}$，求该信道的信息传输速率 C。

解 将上述参数代入式（2.9）

$$C = B\log_2(1 + S/N) = 3 \times 10^3 \log_2(1 + 1 \times 10^{-4}/4 \times 10^{-7})\text{bit/s} \approx 24\text{Kbit/s}$$

【例 2.2】 某信道的频率范围为 3～4MHz，信噪比为 24dB，求该信道的信息传输速率。

解 信道带宽 $B = 4\text{MHz} - 3\text{MHz} = 1\text{MHz}$

$$10\log(S/N) = 24\text{dB}$$

所以

$$S/N = 251$$

则

$$C = B\log_2(1 + S/N) = 10^6 \times \log_2(1 + 251)\text{bit/s} = 10^6 \times \log_2 252\text{bit/s}$$

$$\approx 10^6 \times 8\text{bit/s} = 8\text{Mbit/s}$$

2.8 传输介质

传输介质是通信系统中连接收发双方的物理通路，也是通信过程中消息传送的载体。传

输介质分为有线传输介质和无线传输介质两大类。

系统的传输性能和质量不但与信号特性有关，还与传输介质的特性有关。当采用有线传输介质时，传输介质本身的特性对传输极限的影响极为重要。例如，介质本身的带宽就限制了系统的带宽。而无线传输介质的传输特性稳定性较差，传输信号易受干扰。

2.8.1 有线传输介质

通信系统中常用的有线传输介质有：双绞线、同轴电缆、光纤等。

1. 双绞线

双绞线是由两根各自封装在彩色塑料皮内的铜线互相扭绞而成的，扭绞的目的是使它们之间的干扰最小。多对双绞线外加保护套构成双绞线电缆，通过相邻线对间变换的扭绞长度，可使同一电缆内各线对间干扰最小。双绞线分为屏蔽型（STP）和非屏蔽型（UTP）两种类型。非屏蔽型双绞线结构示意如图 2.9 所示。STP 是在 UTP 外面再加上一个由金属丝编织而成的屏蔽层构成的，加屏蔽层可以提高抗电磁干扰的能力。因此，STP 抗外界干扰性能优于 UTP，但 UTP 要比 STP 价格便宜。

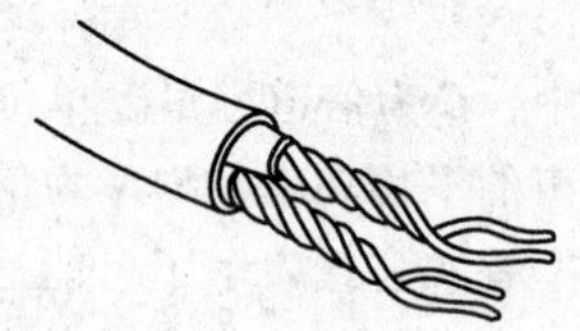

图 2.9 双绞线结构示意图

相互扭绞的一对双绞线可作为一条通路。双绞线既可用以于传输模拟信号，也可用以于传输数字信号。电话线就是双绞线的一种。双绞线的带宽取决于铜线的粗细和传输距离。用于传输模拟信号，每隔 5 ~ 6km 需要一级放大；用于传输数字信号，每隔 2 ~ 3km 就要用转发器转发一次。双绞线用作远程中继线时，最大传输距离为 15km；用于局域网时，与集线器间的最大距离为 100m。双绞线的抗干扰性能取决于双绞线电缆中相邻线对的扭绞长度及适当的屏蔽。

电子工业协会（EIA）将 UTP 电缆分为七类，其分类及参数如表 2.1 所示。

表 2.1 UTP 电缆分类

类 别	带宽/MHz	速 率	信 号	应 用
1	很低	≤100Kbit/s	模拟	电话
2	≤2	2Mbit/s	模拟/数字	T-1 线路
3	16	10Mbit/s	数字	LAN
4	20	20Mbit/s	数字	LAN
5	100	100Mbit/s	数字	LAN
6	200	200Mbit/s	数字	LAN
7	600	600Mbit/s	数字	LAN

目前常用的双绞线如 100Ω 的 3 类和 5 类 UTP，150Ω 的 STP 等。3 类和 5 类 UTP 的区别主要在于单位长度上的扭绞数不同，5 类 UTP 的扭绞长度小于 3 类，其典型值是每个扭绞长度 0.6 ~ 0.85cm；而 3 类 UTP 的典型值是每个扭绞长度 7.5 ~ 10cm。双绞线单位长度的扭绞数越多，扭绞越密，性能就越好，但价格也就越贵。5 类 UTP 更紧密的扭绞提供了比 3 类 UTP 更好的性能，当然价格也比 3 类 UTP 贵。目前 3 类双绞线电缆通常用于 10Mbit/s 的以太网和 4Mbit/s 以下的令牌环局域网，而 5 类双绞线电缆则用于 100Mbit/s 的以太局域网及 155Mbit/s ATM 到桌面的连接。

表 2.2 给出了 3 类和 5 类 UTP 以及 STP 每百米衰减特性的比较，主要涉及 100Ω 非屏蔽

表 2.2　屏蔽和非屏蔽双绞线的衰减比较（dB/100m）

频率/MHz	3类UTP	5类UTP	STP	频率/MHz	3类UTP	5类UTP	STP
1	2.6	2.0	1.1	25	—	10.4	6.2
4	5.6	4.1	2.2	100	—	22.0	12.3
16	13.1	8.2	4.4	300	—	—	21.4

双绞线和150Ω的屏蔽双绞线。

随着吉比特局域网技术的发展，更高性能的双绞线电缆不断推出，表2.3列出了这些新的电缆标准。其中UTP为非屏蔽双绞线，FTP为金属箔双绞线，SSTP为屏蔽网双绞线。

表 2.3　新的双绞线标准

类　别	类　型	带宽/(Mbit/s)	费用(5类为1)
3类C级	UTP	16	0.7
5类D级	UTP/FTP	100	1
5类E级	UTP/FTP	100	1.2
6类E级	UTP/FTP	200	1.5
7类F级	SSTP	600	2.2

2. 同轴电缆

同轴电缆的结构如图2.10所示。它由内导体、外导体、绝缘层及外部保护层组成。其特性由内外导体和绝缘层的电参数、机械尺寸等决定。根据它的频率特性分为两类：基带同轴电缆和宽带同轴电缆。基带同轴电缆可用于数字数据信号的直接传输；宽带同轴电缆用于传输高频信号，利用频分多路复用技术可在一条同轴电缆上传送多路信号。

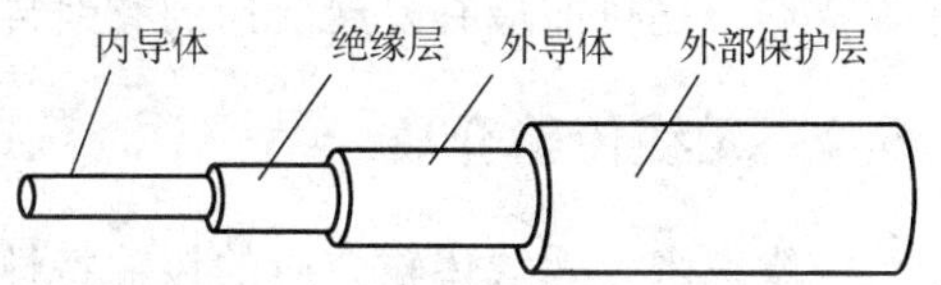

图2.10　同轴电缆结构示意图

按照阻抗特性，同轴电缆又有50Ω阻抗和75Ω阻抗之分。50Ω的基带同轴电缆用于传输数字基带信号，数据速率可达10Mbit/s，可用于局域网中。75Ω的宽带同轴电缆多用于无线电工程，用于传输模拟信号。基带同轴电缆的最大传输距离一般不超过几km，而宽带同轴电缆的最大传输距离可达几十km。由于同轴电缆比双绞线屏蔽性好，故其抗电磁干扰能力强，能在更高速率上传输更远的距离，维护使用亦方便。

3. 光纤

光纤是一种直径为2～125μm的、柔软的、能传导光波的介质，它由玻璃或塑料制成，使用超高纯度石英玻璃制作的光纤具有很低的传输损耗。在折射率较高的单根光纤外面，再用折射率较低的包层包住，就可以构成一条光通道。外面再加一保护套，即构成一条单芯光缆，其结构如图2.11a所示。多条光纤放在同一保护套内，就构成多芯光缆，其截面如图2.11b所示。

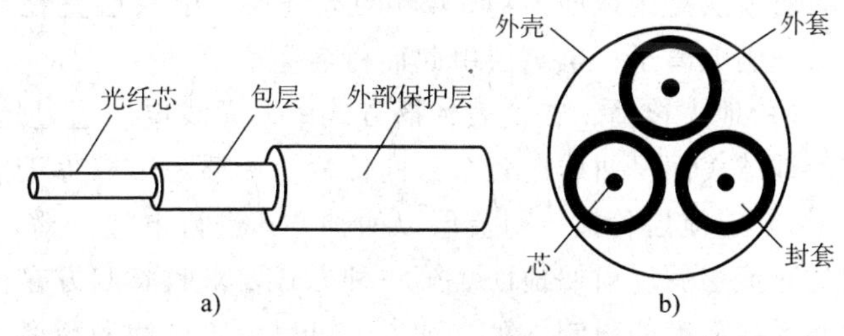

图2.11　光缆结构示意图
a）单根光纤结构　b）光缆结构

光导纤维通过内部全反射来传输光信号，其传输过程如图 2.12 所示。由于纤芯的折射率高于外包层，因此，可使光波在纤芯与包层界面上产生全反射。以小角度进入光纤的光波沿纤芯以反射方式向前传播。

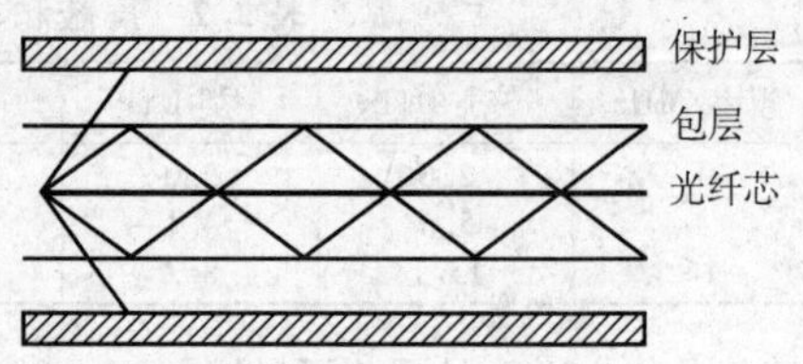

图 2.12 光导纤维传输过程

光纤分为多模光纤与单模光纤两类。所谓多模光纤是指允许一束光沿纤芯反射传播；而单模光纤是指仅允许单一波长的光沿纤芯直线传播，在其中不产生反射。单模光纤直径小，多模光纤直径大；单模光纤价格贵，多模光纤便宜。但单模光纤频带宽，数据传输速率高，性能优于多模光纤。

光纤利用光脉冲的有无来代表数据的“1”、“0”进行数据的传输。典型的光纤传输系统如图 2.13 所示。

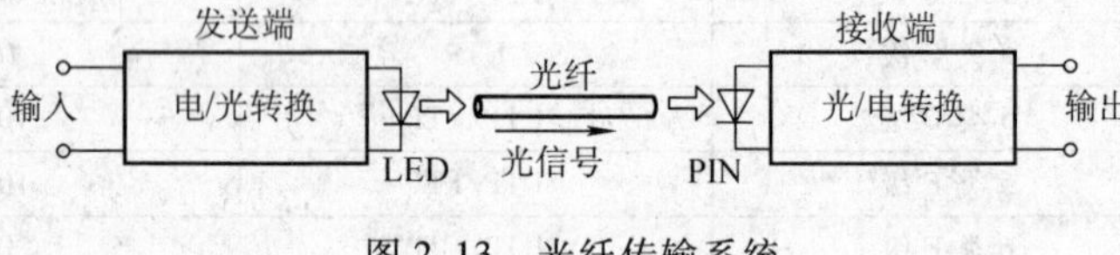

图 2.13 光纤传输系统

在发送端，可用发光或激光二极管将电流脉冲转换成光脉冲，然后耦合到光纤中进行传输。在接收端，利用光电二极管把光纤中传输来的光脉冲再转换为电脉冲信号，然后，恢复出数据“1”和“0”。

光纤具有尺寸小、重量轻、频带宽、损耗小、数据传输速率高、误码率低、安全保密性好等特点，是目前最有发展前途的有线传输介质。

2.8.2 无线传输介质

一般说来，无线传输介质的传输特性不如有线传输介质稳定可靠，易受干扰，通信中使用的技术也较复杂。但无线传输无需物理连接，使用方便和灵活，因此应用广泛。对于无线传输介质，发送信号的带宽对传输性能的影响起决定性作用。带宽不同，允许的数据传输速率也不同，带宽越宽，数据传输速率就越高。

通信系统中常用的无线传输介质有无线电波、地面微波、卫星信道、激光、红外线等。

1. 无线电波

无线电波即电磁波，在真空中的传播速度与光速相同，大约是 300000km/s。但在铜导线或者光纤中，传播速度大约降低到光速的 2/3。

(1) 无线电波的传播类型　无线电波通过五种不同的方式进行传播：地表传播、对流层传播、电离层传播、视距传播和空间传播。无线电技术将大气层分为两层：对流层和电离层。对流层是距地面大约 50km 的大气层。电离层是在对流层之上而在太空以下的大气层，该层充满电离子，电离层由此而得名。

1) 地表传播：在地表传播方式中，无线电波通过地表大气层传播，紧靠地球表面。电波沿地球表面呈曲线向各个方向传播，传播距离取决于信号的能量，能量越大，传播越远。

2) 对流层传播：对流层以两种方式进行电波传播，一种是直线传播，另一种是电磁波到达对流层后反射回地面。第一种方式要求收发双方在视线所及的范围之内，会受到地表曲度和天线高度的限制。第二种方式可以覆盖更远的距离。

3) 电离层传播：电离层是距地面 50 ~400km 的大气层，在电离层传播中，无线电波由电离层反射回地面，这种传播方式能以较低的能量传播较远的距离。

4）视距传播：在视距传播方式中，甚高频电磁波直接从一个天线传播到另一个天线，因此，天线必须有方向性，且二者相向。

5）空间传播：空间传播通过卫星中继来代替空间大气折射。地球站向卫星发射信号，卫星将该信号向地面广播。卫星像一个高度极高的天线，从而扩大了信号的传播范围。

（2）无线电波的传播频率 无线电波传播特性与其频率有关，每种频率的电波通过大气的特定层次传播。

1）甚低频：甚低频（VLF）的频率范围为3~30kHz。电波以地表传播方式传播，通常通过大气，但有时也以海水作为传输介质。VLF波在传播中衰减不大，但是对在近地表面高度活跃的大气噪声很敏感。VLF常用于长距离的无线导航和海底通信。

2）低频：低频（LF）的频率范围为30~300kHz。与甚低频相似，电波也以地表传播方式传播，也用于无线电导航。

3）中频：中频（MF）的频率范围为300kHz~3MHz。电波通过对流层传播，易被电离层吸收，因此，其覆盖范围与保证电波从电离层反射的发射角度有关。中频电波用于无线电广播等。

4）高频：高频（HF）的频率范围为3~30MHz。电波通过电离层传播，电波到达电离层后被反射回地面。高频用于业余无线通信、民用无线电、国际广播、军事通信等。

5）甚高频：甚高频（VHF）的频率范围为30~300MHz，采用视距传播方式，用于电视广播、调频广播、航空通信、导航等。

6）超高频：超高频（UHF）的频率范围为300MHz~3GHz，以视距传播，用于电视广播、移动通信、微波通信等。

7）特高频：特高频（SHF）的频率范围为3~30GHz，多采用视距传播，也有采用空间传播方式的，SHF电波用于地面微波通信、雷达、卫星通信等。

8）极高频：极高频（EHF）的频率范围为30~300GHz，采用空间传播方式，用于雷达、卫星及实验性通信等。

2. 地面微波

微波通信是指用微波频率作载波携带信息，通过空间传播进行通信的方式。微波频率比较高，相对带宽比较宽，所以信道容量大，数据传输速率高，在无线局域网技术中得到了广泛应用。微波频率范围通常认为是300MHz~300GHz，但微波通信中应用较多的是2~40GHz的频率范围，典型的数字微波通信系统参数如表2.4所示。

表2.4 数字微波通信参数

频段/GHz	带宽/MHz	速率/(Mbit/s)	频段/GHz	带宽/MHz	速率/(Mbit/s)
2	7	12	11	40	135
6	30	90	18	220	274

微波的特点是直线传播。地球表面的曲率和障碍物，使在地面上的传播距离受到了限制，为此，微波天线通常位于较高的地方。即使如此，传播距离一般也不超过50km。如果在地面上进行远距离传输，必须通过多次中继接力来实现。

微波信号传输方向固定，双向传输需要两个不同的频率，一个用于正向传输，另一个用于反向传输，同一副天线可以收发共用。一个中继站的正反方向均装有天线，且相互隔离。

一副天线用于正向收发，另一副天线用于反向收发。当一副天线接收到信号，就转换成所要求的发送信号形式，用另一副天线发给下一站，如图 2.14 所示。

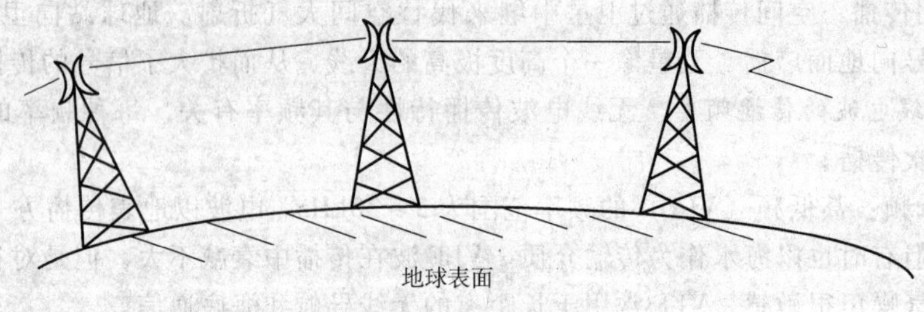

图 2.14 微波中继

3. 卫星信道

卫星通信利用卫星作为中继站，转发无线电信号，实现远距离、大范围内地球站之间的通信。地球站的作用是向通信卫星发送信号或者接收卫星转发来的信号，分为发送地球站和接收地球站。卫星通信信道也是利用微波频带，所以一颗通信卫星实际上就是一个微波中继站。目前，卫星通信已广泛应用于电视广播、长途电话、数据通信等领域。

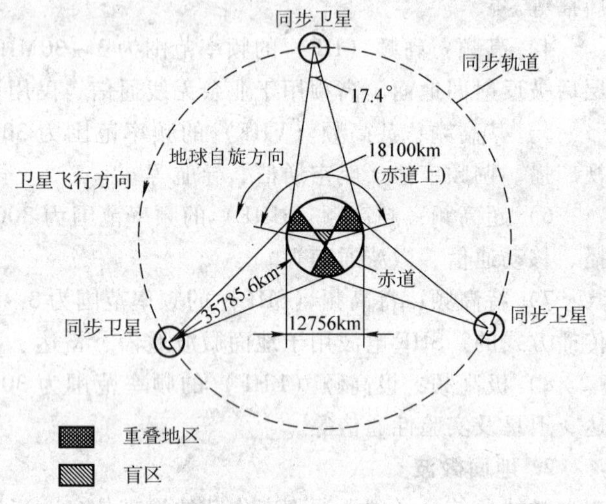

图 2.15 地球同步卫星

地球同步卫星运行于赤道上空，距地球表面约 35786km，与地球表面相对静止。一颗地球同步卫星发射的电磁波大约覆盖地球表面的三分之一，三颗分别相隔 120°的地球同步卫星可以覆盖除南北地区以外的整个地球的大部分有人居住地区，能实现全球通信，其原理如图 2.15 所示。一颗卫星可以在多个频段上工作，每个频段称为一个转发信道。卫星在一个频段上接收信号，将信号放大和再生后从另一个频段上转发出去。地球站向卫星发送信号的信道称为上行信道，卫星向地球站转发信号的信道称为下行信道。

用于卫星通信的微波波段如表 2.5 所示。C 频段是目前使用较多的一个频段，它位于卫星通信最佳频段 1～10GHz 范围内。该频段面临趋于饱和的局面，于是出现了 K_u 和 K_a 频

表 2.5 卫星通信频段

波段	频率范围	上行频率	下行频率	波段	频率范围	上行频率	下行频率
UHF	400MHz/200MHz	400MHz	200MHz	K_u	12GHz～18GHz	14GHz	12GHz
L	1GHz～2GHz	1.6GHz	1.5GHz	K	18GHz～27GHz		
S	2GHz～4GHz			K_a	27GHz～40GHz	30GHz	20GHz
C	4GHz～8GHz	6GHz	4GHz	V	40GHz～75GHz		
X	8GHz～12GHz	8GHz	7GHz				

段。但在这两个频段中信号衰减严重。在C频段，地球站使用5.925~6.425GHz频带（上行频率）向卫星发送信号，而卫星使用3.7~4.2GHz频带（下行频率）向地球站转发信号。上行频率和下行频率不同，以便使卫星发射和接收不产生干扰。

卫星通信由于具有覆盖地域广、通信距离远、费用与通信距离无关、通信链路频带宽、通信容量大、可靠性高、不受地理条件的限制等优点，目前已成为国际干线通信的主要手段。

20世纪90年代以来，随着小卫星技术的发展，出现了中、低轨道卫星通信的新方法，作为陆地移动通信系统的补充和扩展，与地面公用通信网有机地结合起来，可实现全球个人通信。中轨道卫星距离地球表面的高度为5000~15000km，低轨道卫星距离地球表面的高度为500~2000km。由于中、低轨道卫星的高度比较低，每颗卫星覆盖的地球表面要比地球同步卫星小得多，但可利用多颗卫星实现全球的覆盖。由于卫星数目众多，在地球上任何地点每时每刻都有一颗卫星对其覆盖，可保证地面与卫星之间的通信。卫星之间通过接力通信进行信号传递，从而实现全球随时随地的通信。空间卫星通信网也将对计算机网络技术的发展产生重要的影响。

低轨道卫星通信工作在L频段，卫星之间的接力通信使用K_u频段进行中继。

4. 激光

激光能在空中直接传输，并能在长距离内聚焦，具有高度的方向性。采用激光进行通信无需申请频率分配。利用激光传输信号必须配置激光收发器，安装时需要使它们处在视线范围内。激光通信用于不同建筑物局域网之间的连接，可避免敷设电缆的困难，这种通信方式也称为“无线光通信”（FSO）。负责发送和接收激光信号的装置通常安装在两幢建筑物的顶部，在两幢楼之间收发信号，并使用光纤连接每一建筑物内的网路。

激光通信有很好的防窃听和抗干扰能力，使用方便、工作稳定且易于安装，但易受环境的影响。

5. 红外线

红外线的频率范围大约是$3\times10^{11}\sim2\times10^{14}$Hz。红外线通信使用红外线作载波，通过收发红外线脉冲来实现信息传输。红外线不受电磁干扰，也不受国家无线电管理委员会的限制，1993年红外线技术已成为计算机通信的一项标准。但是，红外线穿透非透明物体的能力极差，一般被限制在室内和近距离传输，其有效通信距离不超过50m。

红外线设备相对比较便宜，无需天线。发送器和接收器可任意安装在室内或室外，但需使它们之间处于视线范围内，中间不能有障碍物。红外线具有很强的方向性，很难被窃听和干扰，但雨雪、沙尘、云雾和障碍物等却会对其传输特性产生影响。红外技术的成本要比激光技术低得多，且设备寿命长，同时受天气的影响也小。

红外、激光和微波都是沿直线传播，它们都需要在收发之间有一条视线通路。三者对环境气候较为敏感，例如对雨、雾、雷电等。相对来说，微波对一般雨和雾的敏感度要低一些。

2.9 信号分析

信号是通信系统中传输的对象，它存在于系统的每个环节，因此，了解信号的特性是非常必要的。同时，对通信系统的研究离不开对信号的分析。在通信系统中，信号常采用傅里叶分析的方法。

2.9.1 傅里叶分析

如果一个信号 $f(t)$ 满足如下关系

$$f(t)=f(t\pm nT) \quad -\infty<t<\infty \tag{2.11}$$

就称其为周期性信号。其中 $n=0$，1，2，…；T 为信号周期。

周期性函数可用三角级数表示，也可用复数（指数）表示。这种复数形式简洁且便于计算，在通信中获得广泛应用。

周期性函数的复数傅里叶级数形式

$$f(t)=\sum_{n=-\infty}^{\infty}F_n e^{\frac{j2\pi n}{T}t} \tag{2.12}$$

式中

$$F_n=\frac{1}{T}\int_{-T/2}^{T/2}f(t)e^{\frac{-j2\pi n}{T}t}dt \quad (n=0,\pm1,\pm2,\cdots) \tag{2.13}$$

【例 2.3】 幅度为 A、宽度为 τ、周期为 T 的矩形脉冲序列，如图 2.16a 所示，将其用指数傅里叶级数展开。

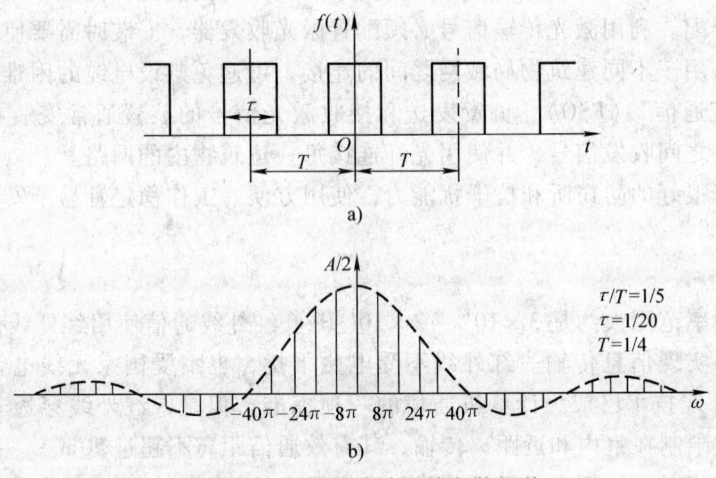

图 2.16 周期性脉冲及其离散频谱

a）周期性脉冲序列 b）幅度频谱

解 在一个周期内，$f(t)$ 可表示为

$$f(t)=\begin{cases}A & -\tau/2<t<\tau/2\\0 & 其他\end{cases}$$

利用式（2.13），并令 $\omega_0=2\pi/T$，有

$$F_n=\frac{1}{T}\int_{-\tau/2}^{\tau/2}Ae^{\frac{-j2\pi n}{T}t}dt=-\frac{A}{jn\omega_0 T}e^{-jn\omega_0 t}\Big|_{-\tau/2}^{\tau/2}=\frac{2A}{n\omega_0 T}\sin(n\omega_0\tau/2)$$

$$=\frac{A\tau}{T}S_a\ (n\omega_0\tau/2)$$

上式中利用了 $S_a(x)=\sin x/x$ 的形式。图 2.16b 中给出了 $\tau/T=1/5$ 的幅度频谱。

由【例 2.3】可以看出，给定周期信号 $f(t)$，就可以确定它的频谱；反之，利用式 (2.12) 也可以求出它所对应的时间函数。就是说，可以用这两种彼此等价的关系确定一个周期性信号。在时间域中，作为时间的函数定义 $f(t)$；在频率域中，按照它的频谱确定此信号。

一般来说，F_n 是一个复数，由 F_n 确定周期信号 $f(t)$ 的第 n 次谐波分量的幅度，它与频率之间的关系图形称为信号的幅度频谱。因为它不连续，仅存在于 ω_0 的整数倍处，故将这种频谱叫离散频谱。

对于非周期性信号，不能用傅里叶级数直接表示，但非周期性信号可看做是周期 $T\to\infty$ 时的周期性信号。这时，非周期性信号的级数形式

$$f(t)=\frac{1}{2\pi}\int_{-\infty}^{\infty}F(\omega)\mathrm{e}^{\mathrm{j}\omega t}\mathrm{d}\omega \tag{2.14}$$

和

$$F(\omega)=\int_{-\infty}^{\infty}f(t)\mathrm{e}^{-\mathrm{j}\omega t}\mathrm{d}t \tag{2.15}$$

这就是在整个区间（$-\infty<t<\infty$）内由指数函数来表示非周期函数的表达式，也称为傅里叶变换式。通常把 $F(\omega)$ 叫做 $f(t)$ 的频谱密度函数，简称频谱。信号 $f(t)$ 与其频谱 $F(\omega)$ 一一对应。也就是说，$f(t)$ 给定后，$F(\omega)$ 便是确定的；反之亦然。因此，信号既可以用时间函数来描述，也可以用它的频谱 $F(\omega)$ 来描述。傅里叶变换提供了信号在频率域和时间域之间的相互变换关系。习惯上，由 $f(t)$ 去求 $F(\omega)$ 的过程叫做傅里叶正变换，而由 $F(\omega)$ 去求 $f(t)$ 的过程称为傅里叶反变换。信号 $f(t)$ 与其频谱 $F(\omega)$ 组成傅里叶变换对，记作

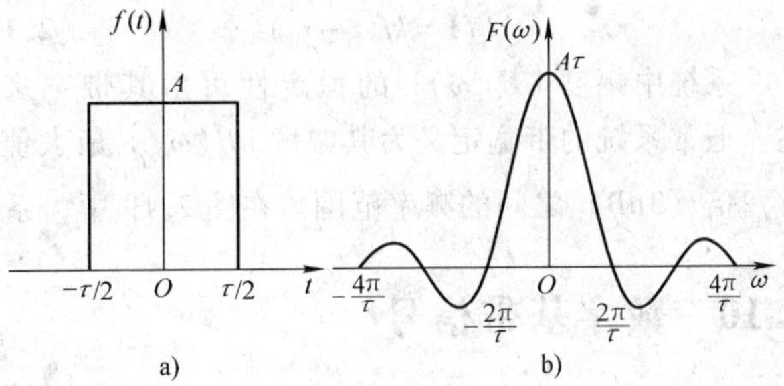

图 2.17　矩形脉冲波形及其频谱

a）矩形脉冲　b）频谱

$$f(t)\leftrightarrow F(\omega) \tag{2.16}$$

【例 2.4】　求图 2.17a 所示矩形脉冲的频谱。

解　利用式（2.15）

$$F(\omega)=\int_{-\tau/2}^{\tau/2}A\mathrm{e}^{-\mathrm{j}\omega t}\mathrm{d}t=A\left.\frac{\mathrm{e}^{-\mathrm{j}\omega t}}{-\mathrm{j}\omega}\right|_{-\tau/2}^{\tau/2}=A\tau\frac{\sin(\omega\tau/2)}{\omega\tau/2}=A\tau S_{\mathrm{a}}(\omega\tau/2)$$

其曲线如图 2.17b 所示。

2.9.2　信号通过线性系统的传输

在线性非时变系统中，叠加原理是成立的。就是说，当有几个信号同时加到系统输入端时，它的输出等于各个信号单独作用时所引起的响应之和。对于图 2.18 所示系统，输入信号 $f(t)$ 引起响应信号 $r(t)$，若

$$f(t)\leftrightarrow F(\omega),h(t)\leftrightarrow H(\omega),r(t)\leftrightarrow R(\omega)$$

可得

$$R(\omega)=F(\omega)H(\omega) \tag{2.17}$$

$H(\omega)$ 称为系统的传输函数。

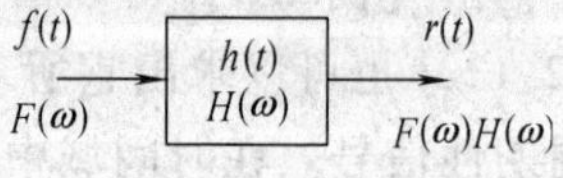

对于给定系统，这就是依据系统的特性处理信号 $f(t)$。输入信号的频谱函数为 $F(\omega)$，响应的频谱函数是 $F(\omega)H(\omega)$。由此可见，系统改变了输入信号的频谱特性。当信号通过系统时，一些频率分量被增强，而另一些频率分量被衰减，还有一些频率分量没有改变。这种改变按照传输函数 $H(\omega)$ 来实现。此传输函数表示系统对不同频率分量的响应。所以，当输入信号的频谱为 $F(\omega)$，系统的传输函数为 $H(\omega)$，则响应的频谱函数便是 $F(\omega)H(\omega)$。

$f(t)$ $F(\omega)$ → $h(t)$ $H(\omega)$ → $r(t)$ $F(\omega)H(\omega)$

图 2.18 系统输入与响应的关系

为了使信号无失真地传输，系统必须均等地衰减所有频率分量，即 $H(\omega)$ 对所有频率应具有恒定的幅度，若 $H(\omega)$ 特性不理想，即意味着信号经过系统传输后，各个频率分量获得的增益不同，时域的信号波形就会产生畸变，即波形失真。无失真传输即要求响应要与输入信号波形完全相同，但幅度可以不同，响应也可以存在着一定时延。因此说，当响应为 $kf(t-t_0)$ 时，则信号 $f(t)$ 就是无失真传输。这里响应的幅度是原信号的 k 倍，并在时间上延迟了 t_0。由此可得到无失真传输所要求的响应为

$$r(t)=kf(t-t_0) \tag{2.18}$$

系统中幅度 $|H(\omega)|$ 的恒定性可由其带宽来表述。通常系统的带宽定义为其幅度 $|H(\omega)|$ 最大值的 $1/\sqrt{2}$倍（3dB）之间的频率范围。在图 2.19 中，系统的带宽就是 $\omega_2-\omega_1$。

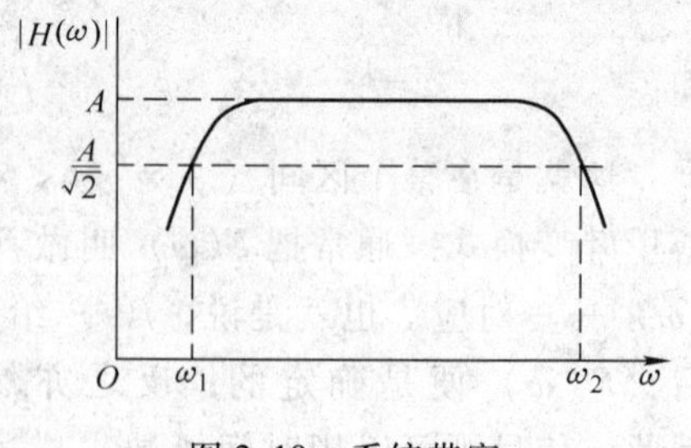

图 2.19 系统带宽

2.10 数字基带信号

基带信号可以直接传输，传输基带信号的系统称为基带传输系统。随着数字技术的发展，数字基带信号应用越来越广泛，因此，数字基带信号的传输也越来越普遍。很多信源都是模拟的，要使模拟信号在数字信道中传输，就必须先把模拟信号转变为数字信号。

把一个模拟信号转变为数字信号，首先，需要将连续变化的模拟信号进行离散化处理，包括时间上的离散化和幅度上的离散化。所谓离散化就是把连续变化的模拟量使用有限的数值表示的过程。

2.10.1 模拟信号数字化

模拟信号数字化的理论基础是采样定理。采样定理研究的是一个时间连续的模拟信号，经过采样变成时间上离散的序列后，可由时间离散样值不失真地恢复原来的模拟信号的问题。也就是说，传输一个时间连续的模拟信号，可以变为只传输有限信号样值的离散信号，原来的信号仍能被正确恢复。

基带信号是一种低通信号，低通带限信号的采样定理：如果一个最高频率为 f_m 的低通带限信号 $f(t)$，当以采样频率 $f_s \geq 2f_m$ 对其采样时，所获得的采样信号 $f_s(t)$ 包含有 $f(t)$ 的全部信息。

如果采样瞬间是等间隔的，则上述定理称为低通带限信号的均匀采样定理。f_s 称为采样频率，T_s 称为采样间隔或周期，二者的关系是 $f_s=1/T_s$。其中最大采样间隔 $T_s=1/2f_m$ 称为

奈奎斯特间隔，最小采样频率 $f_s = 2f_m$ 称为奈奎斯特频率。所谓奈奎斯特间隔就是能够唯一确定低通带限信号 $f(t)$ 的最大时间间隔；所谓奈奎斯特频率就是能够唯一确定低通带限信号 $f(t)$ 的最小采样频率。

由低通带限信号的采样定理可知，当被采样信号 $f(t)$ 的最高频率为 f_m，则 $f(t)$ 的全部信息包含在采样间隔 T_s 不大于 $1/(2f_m)$ 的均匀采样值里。这表明，在信号最高频率分量的每一周期内，起码要采样两次。

理论上，理想的采样频率为低通带限信号最高频率的两倍，即 $2f_m$。如果采样频率 $f_s \leqslant 2f_m$，则无法保证由采样信号无失真地恢复原信号；如果采样频率 f_s 远大于 $2f_m$，则所得到的采样信号将包含大量冗余信息。因此，在实际工程应用中，考虑到信号往往不会严格带限，为了避免失真，通常取采样频率取为 (2.5 ~ 5) f_m。例如，话音信号带宽通常限制在 3.3kHz 左右，而采样频率通常选择为 8kHz。

依据采样定理，将一个连续变化的模拟信号可以变为一个在时间上离散的信号，如图 2.20 所示。称该过程为脉冲振幅调制（PAM）。这种信号在时间上虽然是离散的，但在幅度上其变化仍是连续的（模拟的）。所以采样就是对模拟信号在时间上的离散化处理过程，即把一个时间上和幅度上都连续的模拟信号变换为在时间上离散、幅度上连续的信号的过程。

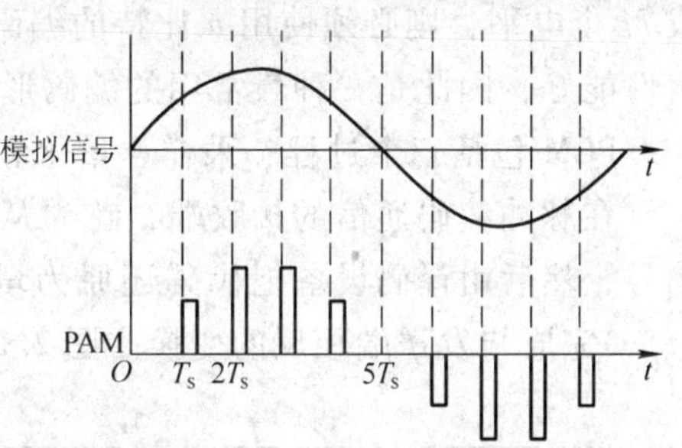

图 2.20　脉冲振幅调制

2.10.2　脉冲编码调制

随着数字技术发展和计算机的广泛应用，数字传输的优越性日益明显。因此，脉冲编码调制（PCM）技术受到了广泛重视。PCM 的优点是抗干扰性强，失真小，传输性能稳定，远距离再生中继时可消除累积噪声，而且可以采用有效编码、纠错编码和保密编码来提高通信的有效性、可靠性和保密性。同时，数字信号易于存储和处理。PCM 能把各种消息信号（声音、图像、数据等）都变换成数字信号进行传输，能很好地适应现代通信的要求。PCM 的缺点是传输带宽宽，系统较复杂。但是，随着数字技术的发展，这些缺点已不重要。因此，PCM 已成为一种非常重要的通信方式。

1. 基本原理

脉冲编码调制是把模拟信号变换为数字信号的一种编码方式，脉冲编码调制过程波形变化如图 2.21 所示。

首先对连续信号进行采样形成 PAM 信号。由

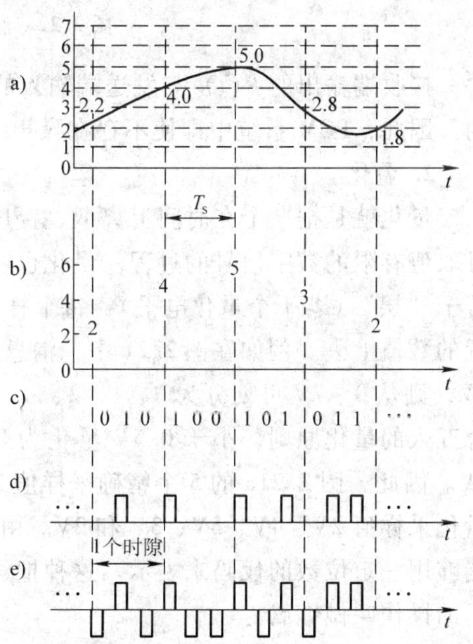

图 2.21　脉码调制过程的波形图

a）连续信号波形及其采样值　b）采样量化值

c）二进制编码　d）单极性编码波形

e）双极性编码波形

于 PAM 信号只在时间上是离散的，但它的每个采样却是模拟值，因而无法用代码表示。为了用代码表示，需要将每个样值用幅度上离散的值来近似。这种将模拟值变为离散值的过程叫做量化。

在脉冲编码调制中最常采用的是二进制编码。对于单极性编码，用有脉冲代表“1”，无脉冲代表“0”，如图 2.21d 所示。对于双极性 PCM，用正脉冲代表“1”，用负脉冲代表“0”，如图 2.21e 所示。因此，一个二进制码组是一组有限的“0”“1”脉冲组合，其中每一位脉冲叫做 1 比特。一个含有 n 个比特的码组，它所能表示的量化电平数

$$M=2^n \tag{2.19}$$

可见，对于八个量化电平只需 3 位（$n=3$）二进制编码就够了。如果一个信号被量化成 M 个电平，则必须使用 n 比特的编码，使得 $2^n \geqslant M$。由于二进制 PCM 便于处理，且抗噪声性能好，因此是一种最常用的编码形式。

PCM 包括三个过程：采样、量化和编码，其功能是实现连续信号数字化。

在脉冲编码通信的接收端，首先从受噪声干扰的波形中检测和再生，恢复原来的 PCM 信号，然后由译码设备把代码还原为量化的采样值。最后经过低通滤波器恢复连续信号 $f'(t)$，完成与发送端相反的变换。图 2.22 是脉冲编码调制系统原理图。

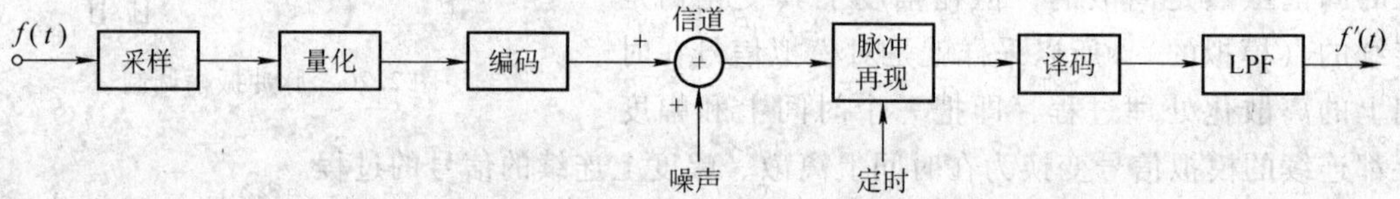

图 2.22 脉冲编码调制系统原理图

接收端输出的 $f'(t)$ 与发送端输入的 $f(t)$ 是有差别的，这种差别是由于量化过程引起的。因此，PCM 系统中即使不存在噪声，接收端也不能精确地恢复原消息信号。

2. 量化

量化就是把一个在时间上离散、幅度上连续的信号变换成在时间上离散、幅度上也离散且取值有限的数字信号的过程。量化也叫分层，其方法是将消息信号样值的变化范围划分成若干“层”（若干个量化电平），每个样值都采用四舍五入或者舍去的方法归并到某一最接近的数值上去。例如在图 2.21 中，消息信号 $f(t)$ 落在 0 ~ 7V 范围内。若取量化电平间隔为 1V，则从 0 ~ 7V 可划分为 0、1、2、…、7 共 8 个量化电平，即量化电平数 $M=8$。按照四舍五入的量化原则，小于 0.5V 量化为 0V，0.5 ~ 1.5V 量化为 1V，…，大于 6.5V 量化为 7V。因此，图 2.21a 的 5 个精确采样值 2.2V、4.0V、5.0V、2.8V 和 1.8V 分别转换为 5 个量化采样值 2V、4V、5V、3V 和 2V。由于量化电平数目是有限的，所以对每一个量化电平能够用一定位数的代码来表示。这种把经量化后的样值进一步变换为表示量化电平大小的代码的操作叫做编码。

几个需要说明的概念：

1）量化范围：是指信号的采样值的变化范围，一般用信号幅度的最大值与最小值的差值来定义。

2）量化值：是指模拟信号采样值量化后的数值，为有限个离散电平。

3）量化级：是指量化值的个数，即前面所说的“层”，可用 M 来表示。

4）量化间隔，也叫量化阶距，是指两个相邻量化电平之差，如用Δ来表示。

根据被量化的输出信号$u_o(t)$与原输入信号$u_i(t)$之间的关系，即量化分层的方法不同，可分为均匀量化和非均匀量化。

3. 均匀量化

均匀量化的量化间隔是固定不变的，与输入的信号的大小无关。把输入信号的取值范围按等间隔来划分，得到的量化阶距是相等的，这种量化称是均匀量化，如图2.23所示。

图2.23a所示的阶梯波形中的一个台阶的高度就是一个量化阶距。图2.23b所示为量化误差。当信号被量化后，量化电平对于接收端来说是已知的，所以只要噪声和失真不太大，接收端就能够判别出发送信号幅度电平，因而离散的量化样值可以得到恢复。这样，就消除了传输中噪声和失真的影响，从而可以通过再生中继实现远距离传输，而不会使信号进一步恶化。但由于量化，信号只能取有限个量化电平，因此量化过程不可避免地要造成误差，即将精确样值舍入到最接近的量化电平的过程中产生的误差。这种误差在接收端无论用什么办法都不能消除。这种误差叫做量化误差，由量化误差产生的噪声叫做量化噪声。量化噪声的幅度与量化阶距有关，而量化阶距与量化级成反比关系。假如信号的动态范围为L，量化级数为M，量化阶距用Δ表示，它们之间的关系为

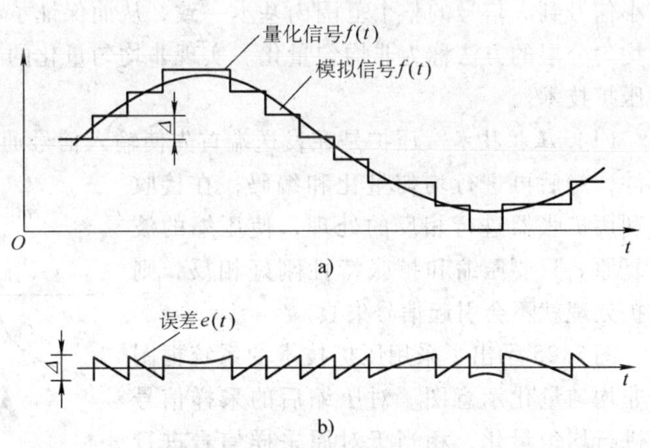

图2.23　均匀量化波形及量化误差

a）模拟信号$f(t)$和量化信号$f'(t)$波形　b）量化误差

$$L=(M-1)\Delta \qquad (2.20)$$

所以

$$\Delta=L/(M-1) \qquad (2.21)$$

均匀量化的量化阶距Δ是一个常数，它不随信号幅度的变化而变化。量化噪声幅度的最大值是0.5Δ，通过减小量化阶距Δ，可以降低均匀量化的量化噪声。

【例2.5】　已知某信号$f(t)=3+4\cos(20\pi t)$ V，若采用11级均匀量化，试求其量化阶距Δ和最大量化误差。

解　由信号表达式可以看出，该信号的动态范围为［-1，7］，量化范围$L=7-(-1)\text{V}=8\text{V}$，量化级$M=11$，代入式（2.21），得

$$\Delta=L/(N-1)=8/(11-1)\text{V}=0.8(\text{V})$$

最大量化误差

$$0.5\Delta=0.5\times0.8\text{V}=0.4\text{V}$$

4. 非均匀量化

在均匀量化中，量化误差的最大瞬时值等于量化阶距的一半。这样，量化噪声对大小信号的影响是不一样的。所谓大信号，就是其幅度比较大；而小信号，就是其幅度比较小。所以信号电平越低，信噪比越小。例如，量化阶距为0.1V时，最大量化误差为0.05V。信号幅度为5V时，误差为1%；信号幅度为0.5V时，误差就达10%。所以，同样强度的量化

噪声对小信号的影响要比对大信号的影响大得多，使得小信号的信噪比大大降低。为了使小信号的信噪比满足要求，必须将分层数目 M 增加，因而使编码位数增大，使编码复杂，传输带宽增加。

为了使大信号和小信号的信噪比接近，同时又不增加量化级数，就需要对大信号和小信号采用不同的量化阶距，即让量化阶距跟随输入信号电平的大小而改变。对于小信号分层细一些，对大信号分层粗一些。在量化级数不变的前提下，这样就使输入信号与量化噪声之比在小信号到大信号的整个范围内基本一致，从而保证了小信号时的量化噪声性能。这种采用非均匀分层的方法称为非均匀量化。实现非均匀量化的一种有效方法是压缩与扩张技术，简称压扩技术。

(1) *压扩技术*　压扩是在发送端首先使输入信号通过一个具有图 2.24 所示压缩特性的部件，然后再进行均匀量化和编码；在接收端利用扩张器进行相反的处理，使压缩的波形复原。只要压缩和扩张特性刚好相反，则压扩处理就不会引起信号失真。

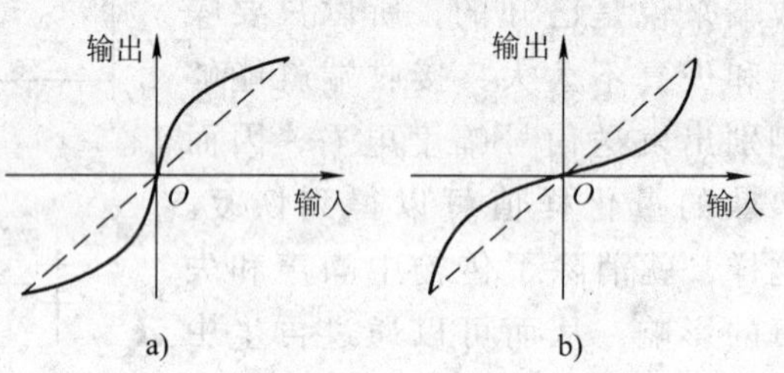

图 2.24　压缩和扩张特性曲线
a) 压缩　b) 扩张

图 2.25 示出了采用压扩技术的系统框图和非均匀量化示意图。对压缩后的采样信号再进行均匀量化，相当于对原采样信号进行了非均匀量化。对均匀量化后的输出进行编码，然后送入信道进行传输，接收端收到信号后先进行译码，然后经过扩张恢复出原来的信号。

图 2.25b 示出了压扩器的非线性特性。压缩器的特点是对大信号进行压缩而对小信号进行扩张。由于小信号的幅度得到较大的扩张，从而使小信号的信噪比得到了改善。扩张器的特性与压缩器相反，对大信号进行扩张，对小信号进行压缩。在接收端，它把译码后的信号

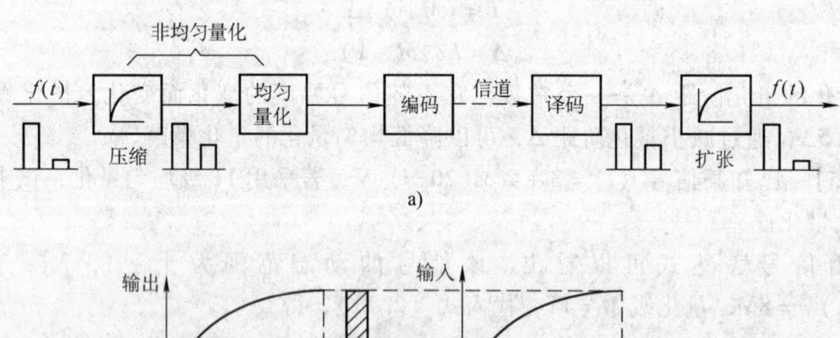

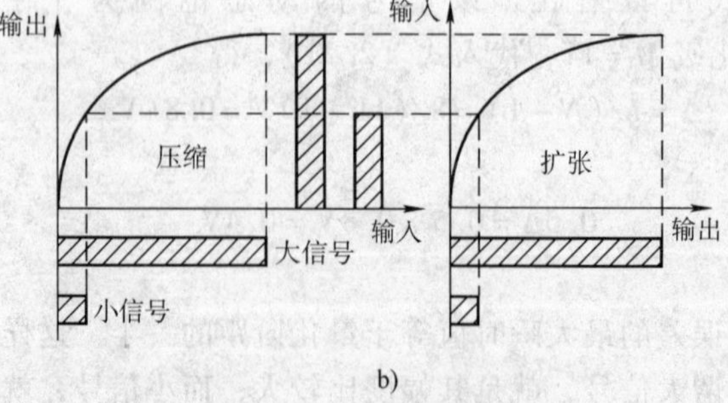

图 2.25　采用压扩技术的系统框图及压扩特性示意图
a) 系统框图　b) 压扩特性

进行扩张处理，使信号得到复原。采用压扩技术后，用7位编码就能把低电平的量化噪声控制在均匀量化11位编码的水平。

目前，世界上通用的压缩特性有两种：μ律和A律。

(2) *数字压扩* 对于压扩特性，要求扩张特性与压缩特性严格互逆，这用模拟器件实现是比较困难的。随着数字技术的发展，可利用数字电路形成许多折线来近似非线性压缩曲线。实际中应用最广泛的是13折线A律（$A=87.6$）压缩特性和15折线μ律（$\mu=255$）压缩特性。

15折线μ律主要用于美国、加拿大和日本等国的PCM24路基群中。13折线A律主要用于欧洲各国的PCM30/32路基群中。我国的PCM30/32路基群也采用A律13折线压缩特性。国际电信联盟ITU-T建议上述两种折线压缩律为国际标准，且在国际通信中都一致采用A律。下面以A律13折线法为例说明数字压扩技术的基本原理。

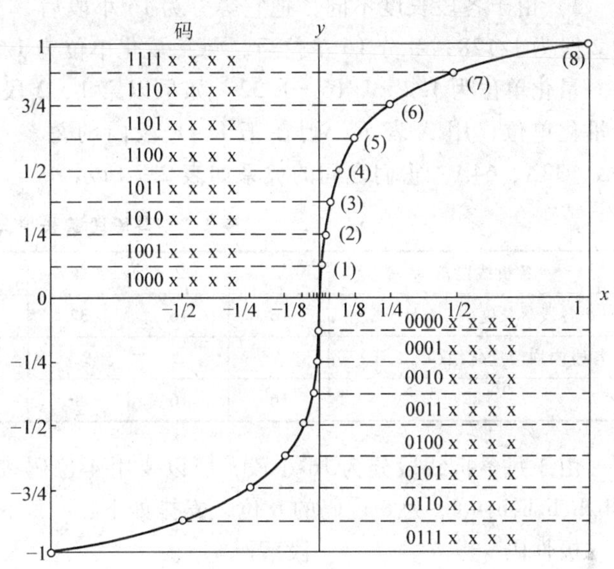

图2.26 A律13折线压缩特性及编码示意图

图2.26为近似A律13折线压缩曲线。图中x和y分别表示归一化输入和输出信号幅度。在第一象限，将x轴的区间（0，1）不均匀地分为8段，分段的规律是自右向左每次以1/2取段。然后，每段再均匀地分为16等份，每一等份作为一个量化分层。于是在0～1范围共有$8\times16=128$个量化层。但各段上的阶距是不均匀的。同样，将y轴在区间（0，1）也分为8段，但每段是均匀的。每段再等分为16等份。所以，y轴0～1范围也被分为128个量化层，只不过它们是均匀的。从0开始，各段端点的坐标如表2.6所示。

表2.6 A律13折线各线段坐标

序号	0	1	2	3	4	5	6	7	8
x	0	1/128	1/64	1/32	1/16	1/8	1/4	1/2	1
y	0	1/8	2/8	3/8	4/8	5/8	6/8	7/8	1

最后将x轴和y轴相应段的交点连接起来，得到8个折线段。由于第1、2段折线斜率相等，故可连成一条直线。因此实际得到7段不同斜率的折线。再考虑到原点上下各有7段折线，负方向的1、2段与正方向的1、2段斜率相同，可连在一起作为一段，于是共得到13段折线。

5. 编码

量化信号可以编码成各种各样的编码信号，它是PCM基带信号。PCM编码信号的形式通常采用二进制，二进制编码实现容易，抗噪声性能好，因此介绍PCM信号的二进制编码。

(1) 码位选择与安排　对于 A 律 13 折线特性可用 8 位编码表示，这是一种非线性编码，这 8 位码的安排如下：

1）信号样值的极性用一位码表示，正极性用“1”表示，负极性用“0”表示，这一位码叫做极性码。

2）A 律 13 折线有 8 大段落，各段的长度不等。第 1 段和第 2 段的归一化长度最短，只有 1/128；第 8 段的归一化长度最长，为 1/2。为了表示信号样值属于哪一段，要用 3 位码表示，这 3 位码叫段落码。且每一段的起始电平也不相同，第 1 段为 0，第 2 段为 16 等，因此用这 3 位段落码既表示不同的段，也表示各段不同的起点电平。

3）由于各段长度不同，把它等分为 16 小段后，每一小段的量化单位也不同。第 1 段和第 2 段为 1/128；等分 16 单位后，每一量化单位为 $1/128 \times 1/16 = 1/2048$；而第 8 段为 1/2，每一量化单位为 $1/2 \times 1/16 = 1/32$。如果以第 1、2 段中的每一小段（1/2048）作为一个最小量化单位，用 Δ 表示，则在第 1 ~ 8 段内的每一小段依次应为 1Δ、1Δ、2Δ、4Δ、8Δ、16Δ、32Δ、64Δ，它们之间的关系如表 2.7 所示。

表 2.7　各段段落长度与斜率

各折线段落	1	2	3	4	5	6	7	8
各段落长度（以 Δ 计）	16	16	32	64	128	256	512	1024
各段内均匀量化级（以 Δ 计）	Δ	Δ	2Δ	4Δ	8Δ	16Δ	32Δ	64Δ
斜率	16	16	8	4	2	1	1/2	1/4

由于每条折线段分为 16 小段，所以要用 4 位码表示所在小段。这 4 位码叫段内码。设 $b_7b_6b_5b_4b_3b_2b_1b_0$ 为 8 位码的 8 位，安排如下：

极性码	段落码	段内码
b_7	$b_6b_5b_4$	$b_3b_2b_1b_0$

根据这种安排，段落码及段内码所对应的段落及电平值如表 2.8 所示。非线性编码的 8 位码可描述的信号动态范围为 $-2048\Delta \sim +2048\Delta$，它与 12 位线性编码的动态范围相同。

表 2.8　段落电平关系表

段落序号	段 b_6	落 b_5	码 b_4	段落起点电平（Δ）	段内码对应电平（Δ） b_3	b_2	b_1	b_0	段落长度（Δ）
1	0	0	0	0	8	4	2	1	16
2	0	0	1	16	8	4	2	1	16
3	0	1	0	32	16	8	4	2	32
4	0	1	1	64	32	16	8	4	64
5	1	0	0	128	64	32	16	8	128
6	1	0	1	256	128	64	32	16	256
7	1	1	0	512	256	128	64	32	512
8	1	1	1	1024	512	256	128	64	1024

【例 2.6】　设 PCM 非线性编码的 8 位码为 11110011，它所对应的量化电平为多少？

解　$b_7 = 1$，说明样值为正极性。段落码为 111，表明在第 8 段。段落起点电平为 1024Δ。段内码 0011，段内电平为 $(128+64)\Delta = 192\Delta$，故该 8 位码所代表的信号采样量化值为 $(1024+192)\Delta = 1216\Delta$。

【例2.7】 设某信号采样量化电平为843Δ，若进行PCM非线性编码，试求编码码组。

解 由于量化电平843Δ为正，所以极性码 $b_7=1$。$512\Delta \leqslant 843\Delta \leqslant 1024\Delta$，由表2.8知，该量化电平位于第7段，于是段落码 $b_6b_5b_4=110$。$843\Delta-512\Delta=331\Delta$，$256\Delta \leqslant 331\Delta$，所以 $b_3=1$。$331\Delta-256\Delta=75\Delta$，$64\Delta \leqslant 75\Delta \leqslant 128\Delta$，所以 $b_2=0$，$b_1=1$，$b_0=0$。于是得编码码组11101010。

843Δ的信号编码为11101010。在译码时，是根据编码所代表的量化电平恢复信号的采样值。由表2.8可知，该编码的译码量化电平为 $(512+256+64)\Delta=832\Delta$。对此，译码产生了 $(843-832)\Delta=11\Delta$ 的误差。

（2）常用编码 在PCM中广泛使用的二进制编码有：自然二进制码；格雷二进制码；折叠二进制码。表2.9列出量化电平数为16时的这三种编码。

表2.9 三种编码

电平极性	量化电平	量化级	自然二进制码	格雷二进制码	折叠二进制码
正极性	+7.5	15	1111	1000	1111
	+6.5	14	1110	1001	1110
	+5.5	13	1101	1011	1101
	+4.5	12	1100	1010	1100
	+3.5	11	1011	1110	1011
	+2.5	10	1010	1111	1010
	+1.5	9	1001	1101	1001
	+0.5	8	1000	1100	1000
负极性	-0.5	7	0111	0100	0000
	-1.5	6	0110	0101	0001
	-2.5	5	0101	0111	0010
	-3.5	4	0100	0110	0011
	-4.5	3	0011	0010	0100
	-5.5	2	0010	0011	0101
	-6.5	1	0001	0001	0110
	-7.5	0	0000	0000	0111

2.10.3 数字基带信号的传输编码

在实际基带传输系统中，并非所有原始基带数字信号都能在信道中直接传输。例如，原始基带信号含有直流和丰富的低频成分；不便于提取同步信息；易于形成码间串扰等，这些都不适合在信道中直接传输。为了在传输信道中获得优良的传输特性以及接收端再生恢复数字信号，一般要将基带数字信号变换为适应于信道传输特性的码型。

数字基带信号的传输码型很多，图2.27是几种最常用的编码。

1. 单极性非归零码

单极性非归零（NRZ）码如图2.27a所示。用高电平表示“1”，用零电平表示“0”。这是一种最简单的编码方式，但有如下缺点：

1）含有直流和大量低频分量，不适合于在低频特性较差的信道中传输。

2）接收单极性码的判决电平一般应取高电平的一半，由于信道衰减特性以及噪声对接收波形振幅和宽度的影响，判决电平很难稳定在最佳值，因而抗噪声性能较差。

3）单极性非归零码不含有同步信息，不能直接提取同步信号。

基于以上原因，单极性非归零码只适用于设备内部以及短距离传输。

2. 双极性非归零码

双极性非归零（NRZ）码如图 2.27b 所示。用正电平表示“1”，用负电平表示“0”，与单极性 NRZ 码相比，双极性 NRZ 码有如下优点：

1）当“1”和“0”等概率时不含直流分量。

2）接收双极性非归零码时判决电平为 0，容易设置并且稳定，因此抗噪声性能好。

因此双极性码应用广泛，常用于低速数据传输。

双极性非归零码的主要缺点：

1）不能直接提取同步信号。

2）“1”、“0”不等概率时，仍含有直流分量。

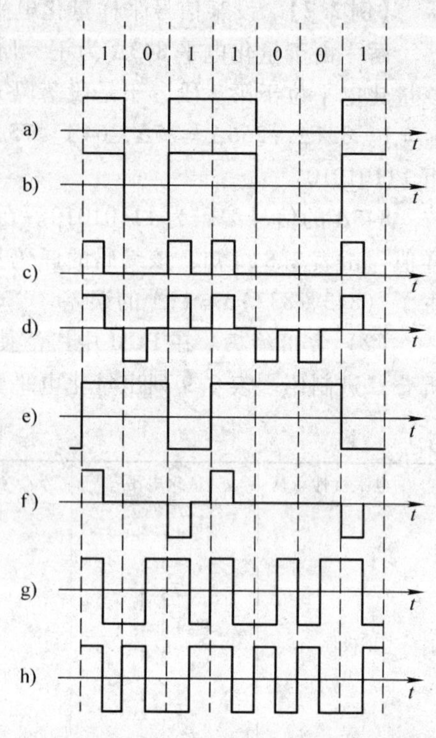

图 2.27　几种常用二进制编码

a）单极性（NRZ）码　b）双极性（NRZ）码　c）单极性归零（RZ）码　d）双极性归零（RZ）码　e）差分码　f）AMI 码　g）曼彻斯特码　h）差分曼彻斯特码

3. 单极性归零码

单极性归零（RZ）码如图 2.27c 所示。和单极性 NRZ 码一样，也是用高电平表示“1”，用低电平表示“0”，但不同的是脉冲持续时间比码元宽度窄，即还没到一个码元的终止时刻就回到零值，因此称为单极性归零码。脉冲持续时间 τ 与码元宽度 T 之比 τ/T 叫占空比。单极性归零码仍具有单极性 NRZ 码的特点，但可以直接提取同步信号。此优点使得它成为其他码型提取同步信号所采用的一种过渡码型，即其他适合信道传输但不能直接提取同步信息的码型，可先变换为单极性归零码再提取同步信号。

4. 双极性归零码

双极性归零（RZ）码如图 2.27d 所示。用正电平表示“1”，用负电平表示“0”，构成原理与单极性归零码相同，即每个电平必须归零。因此，在接收端根据接收波形归于零电平便知道 1 比特的信息已接收完毕。可以认为，正负脉冲的前沿起了启动信号的作用，后沿起了终止信号的作用。因此收发之间无需特别定时，就可以保持比特同步。双极性归零码具有双极性码和归零码的双重优点，在实际中得到了广泛的应用。

5. 差分码

差分码如图 2.27e 所示。差分码也叫相对码，不是用脉冲的电平的高低或正负来代表二进制的“1”、“0”，而是用前后码元电平的相对极性变化来代表“1”、“0”。“1”差分码是利用相邻前后码元电平极性的改变表示“1”，不变表示“0”。而“0”差分码则是利用相邻前后码元电平极性的改变表示“0”，不变表示“1”。差分码的优点是：即使接收端收到的码元极性与发送端的完全相反，也能正确进行判决，所以差分码在数据传输中经常使用。

6. 交替极性码（AMI）

交替极性码如图 2.27f 所示。这种码名称较多，如平衡对称码、传号交替反转码等。这种码的编码规则是："0"用零电平表示，"1"交替地用正、负电平表示。这种码实际上是把二进制电平序列变为三电平序列，所以又称其为伪三进制码。交替极性码的优点是：

1）在"1"、"0"码不等概率条件下也无直流分量，且低频分量少，因此对具有交流耦合的传输信道来说，不易受到隔直特性的影响。

2）即使传输过程中所有电平极性都发生了反转，接收端也能正确判决。

3）接收端进行全波整流就可以变为单极性码，如果交替极性码是归零的，变为单极性归零码后就可以提取同步信息。

由于这些优点，所以它成为一种常用码型，在 PCM24 路数字通信中被采用。

7. 曼彻斯特码

曼彻斯特码如图 2.27g 所示。这种码型的编码规则是每个码元用两个连续极性相反的电平表示。例如"1"码用正、负电平表示，"0"码用负、正电平表示。该码型不论传输的"1"和"0"是否等概率，都不含有直流分量。同时这种码在连"1"和连"0"的情况下都能显示码元间隔，有利于接收端提取同步信号。

8. 差分曼彻斯特码

差分曼彻斯特码如图 2.27h 所示。这种码同时具有差分码和曼彻斯特码的特性。将曼彻斯特码中用绝对码表示的波形改为用差分码表示，便形成差分曼彻斯特码。这种码的优点是：当传输过程中所有电平都发生翻转，接收端也不会产生判决错误。它是目前 10Base-T 以太网中采用的传输码型。

9. *mBnB* 码

曼彻斯特码和差分曼彻斯特码已被某些局域网标准采用。这两种编码方式的缺点是：在每比特的持续时间内出现两次电平跳变，这种跳变意味着要达到 10Mbit/s 的数据速率，将使线路上信号状态变化 20M 次/s，即线路的传码率达 20MB。显然，这两种编码方式的编码效率只有 50%。对于高速局域网，若要达到 100Mbit/s 的数据速率，则要求线路要有 200MB 的传码率，这提高了对线路的要求。于是，人们又研究出了具有较高效率的 mBnB 编码方式。这种编码的原理是：把输入码流中每 m 比特分为一组，然后编码为 n 比特的码组，这里要求 m < n。4B/5B 编码就是一种 mBnB 编码方式，其编码如表 2.10 所示。

表 2.10　4B/5B 编码

数　据	4B	5B	数　据	4B	5B
0	0000	11110	8	1000	10010
1	0001	01001	9	1001	10011
2	0010	10100	10	1010	10110
3	0011	10101	11	1011	10111
4	0100	01010	12	1100	11010
5	0101	01011	13	1101	11011
6	0110	01110	14	1110	11100
7	0111	01111	15	1111	11101

由表 2.10 可见，4B/5B 编码实际上是用 5 比特码组来编码 4 比特的输入数据，这就是 4B/5B 编码名称的来由。这种编码方式的一个特点是，每个 5 比特的码组中"0"的个数不

多于3个，或者说“1”的个数不少于2个。由于一个5比特的码组中至少有2个“1”，这保证了在一个5比特的码组持续时间内至少有两次电平跳变，可供接收端用来提取位同步信息，而不至于出现长连“0”或长连“1”，以避免线路上电平长时间保持不变而丢掉位同步信息。另外，4B/5B编码的效率是80%，若要达到100Mbit/s数据传输速率，只要求线路的码元速率为125MB。4B/5B编码方法已广泛应用于100Mbit/s以太网和光线分布式接口FDDI中。

一种更高编码效率的编码方式是5B6B编码。5B6B编码时将输入码流中每5位编码为6位码组。在mBnB编码中，通常取n = m + 1。

10. 多进制码

上面介绍的都是二进制码。二进制码用得最多，但有时要用多进制码。图2.28分别画出两种四进制码的波形。其中图a只有0、1、2、3四个正电平，而图b是+3、+1、-1、-3四个正负电平。采用多进制码的目的是在码元速率一定时提高信息速率。

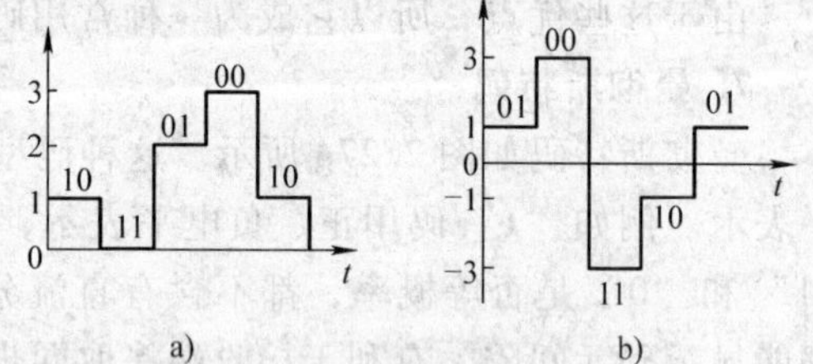

图2.28 两种四进制代码波形

a）单极性电平 b）双极性电平

2.11 数字基带传输系统

随着数字技术的发展，数字信号的基带传输应用越来越广泛，因此，本节讨论数字信号的基带传输。

基带脉冲序列通过系统传输时，由于系统带宽的限制，会使脉冲展宽，使其延伸到邻接时隙中去，对相邻码元产生影响，如图2.29所示。

当接收端在图示的各点进行采样时，以采样时刻确定的信号幅度为依据进行判决，来恢复原脉冲信号。若重叠到相邻时隙内的干扰太强，则可能引起判决错误。若相邻脉冲的拖尾叠加超过判决门限，则会使发送的“0”判为“1”。实际中有可能出现好几个邻近脉冲的拖尾叠加。这种脉冲重叠在接收端造成干扰称为码间串扰。

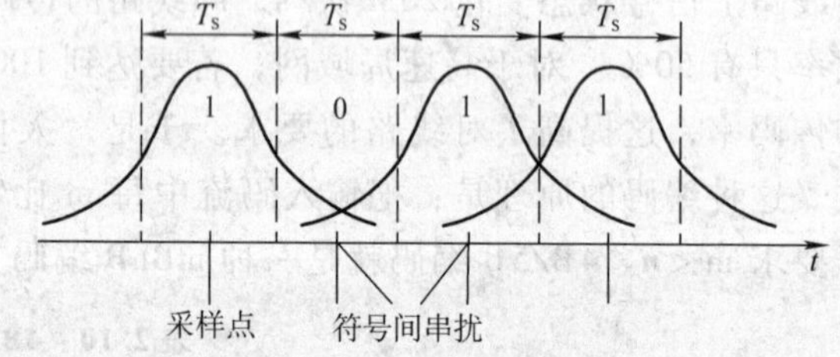

图2.29 码间串扰示意图

假定基带传输系统具有理想低通特性，其带宽为 W_C（截止角频率）。当单位冲激信号 $\delta(t)$ 通过理想低通系统时，其输出信号

$$y(t) = \frac{W_C}{\pi} S_a[W_C(t - t_d)] \tag{2.22}$$

式中 $(t - t_d)$ 代表信号经过理想低通系统后所产生的时间延迟。它在 $t = t_d$ 时使 $y(t)$ 达到最大值 W_C/π。如果用新的坐标 τ 代替 $(t - t_d)$，即坐标原点左移 t_d，则式（2.22）可写为

$$y(\tau) = \frac{W_C}{\pi} S_a(W_C \tau) \tag{2.23}$$

式中，$S_a(W_C\tau)$ 为采样函数，图形如图2.30所示。

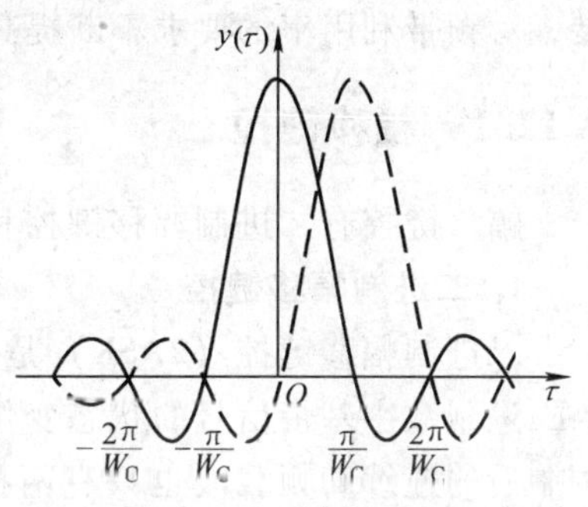

图2.30　理想LPF特性

由图2.30可见，理想低通系统的输出波形具有很长的拖尾，但幅度逐渐衰减且具有许多零点。输出波形的第一个零点出现在 $\tau=\pi/W_C$ 处，以后各零点的间隔都是 π/W_C。可利用这些波形的零点来传输数字信号，并得到最高传码率。若一系列信号通过理想低通系统，则其输出形成一系列图2.30所示的波形。由图可以看出，每个波形的最大幅度均相隔 π/W_C，且它们正好位于相邻波形的零点处。如果每隔 $\tau=\pi/W_C$ 逐点进行采样判决，则能正确地区分出各信号码元。这时，各信号码元的间隔为 π/W_C，因此每秒内能够传输信号码元的最大数目为 W_C/π，称为传码率，即 $R_B=W_C/\pi$。因为 $W_C=2\pi B$，其中 B 为理想低通系统的带宽（截止频率），也是基带传输系统的带宽，因此

$$R_B=2B \tag{2.24}$$

它的单位是波特，对二进制数字信号也可以用 bit/s 表示。有时把单位频带内的传码率叫做频带利用率。因此，当基带数字信号经过理想低通滤波器时，频带利用率为2波特/赫或 $2\text{bit}/(\text{s}\cdot\text{Hz}^{-1})$。通常将 $2B$ 波特的极限传码率（或单位频宽的传码率为2波特/赫）称为奈奎斯特速率，码元间隔 $1/(2B)$ 称为奈奎斯特间隔，而带宽 B 称为奈奎斯特带宽。

综上所述，当基带传输系统具有理想低通特性时，以截止频率两倍的速率传输数字信号，便能消除码间串扰，这称为奈奎斯特定理。

2.12　载波数字调制

在带通信道中，数字基带信号不能直接进行传输，需要将数字基带信号变换成适合信道传输的数字频带信号，然后再进行传输。用数字基带信号去控制高频载波的幅度、频率或相位，可以形成数字频带信号，这个过程称为数字调制。在接收端，从已调高频载波上将数字基带信号恢复出来，这个过程称为数字解调，它是数字调制的逆过程。

数字调制使用的高频载波是连续变化的正弦波，调制信号是时间和取值都离散的数字基带信号。数字信号的载波调制有三种方式：幅移键控（ASK）、频移键控（FSK）和相移键控（PSK）。

对于二进制数字调制，数字基带信号只有两个状态，因此载波参量变化也只能有两个状态。例如二进制幅移键控，载波只有两个幅度；二进制频移键控，载波只有两个频率；二进制相移键控，载波只有两个相位。对于多进制数字调制，数字基带信号有多个状态，因此载波参量变化也有多个状态。

在多进制系统中，一位多进制符号将代表若干位二进制符号。因此，在相同的传码率条件下，多进制数字系统的信息速率高于二进制系统。在二进制系统中，随着传码率的提高，所需信道带宽增加。采用多进制可降低码元速率，减小传输带宽。同时，加大码元宽度，可增加码元能量，有利于提高通信系统的可靠性。多进制数字调制分为多进制幅移键控（MASK）、多进制频移键控（MFSK）和多进制相移键控（MPSK）。随着数据通信技术的发

展，对频带利用率的要求不断提高，多进制数字调制系统的应用也越来越广泛。

2.12.1 幅移键控

幅移键控有二进制幅移键控和多进制幅移键控之分。

1. 二进制幅移键控

二进制幅移键控（2ASK）是用二进制数字基带信号控制高频载波的幅度，使其幅度按照二进制数字基带信号的状态变化。由于二进制数字信号只有“1”、“0”两种状态，因此调制后的连续高频载波也只有两种状态，即有载波输出或无载波输出。有载波输出时可表示传送“1”，无载波输出时可表示传送“0”。假定调制信号是单级性非归零的二进制矩形脉冲序列，“1”码时输出载波 $A\cos\omega_0 t$；“0”码时输出载波为 0。2ASK 信号波形表达式可写为

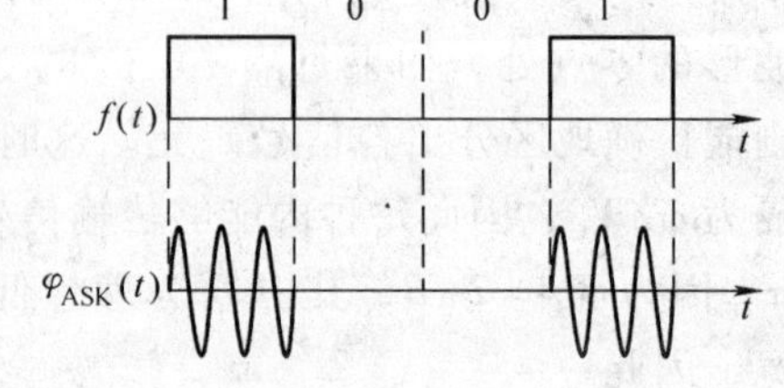

图 2.31　2ASK 信号波形

$$\varphi_{\mathrm{ASK}}(t)=\begin{cases}A\cos\omega_0 t & \text{“1”}\\ 0 & \text{“0”}\end{cases} \tag{2.25}$$

2ASK 信号的波形如图 2.31 所示。

2. 多进制幅移键控

在实际的数字通信系统中，常采用多进制幅移键控（MASK）来提高系统的频带利用率，实现信息的高速传输。MASK 的波形如图 2.32 所示。

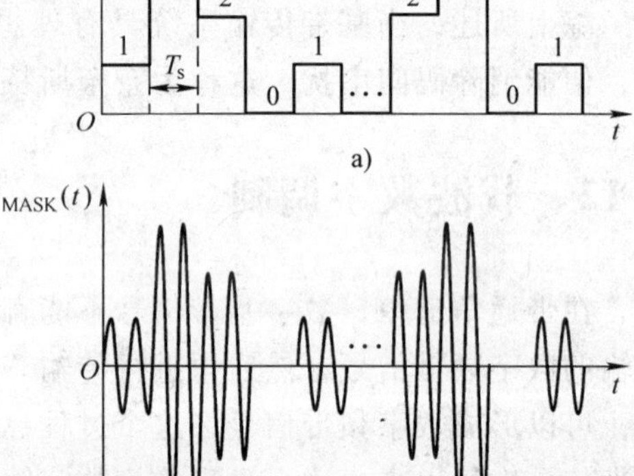

图 2.32　M 进制信号及 MASK 信号波形

a）M 进制信号　b）MASK 信号波形

2.12.2 频移键控

数字频率调制是用数字基带信号控制高频载波频率的一种数字调制方式。在发送端用不同频率的高频载波对应数字基带信号的不同状态，在接收端将不同频率的高频载波还原成基带数字信号的对应状态，从而完成解调。

1. 二进制频移键控

用二进制数字序列控制载波的频率称为二进制频移键控（2FSK）。例如“1”码用频率 f_1 来表示，“0”码用频率 f_2 来表示，其波形如图 2.33 所示。

2FSK 信号可表示为

$$\varphi_{\mathrm{FSK}}(t)=\begin{cases}A\cos\omega_1 t & \text{“1”}\\ A\cos\omega_2 t & \text{“0”}\end{cases} \tag{2.26}$$

两个载频之间的间隔称为频差 $\Delta\omega$，所以

$$\Delta\omega=|\omega_2-\omega_1| \tag{2.27}$$

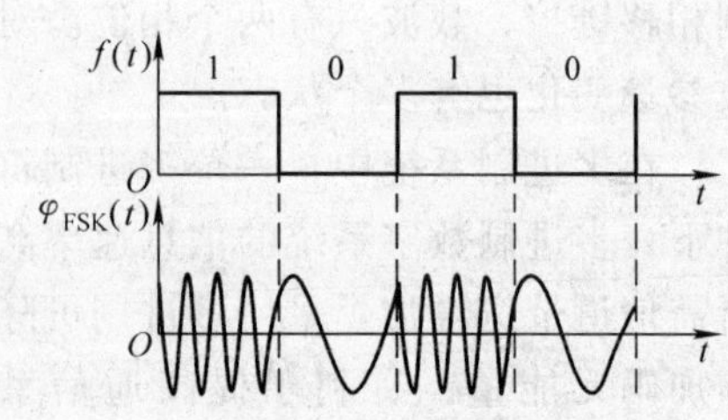

图 2.33　二进制信号及 2FSK 信号波形

两个载频的平均值即为 2FSK 信号的中心频率

ω_0，则

$$\omega_0 = \frac{\omega_1 + \omega_2}{2} \tag{2.28}$$

2FSK 信号是数据通信常用的一种调制方式，在模拟电话信道传输数据时，CCITT 建议当数据速率低于 1200bit/s 时使用 FSK 方式。

2. 多进制频移键控

多进制频移键控（MFSK）是用 M 个频率不同的正弦波分别代表多进制数字信号的 M 个状态，在某一码元时间内只发送其中一个频率，其波形表达式

$$\varphi_{\text{MFSK}}(t) = \begin{cases} A\cos\omega_1 t \\ A\cos\omega_2 t \\ \vdots \\ A\cos\omega_M t \end{cases} \tag{2.29}$$

MFSK 系统占用较宽的频带，频带利用率低，多用于调制速率不高的传输系统中。

2.12.3　相移键控

相移键控分为二进制相移键控和多进制相移键控。

1. 二进制相移键控

二进制相移键控（2PSK）是利用二进制数字基带信号控制连续高频载波的相位，使得高频载波的相位随着数字基带信号变化的一种调制方式。

二进制相移键控分为绝对调相和相对调相两种方式。绝对调相（PSK）利用载波初相位的绝对值来表示数字信号。例如，“1”码用载波的“0”相位表示，“0”码用载波的 π 相位表示，当然此规律亦可以相反用之。相对调相（DPSK）则是利用相邻码元载波相位的相对变化来表示数字信号。相对相位指本码元载波初相与前一码元载波终相的相位差。例如，“1”码载波相位变化 π，即与前一码元载波终相差 π，“0”码载波相位不变化，即与前一码元载波终相相同。相对调相又称为差分调相。图 2.34 示出了 2PSK 和 2DPSK 信号波形。

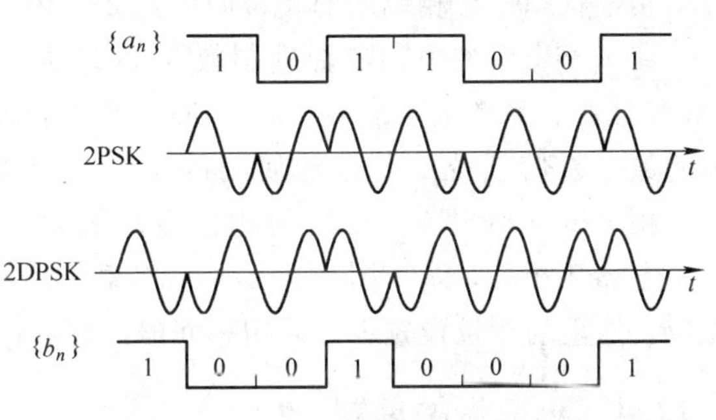

图 2.34　2PSK 和 2DPSK 信号波形

该 PSK 信号时间波形可表示为

$$\varphi_{\text{PSK}}(t) = \begin{cases} A\cos\omega_0 t & \text{“1”} \\ A\cos(\omega_0 t + \pi) & \text{“0”} \end{cases}$$

$$= \begin{cases} A\cos\omega_0 t & \text{“1”} \\ -A\cos\omega_0 t & \text{“0”} \end{cases} \tag{2.30}$$

图中 2PSK 信号用载波初始相位 0 表示“1”，初始相位 π 表示“0”。2DPSK 信号用载波相位变化 π（即与前一码元载波终相差 π）表示“1”，载波相位不变（即与前一码元载波终相相同）表示“0”。

若把 DPSK 波形作为 PSK 波形来看，它所对应的序列是 $\{b_n\}$。$\{b_n\}$ 是相对（差分）码，而 $\{a_n\}$ 是绝对码。2DPSK 信号对绝对码来说是相对相移键控，但对相对（差分）码来说是绝对相移键控。所以，将绝对码变换为相对（差分）码，再进行 PSK 调制，就可得到 DPSK 信号。

就波形本身而言，无论是 2PSK 信号还是 2DPSK 信号，它们应具有相同形式的表达式，所不同的是 2PSK 的调制信号是数字基带信号，而 2DPSK 的调制信号是原数字基带信号的相对（差分）码信号。

2. 多进制相移键控

在多进制相移键控（MPSK）中，用具有多个相位状态的正弦波来表示多进制数字基带信号的不同离散状态。根据 M 进制信号与二进制信号之间的关系：$M=2^k$，M 代表 k 位二进制码不同组合。因此，MPSK 信号载波的一个相位对应 k 位二进制信息码元。如果载波有 2^k 个相位，则它可代表 k 位二进制码元的 M 种组合的码组。多进制相移键控也分为多进制绝对相移键控（MPSK）和多进制相对（差分）相移键控（MDPSK）。

MPSK 信号的 M 个相位与其代表的 k 位二进制码元之间的对应关系称为相位配置，其中各相位的值都是相对于参考相位而言的。在相位配置中，通常取 0 相位作为参考相位。对绝对调相，参考相位为未调载波的初相；对相对（差分）调相，参考相位为前一码元载波的末相，正为超前，负为落后。相位配置形式采用等间隔的相位差来区分各个相位状态，M 相调制的相位间隔是 $2\pi/M$。

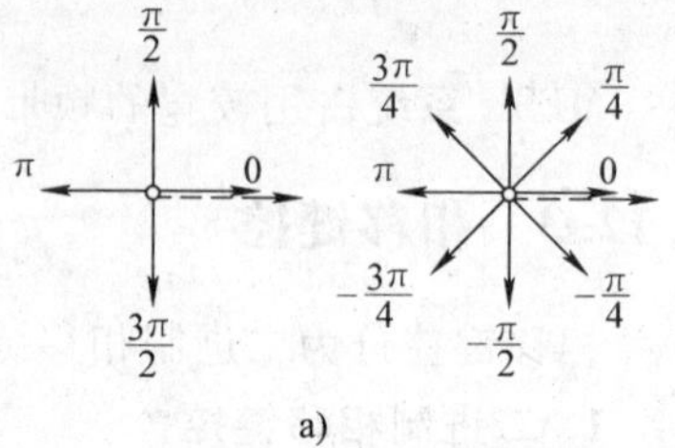

a)

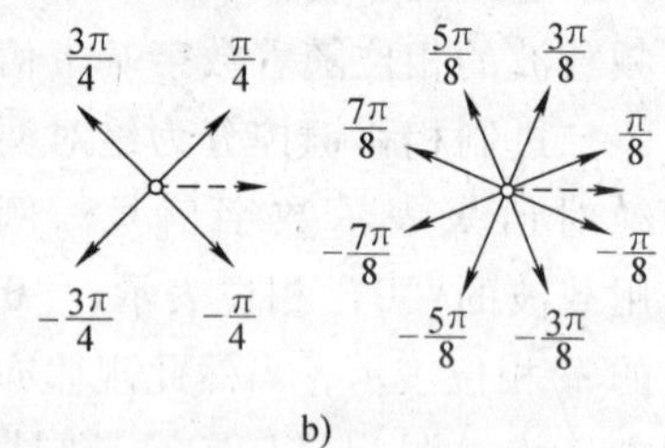

b)

图 2.35 相位配置

a）π/2 系统 b）π/4 系统

在 MPSK 系统中，随着进制数 M 的增大，相位间隔 $2\pi/M$ 减小，系统的可靠性下降，所以 M 不能太大。在实际的数字通信系统中，最常使用的是四相 PSK（4PSK）和八相 PSK（8PSK），它们的相位设置如图 2.35 所示，图 a 为 $\pi/2$ 相移系统，图 b 为 $\pi/4$ 相移系统，虚线为参考相位。这里的相位设置也是采用等间隔的形式。

2.12.4 正交振幅调制

2ASK 系统的频带利用率是 $1\text{bit}/(\text{s}\cdot\text{Hz}^{-1})$，若利用正交调制技术传输 ASK 信号，可使频带利用率提高一倍。如果再把多进制与其他技术结合起来，还可进一步提高频带利用率。能够实现这一目标的技术称为正交振幅调制（QAM）。QAM 是用两路基带信号对两个相互正交的同频载波进行抑制载波双边带调幅，利用这两种已调信号的频谱在同一带宽内的正交性，实现两路数字信号的并行传输。由于在同一频带内同时传输两路信号，所以频带利用率可以提高一倍。

该调制方式有二进制 QAM（4QAM）、四进制 QAM（16QAM）、八进制 QAM（64QAM）、…，对应的信号矢量端点分布图称为星座图，分别有 4、16、64、…个矢量端点，如图 2.36 所示，图 a 为 4QAM 星座图，图 b 为 16QAM 星座图，图 c 为 64QAM 星座图。信号状态和信号电平之间的关系是 $M=m^2$，其中 m 为基带信号电平数，M 为信号状态。对

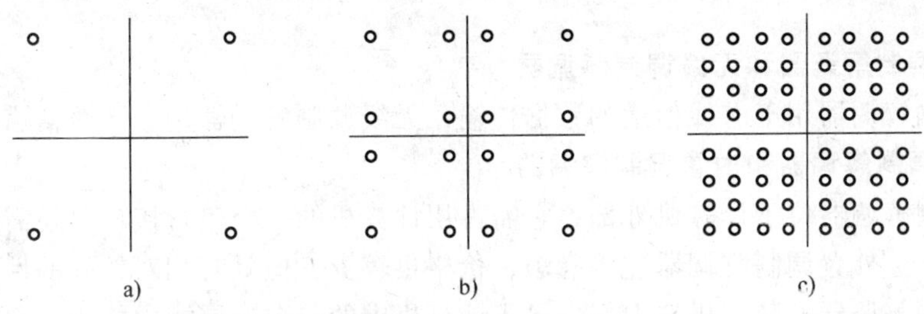

图 2.36 QAM 星座图
a) 4QAM b) 16QAM c) 64QAM

于4QAM，当两路信号幅度相等时，其产生、解调、性能及相位矢量均与4PSK相同。

通常，原始数字信号序列都是二进制的。为了形成多进制的QAM信号，需要将二进制信号序列转换成 M 进制信号，然后进行正交调制，最后再相加。两路 M 进制基带信号分别为 $x(t)$ 和 $y(t)$，则QAM信号可表示为

$$\varphi_{QAM}(t)=x(t)\cos\omega_0 t+y(t)\sin\omega_0 t \tag{2.31}$$

2.13 调制解调器

调制解调器（Modem）是为数字信号在具有有限带宽的模拟信道上进行远距离传输而设计的。调制解调器实际上是一个将数字信号转换为模拟信号并且再转换回数字信号的转发器，物理上位于计算机和模拟信道之间。在数据通信系统的发送端，调制解调器从一个串行数字接口（如RS-232）接收数字脉冲，并将它们转换为模拟已调信号，然后通过模拟信道传输。在接收端，调制解调器从信道接收模拟已调信号，并将它们再转换为数字脉冲，最后，传输到数字数据接口。

调制解调器可采用多种调制技术，如幅移键控（ASK）、频移键控（FSK）、相移键控（PSK）或正交幅度调制（QAM）等。

2.13.1 调制解调器的类型

调制解调器有多种类型，依据不同的分类方法，可以分为：同步调制解调器和异步调制解调器，有线调制解调器和无线调制解调器，外置调制解调器和内置调制解调器，硬件调制解调器和软件调制解调器，低速、中速和高速调制解调器以及单工、半双工和全双工调制解调器等。下面分别介绍这些类型的调制解调器。

1. 同步调制解调器和异步调制解调器

同步调制解调器通常采用PSK或QAM调制，用于中、高速数据传输，数据传输速率可高达56Kbit/s。异步调制解调器通常采用ASK或FSK调制技术，用于低速数据传输，通常数据传输速率为2.4Kbit/s。

同步调制解调器的同步时钟与数据一起发送，并调制一个连续载波，同步信号在接收调制解调器中恢复。接收调制解调器从已调信号中提取出相干载波用来解调数据，同步信息从数据中恢复并用于接收数据的定时。由于同步调制解调器有同步时钟和载波恢复电路，故结构复杂，较异步调制解调器价格贵。而异步调制解调器则不必恢复同步信号，结构简单，价

格便宜。

2. 有线调制解调器和无线调制解调器

有线调制解调器用于有线信道的数据传输，无线调制解调器用于无线信道的数据传输。

3. 外置调制解调器和内置调制解调器

外置调制解调器位于计算机外部，它需占用计算机的一个串行接口，还需要连接单独的电源才能工作。外置调制解调器连接麻烦，价格也较贵，但具有相对较好的性能。

内置调制解调器安装在机器内部，插入计算机内的一个扩展槽中使用。它和计算机内部电路存在着一定的电磁干扰，且占用一部分 CPU 资源，但价格便宜。

4. 硬件调制解调器和软件调制解调器

硬件调制解调器的所有功能都由自身的电路完成，它拥有自己的 DSP 芯片，用于信号处理。

如果调制解调器只保留调制解调芯片，其他一些功能由 CPU 来完成，这类调制解调器称为软件调制解调器。软件调制解调器的优点是体积小，耗电量低，适合于便携机使用。其缺点是适应范围窄，传输数据速率低，工作时影响应用程序的运行速度。

5. 低速、中速和高速调制解调器

速率在 2.4Kbit/s 以下的为低速调制解调器；速率在 4.8 ~ 9.6Kbit/s 的为中速调制解调器；速率在 9.6Kbit/s 以上的为高速调制解调器。

6. 单工、半双工和全双工调制解调器

根据调制解调器的两线工作方式，可分为单工、半双工和全双工调制解调器，目前使用的调制解调器都实现了两线双工。

2.13.2 调制解调器的速率

调制解调器的速率分为数据终端设备（DTE）速率和数据通信设备（DCE）速率。DTE 速率是指调制解调器与计算机连接的接口速率，其典型值为 57.6Kbit/s、115.2Kbit/s 等。DCE 速率是指调制解调器与电话线连接的接口速率，其典型值为 9.6Kbit/s、14.4Kbit/s、33.6Kbit/s、56Kbit/s 等。DCE 速率又分上行速率和下行速率。上行速率是指 DTE 通过 Modem 向服务器传输数据时的速率，典型值为 33.6Kbit/s、48Kbit/s 等；下行速率是指 DTE 通过 Modem 从服务器下载数据时的速率，典型值为 33.6Kbit/s、56Kbit/s 等。通常说的 56K 的 Modem 即指 Modem 的下行速率为 56Kbit/s。

为什么调制解调器下行速率仅是 56Kbit/s 而不能更高呢？这是因为电话网采用 PCM 方式传输语音，每秒采样 8000 次，量化为 128 个等级，即每量化值 7 比特，这样就使得数据传输速率不会超过 56Kbit/s（$8000 \times 7\text{bit/s} = 56\text{Kbit/s}$）。

2.13.3 调制解调器的双工技术

公用电话网（PSTN）用户线都是两线的，利用两线实现双工传输可采用三种方法：频分法、时分法和回波抵消法。

1. 频分法

频分法是把话音频带分成收发两个信道，一个信道用于发送数据，另一个信道用于接收数据。

国际电信联盟电信标准部（ITU-T）制定了一系列调制解调器标准，这一系列标准通常被称为“V”标准。V.21标准的调制解调器采用2FSK调制，传输速率为300波特，采用两线双工技术，在一个话音频带内安排了两个采用FSK方式工作的信道，中心频率分别为1080Hz和1750Hz。V.21发起模式中用980Hz传输“1”，用1180Hz传输“0”；而应答模式则用1650Hz传输“1”，用1850Hz传输“0”，如图2.37所示。呼叫端使用低频段子信道发送数据，高频段子信道接收数据；应答端使用高频段子信道发送数据，低频段子信道接收数据。

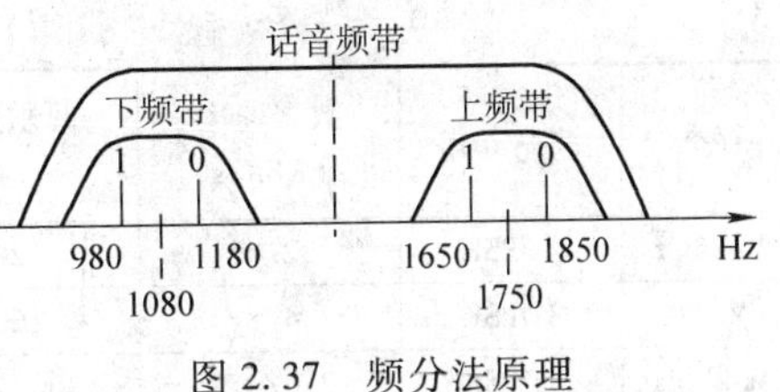

图2.37 频分法原理

2. 时分法

时分法把信道的占用时间分成若干个收、发周期，每个收、发周期又分成两个时隙TS_1和TS_2，在一个周期内，一个时隙用于发送，另一个时隙用于接收数据，如图2.38所示。

3. 回波抵消法

在公用电话网（PSTN）中，用户线采用两线制，而局间则是四线制，所以要用二/四线转换装置来连接。

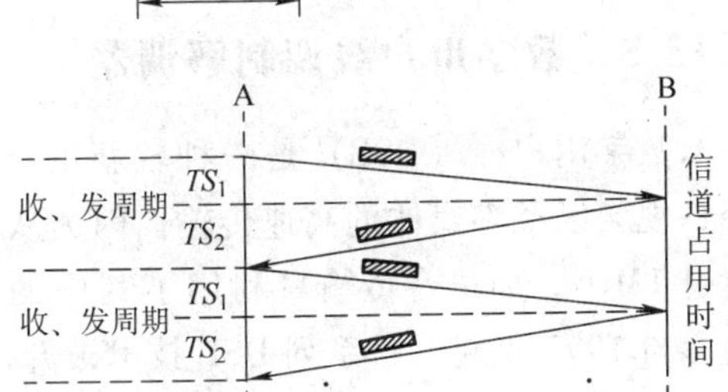

图2.38 时分法原理示意图

回波抵消法允许收发两端同时在信道上发送信号，这样，信道上传输的就是混合信号。接收时，两端分别根据自己发送的信号和信道特性，自动估算出接收信号中自己信号的分量，然后将其减去，从而接收到的只有对方信号。

此外，使用回波抵消法实现两线双工通信，还必须使收发两端的信号不相关，不然，可能由于接收信号与发送信号的回波相似，导致回波抵消器误认为接收信号是回波而抵消掉。

2.13.4 调制解调器的标准

目前通用的调制解调器国际标准是ITU-T的V系列标准，有关标准如表2.11所示。

表2.11 ITU-T有关调制解调器标准

标准	调制方式	数据速率/(Kbit/s)	调制速率/B	频率范围/Hz	传输方式	应用场合
V.21	2FSK	0.3	300	980~1850	异步 全双工	2线/PSTN
V.22	4PSK	0.6/1.2	600	900~1500	异/同步 全双工	2线/PSTN
V.22bis	QAM	1.2/2.4	600	2100~2700	异/同步 全双工	2线/PSTN
V.23	2FSK	0.6/1.2	600	1050~1950	异/同步 双工/半双工	2/4线/PSTN
V.23bis	2FSK	1.2	600	800~2600	异/同步 半双工	2/4线/PSTN
V.26	4DPSK	2.4	1200	1200~2400	异步 全双工	4线专线
V.26bis	2DPSK	1.2	1200	1200~2400	异步 半双工	2线/PSTN

（续）

标准	调制方式	数据速率 /(Kbit/s)	调制速率 /B	频率范围 /Hz	传输方式	应用场合
V. 26ter	4DPSK	2. 4	1200	1200 ~ 2400	异步　全双工	2 线/PSTN
V. 27	8DPSK	4. 8	1600	1000 ~ 2600	同步　双工/半双工	2/4 线
V. 27bis	8DPSK	2. 4/4. 8	800/1600	1000 ~ 2600	同步　半双工	2 线/PSTN
V. 27ter	8DPSK	4. 8	1600	1000 ~ 2600	异步　全双工	2 线/PSTN
V. 29	16QAM	9. 6	2400	500 ~ 2900	同步　全双工	4 线
V. 32	TCM/QAM	9. 6	2400	500 ~ 2900	异步　全双工	4 线
V. 32bis	TCM	14. 4	2400	500 ~ 2900	同步　全双工	4 线
V. 33	TCM	14. 4	2400		同步　全双工	4 线
V. 34	TCM	28. 8			异步　全双工	
V. 32bis	TCM	33. 6			异步　全双工	
V. 90		33. 6(发)/56(收)			异/同步　全双工	

2. 13. 5　数字用户线调制解调器

数字用户线（DSL）是一种较新的技术，它使用电话网本地回路电话线进行数据、语音、视频以及多媒体的高速传输。因为从用户到电话局之间的线路所能支持的实际频率范围超过 1MHz，而语音传输只利用了其中的 300 ~ 3400Hz 的频率范围，大部分频带并没有利用。自 1997 年起，一系列 DSL 技术被开发出来，如表 2. 12 所示。

表 2. 12　xDSL 调制解调器

类　别	最高数据速率	
	上行	下行
非对称数字用户线(ADSL)	1Mbit/s	8Mbit/s
高速数字用户线(HDSL)	1. 544/2. 048Mbit/s	1. 544/2. 048Mbit/s
可调速率数字用户线(RDSL)	784Kbit/s	4Mbit/s
对称数字用户线(SDSL)	2Mbit/s	2Mbit/s
甚高比特速率数字用户线(VDSL)	1. 5Mbit/s	52Mbit/s

下面简要介绍这几种调制解调器技术。

1. 非对称数字用户线

非对称数字用户线（Asymmetric Digital Subscriber Line，ADSL）是利用普通电话线提供高速数据传输的技术，在频谱中不对称地分配带宽，支持非对称数据传输。术语“非对称”是指 ADSL 提供的下行（从电话局到用户）速率高于上行（从用户到电话局）速率，这使得通向用户的下行数据流可以获得比上行数据流高得多的速率。这通常是用户所需要的。用户希望从因特网快速下载大量数据，但通常只发送少量数据，如短的电子邮件等。ADSL 采用频分复用技术把传输信道的频带分成三部分，最低的 25kHz 频带用于传输话音，但实际上话音传输只占用 0 ~ 4kHz 的频率范围，其余的带宽用于防止话音和数据之间的干扰。数据传输占用 25kHz

以上的频率范围，同时，又将25kHz以上的频率范围分成两部分，分别传输上行数据和下行数据，主要使用频分复用和回波抵消技术。图2.39a用于频分复用技术，图b用于回波抵消技术。

回波抵消技术的上行信道的低频段与下行信道重叠，频谱重叠部分采用回波抵消技术实现双工传输。回波抵消方式的优点是使下行信道的带宽得到了扩展，缺点是需要在线路两端进行回波抵消处理，增加了设备的复杂性。

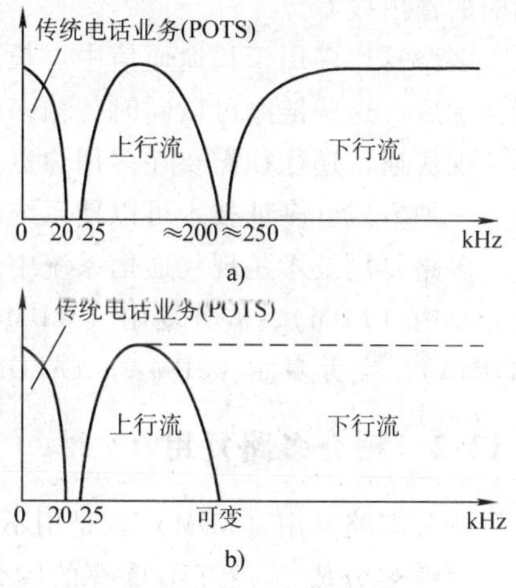

图2.39　ADSL带宽分配
a）频分复用　b）回波抵消

2. 高数据速率数字用户线

高数据速率数字用户线（HDSL）可以提供综合业务数字网（ISDN）2B+D的基本速率。在上下行信道上对称地分配带宽，允许用户与电话局之间的距离更远而不需要中继器。

3. 可调速率数字用户线

可调速率数字用户线（RDSL）既可以与本地环路上获得的高速率相匹配，也可以被设置为固定的操作速率。RDSL是DSL中最新的一种。

4. 对称数字用户线

对称数字用户线（SDSL）与HDSL相似，在上下行链路上对称地分配带宽。但与HDSL运行四线线路不同，SDSL用一对信号线来实现DSL技术。

5. 甚高数据速率数字用户线

甚高数据速率数字用户线（VDSL）源于ADSL，但比ADSL提供更高的传输速率。它的下行数据速率可达52Mbit/s，上行数据速率可达26Mbit/s，几乎可以提供从低速到高速的全部业务。但传输距离通常小于1.5km。

2.14　多路复用技术

前面讨论的内容是针对传输单路信号而言的，但实际上信道往往进行多路信号同时传输，这就是多路信道复用问题。多路复用就是将多路信号组织起来，在信道中共同传输的技术。采用该技术能提高系统的传输效率。

2.14.1　概述

图2.40描述了多路复用的功能。n条输入线连接到一个复用器，该复用器通过一条高速链路与解复用器相连，该高速链路可以传输n路数据。复用器把n路输入数据组合（复用），然后送到高速链路上传送。解复用器接收n路复用数据，然后把n路复用数据分离（解复用），并把它们送到

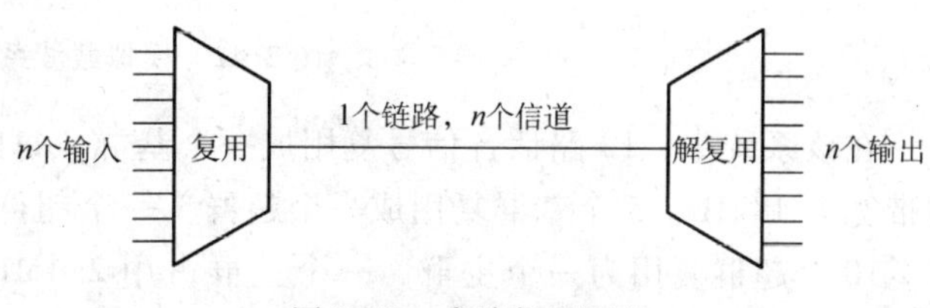

图2.40　多路复用原理

相应的输出线。

多路复用多用于长途通信中。长途网络的干线是一些大容量的光纤或微波链路，采用复用技术后，这些链路可以同时传输多路话音或数据。

现代通信还往往需要在多用户点之间进行通信，多址技术是在多点通信系统内信道复用的另一种方式。多址技术可以使系统的多个信道得到充分利用。

多路复用技术是现代通信系统中的重要技术，本节讨论这种技术的基本原理。主要包括频分复用（FDM）、波分复用（WDM）、时分复用（TDM）、频分多址（FDMA）、时分多址（TDMA）、空分多址（SDMA）、ALOHA 多址和码分多址（CDMA）等。

2.14.2 频分多路复用

频分多路复用（FDM）就是用不同频率传送不同信号，以实现多路通信，如图 2.41 所示。信道被分成 N 条互不重叠的频带，每路信号占用其中一个频带。同时为了防止相互影响，每条频带之间留有一定的间隙，称为防护频带。接收端根据每条频带的频率可将各路信号分开，恢复原来的信号。无线电广播和电视广播是大家最熟悉的频分复用的例子。每个电台的载波和其他电台的载波起码相隔 2 倍消息信号的带宽。在无线电广播中，这一频带大约是 10kHz，接收机通过调谐可以选择需要的信号。

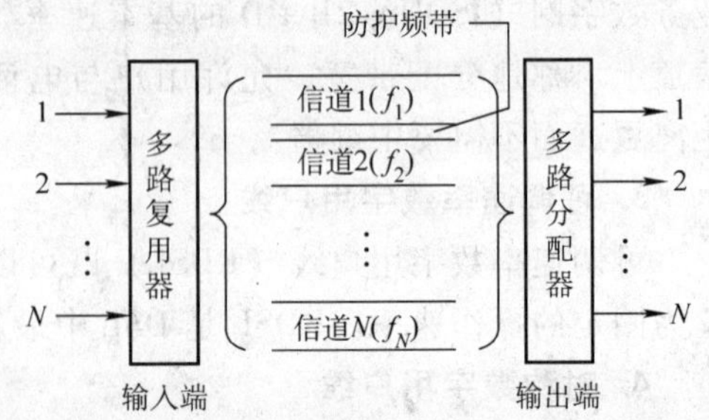

图 2.41 频分多路复用原理

频分复用实现的一种模拟载波系统如图 2.42 所示。这种系统采用分级体系结构，它由基群、超群、主群和巨群等组成。

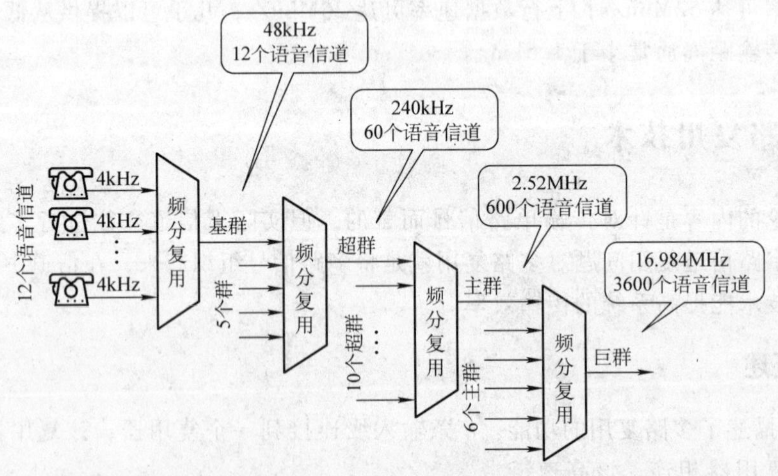

图 2.42 模拟载波系统

在该系统中，12 路话音信号复用成一个基群，每路话音信号占用 4kHz 带宽，一个基群的带宽为 48kHz。5 个基群复用成一个超群，一个超群占用 240kHz 带宽，包括 60 路话音信号。10 个超群复用为一个主群，一个主群占用 2.4MHz 的带宽。由于每路话音信号之间有防护频带，所以主群的带宽实际上为 2.52MHz，包括 600 路话音。6 个主群复用成一个巨群，一个巨群占用 15.12MHz 的带宽。同理，主群之间也有防护频带，一个巨群实际占用 16.98MHz 的带宽。

表 2.13 给出了公用电话网中采用的标准模拟载波系统。

表 2.13　模拟载波系统

复用级别	话路数	频带/kHz
话音信道	1	0～4
基群	12	60～108
超群	60	312～552
主群	600	564～3084
巨群	3600	564～17548

2.14.3　波分多路复用

把不同波长的光信号复用到一根光纤中进行传输的方式称为波分多路复用（WDM），其中每个波长承载一路电信号。由于波长和频率相关，从本质上说，波分复用与频分复用是相同的。

WDM 把多个离散波长的光耦合到光纤中传输，每个波长的光波承载大量的模拟或数字信号。当波分复用的两波道之间的间隔小于 10nm 时，称为密集波分复用（DWDM）。

WDM 波谱及复用如图 2.43 所示。复用器混合不同波长的光信号，让它们通过单一光纤传输，且相互之间可以没有干扰。解复用器分离不同波长的光信号。复用器和解复用器分别处于 WDM 系统的两端。

2.14.4　时分多路复用

在脉冲调制中，信号脉冲只占用有限的时间，因此脉冲之间的间隔可以插入其他路信号脉冲。将多路信号在时间上互不重叠地穿插排列就可以在同一条公共信道上进行传输，这种按照一定时间顺序依次循环地传输各路消息信号实现多路通信的方法叫做时分多路复用（TDM），简称时分复用。时分复用分为同步时分复用（STDM）和异步时分复用（ATDM），下面分别介绍这两种复用方式。

1. 同步时分复用

在多路复用中，如果各路消息信号在每帧中所占时隙的位置是预先指定的，并且固定不变，则称作同步时分多路复用。以 PAM 为例说明同步

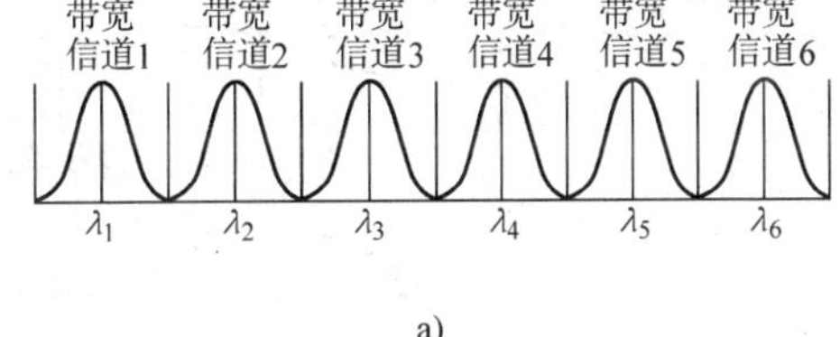

a)

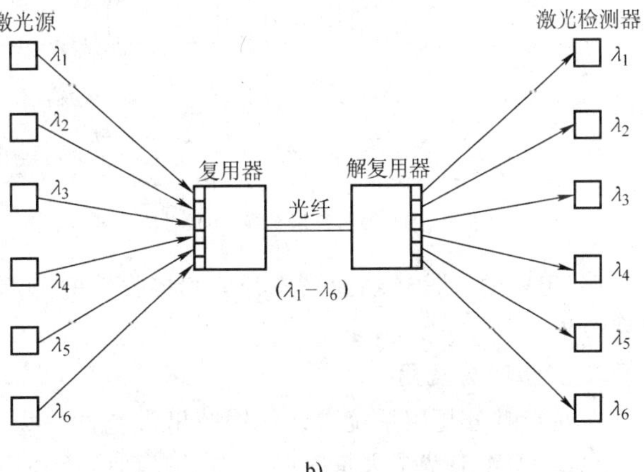

b)

图 2.43　WDM 波谱及复用
a）波长分布　b）WDM 系统

时分复用的原理。该原理对于其他脉冲调制也是适用的。

假设有 N 路 PAM 信号进行时分多路复用，一种实现方法如图 2. 44 所示。首先各路信号通过相应的低通滤波器（LPF）使之变为带限信号，然后送到采样开关。采样开关每 T_s 秒将各路信号依次采样一次，这样 N 个采样值按先后顺序错开纳入采样间隔 T_s 之内。合成的复用信号是 N 个采样信号之和，如图 2. 44c 所示。由各个消息信号的单一采样构成的一组脉冲叫做一帧。一帧中相邻两个脉冲之间的时间间隔叫做时隙，未被采样脉冲占用的时隙部分叫做防护时间。

多路复用信号可以直接送入信道传输。在接收端，合成的时分复用信号由分路开关依次送入各路相应的重建 LPF，LPF 的输出就是原来的连续信号。

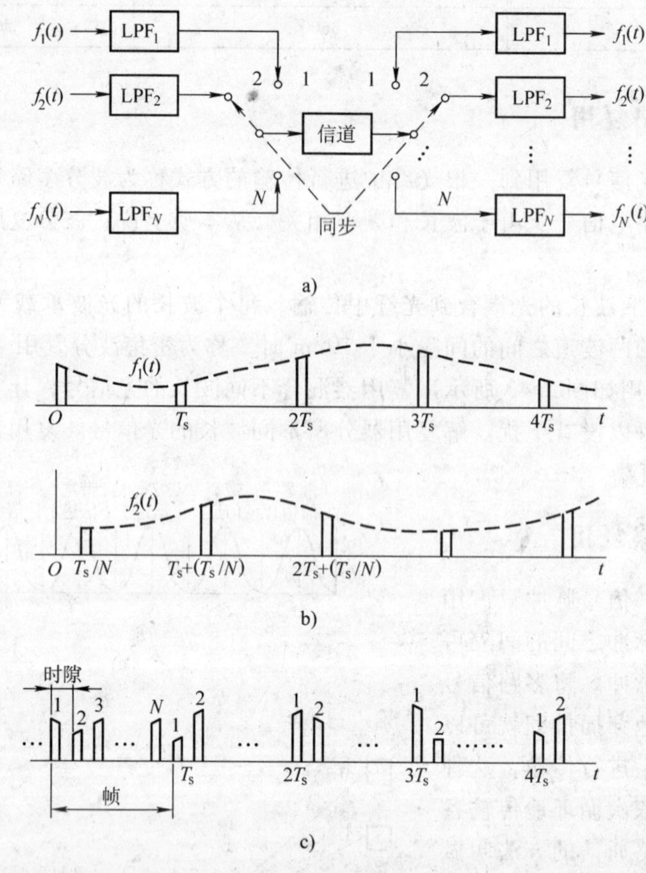

图 2. 44 TDM 系统及波形

a）时分复用系统 b）各路信号的采样 c）N 路 PAM 信号时分复用

在 TDM 中，发送端的采样开关和接收端的分路开关必须同步。同步就是保持两个时钟序列合拍。

2. 异步时分复用

在同步时分复用系统中，传输帧里常包含一些不含任何信息的时隙（即空闲时隙）。因此，同步 TDM 浪费了大量时间。为了提高信道利用率，出现了异步时分多路复用，也叫统计时分多路复用（STDM）。异步时分多路复用通过动态按需分配时隙进行数据传输，数据通过地址码识别。

异步复用器具有一定数量的低速数据输入线和高速复用数据输出线，并且每一输入线都有自己的缓存器。发端复用器扫描输入缓存器，收集数据，直到填满一帧为止，然后发送此帧。接收端与之相反，解复用器从时隙中取出数据并放到适当的输出缓存中，通过相应的输出线输出。

对于有 n 条输入线的异步复用器，其 STDM 帧中仅有 k 个可用时隙，并且 $k < n$。异步时分复用基于这样的事实，即所连接的设备并非所有时间都有数据要发送，因而复用线上的数据速率比所连设备的数据速率之和要低。这样，异步复用器就可以用较低的数据率来支持与同步复用器同样多的设备。换句话说，异步复用器与同步复用器以相同的数据率工作，异步复用器可以支持更多的设备。

图 2.45 所示为异步 TDM 与同步 TDM 的比较。图中给出了 4 个数据源 A、B、C、D 和 4 个时隙 t_0、t_1、t_2、t_3。同步复用器输出数据的速率是每个输入信道数据速率的 4 倍。在每一帧中，为每个数据源分配固定的时隙，而不考虑它们是否有数据要传输。在时隙 t_0，信源 C 和 D 没有输入数据，复用器照样为它们分配时隙，结果导致 TDM 传输帧里 C 和 D 时隙空闲。与之相反，在异步时分复用器中，空闲时隙不被传输。结果，在 t_0 时隙里只传送来自信源 A 和 B 的数据。这样，异步时分复用丢失了时隙与数据源之间的对应关系，因而无法知道哪一个时隙传输的是哪一个信源的数据。由于数据的到达和分配接收缓存器的不确定，因此，必须用地址信息来确保数据的正确传送。所以，异步时分复用的每一时隙必须包含地址字段，这是异步 TDM 方式为提高信道的利用率所付出的代价。

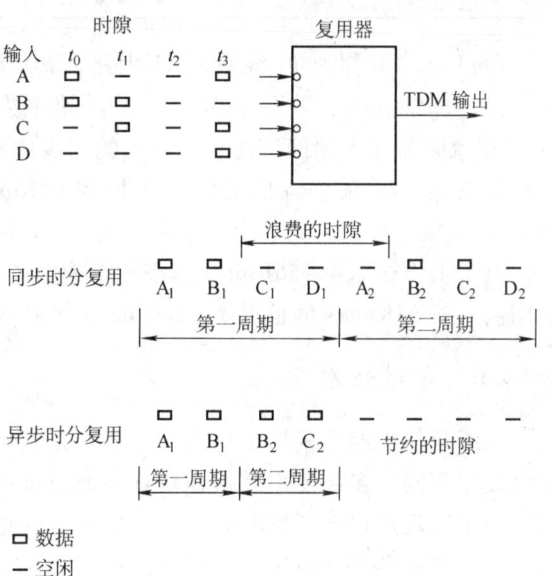

图 2.45 同步 TDM 与异步 TDM 的比较

通常，异步 TDM 系统采用 HDLC 协议，复用器的控制位包含在 HDLC 帧中，图 2.46a 给出了 TDM 复用器的帧格式，图 b 是异步 TDM 子帧数据字段格式。数据长度是可变的，但由于帧长度限制，所以，对于多个数据源，除必须标出每个数据源数据的地址外，还必须指出每个数据源的数据长度。

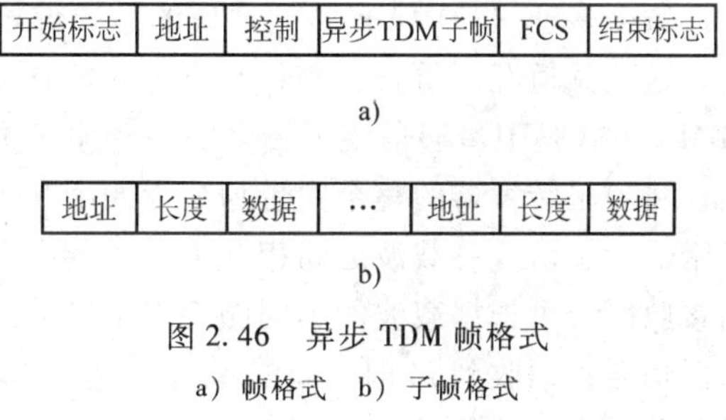

图 2.46 异步 TDM 帧格式
a）帧格式 b）子帧格式

2.14.5 数字载波系统

在 TDM 系统中，原始信号可以是模拟信号，但必须被转换为二进制的形式传输，或者原始信号已经是二进制的形式，完成这一 TDM 处理过程的系统被称为数字载波系统。与模拟载波系统一样，数字载波系统在公用电话网中也有标准的结构，如表 2.14 所示。

表 2.14　数字载波系统

北　美			国际(ITU-T)		
代码	话路数	速率/(Mbit/s)	级别	话路数	速率/(Mbit/s)
DS-1	24	1.544	1	30	2.048
DS-1C	48	3.152	2	120	8.448
DS-2	96	6.312	3	480	34.368
DS-3	672	44.736	4	1920	139.264
DS-4	4032	274.176	5	7680	564.992

DS-1 通常被称为 T1 线路或 T1 电路，其传输机制是将 24 路数字化语音在一条线路中同时传输，每路语音都采用 PCM 方式，其速率为 64Kbit/s。为了将各路语音相互区分开来，T1 数据流必须加入帧同步比特。这些帧同步比特工作在 8Kbit/s 的速率上，并包含有校验和控制信息等。24 条语音信道的速率均为 64Kbit/s，因而总的数据速率为 1.536Mbit/s。当 8Kbit/s 的帧同步加入到 T1 线路后，总的速率为 1.544Mbit/s。

对于工作在 2.4～56Kbit/s 速率的低速数据业务，可利用时分复用技术将多路低速数据复用到一条 64Kbit/s 的信道上。64Kbit/s 信道被连接到 T1 线路的一条信道上。

2.14.6　多址技术

无线通信中经常采用多址通信方式，尤其是移动通信和卫星通信更是如此。多址技术与多路复用不同，多路复用是指在两点间或通过中继方式在多点间进行通信采用的一种通信方式。为了实现用户在任意时间、任意地点与任意对象通信，于是就出现了多址通信方式。

多址方式及实现技术是多种多样的，目前常用的多址方式有频分多址（FDMA）、时分多址（TDMA）、码分多址（CDMA）、空分多址（SDMA）以及它们的组合形式等。在数据通信网中还广泛采用随机多址 ALOHA 方式及其改进形式。计算机和通信的结合，使得多址技术仍在不断发展。

1. 频分多址

频分多址（FDMA）是把通信的总频带划分为若干个等间隔的频道分配给不同的用户使用，这些频道互不重叠，相邻频道之间留有一定的防护频带，以防相邻频道之间相互干扰。FDMA 方式是卫星通信使用较多的一种多址方式，其原理如图 2.47 所示。假设有四个地球站，将卫星转发器的整个频带划分为四个互不重叠的频道，分配给相应的地球站，作为发送频带。为了防止各载波之间相互干扰，各中心频率保持足够的间隔，并且留有防护频带。各站接收时，可根据载波的不同频率识别发射站。例如，当 A 站收到 f'_B 时，就知道是 B 站发来的信号；而收到 f'_C 时，就知道是 C 站发来的信号。从原理上讲，利用相应的带通滤波器即可分离出这些信号。

2. 时分多址

在时分多址（TDMA）方式中，分配给各站的不再是一个特定频率的载波，而是一个特定的时隙。在这种方式中，维持系统正常工作的一个非常重要的问题是需要精确的同步控制，在同步系统的控制下，各站只在指定的时隙内发送信号，而且时间上应互不重叠。在任

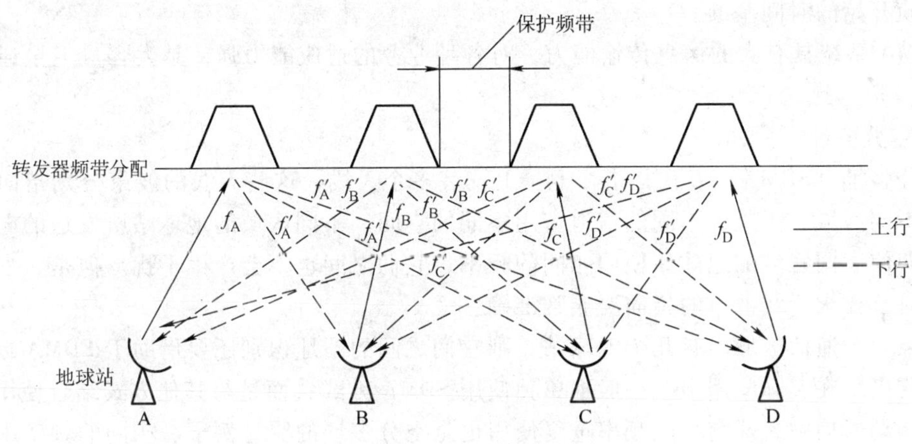

图 2.47 FDMA 方式示意图

何时隙转发器转发的仅是某一站的信号，这样允许各站使用相同的载波频率，并且都可以利用整个带宽。

图 2.48a 示出了卫星通信 TDMA 系统工作示意图。图中画出四个地球站，其中一个为基准站，它的任务是为其他各站提供定时信号。实际中，基准站可由某一地球站兼任。各地球站按规定的时隙依次向卫星发送信号。

在 TDMA 系统中，所有地球站占用的卫星的整个时间间隔称为帧周期或简称帧，而把每个地球站占用的时隙称为分帧（或子帧）。每一帧的各分帧之间设有防护时间，以免各分帧同步不准在时间上产生重叠干扰。图 2.48b 为一典型的帧结构。帧周期 T_f 一般取为 PCM 的取样周期（125μs）或其整倍数。卫星的帧由所有地球站分帧和一个基准站分帧组成。它们均由前置码和数据两部分组成。前置码包括载波恢复、比特定时、独特码、监控码、勤务码等内容。

基准站分帧只有一个前置码，没有勤务码，其结构与其他站前置码的结构一样。它的独特

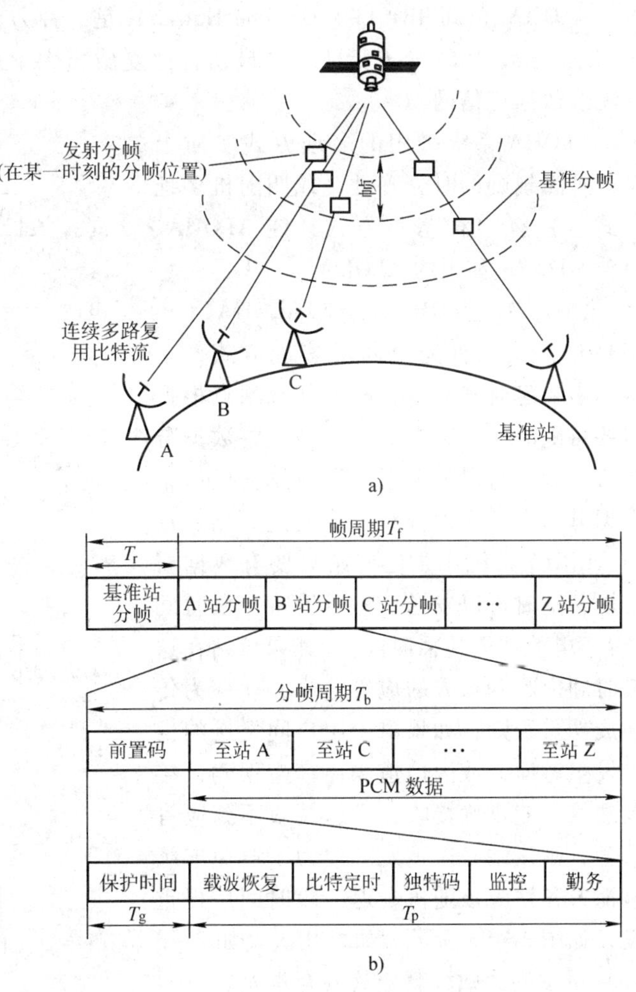

图 2.48 TDMA 系统

a）原理示意图 b）帧结构

码是一帧开始的时间基准。

TDMA 系统具有大的信息传输能力，对各种业务的适应能力强，是大容量卫星通信的发展方向。

3. 空分多址

空分多址（SDMA）方式是指在卫星上安装多个天线，这些天线的波束分别指向地球表面上的不同区域，于是，不同的信道占用不同的空间。不同区域的地球站所发送的电波互不重叠，即使不同区域的地球站使用相同的频率，它们之间也不会产生干扰。但是，当地球站比较多时，要求天线波束的指向要非常准确。

如果一个通信区域内有几个地球站，则它们之间的站址识别还要借助于 FDMA 或 TDMA 方式。所以，在实际应用中，一般不单独使用 SDMA 方式，而是与其他方式结合使用。

在移动通信中，蜂窝小区频率重复使用也是空分多址的明显例子。相同的频率用于不同的小区，使用相同频率的小区之间有足够的距离，可使它们之间不产生干扰。

4. ALOHA 多址

ALOHA（Additive Link On-line Hawaii）是一种为计算机数据传输而设计的按需分配时分多址方式，1968 年开始研究。最初，由夏威夷大学应用于地面网，目前，已广泛用于各种无线数据通信网。

ALOHA 系统采用的多址方式实质上是一种无规则的时分多址，或叫随机多址方式。它有三种基本方式：纯 ALOHA、时隙 ALOHA 和预约 ALOHA。

（1）纯 ALOHA　纯 ALOHA（P-ALOHA）是一种完全随机多址方式，全网不需要定时和同步，网内任意站点根据需要可随时发送数据。每个站点将数据分成若干段，每段加上报头和报尾构成一个数据分组，每次以分组形式发送数据。在纯 ALOHA 系统中，任何站只要有数据要传输，随时可以发送，然后等待一段时间（等于电波往返传播时间）。如果该站在这段时间内收到对方的应答信号，就认为传输成功。否则，如果由于用户间发送的信号发生碰撞，或因信道噪声产生误码，接收端均不能正确接收，发送端收不到应答信号，则该站必须重发。但为了避免连续碰撞，各站应该随机延迟一段时间后再重发，如图 2.49a 所示。如果几次（如 2～3 次）重发均失败，就应该放弃重发。

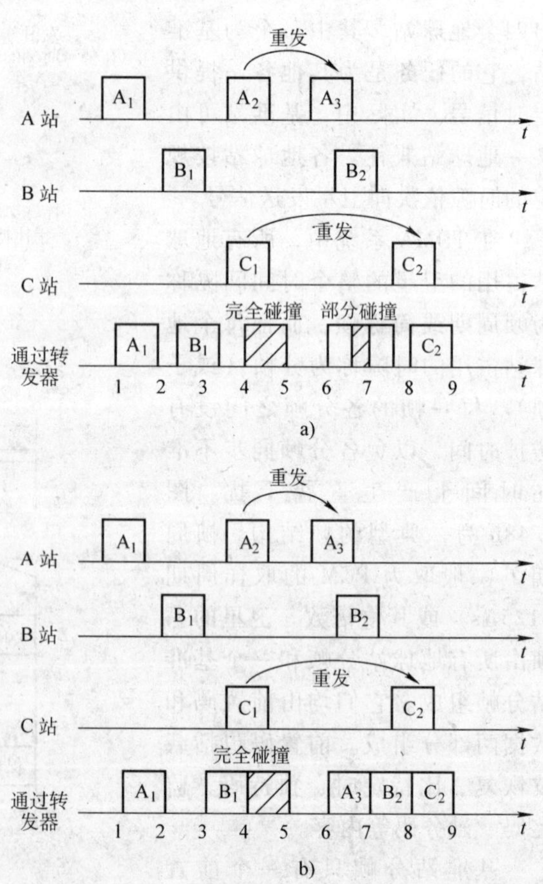

图 2.49　ALOHA 方式发生碰撞与重发示意图
a）纯 ALOHA　b）S-ALOHA

由此可见，这种系统非常简单，但由于碰撞与信道空闲时间较多，故信道利用率低，网络的最大吞吐量仅为总容量的18.4%。

纯ALOHA方式除了信道利用率较低外，还存在不稳定问题。即当业务量较小时，信道利用率随业务量的增加而增加，但当增加到一定程度后，业务量若再增加，由于碰撞机会增加，所以信道利用率反而下降。极端情况下甚至无法正常通信。

（2）时隙ALOHA　时隙ALOHA（S-ALOHA）是一种时分随机多址方式。它将信道分成许多时隙，每个时隙正好传送一个分组。时隙的定时由系统时钟决定，各站必须与系统时钟同步，只允许每个站在时隙开始时刻发送数据。因此，一旦发生碰撞就是完全重叠，如图2.49b所示。所以，碰撞机会减少，网络的吐量增加，最大吞吐量可达36.8%。这一简单改进，可使信道利用率提高一倍。

和纯ALOHA一样，发生碰撞后，各站仍是经过随机时延后重发，并且S-ALOHA仍存在不稳定性问题。

如果各站发送的信息重要性不同，可以设立优先级。高优先级的用户在发送前先发一“通知”信号，低优先级的用户收到“通知”不再去争用该时隙。

（3）预约ALOHA　预约ALOHA（R-ALOHA）是为了解决长、短报文传输的兼容问题提出的一种ALOHA方式。即各站要发长报文时，为了避免分成许多数据分组传输造成时延过长，可以申请预约，分配它一段时隙（连续数个时隙），让其一次发送一批数据。对于短报文则利用非预约的S-ALOHA方式传输。这既解决了长报文的传输时延问题，又保留了S-ALOHA传输短报文信道利用率高的优点。其最大信道利用率可达83.3%。

ALOHA方式在无线数据通信网中是一种很重要的多址通信方式，除上述三种基本形式外，目前还有许多改进型。

5. 码分多址

FDMA方式各站受信道或系统指定带宽的限制，但信号发送的时间是自由的。TDMA方式各站只能按规定的时间发送数据，对系统分配的频率和带宽没有限制。而码分多址（CDMA）对时间和带宽都没有限制，每个站可随时使用分配给它们的信道或系统的部分甚至全部带宽发送数据。由于带宽没有限制，有时又把CDMA叫做扩展频谱多址方式。

CDMA系统的所有站有可能在同一时间使用相同的频率进行信号的发送，所以，一个站可能同时接收来自多个站发送的信号。信号的分离是根据各站的码来实现的，每个站都有一个唯一的码（地址码）。为了接收某个特定站发送的数据，接收站必须掌握该站的码，因此，一个站的码绝对不能与其他站的码相同。

CDMA方式的各站使用相同的载波频率，并占用相同的带宽，发送时间是任意的，属于随机多址方式。各站发送的频率和时间可以互相重叠，某一站发出的信号，只有与它匹配的地址码才能检测出来。一般选择伪随机（PN）码作地址码。所选择的地址码的正交性越好，信号解调后的信噪比就越高，即地址码的选择直接影响着CDMA系统的容量、抗干扰能力和信号的质量等。因此，所选择的地址码应尽量正交，这样，一个站发出的信号，只能由与它相关的接收机才能检测出来。

CDMA的应用范围已涉及数字蜂窝移动通信、卫星通信、计算机通信、微波多址通信和无线接入网等领域。窄带CDMA能满足语音和一般数据传输的要求，而宽带CDMA可满足多媒体通信的要求。

CDMA的实现基础是扩频技术。所谓扩频通信，是指用来传输信息的信号带宽远远大于信息本身带宽的一种通信方式。扩频通信属于宽带通信，系统带宽一般为信息带宽的100~1000倍。扩频码用正交码或准正交码作地址码。扩频技术分为直接序列（DS）扩频、跳频（FH）扩频、线性调频（Chirp）、跳时（TH）等，使用最普遍的是DS和FH两种技术，下面介绍这两种技术的基本原理。

（1）直接序列扩频　直接序列扩频码分多址（CDMA/DS）系统是目前应用较多的一种通信方式。对数字系统而言，可由图2.50a来说明。在发送端，原始信息码与PN码进行模2加，然后对载波进行PSK调制。由于PN码速率远大于信息码速率，故形成的PSK信号频谱被展宽。接收端，先用与发送端码型相同、严格同步的PN码和本振信号与接收信号进行相乘和解扩，经中频带通滤波器BPF取差频后就得到窄带的仅受信息码调制的中频信号，然后进入PSK信号解调器恢复原信息码。上述变换过程如图2.50b所示。由图可以看出，只要收发两端PN码序列相同并同步，就可正确恢复原始信息码。

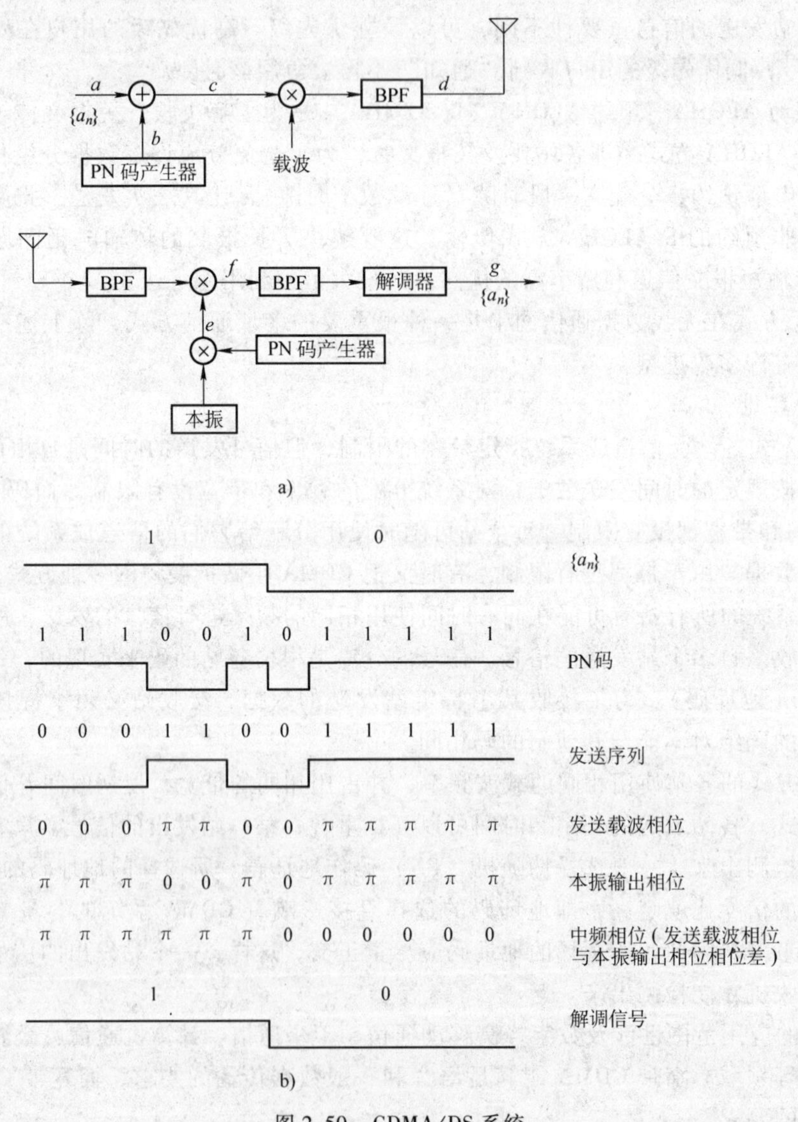

图2.50　CDMA/DS系统

a）数学模型　b）扩频信号传输图解

(2) **跳频**　所谓跳频（FH）扩频就是让窄带数字已调信号的载波在一个很宽的频率范围内跳变，跳变的结果就形成一个宽频带的信号。载频跳变的规律称为跳频图案，图 2.51 示出了一种跳频图案的例子，频率跳变的时间顺序为 f_1、f_4、f_2、f_3、f_7、f_5、f_6，它表明了载波频率随时间跳变的规律。

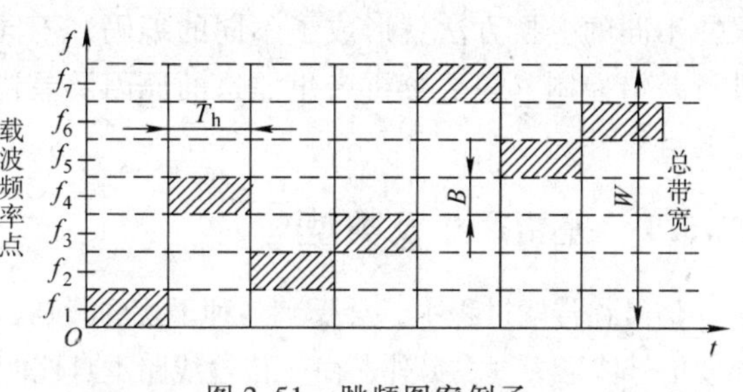

图 2.51　跳频图案例子

跳频通信原理如图 2.52 所示。在发送端，利用 PN 码去控制频率合成器，使之在一个很宽范围内的规定频率上伪随机地跳动，然后再与信息码调制过的中频混频，从而达到扩展频谱的目的。跳频图案和跳频速率由 PN 序列及其速率决定。在接收端，本地 PN 码产生器提供一个与发送端相同的 PN 码，控制本地频率合成器产生同样规律的频率跳变，与接收信号混频，经 BPF 滤波后获得中频（差频）已调信号，通过解调恢复出原信息码。

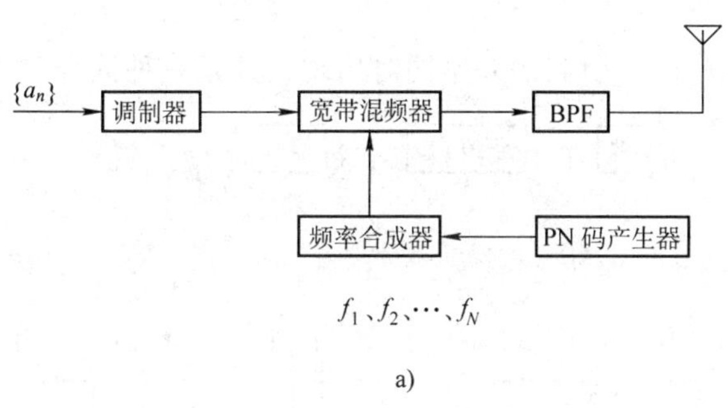

a)

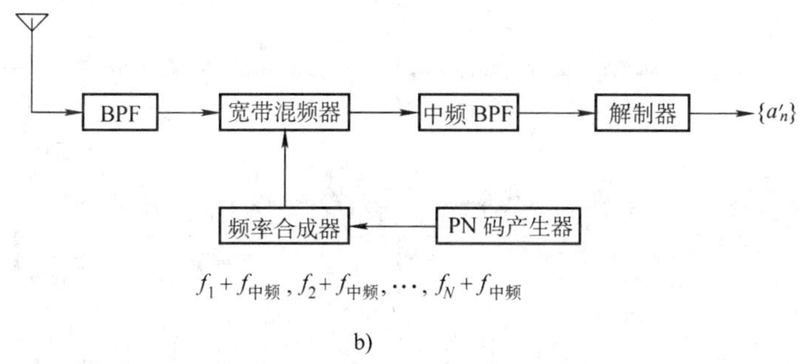

b)

图 2.52　CDMA/FH 系统框图
a) FH 发送　b) FH 接收

2.15　差错控制原理

通信应当保证信息正确地从信源传输到信宿。由于信道中噪声和干扰的存在，会使传输信号产生失真，引起误差。接收数据与发送数据不一致的现象称为传输差错，简称为差错。为了提高信息传输的可靠性，通常要对传输的数据序列进行某种变换，使原来互不相关的数据序列码元产生某种规律性，从而在接收端根据这种规律性来检测或纠正传输过程中的错误。不同的变换方法就形成了不同的编码，不同的编码就产生了不同的差错控制方法。为了进行差错控制，需要分析产生差错的原因及差错的类型，进而采取相应的措施，提高系统传输的可靠性。

2.15.1 差错产生及类型

信号在传输过程中，会受到各种干扰的影响，如脉冲干扰、随机噪声干扰、人为干扰等，这会使信号波形失真。另外，由于传输线路本身性能的限制，也会使传输的信号波形畸变，这些都使接收解调后的信号产生差错。图 2.53 给出了数据信号受随机噪声影响产生差错的示意图。图 a 是数据通信系统模型；图 b 是数据传输过程噪声的影响以及接收判决后产生的差错。

主要存在两类噪声：随机噪声和脉冲噪声。随机噪声的特点是：时时处处存在，幅度较小，频带很宽。这类噪声引起的差错出现的位置是随机的、离散的，前后差错之间没有什么联系或依赖关系，是一种随机独立差错。与随机噪声相比，脉冲噪声强度大，其持续时间与数据传输中每比特的时间相比，可能较长，因而引起的错误成串出现，即无错则已，有错一片。这是一种突发性差错。

在有些情况下，上述两种噪声引起的差错同时出现，这是一种混合差错。

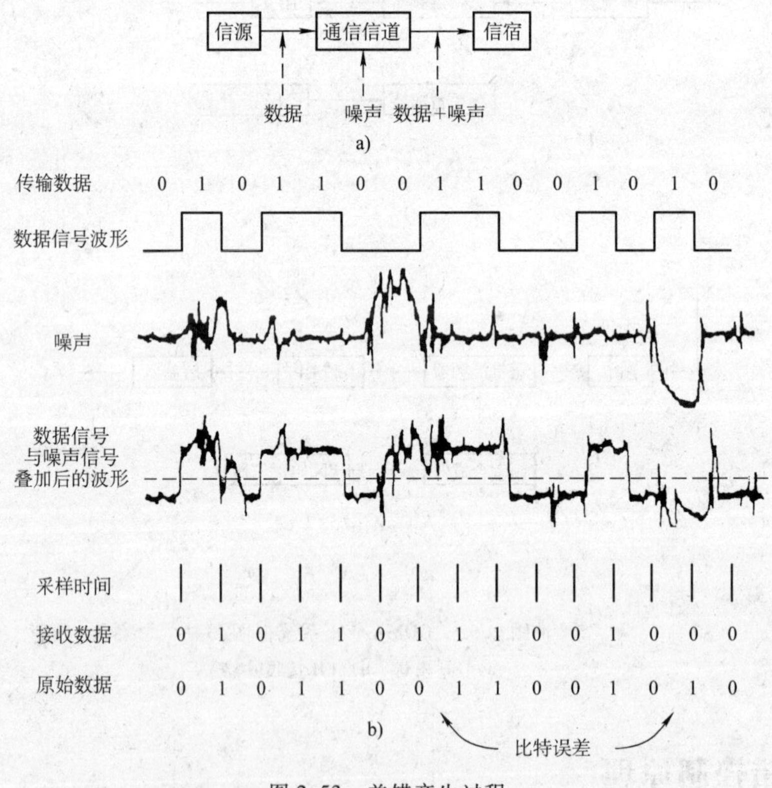

图 2.53 差错产生过程

a）数据通信系统模型 b）噪声影响及判决错误

2.15.2 差错控制基本原理

差错控制是指允许在通信过程中产生差错的前提下，能有效地检测出错误并进行纠正，从而提高通信质量，这种方法叫检错与纠错，统称为差错控制。

这里有两种差错控制方案：

1）让传输的数据单元带有足够的冗余信息，以便在接收端发现并自动纠正传输错误，这是一种纠错编码方案。

2）让传输的数据单元仅带有能使接收端发现错误但不能确定错误位置的冗余信息，即只能发现错误，不能纠正错误，这是一种检错编码方案。

第一种方案优越，能使系统的误码率降低到符合传输质量要求的程度，但系统复杂，成本高，因此应用场合受到限制。第二种方案简单，容易实现，编译码速度快，可通过重传使错误得以纠正，这是一种较常用的差错控制方案。

这两种方案都是在发送端对原始数据进行编码，产生冗余码元，然后进行传输。这些冗余码元不受用户的控制，最终也不传送给接收用户，只是系统在传输过程中为了减少传输差错而采取的一种处理措施。显然，当信道的传输速率一定时，加入差错控制编码，降低了用户数据的传输速率，加入的冗余码元越多，其传输效率也就越低。因此，通过差错控制编码来提高系统传输的可靠性是以牺牲数据传输速率为代价换取的。在接收端，对带有冗余码元的接收数据进行译码，来检查或纠正数据单元中的错误。为什么要在传输的数据单元中增加冗余码元呢？

原始的数据码元序列本身变化是随机的，不带有任何规律性，通过增加冗余码元可使其具有某种规律性。在接收端，通过对规律性的检测，可发现传输错误。

为了便于理解冗余编码的作用，可通过一个例子来说明。考察3位二进制码构成的码组。3位二进制码有8种组合：000，001，010，011，100，101，110，111，可表示8种不同的信息。其中任一码组在传输过程中发生错误，将会变成另一码组，这时，接收端无法发现传输错误。

若将上述8种码组选择4种作为许用码组，例如：000、011、101、110用来传输信息；另外4种，即001、010、100、111作为禁用码组。本来4种不同信息，可用两位二进制码的不同组合表示即可，若用3位表示，即有1位是多余的，称为多余码元或冗余码元。用3位二进制码的不同组合表示4种信息，在接收端可用来发现传输中的1位错误。例如，发送的是000，若传输过程中发生了1位错误，可能变为001、010或100。这3个码组都是禁用码组，故接收端收到禁用码组时，就判定传输过程中发生了错误。当发生3位错误时，000就变为111，它也是禁用码组，故也能发现3位错误。但是，这种编码不能发现两位错误，因为错两位后产生的码组是011、101、110，这些是许用码组。

上述这种编码只能用于检测错误，而不能用于纠正错误。例如，当收到的码组是100时，无法判定是哪一位码发生了错误造成的。因为000、110、101三者错1位都有可能变为100。要想纠正错误，还必须增加冗余码元。例如，只选用两个码组作为许用码组，如：000和111，其余的都是禁用码组。这样，用3位二进制码代表两种不同的信息，有两位码是多余的。此时，接收端可以检测两位以下的错误，或者纠正1位错误。例如，当收到禁用码组100时，若认为只有1位错误，则可以纠正为000。因为111任何1位错误都不可能变为100；但是，若认为错码数不超过两位，则存在两种可能性：000错1位变为100，或者111错两位变为100，因而只能检测出有错误码位而无法纠正它。

用户的原始数据，通常不带有多余的东西，因此要通过编码产生与用户原始数据相关的冗余信息，然后将带有冗余信息的数据发送出去。在接收端通过检测来发现和纠正传输错误。

2.15.3 码距

与二进制编码有关的一个参数是码距。码距是指两个等长二进制码组之间对应位不同的个数，用来描述码组之间的不同程度，称为汉明（Hamming）距离，简称码距，用 d 表示，可写为：

$$d = \sum_{i=1}^{n} (a_{ji} \oplus a_{ki}) \tag{2.32}$$

式中，a_{ji}、a_{ki}分别为第 j 个码组和第 k 个码组的第 i 位码元；n 为码组长度；$\oplus$表示模 2 加。例如，11101 与 10011 之间的码距 $d=3$。

一个码组集合中，任何两个码组间汉明距离的最小值称为该集合的最小码距，记为 d_0。对于码组集合 000、001、010、011、100、101、110、111，$d_0=1$；对于码组集合 000、011、101、110，$d_0=2$；而对于码组集合 000、111，$d_0=3$。

由前面的分析可知，在这 3 个码组集合中，码组集合 000、111 的差错控制能力是最强的。由此可见，码组的最小距离越大，其差错控制能力就越强。

2.15.4 差错控制编码

概括地说，在译码中仅能发现错误的编码叫检错编码；在译码中不仅能发现错误还能自动纠正错误的编码叫纠错编码。二者并无严格界限，有的纠错编码可用来检错，有的检错编码也可用作纠错。奇偶校验码、恒比码、正反码、循环冗余校验码、校验和编码等都是最常用的差错控制编码。下面，讨论这些编码的基本原理。

1. 奇偶校验编码

奇偶校验编码可分为奇校验编码和偶校验编码两种，两者原理是相同的。在奇偶校验编码中，无论信息位有多少位，校验位只有一位，它使码组中“1”的个数为奇数或者偶数。对于奇校验编码，要满足关系式

$$a_{n-1} \oplus a_{n-2} \oplus \cdots \oplus a_0 = 1 \tag{2.33}$$

对于偶校验编码，要满足关系式

$$a_{n-1} \oplus a_{n-2} \oplus \cdots \oplus a_0 = 0 \tag{2.34}$$

上两式中，a_0为校验位，其他位为信息位；$\oplus$表示模 2 加运算。

在接收端，按照式（2.33）将码组中各位进行模 2 加，若结果为“1”，就认为传输正确；若为“0”，就认为传输有错。按照式（2.34）将码组中各位进行模 2 加，若结果为“0”，就认为传输正确；若为“1”，就认为传输有错。

两者的校验能力相同，无论是奇校验，还是偶校验，均只能检测出奇数个错误，而出现的偶数个错误则检测不出来。奇偶校验编码一般用于检测随机错误。国际标准化组织（ISO）规定，异步传输系统采用偶校验编码方式，同步传输系统采用奇校验编码方式。

奇偶校验编码是一种最常用的检错编码方式，它们可构成垂直奇偶校验、水平奇偶校验和垂直水平奇偶校验。下面通过实例来说明垂直水平奇偶校验。

垂直水平奇偶校验也称二维奇偶校验或方阵校验。该校验方式把信息码组排列成矩阵，每一码组写成一行，然后根据奇偶校验原理，在垂直和水平两个方向同时进行校验，如图2.54所示。水平虚线下一行和垂直虚线右一列为校验位。

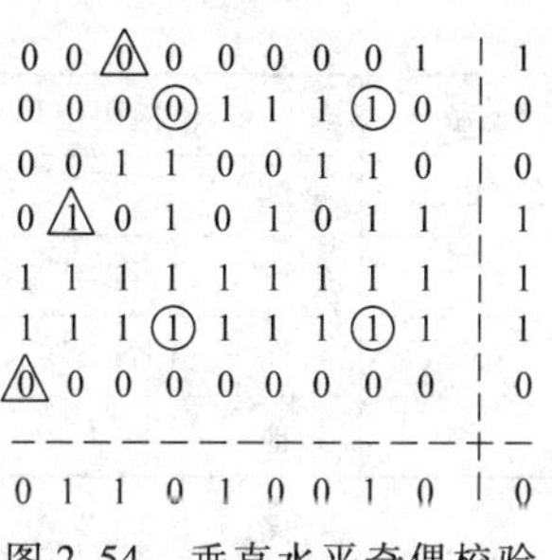

图2.54 垂直水平奇偶校验

这种校验方式能检测码组中出现的全部奇数个差错和大部分偶数个差错。图中△标出的差错能检测出来，但○标出的差错同时出现时则检测不出来，即所有矩形差错检测不出来。这种二维奇偶校验适合于检测突发性错误。突发性错误码常常成串出现，随后较长一段时间无错误，所以在某一行中出现多个错误的机会较多，这种二维奇偶校验正适合于检测这种错误。

垂直水平奇偶校验编码具有良好的检错性能，同时，还能纠正一些错误，例如图中△标出的错误就可以得到纠正。这种编码方式实现容易，应用广泛。

2. 恒比码

恒比码中“1”的个数与“0”的个数保持不变，故由此得名。接收端译码时只需计算接收码组中“1”的个数，就可以知道传输过程中是否出现了错误。该编码方式可以检测所有奇数个错误和部分偶数个错误。5中取3恒比码如表2.15所示。

表2.15 5中取3恒比码

字 符	恒比码	字 符	恒比码
1	01011	6	10101
2	11001	7	11100
3	10110	8	01110
4	11010	9	10011
5	00111	0	01101

恒比码的主要优点是简单，实现容易。

3. 正反码

正反码是一种具有纠错功能的简单编码，它的监督码元取决于信息码组中“1”的数目，或者与信息码元相同（正码），或者与信息码元相反（反码）。下面以博多码为例说明其工作原理。其编码规则为：当信息码组中有奇数个“1”时，监督码与信息码相同；当信息码有偶数个“1”时，监督码是信息码的反码。例如，信息码为11001，有奇数个“1”，则监督码亦为11001，发送码组为1100111001；当信息码为11101，有偶数个“1”，则监督码为信息码的反码00010，发送码组为1110100010。

接收端将接收的码组中的信息码与监督码模2加，得到一个5单位的合成码组，由其产生校验码组。若接收码组中的信息码有奇数个“1”，合成码组就是校验码组；若接收码组中的信息码有偶数个“1”，则合成码组取反即为校验码组。然后根据校验码组中“1”的数目按照表2.16进行译码判决。这种编码方式能纠正1位错误。

表 2.16 正反码译码判决表

类型	校验码组形式	译码判决
1	全"0"	传输正确
2	4个"1",1个"0"	校验码中"0"对应位置的1位信息码出错
3	4个"0",1个"1"	校验码中"1"对应位置的1位监督码出错
4	其他	大于1位的传输错误

【例 2.8】 若接收到的码组为 0110101101、0101010111、0111010110，判断传输是否有错。

解

(1) 由接收到的码组 0110101101 知，信息码中"1"个数为奇数（3 个），合成码组为 00000，则校验码组亦为 00000，符合表 2.16 的类型 1，故传输正确。

(2) 由接收到的码组 0101010111 知，信息码中"1"个数为偶数（2 个），合成码组为 11101，对合成码组取反，得校验码组 00010，符合表 2.16 的类型 3，即第 4 个监督码位出错。

(3) 由接收到的码组 0111010110 知，信息码中"1"个数为奇数（3 个），合成码组为 11000，则校验码组亦为 11000，符合表 2.16 的类型 4，故传输过程中产生了多位错误。

4. 循环冗余校验编码

循环冗余校验编码又称 CRC 编码，检错能力强，实现容易，是目前广泛应用的一种检错编码。

从数学的角度讲，所有的数都可以用多项式来表示，例如 125，可以表示为以 10 为基的多项式。

$$125 = 1 \times 10^2 + 2 \times 10^1 + 5 \times 10^0$$

这里 1、2、5 为多项式的系数。

对于二进制数 10111，可表示为以 x 为基的多项式

$$x^4 + x^2 + x + 1$$

这里，多项式的系数就对应着二进制数 10111。这就是以多项式的系数表示二进制序列的方法。

在长度为 n 的二进制序列中，每个二进制序列与以 x 为基的 $n-1$ 次多项式之间具有一一对应的关系。因此，长度为 n 的码组可用一个 x 的 $n-1$ 次多项式来表示，码组中每位码的数值就是 $n-1$ 次多项式中相应项的系数值，这个对应的多项式就称为数据多项式。

下面介绍 CRC 编码的基本原理。

在发送端，将要发送的数据比特序列作为一个多项式 $T(x)$ 的系数，并选定一 k 次幂的生成多项式 $G(x)$。用 x^k乘 $T(x)$，得 $T(x)x^k$。然后用 $G(x)$ 去除 $T(x)x^k$，得一个余数多项式 $R(x)$。此时，将余数多项式附加到数据多项式 $T(x)$ 之后，将该多项式对应的序列作为发送序列。接收端用同一生成多项式 $G(x)$ 去除接收序列多项式 $T'(x)x^k$，得到计算余数多项式 $R'(x)$。如果 $R'(x)$ 与 $R(x)$ 相同，则表示传输正确；如果 $R'(x)$ 与 $R(x)$ 不同，则表示传输有错，要求发端重发，直至正确为止。

CRC 生成多项式 $G(x)$ 的结构与检错效果是经过严格的数学分析和实验后确定的，有

相应的国际标准，例如：

CRC-12　　$G(x)=x^{12}+x^{11}+x^3+x^2+x+1$

CRC-16　　$G(x)=x^{16}+x^{15}+x^2+1$

CRC-CCITT　　$G(x)=x^{16}+x^{12}+x^5+1$

CRC-32　　$G(x)=x^{32}+x^{26}+x^{23}+x^{22}+x^{16}+x^{12}+x^{11}+x^{10}+x^8+x^7+x^5+x^4+x^2+x+1$

需要时可从中选择。

CRC 编码校验过程可概括如下：

1）在发送端，将待发送数据多项式 $T(x)$ 乘以 x^k，其中 k 为生成多项式 $G(x)$ 的最高幂次，例如 CRC-12，$k=12$。对于二进制乘法，$T(x)x^k$ 意味着将 $T(x)$ 对应的发送数据比特序列左移 k 位。

2）将 $T(x)x^k$ 除以生成多项式 $G(x)$，得

$$\frac{T(x)x^k}{G(x)}=Q(x)+\frac{R(x)}{G(x)}$$

式中，$Q(x)$ 为商；$R(x)$ 为余数多项式。

3）将 $T(x)x^k+R(x)$ 所对应的比特序列作为一个整体发送。

4）在接收端，对接收序列所对应的多项式 $T'(x)x^k$ 进行如下运算

$$\frac{T'(x)x^k}{G(x)}=Q(x)+\frac{R'(x)}{G(x)}$$

得到计算余数多项式 $R'(x)$。

5）比较 $R(x)$ 和 $R'(x)$。若 $R'(x)=R(x)$，则认为传输正确；若 $R'(x)\neq R(x)$，则认为传输有错。

实际的 CRC 校验码生成是采用二进制模 2 算法得到的。这里的模 2 运算加法不进位，减法不借位，是一种异或运算。下面通过例子来说明 CRC 码的生成与校验过程：

1）发送数据序列为 110011。

2）生成多项式 $G(x)=x^4+x^3+1$，$k=4$，所对应的序列为 11001。

3）将发送数据序列左移 4 位，新序列为 1100110000。

4）按模 2 算法，将生成的新序列被生成多项式序列去除，即

```
                100001        ← Q(x)
G(x)→11001 ) 1100110000       ← T(x)x^k
              11001
              ----------
                   10000
                   11001
                   -----
                    1001      ← R(x)
```

得余数多项式比特序列 1001。

5）将余数多项式比特序列加到新序列中去，得

$$\underbrace{\overbrace{110011}^{}}_{\text{发送数据比特序列}}\ \underbrace{\overbrace{1001}^{}}_{\text{CRC 校验比特序列}}$$

110011（发送数据比特序列）1001（CRC 校验比特序列）——带有CRC 校验的发送比特序列

6）如果数据在传输过程中没有发生错误，那么接收端收到的带 CRC 校验的比特序列一定能被同一生成多项序列整除，即

```
              100001
11001 )1100111001
       11001
       ----------
           11001
           11001
           -----
               0
```

在实际应用中，CRC码的生成与校验过程可用硬件或软件来实现。目前，已有很多通信集成电路芯片本身带有标准的CRC码生成与校验功能，使用非常方便。

CRC码的校验能力很强，既能检测随机差错，也能检测突发性差错。

5. 校验和

这也是一种经常使用的校验方法，它也基于冗余校验，下面介绍这种校验方法的原理。

发送方将数据序列分成长度为 n（通常是16）的比特分段，这些分段相加，其结果仍然长为 n 比特。该总和然后求反，作为校验字段附加到数据序列的末尾，带有校验和字段的数据通过网络传输。其过程如下：

发送方

1）将发送数据单元分成 k 段，每段 n 比特。

2）将所有段相加求和。

3）对和取反得到校验和。

4）将校验字段附加到数据序列末尾与数据一起发送。

接收方

1）将接收数据单元分成长度为 n 比特的段。

2）将所有分段相加求和。

3）对和取反。

4）如果结果为0，传输正确；否则传输错误。

【例2.9】 假定要发送16位数据10101001 00111001，采用8位校验和。

解 首先将发送数据按8位分段，然后相加求和

```
                     10101001
                   + 00111001
                   ----------
         和          11100010
取反得   校验和      00011101
```

发送比特序列为10101001 00111001 00011101

数据　　　　校验和

若传输无差错，接收方对接收数据序列分段、求和、取反应为0。

分段、求和

```
                     10101001
                     00111001
                   + 00011101
                   ----------
         和          11111111
         取反        00000000
```

结果为0，表明传输正确。

若序列发生多位错误，如变为 10101**111** **11**111001 00011101，粗体的为错误位。将 3 段数据相加

10101**111**
11111001
+ 00011101
1 11000101
+ 1　　进位
和　11000110
取反　00111001

结果不为 0，表明传输错误。

若两分段对应位上具有相反值的比特错误，如变为 **0**0101001 **1**0111001 00011101，粗体的为错误位。将 3 段数据相加

00101001
10111001
+00011101
和　11111111
取反　00000000

结果为 0，故不能检测这种错误。

校验和能检测所有奇数个错误以及大多数偶数个错误。但是，如果某一分段中的一个或多个比特被破坏，并且在下一个分段中具有相反值的对应位也被破坏，这些列的和将不变，因此接收方将检测不出错误。所以，一个比特的反相被另一个分段对应位上具有相反值的比特反相所抵消，该差错对于校验和来说是不可检测的。

2.15.5 差错控制方法

差错控制的目的是通过相应的手段发现传输过程中的错误并加以纠正。通常采用下述方法进行差错控制。

1. 前向纠错

前向纠错（FEC）又称自动纠错，其原理如图 2.55 所示。发送端对信源数据进行纠错编码，然后送信道传输。接收端对信号译码，译码过程能检测传输中产生的错误，并自动加以纠正。

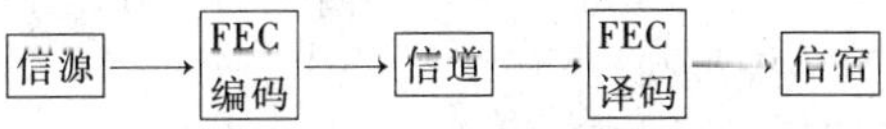

信源 → FEC编码 → 信道 → FEC译码 → 信宿

图 2.55　前向纠错原理框图

前向纠错方法的主要优点是：不需要反向信道，能用于单工通信，也可用于一点对多点通信。译码延迟恒定，适用于实时通信系统。其缺点是：译码设备复杂，为了纠正较多的错误，需要附加较多的冗余码元，故传输效率低。

2. 自动请求重发

自动请求重发（ARQ）是计算机网络中常用的一种差错控制方法，该方法利用检错编码进行差错控制。接收端通过译码能发现传输错误，但不知道错误的具体位置，因而无法纠正，所以采用请求重发工作方式纠正传输错误，其原理如图 2.56 所示。

发送端发送检错编码信号，接收端检测传输过程中有无错误，并把检测结果通过反向信

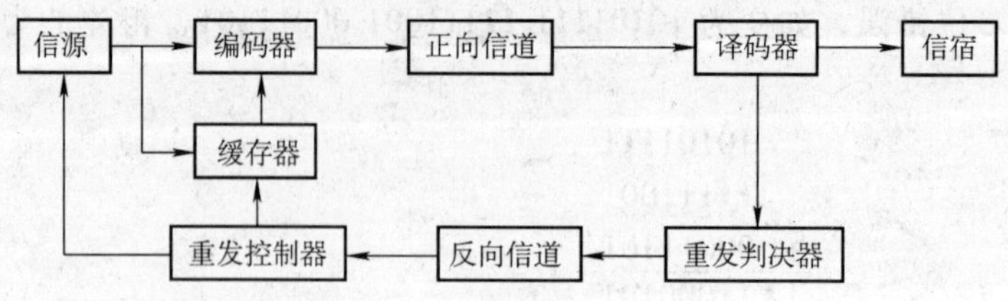

图 2.56　自动请求重发原理框图

道通知发送端。发送端根据反馈信息把接收端检测判决有错误的数据重发一次。如果重发的数据仍有错，则再次重发，直至正确为止。其工作过程简述如下：

在发送端，信源数据经编码器编码后，通过正向信道传送到接收端。与此同时，还将信源数据送缓存器缓存，以备重发使用。

接收端对接收到的编码数据译码，并检测判决。如无错，接收端重发判决器经反向信道送出确认信号 ACK，表明接收正确，可发下一组数据。

发送端收到确认信号后，重发控制器发指令给信源，进行下一组数据的发送。

若译码器经译码检测发现有错，则接收端重发判决器经反向信道送出否认信号 NAK，表明数据传输有错，要求重发。发送端收到 NAK 后，重发控制器控制缓存器的数据进入编码器进行编码重发，并禁止信源输入新的数据。若接收端译码器检测收到的重发数据仍有错，则再重复上过程，直至正确为止。

自动请求重发差错控制有三种实现方式：停-等方式、回退 N 帧方式、选择重发方式，其实现过程将在第 3 章中介绍。

3. 混合方式

该方式是 FEC 与 ARQ 的结合，其原理如图 2.57 所示。发送端发送具有自动检错和纠错能力的编码数据，接收端收到编码数据后，首先检测传输差错情况，如果错误在纠错能力之内，则自动进行纠正；如果错误超过了纠错能力，但能检测出来，则通过 ARQ 方式进行重发。这样，大大减少了重发次数，在一定程度上弥补了 FEC 和 ARQ 两种方法的缺点，充分发挥了编码的检错和纠错能力，提高了整个系统的性能。该方式在卫星通信中应用较多。

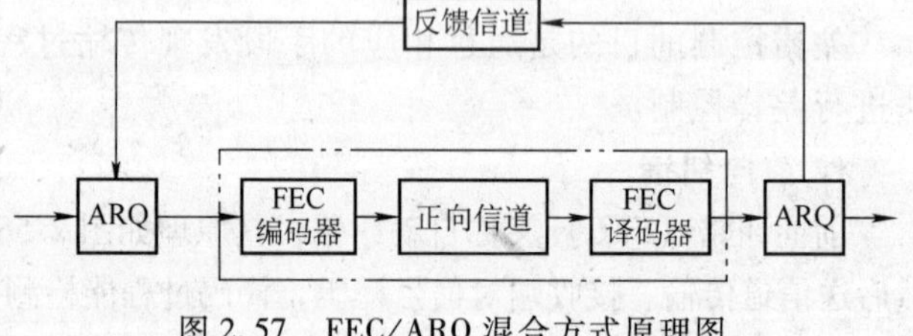

图 2.57　FEC/ARQ 混合方式原理图

2.16　数据交换技术

为了使通信网中任何两个用户之间都能交换信息，可借助数据交换技术来实现。通信网中通常使用的基本数据交换技术分为两类：电路交换和存储转发交换。

2.16.1　电路交换

所谓电路交换是指根据请求在一对站点之间建立一条实际的物理电路连接的交换。电路交换分为电路建立、数据传输和电路拆除三个阶段，可借助图2.58来说明其工作过程。

1. 电路建立

在数据传输之前，必须建立一条端到端的电路，若A要向D发送数据，A首先要向与之连接的节点4发一个“呼叫请求”，该“呼叫请求”含有要建立电路连接的源地址和目的地址。根据该“呼叫请求”选择中间节点。当“呼叫请求”到达D，D若接受A的请求，则通过已经建立的连接向A回送“呼叫应答”。至此，从A到D的专用物理电路连接建立完成。

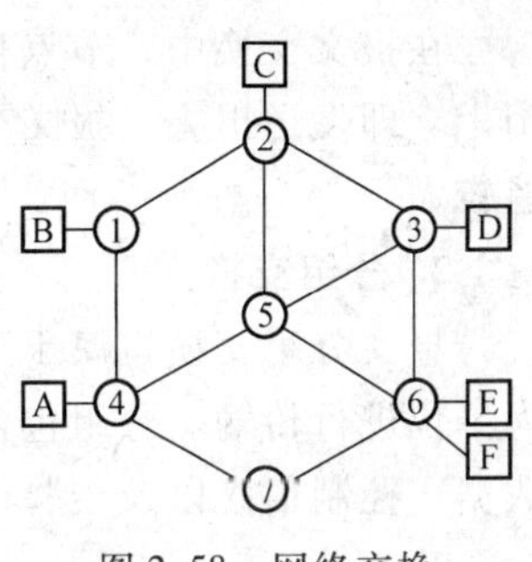

图2.58 网络交换

2. 数据传输

在A与D之间建立起物理电路连接后，就可以将数据从A沿电路传送到D。数据可以是数字的，也可以是模拟的，传输可以是双工的。

3. 电路拆除

数据传输完以后，可由A或D发出拆除信号，终止连接，拆除电路，结束通信过程。

电路交换的优点：通信的实时性强，适合于交互式会话通信，网络对于用户是透明的。

电路交换的缺点：电路在连接期间是专用的，即使没有数据传输，别的用户也不能使用，系统效率低。数据传输前，存在着呼叫建立时延。交换节点不具有存储能力，因此不能适应突发性通信，不能平滑业务量，也不能发现和纠正数据传输错误。

电路交换在实时性会话式通信中被广泛应用，电话网就是采用电路交换的一个典型实例。

2.16.2 存储转发交换

电路交换的缺点限制了它在一些场合的应用，于是出现了存储转发交换技术。存储转发交换是以“存储-转发”的方式实现的。

存储转发交换的特点：

1）发送的数据与地址和控制信息等按一定格式构成一个数据单元。

2）网络节点对数据单元进行接收、存储、差错校验、路由选择和转发等处理。

存储转发方式的优点：

1）多个数据单元可以分时共享一条通信信道，线路利用率高。

2）节点能动态地为数据单元选择最佳路由，可以平滑业务量，提高系统的效率。

3）节点可对数据进行差错控制，减少了传输错误，提高了系统的可靠性。

4）节点可对数据进行速率转换，也可对数据进行代码格式转换。

存储转发交换广泛应用于数据通信网，主要有两种类型：报文交换和报文分组交换。

1. 报文交换

报文交换的基点是“存储-转发”，不管发送数据的长度是多少，都把它作为一个逻辑单元，并加上地址和控制信息等，按一定格式组成一个报文，图2.59为其报文格式。

报文号	目的地址	源地址	数据	校验

图2.59 报文格式

在报文交换中，节点存储来自不同用户的报文，确定路由后排队等待，输出线路出现空闲，立即发送出去。报文交换的主要缺点是：不适于实时或会话式通信，数据在网络中的延迟较大。

2. 分组交换

报文分组交换也属于存储转发交换方式，它把报文分成组，以短的、规格化的报文分组为单位进行传输。分组包含有数据和呼叫控制信息，它们作为一个整体进行传输。分组中的数据、控制信息以及校验信息按规定的格式进行排列，如图 2.60 所示。

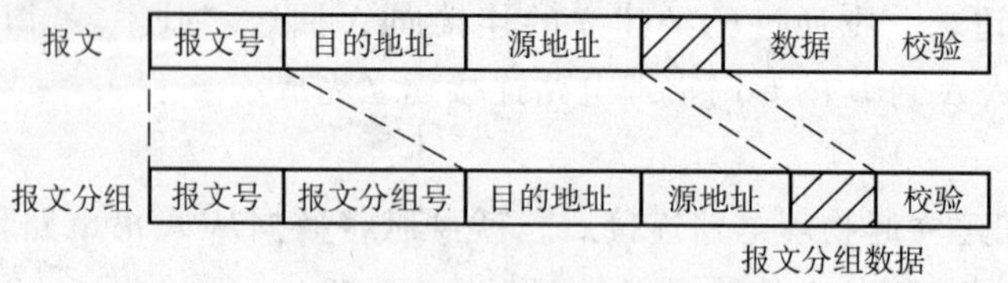

图 2.60　报文分组格式以及与报文的关系

发送端把一个长报文分成多个报文分组，接收端再将多个报文分组按顺序重新组装成原报文，报文分组号就是为分组组装用的。

报文分组交换的优点：

1）可向用户提供不同速率、不同代码、不同通信控制规程的数据终端之间相互通信的通信环境，对用户终端的适应性强。

2）数据传输时延相对报文交换小。

3）传输采用统计时分复用，可提高线路的利用率。

4）报文分组在传输时可独立地进行差错控制，差错检测相对容易，误码率低。另外，报文分组传输的路径是可变的，当网络发生故障时，可自动为报文分组选择一条避开故障点的路由，提高了系统的可靠性。

5）数据以报文分组为单位在交换节点存储和处理，提高了存储空间的利用率。

报文分组交换的缺点：

1）采用报文分组传输，需要附加传输控制信息，传输效率不如电路交换高。

2）交换节点需要对各类报文分组进行分析处理，增加了处理难度，实现技术复杂。

报文分组交换广泛应用于数据通信网，它有两种实现技术：数据报和虚电路。

3. 数据报方式

数据报方式分组交换过程可由图 2.61 来说明。源站点 H_A 将报文 M 分成多个报文分组 P_1、P_2、…，依次发送到与其连接的节点 A。A 对收到的每个报文分组进行差错校验，以保证数据的正确性。同时，A 要为每个报文分组进入下一个节点进行路由选择。由于网络的状态是不断变化的，P_1 的下一个节点可能选择 C，P_2 的下一个节点可能选择 D，因而同一报文的不同分组通过网络的路径可能是不同的。节点 C 收到分组 P_1 后要对其进行校验，如正确，向 A 送回一个正确传输的确认信息 ACK。A 收到 ACK 后，确认

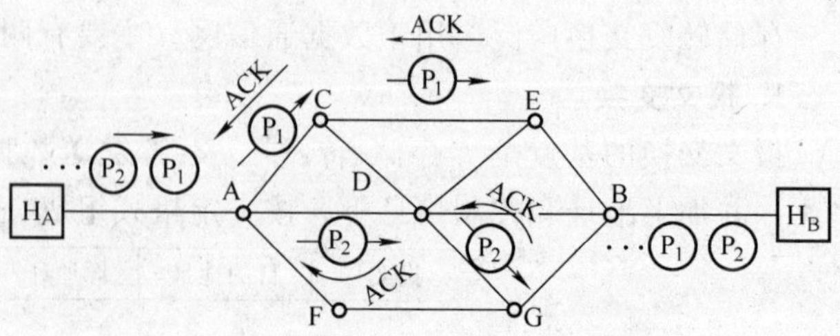

图 2.61　数据报方式工作过程

P_1 已被 C 正确接收，则 A 删除 P_1 的副本。其他节点的工作过程亦是如此。这样，P_1、P_2、…通过多个节点的存储转发，最终正确到达目的地 H_B。

由以上分析可以看出，同一报文的不同分组，可由不同的传输路径通过网络。由于通过网络时间的不同，可能引起顺序的变化，产生乱序，因此需要重新排序。分组的多次存储转发还可能产生重复和丢失。

数据报交换方式延迟大，不适于会话式通信，但适用于突发通信场合。在这种交换技术中，独立处理的每个报文分组叫做“数据报”。

4. 虚电路方式

虚电路方式试图将数据报方式和电路交换方式结合起来，发挥二者的长处，达到最佳的数据交换效果。在数据报方式中，在报文分组发送前，收发之间不需要预先建立连接。而虚电路方式在报文分组发送前，需要在收发之间建立一条逻辑连接的虚电路，显然这与电路交换方式是类似的。虚电路方式的整个传输过程也分为三个阶段：虚电路建立，数据传输和虚电路拆除，可由图 2.62 来说明其工作过程。

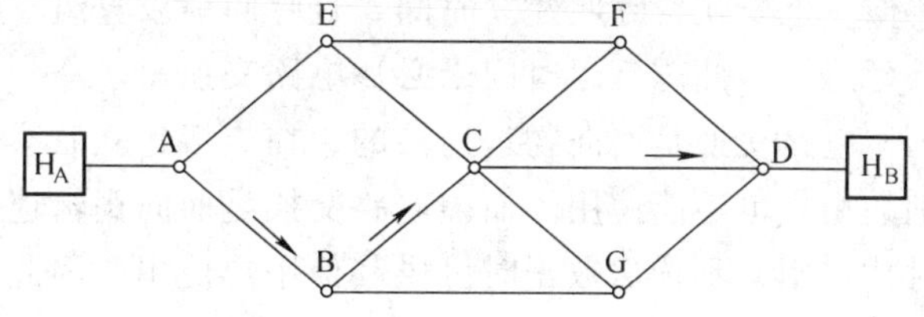

图 2.62　虚电路方式工作过程

（1）*虚电路建立*　若源站点 H_A 有报文要发送给 H_B，它首先要向节点 A 发送一个“呼叫请求分组”，请求与 H_B 建立连接。A 收到“呼叫请求分组”后启动路由算法，选择与之相连接的下一节点。若选中 B，则向 B 发送“呼叫请求分组”。同理，B 收到“呼叫请求分组”后也要启动路由算法，选择下一个节点。依此类推，“呼叫请求分组”经节点 A—B—C—D 到达 H_B。如果 H_B 同意连接，它就回送一个“呼叫应答分组”，该分组通过已经建立的连接 D—C—B—A 传送到 H_A，至此，H_A 与 H_B 之间就建立起了逻辑连接的虚电路。就像有一条物理电路连接通信两端一样，终端可以在任何时候发送数据。如果终端暂时没有数据可发送，网络也保持这种连接关系，但这时网络可以将线路的传输能力用作其他服务。所以这种连接并没有独占网络的资源，因此称这种连接方式为虚电路。

（2）*数据传输*　利用已建立的虚电路逐节点以存储转发方式顺序传送报文分组。每个分组含有一个虚电路标识符，节点根据这个标识符转发分组，而不需要再进行路由选择。

（3）*虚电路拆除*　数据传送完后，可由其中的一个站点发送“释放请求分组”，结束连接，拆除虚电路。

虚电路方式的特点：

1）每次报文分组发送前，必须在收发站点之间建立一条逻辑连接。一条物理电路可以实现多条虚电路连接，具有线路共享的优点。报文分组在每个节点上都要缓存排队，等待输出。

2）节点只需要为每次连接做一次路由选择，而不需要为每个分组进行路由选择。一次通信的所有报文分组都从这条虚电路上通过，报文分组不必带有目的地址、源地址等附加信息。报文分组到达目的节点不会出现丢失、重复和乱序等现象。

3）节点对报文分组进行差错校验。

4）网络的每个节点可以和任何节点建立虚电路，也可以和多个节点建立虚电路。

虚电路方式提供两种连接：呼叫虚电路和永久虚电路。呼叫虚电路通过呼叫建立虚电路，然后传输数据，最后拆除虚电路。永久虚电路由人工配置建立，不管两站是否通信都长期存在，一般数月或数年不变。虚电路方式在数据通信网中应用广泛。

2.16.3 数据交换技术简单比较

对于电路交换，建立连接需要花费时间，连接建立以后，报文作为一个整体传送，在交换节点延迟微不足道。报文交换不需要呼叫建立过程，但在各节点开始转发之前，必须收到整个报文，因此延迟时间较长。数据报交换也不需要呼叫建立过程，各节点只要分组一到就可立即转发，不必等待整个报文到齐，因此延迟时间比报文交换短。虚电路交换与电路交换类似，也要花费呼叫建立时间，且呼叫请求分组、呼叫应答分组、报文分组在各节点都有排队延迟，因此总延迟时间未必比电路交换短。

电路交换是面向物理连接的，在连接建立后有一条专用电路被用户占用，不传送数据时别的用户也不能使用。而虚电路交换是面向逻辑连接的，电路并不专用，只在用户传送数据时才占用，不传送数据时可供其他用户使用。因此，虚电路方式的电路利用率高。

习　题

2.1　已知八进制数字信号的传输速率为1600B，试问变换成二进制数字信号时的传输速率为多少bit/s？

2.2　已知二进制数字信号的传输速率为2400bit/s，试问变换成四进制数字信号时的传输速率为多少波特？

2.3　已知通信系统传输二进制码元的速率为1200B，试求其信息速率。若该系统改成传输十六进制码元，码元速率为2400B，则此时系统的信息速率又为多少？

2.4　FM广播属于________传输模式。

a）单工　　b）半双工　　c）全双工　　d）自动

2.5　在1200bit/s的电话线路上，1小时共产生了108比特的错误信息，求该系统的误码率是多少？

2.6　甲乙二人通过数据通信网交谈了2min，使用的数据速率为16Kbit/s，实际的交谈的有效时间仅占交谈时间到3/8，其余时间为谈话间隙时间，试问双方交换的总信息量为多少？

2.7　某数字信道的带宽为4kHz，传输八进制数据，求其信道容量。

2.8　已知某标准音频线路带宽为3.4kHz。

（1）信道的S/N = 30dB，试求这时的信道容量是多少？

（2）线路的最大信息传输速率为4800bit/s，试求所需最小信噪比为多少？

2.9　某计算机输出256个符号，利用带宽为4kHz、信噪比为30dB的模拟信道传输，试求此时的最大波特率。

2.10　卫星发送信号的信道称为________信道。

a）上行　　b）下行　　c）同步　　d）控制

2.11　计算以40kHz的采样率和每个采样14个比特来发送数据的最小数据速率。

2.12　信号 $f(t) = 20 + 20\sin(500t + 30°)$ 被周期性采样，并且从这些采样值中恢复原信号。

（1）求允许的最大采样间隔；

（2）恢复这个信号1s的波形，需要存储多少个采样值？

2.13　已知采样值为+635单位，采用A律13折线编码，设最小的量化级为1单位，试求所得编码码组，并计算量化误差（段内码用自然二进制码，共4位，加上段落码3位和极性码，一共8位码）。

2.14　已知某信号采样采用 A 律 13 折线编码，得到 8 位代码 01110101，求该代码的量化电平，并说明译码后最大可能的量化误差是多少？

2.15　设二制代码为 11001000100，试以矩形脉冲为例，分别画出相应的单极性、双极性、单极性归零、双极性归零、差分、AMI、曼彻斯特和差分曼彻斯特码波形。

2.16　已知数字基带信号为 1101001，如果码元宽度是载波周期的两倍，试画出绝对码、相对码、二进制 PSK 和 DPSK 信号的波形（假定起始参考码元为 1）。

2.17　如果系统的数据传输速率为 14.4Kbit/s，Modem 采用 8PSK 调制，那么波特率为多少？

2.18　如果一个 4PSK 信号的波特率为 400B，则其比特率是________ bit/s。

a）190　　b）800　　c）400　　d）1600

2.19　在 QAM 中，用一个载波信号的振幅与________的组合变化来表示相应代码。

a）频率　　b）比特率　　c）相位　　d）波特率

2.20　星座图是描述________调制方式的一种直观手段。

a）ASK　　b）FM　　c）FSK　　d）QAM

2.21　数据调制解调器的用途是什么？

2.22　求下列二进制序列之间的汉明距离。

（1）0000，0101

（2）01110，11100

（3）010101，101010

（4）1110111，1101011

2.23　写出下列一组二进制数的方阵偶校验码。

11000011

00100101

11110011

10010010

2.24　某通信系统采用 CRC 校验方式，其生成多项式 $G(x)$ 的二进制比特序列为 11001，接收端收到的二进制比特序列为 110111001（含 CRC 校验码）。判断传输过程中是否出现了差错？

2.25　设欲发送数据序列为 1101011011，生成多项式 $G(x)=x^4+x+1$，试求采用 CRC 校验的发送数据序列。

2.26　如果数据传输没有发生错误，接收端校验和与数据的和应该是________。

a）全 0　　b）全 1　　c）校验和的反　　d）数据的反

2.27　计算数据比特序列的校验和，假定分段大小是 8 位。

（1）1001001110010011

（2）1001100001001101

2.28　计算 2ms 的突发噪声对以下速率数据的传输产生的最大影响，并说明传输速率与突发错误的关系。

（1）1.5Kbit/s

（2）12Kbit/s

（3）96Kbit/s

第3章　计算机网络体系结构与协议

3.1　基本概念

计算机网络的功能是为实体提供通信联系。实体是计算机网络中的活动元素，它可以是硬件，也可以是软件，例如，输入/输出芯片、应用进程、文件传送模块、用户应用程序等。计算机网络是由多个节点连接构成的集合，节点之间要不断地交换数据和各种控制信息。为了使计算机网络有条不紊地工作，每个节点都必须遵守一些事先约定好的规则，这些规则明确地规定交换数据的格式、时序等。

1. 协议

在计算机网络中，为了使计算机之间能够正确而有效地传送和接收数据，必须有一套关于数据传输顺序、传输格式以及其控制方法的通信规约，这些为网络进行数据交换而建立的通信规约称为计算机网络协议。协议是通信的双方关于通信如何进行达成的一致，主要由语法、语义和定时三部分组成。

1）语法：是指传送的数据与控制信息所组成的传输信息所遵循的格式，即对传输数据格式的规定。

2）语义：是指交换的信息的含义。

3）定时：是指事件执行的顺序，包含速率匹配和排序等。

2. 分层

一个功能完备的计算机网络系统需要制定一套复杂的协议集，组织计算机网络协议的最好方式是层次结构模型。将计算机网络的层次结构模型和分层协议的集合定义为计算机网络体系结构。网络体系结构的核心是接口和协议。

所谓分层就是从物理连接到具体应用，将全部问题分成许多小的模块来解决，自上而下分成若干层，每层都使用由较低层提供的有意义的服务，同时该层又为较高层提供所定义的服务，高层依靠低层交换信息。

两个通信实体之间的通信过程是十分复杂的。为了减少协议设计和调试过程的复杂性，网络协议通常都按结构化层次方式进行组织，将其划分为多个功能层，每一层完成一定的功能，这些功能代表整个通信处理过程的一个组成部分，每一层都是建立在它的下一层基础之上。多个功能层要有多层协议。不同的网络，它的层次数量、各层的名称、内容和功能不尽相同。在所有的层次结构模型中，每一层都是通过层间接口进行连接的，而接口又把这种服务实现的细节对上层屏蔽。一台计算机的第 n 层与另一台计算机的第 n 层进行对话，对话的规则就是第 n 层协议。只要一个层的功能仍能为上一层提供所要求的服务，该层内功能的具体实现可以在不影响相邻层次的基础上修改和替换。

3. 接口

计算机网络中不同功能层之间的通信规约称为接口。它是两个实体之间的连接部分，是数据流穿越功能层界面的约定。层次协议与接口之间的关系如图 3.1 所示。

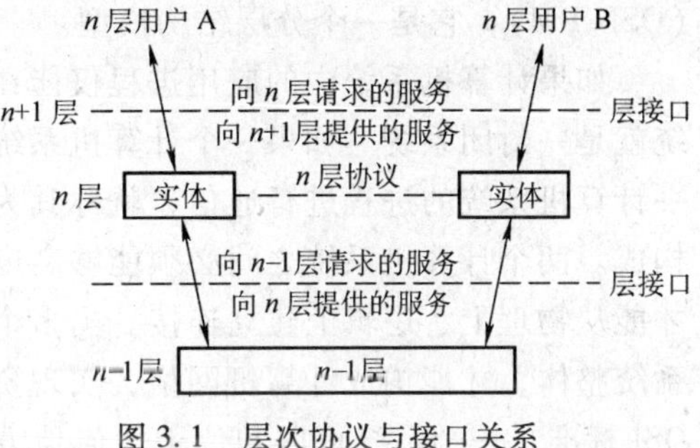

图 3.1　层次协议与接口关系

1）第 n 层实体在实现自身定义的功能时，只能使用（$n-1$）层提供的服务，（$n-1$）层又使用了（$n-2$）层提供的服务。

2）第 n 层向（$n+1$）层提供的服务不仅包括 n 层本身的功能，还包括由下层服务提供的功能总和。

3）最低层只提供服务，是提供服务的基础；最高层只提供应用，是使用服务的最高层；中间层既是下层的服务对象，又是其上层的服务提供者。

4）仅在相邻层之间有接口，层间通过接口通信，并将服务功能细节对上层屏蔽。

这样，计算机网络协议分为两大类：同等层间的通信协议和不同层之间的通信协议。

4. 协议分层原则

计算机网络通信协议的作用与电话网的信令相似。由于计算机通信采用的交换方式一般是分组交换，所以与电话信令又有明显不同。通常，把选址、控制、状态通报以及管理等功能表现在数据帧的格式中，内容更为复杂，不仅包括网内传输的各种规定，而且还包括计算机内部和用户的各种情况。这些问题不仅涉及到网的结构和运行，而且还涉及计算机的类型、操作系统以及软件等。

计算机网络系统所提供的网络服务功能是十分复杂的。为了使这些功能设计简化，可将它们划分为一系列按某种方式组合的较为简单的功能来逐步完成，即分层。这里划分层次的原则是：

1）划分的层次不能太多，也不能太少，以便于管理。

2）网中各节点都有相同的层次，相同的层次具有相同的功能。

3）同一节点内部相邻层之间通过接口通信。

4）每层使用下一层提供的服务，并向其上层提供服务。

5）不同节点的同等层按照协议实现对等层之间的通信。

分层结构的特点：

1）一个节点的各层只能与相邻上下层通信，不能跨层通信。

2）最低层是网络中各节点的直接接口。

3）节点中各层都有自己的协议，而且这些协议是互相独立的，各层的功能任务也是十分明确的。

4）层间接口清晰，层间传递的信息量少。

5）便于模块划分和分工协作开发，且服务与实现无关。

6）模块内部变动，只要接口不变，就不会影响层间关系。

7）层次结构可使人们更集中注意总体结构及其相互关系，有利于总体优化。

3.2　OSI 参考模型

对于计算机网络体系结构，国际标准化组织（ISO）提出了开放系统互联参考模型

(OSI-RM)，它是一个分层结构模型。

如果计算机系统中的应用进程仅能在其内部操作，就称该系统为封闭系统，例如单机系统就是一封闭系统。如果一个计算机系统中的应用进程不仅能在其内部操作，而且还能与另一计算机系统的进程进行通信，就称其为开放系统。开放系统要由通信设备连接计算机系统构成。两个计算机系统之间必须能够高度一致的协调，包括硬件上的协调和软件上的协调，才能从物理上、逻辑上建立连接。当多个开放系统都实现了这种协调，并构成了一个完整的系统整体，才能构成计算机网络，实现资源共享。在 OSI 模型的术语中，“开放”是指遵守 OSI 标准，一个系统可以和位于任何地方遵守同一标准的其他任何系统进行通信；“系统”则是指能够进行信息处理或传输的自治整体（如计算机、外设、软件、操作员、传输手段等）的集合。

3.2.1 概述

1977 年，国际标准化组织（ISO）在分析和研究了已有网络体系后，同时考虑到联网的方便性和灵活性，提出了一种不基于特定的机型、特定网络操作系统和特定公司产品的网络体系结构，它就是开放系统互联参考模型（ISO-RM）。具有不同硬件体系结构或不同操作系统的计算机称为异种计算机。OSI 参考模型定义了异种机联网的标准框架，为分散的开放系统互联提供了基础。

在建立模型时，设计者将传输数据的过程分解为一些基本元素，这些元素将用特定应用相关的网络功能标识出来，并对它们分类，然后把它们组成一些独立的功能组。这些不同类型的功能组就形成了层次，每一层都定义了一簇与其他层次不同的功能。通过这种方式进行功能定义和局部化，设计者就可以建立一个既全面又灵活的体系结构。

ISO 将整个网络的通信功能划分为七个层次，由低至高，依次是物理层、数据链路层、网络层、传输层、会话层、表示层和应用层，如图 3.2 所示。

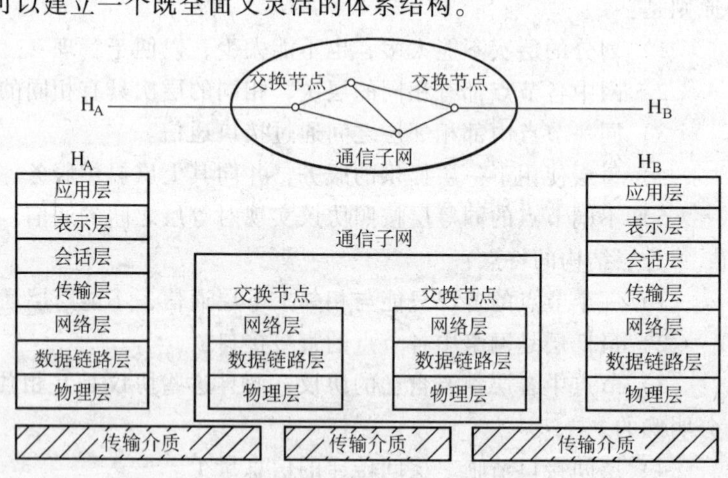

图 3.2 OSI 模型

在七层模型中，其中第 1、2、3 层是网络支持层，属于通信子网的功能范畴，通常称为低层，它们处理从一个设备到另一个设备数据传输的物理方面的问题，如信号的电气特性、物理连接、物理寻址、传输顺序及可靠性等。第 5、6、7 层是用户支持层，属于资源子网的功能范畴，通常称为高层，它们容许不相关的软件系统间的互操作。第 4 层将低层和高层连接起来，成为连接通信服务与数据处理服务的桥梁，承担高层和低层所提供的服务之间的联络工作。OSI 的高层通常通过软件实现，而低层则是硬件和软件的复合体，但物理层几乎都是由硬件组成。

在 OSI 物理环境中，不同体系的应用进程在进行通信时，可利用 OSI 提供的服务功能，按照 OSI 各层协议，通过图 3.3 所示途径进行传输。通常数据在传递过程中可能要经过多个交换节点，这些交换节点一般只涉及 OSI 模型的低 3 层。

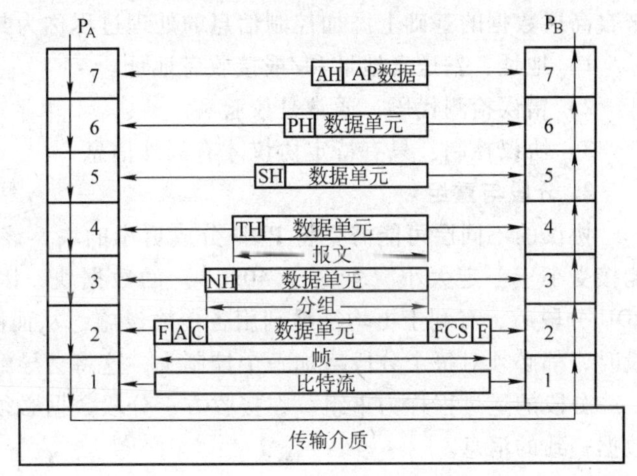

图 3.3　数据传输变化过程

数据在 OSI 环境中传输是要发生变化的。发送端的应用进程 P_A 将用户数据先送到第 7 层，该层对数据加工处理，并附加上若干比特的报头 AH，称为协议控制信息，构成第 6 层的数据单元送到第 6 层。当第 6 层收到这一数据单元后，再附加上本层的报头 PH（协议控制信息），构成第 5 层的数据单元送到第 5 层。重复这一过程直到第 2 层，它除了加上报头外，还要加上报尾。然后通过物理层进入传输介质。到达接收端后，从第 1 层开始逐层向上传递，每一层都根据控制信息进行相应的操作，将控制信息剥去，把剩余的数据单元上交更高一层，最后把应用进程 P_A 发送的数据交给目的应用进程 P_B。数据的上述传递过程类似于挂号信件在邮政系统的传递过程。在发送方，每一层都可将从上层收到的数据拆成几个数据单元，以适应下层对数据单元长度的要求。通常，第 4 层传输的数据长度没有限制，但在第 3 层常常有限制。因此，第 3 层必须把第 4 层来的数据分成较小的单元（分组），在每个分组前加上第 3 层的报头。在接收方，这些数据单元向上传递时，必须由同等层协议按顺序重新组成原数据单元，以满足各层数据单元长度的要求。各同等层之间交换的数据单元的名称，一般高 4 层使用的数据单元为报文，网络层使用的数据单元为报文分组，数据链路层使用的数据单元为帧，物理层使用的数据单元为比特（bit）。

显然，上述处理过程是复杂的，但对用户来说，这些微观处理过程是感觉不到的，就像是应用进程 P_A“直接”把数据传送到了应用进程 P_B。这就是 OSI 模型在网络进程通信中的本质作用。应用进程 P_A 将数据送到 P_B，在逻辑上要形成一条由 P_A 到 P_B 的一条虚通信路径或逻辑通道。同理，任何两个对等层之间也好像是将本层的协议数据单元直接送到了对方，这就是对等层之间的通信。前面提到的各层协议就是在各个对等层之间传送数据的各项规定。

3.2.2　OSI 模型协议的功能

协议有一定的功能，其基本功能有：封装、分段与重组、连接控制、有序传输、流量控制、差错控制、寻址、多路复用、传输服务等。

1. 封装

上面已讨论过，协议栈中较低层的 PDU（Protocol Data Unit，协议数据单元）不仅包含来自它上层的数据，还包括了含有控制信息的报头。这样，高一层数据不含低层协议控制信息，可使得相邻层之间保持相对独立，低层处理方法的变化不致影响高一层功能的执行。在来自高层数据的基础上添加控制信息的处理过程称为封装。控制信息大致可分为三类：

1）地址：发送者地址和/或接收者地址。

2）错误检测代码：通常是校验和。

3）协议控制：只有特定协议才有额外信息。

2. 分段与重组

协议的不同层可能需要将PDU分成更小的块，该处理过程称为分段。由于某些网络只能接受小于一定大小（如小于4096B）的数据块，因此有时需要对PDU分段。将较长的PDU分段后，有利于更均衡地利用各传输设施，从而降低传输延迟。但是，每次将PDU分段时，都必须对每个分段增加一个控制头，这将会导致更多的传输开销而降低传输效率。

分段的逆过程称为重组。在接收方，分段数据必须被重新组装成与发送方应用层的原始数据一致的消息。

3. 连接控制

从连接的角度来看，有两种基本类型的数据传输方式：面向连接的和面向无连接的。在采用面向连接的数据传输方式中，必须在数据传输前收发双方之间建立起连接。连接建立阶段包括在节点之间交换控制信息和协商传输参数。一旦连接建立并且参数达成一致，即可进入数据传输阶段。传输结束后，必须按序终止连接。

面向连接的传输有一个特点，即传输节点在发送消息前，要对消息的每个PDU分配一个序列号。这个序列号保存在PDU的头部信息中。在接收方收到每个PDU时，要检查其序列号。

在面向无连接的方式中，数据在传输之前不需要建立从源节点到目的节点的连接，分组在转发节点需要进行路由选择，为此，每个分组都要加上网络地址，网络根据分组地址进行转发。由于分组的独立传输，到达接收方的顺序就可能与发送顺序不一致，接收方需要对分组重新排序。

4. 有序传输

在许多网络中，特别当数据传输涉及多个网络（互联网络）时，PDU到达接收方时，可能产生乱序。PDU通过网络的不同路径传输时，会发生这种现象。如果对每个PDU赋予一个唯一的序号，并且该数字是顺序分配的，那么接收方接收PDU时，就能够根据序号对PDU重新排序。

5. 流量控制

流量控制是接收方限制发送方发送数据的速率和数量的能力。实现流量控制的最常用方法是在进一步传输前确认每个PDU或PDU组。如果没有接收到确认，则发送方将停止发送数据。确认是由接收节点向发送节点回送一个确认信息来实现的。通过这种方法，接收节点就可以限制发送流量。

6. 差错控制

差错控制包括两部分：差错检测和差错纠正。在网络层，差错检测通常由发送方在发送数据前向数据中插入数据校验码来实现。软件对数据进行某种运算，计算出校验码。在接收方进行相同的运算，如果结果相同，就认为传输正确，否则，就认为传输发生了错误。这样，在数据的传送过程中，一旦出现差错，可以及时发现，及时纠正，保证数据传输的正确性。

纠正错误有多种方法，最常用的方法是重传。在这种方式下，接收方丢弃有错的PDU，但不向发送方发送确认信息。当发送方在一定的时间内没有收到关于某个PDU的确认信息，就重传该PDU。

可以在协议的多个层次上进行差错控制，以保证来自应用的数据能正确地从发送方传送到接收方。网络层负责确定每个PDU被正确地接收，传输层负责确保所有的PDU都被收到，并且没有重复。

7. 寻址

PDU头中通常包含发送者和接收者的地址，但协议的不同层包含了指示数据传输方向的不同地址。例如，在电子邮件中，应用层头可能包含了接收该邮件的各台PC的名称。在传输层上，传输头包含了处理邮件数据的接收计算机的电子邮件的应用程序地址。在网络层，网络头中的地址是数据将发往的计算机的地址。在所有层上，都存在确保地址唯一且无歧义的问题。

8. 多路复用

通常情况下，计算机使用单条通信线路为不同的应用程序建立连接。多路复用技术提供了在单条线路上同时进行多路通信的能力。

9. 传输服务

协议可以为传输提供额外的服务，如区分消息的优先级，规定所需的吞吐率，或为限制消息的访问而提供某些类型的安全机制等。这些都是可选服务，视需要而定。

3.3 物理层

物理层是OSI模型的最低层，向上它与数据链路层相连，向下直接连接传输介质。物理层的作用是提供建立、维持和释放物理连接的方法，以便能在两个或多个数据链路实体间进行数据位流的传输。

3.3.1 物理层的功能

计算机网络是由许多物理设备和传输介质构成的。但是，物理层并不是指这些物理设备或传输介质，而是有关物理设备通过物理传输介质进行互联的描述和规定。物理层要尽可能地屏蔽掉各种物理传输介质和通信手段的差异，使数据链路层感觉不到这些差异的存在。这样，数据链路层就可不必考虑具体的传输介质，专心致力于完成本层的服务。

用OSI的术语讲，物理层的作用就是在一条物理传输介质上，实现数据链路实体之间各种数据比特流的透明传输。因此，物理层应具有以下功能：

1. 物理连接的建立、维持和释放

当两个数据链路实体之间请求建立连接时，物理层应能立即在它们之间建立相应的物理连接，这个连接可能要经过多个中继链路实体。在进行通信时，要维持这个连接。通信结束，物理层将立即释放这个连接。

2. 物理服务数据单元的传输

在物理层中使用的数据单元称为物理服务数据单元。在物理连接上，一般都是串行传输，即一个比特一个比特地按时间顺序传输，但有时也采用并行传输，即几个比特同时传输。对于远距离的传输，通常都是串行的，只有近距离传输才采用并行的。物理层要提供这两类物理服务数据单元的传输，而且还要保证传输的顺序。串行传输可采用同步传输方式，也可采用异步传输方式。当采用同步传输方式时，系统要有同步功能进行收发的同步；当采用异步传输方式时，系统则应配置异步适配器来完成数据的发送和接收功能。

3. 物理层管理

物理层管理是指完成物理层的某些管理事务，如发送和接收的控制、异常情况的处理、故障情况的报告等。

3.3.2 物理层的特性

物理层是建立在通信传输介质基础上的，实现系统与传输介质的物理连接接口，提供传送“1”、“0”的物理条件。根据 ISO 对物理层的定义，物理层在数据链路实体之间合理地通过中间系统，为“1”、“0”传输所需要的物理连接的建立、保持、释放，提供机械、电气、功能和规程特性。这里的连接主要是指数据终端设备（DTE）和数据通信设备（DCE）之间的连接，如图 3.4 所示。DTE 一般为数据终端、计算机或 I/O 设备，具有数据发送、接收和处理的能力。而 DCE 则为调制解调器、信号变换器、自动呼叫应答器或线路适配器等，具有信号变换和编码功能，并负责建立、维护和释放物理连接。用户之间通过 DTE、DCE 及传输介质相连接。物理层主要特性是负责在物理连接上传输二进制比特流。

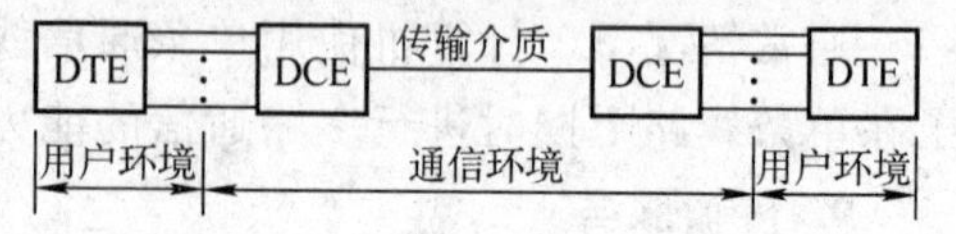

图 3.4　DTE 与 DCE 之间的连接

在物理层通信过程中，DCE 一方面要将 DTE 传送的数据流逐比特发往传输介质，同时也将从传输介质接收到的比特流顺序地传送给 DTE。在 DTE 和 DCE 之间所传送的既有数据信息，也有控制信息，需要它们之间高度协调的工作，因而就需要制定 DTE 与 DCE 接口标准，这些标准就是我们经常说的物理接口标准。

由以上讨论可以看出，OSI-RM 中的物理层并不是物理设备或物理传输介质，而是有关物理设备通过物理传输介质进行互联的描述和规定。物理层可以屏蔽物理设备和传输介质的差异，使高层协议感受不到这些差异的存在。

1. 机械特性

机械特性定义计算机和通信设备之间物理连接接插件的规格和型号。一般是指连接器的形状、尺寸、引线数目和排列方式、固定和锁定装置等。由于与 DTE 连接的 DCE 设备种类繁多，所以连接器的标准也有多种，例如 RS-232 就是一种串行物理接口标准。

2. 电气特性

电气特性定义双方连接所使用的电信号的性质和对应的逻辑关系。在 DTE 与 DCE 之间有多条信号线，电气特性规定这些信号线的连接方式、发送器和接收器的电气参数，包括信号源输出阻抗、负载输入阻抗、信号编码方法、信号电压的变化范围、传输速率和传输距离等。

3. 功能特性

功能特性定义接插件每个引脚的名称、用途及电信号的表示方法，即对 DTE 与 DCE 之间的各信号线给出明确的定义。连接线的功能一般分为数据、控制、定时、接地四类。

4. 规程特性

规程特性定义双方从开始传输的连接、传输过程的控制到传输完成的终止期间各种控制过程的描述。规程特性规定了使用连接线实现数据传输的操作过程，即在物理连接的建立、维持和释放时，DTE 与 DCE 双方在各电路上的动作时序。

3.4　数据链路层

3.4.1　数据链路层的基本概念

数据链路层是 OSI 模型的第 2 层，它介于物理层与网络层之间，用于在相邻节点间建立数据链路，传送以帧为单位的数据，以便有效、可靠地进行数据交换。本层通过差错控制、流量控制等，将不可靠的物理传输信道变成无差错的可靠的数据链路。将数据组成适合正确传输的帧形式的数据单元，对网络层屏蔽物理层的特性和差异，使高层协议不必考虑物理传输介质的可靠性问题，而把信道变成无差错的理想信道。

这里涉及“链路”和“数据链路”两个概念。所谓链路是指一条中间没有任何交换节点的点到点的物理线路段，有时也称为物理链路。一般情况下，两台计算机中间进行数据交换的通路通常是由多条链路串接而成的。链路是构成计算机网络的一个基本单元。如果要在一条链路上传输数据时，只有物理线路是不够的，还必须有一些数据传输协议来控制数据的传输。这样，就可以利用数据链路进行数据传输了。链路再加上实现这些协议的硬件和软件就构成了数据链路，如图 3.5 所示。数据链路有时也称为逻辑链路。当采用复用技术时，一条链路上可以有多条数据链路。

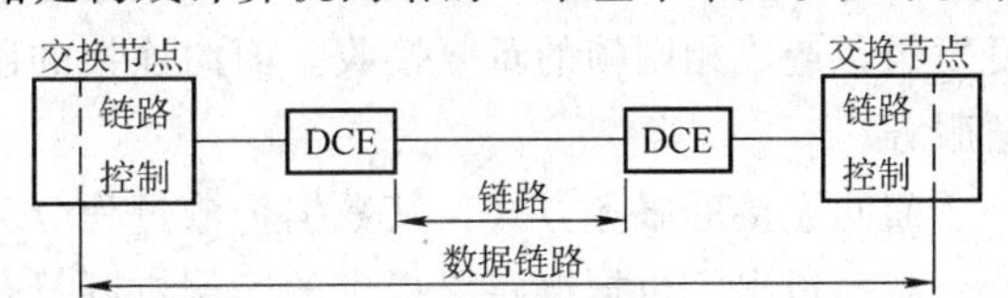

图 3.5　链路与数据链路

在计算机网络中由于存在噪声和干扰，使得物理线路的数据传输可能产生差错。设置数据链路层的目的就是要把传输介质的不可靠因素屏蔽起来，通过数据链路层协议的作用，在不可靠的物理线路上进行可靠的数据传输。为此，数据链路层应具有相应的功能，并且，在物理层提供服务的基础上，再加上本层所具有的功能，向网络层提供必要的服务。

3.4.2　数据链路层提供的服务

数据链路层向网络层提供的基本服务是将源节点的网络层传送来的数据正确地传送到相邻节点的网络层。

源节点网络层进程把网络层的数据传送给数据链路层。源节点的数据链路层通过源节点与相邻节点的数据链路层协议，将数据传送到相邻节点的数据链路层，最后由相邻节点的数据链路层协议将数据交给其网络层，该过程如图 3.6 所示。它表示了两个数据链路层进程之间的“直接”通信，显然这是一个虚通路。基于这样的原理，以后凡是利用各层协议进行进程间通信均按上述过程进行。

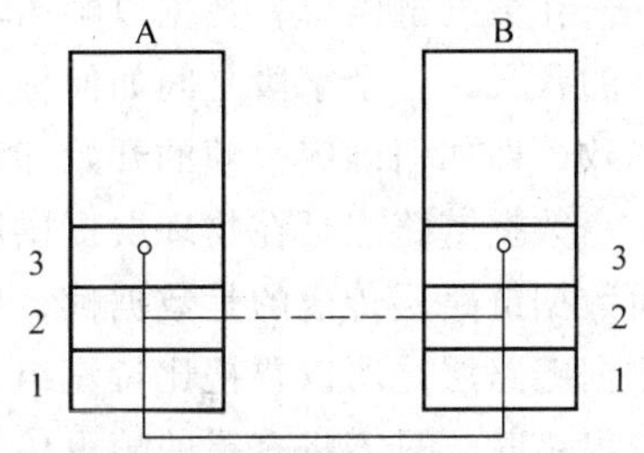

图 3.6　数据链路层之间的通信

数据链路层除提供上述基本服务外，还提供三种具体服务：

1. 无确认的无连接服务

数据链路层提供的无确认的无连接服务是指源节点向相邻节点发送独立的帧，而相邻节点对收到的帧不作确认。并且两节点在通信前不建立连接，通信完成后也没有链路释放过程。如果由于线路噪声的影响而造成帧丢失，则数据链路层不进行恢复，恢复工作由网络层完成。低误码率的链路可采用这种服务方式。

2. 有确认的无连接服务

数据链路层提供的有确认无连接服务是指源节点向相邻节点发送独立帧，相邻节点收到该帧后要向源节点回送一个独立的确认帧，以表明收到了该帧数据。该方式可使发送方知道它发送的一个帧是否已经安全到达目的地，如果在规定的时间内，发送方未收到确认帧，则重发该帧。该服务方式提高了传输可靠性。可靠性不高的通信场合（如无线通信）可采用这种服务方式。

3. 面向连接的服务

数据链路层所提供的面向连接的服务方式是指两个节点之间在进行数据传输之前，必须先建立起连接，然后才能进行数据的传输。在这条连接上所发送的每一个帧都被加上编号，数据链路层保证接收方能收到所传送的帧。而且，还保证每帧只收到一次，同时还不使收到的帧乱序。显然，上述无连接方式做不到这一点。如果确认信息丢失，则将会引起一帧的重复发送，造成相同帧的重复接收。面向连接的服务方式为网络层进程间提供了可靠的数据传送服务。

面向连接的服务方式，其数据传输过程分为建立连接、数据传输和释放连接三个阶段。

需要指出，数据链路层提供的确认机制只是一种选项，并不是必须的。因为传输层能做到这一点，它发送数据后，总是要等待确认的。在可靠的传输信道（如光纤信道）上，采用确认机制来保证传输的可靠性是没必要的。但在不可靠的传输信道（如无线信道）上，这样做可能是值得的。

3.4.3 数据链路层的功能

数据链路层的基本功能是实现相邻节点间正确的数据传输。相邻节点间的物理连接保证不了数据传输的可靠性，设计数据链路层的目的就是为了解决这个问题，使高层不必考虑物理传输介质的可靠性，而把通道认为是无差错的理想通道。数据链路层所执行的主要功能有以下几点。

1. 帧定界与同步

在数据链路层，数据以帧为单位进行传输。帧是由若干个字段构成的，每个字段都有确定的含义，各个字段之间如何标识和分界，这就是定界问题。同步则是如何使收发双方取得一致，即如何确定一帧的开始和结束，以保证接收不产生帧定界错误。

数据链路层是在物理层提供服务的基础上向网络层提供服务。物理层传送的是比特流，而数据链路层传送的是数据帧，所以数据链路层就必须把物理层传送来的比特流组合成帧。数据链路层之所以要把比特流组合成帧来传送，其目的是为了利于差错的控制。当传输过程中出错时，只需将有错的帧重传，而不必重新发送全部数据，从而可以提高传输效率。

接收方必须从物理层传送来的比特流中能区分出一帧的开始和结束。由于网络传输中很难保证定时的完全正确和一致，所以不能采用依赖时间间隔关系的方法来确定一帧的开始和结束。有几种常用的同步方法。

(1) 字节计数法　该方法用一个特殊的字符来表示一帧的开始，然后再用一个字段来标明本帧内的字节数。当目的节点的数据链路层读到该帧的字节计数值时，便知道了后面跟随的字节数，从而可以确定出帧的结束位置。面向字节计数的同步规程采用的就是这种方法。

(2) 字符填充法　该方法使用一些规定的特定字符来定界一帧的开始和结束。为了防止误同步，当帧的数据字段中出现同类特殊字符时，就在其前面填加一个转义字符 DLE 加以区分。面向字符的同步规程采用的就是这种方法。

(3) 比特填充法　该方法用一个特定的标志字段（例如 01111110）放在一帧的首和尾，来标志一帧的开头和结束。当帧的信息字段中出现同类模式的比特字段时，就会产生误同步。为此，采用了比特填充的方法避免信息字段中再出现相同模式的字段。面向比特的高级数据链路控制规程就是采用的这种方法。

(4) 违例编码法　在帧的开始和结束处使用非法编码序列来作为帧的开头和结束标志。例如，传输数据采用曼彻斯特编码，而在帧的开头和结束处采用位中间没有跳变的编码方式，这就使开头和结束字段与数据字段编码方式不同，从而就可以确定帧的边界。

字节计数法中，“字节计数”字段是十分重要的，必须采取相应措施来保证它不出错。它一旦出错，就会造成灾难性后果，它不但影响本帧，而且还会影响后续帧。比特填充法要比字符填充法优越，因此，比特填充法目前应用广泛。违例编码法不需要任何填充技术，但只适用于在物理层采用了冗余编码的特殊编码时使用。

2. 差错控制

数据在传输过程中可能会产生差错，接收方要对收到的帧进行校验，以决定是否要求重发。这就需要接收方每收到一帧后要向发送方回送一正确与否的应答信息，发送方可据此决定是否重发。这表明发送方只有收到接收方已经正确接收的应答信息后才能认为该帧正确传送完成。

在实际上，传输过程中有可能使得整个帧丢失，包括数据帧和应答帧。这样，接收方由于收不到数据帧而不予以应答，或者虽然回送了应答帧，但由于丢失而发送方无法收到，于是发送方必然要等待下去。为此，通常在发送方配有一定时器，发送方每发出一帧，同时启动定时器计时，对此规定一最大计时时间，该时间等于帧来回传送时间与接收方处理帧所需时间之和。当定时器超时而未收到应答信息时，就认为传送帧出错或丢失，于是重发该帧。在正常情况下，定时器在未超时之前能收到确认信息，当收到确认信息后就将定时器清零。

同一帧重发多次，接收方就可能两次或多次收到同一帧，于是就会产生重复帧上交网络层的现象。为防止发生此类现象，于是就给发送的每一帧编号，从而可使接收方能从编号中区分出是新发送的帧还是重复接收帧，接收方可据此决定该帧是否上交网络层。这样，数据链路层可通过定时器和帧编号来保证每帧都能正确地交给相邻节点的网络层。

3. 流量控制

流量控制是使通信双方在收发数据速率上达到一致的处理，以保证最大的传输效率，并提高传输的可靠性。如果不进行流量控制，发送方发送速率快，接收方接收速率慢，就会造成接收丢失的现象。

流量控制实际上是限制发送方的数据流量，使其发送速率不要超过接收方所能处理的速率。在这个过程中需要一些反馈控制机制使发送方了解接收方的情况，以便发送方根据某些规则来决定什么时候可以发送下一帧，什么时候停止，等待合适时机再发送新帧。

在此需要说明，流量控制不是数据链路层所特有，其他高层也提供流量控制功能，只不过流量控制的对象不同而已。数据链路层控制的是相邻节点间数据链路上的流量，比如传输层，它控制的是源到目的间端到端的流量。

4. 链路管理

链路管理主要用于面向连接的服务。链路两端的节点在进行通信前，需要确知对方已处于准备好状态，并交换一些必要的信息，对帧编号初始化，然后才能建立连接。在通信过程中要能维持连接，包括出现差错后重新初始化，重新自动建立连接等。通信完毕后则要释放连接。

3.4.4 流量控制技术

作为远距离通信的双方，为了获得高传输效率和高可靠性，在设计数据链路层协议时，必须考虑相应的流量控制技术。

流量控制是一种协调收发之间工作步调的技术，其目的是避免发送方发送数据速率过快，接收方来不及处理而产生数据丢失的现象。通常接收方要开辟一定大小的接收缓冲区，当接收数据进入接收缓冲区后，接收方要对其进行必要的处理，处理完毕后清除缓冲区，并允许接收新的数据。如果接收方未处理完之前新的数据进入了缓冲区，缓冲区就会产生溢出，引起数据的丢失。流量控制技术就是为了避免此现象的产生而采取的相应措施。

下面介绍两种流控技术。

1. 停-等流控技术

停-等流控技术是一种最简单的流控技术，其基本原理是：发送方发送一帧后，必须停下来等待接收方对该帧的应答信号。如果发送方收到确认信号，则发送下一个数据帧；如果发送方收到否认信号，则重发原数据帧。这样，接收方只要控制应答的发送就可进行流控。这种技术仅适用于只有少量大的帧的情况。但实际中总是把大的数据块分成小块形成多帧发送。其原因在于帧越大，所需的接收缓冲区就越大，传输一帧所需时间越长，就越容易出错，出错后要重发整个帧。同时，一个站点占用信道时间越长，其他站点等待发送的延迟时间就越长。为了克服上述缺点，故将大数据块分成小块采用许多帧发送。由于链路上同时只能传送一帧，若采用停-等流控方式，链路利用率将会很低。

该方式工作简单，仅需半双工工作，所需缓冲区容量小。但由于等待应答要花费时间，故传输效率低，高速传输系统或实时性要求高的场合不宜采用此方式。

2. 滑动窗口流控技术

停-等流控技术虽然简单，但效率很低，仅适用于半双工通信。由于每发一帧都要停下来等待应答，因而几乎浪费了一半信道容量。滑动窗口流控技术是一种比较好的流控技术，适用于全双工通信。

在滑动窗口流控技术中，发送方在收到接收方返回的应答之前可以发送若干帧，帧可以连续依次发送。这意味着链路上可同时承载多个数据帧，因而提高了链路的利用率。接收方不必对每一接收帧都单独给出一个应答，可使用一个 ACK 帧对多个接收帧进行确认应答。

(1) 窗口　所谓窗口就是收发双方各自创建的一个缓冲区，这个窗口可用于双方存储数据帧，并对收到应答之前可以传输的数据帧的个数进行限制。接收方可以不等窗口填满而在任何一点对接收的数据帧进行应答，并且只要接收窗口是未满的，发送方就可继续发送数据帧。为了记录哪一帧已被传输以及接收方接收了哪一帧，该技术引入了一个基本窗口大小的标识机制，每一个要发送的帧都给一个编号，其范围是 $0 \sim 2^n-1$，它对应于 n 位的二进制字段。例如 $n=3$，则帧编号就是 0、1、2、3、4、5、6、7、0、1、2、3、4、5、6、7、0、1、…。窗口的大小为 2^n-1，在本例中即为 7。由此可见，窗口不能覆盖所有编号帧（此例为 8 帧），它比所编号的帧数小 1，后面介绍这样设置的原因。

为了对正确接收的数据帧应答，接收方可通过发送包含要求发送的下一个数据帧的编号来确认所接收的数据帧。例如，为了对编号 4 的帧进行应答，收方就发送一个包含编号 5 的应答帧。发送方收到包含有编号 5 的应答帧时，就知道编号 4 以前的所有数据帧已被正确接收了。

窗口
6 7 0 1 2 3 4 5 6 7 0 1 2 3 4 5

图 3.7　滑动窗口与缓冲区之间的关系

两端的窗口可以存储 2^n-1 帧，因此发送方在接收一个 ACK 帧之前最多可以发送 2^n-1 帧，接收方每次最多可接收 2^n-1 帧。窗口和缓冲区之间关系如图 3.7 所示。

（2）*发送窗口*　下面介绍发送过程。最初，发送方窗口有 2^n-1 个帧，随着数据帧的发送，窗口的左边界向里移动，每发送一帧，左边界就向右移动一帧，窗口尺寸不断缩小。如果窗口大小为 W，并且自最近一次应答以来已发送了 3 帧，那么窗口中剩余的数据帧则为 $W-3$。当接收到 ACK 帧后，窗口右边界就一次向外移动若干帧，移动的数目等于应答帧中应答的数据帧的个数。图 3.8 示出了一个大小为 7 的发送窗口的情况。

在图 3.8 中，如果 0 ~ 4 的帧已经发送，但还未收到应答帧，这时，发送窗口中就只包含 5、6 两帧。现在，若收到带有编号 4 的应答帧，发送方便知道 0 ~ 3 的 4 帧已正确接收，于是，发送窗口右边界向右移动 4 帧，将缓冲区中与之相邻的 4 帧包括到窗口中来。此时，发送方窗口包含有编号为 5、6、7、0、1、2 的 6 帧。如果接收到一个带有编号 2 的应答帧，则发送方窗口右边界就扩展两帧，此时发送方窗口将包含编号为 5、6、7、0 的 4 帧。

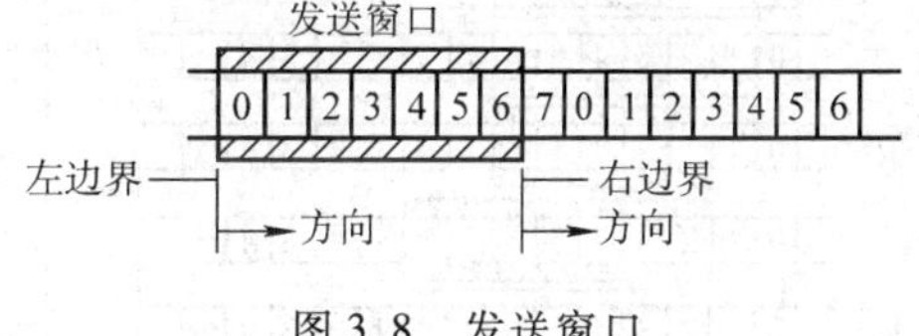

图 3.8　发送窗口

由上面的分析可以看出，当数据帧被发送以后，发送滑动窗口就从其左边向内收缩；当应答帧到来时，发送滑动窗口就从右边向外扩展。收缩和扩展的帧数等于确认的帧数。

（3）*接收窗口*　接收方在接收数据前，其窗口是空的，其大小为 2^n-1。随着数据帧的到来，逐渐占据其窗口空间，接收窗口就不断缩小。由此可见，接收窗口并不代表接收的数据帧数，而是代表在其发送应答帧前还能够接收帧的数目。如果接收窗口大小为 W，在没有发送应答帧前接收了 3 帧数据，此时，接收窗口所剩余空间数就是 $W-3$。一旦发送一个应答帧，接收窗口就依照进行了应答的帧的个数进行扩展。图 3.9 示出了一个大小为 7 的接收窗口，可以接收 7 个数据帧。随着接收数据帧的到来，接收窗口就开始收缩，当接收一帧，左边界就向右移动一帧。例如收到第 1 帧，左边界就从 0 移

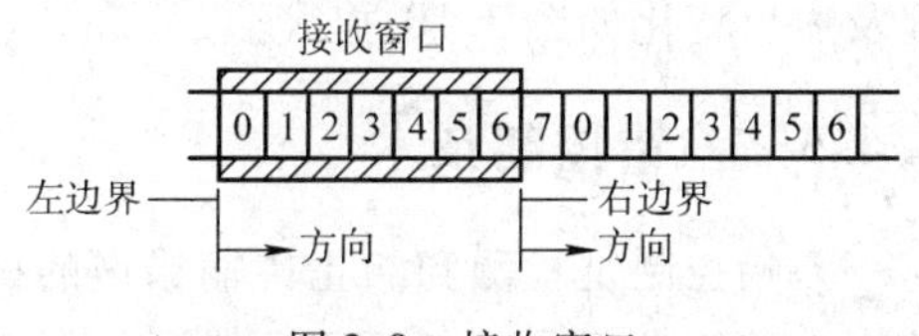

图 3.9　接收窗口

到 1。这时，若不发送应答帧，它只能再接收 6 帧。如果 0～3 号帧已经到达，但并未进行应答，此时的窗口只剩下 3 个空间。

随着应答帧的发出，接收窗口依照最近应答的数据帧的个数扩展相同数目的帧空间。每发一个应答帧，其右边界就向右移动一次，移动的数目等于最近发出的应答帧中包含的帧编号减去上一次应答帧中包含的帧编号（模 2^n）。在图 3.9 的例子中，如果上一次的应答帧编号是 2，而当前的应答帧编号是 5，那么窗口就扩展 3(即 5－2) 个空间。如果上一次应答帧编号是 3，而当前的应答帧编号是 1，则窗口扩展是 6(即 1＋8－3) 个空间。

由上面的分析可以看出，当数据帧接收后，接收滑动窗口就从其左边界开始向里收缩；当应答帧发出时，接收滑动窗口右边界就向外扩展。收缩和扩展的数目等于确认的帧数。

(4) *窗口尺寸* 在滑动窗口流控技术中，为了避免在接收帧的应答中出现模棱两可的编号，窗口的大小应是 2^n-1，而不是 2^n。其原因在于：如果发送了编号为 0 的帧，而收到了带有编号为 1 的应答帧，发送方扩展窗口并发送编号为 1、2、3、4、5、6、7 以及 0 的帧。若此时又收到带有编号为 1 的应答帧，这时发送方就不知道到底这是前一次应答帧的重复，还是确认最近收到的 8 个帧的新的带有编号 1 的应答帧。但是，如果窗口大小是 7 而不是 8，这种情况就不会发生了。

(5) *数据传输过程* 下面通过一个 7 帧窗口的例子来说明滑动窗口流控数据传输过程，如图 3.10 所示。在该例中，假定所有帧都无差错地传输。

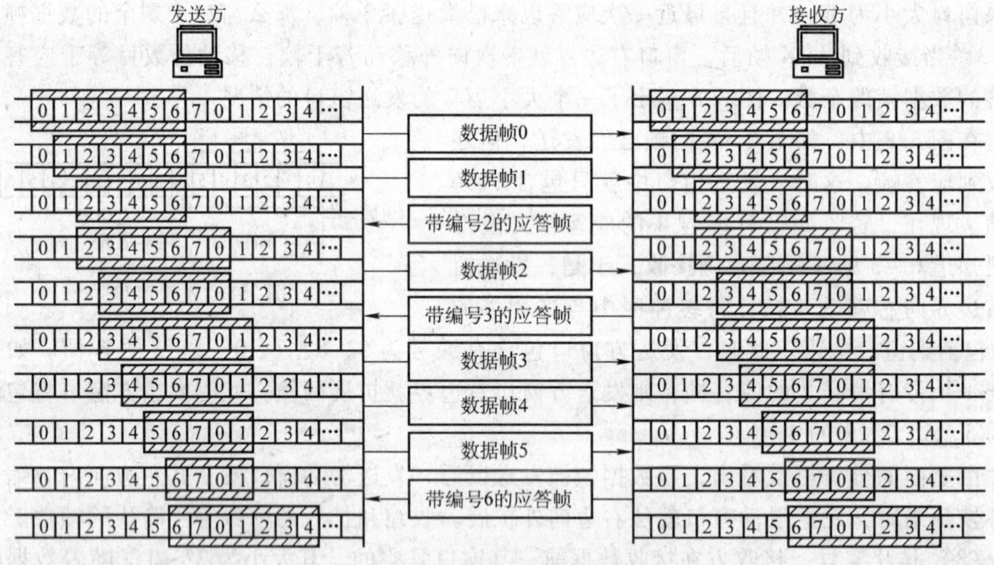

图 3.10　滑动窗口流控数据传输

在数据帧传输开始时，收发双方的窗口大小均为 7，即发送窗口中有 7 个可传送帧，接收窗口中有 7 个帧空间，它们是数据缓冲区的一部分，图中显示了 13 帧。数据帧的传输过程及窗口变化如图 3.10 所示。

3.4.5　差错控制技术

差错控制是检测和纠正传输错误的机制。数据链路层的差错控制主要是指检测和重传。数据在传输过程中难免要产生错误，纠正传输错误常采用以下方法：

(1) *肯定应答*　接收方对收到的帧进行校验，如无差错，送回一个肯定的应答 ACK。发送方收到肯定应答后即可知道该帧传输正确。

(2) *否定应答*　接收方收到一帧后进行校验，若发现有错，则送回一个否定的应答 NAK。发送方收到否定应答后便知传输有错，重新传输该帧。

(3) *超时重传*　发送方有一发送计时器，发送一帧时启动计时器计时。在规定时间内若没有收到关于该帧的应答信号，则认为该帧丢失，重传此帧。

上面方法主要是利用差错检测技术自动地对错误帧或丢失帧按照请求重发，因而称之为自动请求重发 ARQ。这里有三种情况下的数据重传：数据帧破坏、数据帧丢失和应答帧丢失。采用 ARQ 技术后，可使原本不可靠的物理线路变为可靠的数据链路。结合前面讨论的流控技术，可有三种形式的 ARQ 技术：停－等 ARQ、回退 N 帧 ARQ 和选择性 ARQ。

1. 停-等 ARQ

停-等 ARQ 是停-等流控技术和自动请求重发技术的结合。根据停-等 ARQ 协议，发送方发送一帧数据后必须等待应答信号，若收到肯定的应答 ACK，就继续发送下一帧；若收到否定的应答 NAK，就重传该帧；若在规定的时间内没有收到应答信号，也必须重传该帧。没有收到应答信号有两种可能的原因：一是数据帧丢失了，收端没有收到该帧，自然就不发应答帧；二是接收方收到了该数据帧，并且也回送了应答帧，但是应答帧丢失了。无论哪种原因，都使得发送方收不到应答，发送方不得不重发原来的帧。为了实现重传，它在基本流控机制的基础上增加了四个方面的功能：

1）发送方在收到最近帧的应答之前必须保留该帧的副本，以备重发丢失或损坏的帧，直到被正确接收为止。

2）为了识别各帧，数据帧和应答帧都必须交替地编号为 0 或 1。一个编号为 1 的数据帧被一个编号为 1 的应答帧 ACK1 所确认，它表明当前接收方已经正确接收了数据帧 1，并期望接收数据帧 0。这种编号方式使得在重传情况下能够识别数据帧。因为在应答帧丢失的情况下，发送方要重传该帧。这样，接收方会先后收到相同的两帧，接收方根据收到的帧的编号可以丢弃重复的帧。

3）如果接收方发现数据帧有错，于是就回送一个否定的应答 NAK。NAK 不编号，它只是通知发送方重新发送最近的一帧。

4）发送方配有定时器，如果在规定的时间内没有收到应答信号，发送方就认为最近发送的一帧数据在传输过程中丢失了，于是就重传该帧。

这里有两种可能的重发情况：帧破坏和帧丢失。下面讨论这两种情况。

(1) *帧破坏重发*　当接收方发现接收的数据帧有错时，它就给发送方回送一个否定的应答 NAK，发送方收到 NAK 后就重发该数据帧，图 3.11 示出了这种情况。当发送方发一个数据帧

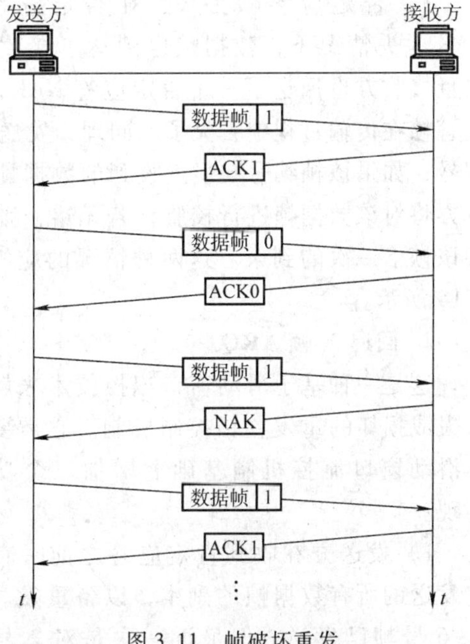

图 3.11　帧破坏重发

1，接收方就返回一个应答帧 ACK1，表明数据帧 1 已被正确接收，期望接收下一个数据帧 0。发送方发送了数据帧 0 后，该帧正确到达，接收方就返回一个应答帧 ACK0。当发送方又一次发送数据帧 1 时，接收方发现有错，就返回一个否定的应答帧 NAK。于是发送方就重发该数据 1，这次数据帧 1 正确到达，接收方就返回一个应答 ACK1，如此进行下去。

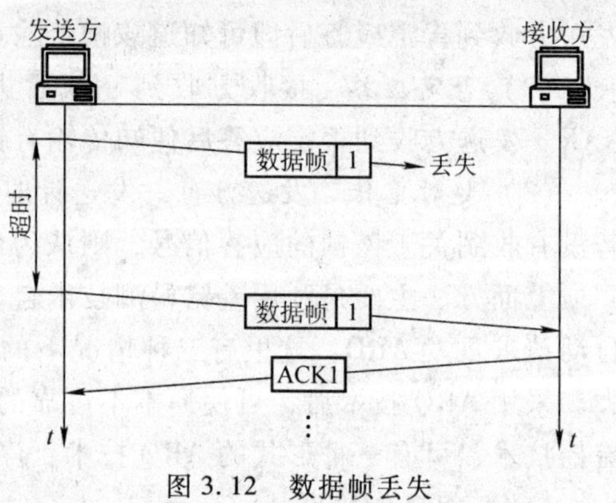

图 3.12　数据帧丢失

（2）帧丢失重发　这里有三种可能的帧丢失情况：数据帧丢失、肯定应答帧丢失和否定应答帧丢失。

1）数据帧丢失：图 3.12 示出了数据帧丢失的情况。当一个数据帧发送时，发送计时器计时。如果该帧丢失，接收方就不可能对其进行应答。当发送计时器超时，发送方就重发该数据帧，并重新启动计时器，等待对该数据帧的应答。

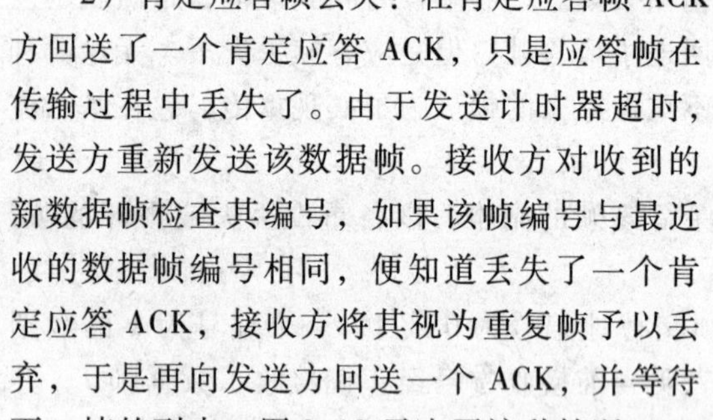

2）肯定应答帧丢失：在肯定应答帧 ACK 丢失情况下，数据帧到达了接收方，并且接收方回送了一个肯定应答 ACK，只是应答帧在传输过程中丢失了。由于发送计时器超时，发送方重新发送该数据帧。接收方对收到的新数据帧检查其编号，如果该帧编号与最近收的数据帧编号相同，便知道丢失了一个肯定应答 ACK，接收方将其视为重复帧予以丢弃，于是再向发送方回送一个 ACK，并等待下一帧的到来。图 3.13 示出了该种情况。

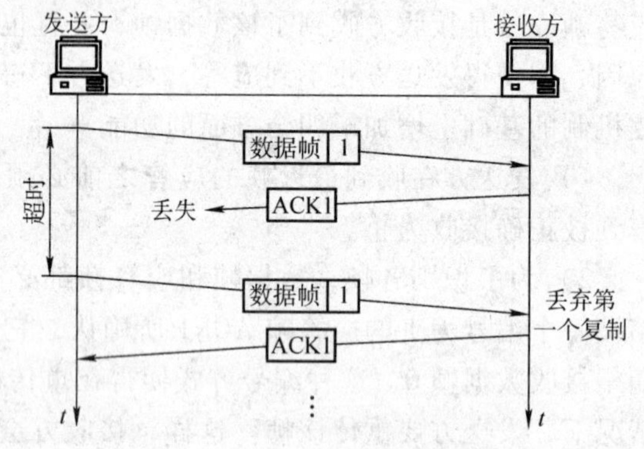

图 3.13　ACK 丢失

3）否定应答帧丢失：在否定应答帧 NAK 丢失情况下，数据帧也到达了接收方，并且接收方也回送了一个否定应答 NAK，但应答帧在传输过程中丢失了。同理，发送计时器超时重发。接收方对收到的新数据帧检查其编号，如果该帧编号与最近收到的数据帧编号相同，便知道丢失了一个否认应答 NAK。接收方将对该数据帧进行校验，若无错，则回送一个 ACK；若有错，则回送一个 NAK，并等待该帧下一次的到来。这两种情况的应答如图 3.14 所示。

2. 回退 N 帧 ARQ

这是一种基于滑动窗口流控技术来解决帧丢失或损坏的重发差错控制机制。它需要在基本滑动窗口流控机制基础上增加三个功能来实现。

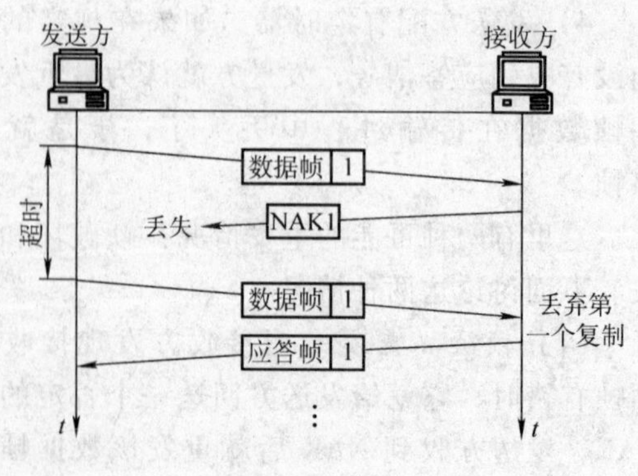

图 3.14　NAK 丢失

1）发送方在收到肯定应答之前一直保留它发送的所有数据帧的副本，以备重发。例如 0 ~6 号帧已发送，但最近一次是对 2 号帧应答，即期待接收3号帧。当发送方还没有收到3～6号帧的肯定应答之前必须保留它们的副本。

2）与停-等机制不同，回退N帧ARQ是一种数据帧连续传输机制，故肯定应答ACK和否定应答NAK都必须被编号，以便于识别。ACK帧编号是表示期待接收的下一帧的编号；NAK编号是表示损坏帧的编号，二者编号的含义不同。但是，它们都是表示接收方期待接收的帧的编号。在回退N帧ARQ机制中，无差错接收的数据不一定一一进行应答。一个带有编号的应答，不但表明了下一个期待接收的数据帧，同时也确认了该编号之前的所有帧。例如上一次的应答帧编号为3，一个带有编号6的应答ACK6就对3、4、5号帧进行了确认。但是，对于每一个错误帧都必须进行应答。例如，4号帧和5号帧接收时都有错误，必须同时回送对4号帧和5号帧的否定应答NAK4和NAK5。这时，一个NAK4同时告诉了发送方，4号帧之前的所有数据帧都已正确接收了。

3）发送方也配有计时器用于应答帧丢失的处理。如果在规定的时间内没有收到应答信号，就必须重发一帧或多帧。

在回退N帧ARQ中，如果一帧丢失或损坏了，将从最近一次得到应答的数据帧开始，所有帧都进行重传。下面分情况进行讨论。

（1）*数据帧破坏* 如果0、1、2、3号帧已经发送了，但收到的应答是对3号帧的否定应答NAK3。这表明0、1、2号数据帧已经正确接收，而3号帧被损坏，需要重传。

如果发送方发送了0～4号帧，接收方收到的2号帧有错，这时，接收方马上停止当前帧的接收，并向发送方回送一个否定应答NAK2。发方收到NAK2后立即停止发送，回退到2号帧开始重新发送。为了说明上述过程，图3.15给出了一个例子。该例发送了6个帧。接收方在收到2号帧后向发送方回送了一个确认应答ACK3，这表明0、1、2帧已正确接收。在此之后，接收方发现3号帧有错误，因此，马上又回送了一个对3号帧的否定应答NAK3，并对随后到来的4号、5号帧都丢弃。于是发送方从3号帧开始重新发送。

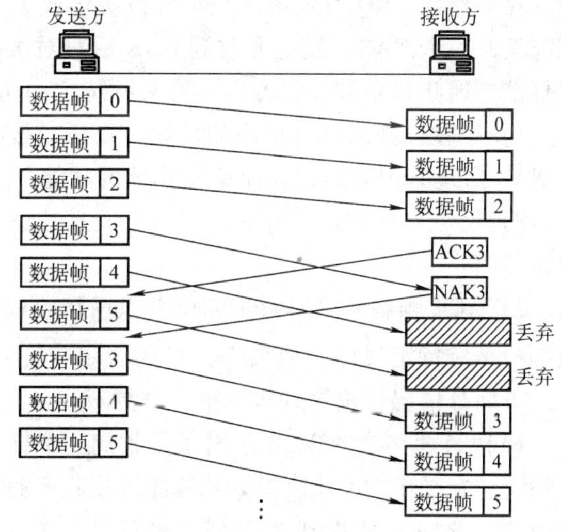

图3.15 数据帧破坏回退N帧ARQ

（2）*数据帧丢失* 发送方是按顺序发送数据帧的，如果数据帧在传输过程中被破坏，或者传输丢失，到达接收方的数据帧的顺序就会发生错误。对此，接收方检查接收帧的编号，当发现有编号不连续，就认为产生了帧丢失，于是就对最早丢失的帧返回一个NAK应答。发送方重新发送由否定应答NAK所指明的帧及其以后发送的所有帧，图3.16表明了这种情况。

在图3.16中，0号和1号数据帧正确到达接收方，但2号数据帧传输中丢失了，3号数据帧到达，接收方认为是一个错误，于是丢弃该帧，并返回一个对2号帧的否定应答NAK2。在这个例子中，发送方在收到NAK2之前已经发送了4号数据帧，与3号帧一样，4号数据帧也被接收方丢弃。当发送方收到NAK2后，停止当前帧的发送，回退到2号数据帧开始，顺序重发 2、3、4、…各帧。

(3) 应答帧丢失　因为回退 N 帧 ARQ 方式不是对每一帧都作应答，因此发送方无法根据应答帧编号来判定哪一应答帧丢失，而是利用计时器作判定，图 3.17 示出了这种情况。发送方在发送数据帧时开始计时，在规定时间内没有收到应答信号就重发所有未确认的帧。接收方根据接收帧进行确认并删除重复帧。

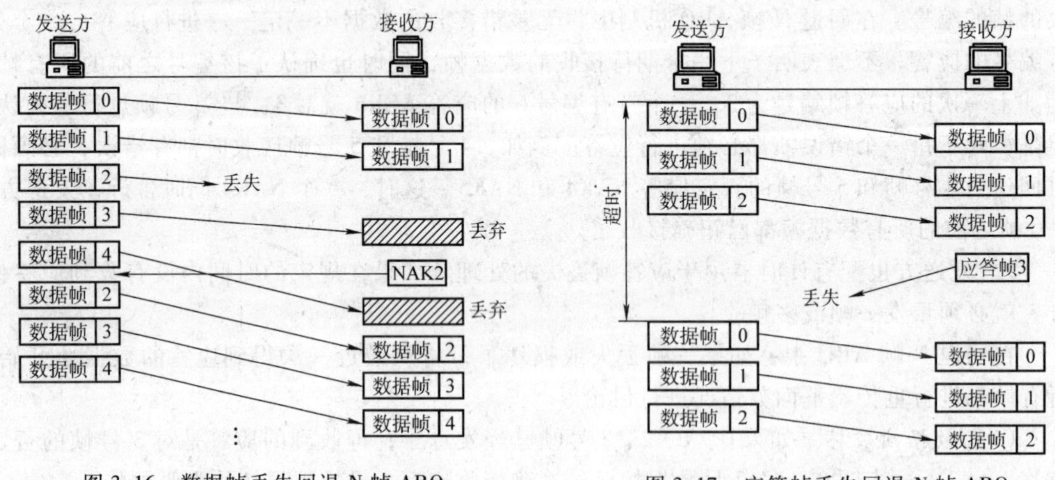

图 3.16　数据帧丢失回退 N 帧 ARQ　　图 3.17　应答帧丢失回退 N 帧 ARQ

3. 选择性 ARQ

在选择性 ARQ 方式中，只重发被破坏或丢失帧。如果传输的数据帧被破坏，接收方对该帧返回一个 NAK，发送方收到 NAK 后只对被破坏帧重发。这样接收的数据帧的顺序就会被打乱，因此就要求接收方应具有某些特定的功能：

1) 接收方必须具有排序的功能，以便对接收的顺序混乱的帧进行排序。同时，在回送了 NAK 后还必须有继续存储原接收帧的功能，直至损坏帧被替换。

2) 发送方也必须具有继续存储已发送数据帧副本的功能，当收到一个 NAK，并重发所需重传帧。

3) ACK 帧编号是对特定帧及其以前接收帧的肯定应答，而不是期待接收帧编号；NAK 帧编号是对特定损坏（或丢失）帧的否定应答。

下面分情况讨论这种机制的工作原理。

(1) 帧破坏　图 3.18 示出了接收到一个错误帧的情况。在图中，0 号帧和 1 号帧都被接收但尚未进行应答，此时，又收到 2 号帧，经校验发现有错，于是返回一个对 2 号帧的否定应答 NAK2。NAK2 在对 2 号帧否定应答的同时，还对其之前正确接收的尚未应答的帧进行了肯定应答。该机制和回退 N 帧机制不同，接收方在等待重传帧的同时可继续接收新的数据帧。但是，错误帧后接收的数据帧，在该错误帧未纠正之前不能进行应答。接收方在等待 2 号帧重传的同时，接收了 3、4、5 号数据帧。当重

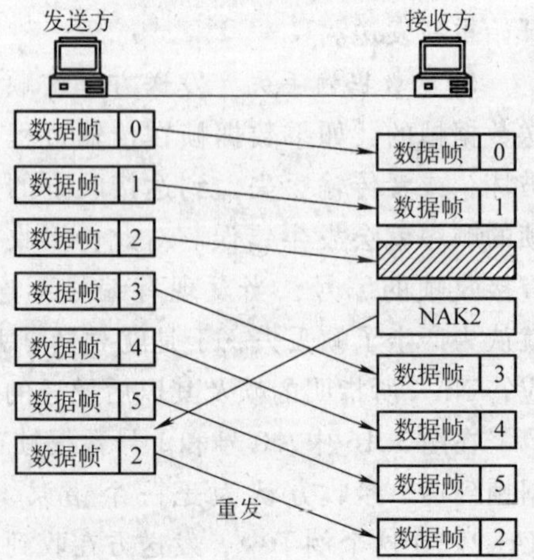

图 3.18　数据帧破坏选择性 ARQ

传的 2 号帧到达时，可返回一个 ACK5，对 5 号帧进行应答，同时也对重传的 2 号帧及 3、4 号帧进行了应答。选择性 ARQ 机制需对接收顺序混乱的重传帧进行排序，并记录仍然缺少和未应答的帧，以便进行相应的处理。

（2）*数据帧丢失*　数据帧可以不按顺序进行接收，但应答却是按顺序的。如果数据帧在传输过程中丢失，则其下一帧的到达就不是按顺序的。当接收方对当前及其以前的帧进行重新排序时，就会发现帧丢失，于是向发送方回送一个 NAK。如果丢失的是传输中的最后一帧，则接收方不做任何应答，而发送方因计时器超时即按丢失了应答帧对待。

（3）*应答帧丢失*　当到达发送窗口限制或传输的末尾时，发送方启动计时器。如果在规定的时间内没有收到应答，发送方就将尚未应答的所有帧都重传一次。接收方发现重复帧后予以丢弃。

4. 回退 N 帧 ARQ 和选择性 ARQ 比较

看起来选择性 ARQ 要比回退 N 帧 ARQ 方式更有效，但事实上并非如此。由于接收方进行重新排序和存储帧所带来的复杂性，以及发送方为重传特定帧所需要的额外开销，要比回退 N 帧 ARQ 大得多。所以，在实际上选择性 ARQ 并不常用。虽然回退 N 帧 ARQ 不如选择性 ARQ 性能好，但由于回退 N 帧 ARQ 方式实现简单，实际中却被经常采用。

3.4.6　数据链路传输控制规程

数据链路层通常采用两种数据传输控制规程：面向字符型传输控制规程和面向比特型传输控制规程。面向字符型传输控制规程只适用于半双工通信，而面向比特型传输控制规程能适应全双工通信。高级数据链路控制规程（HDLC）是 ISO 制定的国际推荐标准，该标准是面向比特型传输控制规程，它引入了标志字符 F（01111110）和“0”比特插入删除技术，实现了数据的透明传输。下面介绍这种应用广泛的面向比特型传输控制规程。

1. HDLC 规程特点

HDLC 有两个特点：

1）使用固定“封装”格式帧结构和“0”比特插入删除技术。

2）面向比特传输，任意长的比特序列都可以以帧的形式传送。

标志字段 F 比特序列 01111110 有可能在帧中的某个地方出现，因而会破坏帧同步。为此，采用了一种称为“0”比特插入、删除技术。该技术要求，在帧发往信道前，除标志字段以外的所有字段都要进行零插入。在 帧的起始标志字段和结束标志字段之间，每当出现 5 个连续的“1”后，发送方就在其后插入一个“0”。这样可以保证除标志字段以外，帧中不会有多于连续 5 个“1”的比特序列出现。接收方在检测到起始标志字段后，继续检查 5 个连续“1”后的比特。如果为“0”，则删除；如果为“1”，则再检查下一个比特（第 7 个比特）。如果第 7 个比特是“0”，就认为这一组合是标志字段。如果第 7 个比特是“1”，表示是错误序列，接收方则拒绝接收该帧。

下面示出了一个“0”比特插入的例子，粗体的“0”为插入的“0”。

数据序列　　111111111111011111101111110

插入“0”后的比特序列　　11111**0**11111**0**11011111**0**1011111**0**10

在采用了“0”比特插入、删除技术后，帧的信息字段可以插入任意的比特模式。这种性质称为数据的透明性，于是称该传输方式为透明传输。

2. HDLC 帧结构

HDLC 以帧作为传送单元，其帧结构如图 3. 19 所示。在信息字段前的标志字段、地址字段和控制字段统称为报头。信息字段后的帧校验字段和标志字段称为报尾。下面介绍各字段的作用。

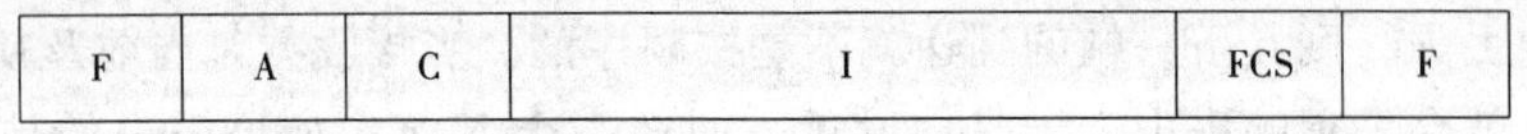

图 3. 19 HDLC 帧结构

1）F：标志字段，用来表示一个帧的开始和结束。它是帧的定界符，由一个固定比特序列 01111110 组成。当连续传送数据帧时，同一个标志字段在表示前一帧结束的同时，也表示下一帧的开始。另外，它还用来建立和维持帧的同步。接收方不断地搜索该字段，以便进行帧起始同步。当收到一帧后，继续搜索该字段，用来判断该帧的结束。

2）A：地址字段，用来写入从站或应答站地址。地址字段通常为 8bit，可寻址 256 个地址。还可以使用扩展方式，按 8bit 的整数倍扩展。使用扩展方式时，每个 8 位组中的第 1 位是扩展位，其余 7 位为地址。扩展位为 0，表示后面紧跟的 8 位组也是地址；扩展位 1，表示后面紧跟的是地址字段的最后一个 8 位组。照此方法可以继续扩充。每个 8 位组的第 1 位是 1 还是 0，取决于它是否是地址字段的最后一个 8 位组。不论是基本格式，还是扩展格式，11111111 表示广播地址，主站广播一个帧给所有从站。地址字段结构如图 3. 20 所示。

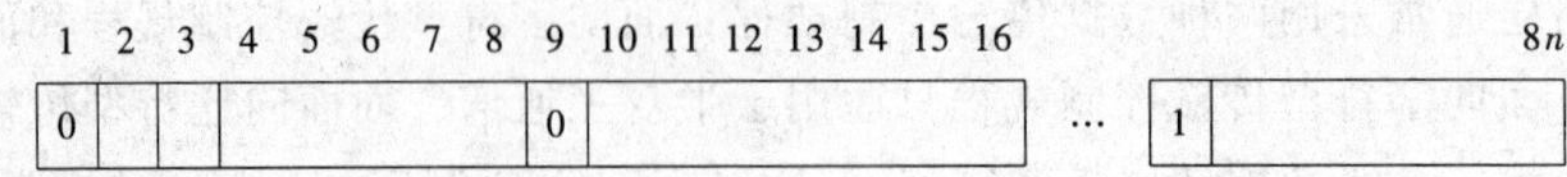

图 3. 20 地址字段结构

3）C：控制字段，用来标识帧类型、帧编号、命令和控制信息。

4）I：信息字段，其长度为一个字节的整数倍，通常不超过 256B。为了保证信息的透明传输，信息字段应执行 0 比特插入和删除操作。

5）PCS：帧校验字段，采用 CRC 校验，生成多项式 $G(x) = x^{16} + x^{12} + x^5 + 1$，用来检查 A、C、I 字段的内容在传送过程中是否出现了差错。为了满足更高的要求，也可采用 32 位的 CRC 码校验。

3. HDLC 帧类型

HDLC 定义了三种类型的帧：信息帧、监控帧和无编号帧。它们分别由帧控制字段 C 中的帧格式识别位指示。

信息帧用于传输用户信息。监控帧不带数据信息，用于链路状态的监视和控制。无编号帧用于表示各种无编号帧的命令和响应，主要起数据链路控制作用。

HDLC 包含的内容十分丰富，其帧结构也非常严格，除了地址的分配外，其他都是规定好的。HDLC 的应用也十分广泛，例如，X. 25 网的帧层协议就是采用 HDLC 的 LAPB 子集。

3. 5 网络层

网络层是 OSI 参考模型的第 3 层，其下层是数据链路层，其上层是传输层。数据链路层解决了相邻节点之间的数据帧的通信问题。如何通过有多个中间节点的通信子网进行通信，这是网络层所要解决的问题。因而，网络层则要决定数据在通信子网中传送的路径，控制通信子网中的数据流量并防止拥塞等，提供建立、维护和终止网络连接的手段。网络层是通信子网的最高层，它最能体现网络的概念，因而称为网络层。网络层在数据链路层提供服务的基础上向传输层提供服务，使传输层不必关心网络内部的中转细节、路由选择以及多个子网互联的详细情况。

3.5.1　网络层提供的服务和功能

1. 网络层提供的服务

网络层的基本服务是为两个传送实体之间提供透明的数据传送，因此，网络层必须屏蔽由于不同的传送方式和子网技术所引起的差异，保证网络服务的一致性。

这里所讨论的网络层，是指点-点连接方式通信子网的网络层。根据网络层差错控制、流量控制、路由选择、顺序传输的不同处理方式，网络层向传输层提供的服务主要有两类：面向连接的服务和面向无连接的服务。

面向连接的服务是指在网络层传输数据之前必须建立一条从源节点到目的节点间的固定的数据传输通路，之后，数据分组将在这条通路上进行有序的传输。而在网络层内部采用分组交换技术，数据经过通信子网内各节点时要存储转发。因此，这条通路并不是一条真正的物理通路，而是一条逻辑连接通路，称为虚电路。当分组传输结束后，还要拆除这种连接。

面向无连接的服务指的是网络层在传输数据之前不需要建立从源节点到目的节点的连接，每个分组在传输时要加上网络地址，分组根据地址在网络上独立地传输。当分组经过转发节点时都要进行路由选择。这样，到达接收方的分组顺序就可能与发送顺序不同。因此，传输层必须对这些分组重新排序，这种服务是一种数据报服务。所以面向无连接的服务是一种无序的服务。

2. 网络层的功能

为了支持网络连接的实现，网络层除提供以上两类服务外，还必须具备以下功能：

1）按上层需要动态地建立、维持和拆除网络连接。

2）提供网络连接在数据链路上的多路复用功能。

3）实现数据的分段和组装，提供差错检测和恢复，实现流控和有序服务。

4）实现对传输数据报文的路由选择和中继。

3.5.2　路由选择

网络层的主要功能是把数据从源节点传送到目的节点，选择合适的路径传送数据分组关系到网络资源的利用率和网络性能的高低，所以它是网络层要解决的关键问题。路由选择在分组交换网络的研究中占有十分重要的地位，一直受到广泛的注意和高度重视。

路由选择就是网络节点在收到一个分组后，决定在哪一条输出链路上输出该分组时所使用的策略。在数据报方式中，每个分组经过网络节点时都有一个路由选择问题。而在虚电路方式中，仅需要在每次呼叫建立连接时才做一次路由选择。

路由选择要根据一定的策略，策略不同，方法也不同，下面介绍几类方法。

1. 静态路由选择法

静态路由选择法是一类不反映网络状态变化的路由选择方法，它有几种实现方法。

（1）*扩散法* 扩散法是一种最简单的路由选择方法。在进行路由选择时，它不需要任何网络状态信息。当一个节点收到分组后，它就向除发往该节点以外的所有相邻节点转发分组，从而会产生大量重复分组。如果不采取某种措施来限制分组不断的转发，将导致分组数目迅速增加引起网络拥塞，其原理如图 3.21 所示。

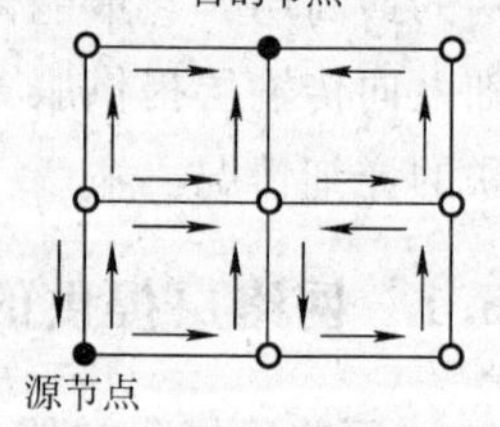

图 3.21 扩散法路由选择

减少大量重复分组的一种方法是让每个节点记住已发送的分组标识，当重复的分组到达时，便将其丢弃。

扩散法有两个特点：

1）从源到目的所有路由都可被使用，因此，不管产生了什么样的链路或节点故障，只要还存在一条从源到目的的路由，分组总可以到达目的节点。

2）由于所有的路由都被使用过，所以到达目的节点的分组的各副本中，必然有一个使用了最短路径。

由第一个特点可以看出，扩散法路由选择高度可靠。当网络未全部遭到破坏时，总有分组可以到达目的节点，这就保证了通信的可靠性。第二个特点可用来作为其他路由选择算法的参考，例如，确定最短路由、最小时延，甚至可以利用它建立最短路由的虚电路。

改进的扩散法称为选择扩散法。在这种算法中，各节点不再把接收的分组向所有的输出线路转发，而是只向与目的节点方向一致的那些输出线路转发。这种改进保留了扩散法的优点，减少了网络的额外流量。

扩散式算法只适用于负载较轻的小规模网络。

（2）*固定路由法* 固定路由选择方法是在网络的每一个节点中都保存着一张固定的到达其他各节点的路由表，该表给出了由该节点到所有可能的目的节点的输出路径，供选择使用。当分组需要从此节点发送时，可根据目的地址，从路由表中找出输出路径。这张表是由网络设计人员事先设计好的，存放在各个节点中，并且在此后的一段相当时间内保持固定不变。图 3.22 是一个 6 个节点网络的拓扑结构图。表 3.1 是该网络的路由表，表中数字表示从源节点到目的节点的路径，例如 3/4 表示可以经过节点 3 到达目的节点，也可以经过节点 4 到达目的节点；表中 × 表示不进行路由选择。这种路由算法是比较简单的，当网络拓扑结构固定不变且通信量比较稳定时，采用固定路由法是很好的。但是，当网络拓扑结构发生变化时，它不能保证正常的分组传输，这时需要人工加以处理，所以其应用有一定的局限性。

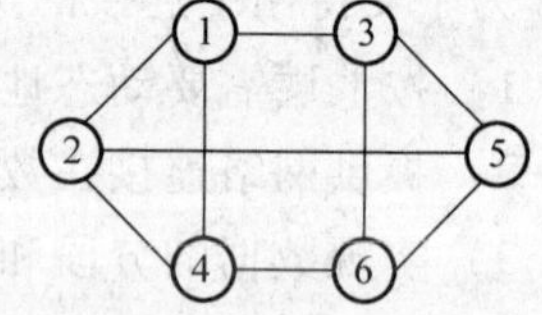

图 3.22 一个网络的拓扑

2. 动态路由选择法

静态路由选择方法不涉及网络参数的变化，或者至多是在网络操作人员干预下才对网络参数变化做出反应。动态路由选择方法与之不同，该方法要经常地对网络参数变化作出反应，在各种网络状态下都能提供最佳路由。但是实现这种自适应的动态的路由选择方法要付出更大代价：

表 3.1 网络路由表

后继节点		当前节点					
		1	2	3	4	5	6
收节点	1	×	1	1	1	3/2	3/4
	2	2	×	1/5	2	2	4/5
	3	3	1/5	×	1/6	3	3
	4	4	4	1/6	×	6/2	4
	5	3/2	5	5	6/2	×	5
	6	3/4	4/5	6	6	6	×

1）最佳路径的计算更复杂、更频繁，因而开销较大。

2）对收集的网络状态信息要送到计算路由的节点，或者对计算出的结果要传送到转发分组的节点，这些都增加了网络的负担。

3）对网络参数的变化反应速度控制困难。反应太快会引起网络流量的振荡；反应太慢则得不到最佳路由。为了得到最佳路由，需要对路由选择方法本身的某些参数进行调整，这又增加了网络管理的复杂度。

动态路由选择方法的优点主要表现为：

1）能明显地改善网络性能，使得网络具有最大的吞吐率，网络延迟小。

2）能对网络的业务量进行控制，可避免或推迟网络拥塞现象的发生。

这些潜在的好处可能实现，也可能无法实现，它取决于算法本身是否有效，也取决于网络负载的动态特性。总之，实现有效的动态路由选择策略是一项极其复杂的工作。虽然如此，在大型公共网络中仍被广泛采用。

动态路由选择法通常有以下几类：

(1) *孤立式* 这种算法是各节点只根据本节点的状态来进行路由选择，而和其他节点之间不交换路由选择信息。这种方法有几种：

1）最短队列法：当一个分组进入一个节点时，该节点将采取尽快转发的策略，为此将其放入最短的输出队列中。于是，当一个分组到达该节点时，节点就检查其各输出链路上的队列长度，图 3.23 示出了某时刻一个节点的状态。该节点有四条输出链路，每条输出链路上都有相应的队列，分组在每一条输出链路上排队等待输出。由图可以看出，输出链路 I 的队列最短，按照该算法，新分组到达该节点后将被放到此队列中去等待输出。

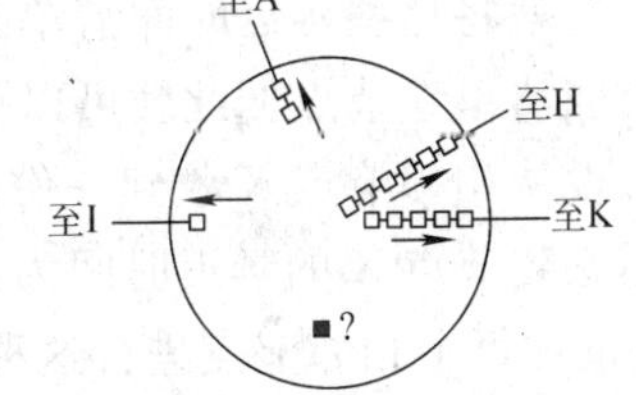

图 3.23 最短队列法某时刻节点状态

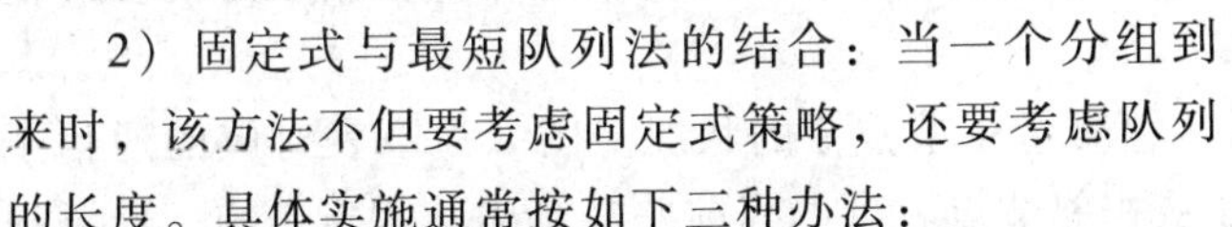

2）固定式与最短队列法的结合：当一个分组到来时，该方法不但要考虑固定式策略，还要考虑队列的长度。具体实施通常按如下三种办法：

① 先按固定式选择输出链路，当所选输出链路的队列长度不超过给定值时，就选用该输出线。

② 按最短队列法选择输出链路，然后再根据该输出链路的可用率再决定是否选用它。

③ 将输出链路根据可用率分成若干级，再根据其队列长度分成若干级。选择可用率最

高和队列最短的链路作为输出。

根据上述三种办法，对输出链路选用的原则是：负载轻时，选择可用率值高的输出链路；负载重时，选择队列最短的输出链路。

(2) 分布式　在分布式路由选择方法中，节点定期与相邻节点交换路由选择信息来修改自己的路由表。虽然每次修改只反映相邻节点的路由信息变化，但经过几次修改后，就可反映出几个相邻节点的路由变化情况，直至整个网络，所以这种路由选择方法能够适应全网的状态变化。只是对远近节点的反应速度不一样，对近处节点反应快，对远处节点反应慢。

网络的每个节点都有一张路由表，该表包括两个方面的内容：去往目的节点的输出链路和估计到达目的节点所需的距离等。这里“距离”是一个广泛的含义。如果是以节点为度量标准，则距离就是一个节点；如果是以队列为度量标准，则距离就是队列长度；如果是以延迟时间为度量标准，则距离就是时延等。

下面以图 3.24a 的节点 J 为例，用延迟时间作为度量标准，说明这种路由方法的执行过程。假定节点 J 到其相邻节点 K、I、H、A 的时间延迟分别为 T_{JK}、T_{JI}、T_{JH} 和 T_{JA}。测量方法是节点 J 分别向节点 K、I、H 和 A 发一回声（echo）分组，并且 K、I、H、A 收到 echo 分组后马上在其上作时间标记，并立即将其返回节点 J，节点 J 收到 echo 分组的时间减去分组的标记时间即为节点 J 到相邻节点 K、I、H 和 A 的延迟时间。

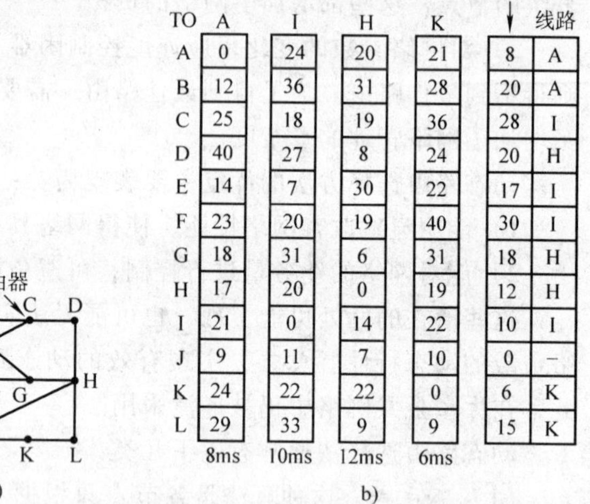

TO	A	I	H	K	J的最新时延估计	线路
A	0	24	20	21	8	A
B	12	36	31	28	20	A
C	25	18	19	36	28	I
D	40	27	8	24	20	H
E	14	7	30	22	17	I
F	23	20	19	40	30	I
G	18	31	6	31	18	H
H	17	20	0	19	12	H
I	21	0	14	22	10	I
J	9	11	7	10	0	–
K	24	22	22	0	6	K
L	29	33	9	9	15	K
	8ms	10ms	12ms	6ms		

图 3.24　节点路由表更新

a）子网　b）路由表

当一节点知道它到相邻节点的延迟，它就将这些延迟时间清单分发给各相邻节点，同理它也会从相邻节点收到一份类似的延迟时间清单，节点据此就可以估算出最新的到各目的节点的延迟时间和相应的最佳输出链路。假设从相邻节点 X 收到一份清单，其中节点 X 到节点 I 的延迟时间为 X_I。如果该节点已知道它到节点 X 的延迟时间为 m，则它就可以计算出经节点 X 到节点 I 所需的时间为 $X_I + m$。通过对每个相邻节点进行这种计算，该节点就可找出最好的估计，并根据最好的估计值修改路由表和相应的输出链路。

路由表的更新过程如图 3.24 所示，它表示了节点 J 的状况。图 a 为该表对应的通信子网，图 b 为路由表，前 4 列表示节点 J 从相邻节点收到的当前路径延迟。假定节点 J 已测得到相邻节点 A、I、H 和 K 的延迟分别为 8ms、10ms、12ms 和 6ms。

下面考虑如何计算 J 到 G 的最佳路由。如果 J 的分组由 A 转发到 G，由图 3.24b 可知 A 到 G 的延迟是 18ms，所以 J 到 G 的延迟是 18ms + 8ms = 26ms。同理，J 的分组经 I 转发到 G 的延迟是 31ms + 10ms = 41ms；经 H 转发到 G 的延迟是 6ms + 12ms = 18ms；经 K 转发到 G 的延迟是 31ms + 6ms = 37ms。比较上述结果可以看出，18ms 是最小的，因此 J 到 G 的最佳路径是经过 H，于是在新路由表中填上 18。对其他目的节点做相同的计算，就会得到新路由表，如图 b 中最右一列所示。

（3）集中式 这种方法要求在网络中设置一个路由选择控制中心（Routing Control Center，RCC）。网络中的每个节点都要定期向 RCC 发送其状态信息，RCC 收集到这些信息后，根据全网的运行状态，按照某种算法计算出一个节点到其他节点的最佳路径，将这些信息构成新的路由表，然后分发给各节点，供各节点进行路由选择。

（4）混合式 孤立式和分布式方法对网络状态变化的反应不太灵敏，它们不知道或者很久才知道网络远地的变化。集中式能了解全网情况，但通常有很大的延迟，因此，单独使用这些方法不能得到令人满意的效果，于是产生了混合式方法。混合式是将不同的方法组合，形成一种新的、能进一步提高网络传输性能的路由选择方法。下面以 Delta 算法为例来说明混合式方法。

Delta 算法是集中式与孤立式两种方法的结合。它通过集中式获得全网性路由信息，再通过分布式获得各节点的最新的路由信息。网络中有一个路由控制中心，各节点可异步地向控制中心报告本节点的状态信息，由中心汇总后形成路由表，然后把路由表分发给各节点。delta 算法确定路由时不单依据路由表，还要考虑本节点的输出队列状况。通常，源节点和目的节点之间有多条路由，如果控制中心所提供的路由表中，有一条传输时间较短，其他路由的传输时间与其相比大于一个规定的 delta 值，那么源节点就选用传输时间最短的作为传输路由。如果路由表中有几条路由的传输时间很接近，它们之间的差值都不大于 delta，那么，源节点可以不选择传输时间最短的那条路由，而是根据本节点的输出队列情况，同时利用这几条路由进行传输。

实验表明，与其他动态方法比较，无论网络的传输能力，还是最小平均传输时延，混合式路由选择算法的性能都是最好的。

3. 分级路由选择法

随着网络规模的扩大，节点的路由表也将随之扩大。扩大的路由表不仅占用较大节点内存，而且需要更多的时间查表及更大的网络带宽传送路由状态信息。到某一时刻，当网络增大到一定规模后，甚至不能使节点间交换路由信息。解决这个问题的一种办法是采用分级路由选择方法。

分级路由选择法要求把网络划分为若干个区域，每个区域包括若干个节点。如果分两级仍嫌不够，可分为多级。例如，可先将网络分成簇，簇再分为区，区还可分为组，直到够用为止。采用分级路由选择法时，节点地址也采用分级结构。若网络分为两级，则节点地址为区地址 + 区内地址；若网络分为三级，则节点地址为簇地址 + 区地址 + 区内地址。每个节点只知道在自己的区域内如何选择路由，而不知道其他区域的内部结构。

图 3.25a 给出了一个在 5 个区域的两级结构路由选择的例子。如果不采用分级的方法，节点 1A 的路由选择表将有 17 个出口，如图 3.25b 所示。但分为两级后，其路由表输出口由 17 个减少为 7 个，如图 3.25c 所示。其中，本区域内每个节点占一个出口，共 3 个；每个区域占一个出口，共 4 个。这样，到区域 2 所属节点的分组都要经过 1B—2A 线路，其余的都经过 1C—3B 线路。分级路由选择法压缩了路由表的规模，从而节省了节点存储空间。值得指出的是，存储空间的节省是有代价的，其代价是增加了路径长度。例如，从 1A 到 5C 的

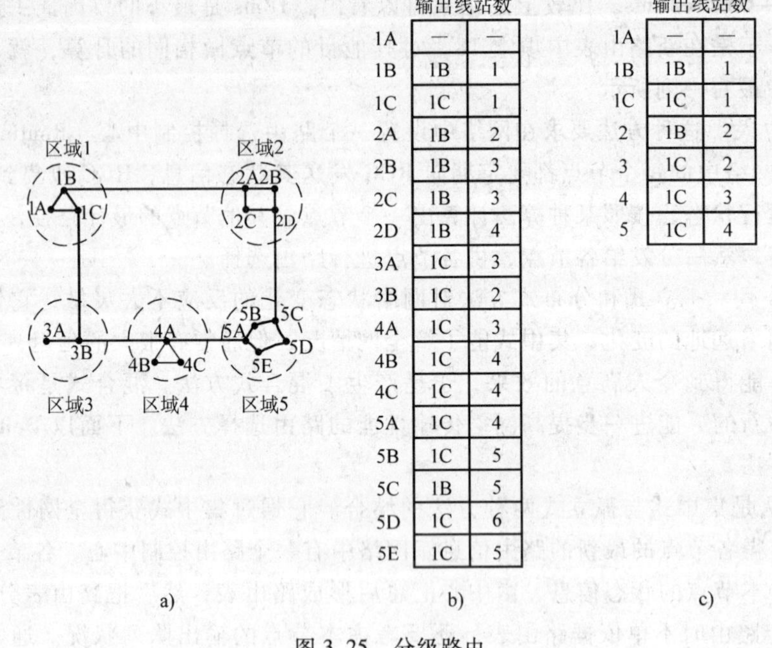

b)

	输出线站数	
1A	—	—
1B	1B	1
1C	1C	1
2A	1B	2
2B	1B	3
2C	1B	3
2D	1B	4
3A	1C	3
3B	1C	2
4A	1C	3
4B	1C	4
4C	1C	4
5A	1C	4
5B	1C	5
5C	1B	5
5D	1C	6
5E	1C	5

c)

	输出线站数	
1A	—	—
1B	1B	1
1C	1C	1
2	1B	2
3	1C	2
4	1C	3
5	1C	4

图 3.25　分级路由

a）子网机构　b）不分级路由表　c）分级路由表

最佳路由是经过区域 2，但在分级式路由选择法中，到区域 5 的所有分组都要经过区域 3，而实际上对于区域 5 中多数节点来说，经过区域 2 是较好的选择。所以分级式路由选择法增加了路径长度。

当一个网络规模非常大时，如何确定分级的级数。例如一个有 720 个节点的子网，如果不分级，每个节点需有 720 个输出口的路由表。如果将通信子网分成 24 个区域，每个区域有 30 个节点，则每个节点的路由表只需 30 个本区输出口和 23 个远程输出口，共 53 个。如果采用三级结构，可分为 8 个簇，每个簇有 9 个区，每个区有 10 个节点。那么，每个节点的路由表只需 10 个本区输出口，8 个区域输出口和 7 个簇输出口，共 25 个。研究表明，有 N 个节点的网络的最佳分级数为 $\ln N$，其中，每个节点的路由表所需输出口数为 $e\ln N$。并且，按照该算法进行路由选择只引起很小的路径长度的增加。

4. 组播路由选择法

在有些情况下，一些相对远离的进程需要组成小组协同工作，常常需要一个进程向小组内的其他成员发送消息。如果组的规模不大，它还可以采用点对点的方式通信。如果组的规模较大，这种点对点的方式通信就不很适用。如果采用广播方式，当广播的规模很大，小组的成员不是足够多时，其效率显然是很低的。这时，可采用组播路由选择法。

要实现组播，就要有一定的措施来创建和取消小组，并允许进程加入和离开小组。路由选择算法所关心的是进程何时加入小组，以及如何通知它的主机已加入了小组。同时，节点还应知道与它连接的哪台主机属于哪个小组。或者相反，主机通知其节点小组成员的变动情况。也可以是节点定期查询它的主机。通过上述任何一种方式，节点都能知道它的哪台主机属于哪个小组。如果节点再将这些信息告诉它的邻居，这样就能在整个子网中传播开来。

为了实现组播路由选择，每个节点需要计算出一棵覆盖全网的生成树。图 3.26 示出了组播路由选择方式的原理。图 a 为一个子网，它包括 1 和 2 两个小组。有的节点与属于两个小组的主机相连。

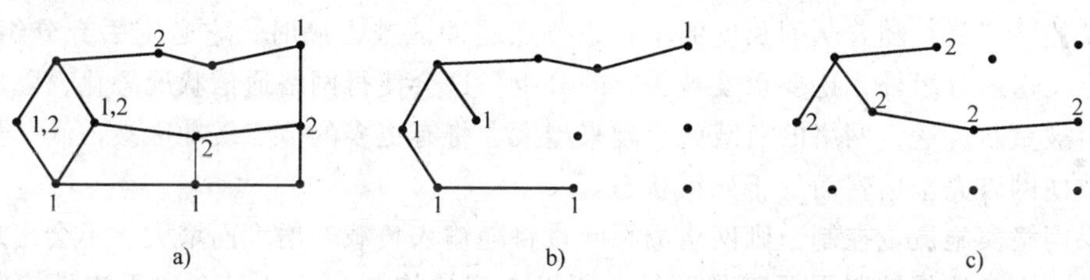

图 3.26　组播路由选择

a）子网　b）组 1 的生成树　c）组 2 的生成树

当一个进程向小组的成员发送组播分组时，第一个收到分组的节点将检查生成树，并对其进行修剪，剪除那些不能到达小组成员的线路。图 b 为组 1 修剪后的生成树，图 c 为组 2 修剪后的生成树。组播分组仅沿着相应的生成树逐节点转发。

有多种方法可以修剪生成树。一种方法是生成树的修剪工作从树端点开始，然后向树根发展，剪除所有不属于相应小组的节点。另一种方法是逆向路由转发。当一个节点收到其小组的组播消息时，如果它不与该小组的成员连接，它就回应一个修剪消息，告诉发送者不要再向它发送该小组的组播消息，以此对生成树修剪。

该算法的缺点是：不易升级到大型网络。如果一个网络有 n 个组，每个组平均有 m 个成员。对于每个组，m 个修剪后的生成树都要存储，总共有 mn 棵树。如果组很大，用于存储树的空间就很可观了。

一种较好的方法是核心基本树（Core-Base Tree）法。该方法对每个组只计算一棵生成树，其树根（核心）靠近组的中心部位。要发送一个多点播送消息，首先将消息发往核心，再由核心沿着生成树组播。虽然这棵树并不是对于任何源节点都是最佳的，但它将每组 m 棵树的存储开销降低到了一棵树，能节省大量空间。

3.5.3　流量控制与拥塞控制

任何一个网络的资源，如链路容量、节点缓冲区的大小、节点的处理能力等都是有限的。如果在某段时间内，对网络资源的需求量超过了网络所能提供的数量，网络的性能就会显著下降。将网络吞吐量随输入负载的增大而下降的现象称为网络拥塞。这种现象如同城市交通拥塞一样。若网络的输入负载继续增大，到了一定程度，其吞吐量下降为零，此时网络完全不能工作，这种现象称为死锁。上述现象可由图 3.27 来说明，横坐标为输入负载，表示单位时间进入网络的分组数；纵坐标为吞吐量，表示单位时间从网络输出的分组数。对于一个具有理想流量控制的网络，在吞吐量达到饱和之前，网络吞吐量应等于输入负载；当输入负载达到一定值时，由于网络资源的限制，网络吞吐量不能再增加，保持为一常值。此时，网络的吞吐量达到了饱和，该值是网络吞吐量的最大值。

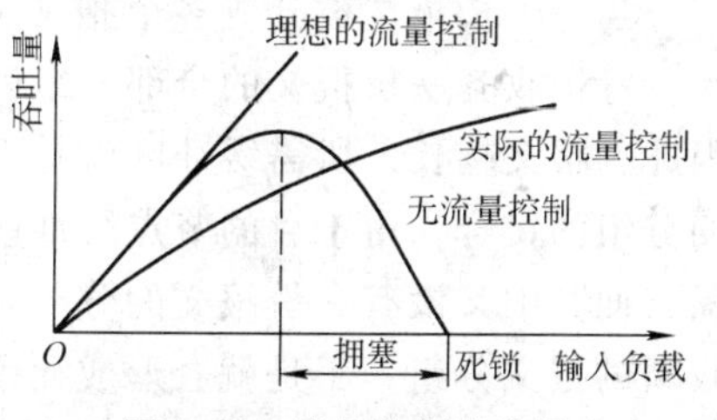

图 3.27　流量控制的作用

由图可以看出，如果网络没有流量控制，网络输入负载增大，网络的吞吐量的增长率在减小；当输入负载达到一定值时，网络的吞吐量反而随输入负载的增大而减小；当输入负载增大到了一定值时，网络吞吐量下降为零，表示网络完全丧失了数据分组的传输能力。产生这种现象的原因是：随着队列长度的增长，节点缓冲区被占满时，它必定丢弃分组。此时，源节点除发送新分组外，还要重发被丢弃的分组，这会使得网络通信状况恶化，随着越来越多的分组被重新传送，网络的负载就会越来越大，将有更多的节点缓冲区被占满。如此恶性循环，致使网络完全堵塞而处于死锁状态。

如果网络实施流量控制，则网络的吞吐量将随输入负载的增大而增大，不会出现拥塞与死锁现象。由于流量控制需要额外开销，所以有流量控制的吞吐量会比无流量控制的吞吐量小。

流量控制的目的是为了有效地动态分配网络资源，其功能是：

1）防止网络因过载而引起吞吐量下降和延时的增加。

2）减少拥塞，避免死锁。

3）在互相竞争的用户之间公平合理地分配资源。

1. 流量控制

流量控制是为了防止网络拥塞和死锁的出现而采取的一种措施。当发至某一节点的分组速率超出了该节点对分组的处理速率时，就会出现拥塞现象。这样，防止拥塞的问题就转化为向节点提供一种能控制来自其他节点的分组速率的问题。在分组交换网络中，报文分组流是受多重控制的，通过各层协议来进行，可在不同层次上实现。图 3.28 示出了四种级别的流量控制。

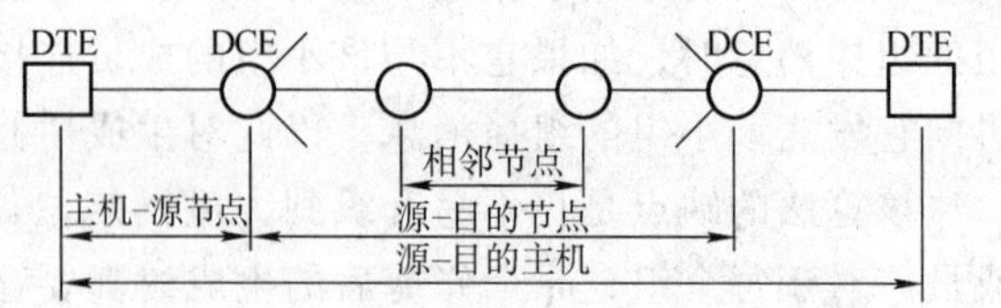

图 3.28 流量控制级别

（1）相邻节点间的流量控制　网络的相邻节点间应维持一个均匀平滑的流量，以避免局部缓冲区出现拥塞或产生死锁。产生拥塞或死锁主要是由于转发节点缓冲区被占满，这样就可能会造成分组既进不去又出不来的局面。克服存储转发死锁的一种有效方法是当节点只剩一个缓冲区未被占用时，则限制报文分组的输入；当有报文分组输出而空出存储空间后才允许报文分组再输入。相邻节点间流量控制的基本方法一般采取应答方式，发送方只有在收到接收方的应答信息后才发送下一个分组。

（2）源节点和目的节点间的流量控制　这种流量控制可防止目的节点因缺少缓冲区而产生拥塞。一般采用滑动窗口流量控制技术，即发送节点在没有收到接收端的 ACK 应答之前可以连续发送不超过一定数目的分组，该值即为窗口大小。

当一个长报文被分成多个报文分组传送时，目的节点首先必须将这些报文分组存储起来，等待收齐一份报文的全部分组后，才能把它们重新装配成原来的报文递交给目的主机。因此，报文越长，所需缓冲区就越大。通常，目的节点在某一时间间隔内收到的是不同报文的分组的集合，由于目的节点缓冲区的容量是有限的，缓冲区可能被几份不同报文的分组占满，而其中又没有一份报文的分组是齐全的，因而不能装配成完整的报文，同时又不能再接收新的报文分组，于是就会形成死锁，称为重装死锁。

克服重装死锁的办法是源节点向目的节点预约缓存区，以保证每份报文都有相应的分组存储空间。

(3) *主机与源节点间的流量控制* 这种流量控制是控制进入网络的总流量，防止网络产生拥塞。这一级流量控制也叫网络访问流量控制，它与网络的拥塞控制关系密切。

(4) *源主机与目的主机间的流量控制* 此种流量控制是防止用户缓冲区出现拥塞。(1)、(2) 两种流量控制主要是调节和控制通信子网内部的流量，而主机之间的流量控制则涉及到用户送入通信子网的数据流量。因此，若不进行主机间的流量控制，通信子网内部的流量就可能不断增长，拥塞则难以避免。主机间的流量控制是通过源主机与目的主机之间预约和分配缓冲区实现的。

流量控制的目的在于使接收的数据速率与接收节点所能处理的数据速率相匹配。实现流量控制方法很多。如发送等待法、预约缓冲区法、滑动窗口法、许可证法、限制管道容量法等。下面介绍两种方法。

(1) *发送等待法* 每台主机均设有缓冲区，数据传输前，系统为欲通信的两台主机的一次通信过程分配一个最低限度的基本缓冲区，并保持到这次通信结束。如果双方传送的数据量较大，可视需要再向系统动态地申请缓冲区，但用完后应立即交还。当主机的空闲缓冲区容量低于某一限度时，对于占用多个缓冲区的通信双方，系统将强制发送方主机暂停数据发送。只有等到基本缓冲区空闲后，系统再允许发送方主机继续发送数据。

(2) *预约缓冲区法* 当两台主机之间的连接建立之后，发送主机向接收主机申请缓冲区，接收主机对申请的缓冲区给予应答。此后，发送主机可按指定的缓冲区容量发送数据。缓冲区占满后，发送主机必须等待再次分配缓冲区后才能继续发送数据。

2. 拥塞控制

通信拥塞是指网络中正在传输的报文分组数量过量而引起的网络性能下降现象。拥塞控制和流量控制两者常被混用，但是二者是有区别的。

一般说来，流量控制是对一条通信路径上的通信量进行控制，解决“线”或“局部”的问题。而拥塞控制是对进入网络的总流量进行控制，是解决“面”或“全局”的问题。由于数据分组进入网络总是通过个别路径实现的，因而两者是密切相关的。拥塞控制与主机和源节点间流量控制尤为密切。

流量控制可以从两个方面实现：或者让接收方抑制发送方，最后由发送方采取停发的办法控制流量；或者在接收方采取简单的丢弃报文的办法抑制流量。这种在一条网络连接的两端进行流量控制的方法，很难控制网络中流量总数，难免发生不可预见的拥塞现象。

在一个拥塞的网络中，到达某一节点的分组将会遇到无缓冲区可用的情况，从而使得这些分组不得不由前一节点重发，或由源节点重发。这样，网络中增加了无效传输，又进一步恶化了网络内节点的分组传输能力和缓冲区的利用率，从而使网络吞吐量下降。当拥塞严重时，会使网络的一部分或全部处于死锁状态。死锁现象有以下几种：

(1) *直接存储转发死锁* 直接存储转发死锁如图 3.29a 所示。节点 A、B 都有大量分组要发往对方，且两节点缓冲区已全部占用。这样，分组到达对方时，由于无缓冲区存储，只得被丢弃。因为发送方收不到对方的确认信息，只能将发送过的分组仍存储在自己的缓冲区内，于是 A、B 两节点形成了僵持状态，谁也无法成功地发送一个分组，这称为直接存储转发死锁。

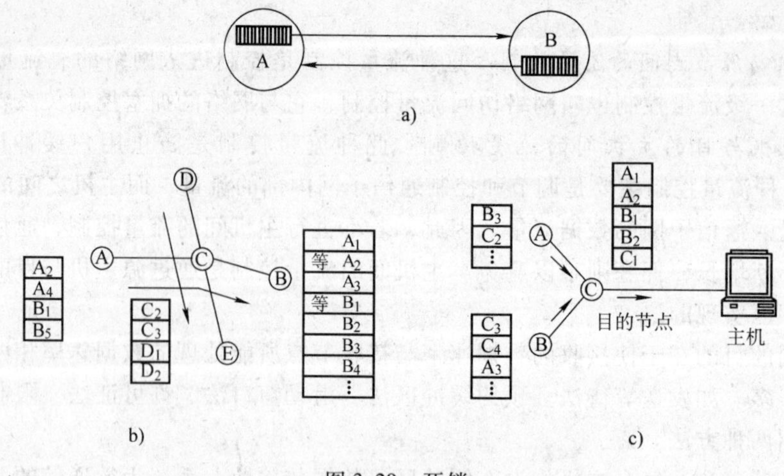

图 3.29 死锁

a）直接存储转发死锁 b）间接存储转发死锁 c）重装死锁

(2) *间接存储转发死锁* 间接存储转发死锁如图 3.29b 所示。当节点 A 的缓冲区存满了准备发往节点 B 的分组，需要由节点 C 转发。但节点 C 的缓冲区存满了节点 D 发给节点 E 的分组，因此，节点 A 的分组不能通过节点 C 转发到节点 B，于是就形成了死锁。这种死锁称为间接存储转发死锁。

(3) *重装死锁* 重装死锁如图 3.29c 所示。当目的节点 C 的缓冲区存满了来自不同节点的报文分组，且每份报文的分组都不齐全时，就无法组装成原报文。这时，节点 C 不能再接收新的报文分组，于是也形成死锁，这种死锁称为重装死锁。

拥塞控制的目的是通过检测拥塞状态，以便限制节点的输入流量，使其在规定值之下，从而控制拥塞，避免死锁。下面介绍几种拥塞控制的方法：

(1) *缓冲区预分配法* 在采用面向连接方式的网络中建立虚电路时，可由交换节点为每条虚电路分配缓冲区，使经过交换节点的每条虚电路都有足够的缓冲空间为之服务，这样能保证分组顺利地交换和传输，不至于出现拥塞。

(2) *分组丢弃法* 在采用无连接方式的网络中，发送节点有分组就发送，接收节点若有缓冲区就接收，若无缓冲区就将分组丢弃。被丢弃的分组，由于发送方得不到接收方的确认信息而超时重发。交换节点为每条输入、输出线路合理地安排缓冲空间容量，在保证不发生拥塞的情况下，尽可能发挥缓冲区的资源利用率。这种网络每条链路有最小的缓冲区，同时又规定最大数量的队列，使之不过多地丢弃分组。

(3) *抑制分组法* 为防止拥塞，就要限制节点间或端-端间的流量。显然，这种方法是以降低网络吞吐量为代价的。为每条输出链路规定一个利用率阈值，节点监控每条输出链路的利用率。当链路的利用率大于其阈值时，节点就使该输出链路进入“警告”状态。

当一个新的分组到达节点时，节点都要检查输出链路是否处于警告状态，如果是，该节点就发一个抑制分组给源节点，并在抑制分组中指明该分组的目的地，通知源节点，在通往目的节点的路径上节点发生了拥塞，请求减慢发送速度。同时在该分组上加上已发抑制分组的标志，以免重复发抑制分组，然后将此分组转发出去。

源节点收到这个抑制分组后，知道通往目的节点的路途中发生了拥塞，就按某种比率降低发送速率。经过一规定时间后，仍收到抑制分组，就再以同样的比率降低发送速率。如果没有再收到抑制分组，就以某种比率增加发送速率。一般说来，第一个抑制分组到来时使数据发送速率降低为原来的50%，第二个抑制分组到来时降低为原来的25%，依此类推。但发送速率增长的速度比降低的速度要小，以免马上又引起拥塞。

抑制分组法还有一些改进型，如对每条输出线路设置两个阈值，当输出线达到低阈值时，发抑制分组，若输出线达到高阈值时，将进入节点的待转发分组丢弃，等待重发。但要注意两个阈值要有一定差值，以免两个状态频繁转换。此外还可采用拥塞信息和路径信息一起传送的方法，以便根据路径上某处的瓶颈，而不单是一个节点的拥塞进行控制，其效果将会更好。

(4) *许可证法* 这是一种限制网络中分组总数的方法。它在网络中设定固定数目的“许可证”，这些“许可证”随机地在网络中巡游。每个欲发送分组的节点必须先捕获到“许可证”，然后跟随“许可证”发送分组，直到该分组传送到目的节点并递交给主机，然后再将“许可证”归还给网络。该方法能保证网络中分组数目不会超过设定值。

在网络中，限制分组总数并不能完全避免拥塞，因为全部分组有可能聚集到某处。但是在无其他拥塞控制而流量比较统一的条件下，网络可以有效地工作。

3.6 传输层

OSI模型中低3层（物理层、数据链路层和网络层）提供的是通信子网的功能，可通过通信子网进行有效的数据分组的传送。它们提供的主要是面向通信的服务。而OSI模型的高3层（会话层、表示层和应用层）提供的是通信管理和数据处理的服务。这样，作为OSI模型第4层的传输层，便成了连接通信服务、通信管理及数据处理服务的桥梁，担当高3层和低3层中所提供服务之间的联络工作。它对高层屏蔽了数据通信的细节，是计算机体系结构中最关键的一层。

3.6.1 传输层的功能

传输层是OSI模型的第4层，也是OSI模型的核心。其功能是为源主机到目的主机提供可靠的、有效的数据传输，这种传输与所使用的网络无关，也就是说，传输层本身是独立于物理网络的。

以互联网为例来说明传输层的作用。互联网是由多个不同的物理网组成的，数据可以从一个网络的主机上传送到另一个网络的主机上。数据在传送过程中，可能被封装在不同类型和长度的包中。一个网络的网络层或数据链路层可能将包切割成更小的段，以满足不同网络的要求。而在另一个网络的对等层中又可能会将若干小段组装在一起，形成一个大的包。甚至还可能将不相关的数据组织在一起构成一个帧。但是，不管数据在传输过程进行多少次变换，到达目的地后必须保持原始的形式。

传输层的主要功能是消息在发送者和接收者之间可靠地交换，构成可靠性的两个基本要素是：一、所有数据都到达了目的地；二、接收数据的顺序与发送数据的顺序相同。传输层在提供端到端数据传输的同时，还对高层屏蔽了通信处理的细节，以及收发之间的网络类型。

设置传输层的目的是为网内的通信实体建立端-端差错控制、流量控制、顺序控制、管理多路复用等，向用户提供可靠的端-端服务，透明地传送报文。其上层协议不必了解实际的网络，就可以将数据安全可靠地传送到目的地。

3.6.2 传输层提供的服务

传输层所提供的服务与数据链路层有些类似。但数据链路层所提供的服务只适用于单个网络，实现相邻节点间的数据传输。而传输层可以跨越多个网络，在互联的网络中提供服务。

传输层所提供的服务可分为五大类：端到端传输、寻址、可靠传输、流量控制和多路复用。下面介绍这五类服务。

1. 端到端传输

传输层是真正的从源到目的的“端到端”的层。也就是说，源端主机上的某一进程，利用报文头和控制报文与目的主机上的类似进程进行会话。在传输层以下的各层中的协议是每台机器与它直接相邻的机器间的协议，而不是源端机器与目的机器之间的协议。1～3层是通过通信子网连接起来的，4～7层是“端到端”的连接。网络层监督每个数据包端到端的传输，它将每个包看做一个独立的实体。即使这些包属于同一报文，也看不到它们之间的任何联系。传输层则不同，它传送一个完整的报文，而不再是单个包。因此，传输层的功能是监督整个报文从源到目的端到端的传送。

2. 寻址

端到端的通信不仅仅是在源计算机到目的计算机之间进行，而且要在源端应用进程到目的端应用进程之间进行。由一台计算机上的应用进程所产生的数据不仅必须被另一台计算机所接收，而且必须被另一台计算机上对应的应用进程所接收。这时，需要定义一种传输地址，这种传输地址称为传输服务访问点（TSAP）。当一个应用进程需要与一个远端的应用进程建立连接时，需要指定对方的TSAP，问题是本地应用进程如何获知对方的TSAP。

一种方案是每个应用进程都有固定不变的TSAP，并且公之于众，让网络上的所有进程都知道。另一种方案是让提供服务的计算机运行一个进程服务程序，它监听一系列端口（TSAP），等待连接请求。当用户的连接请求到达时，便将用户的请求及所建立的连接一并提交给提供此服务的服务器。这样便可获得对方的TSAP。再结合机器地址，就可实现进程之间的通信。

3. 可靠传输

在传输层，可靠传输包括四个方面的内容：差错控制、顺序控制、丢失控制和重复控制。

（1）*差错控制*　网络必须能将数据正确无误地从源端传送到目的端。但是，数据在传输过程中可能会发生错误。因此，必须采取差错控制措施，保证数据的可靠传输。传输层的差错处理机制是差错检测和数据重传。

数据链路层已经有了差错控制机制，为什么在传输层还需要差错处理呢？其原因在于，数据链路层的功能只能保证每条链路中节点到节点的无差错传输，而不能保证整条链路端到端的无差错传输。图3.30显示了一种差错出现情况，这种情况中的差错不能被数据链路层所发现。

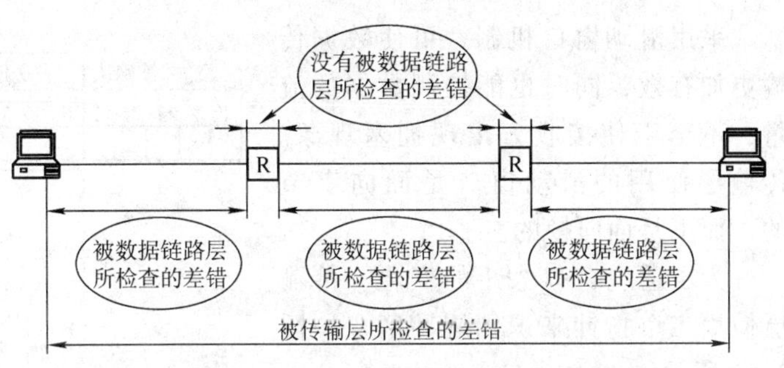

图3.30　传输层和数据链路层差错处理

由图可以看出，数据链路层可以保证每个网络中传输的数据是无差错的。但是，当数据在路由器内部被处理时可能会引入差错。这种差错将不会被数据链路层功能所发现，这是因为数据链路层功能仅仅检查链路起始和终止之间是否有差错引入。因此，传输层必须有端到端的差错检查，才能保证数据端到端的正确传输。

（2）*顺序控制*　在发送方，传输层将从其上层接收的数据单元送入其下层。在接收方，传输层能将一次传输的不同数据段按时间顺序送到其上层。

1）分段与重组：当传输层从其上层接收的数据单元对于网络层数据报文分组或数据链路层的帧处理太大时，传输层实体将会把数据单元分割成更小的块，这个过程称为分段。反之，如果一个会话的数据单元太小，且多个这样的数据单元可以放到单个数据报文分组或帧中时，传输层协议将会把它们组合到单个数据单元中。这个组合过程称为重组。

2）序列编号：大多数传输层服务都在每个段的结尾处加一个序列编号。如果一个大的数据单元被分段，这个编号将指明重新组合的顺序。如果多个小的数据单元被连接，编号用来指明每个小单元的结尾，以便在目的端它们能够被正确地拆分。此外，每个段有一个字段指明该段是一次传输的最后一段还是传输的中间段。

按照什么样的顺序传输数据段是无关紧要的，重要的是在目的端它们必须能够被正确地重组，否则，将会产生错误。

（3）*丢失控制*　传输层协议能够确保一次通信的所有段都会到达目的地。当数据被分段传输时，一些段可能在传输过程中被丢失。接收方传输层协议根据序列编号可以检测出丢失的段，并要求发送方重传。

（4）*重复控制*　传输层协议能够保证任何一个数据段都不会重复送给接收目标。就像能够检测丢失的段一样，传输层协议根据序列编号也能够检测重复的段并予以抛弃。

4. 流量控制

和数据链路层一样，传输层也有流量控制功能，但二者是有区别的。数据链路层的流量控制是作用在单段链路上的，而传输层的流量控制是作用在端-端上的。通常，传输层流量控制也使用滑动窗口机制，但是，传输层的窗口大小可以随缓冲区大小而变化。

由于窗口大小是可变的，所以窗口实际容纳的数据量是通过协商实现的。一般情况下，窗口大小的变化是受接收方控制的。接收方通过应答帧来指明窗口大小是增大还是减小，这种变化基于接收方所能容纳的字节数。

采用滑动窗口机制，可使数据传输更加有效，同时也能控制数据的流量，不至于使接收方出现拥塞现象。传输层使用的滑动窗口是面向字节的，而不是面向帧的。

为了适应窗口大小的变化，传输层使用三个指针来识别缓冲区，如图3.31所示。

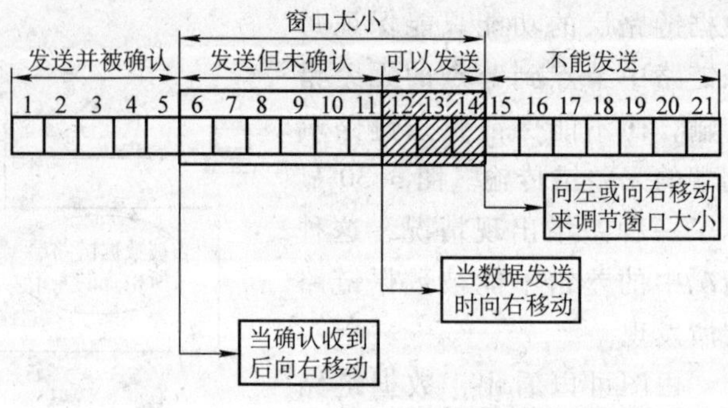

图3.31 滑动窗口指针

当发送方收到一个应答时，窗口左边指针向右移动；当发送数据时，中间指针也向右移动；右边指针通过左右移动来调节窗口的大小。如果发送方收到应答后，而窗口的大小不做调整，则左边指针将向右移动，右边指针也向右移动，以保持窗口的大小不变。例如，如果5个字节被确认了，这时，左边的指针将向右移动5个字节，于是窗口缩小了5个字节，因此右边的指针必须向右移动5个字节，才能保持窗口大小不变。如果有5个字节被确认，同时接收方将窗口扩大了10个字节，这时右边的指针必须向右移动15个字节才能适应新的变化。

5. 多路复用

为了提高传输效率，传输层设置了多路复用功能。这一层的复用包括两个方面：向上复用和向下复用。向上复用意味着多个传输层连接复用到一个网络层连接上；向下复用意味着一个传输层连接使用多个网络层连接。

(1) 向上复用　当交换数据的多个进程处于同一主机中，并且每一连接传送的数据量都不很大时，采用向上复用方式可节省网络资源，降低用户的通信费用。但是，如果每一连接的数据量较大，由于网络连接中采用流量控制的窗口大小有限，使用这种方法会在一定程度上影响进程的数据传输速度。因此，在确定采用向上多路复用时应考虑这一因素。

图3.32a示出了三个不同的传输层连接使用同一网络层虚电路连接的例子。通常，网络层为每一虚电路收费，通过向上复用，可以为每一进程降低成本。

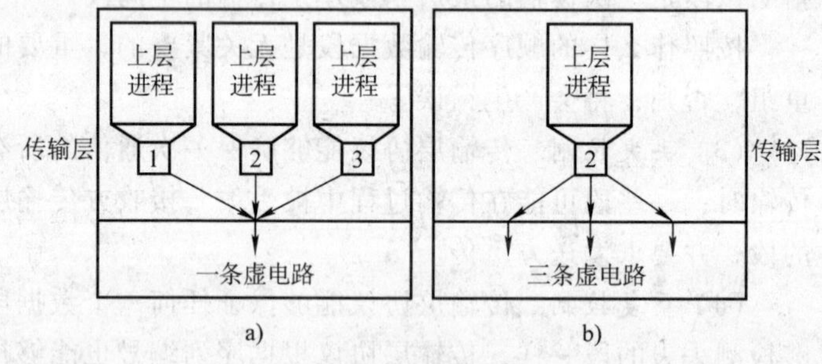

图3.32 多路复用
a) 向上复用 b) 向下复用

(2) 向下复用　向下复用允许一个传输层连接接通多个网络层连接，以轮循的方式在这些连接上分配要传输的数据。这种方式适用于进程有大量数据并希望尽快传送出去的场合。

图3.32b示出了一个传输层连接使用三条网络层虚电路连接的例子。向下复用的功能在网络层的传输能力很低或处理速度很慢时是非常有用的。通过同时发送多个数据段，可使传输速率明显提高。

3.6.3　传输连接及传输层协议类型

1. 传输连接

设置传输层的主要目的在于为两个会话实体建立传输连接，端到端的数据传送可采用两种方式完成：面向连接和无连接。在这两种连接方式中，面向连接的传输方式更经常被使用。一个面向连接的传输协议在发送方和接收方之间，通过互联网络建立起一条虚电路。属于同一消息的所有数据包将通过这条虚电路传送。面向连接的服务是一种可靠的传输服务。

2. 传输层协议类型

传输层协议是建立在网络层服务之上的，网络层服务的完善程度直接影响着传输层协议的复杂性。网络层服务通常有以下三种类型：

(1) A 型　A 型能够提供完善可靠的网络层服务。整个通信子网传送数据的服务类似于两节点直接通过一条物理线路连接的情况，它们之间很少出现差错。实际上，能提供这类服务的公用广域网几乎没有，就是局域网也只是接近这种类型。

(2) B 型　B 型能提供比较完善的网络层服务。但是当通信子网内部出现严重故障时，就需要传输层协议来进行恢复。因此，建立在 B 型网络层服务上的传输层协议将比使用 A 型网络层服务的传输层协议复杂。一般 X.25 公用分组交换网提供 B 型服务。

(3) C 型　C 型提供不可靠的网络层服务。对于网络层出现的各种问题，网络层本身不能解决，需要由传输层来处理，因此基于该类型服务的传输层协议最复杂。提供单纯的无连接服务的广域网、分组无线交换网以及互联网属于此类型。

由上面的讨论可以看出，网络层服务质量越差，传输层协议就越复杂。在 OSI 模型中，根据上述三种网络层服务，传输层协议划分为五种类型，它们之间的对应关系如表 3.2 所示。

表 3.2　传输层协议类型与网络层服务的对应关系

传输层网络协议	网络层服务类型	名　称
0	A	简单类
1	B	基本差错恢复类
2	A	多路复用类
3	B	差错恢复和多路复用类
4	C	差错检测和恢复类

传输协议的类型在建立连接时可以协商，使用哪种类型的服务，取决于上层的需要。发起连接者可以提出希望的服务类型和可替换的类型，连接响应者可以从中进行选择，如果都不可接受，便可拒绝此次连接。

3.7　高层

OSI 模型的高层包括会话层、表示层和应用层。高层在下面各层提供的可靠的端到端服务的基础上，增加用户使用网络时所需要的功能，从而能为用户提供性能可靠而又方便的网络服务。高层可视为用户层，其功能主要是由软件来实现的。

3.7.1 会话层

1. 会话层服务

会话层处于OSI模型的第5层。会话层实体利用传输层提供的传送服务，通过执行会话层协议，为表示层实体提供会话服务功能。

会话层建立、维护和同步进行通信的高层之间的会话。会话层为传输层提供一个用户接口，它是用户直接交互工作的第一层。尽管会话层被看成是一个用户层，但它的功能通常是在操作系统中由系统软件来实现。

会话层管理相互交互的特性。例如，管理用户应用程序和主机应用程序之间的活动，通信过程全双工或半双工的选择，半双工中数据流方向的控制等，都是由会话层负责解决的。

会话层的服务主要是：协调应用进程之间的连接建立和中断；为数据交互提供同步点；协调通信双方谁在何时发送数据；确保数据交换在会话关闭（优雅关闭）之前完成等。

2. 会话和传输交互

会话关闭的概念展示了传输层与会话层行为之间的区别。传输层可以突然断开连接，而会话层则不然，只有在会话关闭之后才能断开连接。

举一个例子来说明这个问题。设想一个人从银行的自动取款机（ATM）上提取现金，这个过程涉及到由一系列半双工通信所组成的会话。首先需将ATM卡插入机器，同时根据提示输入密码和提取现金数量。机器验证后确认，更新存款余额，然后向ATM发一条指令给出现金。若此时机器出现故障，给出现金的指令没有到达机器上，但账户上的存款余额已被更新，取款人却没有收到现金。这时，会话层会在后台处理这个问题。首先，它在所有的步骤没有都完成之前不允许过程结束，必须等到用户收到现金并确认后才能更新存款余额。传输层在把给顾客现金的消息传递给机器后就退出了，但会话层却不能结束，直至顾客收到取款并给出确认消息后才能结束。

为了使这些服务能够很好地进行，会话层必须和传输层进行通信。它们之间的通信有三种类型：一对一、多对一和一对多，如图3.33所示。

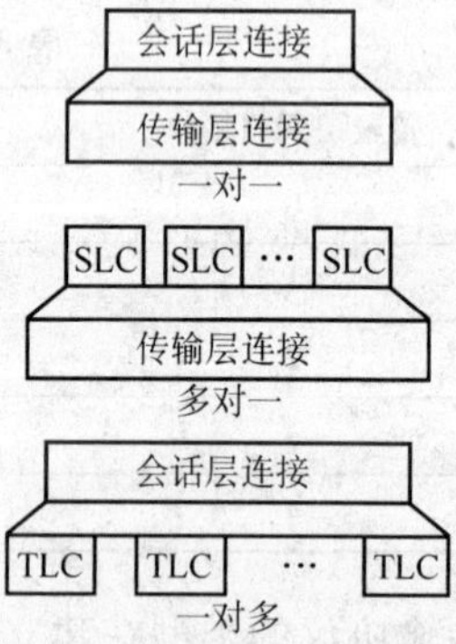

（1）一对一　当一个建立会话的请求到达会话层时，必须建立一个传输连接支持这个会话，且在会话结束时，传输连接释放。

（2）多对一　连续的几次会话使用同一传输连接，即并非每次会话都建立和释放传输连接。但是，在任一时刻，一个传输最多支持一个会话，而多个会话不能同时复用一个传输连接。

图3.33　会话层与传输层之间的通信

（3）一对多　如果传输连接在连接建立后中途失败了，会话层可以再建立一个新的传输连接，以继续进行未完成的会话。

3. 同步

上面已述，传输层负责端到端的可靠通信。但是，如果传输层已经成功地对目标进程进行了数据传输，而在目标进程使用它们之前发生了错误，这时，可由会话层的同步机制来恢复那些已经传输但却被错误处理的数据。

为了控制信息流同时能够从软件或操作失误中恢复过来，会话层允许在数据中插入同步点，当出现故障时，找到故障处的前一个同步点并从该同步点进行恢复，这个过程称为再同步。

同步点分为两类：主同步点和次同步点。会话中逻辑上具有完整意义的一部分内容称为会话单元。会话单元由主同步点为其定界。主同步点将一次数据交换过程划分为一系列会话。通常，一个主同步点在会话继续进行之前必须被确认。如果出现故障，则数据只能恢复到上一个主同步点。一次会话活动可以是单个会话，也可以是由主同步点分隔的若干个会话的集合。

会话过程中可以插入次同步点，如果传输中出了故障，则控制信息流可以回退到会话中的一个或多个次同步点上进行恢复。会话单元、主次同步点的关系如图3.34所示。主同步点必须被确认，次同步点不需要确认。

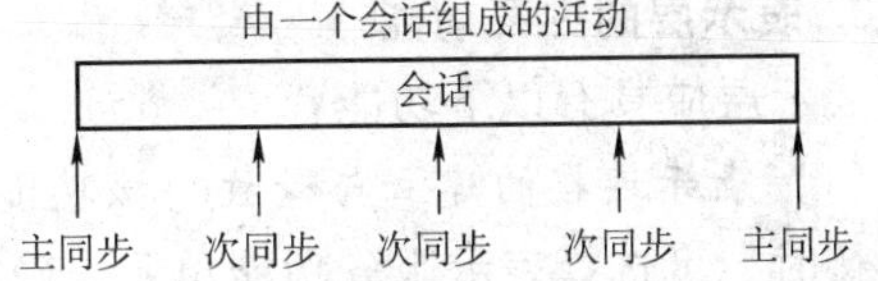

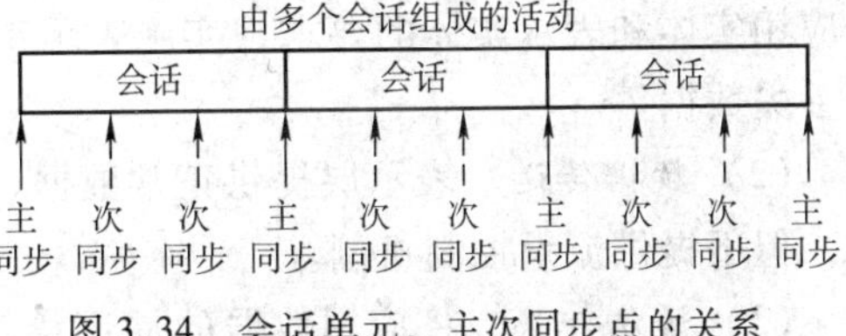

图3.34 会话单元、主次同步点的关系

3.7.2 表示层

表示层位于OSI模型的第6层。OSI模型的低5层用于将数据从源端传送到目的端，表示层则要保证所传输的数据意义不变。表示层要解决的问题是：如何描述数据的结构并使之与机器无关。在计算机网络中，互相通信的应用实体所传送的是信息的语义，它对通信过程中信息的传送语法并不关心。由于各种计算机都有自己的数据表示形式，因此不同的计算机之间通信，需要经过数据转换，才能彼此理解对方数据的含义。表示层的任务就是把源端机器的数据编码成适合于传输的比特序列，传送到目的端后再进行解码，在保持数据含义不变的条件下，转换成用户所理解的形式。

1. 语法转换

(1) *语法与语义* 任何一种语言（例如自然语言）都有其确定的语法和语义，语法是指语言表示的规则，而语义则是按照语法构成的语言成分的含义。在计算机网络中，利用计算机进行通信时，需要将客观对象表示成计算机中的数据，而任何类型的数据最终都要表示成计算机所能处理的比特序列。对比特序列的解释会因计算机体系结构、程序设计语言甚至程序的不同而有所不同。这种不同取决于它们所使用的“语法”的不同。这里的语法是数据表示的规则，而语义是数据的内容及其含义。由于通信过程需要将数据表示成比特序列，所以语法实际上是比特序列的解释方法。

(2) *局部语法与语法转换* 应用实体之间交换数据的目的在于传送数据的语义。在计算机网络中，相互通信的计算机常常是不同类型的，不同类型的计算机所使用的语法可能是不同的。对于某一具体的计算机所使用的语法称为局部语法。局部语法的差异使得同一数据对象在不同的计算机中被表示成不同的比特序列。为了保证同一数据对象在不同的计算机中语义的正确性，必须对比特序列格式进行变换，把符合发送方局部语法的比特序列转换成符合接收方局部语法的比特序列。这一比特序列的格式转换工作，称为语法转换。语法转换工作可以在发送方实现，也可以在接收方实现，还可以由双方协作共同实现。

(3) *传送语法* 假设网络中有 n 种局部语法，如果在局部语法之间直接进行转换，则需要 $n(n-1)$ 种转换程序。OSI-RM 在表示层采用了一种标准语法，称为传送语法，即符合传送过程要求的语法。数据以传送语法的形式在网络中传送，发送方将符合自己局部语法的比特序列转换成符合传送语法的比特序列，接收方再将符合传送语法的比特序列转换成符合自己局部语法的比特序列。表示层提供局部语法和传送语法之间的转换，同时保持数据的语义不变，每台计算机只需完成一种类型的语法转换。这样，只需 $2n$ 种转换程序。

2. 表示上下文

在计算机网络中，两台欲通信的计算机在通信之前，需要协商这次通信过程中传送哪种类型的数据。通过这一协商过程所确定的那些数据类型的集合，称为“表示上下文”。

3. 表示层的主要功能

表示层应具有以下功能：

(1) *表示连接的建立与释放* 该功能用来为两个应用实体建立和释放连接。在建立表示连接时，可选择表示服务功能单元，确定表示上下文，选择所需要的会话连接特性等。根据应用实体和表示实体的要求，实施表示正常或异常连接释放，在表示异常释放连接时，可能丢失数据。

(2) *数据传送* 表示层提供正常数据、加速数据（尽快传送的数据）和能力数据的传送，但不提供流量控制机制。

(3) *语法转换* 将应用数据的局部语法表示转换为传送语法表示或相反方向的转换，包括加密、解密、压缩、解压缩等。

(4) *语法协商* 可能存在多种传送语法，且局部语法与传送语法间又存在着多种对应关系，因此在表示连接建立期间，两对等表示实体应对所采用的传送语法进行协商，包括传送语法所用的数据类型、语法表示等。

(5) *表示上下文管理* 包括增、删、修改表示上下文的功能。

3.7.3 应用层

应用层是 OSI 参考模型的最高层，对等应用实体之间通信使用应用进程，应用层为用户的应用进程访问 OSI 环境提供服务。应用层提供许多低层不能提供的功能，这就使应用层变得复杂。

应用层和用户直接打交道，它涉及的协议很多，其内容取决于用户的需要。每个用户可以自行决定运行什么程序和使用什么协议，所以，OSI 模型中没有定义标准。应用层常用的协议有：报文处理系统（MHS）、文件传输、访问和管理（FTAM）、虚拟终端协议（VTP）、目录系统（DS）等。

1. 报文处理系统

报文处理系统（MHS）是 OSI 模型应用层协议，它是电子邮件和存储转发处理的基础。MHS 用来发送可以采用存储转发方式传送的任何报文，包括数据或文件的拷贝。在存储转发系统中，发送方将报文发送给一个传递系统，传递系统以存储转发的方式将报文转发到接收者的信箱中，等待接收者查看。它类似于通常的邮递系统。通过邮局的多道手续，邮递员最终将信件投递到收信人的信箱中，由收信人查看信箱发现信件。

电子邮件就是采用这种存储转发方式，发信人使用电子投递系统发送电子邮件。投递系统与其他系统一起把邮件传送到收件人的信箱中，等待合适的时机由收件人查看。

报文处理系统结构如图 3.35 所示，包括以下几部分。

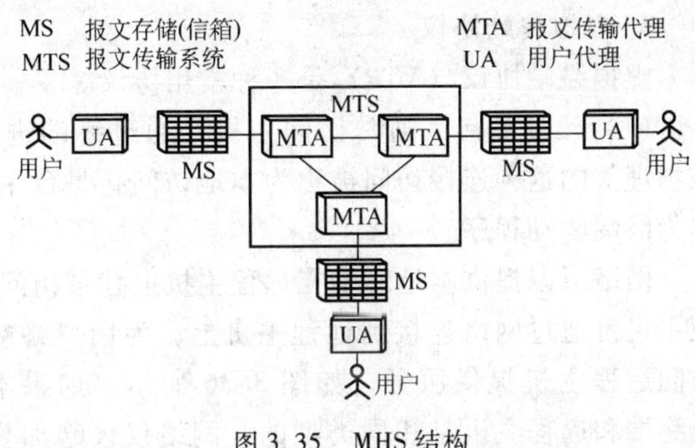

图 3.35 MHS 结构

(1) *用户代理* 用户代理（User Agent，UA）是用户与 MHS 的接口，负责生成报文，帮助用户进行报文的编辑、发送、接收和管理。每个用户和一个 UA 程序或进程通信，UA 对每个用户都是唯一的，它与用户具有一一对应的关系。

UA 在 MHS 其他组成部分的配合下，能向用户报告报文的发送情况，包括收到、丢失或拒绝，给出回执，并能帮助用户处理所收到的报文，包括删除、保存、阅读及转发等。

UA 还能提供"探查"服务，利用这种服务，用户可以向某些指定的用户发送探查信息，以便确认报文能否到达该用户。探查信息是一份没有内容的空报文，即使投递失败，也不会造成损失。

(2) *报文传输代理* 报文传输代理（Message Transfer Agent，MTA）是实现报文存储转发功能的实体，类似邮政系统的邮局。多个 MTA 构成报文传输系统（MTS），MTS 负责报文的传送。通常情况下，报文要经过多个 MTA 存储转发，中继 MTA 还必须进行路由选择。不过这里的路由选择不是在网络层，而是在应用层。

一般 UA 在个人计算机内，而 MTA 则在通信服务部门的大型机器中。

(3) *报文存储器* 报文传输代理 MTA 的缓存空间是有限的，当一个报文到达目的 MTA 后，若用户代理 UA 没有处于运行状态，时间一长该报文就可能丢失；反之，也必须为 UA 发送报文提供暂存空间，当它的暂存空间满时，欲发送报文的 UA 就必须等待。为了解决这两个问题，在 MTA 所在的机器上设置专用的报文存储器（Message Store，MS）或者把它配置到另外的节点上，MS 相当于一个邮箱。这样，用户的所有收发报文都暂存在 MS 中，从而提高了系统传输报文的可靠性和方便性。

MS 和用户之间也是一一对应的关系，但 MS 是可选部件。

2. 文件传送、访问和管理

文件的传送、访问和管理（FTAM）定义了开放系统的文件服务。文件传送是指开放系统之间的文件传送；文件访问是对文件内容进行读、写或修改；文件管理是指创立和撤销文件，以及检查或操作文件的属性。文件属性是与文件有关的特性，包括文件名、访问控制、文件大小、创建者及创建日期等。FTAM 定义了文件的属性、结构和操作。文件在不同的系统中是用不同的方式存储的，为解决不同文件的互访问题，FTAM 采用了虚拟文件系统的概念。虚拟文件系统是 FTAM 的公共模型，该模型是软件的，它可以被设计为独立于硬件和操作系统。

FTAM 是基于虚拟文件的非对称访问，非对称意味着每次访问需要一个发起者和一个响应者。发起者要求从响应者那里传输、访问和管理文件；响应者则创建自己实际文件的一个虚拟文件模型，同时允许发起者使用虚拟文件模型。

3. 虚拟终端协议

虚拟终端协议（VTP）是一种常用协议。

（1）远程访问　通常访问主机是通过终端进行的，终端在物理上是连接到主机上的。在物理上的这种连接访问被称为本地访问，每台主机提供与其连接的特定终端的接口软件，称为终端驱动程序。

网络可以提供本地终端在远程主机上登录访问，但本地终端是连接在本地主机上的，本地主机可通过网络连接到远程主机上，为用户终端访问远程主机提供服务，如图 3.36 所示。如果本地终端和远程主机是相同类型的，网络仅仅起加长连接链路的作用。当本地终端与远程主机类型不同时，就会出现不支持终端访问的问题。

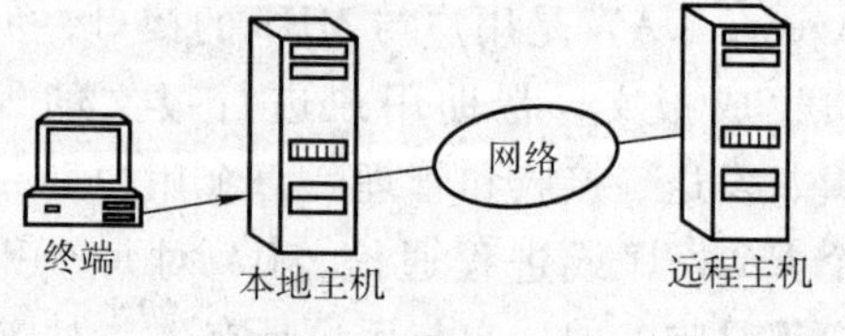

图 3.36　远程访问

（2）虚拟终端　对于上述问题可通过使用构成虚拟终端（VT）的结构来解决。虚拟终端是一个假想的终端，即终端的一个软件模型，它具有每种主机都能够识别的标准字符集，它是物理终端的软件版本。

欲与远程主机通信的终端首先和本地主机通信，本地主机拥有 VT 软件，它可以将实际终端的数据或请求转换为虚拟终端所使用的中间格式，然后中间格式的数据通过网络传输到远程主机。远程主机把收到的中间格式的数据送给自己的 VT 软件，这个软件将把 VT 形式的数据转换为主机所能处理的格式。这样，远程主机就好像是从本地终端直接接收数据一样。处理完请求后，远程主机将以相反的过程返回一个响应给远程终端。如图 3.37 所示。

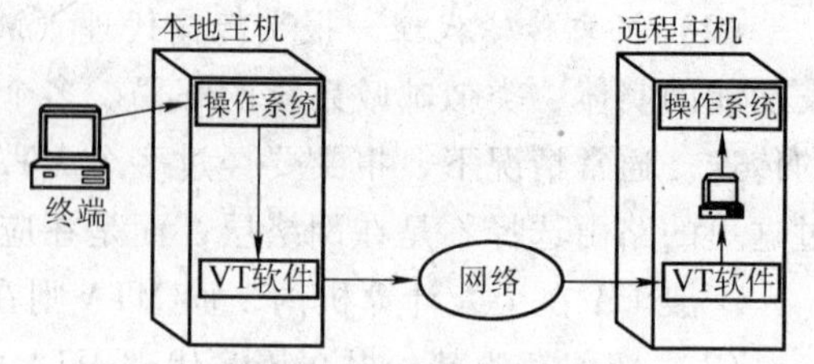

图 3.37　虚拟终端

4. 目录系统

目录是关于不同主题的全球信息源。一个 OSI 目录服务是用来表示和定位 OSI 目录中的主题（例如人、组织、逻辑组、程序和文件等）的应用程序。目录所拥有的信息类型与主题的类型有关。

对于目录服务的用户（可以是一个人，也可以是一个应用程序），这些信息看上去好像是存储在单个数据库中的，实际上，目录是一个分布的数据库，它们分布在不同的主机中。用户仅仅知道一个进入端口，通过这个进入端口就可以获得所有的信息。

（1）目录信息库　目录中包含的信息称为目录信息库（DIB）。目录以一系列条目存放，每个条目都描述一个主题。一个条目可能包含若干个部分，每个部分都用于描述主题的一个属性。例如，ISO 的一个条目可能包括关于这个组织的目的、通信地址、电话号码等信息的描述。

（2）目录用户代理和目录系统代理　用户通过目录用户代理（DUA）对目录系统（DS）进行访问，DUA 可以和一个或多个目录系统代理（DSA）的实体进行通信，DSA 包含在 DS 之中。

DIB 中的信息是分散存放在多个 DSA 中的，每个 DSA 保存着目录信息树中的某些部分（分支）。用户欲获取信息，首先通过 DUA 给 DSA 发一个请求。如果 DSA 知道欲获取的信息在何处，它就填写请求，或者将请求传递给另一个知道信息的 DSA，依此类推，可将所需信息取出，通过 DS 传递给 DUA。

如果 DSA 不知道如何填写请求，它可有三种选择：

1）把请求转发给其他的可访问的 DSA。

2）发一个请求广播，然后等待响应。

3）给 DUA 返回一个错误应答。

3.8 TCP/IP 参考模型

ARPANET 是美国国防部资助建立的计算机网络，它所采用的协议是 TCP/IP，该协议也是分层的，它所对应的参考模型称为 TCP/IP 模型。

TCP/IP 参考模型分为四个层次：网络接口层、互联层、传输层和应用层，如图 3.38 所示。

TCP/IP 参考模型与 OSI 参考模型有很大区别。图 3.39 是 TCP/IP 参考模型与 OSI 参考模型的对应关系。其中，网络接口层与 OSI-RM 的数据链路层及物理层相对应，互联层与 OSI-RM 的网络层相对应，传输层与 OSI-RM 的传输层相对应，应用层与 OSI-RM 的应用层相对应。在 TCP/IP 参考模型中，没有与 OSI-RM 表示层、会话层相对应的层次。

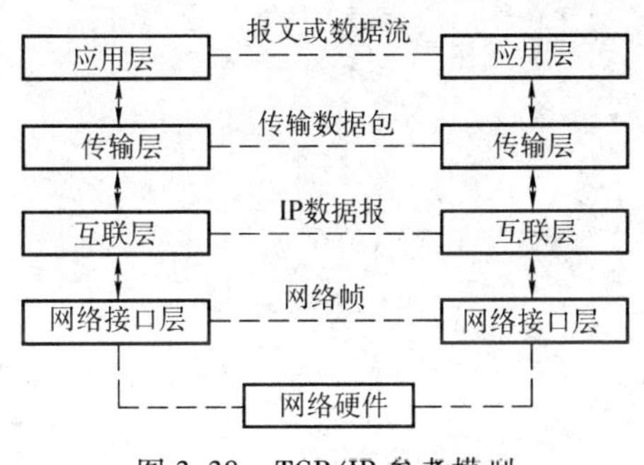

图 3.38 TCP/IP 参考模型

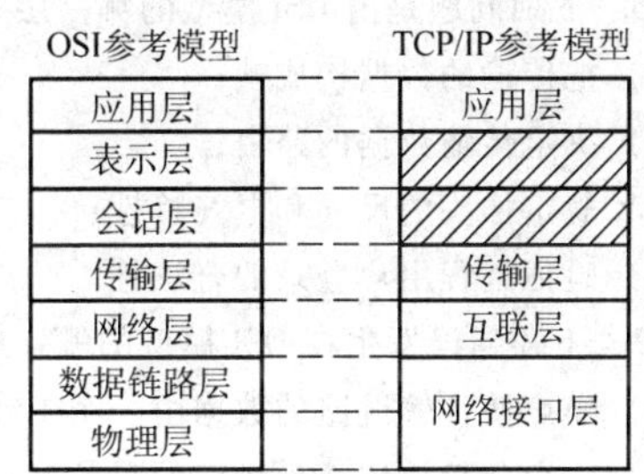

图 3.39 TCP/IP 参考模型与 OSI 参考模型

1. 网络接口层

网络接口层是 TCP/IP 参考模型的最低层，负责通过网络发送和接收 IP 数据报。在 TCP/IP 参考模型中该层未加定义，只是指出主机必须使用某种协议与网络连接，以便能在其上传输 IP 分组，随主机、网络的不同而不同。它包括设备驱动程序及网络接口卡，处理具体的硬件物理接口。

2. 互联层

TCP/IP 的互联层是网络互联的基础，提供无连接的分组交换服务。互联层的主要任务是负责将源主机的报文分组发送到目的主机，源主机与目的主机可以在同一个网络上，也可以在不同的网络上。它的主要功能包括：

（1）*分组发送* 在收到来自传输层的分组发送请求之后，将分组装入 IP 数据报，填加报头，选择发送路径，然后将数据报发送到相应的网络上去。

（2）*数据报接收* 在接收到其他主机发送的数据报之后，检查目的地址，如需要转发，则选择发送路径转发出去；如目的地址为本节点 IP 地址，则除去报头，将分组交送传输层处理。

(3) 网络互联　在互联的网络中，为数据传输进行路由选择、流量控制和拥塞控制等。

3. 传输层

传输层的主要功能是提供两台机器之间端到端的数据传输。TCP/IP 参考模型中设置传输层的主要目的是在互联网络的源主机与目的主机的对等实体之间建立用于会话的端到端连接。传输层对信息流具有调节作用，提供可靠的传输服务，以确保数据可靠地按顺序到达。

4. 应用层

应用层是 TCP/IP 参考模型的最高层，它给用户提供一组常用的应用程序。在应用层，用户调用应用程序来访问 TCP/IP 互联网络提供的各种服务，应用程序与传输层协议相配合，发送或接收数据。每个应用程序都有自己的数据形式，它可以是一系列报文或字节流，但不管采用哪种形式，都要将数据传送给传输层以便交换。

习　　题

3.1　OSI 模型划分层次的原则是什么？

3.2　OSI 模型各层的主要功能是什么？

3.3　比较 OSI 模型和 TCP/IP 模型的异同。

3.4　计算机网络采用层次结构模型有什么好处？

3.5　试说明层次与协议的关系？

3.6　下列问题是由 OSI 模型的哪一层来处理的？

(1) 把传输的数据构成帧；

(2) 决定传输数据的路由；

(3) 规定插头的尺寸和电气特性；

(4) 验证远程用户登录的合法性。

3.7　下述错误发生在 OSI 模型的哪一层？

(1) 噪声使传输链路的数据由一个 1 变为 0；

(2) 一个分组被传送到错误的目的站；

(3) 收到序号错误的帧；

(4) 正在打印的打印机，突然收到一个错误的指令使打印机返回重打。

3.8　在 X.25 网络中，为什么通信双方使用的虚电路号不同？

3.9　在停-等协议中，应答帧为什么不需要序号？

3.10　两个相邻节点 A 和 B，采用后退 N 帧 ARQ 技术通信，帧顺序编号为 3 位，窗口大小为 4。假定 A 正在发送，B 正在接收，试说明下面情况的窗口位置：

(1) A 开始发送之前；

(2) A 发送了 0、1、2 三个帧，而 B 应答了 0、1 两个帧；

(3) A 发送了 3、4、5 三个帧，而 B 应答了第 4 帧。

3.11　为什么说传输层协议的内容与网络层提供的服务类型有直接关系？

3.12　对 4800 个路由器进行分级路由，若采用三级分级结构，则应选择多大的区和簇才能减小路由表的长度？

3.13　传输层的功能和网络层有何不同？

3.14　当传输层出现故障或由于外部原因而使传输失败时，会话层如何对其进行恢复？

3.15　为什么传输连接突然释放就可能丢失用户数据，而优雅关闭则可保证不丢失数据？

3.16　虚拟终端的含义是什么？

3.17　选择填空

(1) 为网络进行数据交换而建立的规则、约定或标准称为计算机网络______。

a) 层次　　b) 接口　　c) 协议　　d) 结构

(2) 在 OSI 参考模型中，同一节点内相邻层之间通过______进行通信。

a) 进程　　b) 接口　　c) 协议　　d) 程序

(3) 在 OSI 参考模型中，数据链路层的数据单元是______。

a) 报文　　b) 分组　　c) 帧　　d) 比特

(4) 在 TCP/IP 模型中，TCP 是______的协议。

a) 网络接口层　　b) 网络层　　c) 传输层　　d) 应用层

第4章 局 域 网

20世纪70年代以来，计算机局域网作为计算机网络的一个分支得到了飞速发展，形成了一种新的计算机体系结构，相继出现了总线局域网、星形局域网、环形局域网等，并形成了一系列局域网标准。随着计算机应用的普及，计算机局域网得到了进一步的发展，它在办公自动化、信息管理等领域发挥了巨大作用。

4.1 概述

计算机局域网简称为局域网（Local Area Network，LAN），它是计算机网络中发展最快的分支之一。从20世纪70年代，经过技术开发与商品化阶段，促使彼此独立的多个计算机进入了网络环境，从而带动了局域网的发展。局域网技术的研究始终是计算机通信与网络领域中的一个重要内容。

1. 局域网的定义

局域网通常是指小区域范围内的各种数据通信设备互相连接在一起构成的一种通信网络。它包含三个方面的含义：

1）局域网所覆盖的地理范围较小，通常是一个办公室、一幢大楼、一个机关、厂矿、公司、学校等，一般不超过几千米。

2）局域网中所连入的数据通信设备的含义是广义的，它包含了在传输介质上进行通信的任何设备，如计算机和各种外部设备等。

3）局域网是为数据传输而构建的一种通信网络。

2. 局域网的特点

局域网技术是当前计算机网络研究与应用的一个热点问题。局域网最主要的特点是：网络为一个单位所拥有，且地理范围和站点数目均有限，具体如下：

1）网络所覆盖的地理范围比较小，通常不超过几千米。

2）通常采用基带传输方式，数据的传输速率高，从最初的1Mbit/s到后来的10Mbit/s、100Mbit/s，近年来已达到1000Mbit/s、10000Mbit/s。

3）具有较低的延迟和误码率，其误码率在10^{-8}～10^{-10}之间。

4）局域网的经营权和管理权一般属于某个单位所有，不属于公用服务网。

5）局域网多采用分布式控制和广播方式通信，便于安装、维护和扩充，建网成本低、周期短。

6）决定局域网特性的主要技术要素是拓扑结构、传输介质和介质访问控制方法。

7）从介质访问控制方法的角度，局域网可以分为共享介质局域网和交换式局域网。

尽管局域网地理覆盖范围小，但这并不意味着它们必定是小型的或简单的网络。局域网可以扩展成较大或者非常复杂，拥有成千上万用户的局域网也是很常见的。

局域网的应用范围极广，可应用于办公自动化、生产自动化、企事业单位的管理、银行业务处理、军事指挥控制和商业管理等方面。局域网的主要功能是为了实现资源共享；其次是为了更好地实现数据通信、交换及数据的分布处理。

决定局域网特征的网络拓扑结构、传输介质类型和介质访问控制方法可以确定网络性能（包括网络的响应时间、吞吐量和利用率等）、数据传输类型和网络应用等，其中介质访问控制方法对网络特性有着重要影响。

在任何网络中，访问方式泛指分配介质使用权限的机理、策略和算法，是一项关键技术，它几乎用到了计算机和通信网中的一切可用技术。评价介质访问控制方法的好坏的三个基本要素是协议简单性、信道利用率以及公平性。

4.2　局域网的拓扑结构

由于局域网设计的主要目标是覆盖一个公司、一所学校、或一幢甚至几幢大楼的"有限地理范围"，因此它的基本通信机制采用"共享介质"方式和"交换"方式。因此，局域网在传输介质的物理连接方式、介质访问控制方法上形成了自己的特点，在网络拓扑上主要采用总线型、环形、星形、树形等。

1. 总线型拓扑结构

总线型拓扑是局域网最主要的拓扑结构之一，如图 4.1a 所示。所有的节点都直接连接到一条作为公共传输介质的总线上，节点通过总线发送或接收数据，但一段时间内只允许一个节点利用总线发送数据。当一个节点利用总线以"广播"方式发送信号时，其他节点都可以"收听"到该发送的信号。由于总线作为公共传输介质为多个节点所共享，所以在总线型拓扑结构中就有可能出现同一时刻有两个或两个以上节点利用总线发送数据的情况，这时会产生"冲突"（Collision）。冲突会造成数据传输的失效，因为接收节点无法从所接收的信号中还原出有效的数据。因此需要提供一种机制用于解决冲突问题。

总线拓扑的优点是：结构简单，实现容易，易于安装和维护，价格低廉，用户站点入网灵活。

总线型结构的缺点是：由于采用分布式控制，所以管理和故障检测困难。

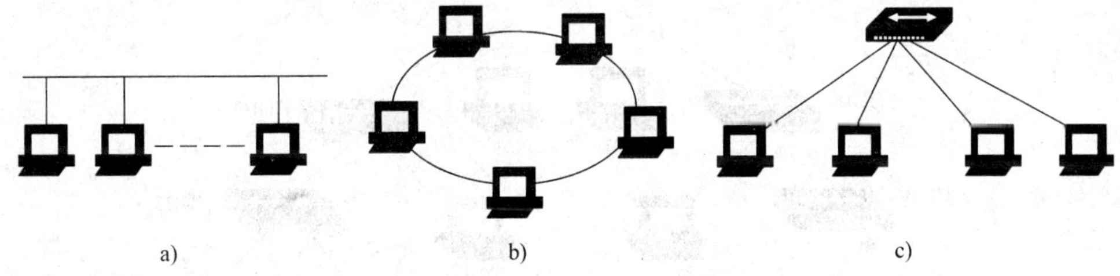

图 4.1　局域网拓扑结构
a）总线型　b）环形　c）星形

2. 环形拓扑结构

在环形拓扑结构中，所有的节点通过通信线路连接成一个闭合的环，如图 4.1b 所示。在环中，数据沿着一个方向绕环逐节点传输。环形拓扑结构也是一种共享介质结构，多个节点共享一条环通路。为了确定环中每个节点在什么时候可以传送数据，同样要提供旨在解决冲突问题的介质访问控制方法。

由于信息包在封闭环中必须沿环路经过每个节点单向传输，因此，环中任何一段链路的故障都会使各站点之间的通信受阻。为了增加环形拓扑的可靠性，还可引入双环拓扑。所谓双环拓扑就是在单环的基础上在各站点之间再连接一个备用环，从而当主环发生故障时，利用备用环继续工作。

环形拓扑结构的优点是能够有效地避免冲突，其缺点是环形结构中的网卡等通信部件比较昂贵且管理复杂。

3. 星形拓扑结构

星形拓扑结构是由一个被称为中心设备的节点和一系列通过点到点链路接到中心设备的节点组成，如图 4.1c 所示。各节点以点到点方式与中心设备相连接，任何两节点之间的通信都要通过中心设备。中心设备集中执行通信控制策略，主要完成节点间通信时链路连接的建立、维护和拆除。

星形拓扑结构简单，管理方便，可扩充性强，组网容易。利用中心设备可方便地提供网络连接和重新配置；且单个连接点的故障只影响一个设备，不会影响全网，容易检测和隔离故障，便于维护。

星形拓扑的缺点是每个节点直接与中心设备相连，需要大量电缆，因此费用较高；如果中心设备产生故障，则全网不能工作，所以对中心设备的可靠性和冗余度要求很高。

4. 树形拓扑结构

扩展星形拓扑又叫树形拓扑结构，是星形拓扑结构的一种扩充。所谓扩展星形拓扑是指一个星形拓扑的末端节点又是其他星形拓扑的中心设备，如图 4.2 中的 HUB2 既是 HUB1 的末端节点，同时又是 HUB4 和 PC3 所构成的星形拓扑的中心。

树形拓扑结构的节点具有层次性，数据交换主要在上下层节点之间进行，同层节点之间一般较少进行数据交换。

树形拓扑结构的优点是结构简单，网络管理容易，维护亦方便。其缺点是资源共享能力差，可靠性也不够高。它主要用于进行信息汇集的场合，如统计部门等。

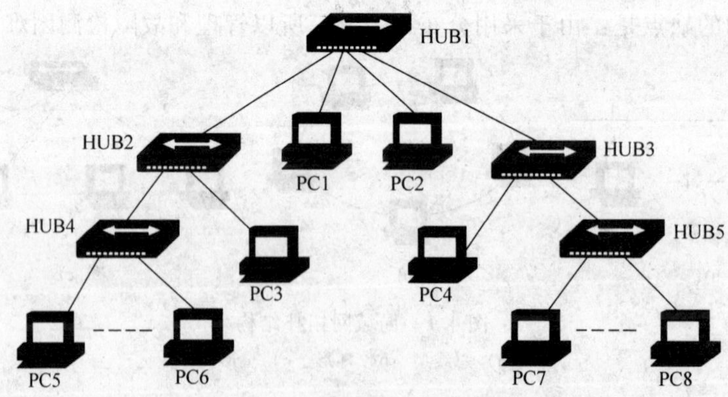

图 4.2　树形拓扑结构

上面所介绍的几种典型的局域网拓扑结构，在实际建网时，可根据实际情况，选择一种单一的拓扑结构或采用混合拓扑结构。顾名思义，混合拓扑结构是指几种不同拓扑结构的混合，而不仅仅是其中的某一种类型。

4.3 IEEE 802 标准与模型

IEEE 是美国电气电子工程师学会的简称。IEEE 于 1980 年 2 月成立了局域网标准委员会，简称 IEEE802 委员会，专门从事局域网标准化工作的研究，并制定了一系列标准。

4.3.1 IEEE802 标准

1985 年 IEEE 公布了 IEEE 802 标准的 5 项标准文本，同年为美国国家标准局（ANSI）采纳作为美国国家标准。后来，国际标准化组织（1SO）将 802 标准定为局域网国际标准。

IEEE 802 为局域网制定了一系列标准，这些标准是：

1）IEEE 802.1 标准，定义局域网体系结构以及网络管理、网络互联和网络性能等。

2）IEEE 802.2 标准，定义逻辑链路控制（LLC）子层的功能与服务。

3）IEEE 802.3 标准，描述 CSMA/CD 总线式介质访问控制协议及相应物理层规范。

4）IEEE 802.4 标准，描述令牌总线（Token Bus）介质访问控制协议及相应物理层规范。

5）IEEE 802.5 标准，描述令牌环（Token Ring）介质访问控制协议及相应物理层规范。

6）IEEE 802.6 标准，描述城域网（MAN）的介质访问控制协议及相应物理层规范。

7）IEEE 802.7 标准，描述宽带时隙环介质访问控制方法及物理层技术规范。

8）IEEE 802.8 标准，描述光纤网介质访问控制方法及物理层技术规范。

9）IEEE 802.9 标准，描述语音和数据综合局域网技术。

10）IEEE 802.10 标准，描述可互操作的局域网安全技术。

11）IEEE 802.11 标准，描述无线局域网技术。

12）IEEE 802.12 标准，描述 100VG-Any LAN 介质访问方法及相应的物理层规范。

13）IEEE 802.13 标准，描述基于有线电视的广域网通信技术。

14）IEEE 802.14 标准，描述交互式电视网（包括 Cable Modem）技术。

15）IEEE 802.15 标准，描述无线个人网络技术。

16）IEEE 802.16 标准，描述宽带无线访问技术。

17）IEEE 802.17 标准，弹性的分组环可靠个人接入技术。

18）IEEE 802.18 标准，无线电调整技术咨询组。

19）IEEE 802.19 标准，共存技术咨询组。

20）IEEE 802.20 标准，移动宽带无线访问。

21）IEEE 802.21 标准，符合 802 标准的网络与非 802 网络之间的互联。

22）IEEE 802.22 标准，无线地域性区域网络工作组（WRANs）。

图 4.3 描述了 IEEE 802 标准之间的关系。从图中可以看出，IEEE 802 标准实际上是一个由一系列协议组成的标准体系。随着局域网技术的发展，该体系在不断地增加新的标准和协议。

4.3.2 IEEE 802 标准与 OSI-RM 之间的关系

局域网的体系结构与 OSI 模型有较大的区别，如图 4.3 所示，局域网只涉及 OSI 参考

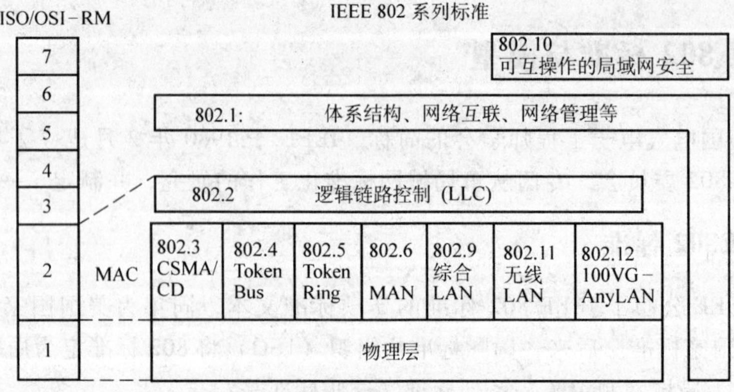

图 4.3 IEEE 802 标准

模型的物理层和数据链路层。这是因为局域网是一种通信网，只涉及到有关的通信功能，所以至多与 OSI 模型中的下三层有关。再者，由于局域网基本上采用共享信道的技术，所以也可以不设立单独的网络层。不同局域网技术的区别主要在物理层和数据链路层，当这些不同的局域网需要在网络层实现互联时，可以借助其他已有的通用网络层协议，如 IP 等。

从图中可以看到，局域网的物理层与 OSI 模型的物理层相对应，主要涉及局域网物理链路上原始比特流的传送，定义局域网物理层的机械、电气、功能和规程特性。如信号的传输与接收、同步序列的产生和删除、物理连接的建立、维护、拆除等。物理层还规定了局域网所使用的信号、编码、传输介质、拓扑结构和传输速率。例如，信号编码可以采用曼彻斯特编码，传输介质可采用双绞线、同轴电缆、光缆甚至无线传输介质；拓扑结构则支持总线型、星形、环形和树形等，可提供多种不同的数据传输率。

局域网的数据链路层被分为逻辑链路控制（Logical Link Control，LLC）和介质访问控制（Medium Access Control，MAC）两个功能子层。前面已述，局域网基本上采用的是共享介质环境，共享介质环境中的多个节点同时发送数据时就会产生冲突，从而需要提供控制冲突的介质访问控制机制。显然，介质访问控制机制与物理介质、物理设备和物理拓扑等涉及硬件实现的部分直接有关，因此，不同的局域网技术在介质访问控制上会有不同的处理方法。而这种结果显然与计算机网络分层模型所要求的“下层为上层提供服务，但必须屏蔽掉服务实现细节（即透明性）”是相违背的。所以将局域网的数据链路层一分为二：上层为 LLC 子层，下层为 MAC 子层。

MAC 子层又分为两个功能层：帧封装与解封装和介质访问控制。物理层由物理信号层（PLS）、介质连接单元（MAU）和介质三部分组成。当发送数据时，LLC 协议数据单元进入 MAC 子层后，由帧封装功能层将 LLC 协议数据单元封装成帧，经介质访问控制功能层控制发送后，由物理信号功能层对帧进行数据编码，形成曼彻斯特码，通过介质连接单元（收发器）功能层发送到介质上。

当接收数据时，由介质上传输来的数据帧被 MAU 功能层接收后，由 PLS 功能层对帧进行数据译码，将曼彻斯特编码译为非归零二进制码，再经过介质访问控制功能层接收后，交给帧解封装功能层恢复出 LLC 协议数据单元，然后交 LLC 子层处理。

4.3.3 LLC 和 MAC 数据单元

LLC 子层和 MAC 子层都是通过数据单元进行通信的，其数据单元的格式如图 4.4 所示。

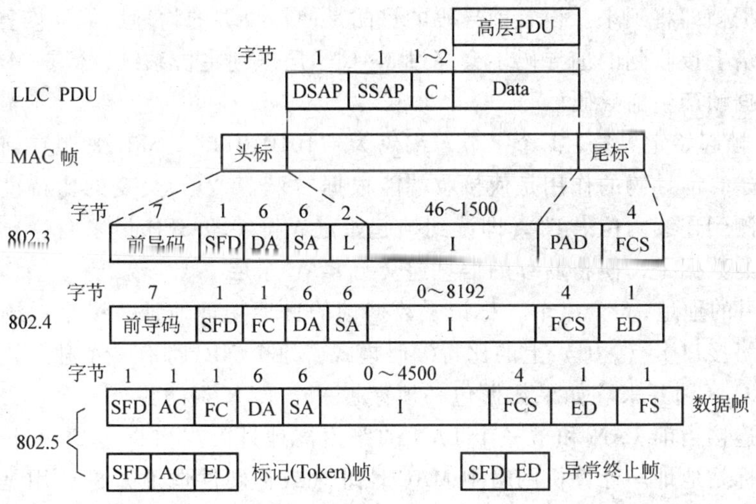

图 4.4 IEEE 802 的 LLC 帧和 MAC 帧格式

1. LLC 协议数据单元

LLC 层中的数据单元称为协议数据单元（PDU），它包含四个字段：目的服务访问点（DSAP）、源服务访问点（SSAP）、控制字段（C）及数据字段（Data）。下面介绍各字段含义。

（1）DSAP 和 SSAP　DSAP 和 SSAP 是 LLC 子层所使用的地址，用来标明接收和发送数据的终端上的协议栈。DSAP 的第一个比特指明帧是单节点还是组节点使用。SSAP 的第一个比特指明帧是命令还是响应 PDU。

一个站点中可能有多个进程在运行，它们可能同时与其他一些进程进行通信。因此，在一个站点的 LLC 子层中应设有多个服务访问点 SAP，以便对多个进程提供服务。

多个进程同时通信的概念是很重要的，当一个 LLC 子层有很多服务访问点时，不同的用户使用不同的访问点就可以完成不同的任务。这些不同的用户同时使用同一站点的 LLC 子层的服务，并在同一局域网上互不干扰地同时工作，这也是 LLC 子层的复用功能。

（2）C　C 是 PDU 的控制字段，它与 HDLC 中的控制字段的功能是相同的。和 HDLC 一样，PDU 帧可以是 I 帧、S 帧或 U 帧。前两种帧的控制字段为 2 个字节，如同 HDLC 的扩展模式，因此，LLC 帧可以按模 128 编制序号，发送而尚未被确认的帧的最大数可达 127。

（3）Data　Data 是用户数据，它是由上层传送给 LLC 的。

LLC 帧无差错控制，差错控制由 MAC 帧尾中所设的 4 个字节的帧校验序列 FCS 来处理。

2. MAC 帧

IEEE 802 标准在 MAC 子层定义了多种介质访问控制方法，图 4.4 中还给出了 IEEE 802.3（CSMA/CD）、802.4（Token Bus）、802.5（Token Ring）三种 MAC 帧格式。每种 MAC 帧均由头标、信息字段和尾标组成。其中头标和尾标中又定义了多个不同的字段。

（1）IEEE 802.3 MAC 帧　IEEE802.3 定义了一种具有 7 个字段的数据帧格式，这 7 个字段是：前导码、SFD、DA、SA、L、数据和 FCS。它与 LLC 协议数据单元的关系如图 4.4

所示。

1）前导码：7 个字节。每帧以 7 个字节（56 位）的前导码开始，每个字节均为 10101010，用于实现收发双方的时钟同步。故这个字段是56 位的 1 和 0 交替模式，由它告诉接收端，数据帧即将到来。设置前导码的目的是使接收端的物理层能够恢复出数据的位同步时钟。由网络上接收到的前导码不会穿过 MAC 子层送到主机系统，但是 MAC 功能应负责为要发送的数据帧产生前导码。

2）SFD：帧起始定界符，1 个字节，编码为“10101011”。SFD 紧跟在前导码后，用于指示一帧的开始。前导码的作用是使接收端能根据“1”、“0”交变的比特模式迅速实现比特同步，当检测到连续两位“1”（即读到帧起始定界符字段 SFD 最末两位）时，表示下一位开始是有用的数据了，便将后续的信息递交给 MAC 子层。

3）DA：目的地址，6 个字节，标记了数据帧的目标物理地址。一个系统的物理地址是一个在它的网络接口卡（NIC）上的比特编码模式。每个 NIC 都有一个独一无二的地址，以此可将所有 NIC 区别开来。如果数据包必须穿越一个 LAN 到达另外一个 LAN，那么 DA 字段所包含的是连接当前 LAN 和下一个 LAN 的路由器地址。当数据包到达目标网络后，DA 字段将包含目标站地址。计算机网络中 MAC 地址（或称硬件地址）的作用是用来找到要通信的计算机。网卡从网络每收到一个 MAC 帧，就首先检查其硬件地址，若是发往本站的，则收下，然后进行处理；否则丢弃。

DA 可以是一个单独的唯一地址，代表某个站；也可以是多目的地址，代表一组站；或是广播地址，代表局域网上所有站。当目的地址出现多址时，即表示该帧被一组站同时接收，称为组播（Multicast）。当目的地址出现广播地址时，即表示该帧被局域网上所有站同时接收，称为广播（Broadcast）。以 DA 的最高位来判断地址的性质，若最高位为“0”，则表示单址；若最高位为“1”，表示多址或广播地址。广播地址的代码为全“1”。

4）SA：源地址，是帧发送站点的地址，也是 6 个字节。

5）L：长度字段，2 个字节，指出其后数据字段的长度，单位为字节。

6）I：数据字段，是一组 n（$46 \leqslant n \leqslant 1500$）字节的任意序列，帧总值最小为 64 字节。为使 CSMA/CD 协议正常操作，需要维持一个最短帧长度，为此 IEEE 规定：正确的帧长度必须不小于 64 个字节，它包括从目的地址到 FCS 在内的所有字段。如果数据分组小于 46 字节，则可采用字节填充（PAD）的办法将数据填充到 46 个字节，然后再传输。这是因为正在发送时产生冲突而中断的帧都是很短的帧，为了能方便地区分出这些无效帧，IEEE 802.3 规定了合法的 MAC 帧的最短帧长。对于 10Mbit/s 的 CSMA/CD 网，MAC 帧的总长度为 64 ~ 1518 字节。由于除了数据字段和填充字段外，其余字段的总长度为 18 字节，所以当数据字段长度为 0 时，填充字段必须有 46 字节。

7）FCS：帧校验序列字段，4 个字节。该序列包括 32 位的循环冗余校验（CRC）值，由发送 MAC 方生成，通过接收 MAC 方进行计算校验被破坏的帧。校验范围为 DA、SA、L 和数据字段，检查这个范围的数据在传输过程是否产生了错误。

一个站点中可能有多个进程在运行，它们可能同时与其他一些进程进行通信。因此，在一个站点的 LLC 子层中应设有多个服务访问点 SAP，以便对多个进程提供服务。

由上面的分析可知，网络中寻址要分两步进行：第一步是用 MAC 帧的地址信息，找到网络中某一站点；第二步用 LLC PDU 中的地址信息，找到站点中某一服务访问点 SAP。

（2）IEEE 802.4 MAC帧 IEEE802.4定义了一种具有8个字段的数据帧格式，这8个字段是：前导码、SFD、FC、DA、SA、数据、FCS和ED，如图4.4所示。各字段的含义如下。

1）前导码：与802.3相同，用于收发同步。

2）SFD：帧开始标志字段，标识帧的开始。

3）FC：帧控制字段，一个字节，用于区分帧的类型，包括MAC控制帧、LLC数据帧、站点管理数据帧等。

4）DA/SA：目的地址/源地址字段，同IEEE 802.3。

5）I：数据字段。根据帧控制字段（FC）的取值，数据字段可以包含LLC协议数据单元、MAC管理数据和MAC控制帧的数据，不大于8192字节。

6）FCS：帧校验序列字段。使用32位CRC码，校验范围同IEEE 802.3。

7）ED：帧结束标志字段，标识帧的结束。

另外还有异常终止序列格式，仅由SFD和ED两字节组成。

（3）IEEE 802.5 MAC帧 IEEE 802.5定义了三种类型的帧：数据帧、令牌帧、异常终止帧。三种帧的格式如图4.4所示。

数据帧含有九个字段：SFD、AC、FC、DA、SA、数据、FCS、ED和FS，各字段含义如下。

1）SFD：起始定界符，1个字节，用来告诉接收站点帧的到来，并用作接收端的定时同步，它类似于HDLC帧的F字段。

2）AC：访问控制字段，1个字节，其格式如图4.5所示，开始的3比特用做优先级编码。当某站点要发送一个优先级为n的数据帧时，必须获得一个PPP编码值$\leqslant n$的令牌才可发送。T为令牌/数据帧标志位，该位为“0”表示令牌，为“1”表示数据帧。当某个站点要发送数据并获得了一个空闲令牌后，将AC字段中的T位置“1”。此时，SD、AC字段就作为数据帧的头部，随后便可发送数据帧的其余部分。M为监控位，用于检测环路上是否存在持续循环的数据帧。最后的“RRR”3比特为预约编码，当某站点要发送数据帧而信道又非空闲时，可以在转发其他站点的数据帧时将自己的优先级编码填入RRR中，待该数据帧发送完毕，产生的令牌便有预约的优先级。若RRR已被其他的站点预约更高的优先级，则不可再预约。将令牌的优先级提升的站点，在数据帧发送完毕后，还要负责使令牌的优先级较低的站点也有发送数据帧的机会。

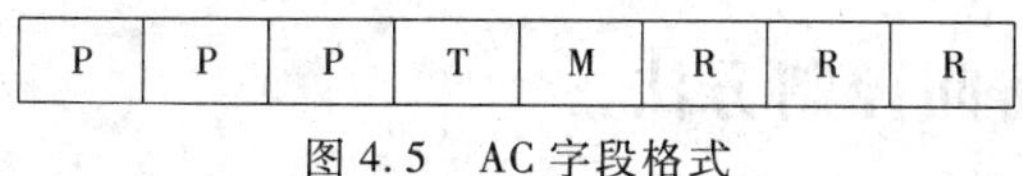

P	P	P	T	M	R	R	R

图4.5 AC字段格式

3）FC：帧控制。该字段的前两位标志帧的类型：“01”表示一般信息帧，即其中的数据字段为上层提交的LLC帧；“00”表示MAC控制帧，此时其后的6位用以区分控制帧的类型。信息帧只发送给地址字段所指的目的站点，控制帧则发送给所有站点。控制帧中不含数据字段。数据字段的长度没有下限，但其上限受站点令牌持有时间的限制。令牌持有时间的默认值为10ms，数据帧必须在该时段内发送完毕，超过令牌持有时间，必须释放令牌。

4）DA：目标地址，6个字节，用于标明帧的下一个目标物理地址。如果最终的目标在另一个网络中，则目标地址字段包含的是到达LAN下一路由器的地址。如果最终目标在本网络中，则目标地址字段包含的是最终目标的物理地址。

5）SA：源地址，6 个字节，用于标明帧的发送站点的物理地址。如果帧的最终目标与原始发送站点在同一个网络中，该字段包含的则是原始发送站点的物理地址。如果帧已经经过了其他 LAN，则该字段包含的则是帧最近经过的路由器的物理地址。

6）I：数据字段，最大为 4500 个字节。

7）FCS：校验字段，32 位的帧校验序列 FCS 的作用范围自控制字段 FC 起至 FCS 止，其中不包括帧首（SFD、AC）和帧尾（ED、FS）字段。

8）ED：帧结束标志字段，除了用于指示帧的结束边界外，其最后一位还用做差错位，发送站发送数据帧时将该位置“0”。此后，任何一个站点要转发该数据帧时，FCS 校验一旦发现有错，都可以将该位置“1”。这样，当数据帧返回时，发送站便可了解数据帧的传输情况。

9）FS：帧状态字段，其格式如图 4.6 所示。该字段中设置了两位 A 和两位 C，图中标识为“X”的 4 位未定义。A 位为地址识别位，发送站发送数据帧时将该位置“0”，接收站确认目的地址与本站相符后将该位置“1”。C 为帧复制位，发送站发送数据帧时将该位置“0”，接收站接收数据帧后将该位置“1”。当数据帧返回发送站时，A、C 位作为应答信号使发送站了解数据帧发送的情况。若返回的 AC = 11，则表示接收站已收并复制了数据帧；若 AC = 00，则表示接收站不存在。但由于缓冲区不够或其他原因未接收数据帧，需要等待一段时间后再重发。由于 FS 字段不在 FCS 校验范围内，所以使用两套重复的 A、C 以提高可靠性。

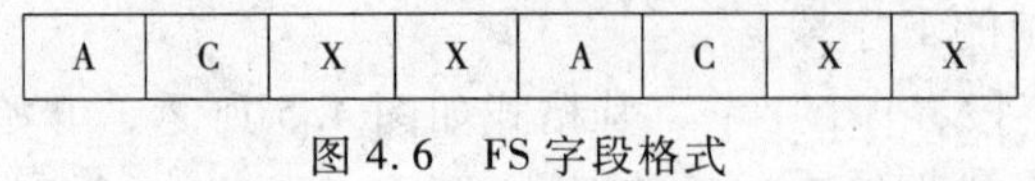

图 4.6　FS 字段格式

令牌帧仅包括三个字段，即 SFD、AC 和 ED。异常终止帧包括两个字段，即 SFD 和 ED，它可由发送端产生，用来终止数据的传输；也可由监控站产生，用于清除线路上已有的传输。

综上所述，网络中进程之间通信需要两种地址：MAC 地址和 SAP 地址。MAC 地址即站点的物理地址，由 MAC 帧负责传送。SAP 地址即进程在某个站点中的地址，也就是 LLC 子层中的服务访问点，它由 LLC 协议数据单元 PDU 负责传送。网络中的寻址分两步进行：第一步是用 MAC 帧的地址信息，找到网络中的某站点；第二步用 LLC PDU 中的地址信息，找到站点中某服务访问点 SAP。

4.4　局域网介质访问控制方法

局域网的介质访问控制方法有很多，主要有预约、选择、争用、环及混合等五类方式，其中尤以 CSMA/CD、Token Ring 等较为常用。

4.4.1　带有冲突检测的载波侦听多路访问 CSMA/CD 方法

争用技术又称为随机访问技术，即两个或多个用户节点竞争使用同一线路或信道。这种竞争是随机性的，在任何时刻与任意节点之间都可能发生。早期的随机访问系统称为 ALOHA，是 20 世纪 70 年代初在夏威夷大学实验成功的。在 ALOHA 系统之后，又相继出现了许多改进的协议，一个最突出的例子是带有冲突检测的载波侦听多路访问（Carrier Sense Multiple Access with Collision Detection，CSMA/CD）方法，它现在已经成为总线型拓扑结构 LAN 的标准协议。

网络站点侦听载波是否存在（即有无信号传输）并相应动作的协议，被称为载波侦听协议（Carrier Sense Protocol）。载波侦听多路访问（Carrier Sense Multiple Access，CSMA）方法是由多路访问（Multiple Access，MA）方法发展而来的。在 MA 方法中，每个站点对介质具有相同的访问权力，MA 不提供通信管理。介质在任何时候对任何站点都是开放的，它假设两个站点在同一时刻竞争访问权的情况是极少见的。任何想发送数据的站点都可以发送。MA 方法依赖于应答来判断传输是否成功。

CSMA 采用附加的硬件接口，每个站点都能在发送前监听到同一信道其他站点是否在发送数据。如果监听到有数据在传输，这个站就暂不发数据，从而减少了发生冲突的可能性，这样可以提高吞吐量和信道利用率，减少成功发送数据的时延。下面先简单介绍 CSMA 的几种类型及工作原理。

1. 1-持续 CSMA

当一个站点要传送数据时，它首先侦听信道，看是否有其他站点正在传送数据。如果信道忙，它就持续等待直到侦听到信道空闲时，便将数据发送出去。若发生冲突，站点就等待一个随机长的时间，然后重新开始。此协议被称为 1-持续 CSMA，因为站点一旦发现信道空闲，其发送数据的概率为 1。

2. 非持续 CSMA

非持续 CSMA 协议在发送之前，站点侦听信道的状态，如果没有其他站点发送数据，它就开始发送。如果信道正在使用之中，该站点将不再继续侦听信道，而是等待一个随机的时间后，再重复上述过程。

3. P-持续 CSMA

P-持续 CSMA 的工作过程如下：一个站点在发送数据之前，首先侦听信道，如果信道空闲，便以概率 P 发送，而以概率 $Q=1-P$ 把该次发送推迟到下一时隙。如果下一时隙仍然空闲，便再次以概率 P 发送而以概率 Q 把该次发送推迟到下一个时隙。此过程一直重复，直到发送成功或者另外一站开始发送为止。

传输延迟对协议的性能有重要影响。可能在一个站点刚开始发送后，另一个站点已准备发送并侦听信道。如果第一个站点的信号还未到达第二个站点，后者便会侦听到信道处于空闲状态，也会开始发送而导致冲突。传输延迟越长，这种影响就越大，系统的性能也就越差。

即使传输延迟为 0，仍然有可能发生冲突。如果在某站的传输过程中，另外的两站都已准备发送，它们会等待，直到该站传输结束，然后会同时开始发送而导致冲突。由于 CSMA 算法没有检测冲突的功能，即使冲突已经发生，仍然要将已遭破坏的帧发完，使总线的利用率降低。

4. 带有冲突检测的 CSMA

很显然，CSMA 协议不仅要保证在侦听到信道忙时无新站开始发送，而且当站点检测到冲突时就取消传送，也就是说，如果两站侦听到信道空闲并同时开始传送，它们几乎将会同时检测到冲突。一旦检测到冲突，不是继续传完它们的帧，而是尽快停止。迅速结束冲突帧的传送，既节省了时间又节省了带宽。该协议被称为带冲突检测的载波侦听多路访问 CSMA/CD。它被广泛应用于局域网的 MAC 子层。

CSMA/CD 以及许多其他局域网协议，都采用了图 4.7 所示的概念模型。在 t_0 处，一个

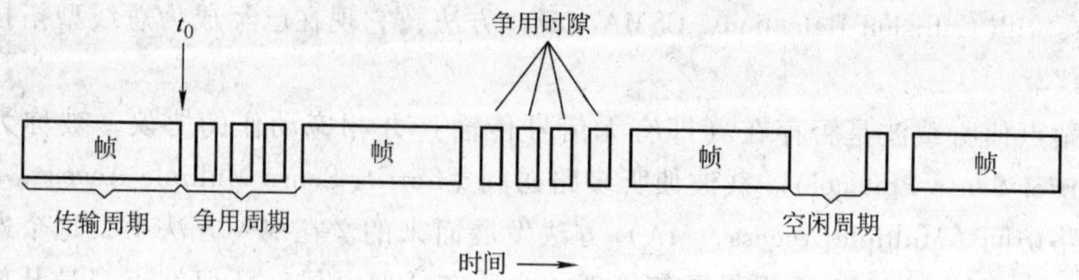

图 4.7 CSMA/CD 的三种状态：竞争、传输和空闲

站点已完成了帧的传送，其他想要发送数据的站点现在都可以尝试发送。如果两个或两个以上的站点同时决定发送数据，将会产生冲突。通过检测回复信号的能量或脉冲宽度并将其与传送信号比较，就可判断是否产生了冲突。

当一个站点检测到冲突后，它便取消传送，等待一个随机的时间后，重新尝试传送(假定在此时并没有其他站点开始传送)。因此，该模型由竞争周期、传送周期以及所有站均处于静止时产生的空闲周期组成。

现在研究竞争的算法。假定两站正好同时在 t_0 处开始发送，需要多长时间后它们才会发现产生了冲突？此问题的答案对于确定竞争周期的长短，从而确定时延和吞吐量的大小是十分关键的。检测到冲突的最短时间应该是信号从一个站点传输到另一个站点所需的时间。

基于这个推理，我们也许会认为，假如某站从开始发送起的整个传输时间内未侦听到冲突，就可确认自己"抓住"了传输介质。所谓"抓住"，即其他站点都知道该站点正在传输，而不会干扰其工作。但这个推断是错误的。考虑下面给出的最坏的情形：假设信号在两个相距最远的站点间传输的时间为 T。在 t_0 处，一个站点开始发送，经过 $T\text{-}\varepsilon$ 之后，即在信号到达最远的那个站点之前，最远的站点也开始发送。当然最远端的站点几乎立即就会检测到冲突而取消发送，但是产生的突发噪声必须经过 $2(T-\varepsilon)$ 后才能反馈到初发站。也就是说，最坏情况下，站点在 $2T$ 长的时间后仍未听到冲突，才可确信自己占用了信道。

4.4.2 令牌环介质访问控制方法

令牌传递访问技术始于 1969 年，被称为 Newhall 环路。后来 IBM 公司研究的 IBM Token Ring 局域网就采用了这种工作方式，现在已成为 IEEE 802.5 标准。

令牌传递访问技术是基于各个站点通过链路依次串接成一个闭合的环路，从而实现数据的高速、无冲突的单向传输。它是一种分散控制方式。IEEE802.5 令牌环（Token Ring）的传输介质为屏蔽双绞线，速率为 4Mbit/s 或 16Mbit/s，采用基带传输，使用差分曼彻斯特编码。介质访问使用一个令牌沿着环路循环，而且确保令牌在环中为唯一，其网络拓扑以及每节点对数据帧的处理如图 4.8 所示。

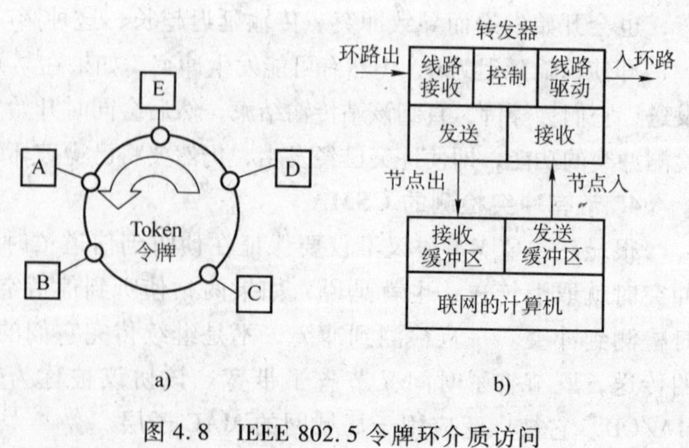

图 4.8 IEEE 802.5 令牌环介质访问
a) 令牌环 b) 转发器

其中关键部件是转发器，如图

4.8b 所示。只要站点不处于发送数据状态，转发器就工作在收听方式。这时，转发器一方面从环路输入比特流，其最小延迟为1比特；另一方面则随时监视两种特殊的比特组合。第一种特殊的比特组合是本站的地址，转发器一旦发现有本站的地址，站点将收到的信息复制下来，并在原数据帧中的相应字段中标记出该帧是否正确接收，经环路输出端旁路(by-pass)到环路下一个转发器去。第二种特殊的比特组合是空闲令牌。令牌平时一直在环路上流动，当站点有数据要发送时，必须等待空闲令牌的到来。转发器一旦发现环路输入的比特流中出现空闲令牌，首先将令牌的代码转成信息帧的标志代号，接着可将发送缓冲区的数据从转发器的环路输出端发送出去。

当站点处于发送状态时，数据以帧为单位发送。由于环路中此时没有空闲令牌，所以其他各站都无权发送数据，只能处于收听/转发状态。当所发的信息帧在环路上转了一圈，最后又回到原站点时，原站点对返回的信息帧进行检查，可判断传送是否正确。当所发送的信息帧的最后一个比特绕环路一周后返回到原来的站时，原来的站必须释放令牌，并将它从环路输出端送出，同时将转发器置于收听方式。这样，环路又有了空闲令牌，它依次经过每个转发器，等待某个站去截获。

IEEE 802.5 令牌环工作原理可归纳如下：

1）站点要求发送帧，必须等待空闲令牌。

2）站点获取空闲令牌后，将其闲标记改为忙标记，然后携带数据传输。

3）一个循环内其他站点不能发送数据。

4）所发的帧在环上循环一周后回到发送站，发送站回收数据帧，并将令牌的忙标记改为闲标记，继续传送，供后续站使用。

Token Ring 的主要特点：

1）以平等的方式为各个节点提供介质访问权限，保证传输带宽。

2）提供优先级服务。

3）环中各个节点访问介质的延迟时间确定。

4）在重负载时，网络性能较好；但负载轻时，网络效率较低。

5）控制复杂，维护困难。

4.4.3　令牌总线介质访问控制方法

前面介绍的CSMA/CD协议采用总线争用方式，具有结构简单、在轻负载下延迟小等优点。但是随着负载的增加，冲突概率增加，网络性能将明显下降。采用令牌环协议具有重负载下利用率高、网络性能对距离不敏感及公平访问等优点，但环型网控制麻烦。令牌总线介质访问控制具有以上两种介质访问控制的优点，IEEE 802.4 标准给出了令牌总线介质访问控制方法。

令牌总线介质访问控制是将局域网物理总线的站点构成一个逻辑环，每一个节点都在一个有序的序列中被指定一个逻辑位置，序列中最后一个节点后面又跟着第一个节点。每个节点都知道在它之前的前趋站和在它之后的后继站标识。为了保证逻辑闭合环路的形成，每个节点都动态地维护着一个连接表，该表记录着本节点在环路中的前一个节点、后一个节点和本节点的地址，每个节点根据后继地址确定下一输出的节点，如图4.9所示。

由图可见，在物理结构上，它是一个总线结构局域网，但是在逻辑结构上，又成为了一

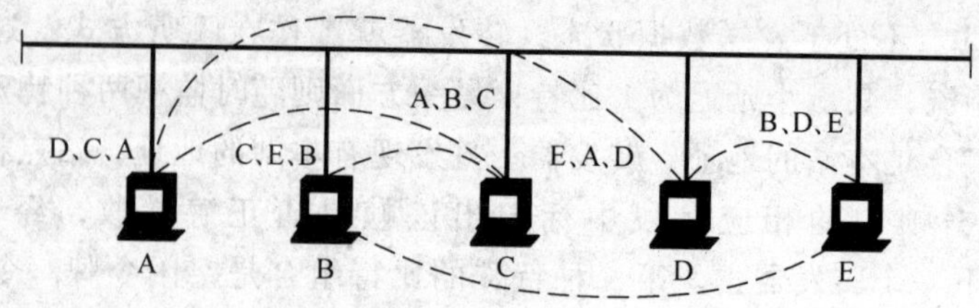

图 4.9　令牌总线中的站点连接

种环形结构的局域网。和令牌环一样，节点只有取得令牌，才能发送帧，而令牌在逻辑环上依次循环传递。

在正常运行时，任何时候逻辑环中只有一个节点拥有令牌，环中其他节点只能接收信息。当令牌持有节点没有数据要发送时，或者该节点已经发送完所有待发送的数据帧，或者令牌持有的最大时间到时，该节点必须交出令牌，将令牌传递给逻辑序列中的下一个站点。因此，令牌总线控制的一个特点是站点间有公平的访问权。

当目的站点识别出它的地址时，即把该令牌帧接收。只有收到令牌帧的站点才能将信息帧送到总线上，因此令牌总线不可能产生冲突。由于不可能产生冲突，令牌总线的信息帧长度只需根据要传送的信息长度来确定，没有最短帧的要求；在重负载的情况下，仍然能保持较高的信道利用率。

令牌总线控制的优点还体现在每个站点传输之前等待的时间是确定的，即介质访问的延迟时间确定。这是因为每个站点发送帧的最大长度可以加以限制。对应用于控制过程的局域网，这个等待访问时间是一个很关键的参数。可以根据需求，选定网中站点数及最大的报文长度，从而保证在限定的时间内任一站点都可以取得令牌。令牌总线访问控制还提供了不同的服务级别，即不同的优先级。

令牌总线的工作原理具体如下。

(1) *环初始化*　生成一个顺序访问的次序。网络开始启动时，或由于某种原因，在运行中所有站点不活动的时间超过规定的时间，都需要进行逻辑环的初始化。初始化的过程是一个争用的过程，争用结果只有一个站能取得令牌，其他站点用站插入的算法插入。

(2) *令牌传递*　逻辑环按站点地址递减的次序组成，刚发完帧的站点将令牌传递给后继站，后继站应立即发送数据或令牌帧。

(3) *站加入环*　必须周期性地给未加入环的站点以机会，允许它们加入到逻辑环的适当位置。

(4) *站退出环*　可以通过将其前趋站和后继站连到一起的办法，使不活动的站退出逻辑环。

(5) *故障处理*　网络可能出现错误，包括令牌丢、地址重复、产生多个令牌等。网络需对这些故障进行相应的处理。

4.4.4 局域网介质访问控制方法的简单比较

就拓扑结构而言，CSMA/CD 和 Token Bus 是总线局域网介质访问控制方法，Token Ring 是环形拓扑局域网介质访问控制方法。CSMA/CD、Token Bus 和 Token Ring 被 IEEE 802 委员会作为局域网介质访问标准进行了定义。下面就这三个标准的介质访问控制方法做一简单比较。

从介质访问控制方法的性质来看，CSMA/CD 属于随机争用型介质访问控制方法，Token Bus 和 Token Ring 则属于确定型介质访问控制方法。和确定型介质访问控制方法相比较，CSMA/CD 方法有以下特点：

1）CSMA/CD 算法简单，易于实现，目前已有多种 VLSI 可以实现 CSMA/CD。

2）CSMA/CD 是一种用户访问总线时间不确定的随机争用方法，适用于对数据传输实时性要求不高的应用场合。

3）CSMA/CD 在网络通信负载较轻时表现出较好的吞吐率和延时特性，但当网络通信负荷加大时，冲突增多，网络吞吐率下降，传输延迟增大。

因此，CSMA/CD 方法适用于网络负载较轻的应用场合。

和 CSMA/CD 相比较，Token Bus 和 Token Ring 具有以下特点：

1）网中节点访问公共传输介质的时间是确定的。环中每个节点只能在给定的时间内持有令牌，任一节点从第 1 次发送数据到第 2 次获得令牌的时间间隔的“上限”是确定的。这两种方法都能够适应数据传输实时性要求较高的应用场合。

2）Token Bus 和 Token Ring 的缺点是它们都需要复杂的环维护功能，实现困难，系统造价高。

4.5 以太网

以太网（Ethernet）是一种产生较早且使用相当广泛的局域网，由美国 Xerox（施乐）公司于 20 世纪 70 年代初期开始研究，并于 1975 年正式推出。由于它具有结构简单、工作可靠、易于扩展等优点，得到了广泛的应用。1980 年美国 Xerox，DEC 与 Intel 三家公司联合提出了以太网规范，这是世界上第一个局域网的技术标准。后来的以太网国际标准 IEEE 802.3 就是参照这个技术标准建立的，两者基本兼容。

为了与后来提出的快速以太网相区别，通常又将符合 IEEE 802.3 标准的以太网简称为以太网。

4.5.1 Ethernet 的基本工作原理

Ethernet 采用 IEEE 802.3 协议标准，其核心采用 CSMA/CD 介质访问控制方法。Ethernet 中没有集中控制机制，数据的发送是随机的。

1. Ethernet 帧结构

Ethernet 帧结构与 IEEE 802.3 的帧结构基本一致，只存在着微小的差别，主要是：

1）IEEE 802.3 帧的数据字段的数据是逻辑链路控制子层的协议数据单元（LLC PDU），而以太网帧的数据字段的数据是网络层的分组。

2）当数据长度小于 46 字节时，IEEE 802.3 采用请求 MAC 子层在发送数据之前向 LLC 数据字段后面附加“填充”字符方法来保证最小 46 字节的数据长度；而 Ethernet 则由 LLC 层软件来保证 46 字节的数据长度。

3）IEEE 802.3 使用“长度”字段来标明数据字段的数据字节数（不包括填充字符）。而 Ethernet 则用“类型”来指明数据协议类型。

从实际应用的角度来看，以太网帧格式的使用要比真正的 IEEE 802.3 帧格式广泛。

2. Ethernet 帧的接收

在 Ethernet 中，节点的数据发送是通过竞争获得总线使用权的，而其他节点都处于接收状态，其接收流程如图 4.10 所示。

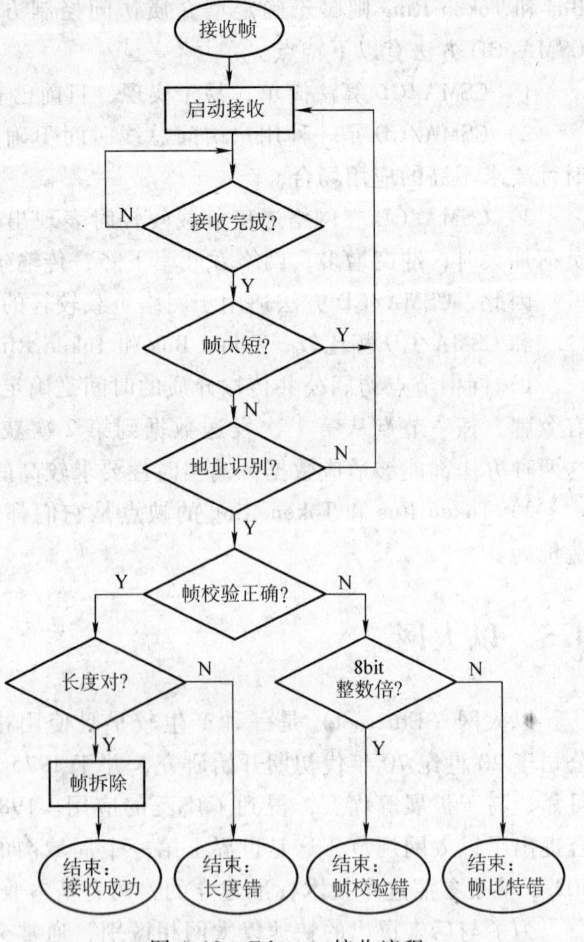

图 4.10 Ethernet 接收流程

当一个节点完成一帧接收后，首先要判断接收帧的长度。因为 Ethernet 规定最小帧长为 64 字节，凡是接收帧长度小于 64 字节的，必然是冲突中的废弃帧。所以，帧太短表明信道中产生了冲突，接收节点应将它丢弃，重新进入等待状态。若未发生冲突，接收节点应检查帧的目的地址。如果目的地址为单一节点的物理地址，且为本节点地址，则接收该帧。如果目的地址是组地址，且接收节点属于该组，亦接收该帧。如果目的地址是广播地址，接收节点也接收该帧，否则丢弃该接收帧。

当接收节点接收了应接收的帧后，接下来进行 CRC 检验。如果校验结果正确，则进一步检查 LLC 数据长度是否正确。如果正确，则 MAC 子层将帧中数据送往 LLC 层，进入“成功接收”的结束状态。如果 LLC 数据长度不对，则进入“长度错”的结束状态。

若帧校验发现有错，则首先应判断接收帧是不是 8 比特的整数倍。如果是 8 比特的整数倍，表明在传输过程中没有发生比特丢失或者对位错，此时要进入“帧校验错”结束状态；如果帧长度不是 8 比特的整数倍，则应进入“帧比特错”结束状态。

3. Ethernet 网络接口适配器

网络接口是指网络中各种设备如何与传输介质相连接。局域网不仅包括传输介质，还包括智能接入设备，由它实现局域网的协议，并对接入网络的设备提供接口能力。该设备称为网络接口单元（NIU），通过它实现对网络的访问。用户设备通过标准接口或输入/输出（I/O）接口与 NIU 相连。NIU 的功能如下：

1）从用户设备接收数据。

2）缓冲数据对介质进行存取访问。

3）将带有地址的分组数据形成发送帧。

4）对介质上的数据帧进行地址识别。

5）把发送到相应地址的分组缓冲到 NIU 内部。

网络接口适配器（Network Adapters），又称网络接口卡（Network Interface Card，NIC），

简称网卡。其作用是实现介质访问控制协议，为逻辑链路控制层提供服务，它是组建局域网的主要部件。

网卡工作在OSI/RM的第1、2层，完成物理层和数据链路层的功能。它是计算机和局域网传输介质之间的物理接口，发送方的网卡负责将发送的数据转变成能在传输介质上传输的信号发送出去，接收方的网卡接收信号并把信号转换成能在计算机内处理的数据，传输信号一般是串行的电信号或光信号。网卡的基本功能是：并行数据和串行信号之间的转换、数据帧的装配与拆装、介质访问控制和数据缓冲等。

网卡按传输速率可分为10Mbit/s、100Mbit/s、10/100Mbit/s自适应和1000Mbit/s网卡；按传输数据信号的位数可分为8位、16位、32位和64位网卡；按网卡与传输介质的接口类型可分为与粗同轴电缆连接的AUI接口网卡、与细同轴电缆连接的BNC接口网卡、与双绞线连接的RJ-45接口网卡、与光纤连接的ST、SC插头网卡和无线网卡等；按数据传输方向可分为半双工、全双工网卡；按总线插槽接口可分为ISA、EISA、VESA、PCI和PCMCIA网卡，其中ISA、EISA和VESA网卡使用8位或16位总线插槽，速度较低，目前已很少使用。PCI网卡是目前主流产品，它以32位总线传输数据，在服务器上一般使用64位或增加型（PCI-X）网卡。PCMCIA主要用于笔记本计算机上，有16位和32位等总线类型。除此以外，还有无线网卡和通用串行总线USB接口网卡。USB接口网卡和其他USB设备一样，具有热插拔、不占用总线插槽和安装使用方便等优点。

实现CSMA/CD协议功能的网卡称为以太网卡，Ethernet网卡的基本组成如图4.11所示。每个Ethernet网卡都要有自己的控制器，用以确定何时发送，何时从网络上接收数据，并负责执行IEEE 802.3所规定的规程，如构成帧、计算帧检验序列、执行曼彻斯特编码译码转换等。

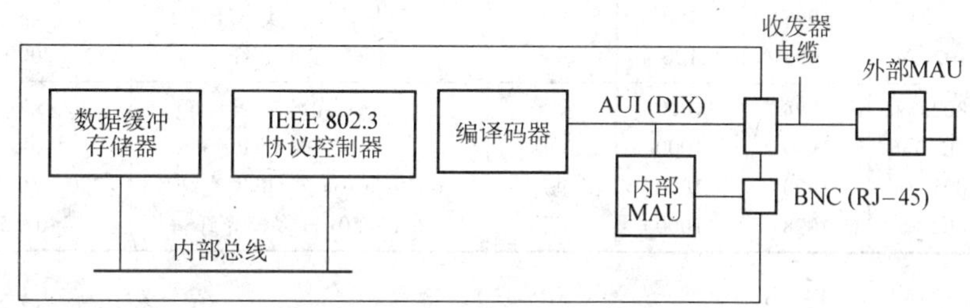

图4.11　以太网卡的基本组成

网卡通过总线接口与计算机相连，传输介质则通过介质连接单元MAU与网卡的AUI相连。AUI是IEEE802.3定义的一种基本接口，称为连接单元接口，处在OSI-RM的物理层。MAU称为收发器，所有传输介质均要通过MAU与AUI相连。一般将MAU做在网卡上，例如，连接细同轴电缆（简称细缆）的以太网卡，它将一个与内部MAU相连接的BNC接头露在机外，细缆通过BNC接头与网卡相连。但因粗同轴电缆（简称粗缆）的MAU接头太大，做在网卡上不方便，故把MAU直接接在粗缆上，粗缆通过MAU接口相连。通常网卡上带有一个15针的AUI接口用于接粗缆，一个内部收发器和BNC接头用于接细缆，或者一个内部收发器和RJ-45接头用于接双绞线。收发器电缆一般不超过15m。

由图4.11还可以看出，网卡上包括有数据缓冲存储器、介质访问控制器（IEEE 802.3协议控制器）、编译码器以及内部MAU。对于无盘工作站，网卡上还必须提供一个远程启动

EPROM。

每个网卡都有一个 48 位的全局地址，网卡地址也称为物理地址、NIC 地址或 MAC 地址。它由两部分组成，第一部分是 IEEE 分配的高 24 位的厂商地址，第二部分是由生产厂商自己编号的低 24 位地址，所以每个网卡的物理地址在全球都是唯一的。

4.5.2 以太网标准

IEEE 802.3 定义了两个类别的标准，一个是基带，一个是宽带。以太网标准可分为 10 兆位以太网、快速（百兆位）以太网（Fast Ethernet）、千兆位以太网（Gigabit Ethernet）等。以太网的主要标准见表 4.1。宽带标准只有 10Broad36 一个，基带标准有 10Base-5、10Base-2、10Base-T、100Base-T、1000Base-T 等。标准中第 1 个数字表示以 Mbit/s 为单位的传输速率，最后一个数字或字母为电缆最大长度或电缆的类别，Base 为基带，Broad 为宽带。

表 4.1 以太网标准

以太网标准	IEEE 标准	时间	传输速度 /(Mbit/s)	拓扑结构	传输介质	缆段长度 /m	站点/网段
10Base-5	802.3	1983	10	总线型	50Ω 粗同轴电缆	500	100
10Base-2	802.3a	1988	10	总线型	50Ω 细同轴电缆	185	30
10Base-T	802.3i	1990	10	星形	3 类双绞线	100	HUB
10Base-F	802.3j	1993	10	星形	多模光纤	2000	
10Broad-36	802.3b	1988	10	总线型	75Ω 同轴电缆	1800	100
100Base-X	802.3u	1995	100	星形	5 类 UTP	100	1024
100Base-T4	802.3u	1995	100	星形	3、5 类 UTP	100	
100Base-TX	802.3u	1995	100	星形	5 类 UTP、1 类 STP	100	
100Base-FX	802.3u	1995	100	星形	单模、多模光纤	2000	
1000Base-X	802.3z	1998	1000	星形	光纤	550	
1000Base-T	802.3ab	1999	1000	星形	5/6/7 类 UTP	100	
1000Base-LX	802.3z	1998	1000	星形	62.5/50μm 多/单模光纤	250/550/3000	
1000Base-SX	802.3z	1998	1000	星形	62.5/50μm 多模光纤	440/550	

4.5.3 10Mbit/s Ethernet

以太网在物理层可以使用粗同轴电缆、细同轴电缆、非屏蔽双绞线、屏蔽双绞线、光纤等多种传输介质，并且在 IEEE802.3 标准中，为不同的传输介质制定了不同的物理层标准。下面对其中的 10Base-5、10Base-2 和 10Base-T 分别进行介绍。

1. 10Base-5 标准 Ethernet

10Base-5 也称为粗缆以太网，信号采用曼彻斯特编码方式。传输介质采用阻抗为 50Ω 粗同轴电缆，每段电缆的最大长度为 500m。

10Base-5 的组网主要由网卡、中继器、收发器、收发器电缆、粗缆、端接器等设备组成。网络接口卡采用 DIX 型（AUI）15 芯连接器。收发器到工作站间最大距离是 50m，两个收发器之间的距离不小于 2.5m。收发器与网卡之间用收发器电缆（也称 AUI 电缆）连接。中继器用于延伸传输距离。粗缆以太网最多允许加入 4 个中继器连接 5 段干线，仅允许在3个干线段上连接工作站，即5/4/3规则。粗缆以太网的一个网段中最多容纳100个工作站。50Ω端接器用于匹配，要求网络一端的端接器接地。

10Base-5粗缆以太网结构如图4.12所示。粗缆网中的粗铜缆较贵，同时要求每一个工作站都配置收发器和收发器电缆，因此组网成本较高。

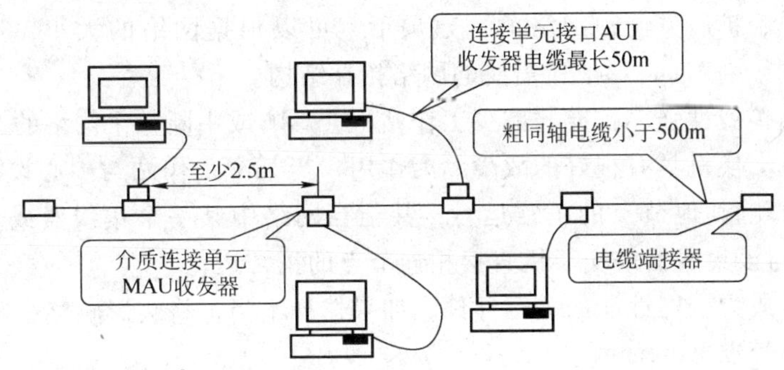

图4.12 10Base-5粗缆以太网

2. 10Base-2标准Ethernet

10Base-2标准以太网又称为细缆以太网，信号也采用曼彻斯特编码方式。细缆以太网采用阻抗为50Ω细同轴电缆作为传输介质，每一个缆段的最大长度为185m，每一干线段中最多能安装30个站点。工作站之间的最小距离为0.5m。10Base-2标准以太网由网卡、T形连接器、细缆、端接器、中继器等设备组成。网卡提供BNC接口，采用T形连接器将两段同轴电缆和网卡的BNC接口连接起来（T形连接器与网卡上的BNC接口之间是直接连接，中间没有接任何电缆）。在网段的两端安装上端接器。10Base-2细缆以太网的连接如图4.13所示。

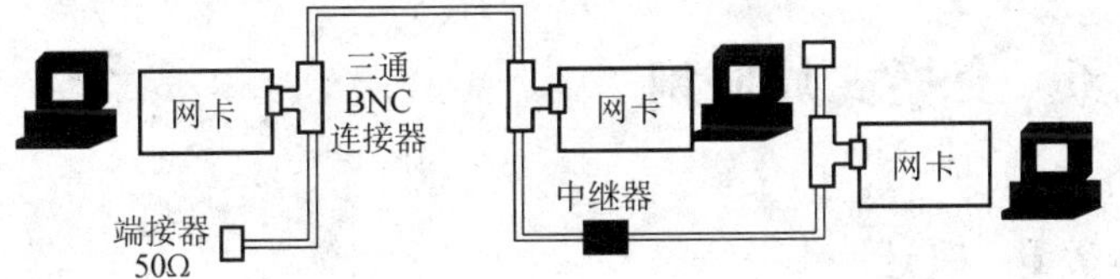

图4.13 10Base-2细缆以太网

当用中继器进行网络扩展时，同样也要遵循“5/4/3”规则，所以扩展后的细缆以太网的最大网络长度为925m。

细缆以太网价格较粗缆便宜，连接方便，但其可靠性较差。

3. 10Base-T标准Ethernet

10Base-T是以太网中最常用的一种标准，其中“T”是英文Twisted-pair（双绞线电缆）的缩写，说明是使用双绞线电缆作为传输介质。信号也采用曼彻斯特编码方式。其网络拓扑结构采用以10Mbit/s集线器或10Mbit/s交换机为中心的星形拓扑结构。10Base-T标准以太网由网卡、集线器、交换机、双绞线等设备组成。图4.14给出了一个以集线器为中心的星形拓扑10Base-T网络示例，所有的工作站都通过传输介质连接到集线器HUB上，工作站与HUB之间的双绞线最大距离为100m。集线器有8口、12口、24口等不同的规格。一般，HUB也可含BNC接口或光纤接口。双绞线以太网网卡内置收发器，采用RJ-45接口。

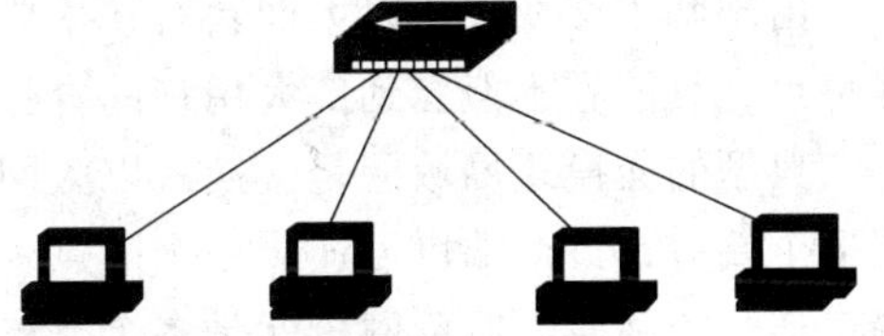

图4.14 10Base-T双绞线以太网

网络扩展可以采用多个 HUB 来实现，在使用时也要遵守前面所介绍的“5/4/3”规则。HUB 之间的连接可以用双绞线、同轴电缆或粗缆线。

10Base-T 以太网目前得到了广泛的认可和应用，与 10Base-5 和 10Base-2 相比，它具有有以下特点：

1）安装简单、扩展方便；网络的构建灵活，可以根据网络的大小，选择不同规格的 HUB 或交换机连接在一起，形成所需要的网络拓扑结构。

2）网络的可扩展性强，扩充与减少工作站不会影响或中断整个网络的工作。

3）集线器或交换机具有很好的故障隔离作用，当某个工作站与中心设备之间的连接出现故障时，不会影响其他节点的正常运行，甚至当网络中某一个集线器或交换机出现故障时，也只会影响与该集线器或交换机直接相连节点的正常运行。

4）中心设备成为全网性能的关键部件，如果选择不当，将会影响整个网络的运行。

4. 10Base-F 标准 Ethernet

10Base-F 是 IEEE 802.3 中定义的以光纤作为传输介质的以太网标准。10Base-F 中，每条传输线路都使用一条光纤，每条光纤采用曼彻斯特编码传输一个方向上的信号；每一位数据经编码后转换为光信号，所以，一个 10Mbit/s 的数据流实际上需要 20Mbit/s 的信号流。

4.6 交换式局域网

4.6.1 概述

交换式以太网不像共享式以太网那样把帧广播到个每个节点，而是为终端用户提供独占的、点对点连接。帧在节点间沿着指定的路径传输，并且交换机的多对不同源端口和目的端口之间可以同时进行通信而不发生冲突，从而把共享式网络转换成一个并行系统，大大地提高了网络的可利用带宽。

“共享介质”方式的传统以太网符合 10Base-T 标准，“共享式集线器”是该网络上使用的中心控制设备。它的工作原理是建立在“共享介质”基础上的，相应的介质访问控制方法是 CSMA/CD，该访问控制方法保证了各节点能够公平地使用传输介质，但是由于采用广播的方式发送数据，容易产生冲突，如果节点数目继续增加，网络的速率和性能将进一步下降。

交换式以太网中，交换机是中心控制设备。在交换式以太网中，可以通过交换机为所有节点建立并行的、独立的和专用带宽的连接。不管有多少个节点，各节点均可以得到专用的带宽，整个网络的带宽为各个节点专用带宽之和。如某交换式以太网络使用一个 16 口的 10Mbit/s 的交换机，当 16 个节点同时使用时，网络的传输速率最高可达 160Mbit/s。

由于基于交换式的以太网具有技术成熟、组网灵活方便、价格低廉、性能优良和标准化等特点，目前它不但受到广大用户的青睐，而且也受到业界、经销商的支持。

典型的交换式局域网是交换式以太网，它的核心部件是以太网交换机。以太网交换机可有多个端口，每个端口可连接一个节点，也可与共享介质方式的以太网集线器连接，即每个端口连一个网段。所谓网段就是多个节点构成的一个共享介质的集合，这些节点处于同一个冲突域内，一般一个共享式集线器连接若干个节点就构成一个网段。

局域网交换机的工作原理可以归纳为以下几点。

1）在交换机的内部建立交换机各端口与相连的节点间的“端口号/MAC 地址映射表”。

2）若多个节点要同时发送数据，则他们分别在各自的以太帧的目的地址字段中填上目的地址。

3）当多个节点同时通过交换机传送数据时，交换机的交换控制中心会从接收端口收到的数据帧中提取目的地址，然后根据“端口号/MAC 地址映射表”找出对应帧的目的地址的输出端口号，然后建立各自发送端口与目的端口的连接，可同时建立多条连接。

4）通过交换机内部端口之间的连接，进行数据交换。

5）数据交换结束后，断开该连接。

6）交换机在为不同的节点同时建立多条并发连接的同时，还具有校验功能，以检测接收到的数据帧是否正确，从而保证传输的可靠性。

由于交换机可以同时为多个传输提供全速的连接，因此，又被称为带宽倍增器。例如 10Mbit/s 的交换机，即端口能提供 10Mbit/s 的传输速率。如果交换机端口数为 n，则系统的带宽可达 $n\times10$Mbit/s。

局域网交换机具有低交换传输延迟、高传输带宽、允许 10Mbit/s/100Mbit/s 共存、支持虚拟局域网服务等技术特点。

4.6.2 交换机的交换结构

在交换机的发展过程中形成了不同的交换结构，主要有：软件交换结构、共享背板交换结构、共享存储器交换结构、矩阵交换结构等。

1. 软件交换结构

早期的交换机产品采用软件交换结构。该结构是借助 CPU 和 RAM 的硬件环境，用特定的软件来实现端口之间的帧交换，如图 4.15a 所示。这种结构的操作过程是，A 口的串行输入帧进入交换机后，交换机将其转换为并行帧暂存在快速 RAM 中，此时 CPU 检查帧的目的地址，并根据该地址查找 RAM 中已经建立的端口/MAC 地址表，由此获得输出端口号 B，建立 A 到 B 的端口连接。然后，把 RAM 中暂存的帧由并行转换成串行，送到端口 B 输出。

由于交换机中所有功能均由软件来实现，操作灵活。但随着端口数量的增加，CPU 的负担加重，性能将会下降，交换机的处理速度相对较慢，此结构已逐渐被淘汰。

2. 共享背板交换结构

在共享背板交换机中，数据帧通过一个高速总线从输入端口传输到输出端口。该总线的带宽被所有的端口共享，只有在其带宽大于或等于所有输入端口的带宽之和的时候才能保证传输过程不会出现冲突。共享背板交换机主要用于只需少量端口，或每个端口只需要相对较低的带宽的园区网。图 4.15b 展示了一个使用共享背板方案的交换机的交换结构。

总线的带宽可以通过同步时分复用（STDM）方式，也可通过异步时分复用（ATDM）方式来共享。STDM 适合于恒定比特速率的流量，因为每个端口在一个循环周期内都能保证得到一个固定的带宽。ATDM 适合于突发业务，因为每个端口只在有需求的时候竞争对总线的访问，带宽不会因为有不使用的时隙而被浪费。

总线结构控制容易，监控和管理方便，可进行广播。在客户机/服务器的应用模式中，当多个客户机访问一个服务器时，总线结构的交换机可以高效率地实现多对一的帧传送。

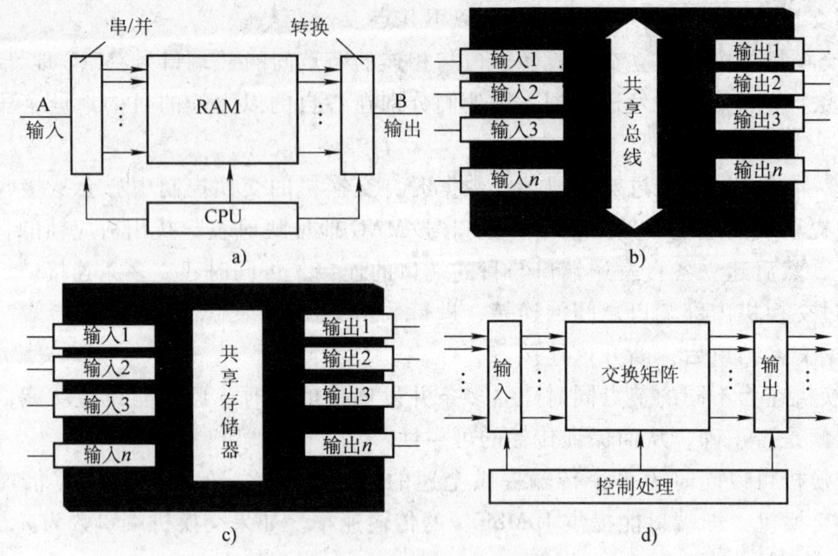

图 4.15 交换机的交换结构

a）软件交换 b）共享背板交换 c）共享存储器交换 d）矩阵交换

总线结构的主要缺点是对总线的带宽要求较高，它的带宽至少是所有端口带宽的总和。由于带宽宽，所以造价较高，但性能也好。

3. 共享存储器交换结构

在高速内存交换机中，所有的端口都连接到共享的内存上。所有的输入端口写该内存，所有的输出端口读该内存。接收的数据被读入内存，数据帧的头部信息被检查以决定其输出端口，数据帧要么直接送到输出端口，要么被放到等待在同一端口发送的数据队列的尾部。

共享存储器交换机结构简单，容易实现。但通过 RAM 操作会产生延迟，多用于小交换机。图 4.15c 展示了使用共享存储器交换机的结构。

4. 矩阵交换结构

矩阵交换是采用硬件方法进行交换的交换机，其结构如图 4.15d 所示。由图可见，它由四部分组成：输入、输出、交换矩阵和控制器。其操作过程如下：

帧由输入端输入，根据目的地址，由交换机的端口/MAC 地址表查找输出端口，然后经矩阵交换后送到输出端口输出。为了防止交换拥塞，在输入和输出部分设有缓冲区，在缓冲区中进行排队等待。还可设置优先级，支持最高优先级的帧处理。

矩阵交换的优点是利用硬件交换，结构紧凑、交换速度快、延迟时间短。其缺点是随着端口的增加，监控和管理变得困难，不便于进行广播传送。虽然如此，由于矩阵交换速度快，延迟时间短，目前很多厂家的交换机都采用这种结构。

4.6.3 交换机的交换方式

交换机有多种交换方式，主要分为两类，下面介绍这两类交换方式。

1. 静态交换

早期的交换机多采用静态交换方式，目前简易廉价的交换机还在采用这种方式。这种交换方式的端口间的通道连接由人工预先设定，端口间连接的通道是固定的，如图 4.16 所示。

图中，端口 3、4 相连，2、6 相连等。若要改变端口间的连接，必须由人工重新配置。这种静态交换方式的交换机并非实现端口间网段的隔离，而是一种类似于硬件的连接，一旦配置完成，端口间就一直保持这种连接。

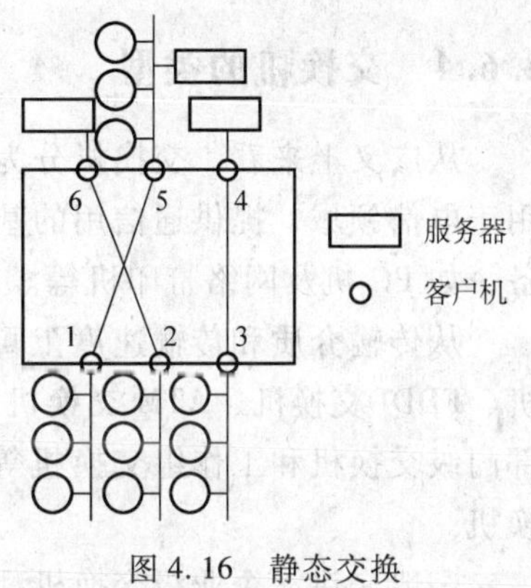

图 4.16　静态交换

2. 动态交换

动态交换与静态不同，它是基于网桥的工作机理发展起来的交换方式。与静态交换机相比，它的主要优势是通道实现机理不同。动态交换机端口间通道的形成是基于 MAC 地址的操作，根据输入帧的目的地址查找交换机中的端口/MAC 地址表，从而决定端口之间的连接。连接过程与帧传送同时进行，一帧传输完毕，连接自动断开。

动态交换方式广泛地被各个生产厂家所采用。动态交换机的帧转发方式有以下几种：

(1) *直接交换*　交换机检测到接收帧目的地址后，立即转发出去，不查错。直接方式是交换速度最快的一种。由于不做差错校验和其他增值服务，因此不具备过滤出错帧的功能。其过程如下：

1) 交换机端口仅将接收帧的目的地址存储到缓冲区中，并送交端口查询模块。

2) 端口查询模块从地址映射表中查出帧所要转发的正确端口号，并通知交换模块；交换模块将帧发送到正确的端口线路上。

直接方式的主要优点是传输速度快，但是由于不对数据帧进行校验，故可靠性差。

(2) *存储转发交换*　存储转发交换先完整地接收数据帧，并进行差错检测，检测正确后通过输出端口转发。存储转发方式需要对帧进行差错校验以及其他的增值服务，如速率匹配、协议转换等，为此产生了延时。该交换方式是交换速度较慢的一种。但由于经过了交换机的差错校验，保证了数据传输的可靠性。其过程如下：

1) 交换机接收端口将数据帧完整接收下来，存储在共享缓冲器中，等待进行差错校验。

2) 对帧进行差错校验。校验正确，将帧交给交换模块；校验出错，将帧丢弃。

3) 交换模块取出帧的目的地址交给端口查询模块，进行地址转换。

4) 端口查询模块查出帧所要转发的正确端口号，并通知交换模块。

5) 交换模块将处理过的帧送还共享缓冲器，并发送到正确的端口线路上。

(3) *改进的直接交换方式*　该方式是直通方式的改进型，又称为无碎片直接方式。它试图结合上述两个交换的优点，以达到扬长避短的目的。其做法是先保存数据帧的头 64 个字节，如果是不健全的帧或有冲突的帧，就立即丢弃。因为从帧的头 64 个字节就可以判断帧的好坏，所以在交换的等待延时和错误校验之间达到最好的折衷选择。如果是坏帧，大部分能在帧的头 64 个字节中检测出来，所以能取得交换延时和错误校验之间的最佳平衡。

在以太网中，当冲突发生时，双方立即停止发送数据帧，这样网络中就留有残缺帧，即所谓的碎片。为了不让碎片在网络中传输，无碎片直接方式采用最小帧长 64 个字节作为存储长度，并对其作差错校验，如果正确就继续发送。

4.6.4 交换机的类型

从广义上来看，交换机分为两种：广域网交换机和局域网交换机。广域网交换机主要应用于电信领域，提供通信用的基础平台。而局域网交换机则应用于局域网，用于连接终端设备，如 PC 机及网络打印机等。

从传输介质和传输速度上可分为以太网交换机、快速以太网交换机、千兆以太网交换机、FDDI 交换机、ATM 交换机和令牌环交换机等。从规模应用上又可分为企业级交换机、部门级交换机和工作组交换机等，从交换机工作的层次上又可以分为 2 层交换机和 3 层交换机。

一般来讲，企业级交换机都是机架式，部门级交换机可以是机架式（插槽数较少），也可以是固定配置式，而工作组级交换机为固定配置式（功能较为简单）。另一方面，从应用的规模来看，作为骨干交换机时，支持 500 个信息点以上大型企业应用的交换机为企业级交换机；支持 300 个信息点以下中型企业的交换机为部门级交换机；而支持 100 个信息点以内的交换机为工作组级交换机。

这里所介绍的交换机指的是局域网交换机。低端的交换机一般为即连即用，高档的交换机有内置的 CPU，可以进行配置，满足复杂的要求。当然，出厂的默认设置能满足大多数的要求。

在网络中交换机主要具有两方面的重要作用。第一，交换机可以将原有的网络划分成多个网段，能够做到扩展网络有效传输距离，并支持更多的网络节点；第二，使用交换机来划分网络还可以有效隔离网络流量，减少网络中的冲突，缓解网络拥挤状况。但是，在使用交换机进行处理数据包的时候，不可避免地会带来处理时间延迟，所以，如果在不必要的情况下盲目使用交换机就可能会在实际上降低整个网络的性能。

目前交换机还具备了一些新的功能，如对 VLAN（虚拟局域网）的支持、对链路汇聚的支持，甚至有的还具有防火墙的功能。

第 3 层交换机工作在网络层，第 3 层交换机本质上是非常高速的路由。它可以提供的功能包括：包转发、路由处理、安全服务以及一些特殊服务。

第 3 层交换机比路由器简单，因为他们提供的功能少，从而提高了速度。但第 3 层交换机不如路由器灵活，却易控制、安全。第 3 层交换机对那些更需要速度而不是可管理性和安全性的网络来说是最佳选择。

4.7 虚拟局域网

随着网络设备性能的不断提高，成本的不断下降，一般企事业单位在组建大中型局域网时都采用了交换技术，它能良好地支持虚拟局域网技术。虚拟局域网对简化网络的管理，保证网络的安全和高速可靠的运行起到了非常重要的作用。

4.7.1 概念

虚拟局域网（Virtual LAN，VLAN）是建立在交换式局域网的基础上，将网络资源或网络用户按照一定的原则进行划分，把一个物理上的网络划分为多个小的逻辑网络，每个逻辑网络形成各自的广播域。VLAN 的用户或节点可以根据功能、部门、应用等因素划分，而无需考虑节点所处的物理位置。例如根据交换机的端口，将一个单位的网络分成几个 VLAN：将所有财务部门的计算机组成一个 VLAN，将后勤部门的计算机组成另一个 VLAN 等。一个 VLAN 中的计算机可以处在不同的地理位置，虽然财务部和后勤部的计算机在物理上属于同一个网络，但 VLAN 之间相互隔离，保密性较强。VLAN 之间的通信需要使用路由器才能进行。

共享式局域网中，一个物理网络就是一个逻辑上的工作组，它们属于一个冲突域，也属于同一个广播域。一个节点所发送的广播报文网络上的所有节点都能接收到。但实际应用中，许多广播报文并不需要让每一个站点都知道，因此这样的广播报文既浪费了大量的带宽，又不利于安全。

交换式局域网中，当交换机接收到一个广播帧，或者交换机 MAC 地址表容量较小，没有某个帧的 MAC 目的地址对应的端口时，该数据帧会被转发到交换机的其他所有端口。因此以太网交换机的一个端口是一个冲突域，所以交换机缩小了冲突域。但是使用交换机连接的网络仍是同一个广播域，因为交换机对于广播报文要广播到其他的所有端口的，因此交换式以太网还不能避免广播风暴的产生。最早用来隔离广播的方法是使用路由器，但是路由器较贵，需要软件处理报文，处理延迟增长，其转发机制可能成为整个网络的瓶颈。VLAN 就是专门为隔离第 2 层的广播报文而出现的技术，一个 VLAN 就是一个广播域。最主要的是多个 VLAN 可以共用一套网络设备，节约了网络硬件的开销，同时迁移站点所需的工作量也大幅下降，相应联网成本也降低了。

传统的局域网中迁移一个站点到另一个地方时，如果考虑让它仍属于原来的逻辑工作组，就很可能需要重新布线。因此，逻辑工作组的组成受到了站点所在物理位置的限制。而虚拟局域网逻辑工作组站点的组成不受物理位置的限制，同一逻辑工作组的站点可以分布在不同的物理网段上，只要以太网交换机是互联的，它们既可以连接在同一个交换机上，也可以连接在不同的交换机上。当一个站点从一个逻辑工作组转移到另一个逻辑工作组时，只需要通过配置，重新认定成员资格即可。

4.7.2　虚拟局域网的交换技术

虚拟局域网包括三种交换方式：端口交换、帧交换和信元交换。

1. 端口交换

端口交换也称为配置交换，该交换方式是通过手工把端口配置到一个或多个通过背板连接的共享 HUB 上，形成若干个独立的由端口组合的共享介质段，由端口连接的用户被分配到其中的某一段上。该技术近年来又有了新发展，已经形成了一种称为端口交换的设备，通过软件和硬件的控制和管理，把交换机的端口划分成若干个互相独立的 VLAN。

由端口交换形成的 VLAN 仍是共享介质段，因此通过该方式形成的 VLAN，端口用户和整个 VLAN 的带宽受到限制。对于需要宽带宽的端口用户或规模大、对带宽要求高的 VLAN，采用该方式是不适宜的。

端口交换机可以单独使用形成若干个独立的共享端口组，也可以作为核心交换机的前端处理设备，如图 4.17 所示。端口交换机的各端口组的形成根据用户需要可用相应的管理软件进行配置。

2. 帧交换

LAN 交换机端口上可接共享 HUB，也可以接一个用户节点。在一个端口上接收到的帧可以正确地转发到输出端口，对于广播帧，可以转发到交换机的所有端口。在寻找路径和转发时，帧不会受到破坏。网络虚拟化后，交换机的端口可以被分配给任何 VLAN，网络系统中可形成若干个 VLAN。交换机能隔离 VLAN 之间的信息传递，因此不同 VLAN 中的端口间的通信被阻断了。但当接口接收一个广播帧时，广播帧就被转发到该端口所在 VLAN 的其他端口。

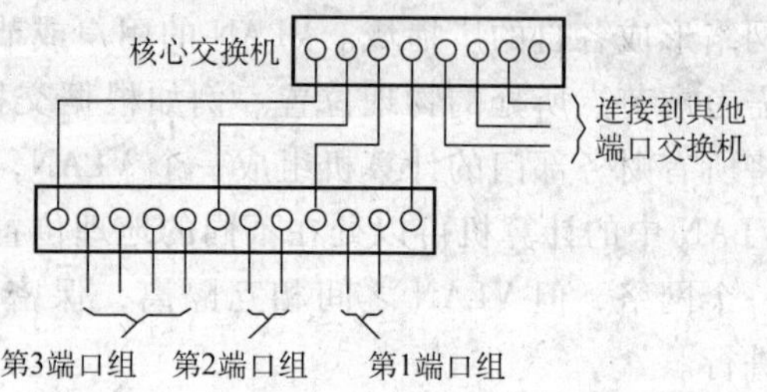

图 4.17 端口交换机作为前端处理设备

帧交换方式的服务器和高速用户可直接连到交换机端口上。目前，绝大多数厂商的交换机是按帧交换方式实现 VLAN 的交换。若将 Ethernet 交换机与端口交换机组合应用，则用户加入 VLAN 更加灵活。

3. 信元交换

ATM 交换机上实现信元交换，类似于帧交换，ATM 交换机端口收到信元后正确转发到输出端口。目前 ATM 交换机端口速率达 155Mbit/s，甚至 622Mbit/s。信元交换允许用户加入多个 VLAN，一条物理线上可进行多个逻辑连接。目前信元交换实现 VLAN 常采用 ATM 局域网仿真技术（即 LANE）。

4.7.3 虚拟局域网的成员资格划分

在功能上和操作上虚拟局域网与传统局域网基本相同，但划分方法却与传统局域网不同。虚拟局域网的一组节点可以位于不同的物理网段上，但节点间的通信并不受物理位置的制约，它们就好像在同一个物理网段一样。虚拟局域网可以跟踪节点位置的变化，当节点物理位置改变时，无需人工重新配置，虚拟局域网组网灵活。图 4.18 示出了 VLAN 的物理结构和逻辑结构示意图。

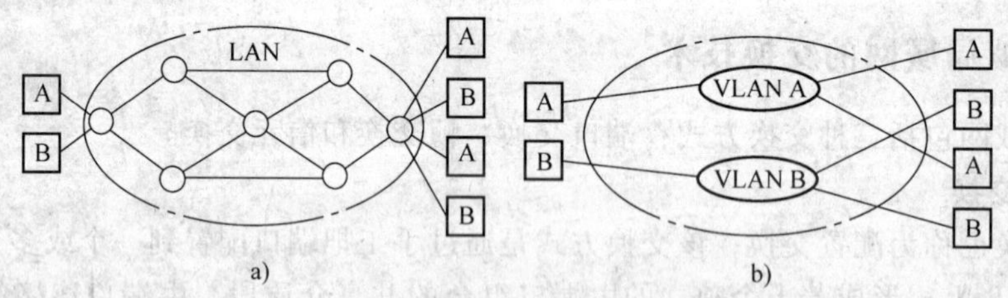

图 4.18 VLAN 物理结构与逻辑结构示意图
a）物理结构 b）逻辑结构

交换技术可以在网络的不同层次上实现，虚拟局域网也可在网络的不同层次上实现。根据对每种类型的 VLAN 实现都基于一种不同的认证 VLAN 成员的方法，这些认证成员资格的方法决定了 VLAN 如何工作。

随着提供 VLAN 解决方案和实现策略的厂商数量的增多，精确定义 VLAN 也越来越困难。尽管如此，大多数人还是认为 VLAN 大致等同于广播域。更特别的是，VLAN 能够被视为终端站点的一个逻辑组，它们可能处于多个物理局域网网段上，但能够像处于同一个局域网一样相互通信。每个属于 VLAN 的节点被称为 VLAN 的一个成员。

目前定义 VLAN 成员资格的方法很多，解决方案通常分成四种类型：

1）端口分组。

2）MAC 层分组。

3）网络层分组。

4）IP 多播分组。

1. 端口组成员资格

许多初期的 VLAN 实施中通过交换机端口组来定义 VLAN 的成员资格，例如，端口 1、2、3、7 和 8 在一个交换机上构成 VLAN A，而端口 4、5 和 6 构成 VLAN B。在大多数的初期实施中，VLAN 只能在一个交换机上划分。

第二代 VLAN 的实施支持跨越多个交换机，例如，交换机 1 上的端口 1 和 2 以及交换机 2 上的端口 4、5、6 和 7 构成了 VLAN A，而交换机 1 上的端口 3、4、5、6 和 8 构成了 VLAN B。

端口组仍是定义 VLAN 成员资格最常用的方法，其配置也很直接。这种纯粹通过端口组定义的 VLAN 不允许多个 VLAN 中包含同一物理段或交换机端口。然而，通过端口定义 VLAN 的主要限制是：当用户从一个端口移动到另一个端口的时候，网络管理员必须重新设置 VLAN 的成员资格。

2. MAC 层地址成员资格

基于 MAC 层地址的 VLAN 成员资格与上述方法有些不同。因为 MAC 层地址是固化在每个网卡中的，所以基于 MAC 地址的 VLAN 能把一个工作站移到网络中另一个物理位置，并使这个工作站自动保留其 VLAN 成员资格。因此，通过 MAC 地址定义的 VLAN 可以被认为是基于用户的 VLAN。

基于 MAC 地址的 VLAN 方案要求所有用户最初至少被配置到一个 VLAN 中，在最初的手工配置以后，就可以根据特定厂商的解决方案自动跟踪用户了。但是，在大型网络中，成千上万的用户都必须明确地被分配到特定的 VLAN 中，这对 VLAN 进行初始配置的工作量显得太大了。为了解决这一问题，可通过使用一种根据网络当前状态来创建 VLAN 的工具来减轻基于 MAC 的 VLAN 初始配置的繁重任务。也就是说，该工具为每个子网创建一个基于 MAC 地址的 VLAN。

由于在一个交换机端口中共同存在着多个不同的 VLAN 成员，所以在共享介质环境（例如以太网）中实施基于 MAC 地址的 VLAN 时，网络性能会明显下降。此外，在 MAC 地址定义的 VLAN 中，为在交换机之间交换 VLAN 成员资格信息而进行管理时增加的额外数据流量，也会随着网络规模的增大而使得网络性能下降。

此外，以 MAC 层地址为基础的 VLAN 的缺点是：在包含大量移动用户的环境中，接入点和基础网络适配器（及其硬件 MAC 地址）通常保留在台式机上，而笔记本电脑则与用户一起移动，当用户移到新的桌面和接入点时，MAC 层地址改变了，VLAN 成员资格却不能跟随变化。在这样的环境下，只要用户移动并使用不同的接入点，VLAN 成员资格就必须更新。虽然这个问题并不是特别普遍，但它却反映了基于 MAC 地址的 VLAN 的局限性。

3. 网络层地址成员资格

基于第 3 层信息的 VLAN 根据网络协议类型（如果多种协议被支持）或网络层地址来

确定 VLAN 成员资格。因此，可以通过给每个用户分配一个逻辑网络地址（例如一个 IP 地址）来决定其 VLAN 成员资格。

尽管这些 VLAN 基于第 3 层信息，但其并不具有“路由”功能，也不同于网络层路由。交换机检查分组的 IP 地址以确定 VLAN 成员资格，但并不采用路径计算，通过交换机的帧通常是根据生成树算法进行桥接的。因此，从使用基于第 3 层 VLAN 交换机的角度来看，在任何给定的 VLAN 中的连接仍被视为是一个直接的桥接网络。

基于第 3 层信息的 VLAN 和路由之间有明显的区别，但一些厂商将第 3 层的很多智能集成到了交换机中，使得一些常用的功能与路由结合在一起。此外，“第 3 层软件”或“多层”交换机通常有分组转发功能。

将 VLAN 在第 3 层定义有几个好处。首先，能够区分网络协议类型，这对致力于基于服务器或应用的 VLAN 策略的网络管理员来说很有吸引力。其次，用户移动工作站时无须重新设置网络地址，这极大地方便了 TCP/IP 用户。再次，将 VLAN 定义在第 3 层，就不必再向每个帧添加 VLAN 成员资格信息，从而减少了传输开销。

相对于基于 MAC 地址或端口的 VLAN 来说，将 VLAN 定义在第 3 层的一个缺点是：检查一个分组的网络地址要比查看一个帧中的 MAC 地址花费更多的时间。因此，使用第 3 层信息定义 VLAN 的交换机通常比使用第 2 层信息定义的交换机工作速度要慢。另外，定义在第 3 层的 VLAN 在处理诸如 NetBIOS 和 DEC-LAT 之类的不可寻径协议时，尤为困难。因为它不能区分运行不可寻径协议的终端站点，所以终端站点的定义是网络层 VLAN 的一部分。

4. IP 多播组实现 VLAN

IP 多播组是对 VLAN 成员资格定义的另外一种形式，在这里 VLAN 作为广播域的基本概念仍然适用。当一个 IP 分组用多播方式进行发送时，会发往一个地址，这个地址是有明确定义的一组动态建立的 IP 地址的代理。每个工作站都能通过响应相应的广播通告来加入特定的 IP 多播组，这种广播通知标志着对应的 IP 多播组的存在。

所有加入到同一个 IP 多播组的工作站都被视为同样的虚拟网络的成员，同时，一个工作站可以属于多个 VLAN。但是，这种成员资格不是永久的，只是在一定的时间里有效。这种由 IP 多播组定义的 VLAN 的动态特性使其具有高度的灵活性和应用敏感性。此外，由 IP 多播组定义的 VLAN 还能够“跨过”路由器和广域网连接。

4.8 高速局域网

4.8.1 高速局域网技术的发展

从 20 世纪 80 年代初至 90 年代初大约 10 多年的时间里，10Mbit/s Ethernet 在 LAN 领域中占有很大的优势，特别是以 10Base-T 标准组建的网络应用十分广泛。但是随着联网计算机性能的不断提高和高带宽应用的增加，对以太网带宽提出了更高的要求。

传统的 LAN 技术是建立在共享介质的基础上，从而保证网内的每个节点都能够公平地使用公共传输介质。正是由于各个节点共享带宽，当节点数目增加时，使冲突概率增加，每个节点平均分得的带宽相应减少。因此，当网络节点数目增加，网络负荷加重时，冲突和重发现象将频繁发生，网络性能会急剧下降，网络服务质量也会下降。

为了克服网络规模与网络性能之间的矛盾以及满足对高带宽的需求，于是在 1992 年 IEEE 802.3 委员会提出了更快的 LAN 的建议。

建议之一是保留 IEEE 802.3，但设法提高其传输速率，将标准 Ethernet 的传输速度由 10Mbit/s 提高到 100Mbit/s 甚至 1Gbit/s，这样可以避免因新协议的出现而产生不可预料的问题。在这个方案中，无论 LAN 的传输速率提高到了 100Mbit/s 还是 1Gbit/s，它的介质访问控制方法仍然是 CSMA/CD。

建议之二则是考虑重新设计更快的 LAN，使之具有新的特性，如实时传输数字化语音、多媒体等，但考虑市场因素仍然保留原有的名字。

建议之三是将一个大型 LAN 划分为多个用网桥或路由器互联的子网，使用这些互联设备隔离网络流量，从而提高网络性能，这就导致局域网互联技术的发展。

另一种建议是将"共享介质方式"变为"交换方式"，这就导致了交换式局域网的发展。交换式局域网是改善网络性能、提高网络带宽的一种有效的手段。

经过争论，802.3 委员会决定采用第一种建议，提出这项建议的代表厂商有 Bay Networks、Sun Microsystems 以及 3COM 等公司，他们还共同开发了被称为快速以太网的 100Base-X。IEEE 在 1995 年为这个建议颁布了 IEEE 802.3u 标准。而主张第二种观点的厂商也不示弱，形成了他们自己的分委员会，并在后来推出了 IEEE802.12 标准，即 100VG-Any LAN。

4.8.2 快速以太网

快速以太网技术 100Base-X 是由 10Base-T 标准以太网发展而来，主要解决网络带宽在局域网应用中的瓶颈问题。可支持 100Mbit/s 的数据传输速率，并且与 10Base-T 一样可支持共享式与交换式两种使用环境，在交换式以太网环境中可以实现全双工通信。IEEE802.3u 在 MAC 子层仍采用 CSMA/CD 介质访问控制方法，并保留了 IEEE802.3 的帧格式。但是，为了实现 100Mbit/s 的传输速率，快速以太网在物理层做了一些改进。例如，在编码上，采用了效率更高的编码方式。标准以太网采用曼彻斯特编码，是一种自同步编码，即在数据信号中包含有同步信息，但其编码效率较低，仅能达到 50%。而快速以太网采用 4B/5B 编码，使效率提高到 80%。

IEEE802.3u 协议的体系结构如图 4.19 所示。从图中可以看出，快速以太网在物理层支

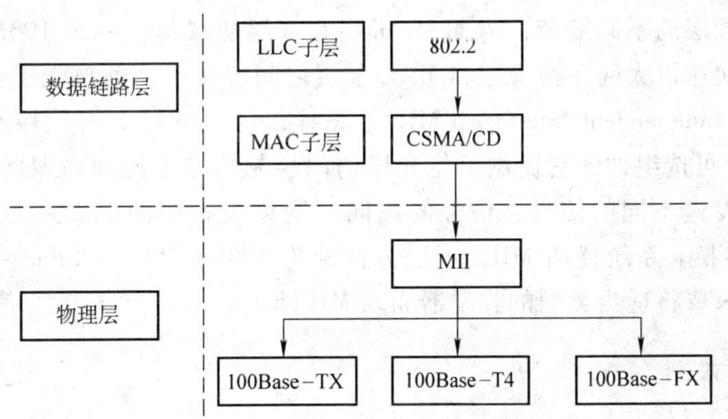

图 4.19 IEEE 802.3u 协议体系结构

持三种介质标准：100Base-T4、100Base-TX 和 100Base-FX。

1. 100Base-TX

100Base-TX 采用 5 类 UTP，使用 8 芯线中的两对双绞线，一对用于发送数据，另一对用于接收数据。100Base-TX 在传输中使用 4B/5B 信号编码方式，信号频率为 125MHz，符合 EIA586 的 5 类布线标准。使用 RJ-45 连接器连接网卡和集线器，双绞线的最大长度为 100m，支持全双工数据传输。

2. 100Base-FX

100Base-FX 使用单模或多模光纤，光纤两端使用 MIC/FDDI、ST 或 SC 连接器，采用 4B/5B 信号编码方式。网段最大长度与所使用的光纤类型和工作模式有关，多模光纤的最大距离为 550m，单模光纤的最大距离为 2000m，支持全双工的数据传输，信号频率为 125MHz。100Base-FX 适合用于有电气干扰的环境或连接距离较远对保密性要求较高的场合。100Base-FX 利用光强度调制技术，把 4B/5B 数据流转变成光信号，有光脉冲代表"1"，无光脉冲或强度极低的光脉冲代表"0"。

3. 100Base-T4

100Base-T4 是使用 3、4、5 类 UTP 或 STP 的快速以太网技术。100Base-T4 使用双绞线缆的全部 4 对线，其目的是利用某些建筑物里已安装的 3 类 UTP，特别是在一些欧美国家，在大多数楼宇中已有语音级的 3 类线。因为一对 3 类线不能提供 100Mbit/s 的数据传输速率，所以 100Base-T4 把数据分成 3 个 33.66Mbit/s 的数据流，使用 3 对线发送数据即可达到 100Mbit/s，而第 4 对线也是 33.66Mbit/s，用于冲突检测的接收信道。由于每对双绞线都需要 33.66Mbit/s 的信号速率，并且不提供同步信号，因此 100Base-T4 采用 8B/6T 的三元信号编码方式，每 8 位二进制数据转换为 6 个三电平（正、负和零）码表示，信号频率为 25MHz。100Base-T4 符合 EIA 586 结构化布线标准，使用 RJ-45 连接器，网段的最大长度为 100m。

4. 100Base-T2

100Base-T2 使用 3 类 UTP 的两对线，连接采用 RJ-45 连接器，双绞线长度也为 100m。但由于它的编码方法复杂，收发器的集成电路设计困难，故没有形成市场。

在上述物理层协议中，应用最为广泛的是 100Base-TX 和 100Base-FX，它们都采用 4B/5B 编码模式。

为了屏蔽物理层的不同细节，为 MAC 子层和高层协议提供一个 100Mbit/s 传输速率的公共透明接口，快速以太网在物理层和 MAC 子层之间定义了一种独立于介质种类的介质无关接口（Medium Independent Interface，MII），该接口可以支持上面三种不同的物理层介质标准。MII 是一个可选组件，它提供了将介质访问控制功能连接到物理层的方法。MII 可以在不同的介质上发送不同的信号，信号的不同对网络设备中的以太网芯片来说是透明的，MII 在其中进行转换。系统使用 MII，可以方便地为 100BaseT4、100Base-TX 或 100Base-FX 传输做好准备，只要将适当类型的收发器插入 MII 即可。

4.8.3 千兆以太网

随着以太网技术的深入，以及多媒体技术、高性能分布计算和视频应用的不断发展，用户对局域网的带宽提出了越来越高的要求。同时，100Mbit/s 快速以太网也要求主干网、服务器一级的设备具有更高的带宽。在这种需求背景下人们开始酝酿速度更高的以太网技术。1995 年 11 月 IEEE 802.3 工作组成立了一个高速研究组（Higher Speed Study Group，HSSG），专门负责研究将快速以太网的速度提高问题。1996 年 3 月，IEEE 标准委员会批准了千兆位以太网方案的授权申请，随后 IEEE802.3 工作组成立了 802.3z 工作委员会，并于 1998 年 6 月正式公布了关于千兆以太网的标准。

千兆以太网标准是对以太网技术的进一步扩展，其数据传输率达到 1000Mbit/s，即 1Gbit/s，因此也称为吉比特以太网。千兆位以太网基本保留了原有以太网的帧结构，向下与以太网和快速以太网完全兼容，原有的标准以太网或快速以太网可以方便地升级到千兆以太网。千兆以太网标准实际上包括支持光纤传输的 IEEE 802.3z 和支持铜缆传输的 IEEE 802.3ab 两大部分。

千兆位以太网的的协议结构如图 4.20 所示。

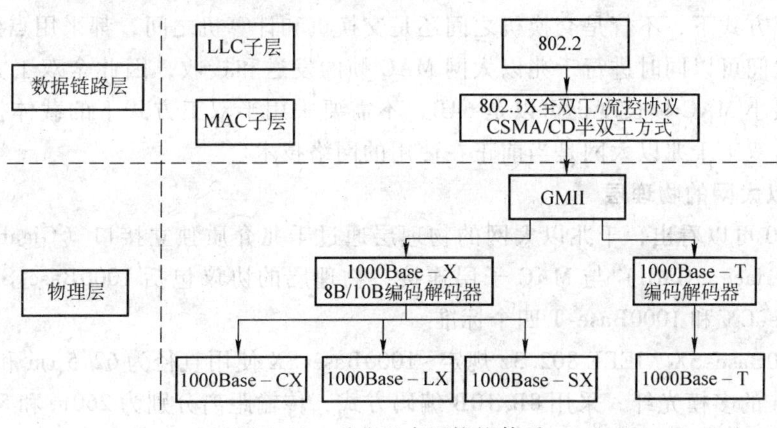

图 4.20 千兆以太网协议体系

1. 千兆以太网的 MAC 帧

千兆以太网采用半双工和全双工两种方式进行通信。这两种方式下的千兆以太网的 MAC 帧技术有所不同。

半双工方式下的千兆以太网的 MAC 帧技术，还是遵循以太网的 CSMA/CD 介质访问控制方式。但是千兆以太网和快速以太网相比，速度提高了 10 倍，如果其 MAC 帧的长度还和原来一样，保持最小帧长度为 64B，那么网络直径将会降到 20m，这会给实际应用带来了不利。为了使千兆以太网在保持吉比特级速率的条件下仍能维持较远的传输距离，采用了下面两种技术。

（1）*载体扩展* 长度为 64～1518B 的 MAC 帧，它影响着冲突域的直径。64B 的帧在千兆以太网介质上传输的时间太短，在千兆网冲突域中无法检测到 64B 帧所引起的冲突。如果将帧长度加大，传输一帧所需的时间也相应增加，这样就会在不改变 200m 冲突域直径的前提下将网络速率提高到千兆位。MAC 的载体扩展是将 MAC 帧最小长度扩展到 512B（4096 位）。当 MAC 帧长度小于 512B 时，在 MAC 帧的 FCS 后面发送扩展位（0～448B），大于 512B 的包则不做扩充。例如帧长度为 120B 时，发送扩展位 392B，但原来的帧格式不改变。

对于一个只有 64B 的帧而言，虽然速率提高了 10 倍，但因为发送扩展位而使时间增加了 8 倍，因此对一个 64B 的帧来说，其有效吞吐率只有 25%，但在实际应用中，很少有短帧构成的情况。

(2) *数据包突发技术* 引入帧突发或突发模式是为了减少传输大量的扩展字节所造成的浪费，以便提高千兆以太网冲突域上的吞吐量。数据包突发技术是允许发送端每次发送多个帧，如果帧的长度太短，只需要在第一帧添加扩展位。如果第一帧发送成功，后续帧可以连续发送，而不需要添加扩展位。即突发模式使系统在占据介质后，能连续发送多个帧。

突发模式的工作过程是：

1）要求发送许多帧的站点先发送第一帧。如果帧的长度小于512B，则附加扩展位。

2）站点发送下一帧，即使此帧很短，也无需加上扩展位，因为站点已经在足够长的时间内控制了介质，确保不会发生冲突。

3）直到达到突发极限为止，站点可以一直发送数据帧。

在全双工方式下，不管是交换机之间还是交换机和计算机之间，都采用点到点连接。由于两个节点之间可以同时进行千兆以太网 MAC 帧的发送和接收，因此全双工方式不存在冲突问题，其最小 MAC 帧长度仍可以是 64B，不需要采用半双工方式下的载体扩展和数据包突发技术。全双工千兆以太网是当前正在使用的网络技术。

2. 千兆以太网的物理层

从图 4.20 可以看出，千兆以太网的物理层通过千兆介质独立接口（Gigabit Medium Independent Interface，GMII）与 MAC 子层连接，物理层的协议包括 1000Base-SX、1000Base-LX、1000Base-CX 和 1000Base-T 四个标准。

(1) 1000Base-SX　IEEE 802.3z 规定，1000Base-SX 使用直径为 62.5μm 和 50μm，工作波长为 850nm 的多模光纤，采用 8B/10B 编码方式，传输距离分别为 260m 和 525m，适用于建筑物中同一层的短距离主干网。

(2) 1000Base-LX　IEEE 802.3z 规定，1000Base-LX 使用 62.5μm 和 50μm 两种直径的多模光纤，也可使用直径为 8～10μm 的单模光纤，工作波长为 1300nm，采用 8B/10B 编码方式，传输距离分别为 250m、550m 和 3km。前两种介质适合于大楼网络系统的主干，第三种传输介质主要用于园区网络主干。

(3) 1000Base-CX　IEEE 802.3z 规定，1000Base-CX 使用 150Ω 平衡屏蔽双绞线（STP），采用 8B/10B 编码方式，传输速率为 1.25Gbit/s，传输距离为 25m，主要用于集群设备的连接，如机房的设备互联。

(4) 1000Base-T　IEEE 802.3ab 规定，1000Base-T 使用 4 对 5 类非屏蔽双绞线（UTP），传输距离为 100m，主要用于结构化布线中同一层建筑的通信，从而可以利用以太网或快速以太网已铺设的 UTP 电缆。也可被用作为大楼内的网络主干。

与快速以太网相比，千兆以太网有其明显的优点。千兆以太网的速度 10 倍于快速以太网，但其价格只有快速以太网的 2～3 倍，即千兆以太网具有更高的性能价格比。而且从现有的标准以太网与快速以太网可以平滑地过渡到千兆以太网，并不需要掌握新的配置、管理与排除故障技术。

IEEE 802.3z 采用的 8B/10B 编码模式，这种编码是指每 8 个数据比特转换为不包括连续两个“0”的 10 比特码。其编码过程是：将 8 比特分成 5B/6B 和 3B/4B 两部分，分别编码。8B/10B 编码模式具有更好的直流平衡性。

4.8.4 万兆以太网

万兆以太网技术采用 IEEE 802.3 以太网介质访问控制（MAC）协议、帧格式和帧长度。以全双工方式工作，降低了网络的复杂性，兼容现有的局域网技术并将其扩展到了广域网，同时也降低了系统费用，提供更快、更新的业务。

万兆以太网可作为局域网，也可作为广域网使用，扩大了以太网的应用范围。这两种应用之间的工作环境不同，对于各项指标的要求存在许多差异。针对这种情况，制订了两种不同的物理介质标准。这两种物理层的共同点是共用一个 MAC 层，仅支持全双工工作，省略了 CSMA/CD 策略，采用光纤作为物理介质。

万兆位局域网物理层的特点是支持 IEEE 802.3 标准的 MAC 全双工工作方式，允许以太网复用设备同时携带 10 路 1Gbit/s 信号。帧格式与以太网的帧格式一致，工作速率为 10Gbit/s。万兆局域网可用最小的代价升级现有的局域网，并与 10/100/1000Mbit/s 以太网兼容，使局域网的网络范围最大达 40km。

万兆广域网物理层传输速率为 9.58464Gbit/s，所以万兆广域 MAC 层必须有速率匹配功能。当物理介质采用单模光纤时，传输距离可达 300km；采用多模光纤时，传输距离可达 40km。万兆广域网物理层还可选择多种编码方式。

1. 万兆以太网核心技术

在万兆以太网技术中新增的核心技术包括以下几个方面。

（1）*芯片接口*　万兆以太网有一个芯片接口（XAUI），XAUI 被设计成一个接口扩展器，它扩展的接口就是 XGMII（与介质无关的 10Gbit/s 接口）。XGMII 是一个 64 位信号宽带接口（发送与接收用的数据路径各占 32 位），可用于以太网 MAC 层与 PHY 层相连。在大多数典型的以太网 MAC 和 PHY 相连的芯片应用中，XAUI 可用来代替或者扩展 XGMII。

XAUI 是一个从 1000Base-X 以太网的物理层直接发展而来自发时钟串行总线。XAUI 接口的速度为 1000Base-X 的 2.5 倍。通过调整 4 根串行线，这种 4 位的 XAUI 接口可以支持 10 倍于千兆位以太网的数据吞吐量。XAUI 使用与 1000Base-X 同样的 8B/10B 传输编码。XAUI 还包括其他一些优势：由于采用自发时钟，所以产生的电磁干扰（EMI）极小，具有强大的多位总线变形补偿能力；可实现更远距离的芯片对芯片的传输；具备较强的错误检测和故障隔离功能；功耗低，能够将 XAUI 输入/输出集成到 CMOS 中，等等。

XAUI 的具体应用目标包括：从 MAC 到物理层芯片之间的互联，以及从 MAC 到光纤收发器模块之间的直接连接。XAUI 是标准中 10Gbit/s 可插式光纤模块（XGP）的接口。将 XAUI 与 XGP 集成为一体后，万兆以太网的多个端口便可以实现 MAC 与光纤模块之间的互联。这种连接方式成本低、效率高，而且只需要通过印制电路便可实现连接。

（2）*物理介质子层*　万兆以太网标准 IEEE 802.3ae 不再使用铜线，只使用光纤作为传输介质。为了达到特定的传输距离，IEEE 802 工作组选择了以下物理介质子层（PMD）：1310nm PMD 实现单模光纤（SMF）2km 和 10km 的传输；1550nm PMD 实现单模光纤 40km（或者超越 40km）的传输；850nm PMD 实现多模光纤 65m 的传输。

另外，还选择了两种宽频波分复用（WWDM）的 PMD，其中一种是 1310nm PMD 实现单模光纤 10km 范围的应用；另一种 1310nm PMD 实现多模光纤 300m 的传输目标。

（3）*物理介质附加子层*　物理介质附加子层（PMA）提供连续的数据传输，支持多种编码方案，每个 PMD 可用一个编码来支持，并且与特殊介质匹配。

（4）*物理编码子层* 物理编码子层（PCS）提供信息包描绘和局域网物理层编码。

（5）*介质访问控制（MAC）子层* 为了兼容现有的局域网技术，介质访问控制（MAC）子层必须兼容现有的以太网标准。若有需要，只对 MAC 子层做一些小的改动，使万兆以太网帧结构在 LLC 子层实现全双工工作方式。

（6）*物理层* 局域网物理层（PHY）和广域网物理层在共同的 PMD 上工作，它们唯一的区别是物理编码子层（PCS）有所不同。万兆局域网物理层的用途是以 10 倍的带宽来支持现有的千兆以太网应用，这也是目前性价比最高的解决方案。随着时间的推移，预计局域网 PHY 将被用于纯光纤交换网络环境中，并且可以扩展到广域网。然而，为了能与现有的广域网兼容，万兆广域网 PHY 将支持现有的和未来的同步光纤网络/同步数字网（SONET/SDH）电路交换接入设备。

广域网物理层与局域网物理层的区别在于广域网接口子层（WIS）包含一个简化的 SONET/SDH 帧编制器，因为 SONET OCl92/SDH STM-64 的运行速率与万兆以太网不同，以便与 SONET 兼容。

2. 万兆以太网的主要改进

万兆以太网相对于 100Mbit/s、1Gbit/s 等以太网技术来说，它的主要改进体现在以下几个方面。

（1）*扩大了以太网的适用范围* 万兆以太网不但能以更优的性能为企业骨干网服务，更重要的是，还能从根本上对广域网及其他远程网络应用提供最佳支持，尤其是还能与现存的大量 SONET 网络兼容。该标准对物理层进行了重新定义，将物理层分为两部分：LAN 物理层和 WAN 物理层。LAN 物理层提供现在广泛应用的以太网接口，传输速率为 10Gbit/s；WAN 物理层则提供与 OC-192c 和 SDH VC-4-64c 兼容的接口。与 SONET 不同的是，运行在 SONET 上的万兆以太网依然以异步方式工作。WIS 将万兆以太网流量映射到 SONET 的 STS-192c 帧中，通过调整数据包的间距，使 OC-192c 的数据传输率与万兆以太网相匹配。

（2）*提高了网络传输性能* 万兆以太网以全双工方式进行数据传输，这不仅极大地扩展了网络的覆盖区域（交换网络的传输距离只受光纤所能到达距离的限制），大大简化了标准，而且也极大地提高了网络的传输性能，适用于城域网和广域网的网络连接性能需求。

（3）*增加了新的物理接口* 千兆以太网的物理层每发送 8 位的数据要用 10 位编码，网络带宽的利用率只有 80%；万兆以太网则每发送 64 位只用 66 位编码，网络带宽利用率达 97%。虽然这是牺牲纠错位和恢复位而换取的，但万兆以太网采用了更先进的纠错和恢复技术，确保数据传输的可靠性。

万兆以太网标准物理层可进一步细分为五种具体接口：1550nm LAN 接口、1310nm 宽频波分复用（WWDM）LAN 接口、850nm LAN 接口、1550nm WAN 接口和 1310nm WAN 接口。每种接口都有其对应的传输介质。

850nm LAN 接口适用于 50/125μm 多模光纤，最大传输距离为 65m。由于 50/125μm 多模光纤制造容易，价格便宜，所以常用来连接服务器。

1310nm 宽频波分复用（WWDM）LAN 接口适用于 62.5/125μm 多模光纤，传输距离为 300m。62.5/125μm 的多模光纤又叫 FDDI 光纤，是目前企业使用得最广泛的多模光纤。

1550nm WAN 接口和 1310nm WAN 接口适用于单模光纤在城域网和广域网上进行长距离

数据传输；1310nm WAN 接口支持的传输距离为 10km；1550nm WAN 接口支持的传输距离为 40km。

4.8.5 100VG-AnyLAN

1994 年 IEEE 推出了 802.12 标准 100VG-AnyLAN，打算代替 100Mbit/s 以太网技术。但是，由于该标准没有得到足够多的厂商和客户的支持，因而没有成为一个重要的竞争者。

100VG-AnyLAN 技术采用星形拓扑结构，是一个可以嵌套 5 层的中继器树，能够以 100Mbit/s 的速率传输以太网和令牌环网信息，帧遵循以太网格式或令牌环网格式。树顶的中继器称为根中继器。一个 3 级局域网如图 4.21 所示。

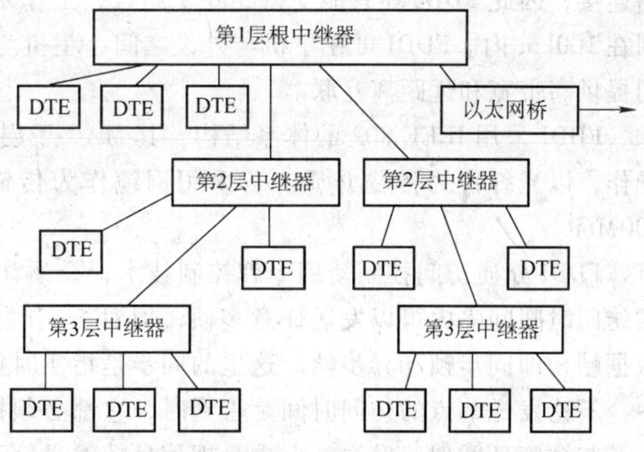

图 4.21 中继器级联式 100VG-AnyLAN

采用两种帧格式的目的是为了在以太网领域或令牌环网领域建立 100VG-AnyLAN 环境，然后逐渐发展为纯粹的 100VG-AnyLAN 技术。100VG-AnyLAN 可以通过网桥与以太网或令牌环网连接，图 4.21 中包含有一个连接到以太网的网桥。

使用中继器构建局域网，直径范围最大为 4km。采用需求优先权轮询（Demand Priority Polling）的介质访问控制方法，摒弃了传统的 CSMA/CD 技术，是一种无冲突的 LAN。

所谓“需求优先权轮询”机制，是指当网络上的某一个站点向智能集线器（HUB）发出请求时，若网络空闲，HUB 立即认可该请求，站点可以随即向 HUB 传送信息包；当信息包到达 HUB 时，HUB 通过识别包中的目的地址，进行转发处理。若 HUB 同时收到多个请求，将采用“循环轮询”的方式，依次认可各个请求。这种技术能使带宽利用率有效地提高，网络传输延迟明显减少。

为了提高网络的可靠性，可以建立冗余链路。主链路发生故障，自动切换到辅链路上。当根中继器损坏时，可以指定次层中继器接管它。

100VC AnyLAN 的特点：

1）同时支持 IEEE802.3 和 IEEE 802.5 的帧格式。

2）MAC 子层采用按需分配优先级的存取方式。

3）网络性能可预测，与网络负荷无关。

4）支持语音、数据和视频传输。

5）若以双绞线作传输介质，需要使用 3 类、4 类或 5 类 UTP 的全部 4 对线，线路采用 5B/6B NRZ 编码。

4.8.6 光纤分布式数据接口 FDDI

光纤分布式数据接口（Fiber Distributed Data Interface，FDDI）是一种高性能的光纤令牌环网标准，它是 1989 年由美国国家标准化组织（ANSI）制定的在光缆上发送数字信号的一组协议。1993 年，FDDI 的系列标准被 ISO 采纳。FDDI 采用了 IEEE 802.5 令牌环技术，传输速率可达 100Mbit/s，采用单环或双环结构，但为了提高网络工作的稳定性，大多数采用双环结构。FDDI 支持高宽带和远距离通信，通常用做骨干网。

FDDI 以光纤作为传输介质，其逻辑拓扑结构为环形，更确切地说是逻辑计数循环环（Logical Counter Rotating Ring），但物理拓扑结构可以是环形、树形或星形。FDDI 最大环路长度为 200km，最多可支持 1000 个物理站点。若采用双环结构，由于每个站点要与两个环路连接，因此 FDDI 环只能支持 500 个站点，工作站间的最大距离为 2km，从而每个单环限制在 100km 内。FDDI 可在主机与外设之间、主机与主机之间、主干网与 IEEE 802 低速网之间提供高带宽和远距离互联。

FDDI 采用 IEEE 802 的体系结构，其 MAC 子层可以在 IEEE 802 标准定义的 LLC 子层下操作，以光纤作为传输介质。若采用铜缆作为传输介质，则称为 CDDI，其速率也能达到 100Mbit/s，

FDDI 介质访问控制使用令牌控制技术，介质访问由时间来限制。一个站点在它所分配的访问时间间隔内可以发送任意多帧，但对于实时数据优先发送。FDDI 能区分两种不同的数据帧，即同步帧和异步帧。这里的同步是指实时信息，而异步指非实时信息。在实际应用中，不论发送节点的访问时间是否到时，它都必须把实时帧（同步帧）优先发送出去。

与令牌环类似，发送站点也是把信息帧发送至环上，从一个站到下一个站依次传递。当信息帧经过目标站时就被接收、复制，绕环一周后，发送信息的站点再将信息帧从环上撤销。因此 FDDI 标准和令牌环介质访问控制十分接近。

FDDI 的基本结构如图 4.22 所示。

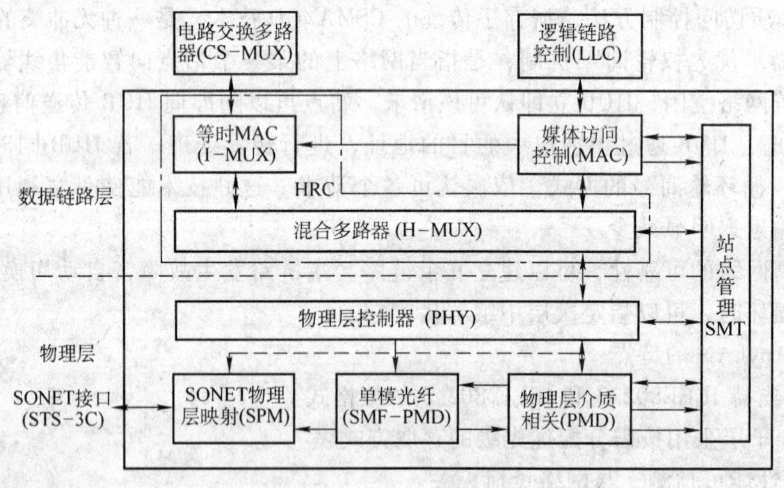

图 4.22 FDDI 基本结构

FDDI 的物理层被分为两个子层：物理层介质相关（PMD）子层和物理层控制器（PHY）子层。其中 PMD 子层在 FDDI 网络的节点之间提供点对点的通信。早先的 PMD 标准规定了多模光纤的连接，现在已经出现关于单模光纤连接的 SMF-PMD，并已开发出了与同步光纤网连接的 PMD 子层标准。物理层控制器 PHY 提供 PMD 与数据链路层之间的连接。

FDDI 的数据链路层也被分为多个子层。

1）可选的混合型环控制（Hybrid Ring Control，HRC），它在共享的 FDDI 媒体上提供分

组数据和电路交换数据的多路访问，HRC由混合多路器（H-MUX）和等时MAC（1-MUX）两部分组成。

2）媒体访问控制MAC，它提供对于媒体的公平性和确定性访问、识别地址、产生和验证帧校验序列。

3）可选的逻辑链路控制LLC，它提供MAC层与网络层之间所要求的分组数据适应服务的公共协议。

4）可选的电路交换多路器（CS-MUX）。

FDDI的主要特点：

1）FDDI利用光纤作为传输媒体，采用4B/5B编码，在125MHz的时钟频率下数据速率为100Mbit/s。在负载较重的条件下，运行效率较高。

2）使用基于IEEE 802.5标准的令牌传递协议，使用802.2 LLC协议与IEEE 802 LAN兼容。

3）FDDI采用双环结构容错，具有自修复功能，使网络的可靠性大大增加。

4）FDDI具有较大的网络覆盖范围，整个环长可达200km，采用多模光纤时站间最大距离为2km，而采用单模光纤时站间距离可大于20km。

5）具有动态分配带宽的能力，能同时支持同步和异步数据服务。

6）网络协议较复杂，安装和管理比较麻烦。

FDDI实现双环自愈的方法如图4.23所示。在具有双环的FDDI网中，数据在两个环中的传输方向相反，分别称为主环和次环。在正常情况下，只有主环在工作（图中假设外环为主环）。当环路出现故障或某站点出现故障时，FDDI会自动重新配置，通过自动旁路开关，将主环旁路倒换到次环，同时启动次环工作，确保网络继续运行。

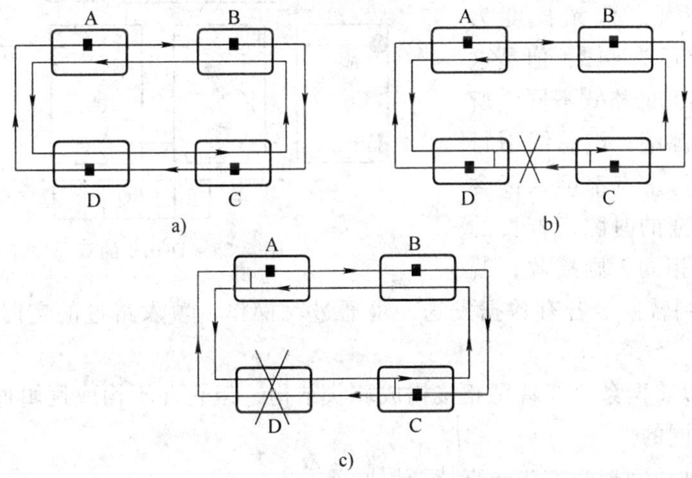

图4.23 FDDI双环自愈网

a）正常情况 b）链路故障 c）站点故障

FDDI主要用于局域网的主干，连接IEEE 802低速局域网或主机。通过介质接口连接器（MIC）将站点连接到环上。

为使接收端能获取同步信号，FDDI采用二次编码的方法：先按4B/5B编码，然后再用一种反转的不归零（NRZI）制编码，其原理类似于差分编码。

FDDI-2 是 FDDI 的扩展协议，支持语音、视频及数据传输。FDDI 的另一个变种称为 FDDI 全双工技术（FFDT）。它采用与 FDDI 相同的网络结构，但传输速率可以达到 200Mbit/s。

4.8.7 分布式队列双总线 DQDB

城域网（MAN）的介质访问控制（MAC）技术标准为 IEEE 802.6，描述了两个逻辑层：物理层和分布队列双总线（Distributed Queueing Dual Bus，DQDB）层。

IEEE 802.6 的物理层含三个功能实体：传输系统、物理汇集子层和层管理实体；而分布队列双总线 DQDB 等价于 LAN 的 MAC 子层，包含公共功能、接入控制功能、汇合功能和层管理功能，如图 4.24 所示。

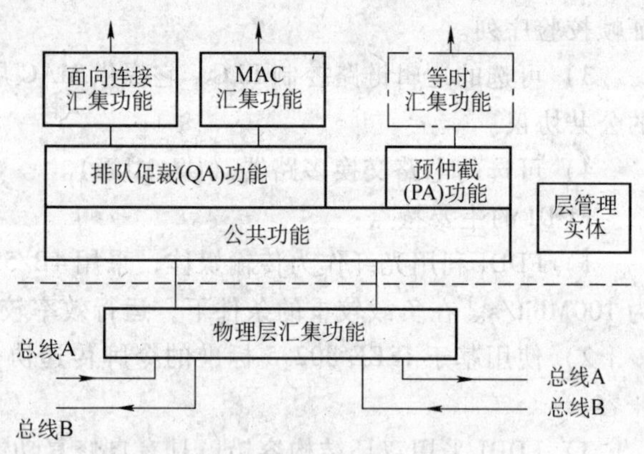

图 4.24 IEEE 802.6 协议结构

DQDB 层为 LLC 子层提供三种服务：无连接的 MAC 服务、面向连接（虚电路）的服务和等时（电路交换）服务。

DQDB 采用双总线结构，其结构如图 4.25 所示。两条总线提供相反方向的传输，支持任何站点的全双工通信。两条总线在运行时互相独立，网络内的所有站点都需要连入两条总线。

总线上传输数据是以时隙为单元的，称其为信元。信元长度为 53B，其中信息字段为 44B，但是这种信元与 ATM 信元的格式不同。所有空时隙开始于源端，沿总线下行到终端为止。任何站点都可以读含有目的地址和数据的时隙，若目的地址与本站地址相同，则接收；若不是本站地址，则转发。若有数据发送，可通过写操作，填入路过的空时隙，向下游节点传送。

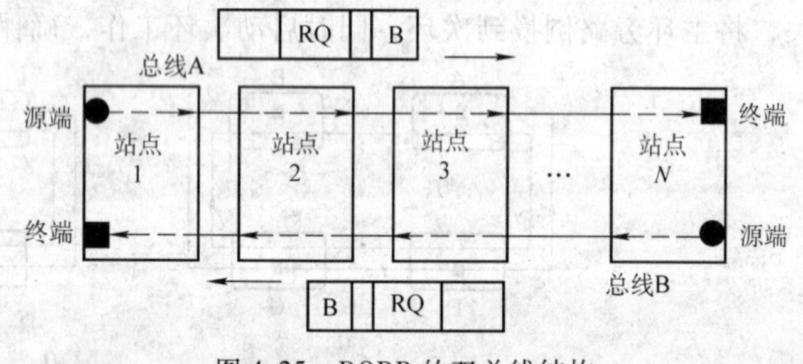

图 4.25 DQDB 的双总线结构

DQDB 也可以将两条总线首尾相接构成环状结构，但它并不构成逻辑回路，这是与 FDDI 的结构完全不同的。

DQDB 有两种访问控制方法来支持高层服务：

1）预仲裁（Pre-Arbitrated，PA）：即在一个传输时隙中为不同的站点分配特定的字节位置，支持等时的面向连接（电路交换）的服务。

2）排队仲裁（Queue Arbitrated，QA）：使用户数据按需排队进入总线，支持对时间要求不高的异步或分组数据的传输，如无连接的 MAC 或面向连接的数据服务。

DQDB 子网中的每个站点均由一个接入单元（AU）和与 AU 相连的两条总线构成。各站点应将发送的数据按序置入先进先出（First In First Out，FIFO）队列。DQDB 协议规定在时隙中有两个控制比特：忙比特（B）和请求比特（RQ）。通过两条总线的协调配合，使各站点内队列按序送上总线。

DQDB 的特征主要体现在以下几点：

1）使用双总线结构，每条总线可独立运行。为了能够容错，可构成双总线环路方式。

2）采用 IEEE 802.2 的逻辑链路控制，能与 IEEE 802 局域网兼容，支持光纤、同轴电缆、微波等多种传输介质。

3）数据速率为 34 ~ 155Mbit/s，甚至更高。

4）支持突发性数据的面向连接（虚电路）服务、等时（电路交换）服务以及 IEEE 802.2 LLC 子层的无连接（数据报）MAC 服务。

从理论上讲，DQDB 网络的规模不受限制，但在 802.6 标准中仍建议 160km 范围 512 个站点的量级，运行速率为 155Mbit/s。

4.8.8 其他高速 LAN 技术

1. 交换式多兆位数据服务 SMDS

交换式多兆位数据服务（Switched Multimegabit Data Service，SMDS）是继帧中继技术后出现的又一高速网络技术。它是由美国 Bell 公司的 Bellcore 在 1993 年公布的一项标准，被用来连接多个 LAN，其目的是提供高速数据服务。SMDS 是第一个为公众提供的宽带交换式服务。

SMDS 网络的作用类似于一个高速 LAN 的主干网，允许分组从一个 LAN 流向另一个 LAN。SMDS 是为处理突发流量而设计的，也就是说，在某一时刻某一分组必须从一个 LAN 快速传输到另一个 LAN，但大多数情况下没有 LAN 之间的流量。

SMDS 是以如下方式处理突发流量的。连接到每条访问线的路由器包含一个计数器，它以固定的速度增加。当一个分组到达路由器时，先检查计数器的值是否比分组长度（按字节）值大。如果大，则该分组被立即发送出去，并且该计数器减去分组长度值；否则，该分组被丢弃。

基本的 SMDS 服务是简单的无连接分组传输服务。分组格式如图 4.26 所示，共有三个字段：目的地址、源地址和可变长度的用户有效载荷数据字段，其中用户数据最大长度为 9188B。LAN 上的发送器把分组放到访问线路上。SMDS 尽最大努力将其发送到正确的目的地，但不作担保。当分组到达 SMDS 网络时，第一个路由器先确定源地址与输入线是否一致，如果该地址不正确，则该分组被抛弃；如果是正确的，则将分组发向目的地。

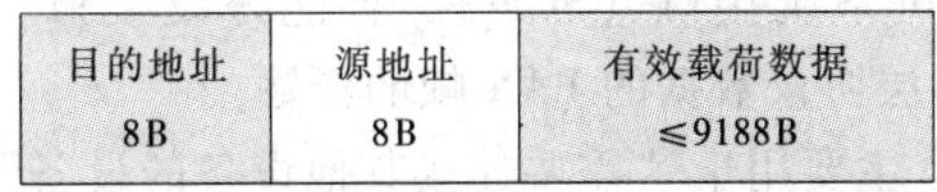

图 4.26 SMDS 分组格式

有效载荷数据可以包含用户希望的任何字节序列，它可以包含一个以太分组、一个令牌环分组、一个 IP 分组或其他分组。有效载荷字段的内容不被修改地从源 LAN 传递到目标 LAN。

SMDS 的一个特性是广播。它可将分组同时发送给多个目的。SMDS 的另一个特性是地址屏蔽，包括发送和接收的分组。用户利用发送分组屏蔽，可以指定分组不被发送到其他任何地址。利用接收分组屏蔽，用户可以只接收预先设置好的分组。

SMDS 可以提供 1.5 ~45Mbit/s 传输速率的高速城域网服务，它是基于 IEEE 802.6 标准的网络技术。

2. 高性能并行接口 HIPPI

高性能并行接口（High Performance Parallel Interface，HIPPI）是一种特殊的高速局域网，主要用于超级计算机与一些不同标准的外围设备（如海量存储器、图形工作站等）的高速接口。1987 年美国政府的核武器设计中心 Los Alamos 国家实验室的科研人员设计了使超级计算机接口标准化的 HIPPI。最初 HIPPI 的数据传输速率的标准是 800Mbit/s。这是因为对于 1024×1024 像素的画面，若每个像素使用 24bit 的色彩编码和每秒 30 个画面，则总的数据传输速率为 750Mbit/s。随着 HIPPI 的发展，它的数据传输速率标准达到 1.6Gbit/s 和 6.4Gbit/s。

最初的 HIPPI 并不是一个局域网协议，而是一个点对点的数据通道，既没有交换也没有争用信道的问题，只是采用连线将主计算机与外围设备连接。随着超级计算机使用的外围设备的增加，人们对网络环境的需求给 HIPPI 增加了交叉式交换机，使用交叉式交换机可以将超级计算机与海量存储器、图形工作站、吉比特网络等互联，完成超级计算机与外围设备之间的数据交换。

HIPPI 的功能用普通芯片就可以实现。对于 800Mbit/s 的传输速率，使用一根含有 50 对双绞线的电缆，接口同时传送 50bit，其中 32bit 为数据，18bit 用做控制。每隔 40ns 传送一个 32bit 的字。对于 1.6Gbit/s 的传输速率，则使用两根这样的电缆即可。所有的传输都是单工的，要实现双工通信，必须使用 2 条（或 4 条）电缆。在这样的传输速率下，传输距离为 25m。

ANSI 基于 Los Alamos 的方案，制定了 HIPPI 标准，它覆盖了物理层和数据链路层，更上层的协议由用户决定。在传送数据之前，主机要和交叉式交换机建立连接。传送完一个报文后就要释放连接。每个报文有一个控制字，一个最长为 1016B 的首部，数据部分最长可达 $2^{32}-2$B。出于流量控制的考虑，报文被分为多个帧，每帧 256B。当接收方能够接收一帧时，就通知发送方，发送方就发送一帧。接收方也可请求一次发送多帧。每一个字有一个水平奇偶校验比特，而在每一帧结束处有一个垂直校验字进行错误控制。

3. 光纤通道

光纤通道技术标准由 ANSI 发布。光纤通道技术提供高速的基础设施，把设备通信和 LAN 通信结合在一起。光纤通道是一种新的基础设施，它可用于传统的、低层的、基于设备的通信，比如小型计算机系统接口（SCSI）、智能外设接口（IPI）和高性能并行接口（HIPPI）。它也支持携带高层协议数据的 LAN 帧的传输。

光纤通道的应用很广，主要用于“需要连接其他设备的设备”。可用单个高速接口和传输介质把系统连接到磁盘控制器、视频设备或者携带 TCP/IP 数据流的对等应用设备。

光纤通道标准要处理以下网络：

1）计算机 LAN。

2）连接多种不同类型的磁盘或磁带设备的存储区域网络。

3）音频/视频传输网络。

4）实时系统，例如控制火箭发射的系统等。

光纤通道技术允许存储外设单元在不中断系统运行的情况下添加和删除，提供热备份能力。光纤通道支持的速率很高，并且还在不断上升。目前所定义的速率级别从133Mbit/s～4.252Gbit/s甚至更高，其中较低速率用于传统系统。

光纤通道可以运行在150Ω的屏蔽双绞线、75Ω的同轴电缆、视频同轴电缆、多模和单模光纤上，支持的距离范围可以从10m～10km，如果使用单模光纤扩展器可以更远。使用光纤能够达到200Mbit/s和400Mbit/s的速率。

标准的光纤通道拓扑结构包括：

1）两个节点之间点到点连接。

2）在环配置中连接一组节点的环或仲裁环。对传统令牌环来说，环经常使用集线器来完成。环的带宽是共享的，采用半双工传输数据。

3）一组节点连接到交换设备，就像一个LAN交换设备，光纤通道交换设备支持一对节点间的多个通信。

4）通过互联交换设备和仲裁环连接节点。

图4.27显示了点到点、环和交换式拓扑结构。图中环通过连接到光纤通道集线器的系统实现，用光纤通道环连接作为磁盘存储单元的通信基础。环上节点共享带宽，类似于令牌环，在任意给定时刻环上只有一个节点能够传送数据。独立的环称为专用环路，而连接到交换设备的环称为公共环路。节点通过独立的发送线路和接收线路或光纤与自己的端口进行通信。

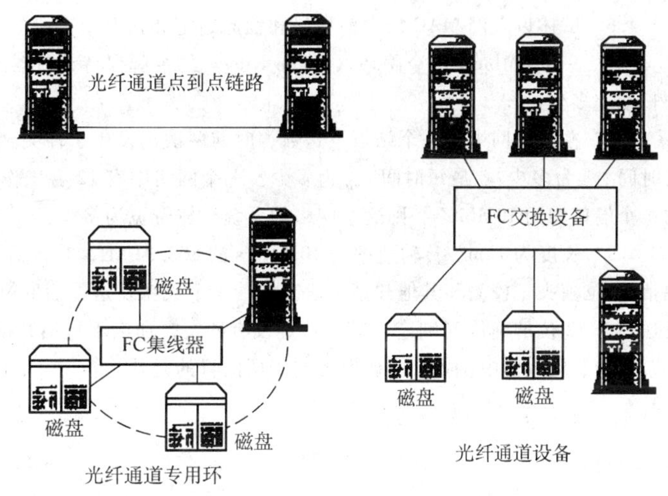

图4.27　标准光纤通道拓扑结构

光纤通道网络可以扩展，多个交换设备可以互联，形成大型网络。但对于处理路径选择和层次网络结构等问题，还要做更多的工作。许多光纤通道厂商支持独立的10km单模光纤链路，同时某些厂商能支持更长的链路。

在传统LAN技术中，每个适配器都被分配一个唯一MAC地址，这个MAC地址并不能说明该系统所在的位置；每个帧都放置在共享介质上，每个站点都可以接收这些帧，因此物理位置无关紧要。在这种体系结构下，必须耗费很大的精力去防止LAN的广播风暴，因此它不是一种完美的体系结构。光纤通道技术为了把帧传送到目的地，而不会传送到别的节点，引入了一个3B地址，用来指明每个节点的端口位置。但光纤通道也保留了类似于MAC地址的全局范围内唯一的标识符。在光纤通道内，这些标识符被用做标识端口适配器或系统的名称。这些名称由高层协议使用，同时它们对网络的管理和故障的诊断也很有用。除了IEEE MAC地址编号外，还有几种其他的编码方案，用来标识网中的存储单元或其他设备。

光纤通道支持三种类型的服务：纯电路交换、保证服务的分组交换和不保证服务的分组交换。

从技术上看，光纤通道技术比较适合于大型的计算机系统或工作站、服务器等数据密集型应用场合，尤其是像数据中心等应用领域。

习　题

4.1　什么是局域网？局域网有哪些特征？

4.2　试比较非坚持、1-坚持和P-坚持三种类型CSMA的优缺点。为什么CSMA/CD倾向于长的分组传送？

4.3　局域网的三个关键技术是什么？试分析传统以太网（10Base-5）采用的是什么技术？以太网与局域网这两个概念有什么关系？

4.4　试分析CSMA/CD介质访问技术的工作原理。

4.5　考虑一个具有等距间隔站点的基带总线LAN，数据速率为10Mbit/s，总线长度为1000m，传播速度为200m/μs。若发送一个1000位的帧给另一站，从发送开始到接收结束的平均时间是多少？若两个站点严格地在同一时刻开始发送，它们发出的帧将会彼此干扰，如果每个发送站在发送期间监听总线，平均多长时间可发现这种干扰？

4.6　试述以太网MAC帧中前导码和帧起始定界符两个字段的结构和作用。

4.7　一个4Mbit/s的令牌环（Token Ring）的令牌保持计时器的值为10ms，在此环上可发送的最长帧的长度是多少？

4.8　在以太网中，一个站点发送数据时前两次均发生了冲突，那么它开始第三次发送前退避等待的最长时间t_{max}为多少?，最短时间t_{min}为多少？一个网络中有12台工作站通过一台以太交换机互联，若交换机的每个端口均为10Mbit/s，则这个网络的系统整体带宽为多少？

4.9　长度为1km、传输速率为10Mbit/s的802.3LAN，其传播速度为200m/μs，假设数据帧长256位，包括32位帧头、校验和其他开销字段在内。一个成功发送以后的第一个时间片保留给接收方以捕获信道来发送一个32位的确认（响应）帧。假定没有冲突，那么不包括开销的有效数据速率是多少？

4.10　局域网中设置介质访问控制子层的目的是什么？

第5章 广 域 网

广域网是一种在地域上超过局域网的通信网。广域网与局域网的一个不同点是在需要使用广域网时，首先需要向广域网服务提供商申请广域网服务。广域网提供承载服务，可运载不同类型的信息，如语音、数据、视频等。广域网技术主要使用OSI参考模型的低三层功能。

广域网通信是在不同地域之间进行的，当两个远程终端之间进行通信时，信息要经过一条或多条广域网链路。广域网路由器连接网络的各个节点，这些路由器为数据流经网络提供最佳的路由。

一般来说，广域网提供相对较低的通信量、大的延迟时间和高的差错率。

广域网连接可采用多种技术，本章将分别加以介绍。

5.1 PPP

在一个局域网中，为了能在任意两个节点之间传输数据，在它们之间必须有一条数据传输通道，而且还应有相应的流量控制机制来保证数据传输的可靠性。同样，在广域网中也必须做相应的工作，要完成这些工作，需依靠广域网协议。由于串行线Internet协议（Serial Line Internet Protocol，SLIP）不能很好地适应Internet的发展，于是人们开发了点到点协议（Point-to-Point Protocol，PPP）来解决Internet上用户的远程连接问题。所以，PPP是一种广域网协议。

用户通过电话线拨号接入Internet，使用的就是PPP。用户计算机通过Modem、电话线、因特网服务提供商（Internet Service Provider，ISP）接入Internet。一般ISP的路由器通过高速专线与Internet连接，并用专线与电话局的交换机连接。用户成为ISP合法用户并拨号连接后，可得到一个临时的IP地址，于是，用户的计算机成为因特网的主机，得到因特网服务。当用户结束通信，释放连接后，所分配的IP地址便被收回，以备供其他用户使用。

5.1.1 PPP的特性与帧格式

PPP提供动态的IP地址分配功能，并能对上层的多种协议提供支持，无论是同步传输还是异步传输，PPP协议都能够建立路由器到路由器或者主机到网络之间的连接。目前PPP已成为Internet上广泛使用的协议。

1. PPP的特性

PPP协议具有以下特性：

1）能对IP地址进行动态分配和管理。

2）允许同时采用多种网络协议。

3）能够配置和测试数据链路。

4）能够进行差错检测。

5）能够对网络层地址和数据压缩算法等进行可选择协商。

2. PPP 的组成

PPP 主要由三部分组成：数据报封装、链路控制协议和网络控制。

(1) 数据报封装 PPP 采用 HDLC 规程，在点到点的串行链路上封装数据报。

(2) 链路控制协议 PPP 采用链路控制协议（Link Control Protocol，LCP）建立、配置和测试数据链路。

(3) 网络控制 PPP 采用网络控制程序（Network Control Program，NCP）族来建立和配置不同的网络协议，同时支持多种网络层协议，如 IP、IPX、DECnet 等。PPP 使用 NCP 对多种协议进行封装。

3. PPP 帧格式

PPP 采用 HDLC 帧格式，如图 5.1 所示。帧中各字段含义如下：

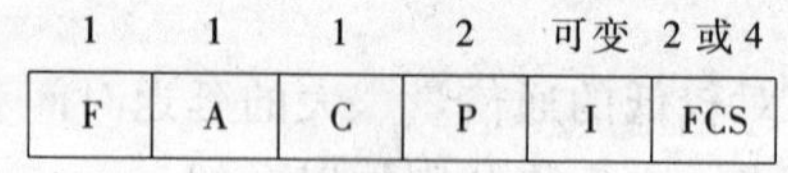

1	1	1	2	可变	2 或 4
F	A	C	P	I	FCS

图 5.1 PPP 帧格式

1）F：标志字段，1B，指示一帧的开始或结束，编码为 01111110。

2）A：地址字段，1B，PPP 不指定单工工作站的地址。地址为 11111111 表示广播。

3）C：控制字段，1B，当其编码为 00000011 时，表示用户数据采用面向无连接方式传输。

4）P：协议字段，2B，用于标识封装在帧中数据字段的协议类型。

5）I：数据字段，0 ~ 1500B，它包含符合协议字段中指定协议的数据报。

6）FCS：帧校验字段，通常为 2B。

5.1.2 PPP 通信过程

PPP 提供建立和配置、维护和终止点到点的连接功能。其通信过程包括四个阶段：链路的建立和配置协调、链路质量检测、网络层协议配置协调和终止链路。

LCP 有三种类型的帧：链路建立帧、链路维护帧和链路终止帧。

1）链路建立帧：用来建立和配置链路。

2）链路维护帧：用来管理和调试链路。

3）链路终止帧：用来终止链路。

1. 链路的建立和配置协调

在链路的建立和配置协调阶段，每个 PPP 设备都发送 LCP 帧来配置和测试数据链路。LCP 帧中包含一个可选的配置字段，PPP 设备通过这个字段协调一些选项的使用，如最大接收单元、PPP 特定字段的压缩以及链路认证协议等。如果 LCP 帧中不含有配置字段，则使用配置选项的默认值。

在网络层，数据报（如 IP 数据报）交换前，LCP 必须先打开连接，并协调配置参数。在完成一个配置确认帧的发送和接收后，这一阶段结束。

2. 链路质量检测

在链路建立和配置协调后，LCP 有一个可选的链路质量检测阶段。通过对链路质量的检测来判定链路质量是否满足网络层协议的要求。

当链路建立完毕并决定了所采用的认证协议后，客户端就能够被验证。如果需要认证，则需要在网络层配置之前进行，LCP 推迟网络层协议信息的传送，直到认证结束。

PPP 支持两种认证协议：密码认证协议 PAP 和握手鉴权协议 CHAP。

3. 网络层协议配置协调

在 LCP 完成链路质量检测后，网络层协议通过适当的 NCP 进行单独的配置，并且可以在任何时候被激活和关闭。

在这一阶段中，PPP 设备发送 NCP 帧来选择和配置一个或多个网络层协议（如 IP）。当每一个被选择的网络层协议都配置完成后，就可以开始传输数据。如果 LCP 要终止链路连接，则事先要通知网络层协议以便它们采取必要的措施。PPP 配置完成后，可通过相应命令来检查 LCP 和 NCP 的状态。

4. 终止链路

LCP 能在任何时候终止链路连接，但通常是在用户请求后终止链路。不过也有例外，例如物理故障、载波丢失或空闲时间超时等也会终止链路连接。

5.1.3 PPP 认证

PPP 的认证是可选的，认证发生在网络层协议配置之前。链路建立后选择认证协议，然后通信双方将被认证。

认证阶段要求发送方在认证选项中填写认证信息，以便确认用户得到了网络管理员的许可，能够发起通信。认证过程中，通信双方的对等路由器要彼此交换认证信息。

在配置 PPP 认证时，可以选择协议 PAP 和 CHAP。但一般情况首选 CHAP。

1. PAP

PAP 利用握手信号建立远程节点的认证，如图 5.2 所示。当 PPP 链路建立后，远程节点反复在链路上发送用户名和密码，直至认证通过，否则连接终止。

密码在链路上以明文的形式传输，认证次数由远程节点控制，因此不能防止错误重试攻击，所以 PAP 不是一个健壮的认证协议。

2. CHAP

CHAP 利用 3 次握手检测远程节点的身份，如图 5.3 所示。链路初始建立后完成这一过程，并且以后的任何时候都可以再次进行。CHAP 具有周期性验证特性，使验证更为安全，且比 PAP 有效。由于 PAP 只进行一次验证，所以易受黑客和再生攻击。PAP 允许发送方任意进行认证尝试，不必事先收到询问消息，这使得它易受到攻击。而 CHAP 不允许发送方在未收到询问消息之前进行认证尝试，相对而言，这要安全得多。

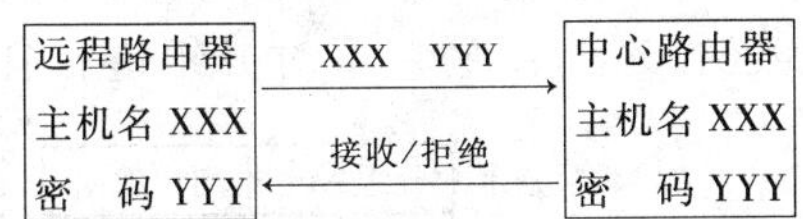

图 5.2　PAP 认证

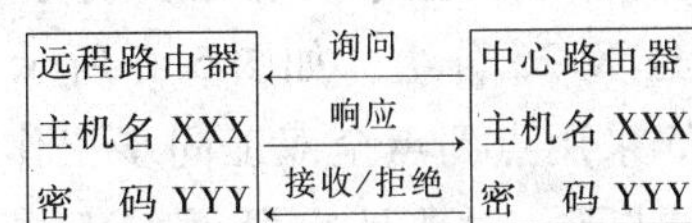

图 5.3　CHAP 认证

PPP 链路建立后，主机向远程节点发送询问消息。远程节点返回一个值，主机将该值与自己的值比较，如果匹配，则认证通过；否则中断连接。

CHAP 使用不同的询问消息，每个消息都是不可推测的唯一值，这样就可防止再生攻击。不断询问可以限制暴露在一次攻击中的时间。本地路由器或者第三方的认证路由器可以控制询问的频率和时间。

5.2 X.25

X.25 协议是 CCITT 关于公用数据网上以分组方式工作的 DTE 与 DCE 之间的接口标准，其功能是为公用数据网在分组交换方式下提供终端操作，它不涉及通信子网的内部结构。所谓 X.25 网，只是说 DTE 与通信子网的接口遵循 X.25 标准，如图 5.4 所示。所以 X.25 标准可看做是广域网上使用的一种分组交换协议。X.25 标准以虚电路为基础，描述了建立、保持和终止连接所必须的过程，包括连接的建立、数据的交换、状态的确认以及控制等。

图 5.4 X.25 协议接口

5.2.1 X.25 的层次结构

X.25 协议将公用数据网的通信功能分为互相独立的三个层次，自下而上分别称为物理层、数据链路层和分组层，如图 5.5 所示。

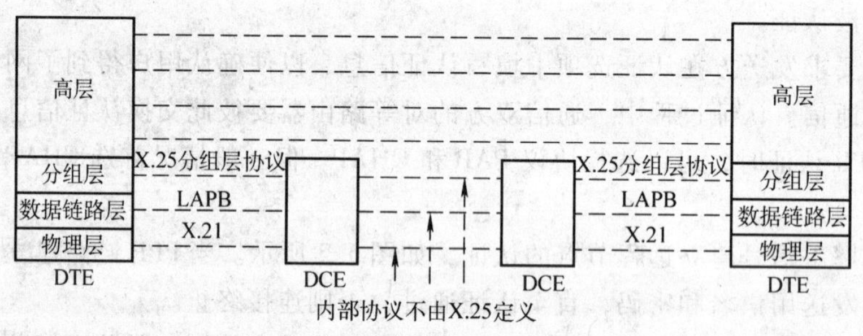

图 5.5 X.25 协议层次结构

这三层分别对应 OSI-RM 的低三层。X.25 的第 1 层是物理层，它与 OSI-RM 的物理层对应。在该层，X.25 采用了 X.21 和 X.21bis 协议作为它的接口标准。

物理层的基本功能是建立、保持和拆除 DTE 与 DCE 之间的物理连接，提供同步的、全双工的点到点的串行比特传输手段。

X.25 的第 2 层是数据链路层，它与 OSI-RM 的数据链路层对应。在该层，X.25 采用 HDLC 的子集 LAPB 作为它的接口标准，数据以帧的形式进行传输。

数据链路层的基本功能是实现分组在终端和分组交换网络之间的无差错传输。LAPB 在 I 字段传送 X.25 分组，如图 5.6 所示。本层只对分组进行透明传输，不对分组进行任何处理。X.25 采用点到点全双工同步工作方式。在这种工作方式下，对地址字段做如下规定：命令帧中的地址字段填对方地址，响应帧中的地址字段填自己的地址。这里帧中地址是收、发节点地址，而不是数据的最终地址。

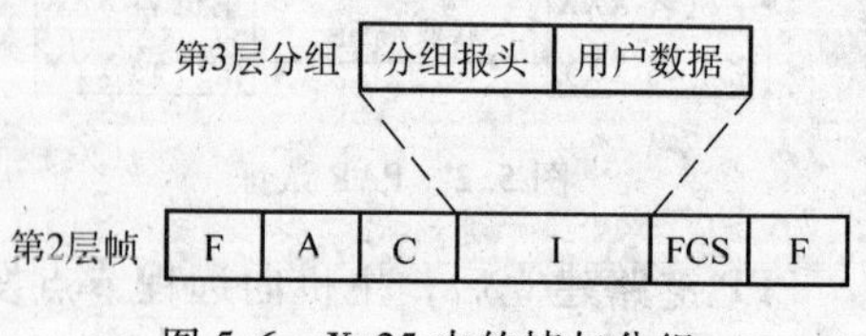

图 5.6 X.25 中的帧与分组

X. 25 的第 3 层是分组层，它与 OSI-RM 的网络层对应。在该层，无论是数据，还是控制信息，都表示成分组的形式，在数据链路层上装配到 LAPB 帧的信息字段里，然后以帧的形式进行透明传输。

分组层的基本功能是分组多路复用、呼叫控制和数据分组传输、规定分组层 DTE 与 DCE 接口、虚电路业务规程、分组类型与格式、可选用户业务、流程控制等。该层利用异步时分复用，把一条实际的物理线路分成多条逻辑信道（虚电路），各用户的分组分时交替的传送。此外，分组层还提供永久虚电路（PVC）业务和快速选择业务。

X. 25 只定义了 DTE 与 DCE 之间三层协议，分组交换网络内部所采用的协议不由 X. 25 负责。目前 X. 25 公用分组交换网主要用于中、低速率数据传输，作为 WAN 的通信子网。

5. 2. 2　X. 25 的报文分组格式

X. 25 的分组采用 HDLC 帧的格式进行透明传输，报文分组格式如图 5. 7 所示。它由两部分构成：公用分组报头与附加分组报头和（或）用户数据。公用分组报头包含四部分内容：一般格式标识、逻辑信道组号、逻辑信道号和分组类型标识。分组报头的功能主要是用于网络控制。公用分组报头各字段的功能如下：

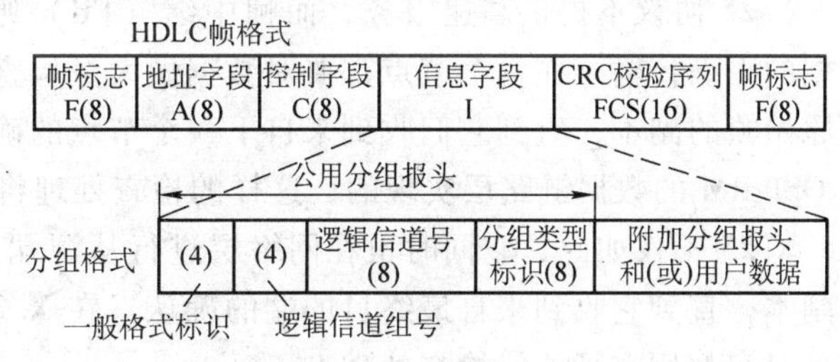

图 5. 7　X. 25 报文分组格式

(1) 一般格式标识　公用分组报头的第一个字节的高 4 位为一般格式标识，其中第 8 位亦称 Q 位，用于区分用户数据或网络信息。在数据报业务分组中，此位置“1”；在其他分组中，此位置“0”。第 7 位称为 D 位，亦称为传输确认位，用于数据和呼叫的传送确认；确认时该位置“1”，否认时该位置“0”。第 6 位和第 5 位用于确认分组编号模数。第 6 位为 1，表示分组编号为 128，即允许分组编号为 0 ~ 127；第 5 位为 1，表示分组编号为 8。一般情况下使用编号 01，即模 8。

(2) 逻辑信道标识　公用分组报头中第 1 个字节的低 4 位称为逻辑信道组号，共 15 组。第 2 个字节用于决定组内逻辑信道号，这两部分一起构成逻辑信道标识。采用逻辑信道标识的目的是标识分组传送的逻辑信道。

(3) 分组类型标识　公用分组报头的第 3 个字节的 8 位编码，对于非数据类型分组是分组类型标识，对于数据类型分组表示的是序号。

X. 25 分组交换网和以协议 IP 为基础的因特网在设计思想上有着根本的差别。因特网是无连接的，只提供尽最大努力交付的数据报服务，无服务质量保证。而 X. 25 分组交换网是面向连接的，能够提供可靠交付的虚电路服务，保证服务质量。

20 世纪 60 年代，当时通信线路的传输质量一般都较差，误码率高，并且计算机的价格很贵。X. 25 分组交换网的设计思想是将智能做在网内，X. 25 网在每两个节点之间的传输都使用带有编号和确认机制的 HDLC 协议，而网络层使用具有流量控制的虚电路机制，可以向终端用户提供可靠交付的服务。但是，到了 20 世纪 90 年代，通信干线大量使用光纤，大大提高了数据传输质量，使误码率降低了几个数量级，同时，计算机的价格也急剧下降。因特网的设计思想是：网络应尽量简单，而智能应尽可能放在网络以外的用户端。虽然因特网只提供尽力而为交付的服务，但具有足够智能的用户终端完全可以实现差错控制和流量控制，因而因特网仍能够向用户提供端到端的可靠服务。这样，到了20世纪末，无连接的、提供数据报服务的因特网最终演变成世界上最大的计算机网络，而X.25分组交换网正逐渐退出历史舞台。

需要注意的是，利用现有的X.25网来支持因特网的服务时，X.25网则表现为数据链路层的链路。

5.3 帧中继

帧中继（Frame Relay，FR）舍去了X.25的一些功能，是在X.25协议基础上的一种改进和简化。

5.3.1 概述

X.25协议不提供高速服务，而帧中继（FR）则可以提供高速服务。X.25协议为保证数据的正确传输，在每个节点都要对数据做大量检查处理，如差错校验等，每个节点都要保留原始帧的副本，直到它们收到来自下一个节点的确认信息。这些节点到节点的检查处理是在OSI-RM的数据链路层实现的，这样的检查处理将导致数据传输的时间延迟。

X.25不仅如此，它同时也在网络层进行从源端到目的端的检查处理。源端保留原始帧的副本，直到它收到来自最终目的端的确认。在X.25网络中，为了保证服务的可靠性，大部分时间都用在了差错检查处理上了。

光纤网具有很低的误码率，因而可以简化差错控制过程。帧中继就是一种减少节点处理时间的技术，其基本原理是：节点收到帧的目的地址后立即转发，无须等待收到整个帧并做相应处理后再转发。如果帧在传输过程中出现差错，当节点检测到差错时，可能该帧的大部分内容已被转发到了下一个节点。解决这个问题的办法是：当检测到该帧有错误时，节点立即停止传送，并发一个指示到下一节点，下一节点接到指示后立即终止传输，并将该帧丢弃，请求重发。这种正在接收一个帧时就对其转发的方式称为快速分组交换。快速分组交换分为两类：帧长度可变的称为帧中继；帧长度固定的称为信元中继。和X.25类似，帧中继主要考虑如何接入一个网络。帧中继服务指的是目前提供的永久虚电路，所以帧中继可以被认为是虚拟的租用线路。

在一般分组交换方式中，每一节点在收到一帧后都要回送确认帧，而目的节点在收到一帧后回送端到端的确认。而帧中继方式，中间节点只转发帧而不回送确认帧，只是在目的节点收到一帧后才回送端到端的确认。

帧中继的一个缺点是没有数据链路层的流量控制能力，差错控制和流量控制都是由高层来完成，许多数据链路层的操作被取消了。

5.3.2 帧中继的层次

帧中继只有两个层次，即物理层和帧中继层，它舍去了X.25的分组层，并取消了X.25数据链路层的部分功能，是X.25协议的一种改进和简化，实际上可认为帧中继是1.5个层次，帧中继与OSI-RM的对应关系如图5.8所示。

1. 物理层

在物理层，帧中继本身没有定义任何具体的协议，它允许使用者选用认为方便的任何协议。

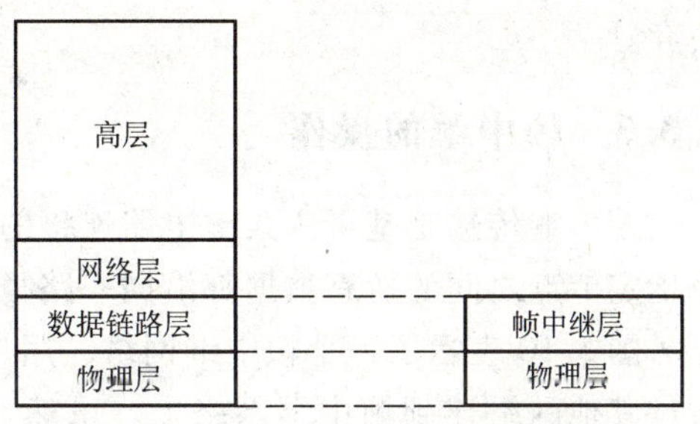

图5.8 帧中继与OSI-RM的对应关系

2. 帧中继层

在帧中继层，它使用了HDLC的一个简化版本。之所以使用HDLC的简化版本，是因为HDLC要做大量的差错校验和流量控制处理，而对帧中继，这些是不需要的。

图5.9给出了帧中继的帧格式。帧中继的帧类似于HDLC，字段F、FCS、I与HDLC相同。但将HDLC的地址和控制字段合并为一个字段，这个字段虽然仍被标记为地址字段，实际上是数据链路连接标识符HLCI。地址字段包含两个或多个字节，这些字节将用作地址和控制。和HDLC的差错控制相比，帧中继更多的是提供拥塞控制。拥塞控制功能在地址字段的第二个字节中由3个1比特字段实现。下面描述各字段的功能。

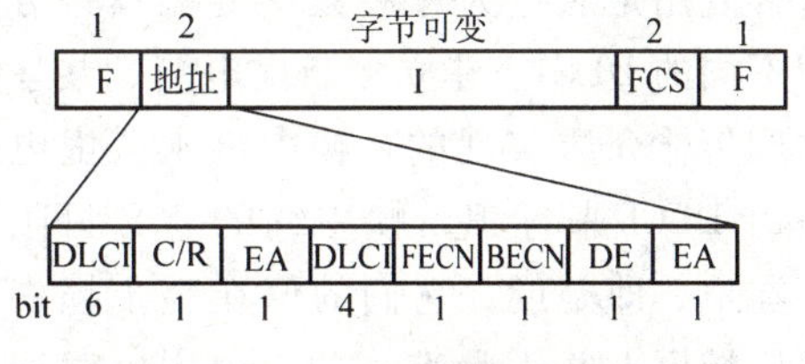

图5.9 帧中继帧格式

1）F：标志字段，功能同HDLC。

2）地址字段：一般为2B，但可扩展为3B或4B，它由以下几部分构成：

① DLCI：数据链路标识符，其长度取决于整个地址字段的长度。当地址字段为2B时，DLCI为10bit；当地址字段为3B或4B时，DLCI为16或23bit。用来标识永久虚电路（PVC）、呼叫控制或管理信息。

② C/R：命令/响应，与高层应用有关，使高层能够识别帧是命令还是响应，帧中继本身不用。

③ EA：扩展地址，表明当前字节是否是地址的最后一个字节。EA为0表示下一个字节仍是地址字节；EA为1表示当前字节是地址的最后一个字节。在2字节地址中，EA字段在第1个字节中被置为0，在第2个字节中则被置为1。如果还需要扩展地址，EA在第2个字节中仍然被置为0，第3个字节中包含7个比特的地址和1个比特置为1的EA字段。

④ FECN：前向显示拥塞指示，用来表示在帧传输方向上出现了拥塞，可由帧所经过路径中任何一个节点来设置。发一个FECN数据包到日的节点，告诉该日的节点，网络上发生了拥塞。

⑤ BECN：后向显示拥塞指示，表示在帧传输相反方向上出现了拥塞。它通知源节点，指示源节点降低数据发送速率。如果源节点在当前时间内接收到任何BECN，它就按照25%的比例降低数据发送速率。

⑥ DE：丢弃指示，指明帧的优先级。在网络发生拥塞时，为了维持网络的服务水平，节点可能需要丢弃一些帧。DE为1的帧优先级低，DE为0的帧优先级高，当网络拥塞时，DE为1的帧优先丢弃。

3）I：信息字段，长度可变。

4）FCS：帧校验字段，2B，采用CRC校验。这里校验的目的不是使网络从差错中恢复过来，而是为了了解链路上出现差错的频度。当帧校验序列检查出帧出现错误时，就将该帧丢弃。

5.3.3 帧中继的操作

帧中继传输是基于永久虚电路连接的，使用 DLCI 标识网络所设置的永久虚电路，在两个指定节点之间的所有数据都沿同一路径进行传输。

图 5.10 表示了一个帧中继网络，用户站点直接连到网络上。但实际上，用户站点通常通过其他网络连到帧中继网络上。虽然如此，利用图 5.10 讨论帧中继网络操作仍是有帮助的。

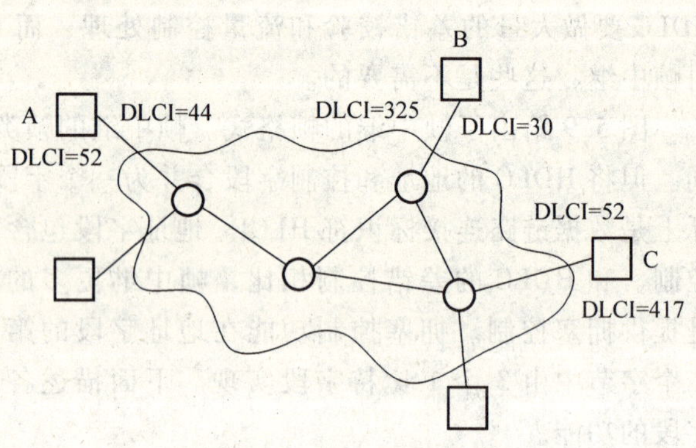

图 5.10 帧中继网络

1. 中继

帧中继提供了一种多路复用手段，这种复用是通过为每对数据终端设备分配不同的 DLCI、建立多条虚电路、共享物理传输介质实现的。帧中继永久虚电路由 DLCI 来标识，帧中继的意义只限于本地，即是说，它们的值在整个帧中继广域网上并不是唯一的。由虚电路连接的两个数据终端设备可使用不同的 DLCI 值来指定同一连接，如图 5.10 所示。A—B 虚电路，A 端 DLCI = 44，B 端 DLCI = 325；A—C 虚电路，A 端 DLCI = 52，C 端 DLCI = 417；B—C 虚电路，B 端 DLCI = 30，C 端 DLCI = 52 等。

10 个比特的 DLCI 可用来标识多达 1024 条不同的永久虚电路。如果地址字段被扩展，DLCI 值更大，则可标识更多的永久虚电路。

在帧中继网络中，PVC 的使用意味着路由信息已经包含在地址信息中。也就是说，在两个给定的用户站点间，总是通过相同的节点传输数据。这样，如果网络知道了目的地址，那么它同时也就知道了路由。原来由网络层实现的交换和路由功能，通过使用 PVC 可以在数据链路层实现了。这也是帧中继名字的由来。分组交换出现在网络层，它传输的数据单元是分组；帧中继出现在数据链路层，它传输的数据是帧。

2. 交换

帧中继网络的交换具有两个功能。当交换机收到一帧时，它通过 FCS 字段对帧进行 CRC 校验，如果正确，交换机将分析其 DLCI 并与自己的交换表比较，该表由服务提供商在交换机中建立，用来把不同的 DLCI 值映射到相应的输出端口。交换表将告诉交换机哪个输出端口对应于该 DLCI，也就是对应于 PVC，如表 5.1 所示。找到对应的输出端口后，交换机就将该帧通过这个端口传送出去。如果校验发现帧错，则交换机将该帧丢弃。

表 5.1 帧中继交换机交换表

DLCI	端　口	DLCI	端　口
32	1	12	3
79	2	9	4

接收端对接收帧的完整性进行检查，如果发现有丢失帧，则它将申请发送端重发，所以在帧中继网络中，交换机的任务是只对帧检错而不纠错，并根据预先设定的交换表转发帧。

3. 拥塞控制

由于帧中继中没有流量控制机制，所以有可能产生拥塞。帧中继不能解决拥塞问题，它只提供了辅助的办法来减少产生拥塞的可能性。

当永久虚电路上的交换节点遇到拥塞时，它可通过FECN位置1来通知下游节点，上游已产生了拥塞，有些帧将被丢弃。同样，接收节点通过BECN位置1来通知上游节点，链路上出现了拥塞，希望它们降低数据发送速率。这个选项的应用条件是：链路必须是全双工或半双工的，且接收节点有自己的数据或响应要传送发送节点。如果节点得不到拥塞通知，将继续发送帧，就有可能引起拥塞或者使原来的拥塞越来越严重。

5.3.4 帧中继的实现

帧中继通常是用作广域网的主干网，通过使用T-1接口将许多局域网连到帧中继广域网上，如图5.11所示。为了使采用不同协议的LAN能接到帧中继广域网上，需要在帧中继广域网的边界附加一种称为帧中继装配/分解（FRAD）的接口设备。这种设备通过装配和分解来自不同LAN的其他协议的数据包，使它们能够利用帧中继的帧进行传输。

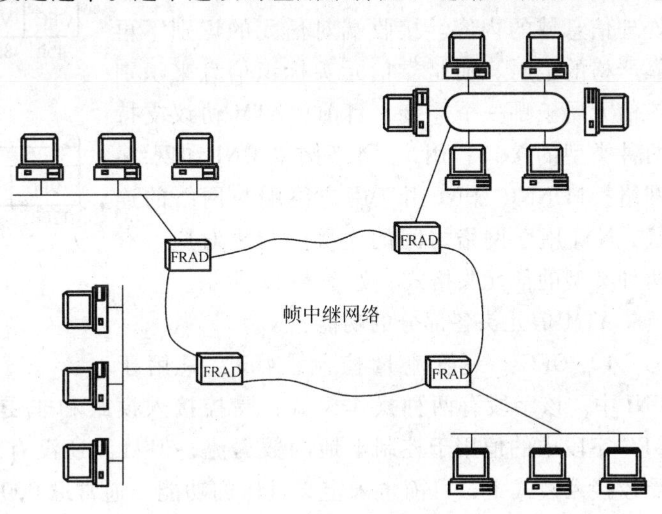

图5.11 帧中继实现

5.4 ATM

异步传输模式（Asynchronous Transfer Mode，ATM）是在异步时分复用基础上发展起来的一种分组交换技术。它具有四个方面的优势：

1）支持端到端的解决方案，支持从局域网到广域网的应用，统一了网络结构。

2）传输速率高，从25~622Mbit/s，甚至可扩展到几个Gbit/s。

3）支持多媒体技术，能满足从数据、语音到视频等传输的需要。

4）在具有不同传输要求的用户之间能均匀地共享网络容量和带宽，减少了网络拥塞。

在传统的网络中，信息的传输主要采用两种方式：电路交换和分组交换。电路交换的主要缺点是带宽不能得到充分利用，而分组交换的主要缺点是信息传输延迟的不确定性。ATM就是一种克服它们的缺点，发挥它们的优点的技术。

ATM吸收了传统网络技术的优点，克服了它们的缺点，已成为发展各种网络起关键作用的技术。就目前而言，ATM将成为高速网络的技术支柱，是下一代网络的主要和关键技术。

5.4.1 ATM基本原理

1. ATM信元

ATM数据传输单元是固定长度的分组，称为信元。每个信元包含一个信元头和一个信息域。信元长度为53B，其中信元头占5B，信息域占48B。信元头的主要功能是信元的网络路由，用来标识异步时分复用时属于同一虚通路（VP）的信元，并完成适当的路由选择功能。ATM层的全部功能均由信元头来实现。在传输信息时，网络只对信元头进行操作，而不处理信息域的内容。接收端对信元的识别不再靠严格的定时，而是靠信元头标识信息来识别该信元属于哪一个连接。目前，ATM协议支持两种类型的接口：用户-网络接口UNI和网络-网络接口NNI。UNI用于用户终端与网络的连接，NNI用于网络之间的连接。与之对应，有两种类型的信元头格式，如图5.12所示。

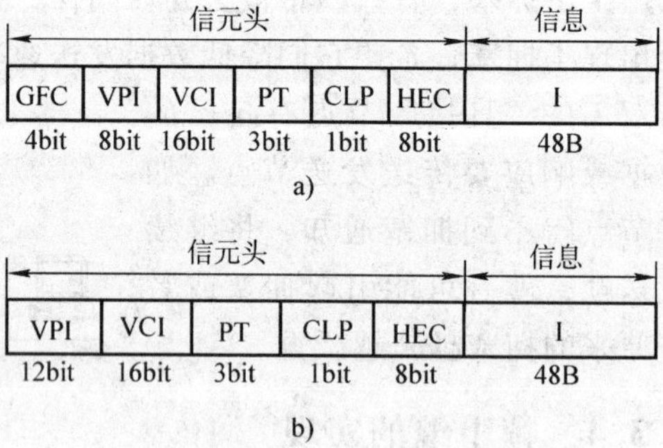

信元头						信息
GFC	VPI	VCI	PT	CLP	HEC	I
4bit	8bit	16bit	3bit	1bit	8bit	48B

a)

信元头					信息
VPI	VCI	PT	CLP	HEC	I
12bit	16bit	3bit	1bit	8bit	48B

b)

图5.12　ATM信元格式
a）UNI信元格式　b）NNI信元格式

ATM信元头各部分的功能：

1）GFC：一般流量控制，4bit，只用于UNI中。该字段有两种操作模式：受控接入模式和非受控接入模式。在受控接入模式下，GFC字段中的值用于控制本地的数据流，但目前还没有对该字段控制值的统一定义。在非受控接入模式下，目前也未定义具体的功能，通常取0000作为默认值。

2）VPI：虚通路标识，在UNI信元格式中，为8bit，可用于标识$2^8=256$条虚通路VP。而在NNI信元格式中，为12bit，可用于标识$2^{12}=4096$条虚通路VP。

3）VCI：虚信道标识，16bit，可用来标识$2^{16}=65536$条虚信道VC。

4）PT：负荷类型，3bit，用于标识信元I字段的内容是用户信息还是网络信息。

5）CLP：信元丢弃优先级，1bit，用于标识信元丢弃等级。CLP=0为高优先级信元，CLP=1为低优先级信元。在网络发生拥塞时，CLP=1的信元首先被丢弃。

6）HEC：信元头差错控制，8bit，采用CRC校验，可进行多个比特的信元头差错检错和1个比特的差错纠正。它的另一个作用是进行信元定界，利用HEC字段和它之前的4个字节的相关性，可以识别出信元头的位置。由于在不同的链路中VPI/VCI的值不同，所以在每一段链路都要重新计算HEC。

需要说明的是，在NNI信元中无GFC字段，第1个字节全部为VPI，此时，NNI的VPI为12bit。

2. ATM的特点

（1）*采用面向连接的工作方式*　ATM采用面向连接的工作方式，ATM终端在传输数据之前，先发出呼叫请求，网络根据当前情况决定是否接受该呼叫请求。如果网络接受该呼叫请求，则保留必要的资源，为其分配VPI/VCI和相应带宽，并在交换机中设置相应的路由，建立虚电路连接。网络交换机依据VPI/VCI对信元进行处理，虚电路标识VPI/VCI用来标识不同的虚电路连接。

（2）*采用异步时分复用方式*　ATM异步时分复用方式如图5.13所示。来自不同信息源的信元存放在一个缓冲器中排队，队列中的信元按输出次序复用到传输线路上。具有同样标志的信元在传输线路上并不固定地对应着某个时隙，因此不是按周期出现的。也就是说信息和它在时间域中的位置之间没有任何关系，信息只按信元头中的标志来区分，这就是异步时分复用。

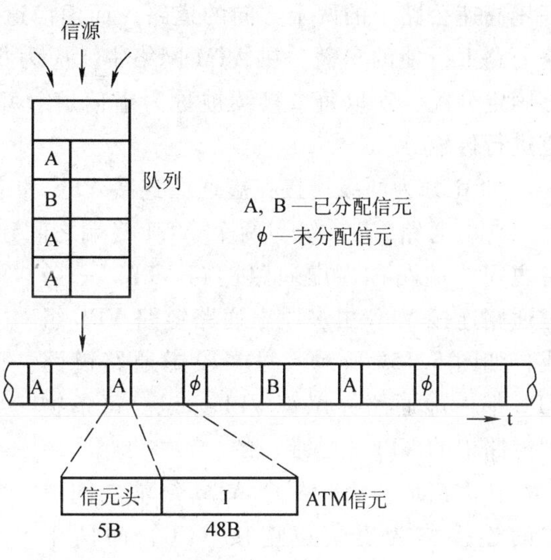

图 5.13　ATM 信元复用

在 ATM 网络中，不管有无用户信息，都传送信元。如果某时刻图 5.13 的队列排空了所有用户信息的信元，这时线路上就会出现未分配信息的信元，称为空信元 ϕ。另一方面，如果某一时刻在传输线路上找不到可用空闲信元，且缓冲区已满，此后到来的信元就会丢失。为了保证通信质量，信元丢失率不应超过 10^{-9}。

(3) *网络没有逐段链路的差错控制和流量控制*　ATM 网络的传输介质采用光纤，而光纤的抗干扰能力很强，误码率很低。所以，没有必要逐段链路进行差错控制，它将差错控制和流量控制交给终端去完成。

(4) *信元头功能简单*　由于 ATM 不需要采用逐段链路的差错控制和流量控制机制，与 X.25 相比，信元头功能得到简化，因此加快了信元头处理速度，减小了处理延时时间。

(5) *小的信元长度*　为了减小信息在缓冲区中的排队时延，与分组交换相比，ATM 信元小，这有利于实时业务的传输。这种小的固定长度的数据单元减少了组装、拆分信元以及信元在网络中排队等待所引入的时延，确保更快、更容易地执行交换和多路复用功能，从而具有更高的传输速率。

3. ATM VP/VC 交换

(1) *ATM 连接*　ATM 连接建立在两个等级之上，即虚通路 VP 和虚信道 VC 上，ATM 信元复用、传输和交换均在 VP 和 VC 上进行。

ATM 连接是一种虚连接，虚连接是一种逻辑连接，即虚电路。网络只需要为这条虚电路分配一定的网络资源（如带宽），而不需要建立真正的物理链路。这样，每个信元的信元头就不需要带有目的地址，只需要带有连接标识符。ATM 交换机根据虚连接标识符和路由表，就可将信元送到合适的输出端口。

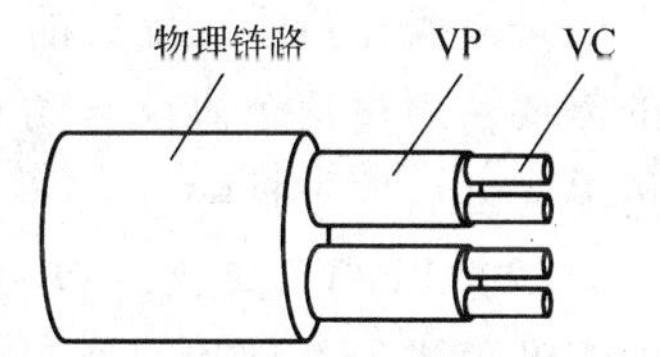

图 5.14　物理链路、虚通路与虚信道之间的关系

为了理解 VP 和 VC 的概念，图 5.14 示出了 VP、VC 和物理链路之间的关系。

物理链路就是网络的物理线路，每条物理链路可由多条虚通路 VP 组成；每条虚通路又由多条虚信道 VC 组成。这些逻辑信道实际上是由节点内部的分组缓冲器来实现的。所谓占用某条逻辑信道，实际上是指占用了该段物理链路上节点分配的分组缓冲器。不同的逻辑信道在节点内部通过逻辑信道号加以区分，各条逻辑信道异步（统计）时分复用同一条物理链路。物理链路好比是连接两个城市之间的高速公路，虚通路好比高速公路上的两个方向的道路，而虚信道好比是每条道路的一条条车道，信号就好像高速公路上行使的车辆。在ATM网络中，应为每条链路容易被该链路上各种接续共享，而不是固定分配，所以每个接续被称为虚信道（Virtual Channel，VC），信元流便通过一条虚信道进行传输。

ATM分为两级连接：虚通路连接VPC和虚信道连接VCC。

在虚通路VP一级，两个ATM终端之间建立的连接称为虚通路连接VPC，两个ATM设备之间的链路称为虚通路链路VPL。一条虚通路连接VPC由多段虚通路链路VPL组成，如图5.15a所示。每一段虚通路链路VPL都由虚通路标识符VPI标识。每条物理链路中的VPI值是唯一的。

在虚信道一级，两个ATM终端之间建立的连接称为虚信道连接VCC，而两个ATM设备之间的链路称为虚信道链路VCL。一条虚信道连接VCC由多段虚信道链路VCL组成，如图5.15b所示。每段虚信道链路VCL都由虚信道标识符VCI标识，每段VPL中的VCI值是唯一的。

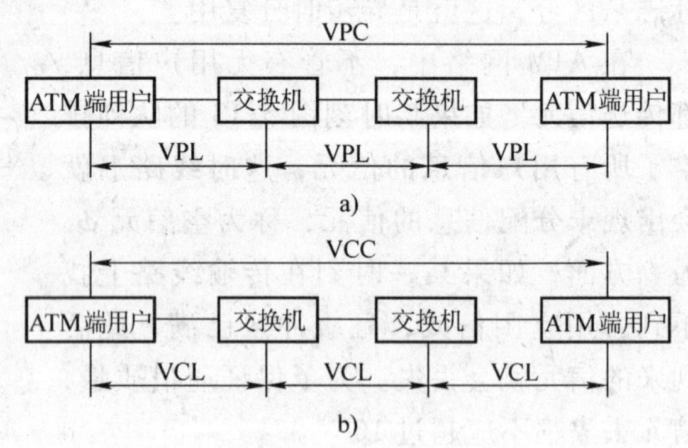

图5.15　虚连接

a）虚通路连接　b）虚信道连接

VCI/VPI用于表示信元的逻辑路由地址。属于同一VC的信元群拥有相同的虚信道标识VCI，属于同一VP的不同VC拥有相同的虚通路标识VPI。VCI和VPI都作为信元头的一部分与信元同时传输。

VC、VP表示ATM信元传输的两种逻辑子信道，都用来描述ATM信元单向传输的路由。在一个虚通路连接VPC中传输的具有相同VCI的信元所占有的子信道叫做VC。在一条通信线路上具有相同VPI的信元所占有的子信道叫做VP。

虚电路分为永久虚电路和交换虚电路，自然，虚通路也有永久虚通路和交换虚通路之分。每条虚通路中可以有单向或双向的数据流。它支持不对称的数据速率，即允许两个方向的数据速率可以不同。同理，虚信道也分为永久虚信道和交换虚信道。虚信道中的数据流可以是单向的，也可以是双向的。双向传输时，两个方向的速率可以不同。永久虚通道PVC一般是由操作员手工配置的，该连接在网络中长时间存在；交换虚信道SVC则是根据传输的需要，通过信令协议自动建立的，数据传输完之后便被拆除。

（2）VP/VC变换　VP变换仅对信元的VPI值进行处理和变换，或者说，经过VP变换只改变了VPI值，而VCI值保持不变。VP变换可以单独进行，它将一条VP上的所有VC链路全部转换到另一条VP上去，而这些VC链路的VCI值都保持不变，如图5.16所示。

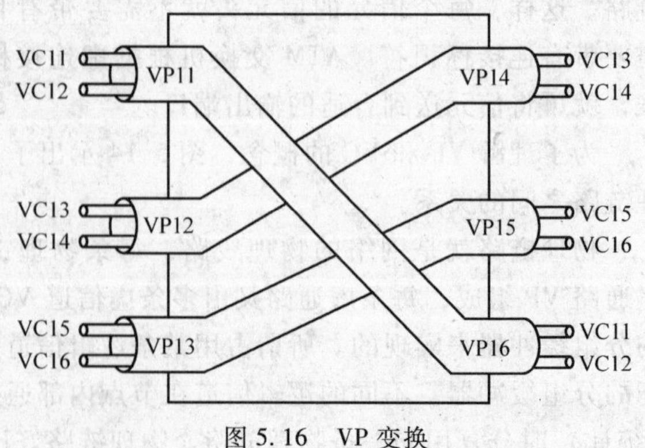

图5.16　VP变换

VC变换与VP变换不同，VC变换同

时对VPI和VCI进行处理和变换，或者说，经过VC变换，VPI和VCI值同时被改变。VC变换是和VP变换同时进行的，当一条VP链路终止时，VPC也就终止了，这个VPC上的多条VC链路可以各奔东西，进入到不同的新的VPC中去。VC变换示于图5.17中。

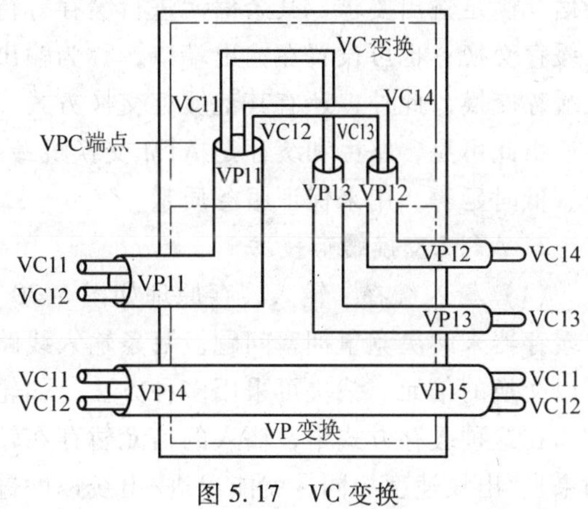

图5.17　VC变换

VC和VP变换合在一起才是真正的ATM交换，所以，VPI和VCI一起才能唯一地标识一条虚通道。ATM交换机的交换过程如图5.18所示。ATM交换机通过接口接收带有VPI/VCI标识的信元，根据该信元标识查找路由表，从表中找出转发的输出端口，并更新信元标识VPI/VCI，信元被转发到下一段虚通路上。所以，VPI/VCI只有局部意义，多个连接的VPI/VCI才标识一个端到端的虚连接。信元的VPI和VCI一起标识了一个信元的路由信息，这个信息表示信元从何处来，到何处去。信元经过交换机时，VPI/VCI值需要改变，根据路由表，VPI/VCI变换为新的值。由图可以看出，标有VPI/VCI=5/3的信元进入交换机端口a，根据路由表变换为VPI/VCI=2/7。标有VPI/VCI=4/6的信元进入交换机端口c，根据路由表变换为VPI/VCI=9/12。

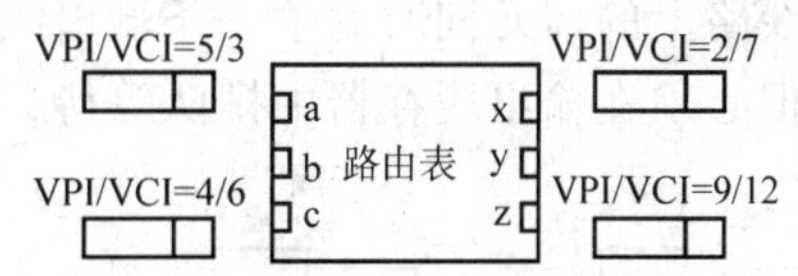

入口VPI/VCI	入口	出口	出口VPI/VCI
5/3	a	x	2/7
4/6	c	z	9/12

图5.18　VP/VC变换

路由表是需要生成的，其生成方法取决于虚信道连接VCC是永久型的，还是交换型的。永久虚信道是由网络管理员事先人工建立的，在ATM系统的源到目的一系列交换机中设置适当的VPI/VCI值生成。交换虚信道是在数据传输前由ATM信令协议自动呼叫建立的。

5.4.2　ATM交换

ATM交换是ATM网络技术的核心，交换结构将直接影响ATM网络的规模和性能。

1. ATM交换基本原理

ATM信元交换一般模型如图5.19所示。ATM信元交换机包含有若干条输入线路和若干条输出线路。交换机的作用是：根据输入信元的VPI/VCI标识和交换机的交换表，将信元转发到相应的输出端口，并对信元头部进行适当的处理，如改变VPI/VCI值。若有拥塞，还可能改变CLP值，并重新计算HEC值等，以便对新产生的信元头进行差错控制。信元经过交换机的处理，才能被转发到正确的输出端，等待合适的机会输出。

输入线路　信元　交换机　信元　输出线路

图5.19　ATM交换基本原理

ATM交换机实质上是一个能将输入端口中的信元按照其VPI/VCI标识转发到相应输出端口的装置。因此，ATM交换机最明显的功能是路由。在实际工作时，有可能出现不同输入端口的信元需要同时转发到同一输出端口的情况，这就产生了输出端口的竞争。如果这种竞争出现在交换机的内部，就称为内部阻塞。所以，交换机必须提供缓存功能，让其中的一个信元满足输出要求，其余信元进行缓存等待。缓存器可设置在交换机的输入端口，称为输入缓存交换；也可设置在输出端口，称为输出缓存交换；还可设置在交换结构内部，称为中央缓存交换。此外，还有其他缓存交换方式。

由此可见，路由和缓存是 ATM 交换机最基本的两个功能，还有其他一些功能，如优先级、低时延等，用来保证服务质量。

2. ATM 交换缓存技术

（1）输入缓存　输入缓存原理如图 5.20 所示。输入缓存为交换机的每条输入线路都设置缓存器来解决竞争拥塞问题。每条输入线路上的信元先存入缓冲器，然后由仲裁逻辑裁决可以交换的信元。裁决可采用多种方法，如轮询、队列长度优先等。

在这种缓存方式中，输入的信元暂存在输入缓存器中，当输出线路空闲时被依次输出。如果进/出线速度相同，就能以进/出线速度进行交换。这种交换结构的交换机内部互联部分与输出线上的信元不会产生冲突。

（2）输出缓存　输出缓存方式在每条输出线路都设置缓存器，如图 5.21 所示。当不同输入线路上的信元同时竞争一条输出线路时，它们可以在一个信元的时间内被转发到输出端口，但必须在输出缓存器中排队等待，然后依次逐个被送到输出线路输出。

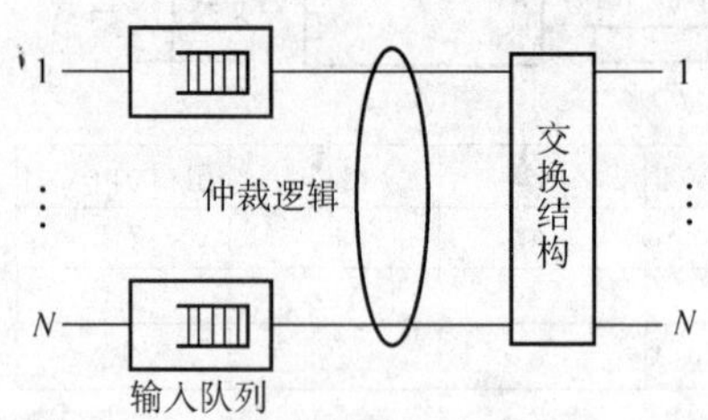

图 5.20　输入缓存交换原理

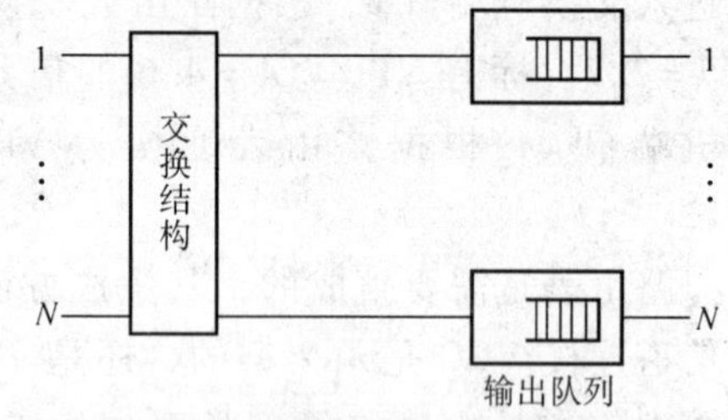

图 5.21　输出缓存交换原理

输出缓存方式不需要仲裁逻辑。输出缓存队列中的信元采用先进先出的方法，可保证信元的正确顺序。这种缓存方式的优点是不产生队头拥塞，其缺点要求缓存器写入速率非常高。为了不丢失信元，交换机必须在信元到达输出缓存器之前要以 N 倍的输入端口速率转发信元，即在一个信元时间内要向缓存器写入 N 个信元。

（3）中央缓存　中央缓存是在交换结构的中央设置一个缓存器，这个缓存器被所有输入线和输出线共用，如图 5.22 所示。这种缓存方式将来自所有输入线上的信元都送入中央缓存器缓存，然后根据交换表确定每个信元的输出线，按照先进先出的原则读取信元。

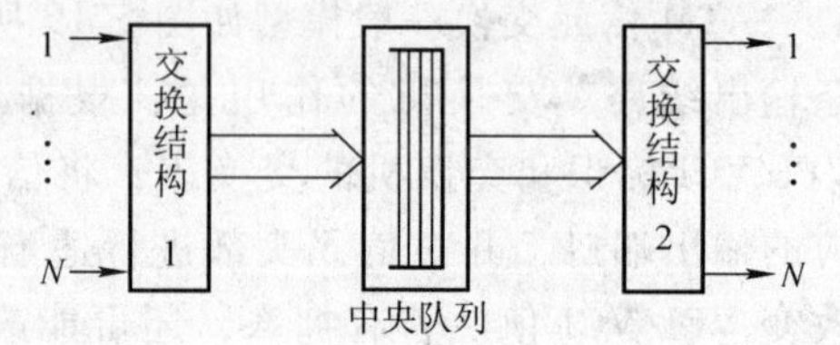

图 5.22　中央缓存交换原理

中央缓存方式的缓存器利用率高，当出入线的负荷相同，且允许的信元丢失率也相同时，采用中央缓存交换方式所需要的缓存器容量最小。但控制逻辑较复杂，要求缓存器的存取速率高，如果同一时刻所有输入线或输出线都有信元要求交换时，这时缓冲器存取速率应是输入线或输出线速率的 N 倍。

(4) 输入输出缓存 输入输出缓存方式是输入缓存与输出缓存方式的结合，它是在输入端和输出端均设有缓存器，如图5.23所示。

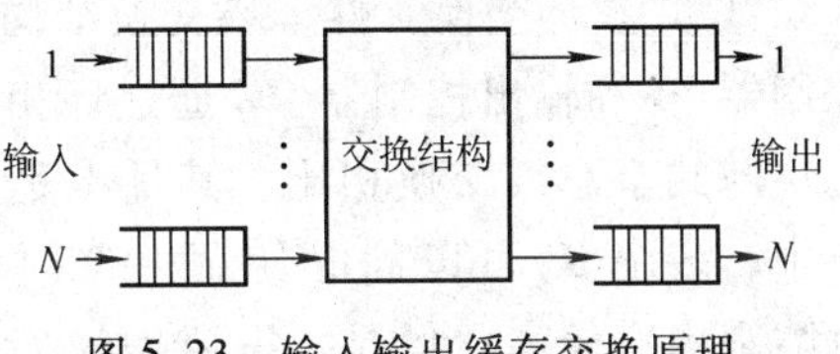

图5.23 输入输出缓存交换原理

为了避免内部交换冲突，这种缓存方式交换结构内部的交换速率要高于输入线和输出线的传输速率。如果发生冲突，可采用输入缓存重发机制重发丢失的信元。

(5) 反馈缓存 反馈缓存方式的原理如图5.24所示。其原理是：将当前时隙中无法输出的信元通过一组反馈缓存器重新送到输入端口。正常情况下，可达到输出缓存方式的性能。但当在一个时隙中，需要反馈的信元数大于反馈端口数时，就要丢弃一些信元，因而降低了系统的性能。此外，由于反馈时延，会引起同一逻辑信道的输出信元乱序，这会增加系统的复杂性。

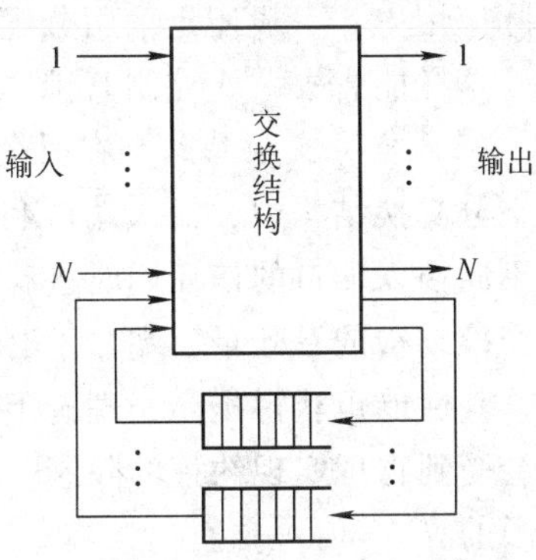

图5.24 反馈缓存交换原理

3. ATM交换结构

交换结构是ATM交换机的核心。它通常具有大量的输入线和输出线，其功能是为信元在输入端口和输出端口之间传输提供动态路径。ATM交换结构有多种，根据采用的交换方式，可分为时分交换和空分交换两大类。

(1) 时分交换结构 在时分交换结构中，对信元流量处理过程中共享公共内部资源，根据内部资源的不同，可分为共享缓存器和共享介质两大类。共享的内部资源的吞吐量决定了整个交换单元的容量，不可能超过这个容量。因此，时分交换有一个设备吞吐量的固定上限，这种交换能力的限制不能随交换端口的增加而提高，所以，当对公共资源的要求增加时，网络的性能会受到影响。

1）共享缓存器：共享缓存器方式通常采用共享中央缓存器或输出缓存器，由数据存储器和控制存储器共同完成信元的交换。在这种方式中，只要有空闲存储单元，端口就可存入新的信元。其工作原理是：各输入端口的信元经串/并变换和时分复用后顺序写入数据存储器，同时从输入信元头中提取地址信息给控制存储器，控制存储器给信元赋予新的目的地址，并按存入的顺序将信元送到相应的输出端口，经过解复用和并/串变换后输出。

2）共享介质：共享介质交换方式一般采用总线或环作为共享介质。这种方式由于是分布式控制和按接入协议工作，所以比较灵活，其工作模式类似于局域网中的令牌环、令牌总线等。

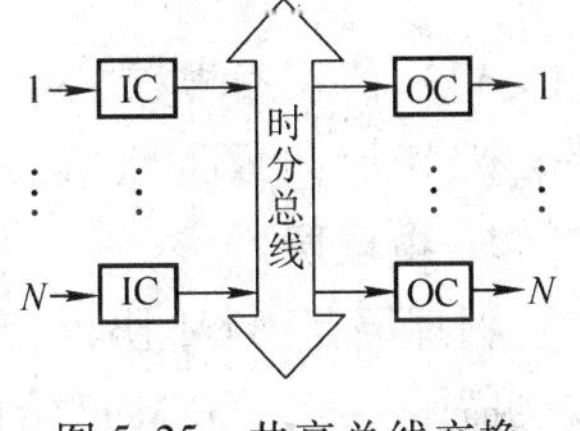

图5.25 共享总线交换

共享介质交换有两种方式：共享总线交换和共享环交换。

① 共享总线交换：共享总线交换是基于时分复用高速总线结构来实现的，如图5.25所示。在这种结构中，总线的容量决定交换容量，只有当总线容量大于各输入控制器IC的容量之和时，才能保证无阻塞交换。为了提高转换速率，一般采用16位、32位或64位并行传输的高带宽总线来实现。

通常需要一种算法将总线分配给各个输入控制器，使各个控制器在一定时间内能够得到总线访问权。每个输入控制器在下一个信元到达之前转发完毕。当多个信元需要输出到同一个输出控制器 OC 时，需要在输出控制器中设置缓冲器，以免转发信元丢失。

② 共享环交换：共享环交换结构如图 5.26 所示。它采用一种环形拓扑结构，各个输入控制器 IC 和输出控制器 OC 通过环相连。

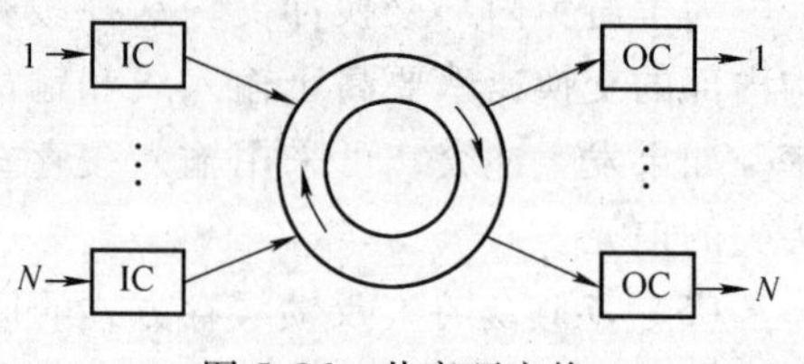

图 5.26 共享环交换

与共享总线交换相比，其优点是：在每一个循环中，多个 IC 可以同时使用一个时隙，因此，其时隙利用率较高。但是，需要增加一些额外开销来进行处理过程的控制。这种方式的明显优点是：可使单元的有效负荷容量利用率大于 1。这意味着环上的总传输容量可以小于输入线路容量之和，不过实际应用中，一般还是采用分配固定时隙的方法，这时环上的总传输容量等于输入线容量之和，这样能省去一些控制开销。

（2）空分交换结构　在时分交换结构中，所有输入端口和输出端口共享一条传输通道。在空分交换结构中，输入端口和输出端口之间有一组传输通道，这些传输通道并行工作，可使不同输入端口的信元同时进行交换。空分交换结构具有良好的硬件扩展性，增加端口不影响交换结构的吞吐量，端口不必竞争单一的共享资源。另外，空分交换结构随着端口数的增加，其性能也获得提高，理论上不存在交换机可容纳多少端口上限的问题。但是，实际上还是会受到物理实现约束的限制，例如，器件引脚、连接器和同步等限制，因此，总容量还是有限的。

空分交换通常是由若干个完全相同的基本交换模块，也称交换单元组成的。这些交换模块通过一定的连接，形成特定的拓扑结构。空分交换结构存在多条交换通路，这就需要路由选择功能，为每个输入的信元选择一条到相应输出端口的通道。

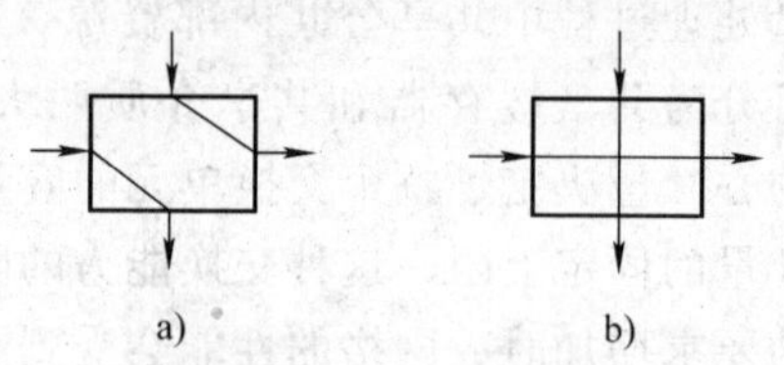

图 5.27 基本交换单元
a）直通状态 b）交叉状态

空分交换结构的最基本交换单元是一个 2×2 的功能模块，它有两种状态：直通状态和交叉状态，如图 5.27 所示。

将这些基本交换单元互联，依据互联方式的不同，可构成不同的交换结构。

5.4.3 ATM 协议模型

ATM 协议参考模型如图 5.28 所示。它包括三个层次，这三个层次由低到高依次是物理层、ATM 层和 ATM 适配层（AAL）。

1. 物理层

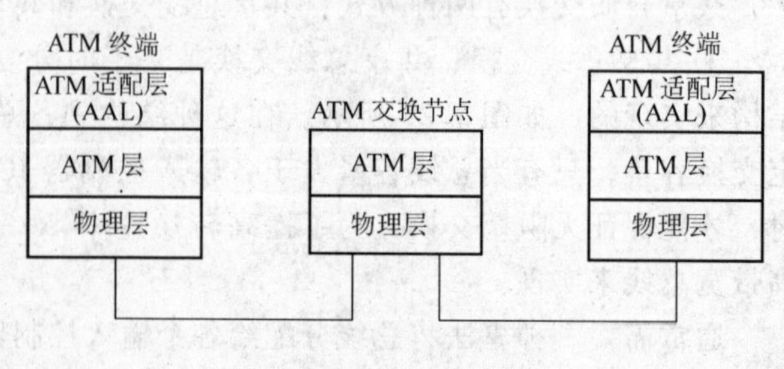

图 5.28 ATM 协议模型

物理层是 ATM 协议模型的最低层，该层描述了通过 ATM 网络信息传输的物理特性。目前，ATM 没有一个明确的物理层定义，而是借助于其他网络协议所定义的物理层。ATM 所指定的物理传输介质包括双绞线、同轴电缆和光纤。它们支持的传输速率是 155.52Mbit/s，还可以是622.08Mbit/s，甚至高达2488.32Mbit/s等。

ATM物理层又分为物理介质子层（PM子层）和传送会聚子层（TC子层），如图5.29所示。PM子层的功能是在适当的物理介质上正确的发送和接收比特流，以及提供比特流在物理介质上的传输。它的作用类似于OSI-RM中的物理层。TC子层的功能是为其上层（ATM层）提供一个统一的接口。在发送方，它从ATM层接收信元，组装成特定格式（如SONET上的帧等），以使其在物理介质子层上传输。在接收方，TC子层从来自PM子层的比特或字节流中提取信元，验证信元头，并将有效信元传递给ATM层。TC子层的作用类似于OSI-RM中数据链路层的功能。

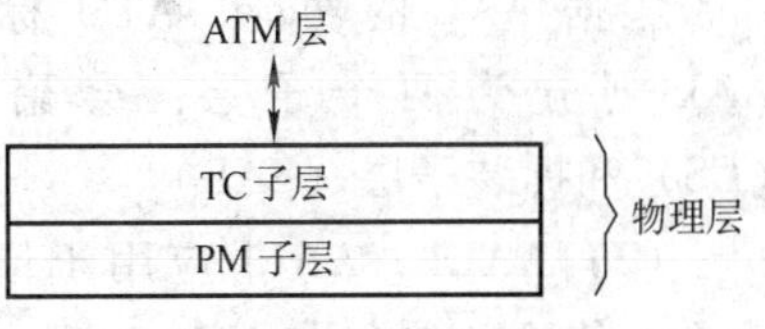

图5.29 ATM物理层

2. ATM层

ATM层是ATM适配层和物理之间的接口，是ATM网络的核心。ATM层负责从ATM适配层到物理层的信元传输，或者从物理层到ATM适配层的信元传输。当向物理层传送信元时，从适配层接收48B的数据段，ATM层负责生成5B的信元头，然后形成53B的信元，如图5.30所示。当从物理层接收到信元时，ATM层完成相反的操作，从每个信元中去除5B的信元头。

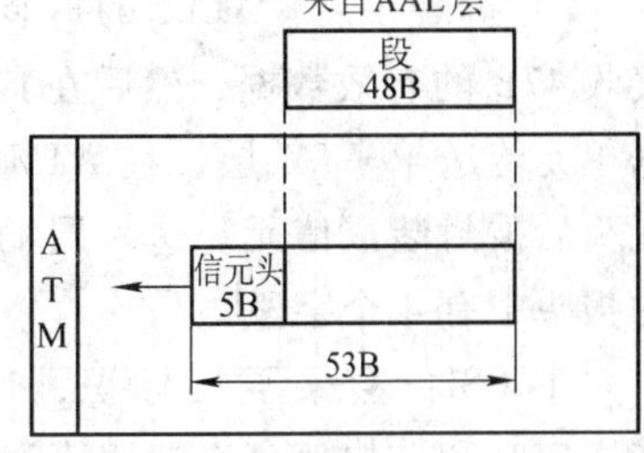

图5.30 ATM层

ATM层完成传输功能的实际方式取决于它是位于端点还是交换节点。当ATM层位于端点时，它接收从物理层送来的信元流，并向上传送这些信元。这些信元可能是数据信元，也可能是空信元。当ATM层位于交换节点时，负责接收的信元流的路由选择和信元的多路复用。信元复用就是将不同端口来的信元变成一个单一的信元流。

ATM层具有流量控制、信元头生成与去除、VPI/VCI值的修改、信元的复用与分离、速率调整、拥塞控制等功能。这些功能主要是由信元头的相应字段来实现的。

3. ATM适配层

ATM适配层是ATM协议模型的最高层。该层负责在高层协议和ATM层之间提供一个接口，它完成的操作是基于端点，而不是基于ATM交换节点。适配层（AAL）允许现有的网络能够连接到ATM设备上。AAL层的基本功能是数据格式的转换，它接收来自其上层的数据，并将它们分解成固定大小的ATM数据段。ATM数据可以是数据、音频、视频等，其速度可以是固定的，也可以是可变的。在接收端进行相反的处理，将ATM数据段重新组装成原格式的数据。

AAL层还可重新格式化由其他协议传送的数据，它的这个作用就像网络互联中的网关。

（1）数据类型　在ATM标准中，对不同的数据提供不同的协议。为此，ATM标准将AAL层划分为几种类，每一类支持一种类型的数据要求。ATM标准中定义了四种类型的数据：恒定比特速率数据、可变比特速率数据、面向连接的数据和面向无连接的数据。

1）恒定比特速率数据：这种类型的数据传输速率恒定，主要应用于传输时延小、要求实时性高的场合。

2）可变比特速率数据：数据速率可变，传输速率随着不同要求变化，但其变化要在规定的范围内。

3）面向连接的数据：是指虚电路传输方式中的数据。

4）面向无连接的数据：是指数据报方式中的数据。

支持以上这些类型数据的 AAL 分别称为 AAL1、AAL2、AAL3/4 和 AAL5，如图 5.31 所示。由于 AAL3 和 AAL4 有许多功能是重叠的，后来把它们合并为一个类，称为 AAL3/4。

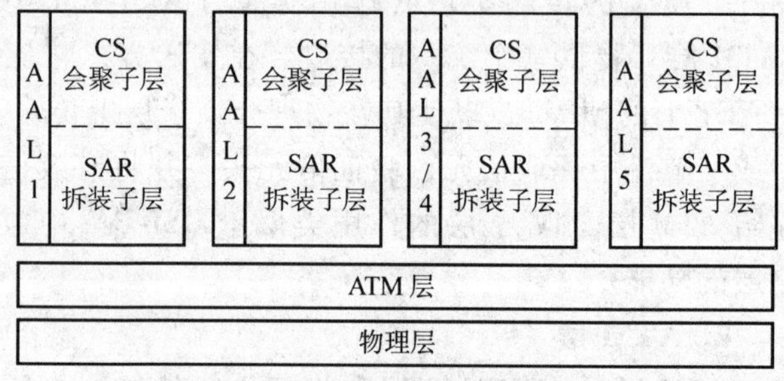

图 5.31　AAL 类型

根据 AAL 的功能，ATM 标准将 AAL 划分为两个子层：会聚子层（CS）和拆装子层（SAR）。

（2）AAL1　AAL1 应用于恒定速率数据传输，它允许 ATM 和现有电信网络（如 DS-3 或 E-1）连接。

1）会聚子层：在 AAL1 中，会聚子层 CS 将上层来的比特流分成 47B 的数据段，然后将数据段传送给下面的 SAR 子层。

2）拆装子层：ALL1 的拆装子层 SAR 数据单元格式如图 5.32 所示。该子层从 CS 子层接收 47B 的有效数据，然后在其前面增加一个字节的报头，形成 48B 的数据单元。这个数据单元传送给 ATM 层，在 ATM 层附加信元头后被封装成信元。这一层的数据单元的报头中有 4 个字段：

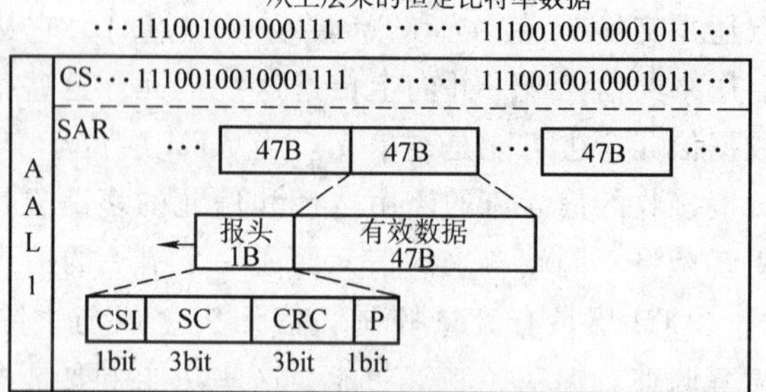

图 5.32　AAL1

① CSI：会聚子层标识，1bit，用来传送定时和结构信息，默认值为 0。

② SC：顺序标记，3bit，在端到端的差错和流量控制中，用于表示信元的顺序和识别信元。

③ CRC：循环冗余校验，3bit，利用生成多项式 x^3+x+1 对报头的前 4 位进行 CRC 校验。它能纠正单个比特差错。在非实时应用中，信元中的差错可通过重传来纠正。但是，在实时的应用中，重传是不可用的，它不能保证通信质量。报头单个差错的自动纠正能极大地减少信元丢弃，可明显地提高传输质量。

④ P：奇偶校验，1bit，它对报头的前 7 位进行奇偶校验。如果某个比特产生差错，CRC 和 P 都能检测到它，这时，CRC 将纠正该比特，使该信元能够被接收。当同时出现两个比特差错时，CRC 可检测到有差错，而 P 无法检测这两个差错。但是，CRC 无法纠正它们，只得将该信元丢弃。

（3）AAL2　AAL2 用来支持可变速率数据传输的应用。目前 AAL2 尚无标准定义，某些内容正在研究中。

1）会聚子层：该子层执行消息识别、处理信元时延变化和信元净荷组装时延等操作。可定义不同的会聚子层协议来支持不同的 AAL2 业务。具体应用时会聚子层可以没有，其功能可由拆装子层来实现。

2）拆装子层：该子层的功能是从 CS 接收 45B 的有效数据，然后附加一个字节的报头和两个字节的报尾，构成一个48B的数据单元。SAR将这个数据单元传递给ATM层，由ATM层将其封装为信元。SAR子层AAL2数据单元格式如图5.33所示。

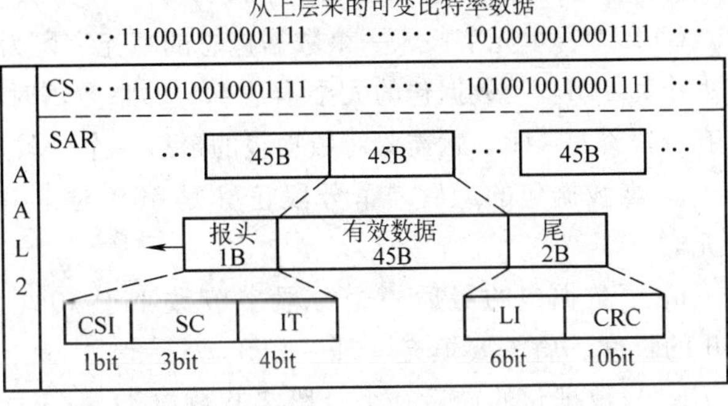

图5.33　AAL2

这一子层的报头中包含有三个字段：

① CSI：会聚子层标识，1bit。CSI用于信令中，目前还没有明确定义。

② SC：顺序标记，3bit。在端到端的差错和流量控制中，用来表示信元的顺序和识别信元。

③ IT：信息类型，4bit。IT用来标明数据字段是处于消息的头、中间还是尾部。

这一子层的报尾包含有两个字段：

① LI：长度指示，6bit。当报头的IT指明该数据字段是消息的最后一部分时，LI用来指明该信元的数据字段中哪些位是填充比特。因为当消息的比特流不能被45整除时，必然消息比特流的最后一段长度小于45B，为了保证有效数据长度等于45B，必须对该有效数据字段进行填充，以保证其长度等于45B。LI将指明有效数据段中填充比特的起始位置。

② CRC：循环冗余校验，10bit。CRC用来对整个数据单元（其前47B）进行校验，并可纠正数据单元中的单个错误。

（4）AAL3/4　最初，ATM标准定义AAL3是用来支持面向连接的数据服务，定义AAL4是用来支持面向无连接的数据服务。但就其本质来说，二者的功能是相同的，因此，将它们合并称为AAL3/4。

1）会聚子层：该子层从其上层接收的数据包长度不能超过65535（即：$2^{16}-1$）B，然后对接收的数据包添加4B的报头和4B的报尾，如图5.34所示。为了使接收端能对收到的数据进行重组，在此，用报头和报尾指出数据包的开始和结束，以及在最后一个数据包中有多少位是填充。

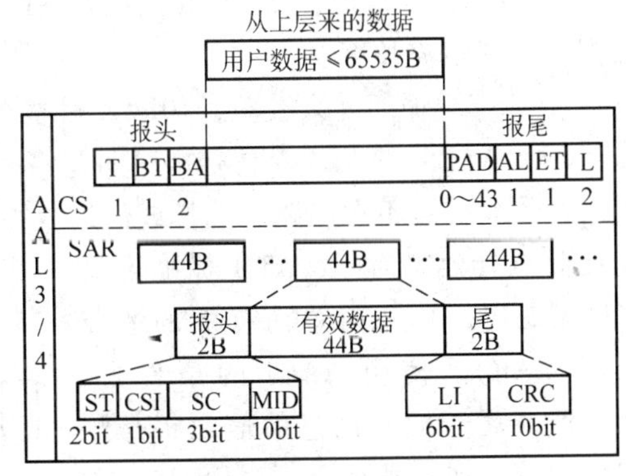

图5.34　AAL3/4

这一子层的报头包含有三个字段：

① T：类型，1B，用于解释报头和报尾中各字段的含义。编码全为0时，指明BA和L中的计数单元为字节。

② BT：起始标记，1B，用于该子层数据单元头尾匹配。对于一给定的数据单元，发送端报头BT字段和报尾ET字段值要相同。接收时要检查它们的值是否相同。相同则说明它们属于同一个数据单元，不同数据单元的BT和ET应不同。

③ BA：缓冲区分配，2B。用来告诉接收端该数据包需要多大的缓冲区，其值等于有效负荷长度。

这一子层的报尾包含有四个字段：

① PAD：填充字段，一个数据包总的填充字段为0～43B。SAR子层将对数据包再次分段，其大小为44B。当数据包的大小不是44B的整数倍时，其最后一个分段将小于44B。为了保证所有分段都是44B，就需要对数据包的最后一个分段进行字节填充。有三种可能的填充情况：

a. 当数据包的最后一个分段正好是40B时，由于数据包有4B的报尾，则不需要字段填充。

b. 当数据包的最后一个分段字节数小于40（即1～39）时，为了保证最后一个分段40B的长度，就需要填充（39～1）B。

c. 当数据包的最后一个分段字节数在41～43之间时，需要填充43～41B，使总数达到84B，最初的44B构成完整的一个段，余下的40B和报尾构成最后一个段。

② AL：对齐，1B。AL字段将报尾补足为4B，其内容不代表任何信息，仅为填充字符。

③ ET：结束标记，1B。与报头中BT值相同。

④ L：长度，2B。用于指示有效负荷的长度。

2）拆装子层：由图5.34可以看出，这个子层的功能是将CS子层的数据单元分成长度为44B的数据段，然后在添加2B的报头和2B的报尾，构成48B的数据单元。该数据单元被送往ATM层，在ATM层被封装成信元。

这一子层的报头包含有四个字段：

① ST：段类型，2bit。用来标识该段是属于一个消息的开头、中间还是尾部，或者这个段是一个单独消息。

② CSI：会聚子层标识，1bit。用于信令中，目前还没有明确定义。

③ SC：顺序标记，3bit。在端到端的差错和流量控制中，用来表示信元的顺序和识别信元。

④ MID：多路复用指示，10bit。用来识别复用在同一虚电路上的信元。

这一子层的报尾包含有两个字段：

① LI：长度指示，6bit。LI仅用在ST标记的消息尾部分段中，用来指示该尾部分段中数据长度和填充长度。

② CRC：循环冗余校验，10bit，对整个数据单元进行校验。

（5）AAL5　AAL3/4具有排序和差错控制功能，但这一功能并不是在所有应用中都需要。当信元传输不存在路由选择或信道复用时，这种功能就是不必要的。相反，没有这种功能反而更有效。为此，ATM标准定义了AAL5层，称为简单而有效的适配层（SEAL）。使用AAL5的条件是，假定所有属于同一消息的信元将是顺序传送的。在这种情况下，CS和SAR子层中都不提供地址、排序和报头信息，而只在CS子层中添加了填充和报尾字段。AAL5格式如图5.35所示。

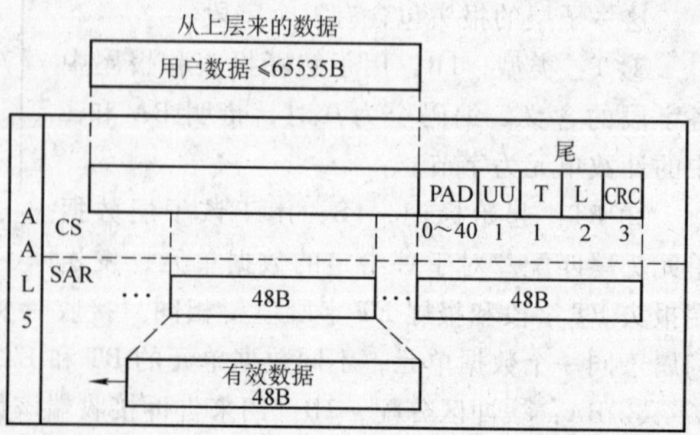

图5.35　AAL5

1）会聚子层：会聚子层从其上层接收长度不超过65535B的数据包，然后增加一个填充和报尾字段。CS 子层将数据包按 48B 为一段传送给 SAR 子层。当数据包的最后一个分段不是 48B 时，该分段将被填充到 40B，然后与报尾的 8B 共同构成 48B 的段传送给 SAR 子层，SAR 子层不须添加任何开销。AAL5 的全部开销只存在于信元序列的最后一个信元。

和 AAL3/4 一样，填充是对 CS 收到的数据包进行的，报尾也是加到该数据包上，而不是对某个分段进行填充和增加报尾。该子层报尾包含有以下字段：

① PAD：填充，其长度为 0～40B，填充数据编码全为 1，在收端被删除。

② UU：用户到用户 ID，1B。该字段用于 ATM 网络用户之间传递网络透明信息。

③ T：类型，2B。使会聚子层数据单元尾部长度达到 8B。

④ L：长度，2B。标识会聚子层用户数据长度，但不包括 PDA 数据。

⑤ CRC：循环冗余校验，4B。对该字段前面的所有数据进行校验。

2）拆装子层：在 SAR 子层没有定义报头和报尾，直接将 48B 的数据单元传递给 ATM 层。

5.4.4　ATM 服务类型

ATM 定义了五种服务类型：恒定比特速率、可变比特速率、可用比特速率、未指定比特速率和保证的帧速率。

1. 恒定比特速率

恒定比特速率（Constent Bit Rate，CBR）没有流量控制、差错校验和其他处理。该服务是在当前电话系统和未来的 B-ISDN 系统间的一个过渡，因为当前的话音级的 PCM 通道、T1 电路以及其他的电话系统都使用恒定速率的同步数据传输。

2. 可变比特速率

可变比特速率（Variable Bit Rate，VBR）划分了两个子组，一个为实时传输服务，另一个为非实时传输服务。实时传输 RT-VBR 主要用来描述具有可变数据流并且要求实时的服务，例如视频会议。非实时传输 NRT-VBR 主要用于定时发送的通信场合，在这种场合下，一定的时延及其变化是可以接受的，如电子邮件。

3. 可用比特速率

可用比特速率（Available Bit Rate，ABR）是为带宽范围大体知道的突发数据传输服务的。ABR 是一种网络能向发送者提供速率反馈的服务类型，当网络发生拥塞时自动要求发送者降低发送速率，这样，网络的信元丢失率就会很低。

4. 未指定比特速率

未指定比特速率（Unspecified Bit Rate，UBR）不做任何承诺，对拥塞也没有反馈，该类服务适合于 IP 数据报通信方式。如果网络发生拥塞，则信元会被丢弃，并且不给发送者发送反馈信息。

5. 保证的帧速率

保证的帧速率（Guaranteed Frame Rate，GFR）用于支持那种需要最小速率保证以及可以从动态地接入附加带宽中获得好处的非实时应用。GFR 服务保证是基于 AAL5 协议数据单元的。当网络拥塞时，GFR 丢弃整个帧，而不是帧片段的信元。

各种 ATM 服务类型性能比较如表 5.2 所示。

表 5.2 ATM 服务类型性能比较

服　务	CBR	RT-VBR	NRT-VBR	ABR	UBR	GFR
带宽保证	是	是	是	可选	不	最小
实时性	是	是	不	不	不	不
突发性	不	不	是	是	是	是
拥塞反馈	不	不	不	是	不	不

5.5 综合业务数字网

综合业务数字网（Integrated Service Data Network，ISDN）是在综合数字网（IDN）的基础上发展演变而成的通信网，能提供端到端的数字连接，用来支持包括话音在内的多种电信业务，用户能通过有限的一组标准化的多用途用户-网络接口接入网络。

目前存在的各种通信网，都是为完成单项通信业务独立建立的专用网，例如，电话网用于传输语音；分组交换数据网用于传输数据；电视网用于传送电视节目等。当用户需要多种通信业务时，必须按业务类型分别申请多条用户线，与各种专用业务网连通。显然，这对用户是不方便的，也是不经济的。于是，人们提出了将语音、数据、图像等综合到一个网络中去的设想，能够实现这种设想的网络称为综合业务数字网。

5.5.1 ISDN 的基本结构

图 5.36 示出了 ISDN 的基本结构。图中 TE 是用户终端设备，它通过标准的用户-网络接口接入 ISDN。在用户-网络接口上有信息通道和信令通道。

ISDN 具有电路交换、分组交换、无交换连接和公共信道信令功能。ISDN 向用户提供的入网接口是标准的，它适合各种类型的业务和终端。用户可通过标准接口与 ISDN 用户通信，或与其他专用网建立联系。

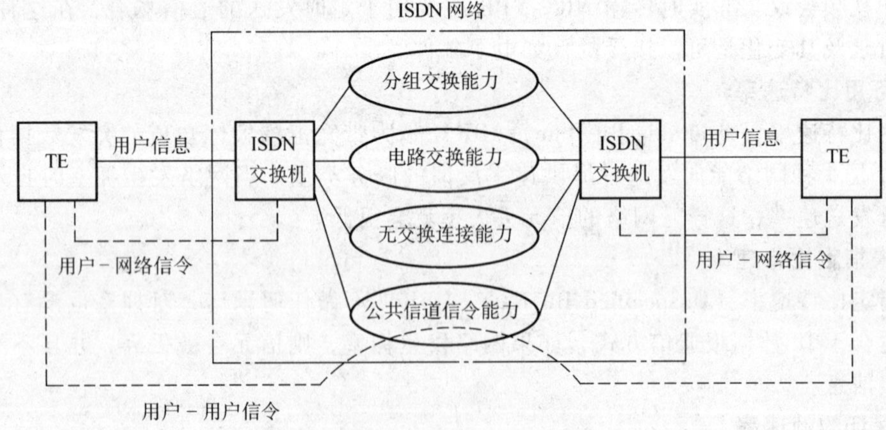

图 5.36 ISDN 基本结构

5.5.2 用户-网络接口

ISDN 标准的用户-网络接口所具有的呼叫控制功能是以协议的形式规定的。用户-网络接口提供用户接入网络的手段，使用户和网络之间交换信息。目前ISDN向用户提供的入网接口标准有两类：基本速率接口和一次群速率接口。

1. 基本速率接口

基本速率接口即2B + D接口，它由两条B通道和一条D通道构成。B通道速率为64Kbit/s，用来传送用户数据；D通道速率为16Kbit/s，用来传送用户-网络信令或低速的分组数据。B通道和D通道都是全双工的，基本速率接口的数据总速率为144Kbit/s，再加上帧定位和其他开销，基本速率接口的总速率为192Kbit/s。该接口供家庭用户使用，传输线可使用原来电话网的用户线。

2. 一次群速率接口

一次群速率接口支持PCM一次群速率的数据传输。由于目前国际上通用的PCM数据传输有两种体系，故该接口与之对应有两种标准：30B + D标准和23B + D标准。

（1）30B + D标准　30B + D标准由30条B通道和1条D通道构成，数据总速率为2.048Mbit/s，其中B通道和D通道的数据速率均为64Kbit/s。B通道用来传送用户数据，D通道用来传送用户-网络信令。目前欧洲、中国及一些发展中国家采用该标准。

（2）23B + D标准　23B + D标准由23条B通道和1条D通道构成，总数据速率为1.544Mbit/s，其中B通道和D通道的数据速率均为64Kbit/s。目前北美和日本采用该标准。

一次群速率接口提供给业务量较大的集团用户使用，例如装有交换机PBX或计算机局域网LAN等办公室用户。此外，一次群速率接口还可用来接高速终端。这时，接口信道可根据用户的要求变成H通道或H、B和D通道的组合，接口总速率保持不变。H通道有三种速率标准：H0：384Kbit/s；H11：1536Kbit/s和H12：1920Kbit/s。接口传输介质可采用双绞线。需要使用高速通道的用户可以采用不同的nB + D的接口结构。例如，可以采用mH0 + D、H11 + D或H12 + D等，还可以采用既有B通道又有H0通道的结构，如nB + mH0 + D。

3. ISDN信令

ISDN采用No.7信令系统（SS7）。ISDN信令分为用户-网络信令，网络内部信令和用户-用户信令，如图5.37所示。

用户-网络信令是用户终端设备与网络交换设备之间的控制信号；网络内部信令是网络交换节点之间的控制信号；用户-用户信令是用户终端设备之间的控制信号，可透明地穿过网络，在用户终端设备之间传送。

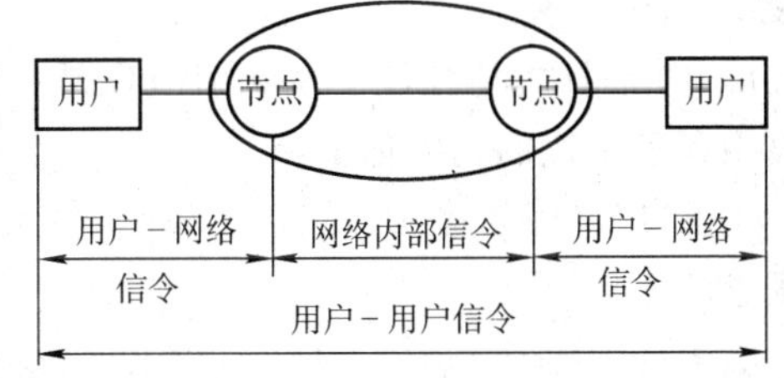

图5.37　信令

ISDN是用来解决一些小的办公室或拨号用户需要比传统电话拨号服务能提供更宽传输带宽的应用，同时，ISDN也可用来提供线路备份。电话公司发展ISDN的目的是要建立一个全数字的网络。ISDN技术使用现有电话线系统，并且其工作也类似于电话，在呼叫期间保持线路连接，在呼叫结束后关闭线路。

ISDN可利用现有电话线提供数字服务，可用来传输语音、数据、图形、图像等。

5.5.3 ISDN 的层次

ISDN 分为三个层次，由下至上依次是：物理层、数据链路层和网络层。

1. 物理层

物理层定义了基本速率接口（BRI）和一次群速率接口（PRI）的物理规范。物理层帧的出和入格式是不同的。所谓输出帧是指从网络到终端的帧；所谓输入帧是指从终端到网络的帧。这两种帧长度都是 48bit，其中 36bit 用于表示数据，其帧的格式如图 5.38 所示。

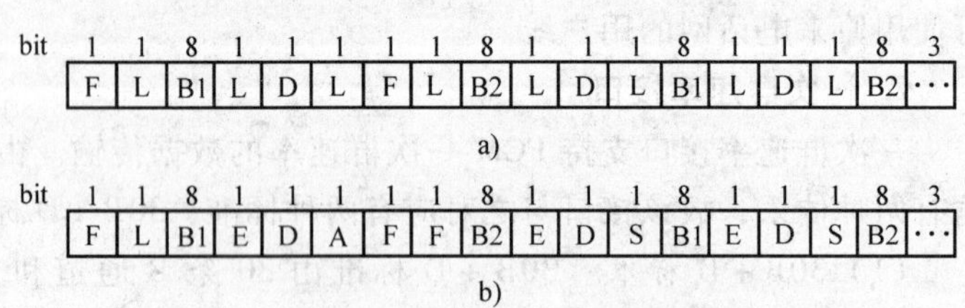

图 5.38 ISDN 物理层帧格式
a）网络到终端帧 b）终端到网络帧

帧中各位的功能如下：

① F：帧比特，用于同步。

② L：负载均衡比特，调整平均比特值。

③ B1：B1 信道比特，用于传输用户数据。

④ B2：B2 信道比特，用于传输用户数据。

⑤ D：D 信道比特，用于传输用户数据。

⑥ A：激活比特，用于获得设备。

⑦ E：D 信道的回应比特，用于解决多个终端使用同一信道时的竞争。

⑧ S：剩余比特，未被指定。

多个 ISDN 用户设备可以在物理上使用同一条线路。在这种配置下，如果有两个终端设备同时传输数据，将会引起冲突。为此，ISDN 提供了链路竞争检测特性，这个特性由信道完成。

2. 数据链路层

ISDN 数据链路层协议在 D 信道为 LAPD，其帧结构与 HDLC 类似，如图 5.39 所示。首先是表示帧头的标志字段，其次是识别逻辑链路的地址字段，接着是表示帧类型的控制字段，控制字段之后依次是信息字段、检测传输差错的校验序列及表示帧结束的标志字段。

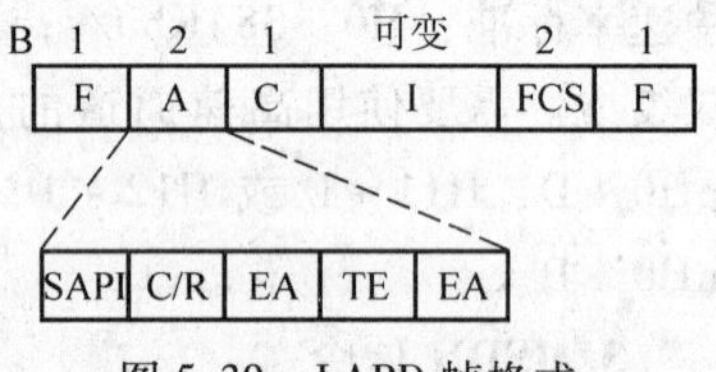

图 5.39 LAPD 帧格式

LAPD 的标志与控制字段和 HDLC 是一致的。LAPD 的地址字段由两个字节构成，地址字段中各子字段的功能如下：

① SAPI：服务接入点标识，6bit，位于地址字段的第一个字节，用来标识 LAPD 对第 3 层服务的入口。

② C/R：命令/响应，1bit，用来区分命令帧或响应帧。终端将 C/R 置“0”，所发送的帧就是命令帧；终端将 C/R 置“1”，所发送的帧就是响应帧。在网络侧正好相反，即命令置“1”，响应置“0”。

③ EA：地址扩展字段，2bit。EA 为 0 表示下一个字节仍是地址字段；EA 为 1 表示下一个字节是地址字段最终字节。

④ TE：终端标识符，7bit，用来识别终端是单个还是多个。TE 字段取值为 0 ~ 127，其值在 0 ~ 126 范围内表示单个终端，其值为 127 表示多个终端，即广播。

3. 网络层

ISDN 的第 3 层利用了第 2 层的信息传送功能，在用户和网络间发送、接收各种控制信息，并根据用户要求对信息通路的建立、保持和释放进行控制。通常把从请求建立通路到释放通路的通信过程称为呼叫。为了满足 ISDN 的特殊要求，在该层除规定链路基本呼叫控制规程外，还具有按用户要求选择业务（如数据传输速率、数据传输模式等）和收发用户相互进行通信可能性确认等功能。

（1）*网络层的功能* 网络层在 D 通道上传送呼叫控制报文，对各种通信从开始到结束进行呼叫控制。在建立通路时该层提供以下信息传送能力：从用户-网络接口的多条通道（B 通道和 D 通道）中选择并确定信道；根据用户业务需要选择、激活网络和传输介质及补充业务的处理功能；到被叫用户的通路及通信终端间通信一致性认可等功能。当采用电路交换方式通信时，要用到上述全部功能。当采用分组交换方式通信时，会因通过 B 通道或 D 通道传送分组数据而有所不同。根据要求可将电路交换呼叫控制规程与 X. 25 分组层规程组合使用，该层只提供了路由选择、建立和选择对方终端的功能。通路建立以后，可通过链路传送 X. 25 的呼叫控制信息分组，建立分组连接。此外，还可在用户间直接传送呼叫控制信息。这时，在 D 通道上将用户-用户信令放入呼叫控制报文中传送或者作为独立的报文传送。

在通信中，本层也能通过 D 通道传送呼叫控制报文。在通信结束时，本层释放呼叫中所占用的通道、网络传输介质及其他资源。为了提供上述功能，应在用户和网络的第 3 层间交换多种报文。

（2）*报文格式* ISDN 第 3 层报文格式由协议识别、通路号码、报文类型和信息单元四部分构成，如图 5. 40 所示。其中协议识别符、通路号码和报文类型对所有报文都是必需的，是报文的公共部分，而信息单元根据需要选用。第 3 层报文作为一个整体放在第 2 层帧的 I 字段中传送，报文的长度是 8bit 的整数倍。下面介绍各部分的功能。

协议识别	通路号码	报文类型	信息单元

图 5. 40 报文格式

1）协议识别：1B，指明所使用的协议。其作用是识别用户-网络接口呼叫控制报文和将来可能规定的其他报文。它也识别本地 ISDN 交换机和终端之间网络层的协议规范（Q. 931）规定的报文和按 CCITT 其他建议及标准的网络层协议。但是，用 D 通道进行分组通信时，消息中不包含协议识别。这是因为在 D 通道上传送的 X. 25 分组未加变更地被放入 I 字段中，所以在这种情况下无须再使用协议识别。

2）通路号码：其作用是在用户-网络接口上建立报文与通路的对应关系。每一个通路都有一个确定的通路号码。通常，基本速率接口通路号码为 1B，一次群速率接口通路号码为 2B，允许最大长度为 3B。

3）报文类型：1B，用来表示每个报文所具有的功能。利用报文类型可以识别呼叫请求、呼叫释放等各种报文。

4）信息单元：根据报文所处理的内容在其中传送所需要的信息，这些信息是呼叫建立所需要的，如地址、路由信息等。该字段可以包括多个信息单元，其长度可变。

各设备处理报文时只从报文中查找所需要的信息单元，对于不需要的信息单元则不予以处理。

5.5.4 ISDN 的封装

在 ISDN 中，最常用的封装协议是 PPP 和 HDLC。HDLC 为 ISDN 的缺省封装协议，但是，PPP 比 HDLC 更健全，因为它对兼容链路和协议配置提供了更好的验证和协商机制。在 PPP 中，通常选用询问握手验证协议 CHAP。端到端的其他封装协议可以是 LAPD。

ISDN 接口只允许采用一种封装协议，一旦 ISDN 呼叫建立，路由器就能使用 ISDN 传输任何需要的网络层协议（如 IP）到多个目的节点。

PPP 功能强大，采用对等网络机制建立数据链路，能提供安全保证并封装数据流。PPP 在每次连接建立完成后在对等网络之间进行协商。PPP 连接能被各种网络协议使用，如 IP、IPX 等。

PPP 的许多特性特别适合远程接入应用。PPP 采用链路控制协议 LCP 来初始建立连接并协商配置。在这个协议中内置了安全性，口令验证协议 PAP 和 CHAP 提供了安全设计。

PPP 帧对于同步和异步连接的操作不同。当一端的连接用户使用同步 PPP，而另一端使用异步 PPP 时，在异步端可采用同步到异步的 PPP 帧转换来实现二者的兼容。

PPP 的 LCP 提供了点到点的连接建立、配置、保持和中断。在网络层数据报交换之前，LCP 必须首先打开连接并协商配置参数，然后进行帧的发送和接收。

PPP 验证是在 ISDN 的 PPP 封装连接中习惯使用的安全机制。在 LCP 建立完 PPP 连接后及 NCP 建立之前执行验证协议。如果验证是需要的，则它必须在 LCP 建立阶段选择协商。验证可以是双向的，两端互验；也可以是单向的，一般是被叫端验证主叫端。

5.5.5 ISDN 的应用

ISDN 有广泛的应用，下面介绍几种常用的应用环境。

1. 远程接入

远程接入是指采用拨号连接位于远程位置的用户。拨号连接可以利用电话服务或者 ISDN 拨号。远程连接受速度、成本、距离和可用性的影响。

远程接入的数据速率一般都比较低，但其成本一般也比较低，特别是利用电话服务更是如此。ISDN 收费取决于距离、服务方式和收费方法等。

2. 远程节点

对经常且长时间在网上工作的用户，可采用 ISDN 连接，如图 5.41 所示。使用这种连接方式，用户工作站成为广域网上的远程节点。

3. 办公室/家庭办公室互联

有些小的办公室或者家庭办公室需要比传统电话拨号更快和更可靠的连接方式，可利用 ISDN 作为远程办公室与中心办公室之间租用专线的备份线路。当租用线路出现故障，ISDN 电路交换连接会自动建立起来，数据通过 ISDN

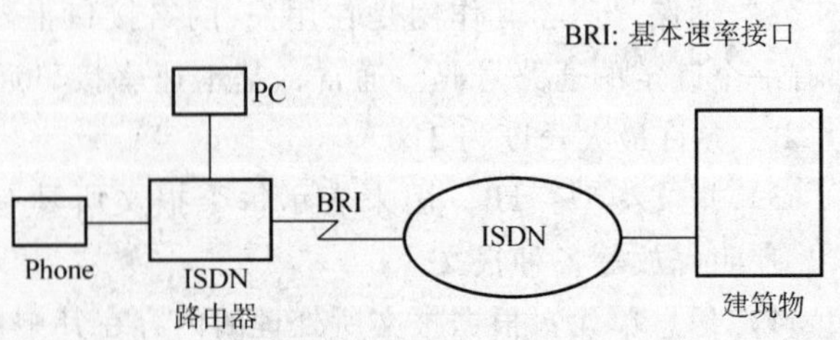

图 5.41 ISDN 远程节点

传输。当租用线路恢复后，数据会自动定向回租用线路，而 ISDN 线路被释放。这种连接如图 5.42 所示。

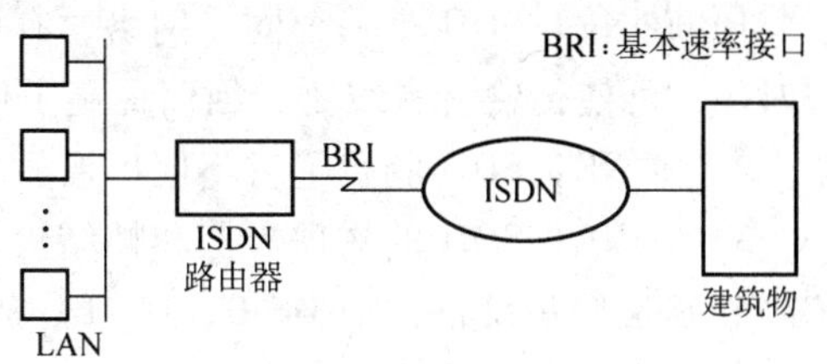

图 5.42　使用 ISDN 互联

5.5.6　宽带 ISDN

宽带 ISDN（B-ISDN）是在 ISDN 的基础上发展起来的。通常将只能提供基本速率接口和一次群速率接口的 ISDN 称为窄带 ISDN（N-ISDN）或 ISDN。随着电信业务的多样化、高速化和综合化的发展，N-ISDN 已不能满足日益增长的业务需要，宽带 ISDN 应运而生，其目标是将语音、数据、图像等多媒体信息以及 N-ISDN 的所有业务综合到一个网络中，覆盖从低速到高速，满足实时的和非实时的、突发的和平稳的各类业务传输的需要。

宽带 ISDN 提供大于一次群速率的数据传输信道，基于异步传输模式（ATM），用光纤作为传输介质。数据传输速率为 11Mbit/s、155Mbit/s 或 600Mbit/s。信道速率：H21：32.768Mbit/s 、H22：43 ~ 45Mbit/s 和 H4：132 ~ 138.24Mbit/s。

H21 和 H22 主要用于视频会议、视频电话及视频消息的传输。H4 用于大文本、传真及增强的视频信息传输。H21 数据速率为 512 个 64Kbit/s。H22 和 H4 数据速率是 64Kbit/s 速率的倍数。

N-ISDN 和 B-ISDN 的主要区别：

1）N-ISDN 以目前正在使用的公用电话网为基础；B-ISDN 采用光纤作为传输介质。

2）N-ISDN 使用电路交换和分组交换；B-ISDN 采用 ATM。

3）N-ISDN 的通道和速率是预定的；B-ISDN 采用虚电路交换，其速率不预定。

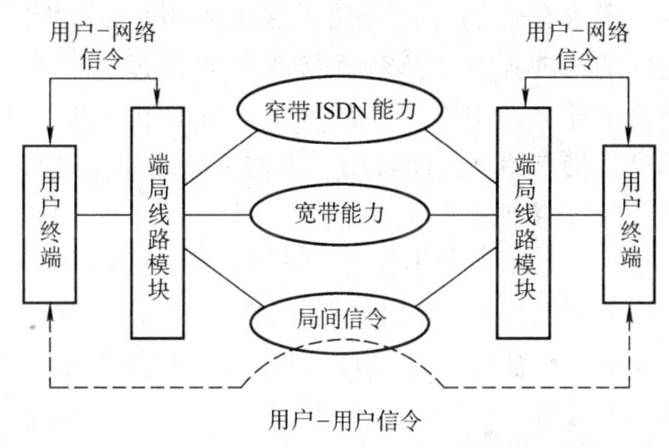

图 5.43　B-ISDN 结构

国际电信联盟标准化部（ITU-T）定义了 B-ISDN 基本结构模型，如图 5.43 所示。其基本结构与 N-ISDN 类似，但 B-ISDN 具有宽带传输能力。因此，B-ISDN 的用户-网络接口速率除包括 N-ISDN 的全部接口速率外，还增加了 155.52Mbit/s 和 622.08Mbit/s 两个宽带接口速率。实现 B-ISDN 的关键技术是宽带交换，而 ATM 技术和光交换技术是实现宽带交换的关键。

5.6　SONET/SDH

光纤的带宽非常宽，可用于高速数据的传输。随着光纤技术的发展，各种专用的光纤传输系统不断涌现，其应用日益广泛。为了使各专用系统之间能够互联，美国和欧洲分别制定了各自的标准，分别称为同步光纤网络 SONET 和同步数字系统 SDH。这两个标准是类似的，同时也是互相兼容的。

在 SONET 和 SDH 的设计中，有三点是最为重要的：

1）SONET/SDH 是一个同步网络，有一个统一的时钟用来处理整个网络的传输和设备的时序，可使传输流水线化，因而提高了传输速率，降低了运行成本。

2）SONET/SDH 涵盖了对不同厂商光纤传输设备标准化的建议。

3）SONET/SDH 的物理规范和帧结构设计采取了一些特定机制，可使来自不兼容的系统（特别是异步设备，如 DS-0、DS-1）的信号传输成为可能。这些措施为 SONET/SDH 成为通用连接奠定了基础。

需要指出的是，SONET 是一种没有交换的复用传输机制，能够提供宽带服务，可用作 ATM 和 B-ISDN 传输的载体。

5.6.1 通信业务

有两类通信业务：模拟业务和数字业务。

1. 模拟业务

在模拟业务中，使用最多的是交换业务和租用业务。

（1）交换业务　用户通过呼叫，经交换机建立连接。可实现双方之间的通信，如图 5.44 所示。

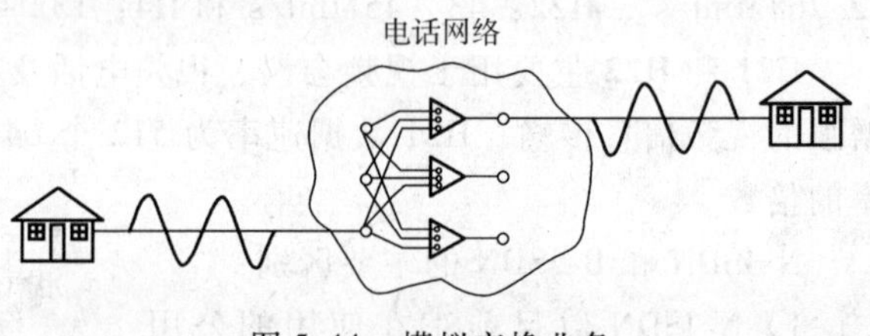

图 5.44　模拟交换业务

（2）租用业务　租用业务是用户租用一条永久性的专用线路，保证两用户之间的长期连接。这种连接仍然要通过交换机建立，但在这条线路上的交换机的交换接点始终是闭合的，不需要呼叫建立过程，如图 5.45 所示。

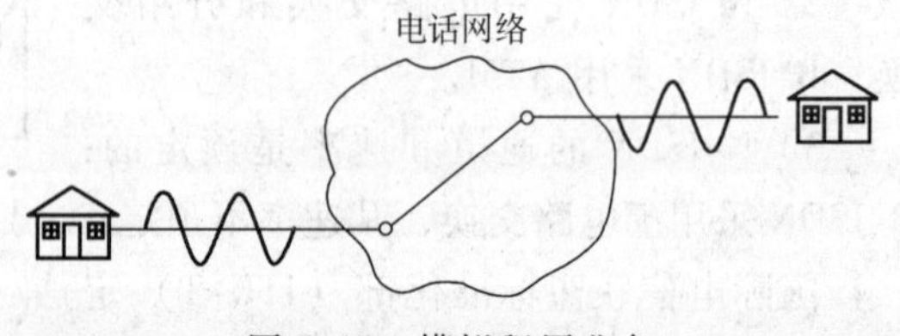

图 5.45　模拟租用业务

2. 数字业务

由于数字业务不易受噪声和干扰的影响，同时数字传输的费用较模拟传输费用低（数字设备较模拟设备简单），因而数字业务已成为发展趋势。

介绍三种数字业务：交换/56 业务、数字数据业务（DDS）和数字信号业务（DS）。

（1）交换/56 业务　它是一种可以达到 56Kbit/s 数据速率的交换数字业务。利用这种业务通信的双方必须都是支持该业务的用户。

交换/56 业务中的线路是数字化的，用户不需要调制解调器就能发送数字数据。但是，却需要一种叫数据服务单元（DSU）的设备，这种设备可将用户设备产生的数字数据的速率变为 56Kbit/s，并将它编码为服务提供者能够使用的格式。图 5.46 示出了交换/56 业务的工作过程。

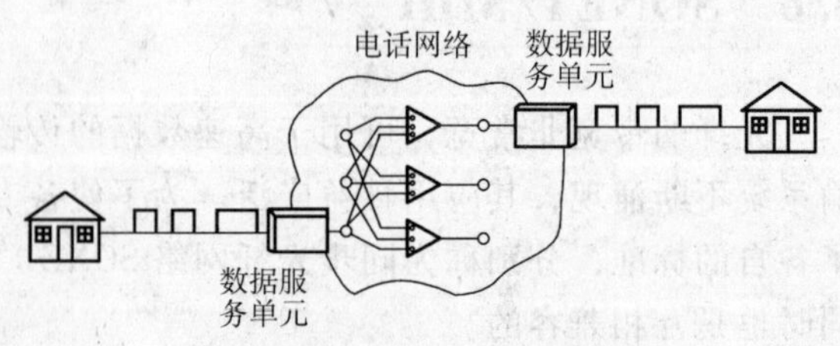

图 5.46　交换/56 业务

一般说来，DSU 要比调制解调器贵。虽然如此，由于数字线路相对于同等的模拟线路来说具有更高的速率、更好的质量以及更强的抗干扰能力，用户还是愿意使用交换/56 业务的。

交换/56 业务支持按需分配带宽，允许用户通过使用多条线路来获得更高的带宽。这种特性使得交换/56 业务还可以支持视频会议、快速传真、多媒体以及快速数据传输等。

（2）数字数据业务 数字数据业务（DDS）是一种通过租用数字线路开展的业务。DDS的最大数据传输速率是56Kbit/s，它提供五种速率供用户选用，这五种速率是：2.4Kbit/s、4.8Kbit/s、9.6Kbit/s、19.2Kbit/s 和 56Kbit/s。

DDS 也需要使用 DSU，但这种业务的 DSU 比交换/56 业务使用的 DSU 便宜。这种业务的工作过程如图 5.47 所示。

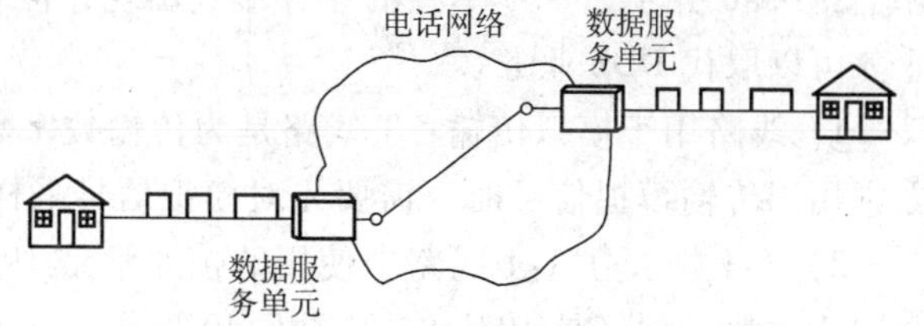

图 5.47 数字数据业务

（3）数字信号业务 数字信号业务（DS）采用了分级体系结构，如图 5.48 所示。

1）一个 DS-0 业务的数据速率为 64Kbit/s。

2）一个 DS-1 业务的数据速率为 1.544Mbit/s。1.544Mbit/s 是 64Kbit/s 的 24 倍加上 8Kbit/s 的开销。DS-1 业务可以单独用作 1.544Mbit/s 的传输信道，也可以复用 24 路 DS-0 或是按照用户需求组合成 1.544Mbit/s 带宽内的任何形式。

3）DS-2 业务的数据速率为 6.312Mbit/s。6.312Mbit/s 是 64Kbit/s 的 96 倍加上 168Kbit/s 的开销。它可以单独用作 6.312Mbit/s 速率的传输信道，也可以复用 4 路 DS-1 信道，或者 96 路 DS-0 信道，还可以是 6.312Mbit/s 带宽内的任何组合形式。

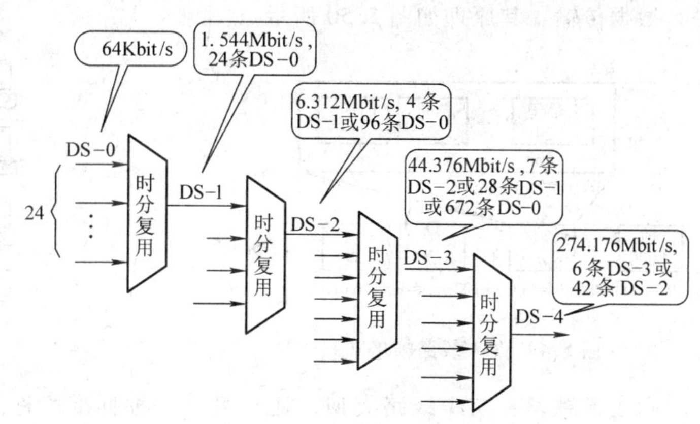

图 5.48 数字信号业务体系

4）DS-3 业务的数据速率是 44.376Mbit/s。44.376Mbit/s 是 64Kbit/s 的 672 倍加上 1.368Mbit/s 的开销。它可以单独用作 44.376Mbit/s 速率的传输信道，也可以复用 7 路 DS-2 信道，或者 28 路 DS-1 信道，或者 672 路 DS-0 信道，也可以是这些业务在 44.376Mbit/s 带宽内的组合形式。

5）DS-4 业务的数据速率是 274.176Mbit/s。274.176Mbit/s 是 64Kbit/s 的 4032 倍加上 16.128Mbit/s 的开销。它可以单独用作 274.176Mbit/s 速率的传输信道，也可以复用 6 路 DS-3 信道，或者 42 路 DS-2 信道，或者 168 路 DS-1 信道，或者 4032 路 DS-0 信道，也可以是这些业务在 274.176Mbit/s 带宽内的不同组合形式。

（4）T 线路 DS 业务需要通过相应线路来实现。实现 DS 业务的线路称为 T 线路，分为 T-1 ~ T-4。这些线路容许的数据传输速率与 DS 业务相对应。它们之间的关系如表 5.3 所示。

表 5.3 DS 业务与 T 线路数据对应关系

业　务	线　路	速率/(Mbit/s)	话音路数
DS-1	T-1	1.544	24
DS-2	T-2	6.312	96
DS-3	T-3	44.736	672
DS-4	T-4	274.176	4032

T-1 线路是用来实现 DS-1 业务的，T-2 线路是用来实现 DS-2 业务的，依此类推。在实际上，DS-0 并不以一项单独的业务形式出现，但它是其他各项业务的基础。用户使用 DS-0 业务可以取代 DDS 业务。

1）线路用于模拟传输：T 线路是为传输数字数据、语音或音频信号而设计的数字线路，当它用于传输模拟信号时，需要先对模拟信号采样，然后再进行时分复用传输。

2）T-1 帧：在 T-1 线路中使用的帧通常是 193bit，它被分成 24 个 8bit 的时间片加上一个同步比特，刚好是 193bit，如图 5.49 所示。这种帧格式的一个时间片包含一路信号的一个时段。如果一条 T-1 线路每秒传送 8000 帧，其数据速率就是 1.544Mbit/s。正好是 T-1 线路的容量。

3）分路 T 线路：在实际的通信过程中，许多用户并不需要使用整条 T-1 线路的容量。为了适应这类用户的需要，产生了分路 T 线路业务，这项业务允许用户通过复用共享一条线路。为实现这种共享，可通过一个称为数据服务单元/信道服务单元（DSU/CSU）的设备进行数据传输，其原理如图 5.50 所示。

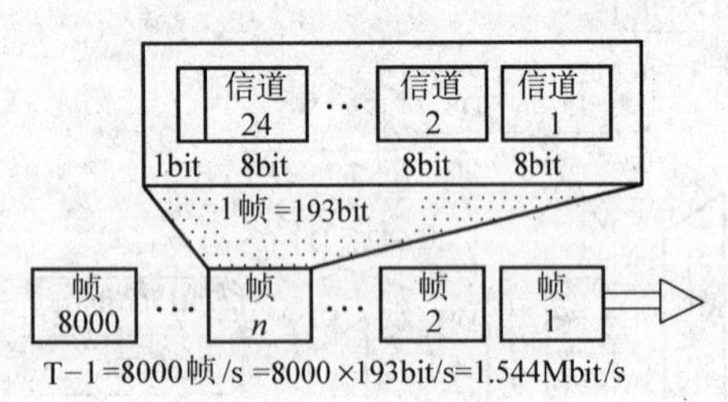

图 5.49　T-1 线路帧格式

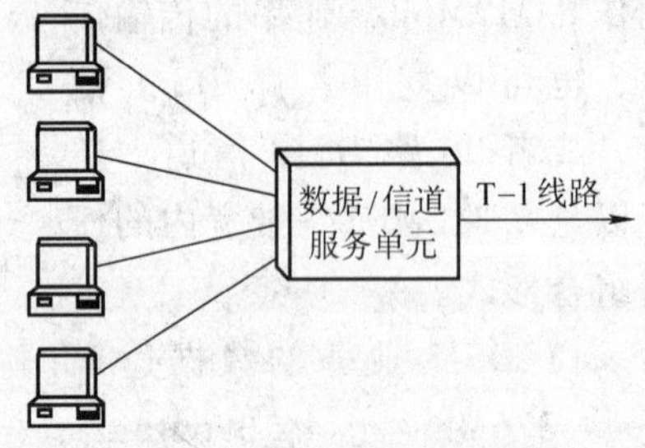

图 5.50　分路 T-1 线路

（5）E 线路：与 T 线路类似，还有另外一种标准，称为 E 线路，其线路速率如表 5.4 所示。

表 5.4　E 线路速率

线　路	速率/(Mbit/s)	话音路数
E-1	2.048	30
E-2	8.448	120
E-3	34.368	480
E-4	139.264	1920

5.6.2　同步传输信号

SONET 定义了一种信号的层次结构，称为同步传输信号 STSs。该结构共分十个层次。从 STS-1 ~ STS-192，每个 STS 层次支持一特定的数据速率，如表 5.5 所示。

表 5.5 SONET/SDH 数据速率

STS	OC	速率/(Mbit/s)	STM
STS-1	OC-1	51.840	
STS-3	OC-3	155.520	STM-1
STS-9	OC-9	466.560	STM-3
STS-12	OC-12	622.080	STM-4
STS-18	OC-18	933.120	STM-6
STS-24	OC-24	1244.160	STM-8
STS-36	OC-36	1866.240	STM-12
STS-48	OC-48	2488.320	STM-16
STS-96	OC-96	4976.640	STM-32
STS-192	OC-192	9953.280	STM-64

SONET 为光纤传输系统定义的层次结构的传输速率以 51.840Mbit/s 为基础，相当于 T-3/E-3 的传输速率，此速率对电信号称为第 1 级同步传输信号 STS-1；对于光信号，这称为第 1 级光载波 OC-1。传输每个层次 STS 的物理链路称为光纤载体 OCs。OC 层次描述了支持每个层次信令所需要的链路规范和物理规范。这些规范的具体实现是由生产厂家来完成的。目前，最流行的规范是 OC-1、OC-3、OC-12 和 OC-48。一般可以认为 SDH 与 SONET 是同义词，但 SDH 的基本速率为 155.520Mbit/s，称为第 1 级同步传输模块（STM-1），相当于 SONET 系统中的 OC-3 速率。

由表 5-5 可以看出，在层次结构中，最低层次的数据速率是 51.840Mbit/s，这比 DS-3 业务和 T-3 线路的 44.736Mbit/s 高。实际上，STS-1 支持的数据速率与 DS-3 是相同的，其高的速率设计是为了提供处理光纤系统中所需的额外开销。

由表 5-5 还可以看出，STS-3 的数据传输速率正好是 STS-1 的 3 倍，STS-18 的速率正好是 STS-9 的 2 倍。这种对应关系意味着 18 条 STS-1 通道可以复用到一条 STS-18 通道上，6 条 STS-3 通道可以复用到一条 STS-18 通道上，依此类推。这种层次结构与 DS 业务和 T 线路仍是类似的。

在 SDH 中定义了一个称为同步传输模块 STM 的系统。定义 STM 的目的是为了与 E 线路和 STS 系统兼容。STM 的最低层 STM-1 的速率为 155.520Mbit/s，它正好和 STS-3 相一致。

5.6.3 SONET 系统

SONET 系统如图 5.51 所示。它由 SONET 设备以及连接这些设备的线路构成。

在图中，多路输入电信号送入 STS 复用器后，复用并形成一个单一光信号。该光信号传输到再生器后将被重新再生，去除传输中混入的噪声。再生后的信号传送到添加/丢弃复用器，根据需要，添加/丢弃复用器将重新组织这些信号，并把它们作为新的数据帧信息直接输出。然后送到下一级再生器，经再生处理后将它

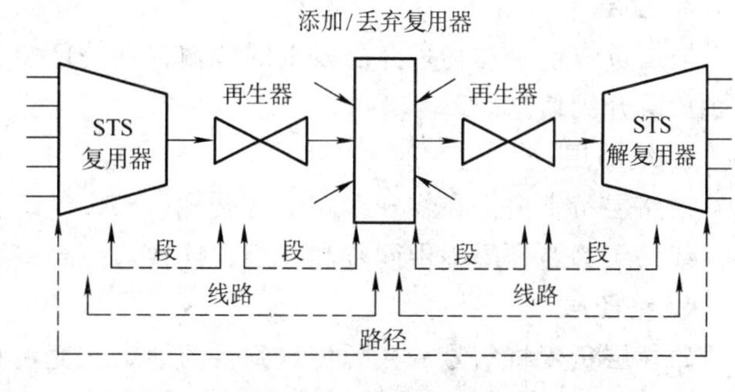

图 5.51 SONET 系统

们送到接收方的STS解复用器。在STS解复用器中，信号将被还原成接收方链路所要求的格式。下面介绍其各个构成单元。

1. SONET设备

SONET系统包括三种基本设备：STS复用器、再生器以及添加/丢弃复用器。STS复用器位于SONET链路的两端，它是附属网络和SONET之间的接口。在STS复用器之间可以有多台设备，其数量取决于系统的需要。再生器是一个重发器，可对信号再生放大，以便传输更远的距离。添加/丢弃复用器用于增加或删除SONET路径。

（1）STS复用器　STS复用器具有两个功能，它将输入的电信号转换为光信号，同时还将输入的信号复用形成一个单一的STS信号，如STS-1、STS-3等。

（2）再生器　再生器是一个重发器，它接收光信号，并将光信号再生出来。SONET的再生器将用新的报文头部信息替换原来的报文头部信息，这些实际上是数据链路层的功能。

（3）添加/丢弃复用器　添加/丢弃复用器可将不同链路来的信号添加到指定的路径中去，也可以从一条路径中删除某路信号并使它重新定向，并不需要解复用整个信号。

2. 段、线路和路径

由图5.51可以看出，在SONET的连接中分为段、线路和路径。一个段是连接两个相邻设备的光纤链路，复用器到再生器，或再生器到添加/丢弃复用器等。一条线路是两个复用器之间的网段，STS复用器到添加/丢弃复用器，或两个添加/丢弃复用器之间等。一条路径是指两个STS复用器之间的端到端的网段。当一个SONET系统仅仅是由两个STS复用器相互直接连接构成时，段、线路和路径就是相同的。

5.6.4 SONET层次

从功能上看，SONET可分成四个层次，自下而上依次是光层、段层、线路层和路径层，它们与OSI-RM的对应关系如图5.52所示。

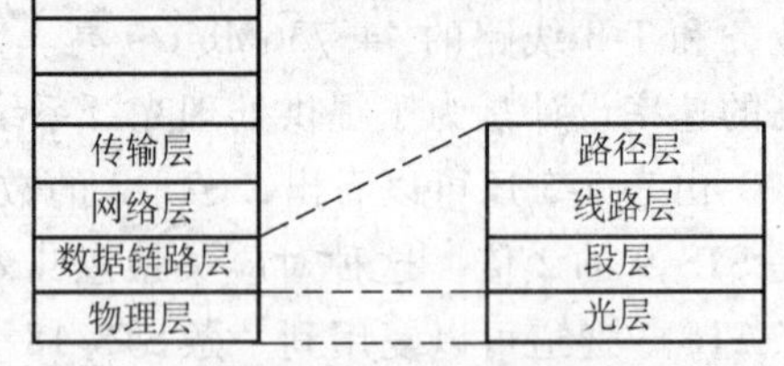

图5.52　SONET层次

在这四个层次中，光层是最低层，它完成OSI-RM的物理层的功能。段层、线路层和路径层对应于OSI-RM的数据链路层。下面分别介绍每层的功能。

1. 光层

光层对应于OSI-RM的物理层，它描述了光纤信道的物理规范、接收器灵敏度、复用功能等。SONET使用光强度调制，有光信号表示“1”，无光信号表示“0”。

2. 段层

段层负责信号在物理介质段上的传输，它处理帧分割、组合和差错控制。帧在这一层将增加段层开销信息。

3. 线路层

线路层负责信号在物理线路上的传输。STS复用器和添加/丢弃复用器提供线路层的功能。线路层为路径层提供同步和复用，帧在这一层将增加线路层开销信息。

4. 路径层

路径层负责将信号从光源传送到目的地。在光源处，信号由电的形式转换为光的形式，并和其他路信号复用在一起，封装在一个帧中。在光目的地，将接收的帧进行解复用，形成单个光信号，然后再变换为电信号的形式。STS 复用器提供路径层功能，帧在这层要增加路径开销信息。

5. SONET 设备与层之间的关系

SONET 系统中所使用的设备与其层次间的对应关系如图 5.53 所示。由图可以看出，STS 复用器是一个四层设备，添加/丢弃复用器是一个三层设备，再生器是一个两层设备。

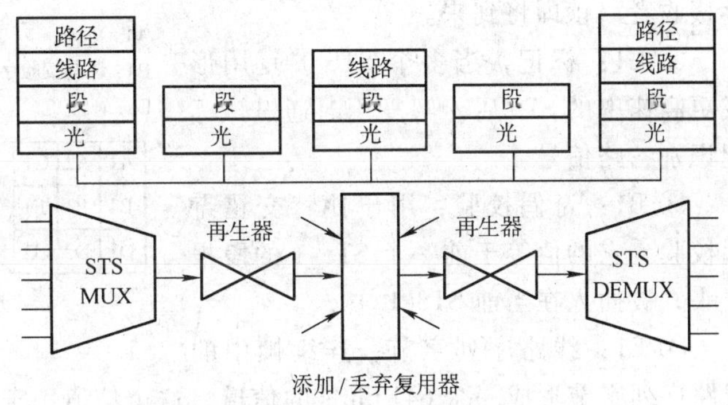

图 5.53 SONET 设备与层之间的关系

5.6.5 SONET 帧

接收到的电信号在路径层被封装成帧，并在帧中添加上相应的开销，额外开销首先在线路层，然后是在段层加到帧上。最后，帧到达光层。在光层，帧被转换为光信号通过光纤传输。

与其他协议不同，SONET 中的开销不是在报文头和尾中添加，而是在帧的某些位置上插入。下面介绍开销的位置和意义。

1. 帧格式

在光层，STS-1 帧的基本格式如图 5.54 所示。每个帧包含 6480bit（810B），因此，STS-1的传输速率为 51.840Mbit/s。

基本 SONET 帧周期是 125μs，由于 SONET 是同步的，因此不论是否有数据，帧都被发送出去。所以，SONET 的帧速率是 8000 帧/s。

8000 帧/s×6480bit/帧=51.840Mbit/s

帧 1	帧 2	…	帧 8000

1 帧 =810B=6480bit

图 5.54 STS-1 帧

SONET 的帧结构可用矩阵来表示，它是一个 9 行 ×90 列的矩阵，共有 810B，即 6480bit，如图 5.55 所示。其速率为 51.840Mbit/s，对应于 STS-1，这就是基本的 SONET 信道。所以，所有的 SONET 干线都是由多条STS-1构成的。

帧的前三列用作段和线路开销。前三列最上面三行用作段开销，下面六行用作线路开销。帧中其余部分包含了用户数据以及传输所需要的开销，被称为同步净荷包（Synchronous Payload Envelope，SPE）。通常 SPE 的第一列用作路径开销。路径开销包括了端到端的路径消息。

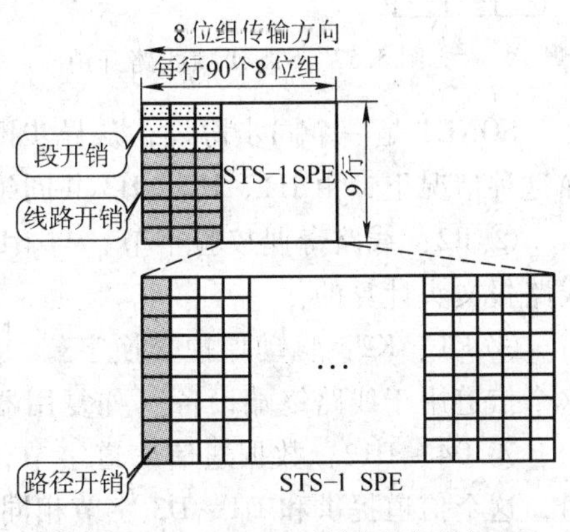

图 5.55 SONET 帧同步净荷包

SPE 可以在 SONET 帧的任何位置开始，甚至可以扩展至两帧，使系统更加具有灵活性。例如，正在组建空的 SONET 帧时来了有效载荷，则可以把它插入到当前帧里，而不必等到下一帧再发送。这种特性在有效载荷不足以填充满一帧时是很有用的。

2. 段开销

STS-1 帧段开销包括 9B，这些字节的标注、功能和组织如图 5.56 所示。

① A1、A2：排列字节，有一个固定的比特模式，用来实现帧分割和同步，这些字节告诉接收者一帧即将到来。

② C1：标记，当多个 STS-1 复用形成更高速率的 STS 后，解复用时通过该标记识别各路信号。

③ B1：奇偶校验，用于比特交错奇偶校验。它的值等于前一个 STS-1 的段报文头，被插入在当前 STS-1 中。

A1: 排列1　A2: 排列 2　C1: 标记符
B1: 奇偶校验字节　E1: 线路序列字节　F1: 用户
D1: 管理　D2: 管理　D3: 管理

A1	A2	C1
B1	E1	F1
D1	D2	D3

图 5.56　STS-1 帧段开销

④ E1：线路序列字节，连续帧中的线路序列字节形成一个 64Kbit/s 的信道，这个信道用于再生器之间的通信。

⑤ F1：用户字节，连续帧中的 F1 字节形成一个 64Kbit/s 的信道，这个信道是为用户需要而保留在段层的。

⑥ D1、D2、D3：管理字节，D1、D2、D3 共同组成一个 192Kbit/s 的信道，称为数据通信信道。这个信道是操作、管理和维护（OAM）信令的信道。

3. 线路开销

线路开销由 18 个字节组成，这些字节的标准、功能和组织如图 5.57 所示。

① H1、H2、H3：指针字节，当负载不是从 STS 封装的起始位置开始时，帧中负载的位置由指针字节标明，如图 5.58 所示。

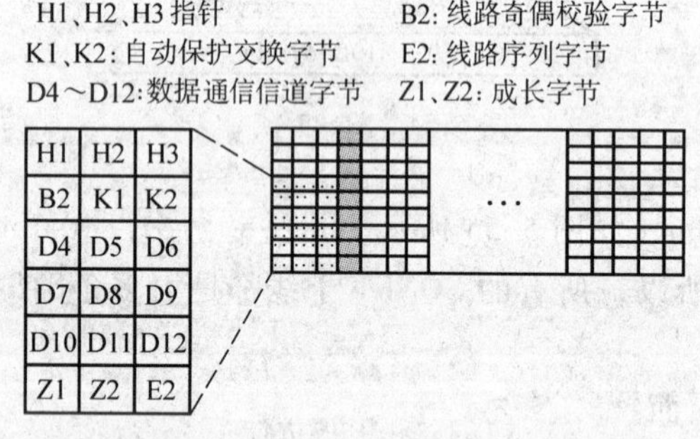

图 5.57　STS-1 帧线路开销

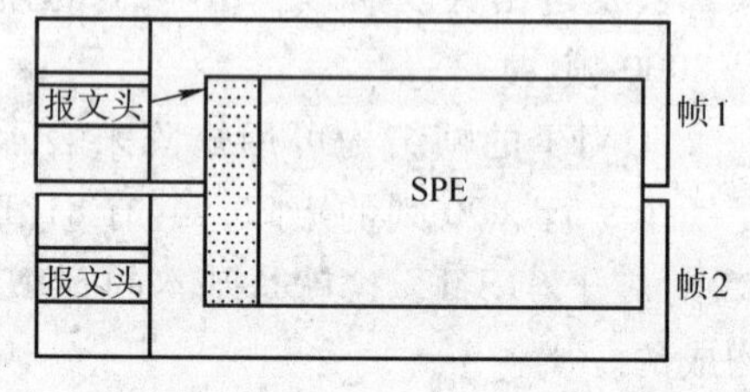

图 5.58　STS-1 负载指针

SONET 是一个同步协议，从异步网络来的数据可能与 SPE 不同步，也可能跨越两个帧。在这种情况下，由 H1、H2、H3 共同组成负载开始字节的指针。

② B2：线路奇偶校验字节，与 B1 类似，也是用作比特交错奇偶校验。但是，B2 是对线路报文头计算的。

③ K1、K2：自动保护交换字节，连续帧中的 K1 和 K2 字节形成一个 128Kbit/s 的信道，这个信道用于线路终端设备（如复用器）的自动检测。

④ D4～D12：数据通信信道字节，连续帧中的 D4～D12 字节形成一个 576Kbit/s 的信道，这个信道提供和 D1～D3 字节相同的服务（OAM）。与 D1～D3 不同的是，这里的服务是在线路层，而不是在段层。

⑤ Z1、Z2：成长字节，Z1 和 Z2 为保留字节，以备将来用。

⑥ E2：线路序列字节，连续帧中的 E2 字节形成一个 64Kbit/s 的信道，在线路层这个信道提供与 E1 相同的功能。

4. 路径开销

路径开销由 9 个字节组成，这些字节的标注、功能和组织如图 5.59 所示。

① J1：路径轨迹字节，连续帧中的 J1 字节形成一个 64Kbit/s 的信道，这个信道用于追踪路径。J1 字节通过发送一个 64bit 的连续串来确认连接的正确性。连续串的选择由应用程序决定。

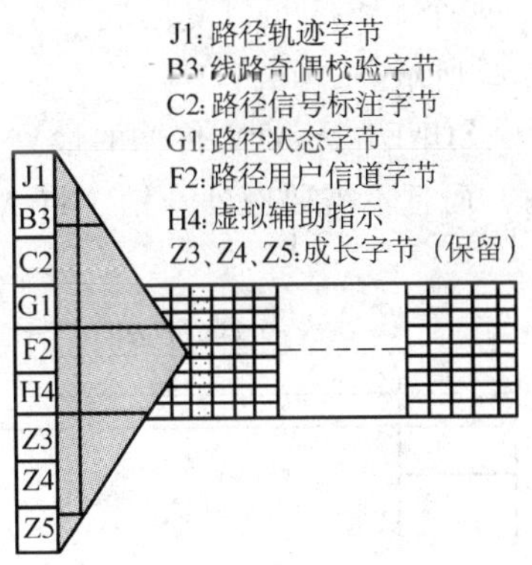

图 5.59　STS-1 的路径开销

② B3：线路奇偶校验字节，与 B1 和 B2 功能类似，也是用于比特交错奇偶校验。与 B1 和 B2 不同的是，B3 是对路径报文头计算的。

③ C2：路径信号标准字节，它用于指明在高层使用的不同协议（如 FDDI 或 SMDS 等）。

④ G1：路径状态字节，用于标明路径状态，它由接收者发出，向发送者报告自己的状态。

⑤ F2：路径用户信道字节，和 F1 一样，在连续帧中 F2 字节形成一个 64Kbit/s 的信道，这个信道是为用户需要而在路径层保留的。

⑥ H4：虚拟辅助指示字节，用于指明不能被放入一个帧中的负载。

⑦ Z3、Z4、Z5：成长字节，为保留字节，以备将来使用。

5. 虚拟辅助站

在当前的数字速率分级中，DS-1 ~ DS-3 都比 STS-1 的速率低。为了使 SONET 向后兼容当前的分级体系，在它的帧设计中包含了一个虚拟辅助系统，如图 5.60 所示。一个虚拟辅助站对应于一部分负载，它可以被插入到 STS-1 中，与其他部分负载一起填满整个帧。这种措施不再将 STS-1 帧中所有 86 列负载都用于来自同一源的数据，而是将 SPE 再划分形成多个子划分，每个子划分称为一个虚拟辅助站 VT。

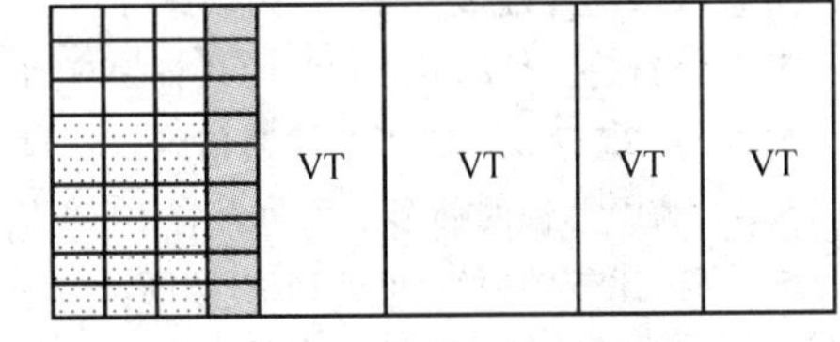

图 5.60　虚拟辅助系统

6. VT 类别

定义了四种类型的 VT 用来适应已有数字分级体系，如图 5.61 所示。某种类型的 VT 所支持的 STS-1 帧列数等于其类型序号的 2 倍。例如，VT1.5 支持 3 列，VT2 支持 4 列，VT3 支持 6 列等，依此类推。

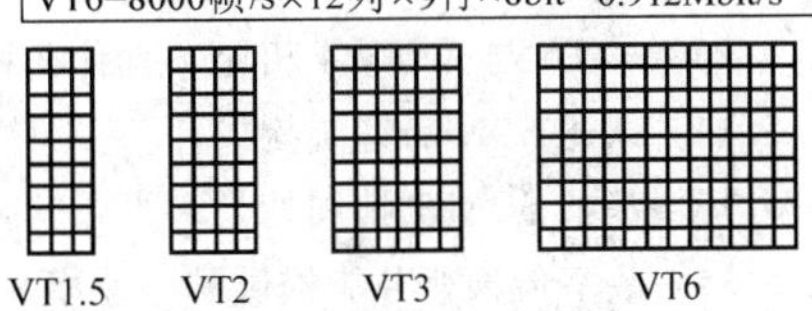

图 5.61　VT 类型

① VT1.5：支持 1.728Mbit/s 的数据速率，适用于 DS-1（1.544Mbit/s）服务。

② VT2：支持 2.304Mbit/s 的数据速率，适用于 CEPT-1（2.048Mbit/s）服务。

③ VT3：支持 3.456Mbit/s 的数据速率，适用于 DS-1C（部分 DS-1，3.152Mbit/s）服务。

④ VT6：支持6.912Mbit/s的数据速率，适用于DS-2（6.312Mbit/s）服务。

SONET具有识别每个VT的功能，不必解复用整个系统就可以将它们分开。

5.6.6 STS复用帧

低速率的STS可通过复用形成更高速率的系统，例如，三个STS-1可以复用成一个STS-3；四个STS-3可以复用成一个STS-12等。由多个低速率的STS复用成STS-n的帧格式如图5.62所示。

SONET是ATM传输的最重要物理层载体，STS-3的整个负载可以直接用于ATM信号传输，而且不需要额外开销。将ATM复用为STS-3的一种方法如图5.63所示。

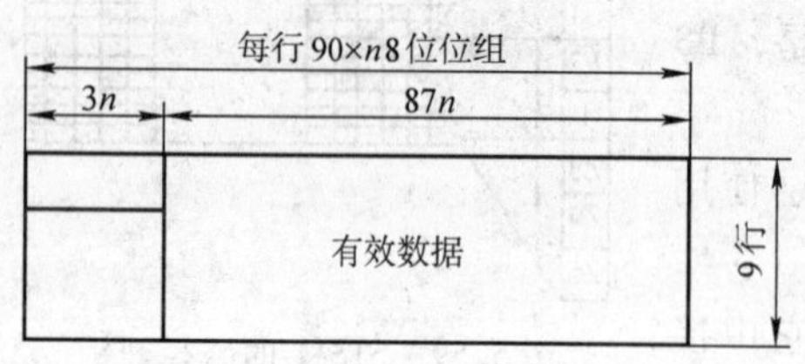

图5.62 STS-n帧格式

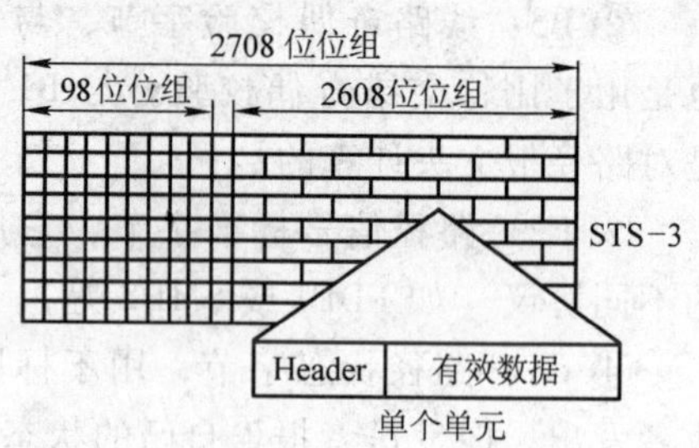

图5.63 ATM信元在STS-3中的复用

STS-3帧中的每一行包括270（即3×90）B，其中9B用于线路和段开销，1B用于路径开销，其余260B可用来携带ATM信元。每个ATM信元为53B，260B只能容纳不到5（5×53=265）个ATM信元。因此，第一行的第5个信元必须在第1行和第2行之间被切开，其他行在两端都可能有被切开的信元存在。

习 题

5.1 PPP会话建立经过几个阶段？

5.2 当选择PAP作为PPP的认证协议时，使用什么样的握手协议？

5.3 X.25建议定义了几层通信结构？每一层使用什么协议？

5.4 帧中继帧的哪个字段包含有DLCI信息？

5.5 试比较帧中继和X.25的异同。

5.6 ISDN的最高传输速率是多少？

5.7 使用ISDN时如果想用CHAP进行身份认证，应选用什么协议来实现？

5.8 何谓VP交换和VC交换？

5.9 ATM物理层的功能是什么？

5.10 ATM层的功能是什么？

5.11 ATM采用什么样的复用方式？如何工作？

5.12 为什么ATM能实现高速传输？

5.13 AAL5与AAL3/4相比，有什么特点？

5.14 试述SONET系统构成。

5.15 基本SONET帧周期是多少？其帧传输速率是多少？

5.16 数字传输业务能提供哪些速率和数据传输？其最大传输速率为多少？

第6章　网络互联技术

6.1　网络互联的概念

商业的需求、新的网络应用的不断出现、技术的不断进步以及信息高速公路的扩展，推动了网络互联的发展。所谓网络互联是指将分布在不同地理位置的网络、设备互相连接，构成更大规模的网络系统，实现互联网络资源的共享。互联的网络和设备可以是同种类型的网络、不同类型的网络或者运行不同协议的设备和系统。

在互联的网络中，每种互联的网络资源都应成为互联网络中的资源。但是，互联网络的资源共享服务与物理网络结构是分离的，互联网络的结构对于网络用户是透明的。因此互联网络应该屏蔽各子网的网络协议、服务类型及网络管理等方面的差异，这些差异主要包括不同的编址方案、不同的分组尺寸、不同的网络访问机制、不同的超时设置、不同的差错恢复方法、不同的状态报告方式、不同的路由选择技术、不同的网络管理和控制方法等。

1. 实现网络互联的前提条件

实现网络互联的前提条件是：

1）在互联网络之间提供链路。

2）不同网络的节点进程之间提供适当的路由来交换数据。

3）提供网络记账服务，记录网络使用情况。

4）在不改变互联在一起的任何网络体系结构的前提下，提供各种互联服务。

2. 网络互联的类型

从现有的网络分类看，网络互联主要有以下几种类型：

1）LAN-LAN 互联。

2）LAN-WAN 互联。

3）WAN-WAN 互联。

4）LAN-WAN-LAN 互联。

图6.1列出了网络互联的可能形式。

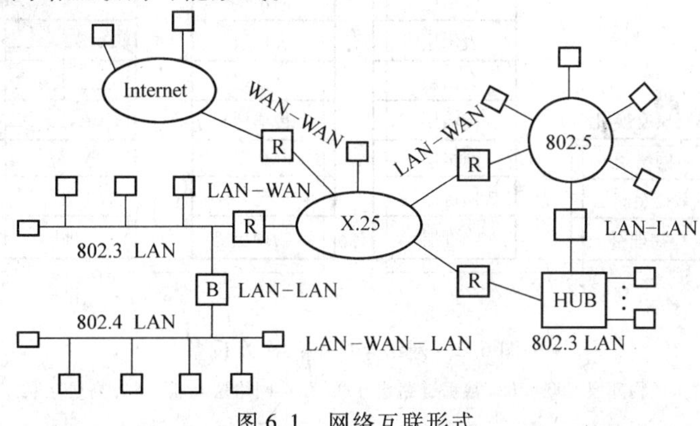

图6.1　网络互联形式

6.2 网络互联的层次

网络互联要解决的主要问题就是协议转换，即互联的网段采用一种共同的协议，需要转换的只有那些不同的协议，若协议相同，则不需要转换。因此，网络互联实质上就是按层次结构找到实现互联的层次，在这一层上进行互联。在互联层以上要具有相同的层次和协议，在互联层以下可以有不同的层次和协议，这些不同的层次和协议由工作在互联层的设备进行协议转换。对于 OSI 参考模型来讲，这个互联层可以选择 OSI 参考模型的任何一层，但实际上主要是在通信子网之间互联，而通信子网只包括物理层、数据链路层和网络层，所以，在大多数情况下，都是在这三层上实现网络互联。

网络互联实现层选择的原则是：如果两个网络的第 1 层、第 2 层，直至第 N 层都采用了不同的协议，具有不同的功能，而它们的第 $N+1$ 层及其以上各层都采用相同的协议，具有完全相同的功能，那么第 N 层就是所选择的互联层。在这一层上的互联，称为第 N 层互联。

OSI-RM 共有七个层次，不同功能层次的网络互联时，所选择网络互联设备也不同。网络互联按功能层次划分，主要有物理层互联、数据链路层互联、网络层互联和高层互联。相应的网络互联设备有中继器、网桥（Bridge）、交换机、路由器和网关等，它们和 OSI-RM 的对应关系如图 6.2 所示。

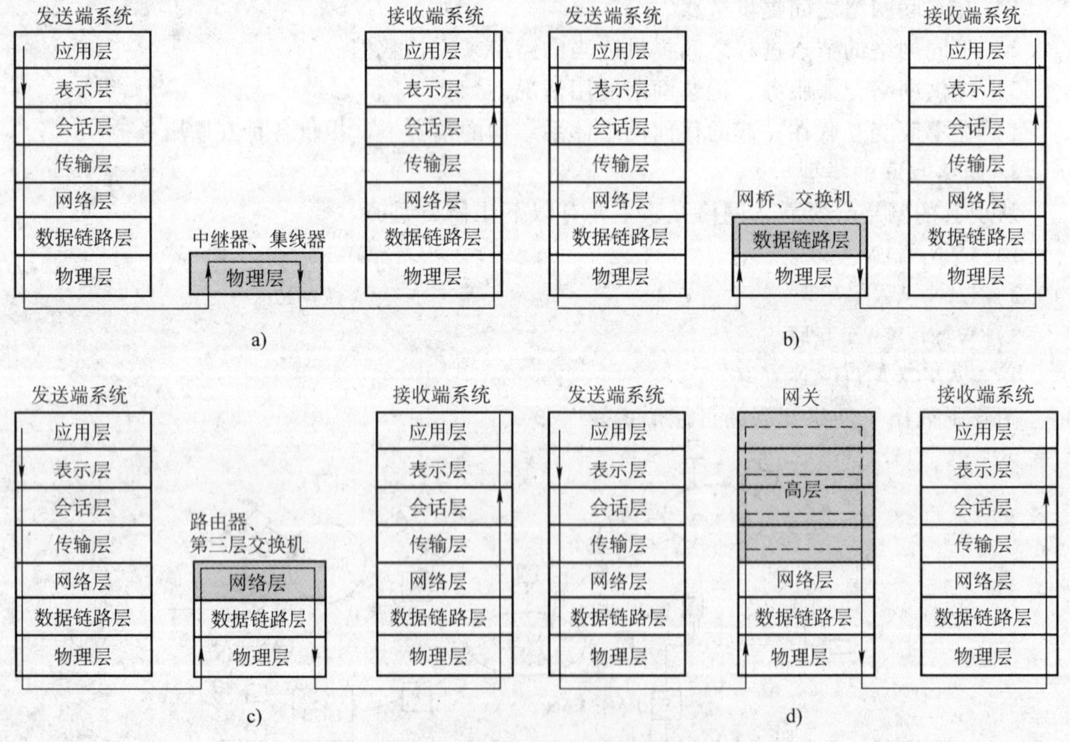

图 6.2 网络互联的层次及设备

a）物理层互联 b）数据链路层互联 c）网络层互联 d）高层互联

1. 物理层互联

物理层互联设备只作用于物理层，主要有中继器（Repeater）和集线器。中继器也称转发器或收发器，以太网集线器（HUB）也是一种中继器。物理层的互联设备可以将传输介质传输过来的二进制位信号进行复制、整形、再生和转发。物理层的互联设备是网络互联最简单的设备，用来连接局域网，使得它们在物理上和逻辑上组成同一个网络，网络上的节点共享带宽。其作用主要用于局域网传输距离的延伸，增加受传输介质所限制的节点数，以及连接采用不同传输介质和接口的同构网（如以太网）。

2. 数据链路层互联

数据链路层互联设备作用于物理层和数据链路层，用于网络中节点的物理地址过滤、网络分段以及跨网段数据帧的转发。它既可以延伸局域网的距离，扩充节点数，还可以将负荷过重的网络划分为较小的网络，缩小冲突域，达到改善网络性能和提高网络安全性的目的。

数据链路层互联设备所连接的网络，在物理层和数据链路层的协议既可以相同，也可以不同，但网络层及其以上各层所使用的协议必须相同。数据链路层互联设备主要有网桥和交换机。

3. 网络层互联

网络层互联的典型设备是路由器。网络层互联主要解决路由选择、拥塞控制、差错处理与分段等问题。如果网络层协议相同，则互联主要是解决路由选择问题。如果网络层协议不同，则需要选择多协议路由器，在网络层进行协议转换。

用路由器实现网络层互联时，互联网络的物理层、数据链路层以及网络层可以执行不同的协议。

4. 高层互联

传输层及其以上各层协议不同的网络之间互联属于高层互联，实现高层互联的设备是网关。网关又称为协议转换器，它具有对不兼容的高层协议的转换功能。高层互联使用的网关多是应用层网关，通常称为应用网关，此时，允许互联的两个网络在应用层及其以下各层采用不同的协议。

选择互联层次时，在满足服务功能的前提下，实现互联的层次尽量选在较低层上，以便简化网络互联设备，提高网络运行效率。如果实现网络互联的层次是第 N 层，那么第 N 层以上各层所执行的协议必须是相同的或者兼容的，而包括第 N 层在内的以下各层所执行的协议可以是不同的。

局域网之间的互联层次多选择在物理层或者数据链路层，可使用中继器或者网桥作为网络互联设备；局域网和广域网互联，或者广域网之间互联，通常选择路由器作为网络互联设备；高层互联多采用网关作为互联设备。为了方便，有时将网络的互联设备统称为网关，这是一个广义网关的概念。而将网络高层的互联设备称为网关，这是一个狭义网关的概念，显然二者含义是有区别的。在实际的网关称谓中，具体含义可根据上、下文来区分。

6.3　网络互联中的路由选择与分段

网络互联将传送业务扩展到了相互联接的、具有不同特性的一组子网上。网络互联带来了一些新的问题，例如，路由选择、分组限制等，下面就这些问题进行讨论。

6.3.1 路由选择

互联网络中的路由选择类似于单个子网中的路由选择，但比它更复杂。假设由 6 个多协议路由器连接五个网络构成互联网络，如图 6.3a 所示。这种情况下，每个多协议路由器都可以通过与之相连的网络直接访问与该网络相连的路由器。例如图中的 B 可以经过网络 2 直接访问 A 和 C，也可经过网络 3 直接访问 D，其网络互联拓扑可等效为图 6.3b。一旦建立了网络互联拓扑，就可以设置路由器了。

一个典型的分组从它自己的 LAN 出发，目的地址被标为本地路由器。当它到达该路由器后，路由器根据分组地址对照其路由表决定将分组转发到哪个路由器。重复此过程直到每个分组都到达目的地网络，或传输超时而丢弃。

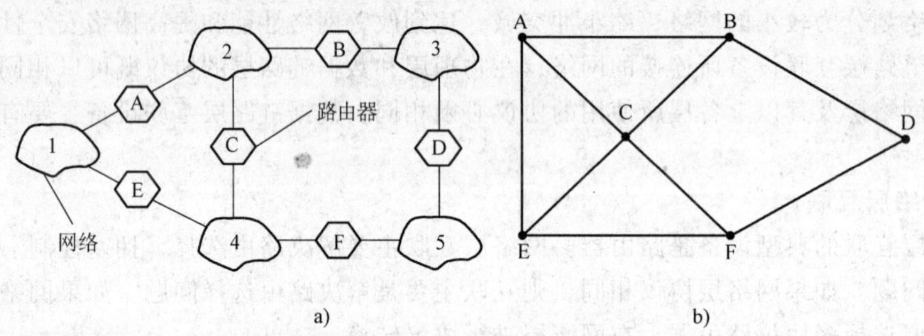

图 6.3 互联网络及其等效拓扑

a）互联网络 b）等效拓扑

6.3.2 分段

每个网络都有一个分组的最大长度限制。这些限制有多方原因，其中包括硬件、操作系统、协议、遵从某种标准、希望在某种程序上减少重传带来的错误、防止分组占用信道时间过长等。

这些因素导致网络设计者不能随心所欲地选择最大分组长度。当一个大分组想穿过一个最大分组长度较小的网络时，就出现了问题。一种解决办法就是允许网关将分组划分为段（Fragment），把各段作为单独的互联网络分组发送。这样，就有一个分组复原的问题。把分组重组有两种方法。第一种是，由“小分组”网引起的分段对后面所有要经过的网络透明。当大分组到达网关时，网关将其划分为段，各段均编址为同一出口网关，在该出口网关，将重组这些段，如图 6.4a 所示。这样就使得经过小分组网的传输透明，后面的网络不知道已作过分段。例如，ATM 网络就有专门的硬件提供透明分组分段，它将分组分段为信元，然后再将其重组。

透明分组方法虽然简单，但也有一些问题。首先，出口网关必须知道什么时候它才收到了一个分组的全部分段。因此，每个分组必须含有计数字段或“分组结束”标志。其次，所有的分组必须经同一网关发出。最后，由于需要对穿越一系列小分组网络的长分组不断地分段和重组，因此开销较大。

另一分段方案是，中间网关不重新组合各分段，而把每一分段看做原始的分组，所有分段可以经过不同出口网关传递，如图 6.4b 所示。最后，仅在目的主机上重组分组。

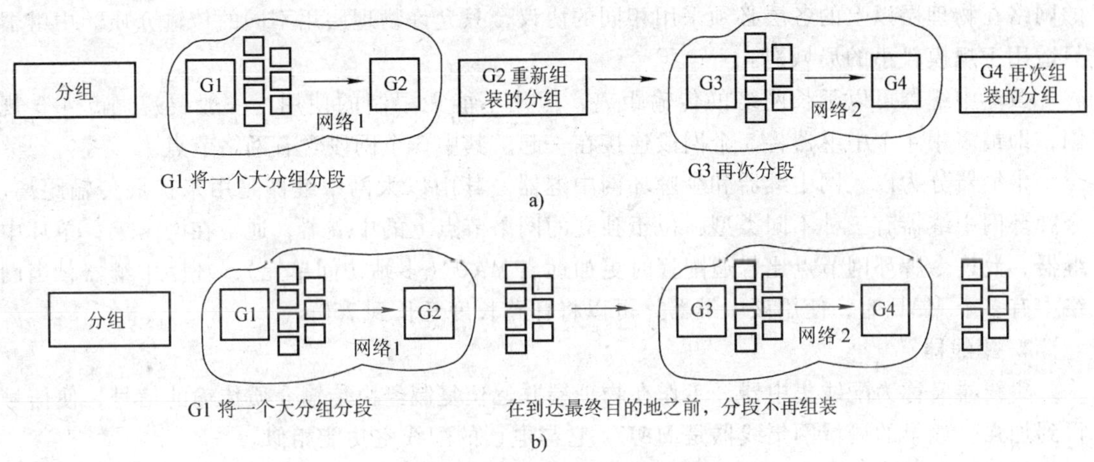

图 6.4 透明分段与不透明分段

a）透明分段 b）不透明分段

不透明分段也有一些问题，例如，它要求每一主机都能重组分段。另一个问题是，对长分组分段要增加开销，因为各分段都必须要有头部信息。而且，分段的开销在以后的路途中一直存在。这种不透明分段方法的一个优点是可以使用多个出口网关。但是，如果采用虚电路链接方式，这一优点就不复存在。

当对分组分段时，必须按照能够重构原始数据流的方式编号。分段编号的一种方法是采用树结构。如果对分组 0 分段，则其分段称为 0.0、0.1、0.2 等。如果后面的网关要对这些分段再进行划分，则将其编号为：0.0.0、0.0.1、0.0.2、…、0.1.0、0.1.1、0.1.2 等。此方法要求互联网分组头中应有两个序号字段：原分组号和段号。

总之，分段应尽量利用子网的功能特性，以便形成一个高效的互联网环境。过多的分段会增加网络的额外开销，降低网络的运行效率，在一个比较拥挤的网络中，其效率下降的更加明显。

6.4 网络互联设备

由于网络之间存在着差异，根据网络互联的层次以及设备，使用不同的网络互联设备将它们互联起来。网络互联的设备主要有中继器、集线器、网桥、交换机、路由器和网关等。

6.4.1 物理层互联设备

物理层的互联设备有两种：中继器和集线器。

1. 中继器

中继器（Repeater）又称为转发器，是一种物理层互联设备，仅用来放大和再生信号，即只负责将从一条传输介质上接收到的信号复制和放大后，再转发到另一条传输介质上去，它不检测错误，因而，也不能进行差错控制。严格地说，中继器不能算做网络互联设备，中继器的主要功能仅仅是扩展一个局域网网段的距离，用中继器互联的多个网段原则上仍属于一个 LAN，共享一个冲突域。中继器的主要优点是速度快，延迟小。

中继器逐比特地再生它所接收的信号，所有的数据都能双向通过中继器。用中继器互联的网络在物理层以上的各层必须采用相同的协议，只允许物理层用不同的传输介质。中继器只适用于规模较小的局域网。

虽然中继器可以延长网络的传输距离，但是不能无限制的使用，一般要遵循 5/4/3 规则，即最多用 4 个中继器将 5 个网段连接在一起，其中 3 个网段含有网络节点。

中继器分为以太网中继器和令牌环网中继器。其中以太网中继器是用来扩展传输距离。令牌环网中继器有三种不同类型：位于独立的网络节点上的中继器，通常在网卡上；单环中继器，允许令牌环网节点比普通配置时更加远离 MAU（多站访问单元）；环路中继器，当网络中有多个 MAU 时，使用该中继器，可以将环路长度延长到 750m。

2. 集线器

集线器又称为配线集中器，工作在物理层并逐位复制经由传输介质传输的信号，使信号得到加强。最早的局域网集线器是 MAU，它与电话的配线室功能相似。

集线器分为无源、有源和智能三种。

无源集线器不对信号做处理，只是简单地把多个缆段连接起来。有源集线器能对信号进行再生和放大，扩展网络的覆盖范围，增加网络节点数。

早期的集线器只有中继器的功能，大多数集线器支持 10Base-T 标准。第二代集线器不但支持多种机制，还支持多种介质访问控制、内置网桥和路由器模块以及网络管理模块，提供了网络互联的功能，被称为智能集线器。智能集线器大多通过简单网络管理协议（SNMP）提供网络管理功能，包括：远程监控、带外管理、安全管理、远程诊断等。

目前集线器的种类主要有：

（1）可堆叠式集线器　它是一种小型自主设备，主要用于小型的工作组，最多可将四个可堆叠式集线器连接在一起构成一个逻辑上的中继器。堆叠式集线器的优势是简单、成本低。根据具体情况，可以带有网络管理功能，也可以不带。

（2）基于插槽机箱的中型集线器　它是共享总线型的背板，背板上有可以连接端口模块的插槽。一般包含有三种背板总线，可以支持不同类型的局域网。支持内置的网络管理模块和一些可选的网桥和路由器模块。

（3）第三代集线器　第三代集线器又称为高性能集线器，总吞吐率可达 300Mbit/s ~ 3Gbit/s，提供相当丰富的内置模块，包括：网络管理、以太网、令牌环、FDDI 网、网桥和终端服务器、广域网接口等。

6.4.2 数据链路层互联设备

工作在数据链路层的网络互联设备主要有网桥和交换机。

1. 网桥

每一种物理层传输协议标准（以太网、令牌环网等）都为各种类型的网络规定了最大的节点数目，其他一些技术规范也限制了局域网的规模。然而，由于所有的站点必须共享可用的带宽，所以在局域网达到它的理论最大节点数之前，其性能可能就已经严重下降了。网络中包含越多的站点，每个站点可以利用的带宽就越少，冲突的概率也就越高。在令牌环局域网中，环中包含的站点越多，即使站点不发送数据，只是转发空的令牌，令牌在环中循环的周期也会越长。

由于以上原因，单独的网段通常不能够满足某些组织的需要。网桥可以将局域网分成两个或多个的网段，它通过隔离每个网段的流量，从而增加了每个节点所能使用的有效带宽。因此，网桥的主要作用除了连接两个以上的网段，延长网络距离、增加节点数目外，还可以将一个大型网络分割为多个子网络，从而改善网络性能。图 6.5 展示了网桥如何连接两个局域网网段。

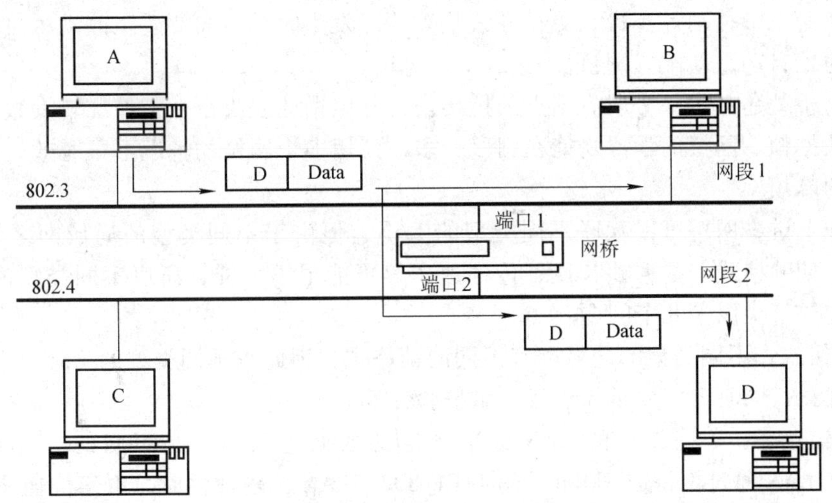

图 6.5　网桥的连接及工作原理

广域网网桥也能通过通信线路连接远程网络，只转发那些目的地址在远程网络的数据帧，保证了在线路上的流量相对少些。

网桥是一个存储-转发设备，工作在 OSI 的数据链路层，数据链路层将二进制比特流组织成数据帧。目的地址为目的节点的物理地址，网桥根据局域网或广域网的物理地址转发数据帧。网桥不处理数据链路层以上各层的头部。多数网桥不知道地址之间的路由，路由信息在网络层及以上层才有效。

网桥是一种工作速度快而可靠的相对简单的互联设备，它的主要应用环境包括：将多个局域网互联起来；一个单位各部门之间的局域网互联；一个单位各办公楼之间的局域网互联等。

(1) *网桥的工作原理*　用网桥来连接两个或多个局域网网段，网桥和每个局域网网段之间的接口称为端口，连接到各个端口的局域网被称为一个网段。网桥的工作过程如下：

1) 监听所连接的每个网段上传输的数据。

2) 将每个数据帧的地址和自身软件维护的桥接表进行比较。

3) 当数据帧的目的地址和源地址在两个不同的网段时，网桥将其转发到目的地址所在的端口。

4) 当数据帧的目的地址和源地址在同一网段时，网桥丢弃该帧。

由于只转发送往不同网段的数据帧，所以增加了网络吞吐率。

例如图 6.5 中，如果网段 1 中地址为 A 的节点想与同一局域网中地址为 B 的节点通信，网桥可以接收到发送帧，但网桥在进行源地址和目的地址比较后认为不需转发，因而将该帧丢弃。如果节点 A 要与网段 2 中的节点 D 通信，节点 A 发送的帧被网桥接收到，网桥进行地址比较后识别出该帧应发送到网段 2，网桥通过与网段 2 相连的网络接口转发该帧，这时网段 2 中的 D 节点将能接收到该帧。

网桥自身软件维护的桥接表是通过网络初始化过程中学习建立的。网桥接收到一个数据帧时，它检查数据帧的源地址（物理地址），并将该地址与桥接表中各项进行对比，如果在桥接表中没找到，则将新的源地址加入桥接表中，这就是网桥对网络地址的学习功能。这种功能可以使网络中移动计算机、更换办公室等情况发生时，不需要手工改动桥接表，能根据学习到的地址自动重新配置网桥。

这样网桥就建立了一个所有站点的桥接表，并根据此表决定什么情况转发数据帧，什么情况过滤数据帧。网桥的学习功能在网段较多，使用多个网桥的情况下很有效，它避免了管理上带来的麻烦。

从原理上讲，网桥可以互联不同类型的 LAN，但由于不同类型的局域网之间存在着很大的差异，如帧格式、数据帧长度、传输速率等可能很不一样，所以不同类型的 LAN 利用网桥互联需要解决以下几个问题：

1）帧格式：不同类型的局域网有不同的帧格式，因此，不同类型的 LAN 互联，需要对帧重新格式化，同时还需要重新进行差错校验计算。

2）传输速率：不同类型的 LAN 标准规定的数据传输速率是不同的。当 10Mbit/s 的 IEEE 802.3 LAN 通过网桥向 4Mbit/s 的 IEEE 802.5LAN 传输数据时，由于传输速率的不同，所以需要网桥配备足够的缓存空间，否则会产生数据丢失。

3）帧长度：不同类型的 LAN 有不同的最大帧长度限制，因此，不同类型的 LAN 互联时，如果帧太长，超过了规定的范围，就不得不丢弃。目前网桥还不具有帧的分段和重组的功能。

除上述三个问题外，还有帧状态位、令牌、路由等信息的处理。所以，不同类型的 LAN 利用网桥互联不是一个简单的问题。

（2）网桥的类型　网桥按照其创建桥接表的方法分为：透明网桥和源路由网桥。

1）透明网桥：透明网桥可以使数据帧在两个使用相同 MAC 层协议的网段之间传输。这种网桥被称为透明网桥。由于终端不知道有网桥的存在，所以称为透明。透明网桥通常用于连接以太网网段，也可用于连接令牌环网或 FDDI 网络。透明网桥不允许转发的数据帧有错误，如果网桥通过校验，发现错误，则丢弃该帧。

透明网桥具有过滤、转发和学习功能。网桥的一个主要目的是防止一个网段自身的内部数据流到其他网段。一个透明网桥刚开始使用时，它的桥接表中是空的，所以，它对收到的第一个帧只能采用广播的方式进行传输，即向除了接收端口以外的所有其他端口广播该数据帧。同时将该帧的源地址添加到桥接表中。网桥在这样的转发过程中，逐渐建立起自身的桥接表。因此，透明网桥是支持广播的，即用透明网桥互联的网段是分离的冲突域，但仍是一个共享的广播域。

透明网桥利用桥接表作为数据传输的基础，当一个帧到达网桥的端口时，网桥就在桥接表内部查找该帧的目的地址，从而决定是转发还是过滤。在网络拓扑结构发生变化时，桥接表把每个帧的到达时间记录下来，以便桥接表中能保留网络拓扑的最新状态信息。此外，网桥中还有一个程序周期性地扫描桥接表中的记录，定期更新。

当一个节点连接到一个以上的网桥时就会形成一个活动环路，如图 6.6 所示。每次节点 A 向节点 C 发送数据帧时，每个网桥都要发送一个该帧的样本，这将导致有两个相同的帧在

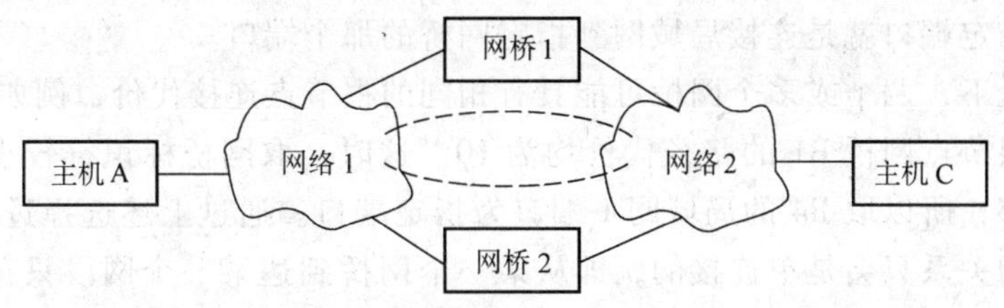

图6.6　网桥引起的活动环路

互联网中传输。活动环路的存在，使得网络不必要地复制数据帧，多余的数据流量会严重的降低网络的性能。

为了防止桥接的网络中出现活动环路，IEEE采用了一种生成树算法（Spanning Tree Algorithm，STA）来解决该问题。生成树是一系列的网络设备到设备的路径，从而保证网络中任何两个设备之间有且仅有一条路径。

STA通过网桥与网桥之间的一系列协商构建出一棵生成树。这些协商决定了哪条路径可以传输数据，哪些路径至少暂时不能使用。协商的结果是，每个网桥都有一个端口被置于转发状态，其他端口则被置于阻塞状态，该过程将保证网络中任何两个设备之间只有一条通路，并可以防止出现任何形式的活动环路。当由于某些原因，主路径不通时，网桥可以激活阻塞的端口来创建新的生成树，于是在网络间形成一条新的路径。

STA算法要求每一个网桥都要有一个唯一的标识符。通常，标识符就是网桥的MAC地址再加上一个优先级。同时，网桥内的每个端口也应该有一个唯一的标识符，该标识符通常就是其自身的MAC地址。最后，每个网桥的端口与一个路径代价联系起来，路径代价表示通过该端口在局域网上传送一帧的距离。在图6.7的例子中，路径代价被标在每个桥所连接的线路上。一般情况下，路径代价是默认的，也可由网络管理人员为其设置。

在生成树计算过程中，首先要确定根节点网桥。通常，根节点网桥就是具有最低网桥标识符值的网桥，在图6.7a中，B1是根节点网桥。其次要确定所有其他网桥的根节点端口。根节点端口是指可以以最小的路径代价到达根节点网桥的那个端口，其路径代价值为根节点路径代价值，该最小路径代价值称为路径代价，根节点网桥无根节点端口。

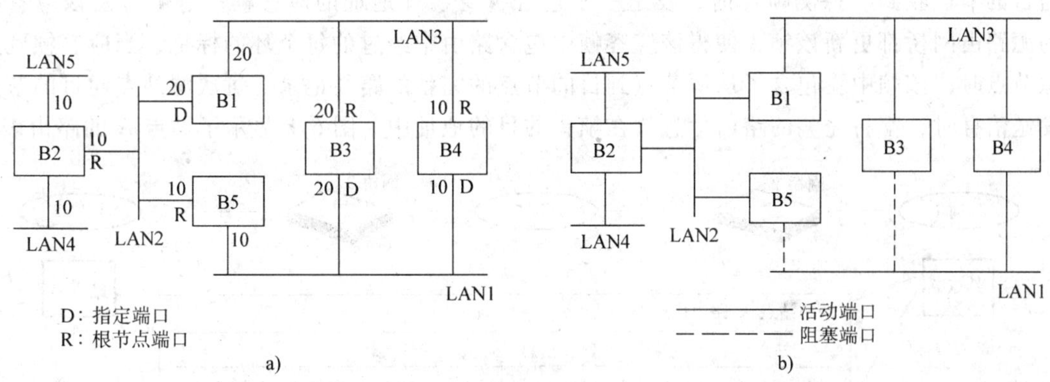

图6.7　STA算法示例

a）运行STA算法前的网络拓扑　b）运行STA算法后的生成树拓扑

最后，要确定指定网桥和指定端口。指定网桥就是在每个局域网中可提供最小根节点路径代价的网桥。每个局域网中的指定网桥是指唯一可以向该局域网输入或输出数据帧的网桥。局域网的指定端口就是连接局域网到指定网桥的那个端口。

在某些情况下，两个或多个网桥可能具有相同的根节点连接代价，例如，在图 6.7a 中，B4 和 B5 到达根节点网桥 B1 的路径代价均为 10。这时，取网桥标识符较小者为指定网桥。由于 B4 小于 B5，所以取 B4 的局域网 1 端口为指定端口。通过上述选择过程，任意网桥与任意网段之间的关系只会是单连接的，即从某一个网桥到达某一个网段只存在唯一的路径，这样就消除了两个局域网构成的环路。STA 算法同样也消除了多个局域网构成的连接环路，但仍保持整个网络拓扑关系的连通性。图 b 为图 a 运用 STA 算法后形成的生成树结果。通过比较图 a 和图 b 可以看出，STA 算法将网桥 B3 到 LAN1 和网桥 B5 到 LAN1 的端口设置成了阻塞状态。

生成树计算过程通过网桥之间交换配置信息来完成。如果某个网桥发生故障而引起了网络拓扑结构的变化，邻接的网桥很快就会检测到接收不到配置信息，从而重新启动生成树计算过程。

2）源路由网桥：源路由网桥在最初设计时，只能用于令牌环网和 FDDI 网络中，它是 IEEE 802.5 标准的一部分，允许一个环路上的节点通过网桥与其他环路上的节点通信。实际上源路由网桥可以用于任何互联网络。

包含一个环的令牌环网不需要使用源路由网桥，因为所有的站点处于同一个环路，并能接收和响应环上的任何其他站点发送的帧。但是，在多环环境中，不同环上的站点要相互通信，还需要额外的信息。通过源路由桥接方法，每个环上的站点都可以收集和维护向其他环上的站点发送帧所必需的路由信息。

在源路由桥接网络中，每个环上的源站点都要动态地收集和维护到达环上的目的站点的路由信息。这里的路由，就是数据通过多令牌环网时，从源节点到目的节点的传输路径。环上的源站点向远程环上的目的站点发送帧前，源站点必须首先确定一条到达目的站点的路径。

环上的源节点通过发送特殊的包含有目的节点逻辑地址的“探测帧”，来请求该目的站点的物理地址。源路由网桥将“探测帧”转发到所有端口，在整个环网中扩散地址请求。当目的节点收到“探测帧”时，发送一个包含自身物理地址的应答帧；每个转发该应答帧的源路由网桥都更新该帧，使得该应答帧中包含路由中经过的每个环的标记，当应答帧到达源节点时，该帧中就包含了从源节点到目的节点的完整的路径记录。每次源站点向目的节点发送信息时，都将完整的路由信息放在帧头的目的地址中。图 6.8 显示了站点 A 的路由表。

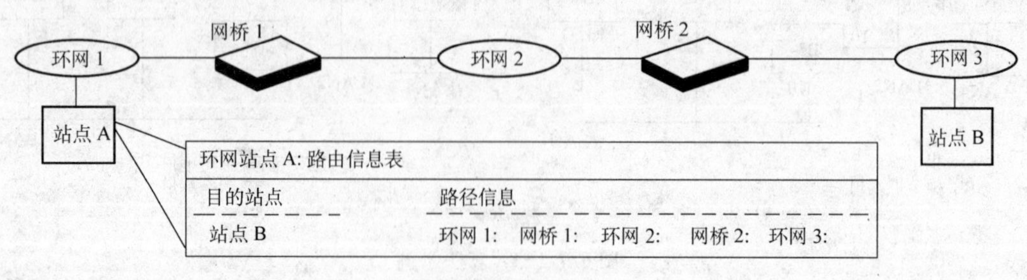

图 6.8 路由表

在源路由桥接的网络中，也会出现在源节点和目的节点之间存在多条路径的情况，此时，源节点必须选择一条作为其数据传输的路径。IEEE 802.5 标准中，并没有规定源节点应该利用什么准则来选择路由，只是提出了一些建议，主要包括：最先发回应答帧的路由；以最少的网络节点予以应答的路由；允许最大的应答帧大小的路由；上述规则组合的路由等。

源路由思想的核心是假定帧的发送者知道接收者是否在同一网络中。当发送一个到其他网络的数据帧时，源站点将帧头中目的地址的最高位置“1”，同时在帧头中加入此帧应走的路径信息。

源路由网桥只关心那些源地址高位为“1”的帧。当源路由网桥接收到地址高位为“1”的帧时，立即扫描帧头中的路由标识，寻找该帧的网络号。如果网络号后面跟的是本网桥的标号，它就将此帧转发到路由标识中的下一个网络去；如果此帧网络号后面跟的不是本网桥的标号，它就将此帧丢弃。

源路由网桥可以连接不同速率的网络，网桥可以克服网络中所允许的最大站点数目的限制，即扩展整个网络的节点数。为了能够提供容错功能，可以使用并列的源路由网桥来连接局域网网段。

3）两种网桥的比较

① 传输连接方式：透明网桥是面向无连接的，而源路由网桥是面向连接的。透明网桥的每一个帧都独立地选择路由；源路由网桥在源端已经选择好了一条到目的节点的路由，所有发往该目的节点的数据帧都走这条路径。

② 透明性：透明网桥对主机是透明的，对所有 IEEE 802 产品全部兼容；源路由网桥对主机是不透明的，主机必须知道数据帧被路由的网络标识号及网桥标识号。

③ 使用管理：在使用网桥时，透明网桥不需要管理，它的链接表可以自动地适应网络拓扑结构的变化。源路由网桥的路由必须由人工管理，如果网络和网桥的标识号写错或写重，将引起数据帧在网络中兜圈子，并且这种故障难以检测。使用源路由网桥能获得最佳路径；透明网桥只能使用生成树路由，它一般不是最佳的。在两个网络之间使用并联的源路由网桥，能使通信量在两个网桥间平均分配，起到业务量均衡的作用。

④ 适应性：在对故障和拓扑结构的适应上，透明网桥能快速地适应网络拓扑结构的变化；源路由网桥只通过广播探测帧来确定故障点，其速度要比透明网桥慢得多。

⑤ 复杂性：源路由网桥复杂，透明网桥简单。使用源路由网桥，需要主机计算最佳路由，这对主机是额外负担。

最后需要指出，在实际中所使用的网桥往往同时具有透明网桥和源路由网桥的双重功能，这种网桥称为源路由透明网桥（Source Route Transparent，SRT）。源路由透明网桥是透明网桥和源路由网桥的结合，它利用路由信息标识位来区分源路由数据帧和透明网桥帧。如果路由信息标识位被置为1，数据帧中就包含有路由信息，网桥就采用源路由算法；如果路由信息标识位被置为0，则数据帧中不包含有路由信息，SRT 就采用透明网桥技术。

2. 交换机

交换机是工作在 OSI 模型数据链路层的 MAC 子层的网络互联设备。交换机通过为每个帧创建高速虚电路连接，从而提升了网络的整体性能。

网桥与交换机都工作在数据链路层，它们具有相似性。与网桥一样，交换机检查每个 MAC 帧的目的地址，并和自身的交换表进行比较，找到和目的网段相连的端口，然后将该帧转发出去。当交换机刚接通的时候，它内部的交换表是空的，开始它向所有的端口发送广播帧，从回应帧中学习一段时间以后，交换机建立起和端口号相关的 MAC 地址表。当交换机收到一个带有目的地址的数据帧时，交换机就会向目的所在的端口发送该帧。交换机在收到广播帧的时候，会将该帧送往所有的端口，这将产生同桥接网络中很普遍的“溢流”现象。

与网桥不同，交换机可以用做带宽倍增器。交换机为每个端口到端口的连接提供全部的局域网介质带宽。交换机可以同时在多对端口之间建立并发连接。

6.4.3 网络层互联设备

网络层的互联设备是路由器（Router）。路由器是实现不同网络互联的关键设备，如图 6.9 所示。路由器用来连接多个网络，支持 LAN-WAN-LAN 在网络层实现互联，并根据路由信息有选择地将数据报从一个网络转发到另一个网络。路由器是当今因特网的基本组成部分，不论对拥有众多分支机构、业务繁忙的企业网，还是对为成千上万对性能要求苛刻的因特网服务提供商（Internet Service Provider，ISP），可以说，在组网中，路由器的选择是决定网络性能的主要因素。

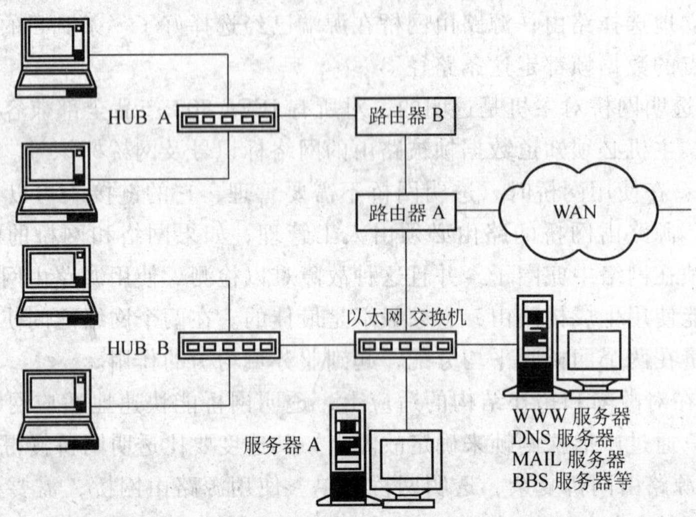

图 6.9 基于路由器的网络互联

路由器和网桥的一个重要区别是：网桥独立于高层协议，它把几个物理网络连起来以后提供给用户的仍然是一个逻辑网络，用户根本不知道有网桥存在；路由器利用互联网协议将网络分成几个逻辑子网。路由器是在网络层进行网络互联的设备，它所操作和处理的对象是网间流动的数据分组或数据报。

1. 网络层互联原理

在 OSI 分层结构中，网络层又划分为三个功能子层：子网访问层、子网增强层和子网 IP 层，如图 6.10 所示。

子网访问层是子网的网络层，它提供基本网络服务。子网访问层向上层提供的服务可能满足，也可能不满足网络互联所要求的标准服务。若能满足上层所要求的标准服务，则可以不再需要上面的两个子层。当子网访问层向上提供的服务不能满足网络互联所要求的标准网络服务时，则由子网增强层和子网 IP 层来增加所缺少的功能。

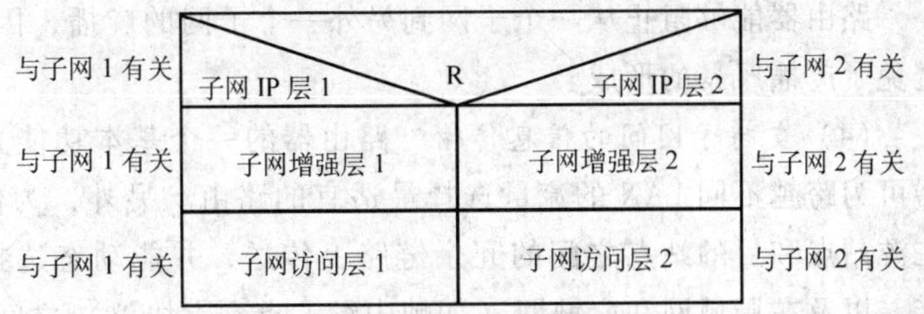

图6.10 网络层内部结构

子网增强层用于调整（增强或削弱）子网访问层所提供的服务，使之满足子网互联所要求的网络服务或子网增强层所要求的服务。

子网 IP 层是为适应网络互联的要求而设置的，其功能是从下面两个子层所提供的特定服务中提取公共部分，以作为整个互联网络的统一网络服务功能，而其他功能未被互联网络所利用。路由器实现了这些层的功能，将数据从一个子网转发到另一个子网。

网络层有自己的源和目的地址，如互联网的 IP 地址。路由器利用 IP 地址来确定数据包发往哪一个网络，如果源和目的的网络号相同，则数据包被直接发往该网络的指定主机。

2. 路由器的基本功能

IETF 对基于路由器的互联方案作了相关定义，路由器的功能大致可分为以下几点：

(1) 网络分段　网络分段是根据实际需求将整个网络分割成不同的子网。换句话说，路由器可以将不同的 LAN 进行互联，并划分成不同的子网，如图6.11所示，这是路由器最主要的功能之一。

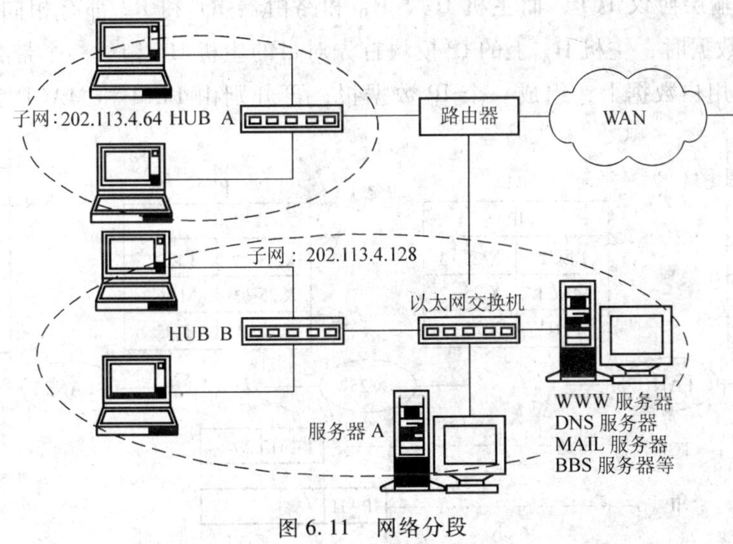

图6.11 网络分段

(2) 提供不同类型网络互联　在局域网通过广域网与局域网互联，或不同类型的局域网间互联时，大都采用路由器组网。

(3) 隔离广播风暴　所谓广播是指一些局域网（如以太网和令牌环网）允许任意一个站点给局域网中的所有其他站点发送信息包。通过网桥或交换机连接多个局域网段而构成的更大规模局域网，从本质上讲它们仍是一个网络，因为它们支持广播，多网段上的广播通信量会产生广播风暴（Broadcast Storm）。

路由器能够阻止从一个子网到另外一个子网的广播，因而可减少整个网间的广播流量，避免了广播风暴的形成。

(4) 支持子网间的信息传输　路由器的一个基本功能是路由选择。路由选择是指路由器可为跨越不同 LAN 的流量选择最适宜的路由。另外，为使网络负载均衡，它还允许流量在源站点和目的站点之间的冗余链路上传送，并能动态选择路由，绕过失效的网段进行连接，以及在局域网和广域网（如帧中继，点到点协议）之间进行协议转换。

网络协议的寻址结构对网络互联的设计具有重要的意义。路由器的地址解析就是对流经它的任何数据报均要进行报头分析，以确定该数据报的流向。网络地址的层次特性常需要把网络中主机分成许多组，每组具有相同的网络标识号。在某一组中的一台主机要求与另一组中的主机进行通信，需把信息包送往路由器进行转发。

(5) 提供安全访问的机制　路由器对网络的安全起着相当重要的作用，它能监视来自每个用户的业务流，并利用动态过滤（Filter）功能保证网络的安全性。

(6) 支持第 3 层网络特殊服务　所谓第 3 层网络的特殊服务，是指路由器可按预先设定的优先权，控制不同协议的不同应用的流量。比如预约网络带宽，以利于合理配置路由器，优化网络性能等。

3. 路由器的操作过程

为了更好地了解路由器的工作过程，图 6. 12 给出了两种不同的局域网通过两个 IP 路由器与 X. 25 网互联的情况。主机 H_A 位于 LAN 1，主机 H_B 位于 LAN 2。假定主机 H_A 和主机 H_B 有相同的传输层协议 TCP，而主机 H_A、H_B 和路由器 R1 和 R2 都有相同的 IP 协议。当 H_A 向 H_B 发送数据时，主机 H_A 上的 IP 模块首先对目的主机 H_B 构成一个带有全球性地址的报头 IP-H 加到用户数据上，组成一个 IP 数据报，再分别由 LLCl 和 MACl 加上头部和尾部

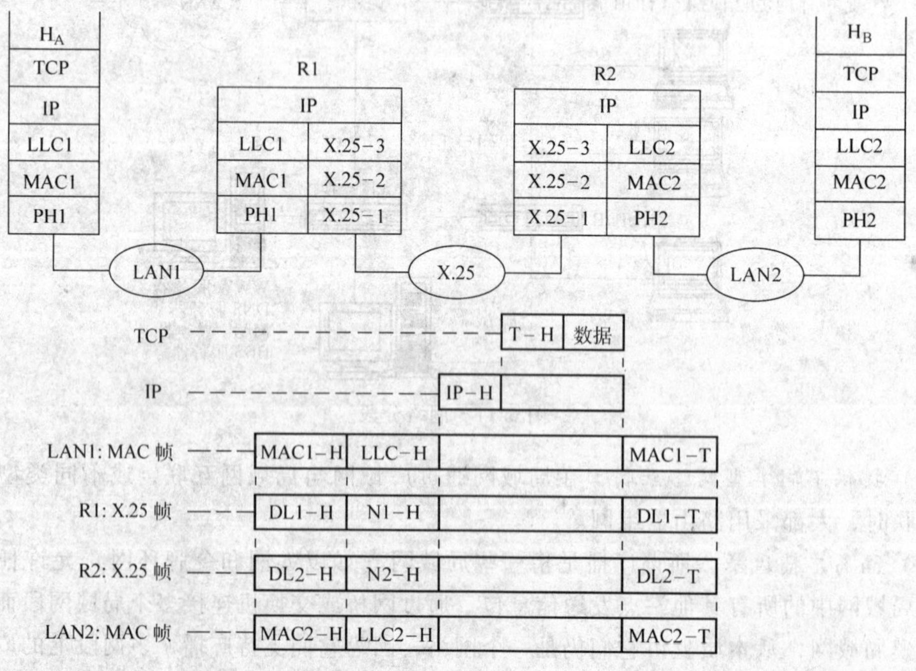

图 6. 12　通过 IP 路由器的 LAN 互联

构成帧，然后送给 LAN 1，经 LAN 1 传输到路由器 R1。路由器 R1 将收到的帧拆开，恢复出原数据报，并分析报头信息，确定该数据报携带的是控制信息还是数据。若是控制信息，就按控制要求处理；若是数据，则根据目的地址选择后续路由，并按 X. 25 要求对数据进行分段，使每段构成独立的 IP 数据报，并用 X. 25 协议的帧格式封装成帧，排队穿过 X. 25 网进入路由器 R2。由于 X. 25 协议只定义了 DTE 和公用数据网的接口，而没有涉及网络内部情况。因此，图中 X. 25 网和 IP 路由器相连的两条链路上的帧是不一样的，它们的链路层头部分别为 DL1-H 和 DL2-H，其尾部分别为 DL1-T 和 DL2-T，而这两条链路的帧交给网络层时，其网络层分组的头部分别为 N1-H 和 N2-H。路由器 R2 将收到的帧拆开，恢复成数据报，选择路由后按 LLC2 的要求组装成 IP 数据报，然后再按 LLC2 和 MAC2 的帧格式封装成帧，经 LAN2 传输到 H_B。在目的主机 H_B 需将相应的头、尾剥去，恢复成 IP 数据报，放入缓冲区，然后重新装配成原始用户数据，交高层处理。TCP 协议负责端到端的流量控制和差错控制等。

4. 路由器的路由选择

路由器的工作是寻找从源到目的转发包的最佳路径，路由器要比第 2 层的互联设备做出更多的决定，为了做出选择，它需要更多的信息。这些额外的信息保存在每个路由器的路由表中。路由表包含了任一个数据包通过网络从源到目的所能够采用的路径的详细信息，其中包含了路由器间的距离（跳数）、包的大小、可用的线路速度、一天中有包的时间、协议等。

路由表与寻径示例如图 6. 13 所示，图中所示为 5 个网络和 3 个路由器组成的互联网。路由器 R1 与网络 1（B 类地址）、网络 2（C 类地址）、网络 3（B 类地址）直接相连。当 R1 收到的数据报目的地址为上述网络号时，可立即将 IP 数据报封装到相应的物理网络的帧中，通过相应的端口送出，由物理网络直接寻径。R1 的路由表如表 6. 1 所示。由表可知，R1 到网络 5 需经过 R2、R3，而表中只给出与 R1 有直接连接的 R2 地址。通过 R2、R3 的转发，IP 数据报能正确到达网络 5。路由表的主要条目都是基于网络号，即每一条目对应一群主机。

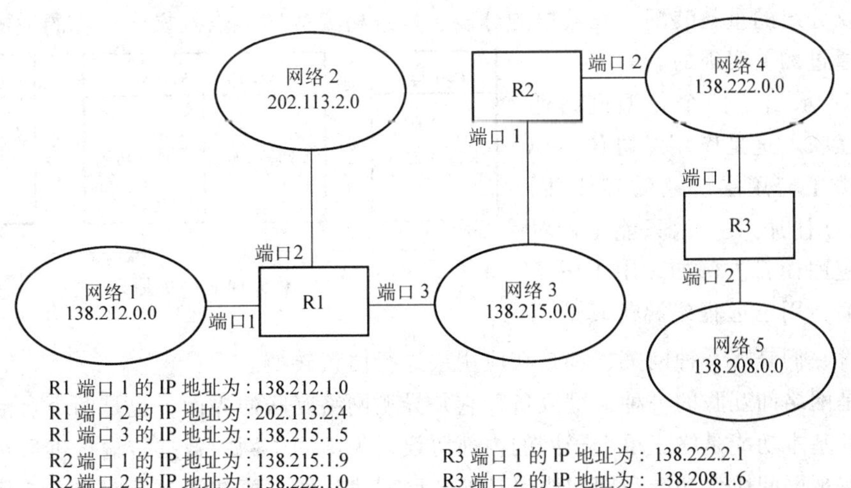

图 6. 13　由路由器互联 5 个网络组成的互联网

表 6.1 R1 的路由表

目的网络	目的网络号	寻 径
网络 1	138.212.0.0	直接传送
网络 2	202.113.2.0	直接传送
网络 3	138.215.0.0	直接传送
网络 4	128.222.0.0	138.215.1.9
网络 5	138.208.0.0	138.215.1.9

6.4.4 高层互联设备

高层网络互联设备是网关，网关用于异型网络互联。所谓异型网络是指类型不同的网络，这些网络至少从物理层到网络层的协议都不相同，甚至从物理层到应用层所有各对应层的协议都不相同，因此，在网关中至少要进行物理层至网络层各层协议的转换。目前对异型网的互联，常在网络层、传输层或应用层上实现，尚未开发出在会话层和表示层实现互联的网关。网关用于连接使用不同协议的网络。

网桥和路由器可以互联不同的网络，但它们不能连接使用不同网络体系结构的节点。例如：使用网桥或路由器，TCP/IP 节点可以和其他 TCP/IP 节点通信，即使一个节点在以太网上而另一个节点在令牌环网上，但是 TCP/IP 节点不能和其他协议节点通信。

网关也称为网络协议变换器，是比网桥和路由器更复杂的网络互联设备，它可以实现采用不同协议的网络之间的互联。为了实现不同协议的网络之间互联，网络协议变换器应实现不同网络协议之间的转换。网络协议变换器在具体实现技术上与它互联的两个具体网络的协议相关。支持不同网络协议之间转换的网络协议变换器是不同的。网关一般用于不同类型的网络之间的互联，也可用于一个物理网在逻辑上不同的网络之间的互联，还可用于不同大型主机之间和不同数据库之间的互联。假设主机 A 和主机 B 的应用层、表示层和会话层的协议是相同的，而传输层协议不同，为了使二者能够相互通信，就要在传输层上进行协议转换。如果二者所用的通信子网协议不同，则还要对低三层协议进行转换，对传输层协议的转换包括协议分组的重新装配、长数据的分段、地址格式的转换以及操作规程的适配等。这些操作都是通过网关实现的。

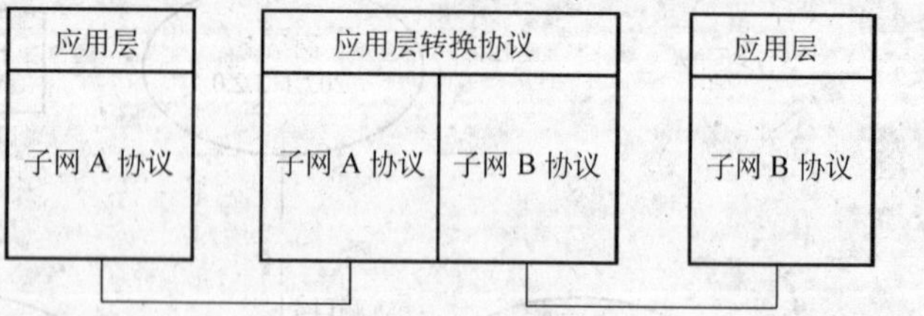

图 6.14 示出了两个异型网络通过网关的互联。这是应用层协议转换的网关，由于应用层协议的多样性，不可能有通用的网关，故只能是针对某一特定应用而言。例如，用于电子邮件的网关，用于远程终端仿真的网关等。不管它们是哪一种网关，都是在应用层进行协议转换。

应用层 应用层转换协议 应用层
子网 A 协议 子网 A 协议 子网 B 协议 子网 B 协议

图 6.14 网关原理

网关是网络间互联的一种关键设备，它是异型网络互联的界面，也是两个自治网络的协议接口。其基本功能是终止单个子网的内部协议，为不同子网的数据传输提供通路，协同其邻接子网实现网间协议功能和网间协议转换。网间协议的主要功能是网间路由选择、网间流量控制与拥塞控制、网间安全与差错控制等。

协议转换是一个软件密集型过程，必须考虑两个协议栈之间特定的相似性和不同之处。所以有多少种网络体系结构，就可能有多少种网关。

1. 网关的类型

网关由适当的硬件和软件共同构成，硬件提供不同网络的接口，软件实现互联网络不同协议之间的转换。

根据网关的功能和应用环境的不同，可分为两类：介质转换网关和协议转换网关。

介质转换网关的主要功能是从一个子网中接收数据帧，然后拆封并按新格式重新封装，附加上新的路由信息后，转发给另一个子网。

协议转换网关的主要功能是将一个子网所使用的协议转换成另一个子网所使用的协议。

为了使用和管理上的方便，常将一个网关从结构上一分为二，其中每一半就称为一个半网关。在每个网络上配置一个半网关，再通过传输线路将两个半网关连接起来，就实现了两个网络的互联。若为每个半网关制定不同的通信协议，就可实现多个不同类型的网络互联。

由于半网关可分别属于不同的网络，因此可以分别进行维护和管理，避免一个网关由两个单位拥有所带来的非技术性麻烦。图6.15显示出了全网关和半网关的例子。

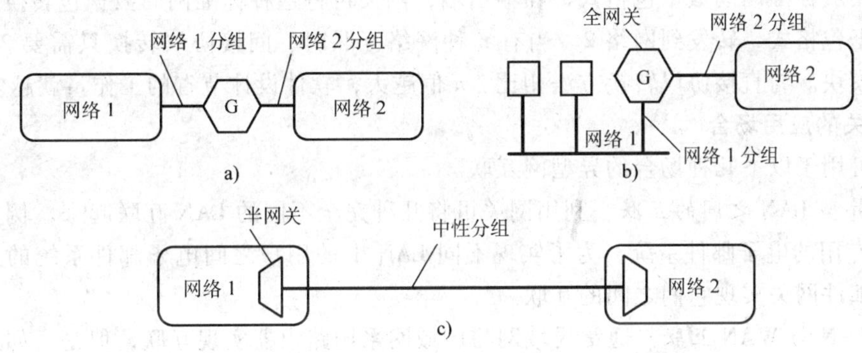

图6.15　网关类型

a) WAN之间的全网关　b) LAN和WAN之间的全网关　c) 半网关

2. 协议转换方法

网关实现协议转换主要有两种方法：直接协议转换和间接协议转换。

(1) *直接协议转换*　直接协议转换是将输入网络的数据包的格式转换成另一种网络的数据包的格式。当两种网络通过一个网关互联时，这是最简单的一种方法。一个全网关要进行两种网络协议的转换，即由网络1→网络2或者由网络2→网络1，如图6.16a所示。同理，当网关互联三个网络时，则要求进行六种协议的转换，即网络1与网络2之间的相互转换、网络2与网络3之间的相互转换以及网络1与网络3之间的相互转换。如果网关互联n个网络，则网关要进行$n(n-1)$种协议转换，这就是说，要编写$n(n-1)$种协议转换程序模块。互联的网络数越多，n值越大，则需要编写的协议转换程序模块数目将随着n的增加而急剧增大。同时，对网关的处理能力和存储空间的要求也就越高。因此，这是一种不可取的协议转换方法。

(2) *间接协议转换*　间接协议转换原理如图6.16b所示。该方法要求制定一种统一的标准网间数据包格式。网关在输入端将输入网络的数据包格式转换成标准的网间数据包格式，在输出端再将标准网间数据包格式转换成输出网络的数据包格式。这种标准网间数据包

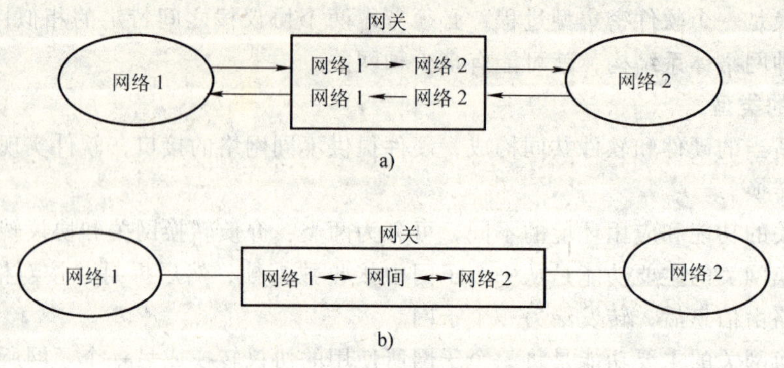

图 6.16　网关的协议转换方法
a）直接协议转换　b）间接协议转换

格式只在网关内部使用，不在互联网的各个网络中使用，因此，不需要互联的网络修改其内部协议。当两种网络互联时，采用标准网间数据包格式的网关需要完成四种数据包格式的转换：网 1→网间，网间→网 2，网 2→网间，网间→网 1。当数据包从网络 1 进入网关时，它首先被转换成标准网间数据包格式；在输出端，网关再将这种标准网间数据包转换成网络所要求的数据包格式，转发到网络 2。当有 n 种网络互联时，间接协议转换只需要 $2n$ 个协议转换程序模块。与直接协议转换方法相比，n 值越大，软件设计节省的工作量就越多。

3. 网关的应用场合

网关可用于以下几种场合的异型网互联。

（1）*异型 LAN 之间的互联*　利用网关可将几种完全不同的 LAN 互联起来。例如，许多 LAN 都有专用的电子邮件系统，为了实现不同 LAN 上的用户之间电子邮件系统的互通，可使用电子邮件网关实现它们之间的互联。

（2）*LAN 与 WAN 互联*　通常局域网与广域网采用路由器实现互联，但是，如果它们有各自的应用协议方式时，例如，LAN 的计算机和服务器在数据链路层进行通信，而广域网一般需要采用网络层协议才能实现计算机之间的通信，此时，将利用网关把它们互联，实现不同网络的用户间相互通信。

（3）*WAN 与 WAN 互联*　当两个广域网不同时，可由网关将它们互联。

（4）*LAN 与主机互联*　严格讲这种情况不属于网络互联的范畴。但是，当主机的操作系统与局域网的操作系统不兼容时，就需要通过网关连接。由于主机的类型很多，所以市场上有很多这种类型的网关。

6.5　互联网络路由协议

因特网构成的树形组网结构，分为核心系统和自治系统两个部分。因特网结构的基础是核心系统，其外围部分划分为若干自治系统。核心系统是由主干网和核心网关组成的，它掌握因特网的全部路由信息；而自治系统在管理上实现内部自治，系统内各路由器仅掌握本系统的路由信息。每一自治系统通过特定的网关与核心系统连接，并报告其内部路由信息，并由因特网网络信息中心（Network Information Center，NIC）管理所赋予的全局唯一性自治系统标识符。

6.5.1　路由算法

每种网络体系结构都有自己的一套路由协议。这些协议中，有些只在自治系统内部工作，有些则只在自治系统之间工作。但无论如何，所有协议都是基于两种基本算法：距离矢量算法和链路状态算法。

1. 距离矢量算法

距离矢量算法 DVA 是一种很简单的算法，它用以“跳步”为单位的距离来表示连接到网络的路程。跳步数实际上是数据包在到达目的网络的过程中所经过的网关（路由器）的数目。距离矢量算法路由器用“跳数”来选择最短路径。

DVA 是基于含有路由器之间全部跳数尺度的共享路由表。每个路由器根据它到相邻路由器的每一条连接计算这个尺度，并建立一个路由表。列出通过每个相邻的路由器到每个目的地址的总跳数。一个 DVA 能够告诉路由器：通过端口 1 到达网络 A 有几个跳步远，通过端口 2 有几个跳步远；但无法告诉路由器关于网段如何连接或每条路径的速度、开销等信息。当路由器发现一个端口的连接改变，或从邻接路由器接收到更新信息，它重新计算跳数并更新其路由表，然后向所有的邻居广播新的路由表。由于当网络改变时，路由器要通过网络广播整个新的路由表，所以收敛缓慢。收敛是指从网络发生变化开始到所有的路由表都被更新并且所有的路由器都同意新的度量为止的时间间隔。因此一个收敛缓慢的网络占用更多的带宽，同时导致响应的时间下降，甚至丢失会话。

DVA 还会造成路由回路。当到达同一地址的多条路径导致一个路由表的更新信息返回到发出它的路由器时，就形成了路由回路。该路由器会将这些数据错误地理解为邻居发出的更新，从而重复整个更新过程。

下面举例说明距离矢量算法。在图 6.17 中，网络 A 与路由器 R1 相连。

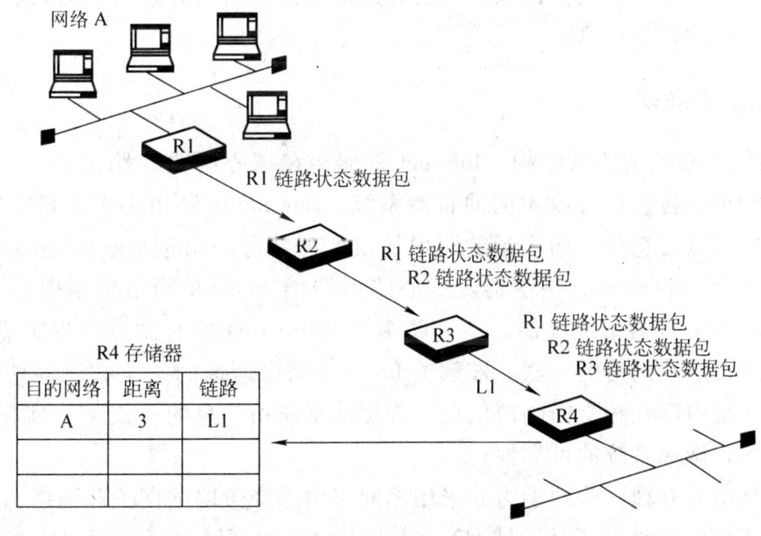

目的网络	距离	链路
A	3	L1

图 6.17　距离矢量路由算法

R1 向与它连接的路由器 R2 发送自身路由表的一个副本，用来向网络报告路由选择信息。R2 处理这些信息并且通过把分组中的距离值加 1 来重新计算到网络 A 的距离（跳数）。

新的跳步计数反映了网络 A 距离 R2 增加了一个额外的跳步。其后 R2 将更新的路由表发送给连接到它的路由器 R3。

这也是距离矢量路由选择的缺点之一，因为接收路由器在把路由信息协议分组继续向其他路由器传输之前要改变原始分组中传递过来的值。如果一个路由器发送了一个含有错误的表，在其他路由器传输更新的路由表时，错误将被扩散。

当路由器 R4 得知网络 A 的存在后，它就在其路由表中添加一条去往网络 A 的记录。此时 R4 的路由表将会指出网络 A 离它有 3 跳的距离，并且指出把分组从端口 L1 发出就能到达网络 A。

2. 链路状态算法

链路状态算法 LSA 是为了克服 DVA 的不足而设计的。它与 DVA 之间有几个关键的区别。在 LSA 中，依然广播更新的路由表信息，但只广播路由表变化的部分，而不是整个表。从而保护了网络带宽。

LSA 的路由表包含了网段之间如何连接的信息。每个路由器检测到自己局部连接的拓扑结构改变时，就将其更新信息广播给网内的其他所有路由器。其他路由器使用该信息学习整个网络的拓扑结构，然后各个路由器用学到的知识计算到达各个目的网络的距离，形成以自己为根的最短路径树。这种算法消除了路由环路以及对网络变化调整缓慢的问题。

与 DVA 最大的差别反映在它们的路由数据库上。DVA 检查所有到达目的地址的路由器，并选择具有最少跳数的路由作为最佳路径；LSA 根据跳数、传输延迟、线路容量和为管理而定义的距离等尺度来决定最佳路径。因此，LSA 实际上是一种“最短路径优先”的算法。

根据该算法，路由器将不断地主动测试与相邻路由器之间的状态，并周期性地与相邻路由器交换状态信息。若相邻路由器做出应答，则该链路状态为开；否则为关。每个路由器都能收到其他路由器的状态信息。

6.5.2 路由选择协议

Internet 采用核心网关体系结构。Internet 将连接在核心网关（路由器）上的诸多网络，根据所有权和管理权将它们分成不同的自治系统。Internet 的路由是由少量而集中的路由器来保存全部目的站点信息的。而大量的路由器仅保存部分路由信息。Internet 的路由器可分为两类：核心路由器和非核心路由器。核心路由器由 Internet 网络控制中心（NCC）来控制，非核心路由器由自治系统控制。核心路由器对 Internet 所有站点提供可靠的、一致的、授权的路由，以便全球网络的互联。被赋予 Internet 网络地址的站点必须将它的地址通知核心系统，核心系统内部互相交换路由信息，确保共享路由信息的一致性。网络控制中心用来监控这些路由器，确保系统的可靠性。

自治系统是由具有独立管理能力并采用相同路由选择策略的网关和网络构成的集合。单个物理网络（不管是广域网还是局域网），或者由多个物理网络互联而成的组织性或地区性网络，都可以是一个自治系统。Internet 网络控制中心对每一个自治系统都分配一个全球唯一的网络号，路由协议要用这些网络号来控制路由信息的交换。

一个自治系统内部的路由器可以自由确定地选择路由、传播路由、确认路由以及检测路由一致性的机制。实际上，核心网关也组成了一个自治系统。自治系统与主干网的互联体系结构如图6.18所示。核心结构与自治系统相连的网关称为核心网关，其他网关则称为非核心网关。

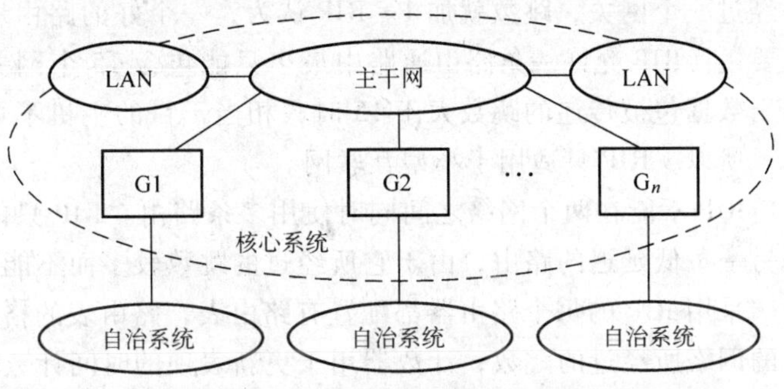

图6.18 Internet的树形网络结构

为了能通过Internet到达隐藏在自治系统中的网络，每个自治系统必须将自己的路由信息报告给某个核心路由器。通常在自治系统中，有一个路由器负责路由广播，并直接和一个核心路由器交换路由信息。

根据上述概念，路由选择协议可分为三类：内部网关协议、外部网关协议、网关到网关协议。

1. 内部网关协议

一个自治系统内部的所有网关称为内部网关，在这些内部网关之间进行路由信息交换的协议，称为内部网关协议（Interior Gateway Protocol，IGP）。

对于较大规模的自治系统，常常将它划分为一些小的“区域”，每个小的区域都有一个指定的网关，称为边界网关（Border Gateway），这些边界网关之间则使用内部网关协议IGP通信，图6.19示出了一个自治系统被划分为三个区域的情况。自治系统中的某个网关使用外部网关协议与其他自治系统交换路由信息。

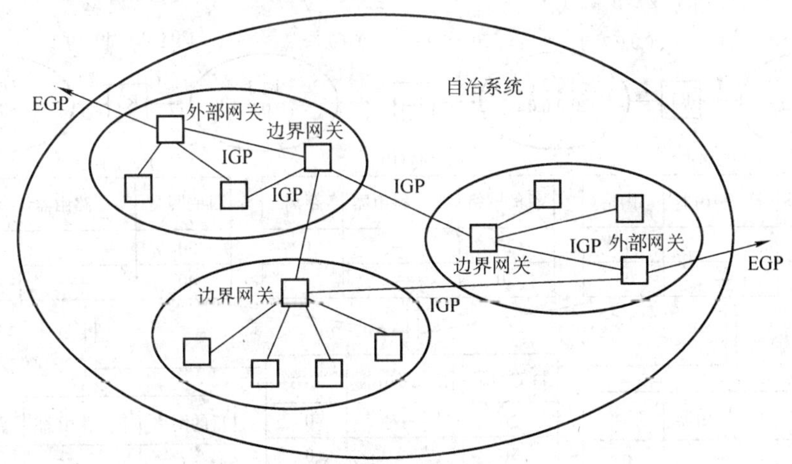

图6.19 多区域自治系统

IGP包含了一组协议，通常包含有路由信息协议、开放最短路径优先协议、内部网关路由协议等。这些协议各自又采用了不同的路由选择算法。

（1）路由信息协议 路由信息协议（Routing Information Protocol，RIP）是内部网关协议中使用最广泛的一种。RIP是一个基于距离矢量算法的分布式路由选择协议，它的最大优点是简单。RIP中定义的距离为到目的网络所经过的网关（路由器）数。距离也称为跳数，每经过一个网关，跳数就加1。RIP认为，一个好的路由所经过的网关数要少，也就是说距离要短。RIP允许一条路由通路中最多只能包含15个网关。因此，距离的最大值为16时，即当数据包被传递的跳数大于15时，相当于目的主机不可到达，路由器将丢弃这样的数据包。所以，RIP只适用于小型互联网。

RIP不能在两个网络之间同时使用多条路由。RIP只能选择跳数最少的路由，即使还存在另一条低延迟的路由，由于它所经过的跳数较多而不能使用。

采用RIP的每个路由器都配置有路由表，路由表的格式如表6.2所示。其中距离是到达目的网络所经过的跳数；计数器用于更新表项的时间计数；标志用于指示该表项最近是否已被更新。

表6.2 采用RIP的路由器路由表格式

目的网络	下一路由器	距 离	计数器	标 志
A	R1	3	t1,t2,t3	x,y
B	R2	5	t1,t2,t3	x,y
C	R3	2	t1,t2,t3	x,y
…	…	…	…	…

RIP的工作原理如下：互联网中的每个网关每隔30s就向相邻的路由器广播一次自己的路由表信息。所谓相邻的路由器就是连接在同一网段上的两个或多个路由器，图6.20是说明相邻路由器概念的例子，并给出了路由表中的主要内容。图中R1与R2是相邻路由器，而R1与R3就不是相邻路由器。RIP让互联网中的所有路由器与其相邻路由器不断交换路由信息，并不断更新其路由表，最终计算出到每一个目的网络的最佳路径。

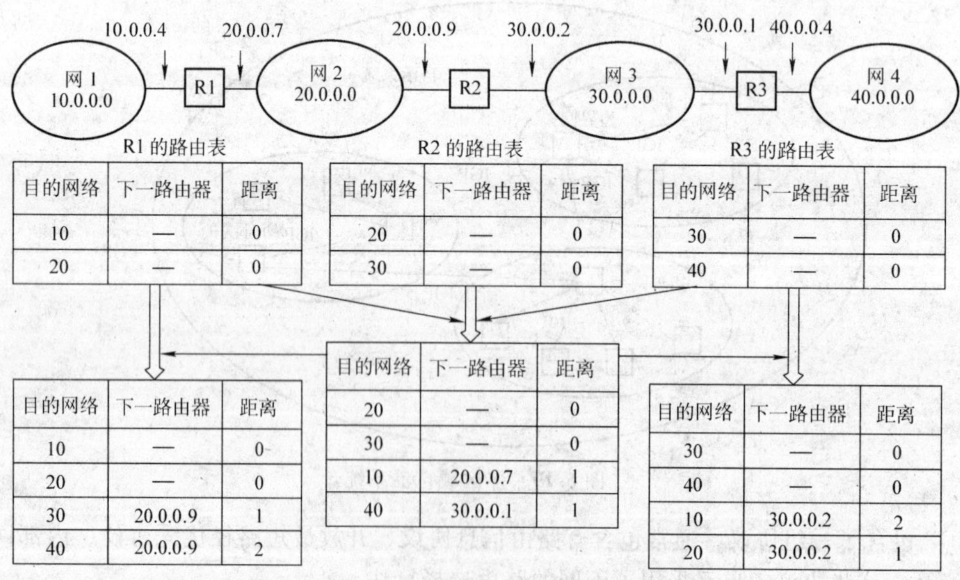

目的网络	下一路由器	距离
10	—	0
20	—	0

目的网络	下一路由器	距离
20	—	0
30	—	0

目的网络	下一路由器	距离
30	—	0
40	—	0

目的网络	下一路由器	距离
10	—	0
20	—	0
30	20.0.0.9	1
40	20.0.0.9	2

目的网络	下一路由器	距离
20	—	0
30	—	0
10	20.0.0.7	1
40	30.0.0.1	1

目的网络	下一路由器	距离
30	—	0
40	—	0
10	30.0.0.2	2
20	30.0.0.2	1

图6.20 多区域自治系统RIP路由表的建立过程

路由表更新的原则是：RIP仅为路由器维持一个到目的网络的最佳路由，当一个新的路由比原来的路由更佳时，则新的路由就取代老的路由。网络拓扑变化常常会带来路由的变化。例如，当一个路由器检测到一个链路失效或路由器出现故障时，它就重新计算其路由，并发出路由更新信息。每个接收到路由更新信息的路由器便更新其路由表，以适应路由的变更。

RIP 协议在自治系统内部周期地广播 RIP 报文。为了更进一步理解 RIP 的工作原理，以图 6.20 所示的互联网为例，讨论各个路由器的路由表的建立和更新过程。

开始，所有路由器的路由表只有路由器所连接的网络（共有两个网络）的情况。路由表中“下一路由器”项中的符号“—”，表示直接交付。这是因为与同一网络上的主机可直接通信，而不需要经过别的路由器转发，因为经过的路由器是 0，所以，“距离”一项都是 0。初始化后，每个路由器都要向其相邻的路由器广播 RIP 报文，即广播路由表中的信息。

假定路由器 R2 先收到路由器 R1 和 R3 的路由信息，于是就更新自己的路由表，R2 将更新后的路由表再发给路由器 R1 和 R3，路由器 R1 和 R3 分别更新自己的路由表。这样，3 个路由器的路由表很快就全部更新完毕。实际的更新过程可能与上述过程不同，因为 RIP 报文的交互是随机的，实际的网络可能比上面的情况更复杂。但不管 RIP 报文的交互过程如何，最终总能收敛到最后的路由表。

由以上讨论可知，RIP 采用分布式处理模式，每一个路由器根据其相邻路由器发来的路由信息，逐步建立并不断更新自己的路由表。

（2） 开放最短路径优先协议　RIP 的最大优点是简单，但是，当互联网络规模较大时，该协议就难以满足要求。首先是 RIP 对网络规模有一定限制，它的最大使用距离为 15（即不可达距离为 16）；其次，RIP 所采用的距离矢量算法，使路由器之间交换的完整路由信息开销较大，影响网络的带宽；最后，当网络出现故障或进行更新时，需经过较长时间才能将此信息传递到所有的路由器，收敛速度慢。

开放最短路径优先（Open Shortest Path First，OSPF）协议就是为了克服 RIP 的缺陷而引出的。这里开放的含义是说 OSPF 协议不受某一厂家的限制，而是公开的，任何人都可以使用而不必付费；最短路径优先是指该协议使用了 Dijkstra 最短路径算法。在内部网关协议 IGP 中，OSPF 协议是应用最广泛的一种路由选择协议。

OSPF 协议的核心是所有的路由器都维持一链路状态数据库，这个数据库实际上就是整个互联网络的拓扑结构图。所谓一个路由器的链路状态，就是该路由器和哪些网络或路由器相邻，以及将数据发往这些网络或路由器所需的代价。在这里，OSPF 将代价称为度量，它是 1 ~ 65535 之间的任何一个无量纲的数。度量包括费用、距离、时延、带宽等。可由网络管理人员定义。前面已述，使用 RIP 的路由器，只知道到目的网络的下一路由器，而不知道互联网的拓扑结构。由于互联网络的链路状态可能经常发生变化，为了标记这些变化，OSPF 让每一个链路状态都带上一个 32 位的序号，序号越大，状态就越新。每一个路由器用链路状态数据库中的数据计算自己的路由表。

只要网络状态发生变化，链路状态数据库就会很快进行更新，于是各路由器就能计算出新的路由表。OSPF 协议依靠各路由器之间不断地交换路由信息来建立链路状态的数据库，并维持数据库在全网范围内的一致性，这称为链路状态数据库的同步。

OSPF 协议要求两个相邻路由器每隔 10s 交换一次 Hello 报文，用来发现和维持邻站的可达性，这样就能确知哪些邻站是可达的，并将可达邻站的链路状态信息存入链路状态数据库，依此计算出路由表来。在正常情况下，网络中传送的绝大多数 OSPF 协议报文都是 Hello 报文。若 40s 没有收到某个相邻路由器的 Hello 报文，就认为该相邻路由器是不可达的，应修改链路状态数据库，重新计算路由表。

在路由器开始工作时，它只能通过 Hello 报文了解哪些相邻路由器在工作，以及将数据发往每个相邻路由器的代价。

网络保证链路状态数据库与全网状态一致，OSPF 协议规定每隔一定时间（如 30s）就刷新一次数据库中的链路状态。

OSPF 协议支持三种类型的网络：两个路由器的点到点连接网络、具有广播功能的局域网、无广播功能的广域网。

（3）内部网关路由协议　内部网关路由协议（Innerior Gateway Routing Protocol，IGRP）是美国 Cisco 公司 20 世纪 80 年代中期开发的一个路由选择协议。开发这个协议的主要目的是为那些情况比较复杂的自治系统提供一个更完善的路由协议。最初的 IGRP 是在 TCP/IP 网络上实现的，目前它可用于任何一种网络。

IGRP 也是一种基于距离矢量路由算法的内部网关协议。距离矢量路由算法要求互联网络中的每一个路由器定期地将路由表的全部或部分信息发送给与之相邻的路由器。随着路由信息在互联网络中不断传播，路由器将计算出它到互联网络中所有节点的距离。

IGRP 采用了组合度量方法，使路由信息中包含了多个与性能有关的参量，如网络延迟、带宽、可靠性和负载等，并根据这些度量参数自动计算出网络的最佳路由。IGRP 可提供三种路由：内部路由、系统路由和外部路由。图 6.21 示出了这三种路由。

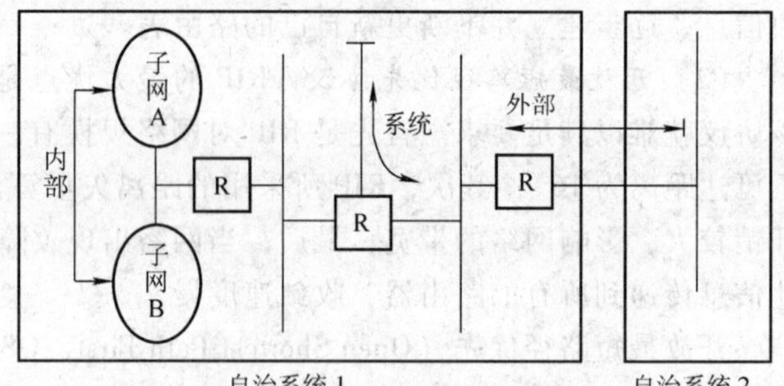

图 6.21　IGRP 的三种路由

内部路由是指连接在一台路由器同一端口的网络上各子网之间的路由。如果接在一台路由器同一端口的网络没有划分子网，IGRP 就不使用内部路由。IGRP 的路由更新信息不包含子网信息。

系统路由是指自治系统内部各网络之间的路由。路由器可从直接相连的网络上得到系统路由信息，也可从其他采用 IGRP 的路由器那里得到系统路由信息，但系统路由信息不包括子网路由信息。

外部路由是指自治系统之间的路由，在识别最终网关时需要网络之间的路由。如果一个数据包没有更好的路由，或者这个数据包的目的地是一个不可达节点，这时，路由器就要从 IGRP 所提供的外部路由表中选择一个最终网关，由这个最终网关转发该数据包。如果一个自治系统与外部网络有多个连接，那么，不同的路由器可以选择不同的外部路由作为其最终网关。

运行 IGRP 的路由器每隔 90s 发送一次路由更新广播。如在三个路由更新周期（270s）内未收到某个路由器发送来的路由更新信息，它就在其路由更新信息中宣布该路由器不可达；五个路由更新周期（450s）之后，还是没有收到该路由器的路由更新信息，就将这一路由从其路由表中删除。

虽然 IGRP 和 RIP 都是采用距离矢量算法，但 IGRP 比 RIP 更完善、更灵活，能够更好地选择合适的路由。

IGRP有一个增强版本，该版本综合了距离矢量算法和链路状态算法的优点，采用了更好的路由算法，具有与IGRP的兼容特性，但还需要进一步完善。

2. 外部网关协议

自治系统的外部网关之间实现路由信息交换的协议，就称为外部网关协议（Exterior Gateway Protocol，EGP）。外部网关是一种非核心网关，它是自治系统之间交换路由信息的网关。

EGP采用距离矢量路由算法，它在分属不同自治系统的两个相邻网关之间交换路由信息，如图6.22所示。图中GA和GB为不同自治系统的相邻网关，GA负责收集自治系统A的内部路由信息，并向自治系统B传递；GB负责收集自治系统B的内部路由信息，并向自治系统A传递。自治系统内部可以采用不同的内部网关协议，如自治系统A采用RIP协议，自治系统B采用OSPF协议等。

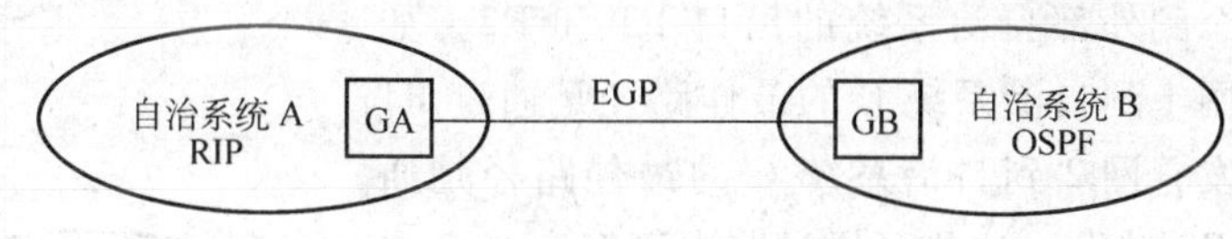

图6.22 EGP路由信息交换

（1）EGP的功能 EGP具有三个主要功能：

1）建立相邻网关的集合：不同自治系统的外部网关之间请求作为相邻网关，这些网关与地理位置的远近无关。

2）相邻网关测试：相邻网关之间不断相互测试，以便知道是否可达。

3）路由信息交换：相邻网关之间通过周期性地发送路由更新报文来交换路由信息。

EGP设计简单，技术先进，是互联网络中第一个获得广泛应用的路由选择协议。但由于其自身的一些缺点，仅能交换路径可达性信息，不能做出智能化的路由选择，实际上是一个可达性测试协议。随着互联网络规模的扩大，EGP的缺点也变得越来越明显，逐渐被新一代的外部网关协议——边界网关协议（Border Gateway Protocol，BGP）所取代。

BGP也是一种在不同自治系统之间交换路由信息的外部网关路由选择协议。BGP除了具有EGP的功能外，还增加了测试循环路由的功能，它是一种既可用于自治系统之间，也可用于自治系统内部的路由选择协议。运行BGP的路由器称为边界网关。

BGP与自治系统内部使用的内部网关协议（IGP）不同。在一个自治系统内部，内部网关协议的主要目标是设法找到一条从源端到目的端的最佳路径，以实现数据报的有效传输，它不必考虑其他限制因素。外部网关协议则不同，因为不同的自治系统属于不同的管理机构，不同的管理机构有不同的管理要素。例如，一个自治系统不允许某些自治系统的数据报通过，或者只愿意让那些付费的自治系统的数据报通过等。在BGP中，这些限制因素称为路由策略。因此，在BGP的设计中，应当允许管理者根据自己的需要，灵活地设置和实施多种路由策略。这些路由策略包括政治、经济、安全等方面因素。例如，国内用户互相通信时不要绕到国外兜圈子。这些策略可由人工对相关路由器进行设置实现，但它们并不属于BGP的范畴。

（2）边界网关协议的路由策略 BGP把路由策略分为以下三类：

1）控制自治系统到其他自治系统的路由。例如，假设自治系统A发送数据给自治系统D，如果途经自治系统B或C都能到达D，但C属于敌对系统。为了安全起见，则选择通过B，即使经过C的路径更短亦是如此。

2）控制自治系统为相邻自治系统传递数据。假设有三个自治系统 A、B、C，其中 A 与 B 和 C 分别有连接，可与它们通信。但是，因为某些原因（如经济等）不愿意为 B、C 之间通信提供通路，即使 B、C 之间的通信经过 A 的路径最短。对此，可让 A 的边界网关分别对 B 和 C 的边界网关隐瞒到对方（C、B）的可达性信息即可实现。

3）自治系统内部的路由策略协调。以图 6.23 为例来说明这种路由策略的协调。图中有三个自治系统，其中自治系统 A 有两个到外部自治系统的出口 R1 和 R2。如果网 1 到自治系统 C 的最佳路径是通过 R1 转发，网 2 到自治系统 C 的最佳路径是通过 R2 转发。这些可通过路由策略定义，由同一个自治系统内的边界网关协商解决。

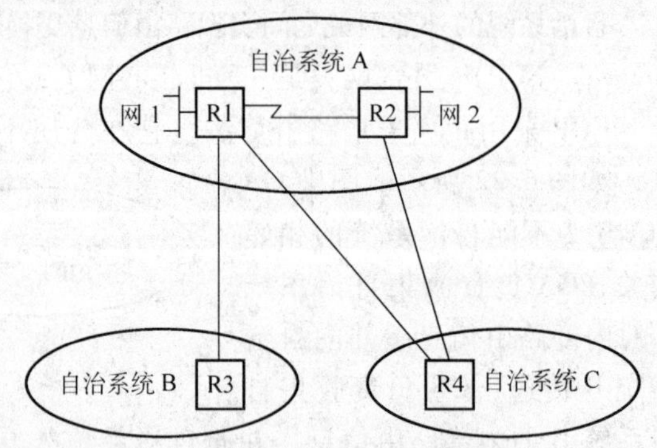

图 6.23　自治系统路由策略协调

BGP 要求每个自治系统都有一个唯一的编号。从 BGP 的观点来看，互联网络就是通过边界网关连接起来的多个自治系统的集合。路由策略实现对跨自治系统的数据报文的控制。

BGP 采用面向连接的可靠的传输控制协议 TCP，所以 BGP 就不需要进行分段、重传、确认和排序等功能。

BGP 基本上是使用距离矢量算法，但它与其他采用距离矢量算法的协议（如 RIP）有很大的不同。在 BGP 传输的路由信息中，不仅包括到达目的端的距离信息，而且还包括到达目的端所需穿越的各个自治系统的编号。这样，BGP 就可以很容易地利用这些路由信息构造出各个自治系统的互联图，而且可以检测出可能存在的循环路由，这避免了 RIP 的无限计数问题。BGP 与 RIP 的另一个不同点是，BGP 采用的是路由增量更新机制，只有路由状态发生变化时，才把变化的路由信息告诉相邻网关。

边界网关根据得到的路由信息，计算到目的端的路由，选择一条最佳路径，在通过路由器策略过滤后，将其向相邻网关广播。这里的关键是如何对不同的路由进行评价和比较。在 RIP 中，路由的优劣是通过路径度量值来体现的。而在跨自治系统的路由中，由于不同的自治系统使用的度量标准不一样，所以不能简单地把各段路径的度量值相加作为总的路径的度量值。边界网关对所有可用路由，按照其中包括的自治系统数目、路由策略限制、路由广播者、链路稳定程度等因素计算每条路由的优先值，然后把最优的路径作为当前的路由。

下面以图 6.24 为例来说明 BGP 的工作过程。图中有十个路由器，这里考察路由器 F 的

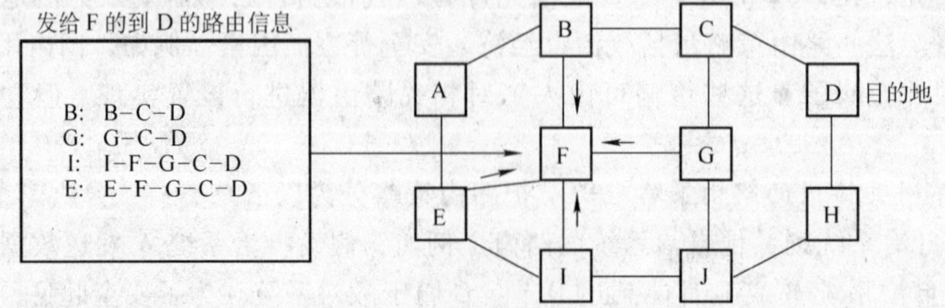

图 6.24　BGP 的工作过程示例

路由表。假设路由器 F 采用路由 F—G—C—D 到达目的端 D。路由器 F 的四个相邻路由器向 F 发来完整的路由信息，如图左所示，这里只给出了到目的端 D 的路由信息。

F 收到相邻路由器发来的路由信息后，要从其中找到一条最佳的路由。路由器 I 和 E 到 D 的路由都要使用 F，因此这二者是不可用的，只能从 B 和 G 中选择。每个 BGP 路由器都有一个模块，用来检查到某一目的的路由，并对其打分，然后返回一个到该目的的“距离”值。不符合路由选择策略的就返回无穷大，路由器从中选出距离最短的路由。打分功能不是 BGP 的组成部分，它是由系统管理员根据需要设定的。

BGP 能够比较容易地解决距离矢量算法中收敛慢的问题。假定图 6.25 中的路由器 G 或者链路 FG 出现故障，由于 I 和 E 使用的路由不可用，故将它们去掉，因此，选择 F—B—C—D 作为新的路由。

（3）*边界网关协议的报文* BGP 中定义了四种类型的报文：

1）Open 报文：用于与相邻网关建立关系。

2）Update 报文：用于发送路由信息，列出要撤销的路由。

3）Keepalive 报文：用于确认 Open 报文，周期性地证实相邻关系。

4）Notification 报文：用于发送检测出的差错。

（4）*边界网关协议的功能* BGP 定义了三个功能过程：

1）邻居探测。

2）邻居可达性。

3）网络可达性。

当一个路由器要与另一个相邻路由器定期交换路由信息时，它们之间有一个协商过程，这个过程就称为邻居探测。在进行探测时，申请者首先要向对方发送一个 Open 报文，若对方同意交换路由信息，则发回一个 Keepalive 报文。一旦邻居关系建立起来，就要用邻居可达性过程来维持这种关系。双方要互相确认对方的存在，且要一直保持这种邻居关系。为此，两个相邻路由器要彼此周期性（间隔 30s）地交换 Keepalive 报文。

每一个路由器都要保持一张所能到达的自治系统最佳路由的路由表。两个路由器之间最初始交换的路由信息是整个 BGP 路由表的信息，随着路由表的不断变化，发送路由更新信息的次数也越来越多。与其他路由选择协议不同，BGP 不要求对整个路由表进行周期性更新，而是对路由变化部分进行更新。可达性过程是当路由表发生变化时，路由器以广播方式对所有执行 BGP 的路由器发出一个 Update 报文。这样，所有的路由器就维持了新的路由信息。

3. 网关到网关协议

网关到网关协议（Gateway to Gateway Protocol，GGP）是指核心网关与核心网关之间的路由协议，它采用距离矢量算法。当一个核心网关加到核心系统时，就向与其相邻的核心网关发送距离矢量路由信息报文，通报自己所能到达的网络。相邻的核心网关收到路由信息报文后，更新自己的路由表，并在下一个更新周期将新的路由信息再向其他核心网关进行通报，如此下去，所有的核心网关都会收到新的路由信息。

习　　题

6.1　说明集线器为什么不能连接两种不同类型的局域网？

6.2　一个 1024B 的 IP 数据报接入 X.25 分组网需要划分为段，设 X.25 分组网的分组最大长度为 128B，试问需要多少分段？（假定 IP 只有 20B 报头）

6.3　简述三种帧交换方式的区别。

6.4　什么是广播风暴？为什么要抑制广播风暴？

6.5　通常如何评价路由器的性能指标？

6.6　路由选择协议有哪几种？各有什么作用？

6.7　画图：由三个网桥连接四个环网，从左到右，环网依次标记为“001”、“002”、“003”和“004”，网桥依次标记为“网桥 1”、“网桥 2”和“网桥 3”；节点 A 在环网 001 上，节点 B 在环网 002 上，节点 C 在环网 003 上，节点 D 在环网 004 上。现在为节点 A 构造一个路由表，显示从节点 A 到节点 B、节点 A 到节点 C、节点 A 到节点 D 的路由。

6.8　解释网桥的学习、过滤和转发。

6.9　简要说明路由器在收到包后如何操作。

6.10　协议 OSPF 与 RIP 的主要区别是什么？

第7章 TCP/IP

若实现网络的互联必须遵守共同的约定，在这个约定的管理下进行网络的互联，这个约定就是网络协议，又称为互联协议。网络的互联包括同种结构计算机、异种结构计算机以及各种网络之间的互联。各种计算机或网络，通常都有各自环境下的网络协议，如 NetWare 的 IPX/SPX。它们一般只适合于特定范围内的计算机之间通信，或者说它们都是专用的网络协议。各专用网络协议互不相同，使得不同计算机、网络之间不能互联通信。这就需要有一种公共的网络互联协议，用于连接异种结构计算机及网络以便相互通信和共享资源。

网络协议 TCP/IP 成功地解决了不同网络之间的互联问题，实现了异种结构网络的互联通信。TCP/IP 是当今网络互联的核心协议，也是 Internet 采用的协议。

7.1 TCP/IP 的产生与发展

TCP/IP 是根据美国国防部（Department of Defense，DoD）提出的其购买的计算机应能在某一种公共协议上进行通信的观点产生的。

ARPANET 是最早出现的计算机网络之一，它是美国国防部赞助的研究网络。美国国防部高级研究计划局（DARPA）提出 ARPRNET 研究计划的目的是希望各种高性能的主机、路由器和互联网关不会因某种异常情况而突然崩溃；网络不受子网硬件失控的影响，已建立的会话不会被取消，即希望只要源端和目的端机器都在工作，连接就能保持，即使某些中间机器或传输线路失去控制。同时，它还应该满足从文件传送到实时数据传输的各种应用需求。因此，它要求的是一种灵活的网络体系结构，实现异种结构网络的互联与互通。

最初 ARPANET 使用的是租用线路来连接数百所大学和政府部门，当卫星通信系统与无线通信网出现后，ARPANET 最初开发的网络协议使用在通信可靠性较差的这种无线通信子网中出现了问题，这就需要一种新的参考体系结构能无缝隙地连接多种网络。这就导致了新的网络协议 TCP/IP 的出现。随后 DARPA 资助把 TCP/IP 集成到加利福尼亚伯克利大学开发的 BSD 版本的 UNIX 中，几乎所有的工作站和采用 UNIX 的小型机都采用 TCP/IP。TCP/IP 可用于任何互联网系统间的通信，它们既能用于局域网中，也能用于广域网中。TCP/IP 出现之后，出现了 TCP/IP 参考模型。

TCP/IP 是 Internet 采用的协议标准，也是全世界使用最广泛的工业标准。其实 TCP/IP 是一个协议系列，目前已经包含了 100 多个协议，用于将各种计算机和数据通信设备组成计算机网络。传输控制协议 TCP 和网络互联协议 IP 是其中最基本、最重要的两个协议，因此通常用 TCP/IP 来代表整个协议系列。其中有些协议是为很多应用需要而提供低层的功能，如 IP、TCP、UDP 以及 ICMP；也有应用层协议的规范，如 TELNET、FTP、SMTP 等。

TCP/IP 使各种单独的网络有了一个共同的可参考的网络协议，实现了不同设备间的互操作。虽然 TCP/IP 不是 OSI 的标准，但由于 TCP/IP 能够用来连接异构机，因而得到了工业界的支持，而且 TCP/IP 已经成为 UNIX 实现的一部分，特别是 TCP/IP 是 Internet 的连接协议，使得它已被公认为当今的网络互联标准。

TCP/IP 具有以下几个特点：

1）协议标准具有开放性，独立于特定的计算机硬件与操作系统，可以免费使用。

2）统一分配网络地址，使得 TCP/IP 设备在网络中具有唯一的 IP 地址。

3）实现了高层协议的标准化，能为用户提供多种可靠性服务。

7.2 TCP/IP 参考模型

TCP/IP 参考模型是 ARPANET 和其后继的因特网使用的参考模型。

7.2.1 概述

TCP/IP 参考模型共有四层：网络接口层、互联层、传输层和应用层，如图 7.1 所示。与 OSI 参考模型相比，TCP/IP 参考模型没有表示层和会话层，这两层的功能被合并到应用层中实现。网络接口层相当于 OSI 模型中的物理层和数据链路层，互联层同 OSI 模型的网络层。这样使得通信的层次减少，提高了通信的效率。

实际上，使用 OSI 参考模型可以很好地讨论计算机网络，但是 OSI 参考模型并未流行。TCP/IP 参考模型正好相反，其模型本身实际上并不存在，只是对现存协议的一个归纳和总结，但 TCP/IP 却被广泛使用。

7.2.2 TCP/IP 协议簇

在 TCP/IP 参考模型的各层中定义了不同的协议，这些分层的协议形成了一组从上到下单项依赖关系的协议栈，也称为协议簇。TCP/IP 参考模型与 TCP/IP 协议簇之间的关系如图 7.1 所示。

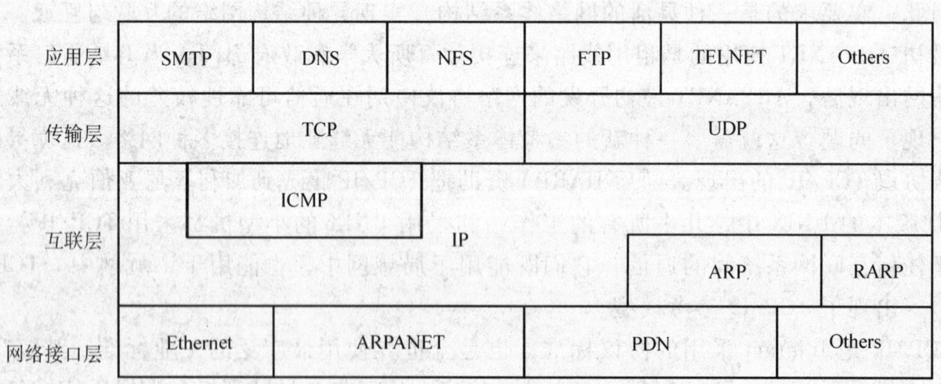

图 7.1 TCP/IP 参考模型与协议簇

1. 网络接口层

TCP/IP 参考模型允许主机联入网络使用多种现成的、流行的协议，如局域网协议或其他一些协议。在 TCP/IP 参考模型的网络接口层中，它包括各种物理网协议，例如局域网的 Ethernet、Token Ring、分组交换网的 X.25、FDDI、ISDN 等。当某种物理网被用作传送 IP 数据报的通道时，就可以认为是这一层的内容。这体现了 TCP/IP 协议的兼容性与适应性。

TCP/IP 还可以支持多种传输介质，如同轴电缆、双绞线和光纤等。

2. 互联层

互联层包含多个协议，如 IP、ICMP、ARP、RARP 等。

（1）IP　互联层的核心协议是网络互联协议 IP（Internet Protocol）。IP 的基本任务是通过互联网传输数据报，各个 IP 数据报之间是相互独立的。IP 提供无连接数据报服务，这是 Internet 和 Intranet 上最主要的服务。一系列的 IP 数据报从一台计算机传送到另一台计算机可以通过不同的路径，IP 并不保证数据报的正确传递，分组可能丢失、重复、延迟以及乱序。系统既不检测这些情况，也不通知发送者和接收者。

IP 提供了三个基本功能：一是基本数据单元的传送，规定了通过 TCP/IP 网的数据的确切格式；二是 IP 软件执行路由功能，选择传递数据报的路径；三是 IP 包括了一些规则以确定主机和路由器如何处理分组、差错报文等。

（2）ICMP　互联网控制报文协议 ICMP 是 IP 的一部分，随同 IP 一起使用。ICMP 在两台机器上的 Internet 协议软件之间提供通信，允许路由器向其他路由器或主机发送差错或控制报文。另外，ICMP 还用来检测报文差错，根据 ICMP 数据单元格式规定的代码可确定差错类型。

（3）ARP　正向地址解析协议 ARP 是将 IP 地址转换成相应物理地址的协议。只要给出目的主机的 IP 地址，它就可找到同一物理网络中对应主机的物理地址。这样，网络的物理编址可以对网络层服务透明。

（4）RARP　反向地址解析协议 RARP 是将物理地址转换成 IP 地址的协议。当节点只有自己的物理地址而没有 IP 地址时，则可通过 RARP 发出广播请求，征寻自己的 IP 地址，这样，无 IP 地址的节点可通过 RARP 可得到自己的 IP 地址。

3. 传输层

TCP/IP 模型在传输层提供了两个协议，即传输控制协议 TCP 和用户数据报协议 UDP。

（1）TCP　TCP 是一种建立在 IP 之上的可靠的、面向连接的、端到端的通信协议，它保证将一台主机的字节流无差错地传送到目的主机。TCP 将来自应用层的字节流分成多个字节段，然后将一个个的字节段传送到网络层，发送到目的主机。当网络层将接收到的字节段传送给传输层时，传输层再将多个字节段还原成字节流传送到应用层。为了保障数据的可靠传输，TCP 对应用层传送来的数据进行监控管理，提供重传机制。TCP 同时要完成流量控制功能，协调收发双方的发送与接收速度，达到正确传输的目的。

（2）UDP　UDP 是建立在 IP 之上的不可靠的、无连接的端到端的通信协议。它没有重发和纠错功能，不能保障数据传输的可靠性。因此 UDP 适用于不要求分组顺序到达的传输过程，分组传输顺序的检查与排序由应用层完成。UDP 增加了多端口机制，发送方使用这种机制可以区分一台主机上的多个接收者。

4. 应用层

TCP/IP 模型的应用层包括了所有的高层协议，并且总是不断有新的协议加入。目前，应用层协议主要有以下几种：

（1）TELNET　网络终端协议，用于实现互联网中的远程登录功能，它允许一台本地机器登录到远程服务器上作为远程服务器的终端，以共享远程服务器的资源和功能。

（2）FTP　文件传输协议，用于实现互联网中交互式文件传输功能，它允许授权用户登录到文件服务器上，通过文件服务器传输文件，可以从文件服务器下载文件或向文件服务器上载文件。

(3) SMTP 简单邮件传输协议，用于实现互联网中电子邮件传送功能，它解决如何通过一条链路把电子邮件传送到接收者的问题。

(4) DNS 域名系统，用于实现网络设备名到IP地址映射的网络服务，它采用层次结构的域名系统，为用户提供了高效、可靠的查询方式。

(5) SNMP 简单网络管理协议，用于管理与监视网络设备，定义了一种在工作站或微机等典型的管理平台与设备之间使用SNMP命令进行网络设备管理的标准。

(6) HTTP 超文本传输协议，用于WWW（World Wide Web）服务。通过它可以将WWW服务器中的用超文本标注语言HTML制作的网页传送到客户机中，用户便可以用浏览器浏览网页。

应用层协议可以分为三类：一类依赖于TCP，如网络终端协议TELNET、简单电子邮件传输协议SMTP、文件传输协议FTP等；另一类依赖于UDP，如简单网络管理协议SNMP、简单文件传输协议TFTP；再一类则既依赖于TCP，也依赖于UDP，如域名系统DNS。

7.2.3 TCP/IP工作原理

下面以采用TCP/IP传送一封电子邮件为例，说明TCP/IP的工作原理，其中应用层传输电子邮件采用简单电子邮件传输协议SMTP。

TCP/IP的工作流程如下：

1）在源主机上，应用层将该电子邮件看成是一数据流传送给传输层。

2）传输层将应用层的数据流分段，并加上TCP报头形成TCP段，送交给互联层。

3）在互联层给TCP段加上包括源、目的主机IP地址和IP报头，生成一个IP数据包，并将IP数据包送交网络接口层。

4）网络接口层在其MAC帧的数据部分装入IP数据包，再加上源、目的主机的MAC地址和帧头，并根据其目的MAC地址，将MAC帧发往目的主机或路由器。

5）在目的主机，网络接口层将MAC帧的帧头去掉，并将IP数据包送交互联层。

6）互联层检查IP报头，如果报头中校验和与计算结果不一致，则丢弃该IP数据包；若校验和与计算结果一致，则去掉IP报头，将TCP段送交传输层。

7）传输层检查顺序号，判断是否是正确的TCP分组，然后检查TCP报头数据。若正确，则向源主机发确认信息；若不正确或丢包，则向源主机发重发信息。

8）在目的主机，传输层去掉TCP报头，将排好顺序的分组组成应用数据流送给应用程序。这样，目的主机接收到的来自源主机的字节流，就像是直接接收来自源主机的字节流一样。

7.3 用户数据报协议UDP

用户数据报协议UDP只在IP的数据报服务之上增加了很少的一点功能，这就是端口的功能。UDP有两个字段：数据字段和首部字段。首部字段很简单，只有8B，由4个字段组成，每个字段都是2B，如图7.2所示。

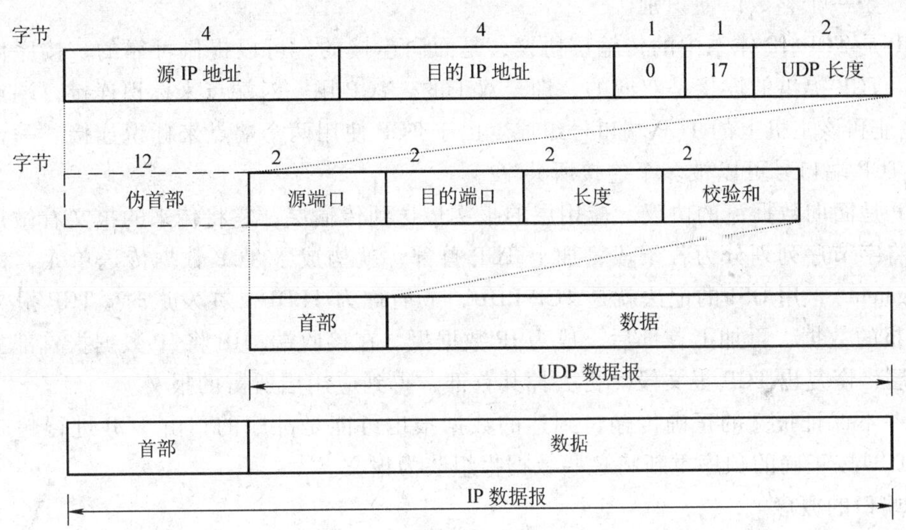

图7.2 UDP数据报的首部和伪首部

UDP数据报首部各字段意义如下：

① 源端口：源端口号。

② 目的端口：目的端口号。

③ 长度：UDP数据报的长度。

④ 检验和：检查UDP数据报在传输中是否出现了错误。

UDP数据报首都中校验和的计算方法比较特殊。在计算校验和时在UDP数据报之前要增加12B的伪首部。所谓“伪首部”是因为这种首部并不是UDP数据报真正的首部。只是在计算校验和时，临时和UDP数据报连接在一起，得到一个过渡的UDP数据报。校验和就是根据这个过渡的UDP数据报来计算的。伪首部既不向下传送，也不向上递交。图7.2给出了伪首部各字段的内容。

伪首部的第3个字段为0，第4个字段为IP首部中的协议字段的值，对于UDP，此协议字段值为17。第5个字段为UDP数据报的长度。

7.4 传输控制协议TCP

TCP和UDP一样提供进程通信能力，它建立在不可靠的IP之上，但提供可靠的进程通信。本节介绍传输控制协议TCP。

7.4.1 TCP的概述

1. TCP的功能

传输控制协议TCP定义了两台计算机之间进行可靠数据传输所交换的数据和确认信息的格式，以及计算机为了确保数据的正确到达而采取的措施。

TCP支持计算机上的多个应用程序同时进行通信，也能对收到的数据进行分解，分别送到多个应用程序。为了标识一台计算机上的多个进程，TCP使用了协议端口（Port），每个端口被赋予一个整数以便识别。

TCP 是 TCP/IP 体系中的传输层协议，是面向连接的，可以提供可靠的、按序传送数据的服务。TCP 提供的连接是双向的，即全双工的。TCP 用一对端点来标识连接，端点由主机的 IP 地址和该主机上的 TCP 端口号组成。由于 TCP 使用两个端点来标识连接，一台机器上的某个 TCP 端口号可以被多个连接所共享。

TCP 是面向数据流的协议。应用层的报文传送到传输层，它将传来的报文看做是字节序列，并将字节序列划分为若干段，加上 TCP 首部，就构成了 TCP 数据传送单元，称为报文段（Segment），用 OSI 的记法就是 TCP PDU，或简称为 TPDU。在发送时，TCP 报文段作为 IP 数据报的数据，再加上首部后，成为 IP 数据报。在接收端，IP 将 IP 数据报首部去除后上交传输层，恢复出 TCP 报文段。再去掉其首部，得到应用层所需的报文。

IP 并不保证报文的正确传输，到达的数据报也可能是乱序的，由 TCP 进行超时、重发控制，TCP 按正确的顺序重新将这些数据报组装为报文。

2. 端口的概念

UDP 和 TCP 都使用了与应用层接口处的端口与上层的应用进程进行通信。应用层的各种进程要通过相应的端口才能与传输层实体进行交互。

在传输层与应用层的接口上所设置的端口是一个 16 位的地址，并用端口号进行标识。端口号分为两类。一类是专门分配给一些最常用的应用层程序，这叫做通用端口（Well-known Port），数值为 0～255。“通用”就表示这些端口号是 TCP/IP 体系确定并公布的，因而是所有用户进程都熟知的。在应用层中的各种服务器进程不断地检测分配给它们的通用端口，以便发现是否某个客户进程要和它通信。另一类则是一般的端口，用来随时分配给请求通信的客户进程。图 7.3 举出了几个常用的熟知端口。

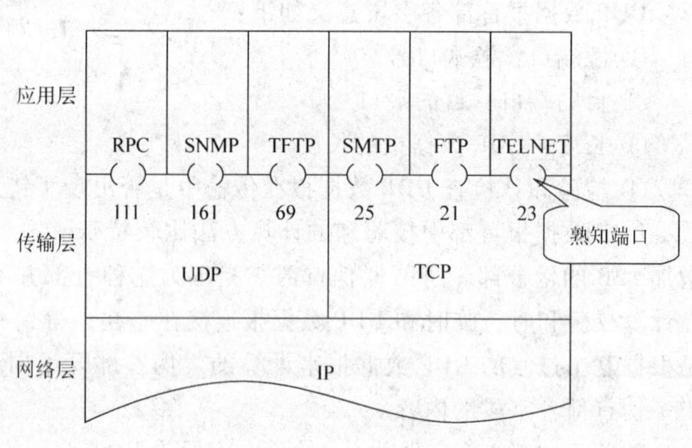

图 7.3　端口的意义

图 7.4 的例子说明了端口的作用。设主机 A 要使用简单邮件传输协议 SMTP 与主机 C 通信。SMTP 使用面向连接的 TCP。为了找到目的主机中的 SMTP，主机 A 与主机 C 建立的连接中，要使用目的主机中的熟知端口，其端口号为 25。主机 A 也要给自己的进程分配一个端口号，设分配的源端口号为 500。这就是主机

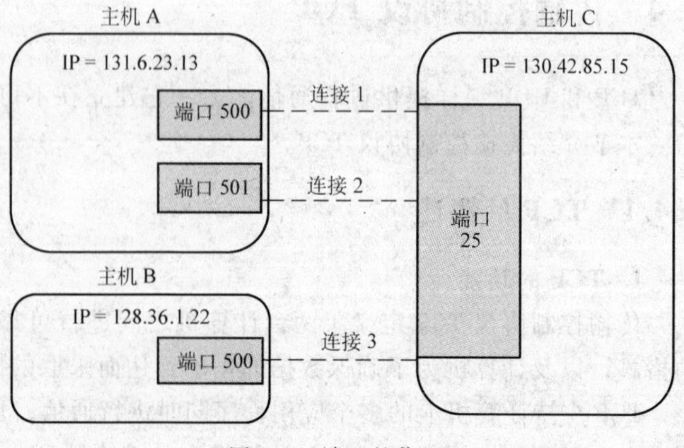

图 7.4　端口的作用

A 和主机 C 建立的第一个连接。图中的连接画成虚线，表示这种连接不是物理连接而只是个逻辑连接。

现在主机 A 中的另一个进程也要和主机 C 中的 SMTP 建立连接。目的端口号也为 25，但其源端口号不能与上一个连接重复。设主机 A 分配的这个源端口号为 501。这是主机 A 和主机 C 建立的第二个连接。

设主机 B 也要和主机 C 的 SMTP 建立连接。主机 B 选择源端口号为 500。目的端口号当然还是 25。这是和主机 C 建立的第三个连接。这里的源端口号与第一个连接的源端口号相同，这属巧合。各主机都独立地分配自己的端口号。

为了在通信时不致发生混乱，就必须把端口号和主机的 IP 地址结合在一起使用。在图 7.4 的例子中，主机 A 和 B 虽然都使用了相同的源端口号 500，但只要查一下 IP 地址就可知道是哪一台主机的数据。

一个 TCP 连接由它的两个端点来标识。这样的端点就叫做插口（Socket），或套接字。插口包括 IP 地址（32bit）和端口号（16bit），在 Internet 中，传输层通信的一对插口必须是唯一的。例如：对图 7.3 中的连接 1 的一对插口是：

（131.6.23.13.500）和（130.42.85.15.25）

而连接 2 的一对插口是：

（131.6.23.13.501）和（130.42.85.15.25）

上面的例子是使用面向连接的协议 TCP。若使用无连接的协议 UDP，虽然在相互通信的两个进程之间没有一条逻辑连接，但每一个方向一定有发送端口和接收端口，因而也同样可以使用插口的概念。这样才能区分开同时通信的多个主机中的多个进程。

7.4.2 TCP 的编号与确认

TCP 不是按传送的报文段来编号的。TCP 将所要传送的整个报文（这可能包括许多个报文段）看成是由一个个字节组成的数据流，然后对每一个字节编一个序号。在连接建立时，双方要商定初始序号。TCP 就将每一次所传送的报文段中的第一个数据字节的序号，放在 TCP 首部的序号字段中。

TCP 的确认是对接收到的数据的最高序号（即收到的数据流中的最后一个序号）表示确认。但返回的确认序号是已收到的数据的最高序号加 1。也就是说，确认序号即表示期望下次收到的第一个数据字节的序号。

由于 TCP 能提供全双工通信，因此通信中的每一方都不必专门发送确认报文段，而可以在传送数据时顺便把确认信息捎带传送。这样做可以提高传输效率。

例如，一个交互式用户使用一条 Telnet 连接（传输层为 TCP）。假定用户只发一个字符。加上 20B 的首部后，得到 21B 长的 TCP 报文段。再加上 20B 的 IP 首部，形成 41B 长的 IP 数据报。在接收端，TCP 发出确认，构成的数据报是 40B 长。如果用户要求远地主机回送这一字符，那么用户仅发一个字符，线路上就需传送总长度为 162B 共 4 个报文段（包括用户端对回送字符的确认）。显然，这种传送方法的效率不高。因此，应适当推迟发回确认报文，并尽量使用捎带确认的方法。

在 TCP 的实现中广泛使用了 Nagle 算法。该算法的过程是：若数据是逐个字节地到达发送方，那么发送方就将第一个字符先发送出去，将后面到达的字符都缓存起来。当收到对第一个字符的确认后，再将缓冲区中的所有字符装成一个报文段发送出去，同时继续对到达的字符进行缓存。只有在收到确认后才继续发送下一个报文段。当字符到达较快而网络速率较慢时，用这样的方法可明显地减少所用的网络带宽。算法还规定，当到达的字符已达到窗口大小的一半或已达到报文段的最大长度时，就立即发送一个报文段。

但有时不宜采用 Nagle 算法。例如，在 Internet 上使用 X-Windows，并将鼠标移动的信息传到远地主机。若采用 Nagle 算法会使用户感到无法忍受，这时最好关闭这个算法。

另一个问题叫做糊涂窗口综合症（Silly Window Syndrome），有时也会使 TCP 的性能变坏。设想这种情况：接收端的缓冲区已满，而交互式的应用进程一次只从缓冲区中读取一个字符（这样就在缓冲区产生 1B 的空位子），然后向发送端发送确认，并通知窗口为 1B（但发送的数据报是 40B 长）。接着，发送端又发来一个字符（但发来的数据报是 41B 长）。接收端发回确认，仍然通知窗口为 1B。这样进行下去，使网络的效率变得很低。

要解决这个问题，可让接收端等待一段时间，使得缓冲区或者已有足够的空间容纳一个较长的报文段或者已有一半的空间处于空的状态，只要出现这两种情况中的一种，就发出确认报文，并向发送端通知当前的窗口大小。此外，发送端也不要发送太小的报文段，而是将数据积累成足够大的报文段，或达到接收端缓冲区的空间的一半大小。

上述两种方法配合使用，可使在发送端不发送很小的报文段的同时，接收端也不在缓冲区刚刚有了一点小的空位置就急忙将一个很小的窗口大小通知给发送端。

若发送方在规定的时间内没有收到确认，就要将未被确认的报文段重新发送，接收方若收到有差错的报文段，则丢弃此报文段，也不发送否认信息。若收到重复的报文段，也要将其丢弃，但要发回（或稍带发回）确认信息。这与数据链路层的情况相似。

若收到的报文段无差错，只是未按顺序，那么应如何处理呢？TCP 对此未作明确规定，而是让 TCP 的实现者自行确定：或者将不按顺序的报文段丢弃，或者先将其暂存于接收缓冲内，待所缺序号的报文段收齐后再一起上交应用层。如有可能，采用后一种策略对网络的性能会更好些。例如，发送方每个报文中含有 100B 的数据，且一连发送了 8 个报文段，其序号分别为 1、101、201、…、701。设接收方正确收到了其中的 7 个，而未收到序号为 201 的报文段。接收方可以将序号为 301 到 701 的 5 个报文段先进行暂存，而发回 ACK 为 201 的确认，表明序号为 200 及这以前的报文段都已正确收到了。当发送端重发的序号为 201 的报文段正确到达接收端后，接收方就发回 ACK 为 801 的确认。这样可提高网络的传输效率。

7.4.3 TCP 的流量控制

TCP 采用滑动窗口的方式进行流量控制。窗口大小的单位是字节。在 TCP 报文段首部的窗口字段写入的数值就是当前设定的接收窗口数值。

发送窗口在连接建立时由双方商定，但在通信的过程中，接收方可根据自己的资源情况，随时动态地调整接收窗口的大小，然后告诉发送方，使发送方的窗口和自己的接收窗口一致。这种由接收端控制发送端的做法，在计算机网络中经常使用。图 7.5 表示的是在 TCP 中使用的窗口概念。

图 7.5 表示发送方要发送的数据共 9 个报文段，每个报文段 100B，而接收端许诺的发送窗口为 500B。发送窗口当前的位置表示有两个报文段（其字节序号为 1～200）已经发送过并已收到了接收确认。发送方在当前情况下，可连续发送 5 个报文段而不必收到确认。假

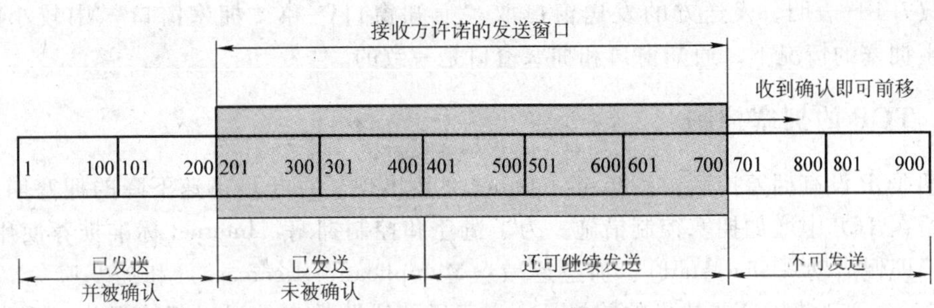

图 7.5 TCP 中的窗口概念

定发送方已发送了两个报文段但未收到确认，那么它还能再发送 3 个报文段。发送方在收到接收方发来的确认后，就可将发送窗口向前移动。

下面通过图 7.6 的例子说明利用滑动窗口大小进行流量控制。

设主机 A 向主机 B 发送数据。双方商定的窗口值是 400B。再设每一个报文段为 100B，序号的初始值为 1（图中第一个箭头上的 SEQ = 1）。图中右边的注释可帮助理解整个控制过程。由图应注意到，主机 B 进行了三次流量控制。第一次将窗口减小为 300B，第二次又减为 200B，最后减至零，即不允许对方再发送数据了。这种暂停状态将持续到主机 B 重新发出一个新的窗口值为止。

图 7.6 利用滑动窗口进行流量控制举例

实现流量控制并非仅仅为了使接收端来得及接收。如果发送方发出的报文过多，会使网络负荷过重，由此会引起报文段的时延增大。报文段时延的增大，将使发送方不能及时地收到确认，因此会重发更多的报文段，而这会进一步加重网络的负担，引起网络拥塞。为了避免发生拥塞，主机应当降低发送速率。

可见，发送方主机在发送数据时，既要考虑到接收方的接收能力，又要使网络不要发生拥塞。所以发送方的发送窗口应按以下方式确定：

$$\text{发送窗口} = \text{Min}[\text{通知窗口，拥塞窗口}] \tag{7.1}$$

（1）**通知窗口** 通知窗口（Advertised Window）是接收方根据其接收能力设置的窗口值，是来自接收方的流量控制。接收方将通知窗口的值放在 TCP 报文的首部中，传送给发送方。

（2）**拥塞窗口** 拥塞窗口（Congestion Window）是发送方根据网络拥塞情况得出的窗口值，是来自发送方的流量控制。

式（7.1）表明，发送方的发送窗口取“通知窗口”和“拥塞窗口”中较小的一个。在不发生拥塞的情况下，通知窗口和拥塞窗口是一致的。

7.4.4 TCP 的拥塞控制

早期 TCP 没有拥塞控制，1986 年 Internet 突然出现了吞吐量迅速下降的拥塞崩溃现象，于是开始在 TCP 中增加拥塞控制措施。为了避免和控制拥塞，Internet 标准推荐使用以下三种技术，即慢启动（Slow-start）、加速递减（Multiplicative Decrease）和拥塞避免（Congestion Avoidance）。使用这些技术的前提是：由于通信线路带来的误码而使得分组丢失的概率很小（远小于 1%），因此，只要出现分组丢失或迟延过长而引起超时重发，就意味着在网络中的某个地方出现了拥塞。下面结合图 7.7 来讨论拥塞控制的实现步骤。

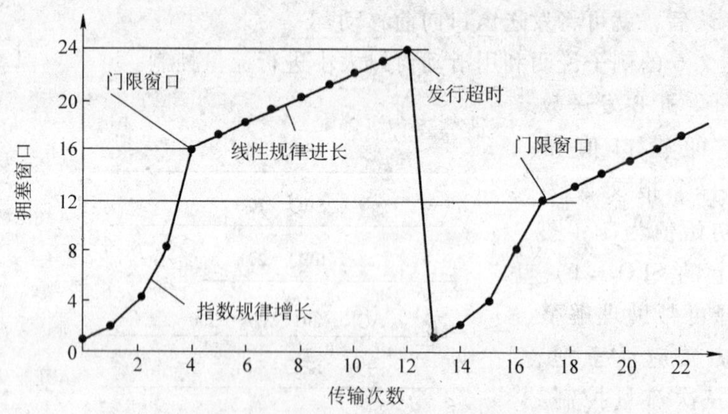

图 7.7 慢启动、加速递减和拥塞避免的实现举例

1）当一个连接初始化时，将拥塞窗口置为 1，单位为报文段（此处假定 1 个报文段为 1024B），1 就表示窗口允许发送 1 个报文段。实际上窗口的单位是字节，这里是讨论原理，不用字节这个单位。将慢启动的门限窗口置为 64（实际上应置为 65535B）。

2）发送方的发送窗口不能超过拥塞窗口和通知窗口中的最小值。现在假定接收方不进行流量控制。

3）发送方若收到了对所有发出的报文段的确认，就在下一次发送时将拥塞窗口加倍。横坐标是传输次数。“传输一次”的定义是：发送方将发送窗口中的报文段全部发完，并且收到了对所有的这些报文的确认。拥塞窗口从 1 开始，按指数规律增长。假定当拥塞窗口增长到 32 出现了超时，于是将 32 的一半，即 16，作为新的门限窗口值，同时拥塞窗口再次变为 1。这就是图 7.7 的起点。

4）拥塞窗口从 1 开始，按指数规律增长。但当增长到门限窗口值 16 时，就每次只将拥塞窗口加 1，使拥塞窗口按线性规律增长。图中假定，当拥塞窗口增长到 24 时，网络又出现超时，这时门限窗口变为 12，拥塞窗口又降到 1。当按指数规律增长到 12 时，改为每次加 1。

5）从以上讨论可看出，“慢启动”是指每出现一次拥塞超时，拥塞窗口就降低到 1，使报文段慢慢注入到网络中。不过这个名词不太准确，因为拥塞窗口增长的速率并不很慢。“加速递减”是指每出现一次拥塞超时，就将门限窗口值减半。若超时频繁出现，则门限窗口减小的速率是很快的。“拥塞避免”是指当拥塞窗口增大到门限窗口值时，就将拥塞窗口指数增长速率变为线性增长，避免网络很快出现拥塞。

采用这样的流量控制方法可使得 TCP 的性能有明显的改善。

7.4.5 TCP 的重发机制

重发机制是 TCP 中最重要和最复杂的问题之一。TCP 每发送一个报文段，就设置一次定时器。只要定时器设置的重发时间已到而没有收到确认，就要重发这一报文段。TCP 的下层往往是一个互联网环境。发送的报文段可能只经过一个高速的局域网，也可能是经过多个低速的广域网，而且数据报所选择的路由还可能会发生变化。

往返时延就是从数据发出到收到对方的确认所经历的时间。TCP 采用了一种自适应算法，这种算法记录每一个报文段发出的时间以及收到相应的确认报文段的时间。这两个时间之差就是报文段的往返时延。将各个报文段的往返时延加权平均，就得出报文段的平均往返时延 T。每测量到一个新的往返时延，就按下式重新计算其平均往返时延：

$$\text{平均往返时延} \quad T=\alpha(\text{旧的往返时延 } T)+(1-\alpha)(\text{新的往返时延}) \tag{7.2}$$

在上式中，$0\leqslant\alpha<1$。若 α 很接近于 1，表示新算出的往返时延 T 和原来的值相比变化不大，而新的往返时延的影响也不大（T 值更新较慢）。若 α 接近于零，则表示加权计算的往返时延 T 受新的往返时延的影响较大（T 值更新较快）。典型的 α 值为 7/8。

显然，定时器设置的重发时间应略大于上面得出的平均往返时延，即

$$\text{重发时间}=\beta(\text{平均往返时延}) \tag{7.3}$$

这里 β 是大于 1 的系数。实际上，系数 β 是很难确定的。若取 β 很接近于 1，发送方可以很及时地重传丢失的报文段，因此效率得到提高。但若报文段并未丢失而仅仅是增加了一点时延，那么过早地重传未收到确认的报文段，反而会加重网络的负担。为此 TCP 原先的标准推荐将 β 值取为 2。但现在已有了更好的办法。上面所说的往返时间的测量，实现起来相当复杂。例如，发送出一个报文段，重发时间到了，还没有收到确认，于是重发此报文段。但后来又收到了该报文段的确认。那么，如何判定此确认是对原来的报文段的确认，还是对重发的报文段的确认呢？由于重发的报文段和原来的报文段完全一样，因此源端在收到确认后，就无法做出正确的判断。

若收到的确认是对重发报文段的确认，但却被源端当成是对原来的报文段的确认，那么这样计算出的往返时延和重发时间就会偏大。如果后面再发送的报文段又是经过重发后才收到确认，则按此方法得出的重发时间就越来越长。

同样，若收到的确认是对原来的报文段的确认，但被当成是对重发报文段的确认，则由此计算出的往返时延和重发时间都会偏小，必然导致报文段的重发。这样就有可能导致重发时间越来越短。

对此，kam 提出了一个算法：在计算平均往返时延时，只要报文段重发了，就不采用其往返时延样本。这样得出的平均往返时延和重发时间就较准确。

但是，这又引起新的问题。设想出现这样的情况：报文段的时延突然增大了很多。因此在原来得出的重发时间内，不会收到确认报文段。于是就重发报文段。但根据 kam 算法，不考虑重发报文段的往返时延，这样，重发时间就无法更新。

对 kam 算法修正的方法是：报文段每重发一次，就将重发时间增大一些。

$$新的重发时间 = \gamma(旧的重发时间) \tag{7.4}$$

系数 γ 的典型值是 2。当不再发生报文段的重发时，才根据报文段的往返时延更新平均往返时延和重发时间的数值。实践证明，这种策略较为合理。

7.4.6 TCP 报文格式

TCP 报文格式如图 7.8 所示。由图可见，一个 TCP 报文分为首部和数据两部分。TCP 报文段首部的前 20B 是固定的，后面有 $4N$ B 是选项（N 为整数），因此 TCP 首部的最小长度是 20B。

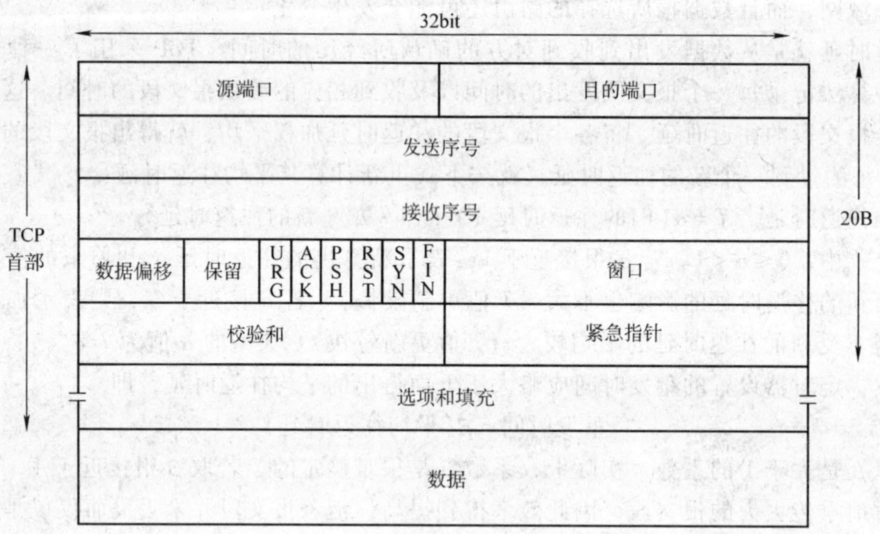

图 7.8 TCP 报文段的格式

首部固定部分各字段的含义如下：

(1) *源端口和目的端口* 源端口和目的端口各占 2B。端口是传输层与高层的服务接口，16bit 的端口号加上 32bit 的 IP 地址，构成了相当于传输层服务访问点 TSAP 的地址（总共是 48bit）。这些端口可用来将若干高层协议向下复用。

(2) *发送序号* 发送序号占 4B，是本报文段所发送的数据部分第一个字节的序号。在 TCP 传送的数据流中，每一个字节都有一个序号。例如，在一个报文段中，序号为 300，而报文中的数据共 100B，那么在下一个报文段中，其序号就是 400。因此 TCP 是面向字节流的。

(3) *接收序号* 接收确认序号占 4B，是期望收到对方下次发送的数据的第一个字节的序号，也就是期望收到的下一个报文段的首部中的序号。

由于序号字段长度为 32bit，可对 4GB（即 4 千兆字节）的数据进行编号。这样就可保证当序号重复使用时，旧序号的数据早已在网络中消失了。

(4) *数据偏移* 数据偏移占 4bit，它指出数据开始的地方离 TCP 报文段的起始处有多远。这实际上就是 TCP 报文段首部的长度。由于首部长度不固定（首部中的选项字段长度是不确定的），因此数据偏移字段是必要的。但应注意，“数据偏移”中的值所表示的距离单位是 32bit 的字，而不是字节或位。

（5）保留 保留字段占6bit，供今后使用，目前置为0。

（6）控制比特 控制比特占6bit，是说明本报文段性质的控制字段（或称为标志），包括URG、ACK、PSH、RST、SYN、FIN，各位的意义如下：

1）紧急位URG（URGent）：当URG=1时，表明此报文段应尽快传送（相当于加速数据），而不要按原来的排队顺序来传送。例如，已经发送了很长的一个要在远地主机上运行的程序，但后来发现有些问题，要取消该程序的运行，需要从键盘发出中断信号，这就属于紧急数据。此时要与第5个32比特字中的后一半“紧急指针”（Urgent Pointer）字段配合使用。紧急指针指出在本报文段中的紧急数据的最后一个字节的序号。紧急指针使接收方可以知道紧急数据共有多长。值得注意的是，即使当窗口大小为零时也可发送紧急数据。

2）确认位ACK：只有当ACK=1时确认序号字段才有意义。当ACK=0时，确认序号没有意义。

3）急迫位PSH（PuSH）：当PSH=1时，表明请求远地TCP将本报文段立即交给其应用层，而不要等到整个缓冲区都填满后再向上交付。

4）重建位RST（ReSeT）：当RST=1时，表明出现严重差错（如由于主机崩溃或其他原因），必须释放连接，然后再重建连接。重建位还用来拒绝一个非法的报文段或拒绝打开一个连接。

5）同步位SYN：在连接建立时使用。当SYN=1而ACK=0时，表明这是一个连接请求报文段。对方若同意建立连接，则应在发回的报文段中SYN=1和ACK=1。因此，同步位SYN=1，就表示这是一个连接请求或连接接受报文，而ACK位的值用来区分是哪一种报文。

6）终止位FIN（FINal）：终止位FIN用来释放一个连接。当FIN=1时，表明欲发送的字节串已经发完，要求释放传输连接。

（7）窗口 窗口占2B。窗口字段用来控制对方发送的数据量，单位为字节。即用接收方的接收能力来控制发送方的数据发送量。也就是说，TCP连接的一端根据自己缓存空间的大小确定自己的接收窗口的大小，然后通知对方，从而使对方确定发送窗口。通过此窗口可告诉对方：在未收到确认时，能发送的数据的字节数至多等于此窗口的大小。

（8）校验和 校验和占2B。校验和字段校验的范围包括首部和数据这两部分。和UDP一样，在计算校验和时，要在TCP报文段的前面加上一个12B的伪首部。伪首部的格式与图7.2中UDP数据报的伪首部相同。但应将伪首部的第4个字段中的17改为6（Internet规定TCP的协议号是6），将第5个字段中的UDP长度改为TCP长度。校验和的计算方法与IP数据报首部检验和的计算方法一样，只是还要加上TCP报文的伪首部。接收端收到此报文段后，仍要加上这个伪首部来计算校验和。

（9）选项 选项长度可变。TCP只规定了一种选项，即最长报文段（Maximum Segment Size，MSS）。当MSS长度减小时，网络的利用率就降低。设想在极端的情况下，当TCP报文段只有1B的数据时，在IP层传输的数据报的开销至少有40B（包括TCP报文段的首部和IP数据报的首部）。这样，对网络的利用率就不会超过1/41。到了数据链路层还要加上一些开销。但反过来，若TCP报文段非常长，那么在IP层传输时就可能要分成多个短数据报片。在目的站要将收到的各个短数据报片装配成原来的TCP报文段。当传输出错时还要进行重传。这些也都会使开销增大。一般认为，MSS应尽可能大些，只要在IP层传输时不需要再分片就行。在连接建立的过程中，双方都将自己能够支持的最大报文长度 MSS 写入这一字段。在以后的数据传送阶段，MSS 取双方提出的较小的那个数值。若主机未填写这项，则 MSS 的默认值是 536B 的净负荷。因此，所有在 Internet 上的主机都应能够接受的报文段长度是 536B + 20B = 556B。

7.5 网络互联协议 IP

7.5.1 IP 服务

IP 是最常用的网络互联协议，它是 TCP/IP 协议簇的一部分。IP 最基本的服务是提供一种无连接的、不可靠的尽力而为的服务。IP 是通过互联网传输数据报，在传递数据报时，每一个数据报的处理都与其他的数据报无关。主机上的 IP 层基于数据链路层服务向传输层提供服务，通过网络接口传送给目的主机的 IP 层。当一系列数据报从一台机器向目的机器发送时，它们可能经由不同的路径，也可能某些数据报会丢失。IP 不保证传送的可靠性，如果发生数据报丢失、传送无序或重复传送等，则 IP 既不检查也不通知发送者或接收者。IP 尽可能地传送数据报，不轻易丢弃，只有当资源用尽或物理网失效时才会发生不可靠的现象。

在数据传送时，高层协议将数据传给 IP，IP 将数据封装为 IP 数据报后通过网络接口发送出去。如果目的主机连在本地网中，则 IP 直接将数据报传送给本地网的目的主机；如果目的主机在远地网络，则 IP 将数据报传送给本地网连接的路由器，由本地路由器将数据报传送给下一个路由器或目的主机。这样，一个 IP 数据报通过一组互联网络从一台主机传送到另一台主机，直至到达目的地。

7.5.2 IP 地址与子网

1. IP 地址及其表示方法

所谓 IP 地址就是给每一个连接在 Internet 上的主机和路由器分配一个在全球唯一的 32 位地址。TCP/IP 用 IP 地址来标识源地址和目的地址。IP 地址由网络号和主机号组成，IP 地址的结构使我们可以实现在 Internet 上很方便地进行寻址：先按 IP 地址中的网络号找到网络，再按主机号把主机找到。所以 IP 地址并不只是一个计算机的号，而是指出了连接到某个网络上的某台计算机。IP 地址只是一种逻辑编号，而不是路由器或计算机的物理地址，它只是用来表示计算机与网络的连接，而不是计算机本身的号码。当一台计算机在网络上位置改变时，其 IP 地址也随之改变。另外，IP 地址与网上设备并不一定是一对一关系，网上不同的设备一定有不同的 IP 地址，而同一设备也可被同时分配几个 IP 地址。但每一个 IP 地址在全网是唯一的。IP 地址由 Internet 网络信息中心 NIC 统一分配。

TCP/IP 规定，每个 IP 地址共有 32 位，分为四段，以 X. X. X. X 表示，每个 X 为 8 位，取值为 0 ~ 255。这种格式的地址称为点分十进制（Dotted Decimal）地址。IP 地址又分为网络地址和主机地址两部分，如图 7.9 所示。其中，网络地址用来表示一个网络，主机地址用来表示这个网络中的一台主机。

为了便于对 IP 地址进行管理，同时还考虑到网络的差异，可能有的网络拥有很多主机，而有的网络上的主机则很少。因此 Internet 体系结构委员会 IAB（Internet Architecture Board）将 IP 地址分成为五类，即 A 类到 E 类，分别适应不同规模的网络，如图 7.10 所示。

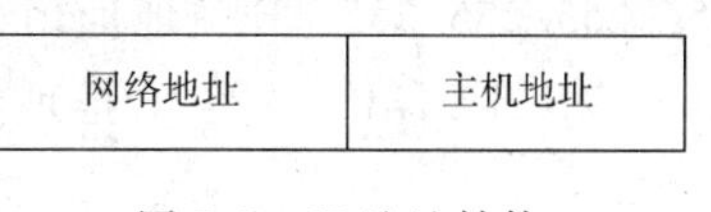

图 7.9 IP 地址结构

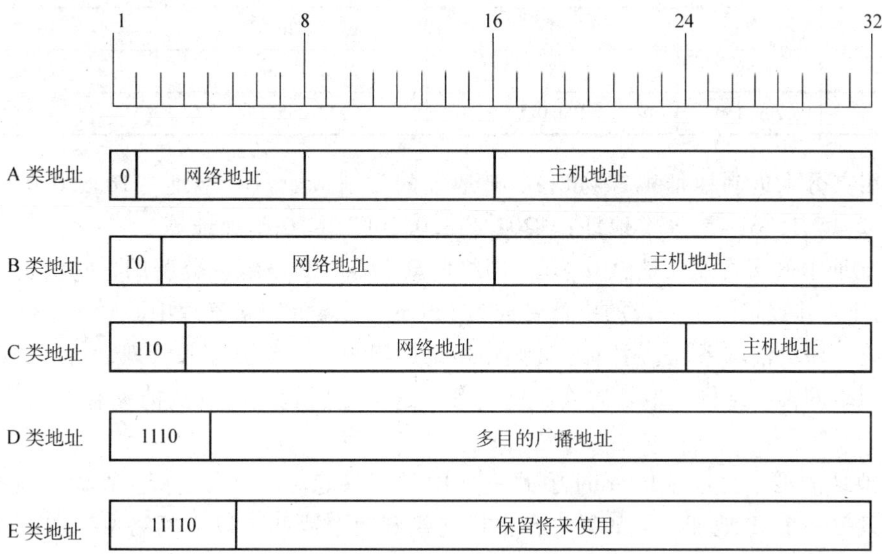

图 7.10 IP 地址的五种类型

IP 地址的前 5 位用来标识 IP 地址的类别。A 类地址第 1 位为“0”，B 类地址的前两位为“10”，C 类地址的前 3 位为“110”，D 类地址的前 4 位为“1110”，E 类地址的前 5 位为“11110”。其中，A 类、B 类、C 类地址为基本的 IP 地址。由于 IP 地址的长度限定为 32 位，类标识符的长度越长，则可用的地址空间就越小。

（1）A 类 IP 地址　A 类 IP 地址网络地址长度为 7 位，允许有 126（2^7-2）个不同的 A 类网络（网络地址为 0 和 127 保留，用于特殊目的）。主机地址长度有 24 位，因此每个 A 类网络中可包含 16 777 214（2^{24}-2）台主机。A 类 IP 地址结构适用于有大量主机的大型网络，其范围为 1.0.0.1～126.255.255.254。

（2）B 类 IP 地址　B 类 IP 地址网络地址长度为 14 位，允许有 16382（2^{14}-2）个不同的 B 类网络。主机地址长度有 16 位，因此每个 B 类网络中可包含 65534（2^{16}-2）台主机。B 类 IP 地址结构适用于一些国际性大公司或政府机构的网络，其范围为 128.1.0.1～191.254.255.254。

（3）C 类 IP 地址　C 类 IP 地址网络地址长度为 21 位，允许有 2 097 150（2^{21}-2）个不同的 C 类网络。主机地址长度有 8 位，因此每个 C 类网络中可包含 254（2^8-2）台主机。C 类 IP 地址结构适用于一些小公司或普通研究机构的小型网络，其范围为 192.0.1.1～223.255.254.254。

（4）D 类 IP 地址　D 类 IP 地址不表示网络，其 IP 地址范围为 224.0.0.0～239.255.255.255。D 类 IP 地址是多播地址，主要是留给 Internet 体系结构委员会 IAB 使用。

（5）E 类 IP 地址　E 类 IP 地址暂时保留，其 IP 地址范围为 240.0.0.0～

255.255.255.255。E 类地址用于某些试验和将来使用。

表 7.1 列出了各类 IP 地址的使用范围。

表 7.1 IP 地址的使用范围

网络类别	最大网络数	第一个可用的网络号	最后一个可用的网络号	每个网络中的最大主机数
A	126	1	126	16777214
B	16382	128.1	191.254	65534
C	2097150	192.0.1	223.255.254	254

使用点分十进制地址很容易识别 IP 地址的类别，如，IP 地址“16.0.0.0”是 A 类地址；“132.15.15.6”是 B 类地址；“202.113.0.168”是 C 类地址等。

IP 地址中的网络地址是由 Internet 网络信息中心 NIC 来统一分配的，它负责分配最高级的 IP 地址，并授权给下一级的申请者成为 Internet 网点的网络管理中心。每个网点组成一个自治系统，即自治域系统，主机地址则由申请的组织自己来分配和管理，自治域系统负责自己内部网络的拓扑结构、地址建立及刷新等。这种分层管理的方法能够有效地防止 IP 地址的冲突。

IP 地址的唯一性是指 Internet 中的一个 IP 地址只能对应一台主机。在大多数情况下，一台主机只有一个 IP 地址。但如果一台主机连接到两个或两个以上网络中，那么它就有两个或两个以上的 IP 地址，例如路由器。这样的计算机称作多地址主机（Multihomed Hosts）。多地址主机和路由器需要多个 IP 地址，每个 IP 地址对应该机器的一条连接。

2. 特殊的 IP 地址形式

IP 地址既可以指网络，也可以指主机。一般情况，主机地址为 0 的 IP 地址不分配给单个主机，而是指网络本身。例如：“140.55.0.0”表示的是“140.55”这个 B 类网络；“202.115.0.0”表示的是“202.115.0”这个 C 类网络。

全为 1 的主机地址也不表示单个主机，而是广播地址。这种广播地址称为定向广播地址，它同时包含一个有效的网络地址和广播主机标识。例如，“140.55.255.255”是“140.55”这个 B 类网络的广播地址，其后 16 位主机地址全为“1”，表示这个网络上的所有主机。当需要广播时，报文就被发送到该网络的所有主机。

定向广播需要知道目标网络地址，而有时需要在本网络内部广播，但又不知道本网络地址，这时可以使用有限广播或称本地网络广播。本地网络广播地址的 32 位全为“1”，即“255.255.255.255”。全 1 地址时，报文被发送到本网的所有主机。

全为 0 的网络地址表示本网络。当某一主机需要在本网内通信而又不知道网络地址时，就可以使用“0”网络地址，如“0.0.0.15”。全为“0”的 IP 地址“0.0.0.0”表示本主机。

A 类地址中的 127 网络地址是一个保留地址，用于网络软件测试和本地主机进程间通信，称为回送地址。任何程序使用回送地址发送数据时，计算机的协议软件都将该数据返回，不进行任何网络传输。TCP/IP 规定：含网络地址 127 的分组不能出现在任何网络上；主机和路由器不能为网络地址 127 广播路由选择或可达性信息。

表 7.2 列出了 IP 地址的特殊形式。

表 7.2 特殊的 IP 地址形式

网络地址	主机地址	源地址使用	目的地址使用	代表的意思
0	0	可以	不可	在本网络上的本主机
0	host-id	可以	不可	在本网络上的某个主机
全1	全1	不可	可以	只在本网络上进行广播(各路由器均不转发)
net-id	全1	不可	可以	对 net-id 上的所有主机进行广播
127	任何数	可以	可以	用作本地软件回送测试(loopback test)之用

综上所述，IP 地址具有以下一些重要特性：

1）IP 地址是一种非等级的地址结构，IP 地址不能反映任何有关主机位置的地理信息。

2）当一台主机同时连接到两个网络时（作路由器用的主机即为这种情况），该主机就必须同时具有两个相应的 IP 地址，其网络地址是不同的，这种主机称为多地址主机（Multi Homed Host）。

3）按照 Internet 的观点，用转发器或网桥连接起来的若干个局域网仍为一个网络，这些局域网都具有同样的网络地址。

4）在 IP 地址中，所有分配到网络地址的网络（不论是局域网还是广域网）都是平等的。

5）IP 地址有时也可用来指明一个网络的地址。这时，只要将该 IP 地址的主机地址字段置为全零即可。例如，10.0.0.0、175.89.0.0 和 201.123.56.0 都指的是网络地址，分别是 A 类、B 类和 C 类地址。

3. IP 地址与物理地址

物理地址就是在单个网络内部对一台计算机进行寻址时所使用的地址。由于物理地址是固化在网卡的 ROM 中，因此常常将物理地址称为硬件地址或 MAC（Media Access Control，介质访问控制）地址。在局域网中所有站点共享通信信道，是使用网络介质访问控制层的 MAC 地址确定报文的目的地址，即通过物理地址对计算机寻址的。在 TCP/IP 中，网络层及其以上层使用的是 IP 地址，它是主机的逻辑地址，而链路层及其以下层使用的是硬件地址，图 7.11 表明了这两种地址的区别。由图可以看出，IP 地址放在 IP 数据报的首部，而硬件地址则放在 MAC 帧的首部。

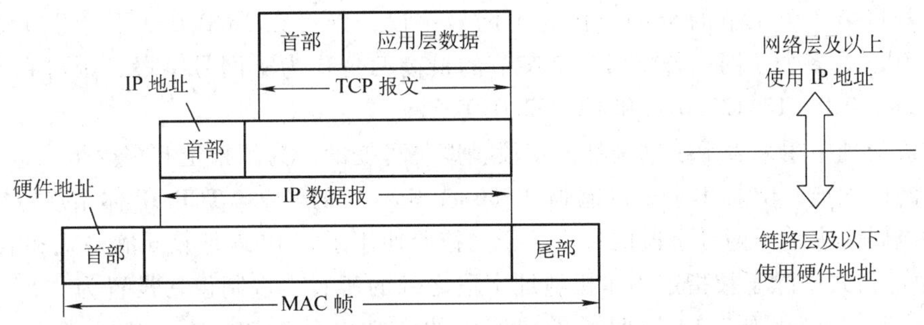

图 7.11 IP 地址与物理地址的区别

当位于不同网络中的两台主机进行通信时，数据在不同层的传送中使用了不同的地址。在 IP 层抽象的互联网上看到的只是 IP 数据报。在 IP 数据报的首部中写明的源地址和目的地址都是 IP 地址。中间经过的路由器的 IP 地址不出现在 IP 数据报的首部中。虽然在 IP 数据报的首部有源站的 IP 地址，但路由器只根据目的站的 IP 地址进行选路。

在具体的物理网络的数据链路层看到的只是 MAC 帧。IP 数据报被封装在 MAC 帧里面。MAC 帧在不同的网络上传送时，其首部是不同的。在数据传送过程中，MAC 帧首部写的总是数据正经过的路径的源节点主机硬件地址和目的点主机硬件地址，所经过的中间节点不同，MAC 帧的首部中源节点和目的节点的硬件地址就不同。MAC 帧的首部的这种变化，在上面的 IP 层也是看不见的。

尽管互联在一起的网络的硬件地址体系各不相同，但 IP 层抽象的互联网却屏蔽了下层的这些细节，并使我们能够使用统一的、抽象的 IP 地址进行通信。

4. 子网的划分

一个网络上的所有主机都必须有相同的网络号。当网络增大时，这种 IP 编址特性会引发问题。例如，一个公司开始有一个 C 类局域网，一段时间后，其机器台数超过了 254 台，因此需要另一个 C 类网络地址，最后有可能创建了多个局域网，每个局域网有它自己的路由器和 C 类网络号。其次，IP 地址在使用时有很大的浪费。例如，某个单位申请到了一个 B 类地址，但该单位只有 1 万台主机，于是，在一个 B 类地址中的其余 55000 多个主机号就白白地浪费了，因为其他单位的主机无法使用这些号。

我们知道，一个单位分配到的是 IP 网络地址，本单位所有的主机都使用同一个网络地址，而其后面的主机 IP 地址则由本单位进行分配。当一个单位的主机很多而且分布在很大的地理范围时，往往需要用一些网桥将这些主机互联起来。网桥存在一定的缺点，当网络出现故障时不太容易隔离和管理。为了使本单位的主机便于管理，一种解决办法是，让网络内部分成多个部分，但对外象一个网络一样工作，这些网络称为子网（Subnet）。也就是说，将本单位所属主机划分为若干个子网，用 IP 地址中的主机地址字段中的前若干个位作为“子网号字段”，后面剩下的位仍为主机地址字段。在网络中，每个子网都有自己唯一的子网号。这样可以在本单位的各子网之间用路由器来互联，因而便于管理。子网的划分属单位内部的事，在本单位外部是看不见这种划分的。从外部看，这个单位仍只有一个网络号。只有当外面的分组进入到本单位网络后，本单位的路由器再根据子网号进行选址，最后找到目的主机。若本单位按照主机所在的地理位置来划分子网，那么在管理方面就会方便得多。例如，IP 地址为“18.0.0.0”是一个 A 类网络，它可选择第 2 ~4 个字节的部分高位作为子网号字段，若将第 2 个字节的全部位作为子网号字段，则可在 18.0.0.0 下产生 18.1.0.0 ~ 18.254.0.0 这么多个子网；若将第 2 个字节的最高两位作为子网号字段，则可在 18.0.0.0 下产生 18.64.0.0、18.128.0.0 和 18.192.0.0 子网。

在主机地址中用来表示子网地址的字段长度是可变的。为了指定有多少个二进制的位用来表示子网的地址，IP 提出了子网掩码（Subnet Mask）的概念。TCP/IP 体系规定用一个 32 位的子网掩码来表示子网号字段的长度。子网掩码使用了与 IP 地址相同的格式和表示方法，它将 IP 地址格式中除了被指定为主机地址字段之外的所有二进制位均设置为“1”，主机标识的各位全为“0”，图 7.12 说明了子网掩码的意义。图 7.12a 是一个 B 类 IP 地址；图 7.12b 表示具有子网号字段的 B 类 IP 地址，子网号字段究竟选为多长，可由本单位根据情况来确定；图 7.12c 表示具有 6 位子网地址、10 位主机地址的 B 类 IP 地址。

根据 IP 地址可判断该主机的网络类型，而子网掩码则指出子网地址和主机地址的分界

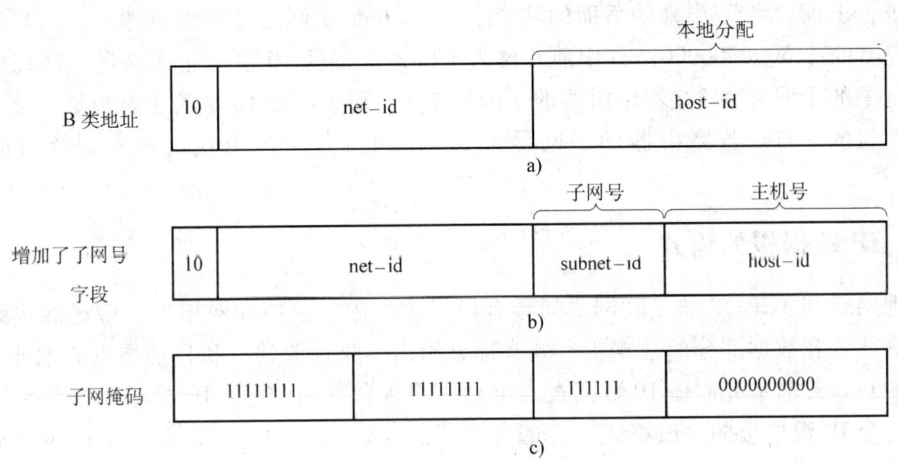

图7.12 子网掩码的意义

a）B类IP地址 b）具有子网号的B类IP地址 c）具有子网掩码的B类IP地址

线。子网号字段长度会影响该网络的主机数量，例如一个B类IP地址可容纳65534台主机，但划分出6位长的子网号字段后，最多可有62个子网（去掉全1和全0的子网号）。每个子网有10位的主机号，即每个子网最多可有1022台主机。因此主机的总数是62×1022=63364台，比不划分子网时要少一些。若网络不进行子网划分，则其子网掩码即为默认值，即子网掩码网络地址的各位全为“1”，主机地址的各位全为“0”。例如，IP地址“202.113.14.0”是C类网络，其下不再有子网，则其子网掩码可设定为255.255.255.0。因此，对于A、B和C类IP地址，其对应的子网掩码默认值分别为255.0.0.0、255.255.0.0和255.255.255.0。

若知道一台主机的IP地址和子网掩码，就可以知道某个IP数据报是发给该子网上的一台主机，或本网络中的另一个子网上的一台主机，还是在另一个网络上的一台主机。利用子网掩码与IP地址进行“与”运算，其结果即可识别一个IP地址所属的子网。

采用子网掩码就相当于采用三级寻址。每个路由器有一张表，表中列出一些形如（网络，0）的IP地址和形如（当前网络，主机）的IP地址。前者说明如何到达远程网络，后者说明如何到达本地主机。若在网络中划分子网，则在路由表中加入形如（当前网络，子网，0）的IP地址和形如（当前网络，当前子网，主机）的IP地址。前者说明如何到达同一网络中的其他子网，后者说明如何到达本子网的主机。与路由表相联系的是用来抵达目的地的网络接口，以及其他一些信息。每一个路由器在收到一个分组时，首先检查该分组IP地址中的网络地址。若网络地址是远程网络，则从路由表找出下一站地址将其转发出去。若网络地址是本网络，则再检查IP地址中的子网地址。若子网地址不是本子网，则同样转发此分组，否则根据主机地址即可查出应从何端口将分组交给该主机。

例如，一分组的目的地址为130.50.15.6，假定子网掩码为255.255.252.0（前面是22个1，后面是10个0）。当此分组到达路由器时，路由器先用子网掩码和目的地址130.50.15.6逐位相“与”，得到130.50.12.0。这是一个B类地址，网络地址为130.50。路由器检查此网络地址，看是否与自己在同一个网络上。若在同一个网络上，路由器再检查子网地址，上面“与”出来的后面的两个字节12.0是子网地址和主机地址，用二进制代码表示就是0000110000000000。其中前6位为子网地址，后10位为主机地址。所以此分组的目的地址中的子网号为3。若路由器的子网号是3，则按最后10位的主机地址从路由表中找出交付主机的端口。若路由器的子网号不是3，则从路由表中找出转发到该目的子网的端口。

7.5.3 IP数据报的格式

物理网络和TCP/IP的互联网之间具有相似性。在一个物理网络上，传送的单元是一个包含帧头部分和数据部分的数据帧，帧头部分给出了物理源站点和目的站点的地址。互联网则把它的基本传输单元叫做IP数据报。IP数据报也包括两部分：IP首部和数据区，图7.13显示了一个IP数据报的一般格式。首部包含了源地址和目的地址以及一个标识数据报内容的类型字段。IP数据报与数据帧不同之处在于，数据报的首部包含的是IP地址，而数据帧的帧头包含的是物理地址。IP数据报的长度可以是任意的。当IP数据报从网络中的一台机器传送到另一台机器时，必须放在物理网络的数据帧内传输。IP不规定数据区的格式，它可以用来传输任意数据。

图7.13 IP数据报的一般格式

IP数据报的格式能够说明协议IP具有什么功能。在TCP/IP标准中，各种数据格式常常以32位（即4B）为单位来描述。图7.14是IP数据报的格式。

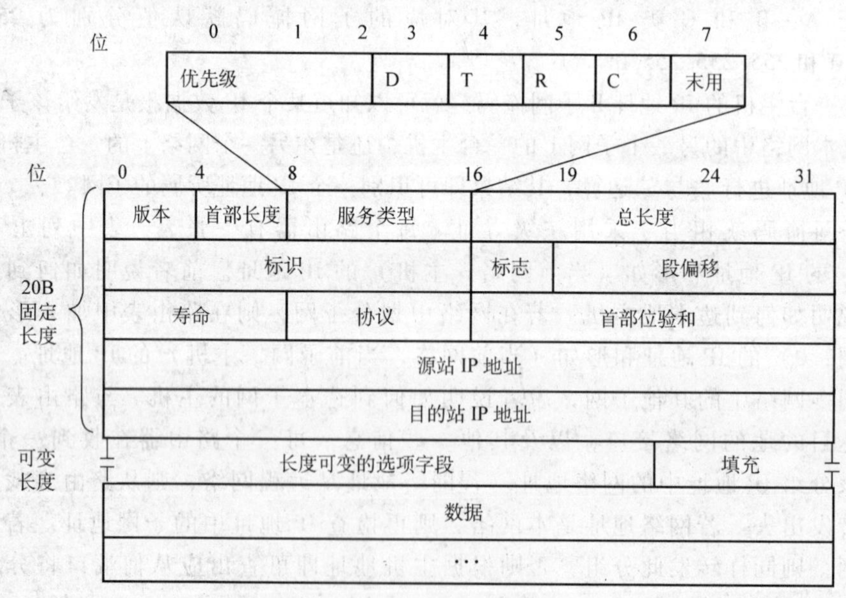

图7.14 IP数据报的格式

从图7.14可看出，一个IP数据报由首部和数据两部分组成。首部包含数据报传输的大量控制和特性信息，是理解IP的基础。首部的前一部分是20B的固定长度，后一部分的长度则是可变的。

1. IP数据报首部的固定部分

(1) 版本号　版本号占4bit，指明数据报的IP的版本。通信双方使用的IP的版本必须一致。目前广泛使用的IP版本为IPv4。所有IP软件在处理一个数据报之前，都要检查版本号，保证与软件预期的格式匹配。如果标准不同，则拒绝版本号与软件版本不同的数据报。

(2) 首部长度　首部长度占4bit，可表示的最大数值是15个单位（一个单位为4B），但其最小值为5个单位，因此IP的首部长度的最小值是20B，即固定长度部分。IP的首部长度的最大值是60B，说明还有40B的任选字段。当IP分组的首部长度不是4B的整数倍时，必须利用填充字段加以填充。这样，数据部分永远在4B的整数倍开始，实现起来会比较方便。首部长度限制为60B的缺点是有时（如采用源站选路时）不够用，但这样做的目的是尽量减少额外开销。

(3) 服务类型　服务类型占1B，表明IP数据报所希望获得的服务质量，其意义如图7.15所示。

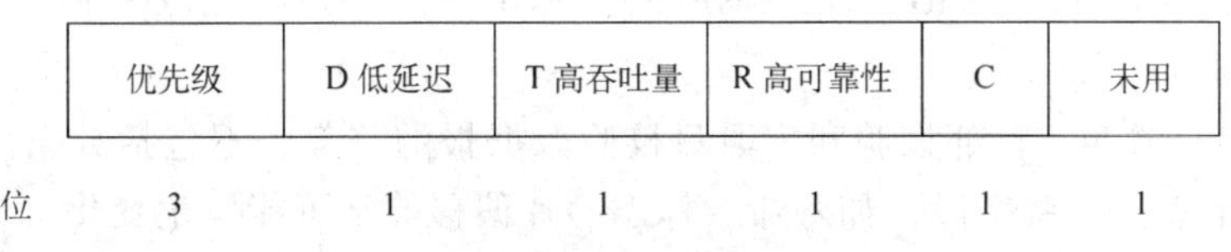

图7.15　服务类型字段格式

服务类型字段的前三位表示优先级，它指明本数据报的优先级，允许发送方表示本数据报的重要程度。它可使数据报具有8个优先级（0~7）中的1个。0为一般优先级，7为最高优先级。

第4位D是低延迟，表示请求用最少的延迟处理数据报；第5位T是高吞吐量，表示请求以最大的吞吐量处理数据报；第6位R是高可靠性，表示在数据报传送的过程中，被节点交换机丢弃的概率要更小些；第7位C是新增加的，表示要求选择费用更低廉的路由。D、T、R、C这四位被置为“1”时才有效。最后一位目前尚未使用。

(4) 总长度　总长度指首部和数据之和的长度，单位为字节。总长度字段为16bit，因此数据报的最大长度为65535B。数据区的长度可以从总长度中减去首部长度求得。

当数据报长度过大时，协议会将它分解成几个较短的数据报即分段来传输。传到另一端，再把分段按顺序重组起来。当很长的数据报要分段进行传送时，“总长度”不是指未分段前的数据报长度，而是指分段后每段的首部长度与数据长度之和。

(5) 标识　标识占2B，标识字段是为了使分段后的各数据报分段最后能准确地重装为原来的数据报。每个数据报不管分成多少分段，都具有相同的标识号，以便确定该分段属于哪个数据报。分段到达时，目的主机根据标识号和源地址进行重组，每个数据报有唯一的标识。这里的“标识”并没有顺序号的意思，因为IP是无连接服务，数据报不存在按序接收的问题。

(6) 标志　标志占3bit，目前只定义了两位。标志字段中的最低位记为MF（More Fragment，分段未结束）。MF=1即表示后面还有分段的数据报，MF=0表示该数据报是分段中的最后一个。标志字段中间的一位记为DF（Don't Fragment，不可分段）。DF=1表示是该数据报不能分段，只有当 DF=0 时才允许分段。

(7) 段偏移　段偏移占 13bit，段偏移指出每个分段在原数据报中的相对位置。也就是说，相对于用户数据字段的起点，该段从何处开始。段偏移以 8B 为偏移单位。因为数据报最长可达 65535B，所以段偏移的取值为 0～8192，仅最后一个分段没有偏移值。由于数据报不能保证按序到达，故目标主机要按标识和偏移值重组数据报。

数据报首部中的标识、标志、段偏移三个字段用来控制段片和重组。

(8) 寿命　寿命字段记为 TTL（Time To Live），其单位为秒。寿命又称为生存时间，用来确定数据报在网络中传输最多可用多少秒。只要一台机器向网络上送出一个数据报，就要为它设置一个最大生存时间，当数据报通过的主机和路由器对该数据报进行处理时，要递减其寿命字段的值，若此值为 0，就把它从网络上删除。设置生存时间是为了避免因网络中出现循环而无限延迟。寿命的建议值是 32s。但也可设定为 3～4s，最大为 255s。

(9) 协议　协议占 1B，协议字段指出此数据报携带的传输层数据使用何种协议，以便目的主机的 IP 层知道应将此数据报上交给哪个进程。常用的一些协议和相应的协议字段值是：UDP(17)，TCP(6)，ICMP(1)，GGP(3)，EGP(8)，IGP(9)，OSPF(89)，以及 ISO 的第 4 类传输协议 TP4(29)。

(10) 首部校验和　首部校验和字段只校验数据报的首部，不包括数据部分。因为数据报每经过一个节点，一些字段，如寿命、标志、片偏移等都可能发生变化，为此，节点处理机就要重新计算首部校验和。不校验数据部分是为了节省数据报传输时间，如再将数据部分一起校验，计算工作量将太大。

(11) 地址　源站 IP 地址字段和目的站 IP 地址字段各占 4B，数据报可能经过许多中间路由器，但这两个字段始终不变，它们规定了源站点和目的站点的 IP 地址。

2. IP 数据报首部的可变部分

IP 数据报首部的可变部分是一个选项字段。选项字段用来支持排错、测量以及安全等措施。此字段的长度可变，从 1B 到 40B 不等，取决于所选择的项目。某些选项项目只需要 1B，它只包括 1B 的选项代码，图 7.16 是选项代码的格式。还有些选项需要多个字节，但其第 1B 节仍为选项代码，后面可能跟有 1B 的选项长度和多字节的数据。选项是连续出现的，中间不需要有分隔符，最后用全 0 的填充字段补齐成为 4B 的整数倍。

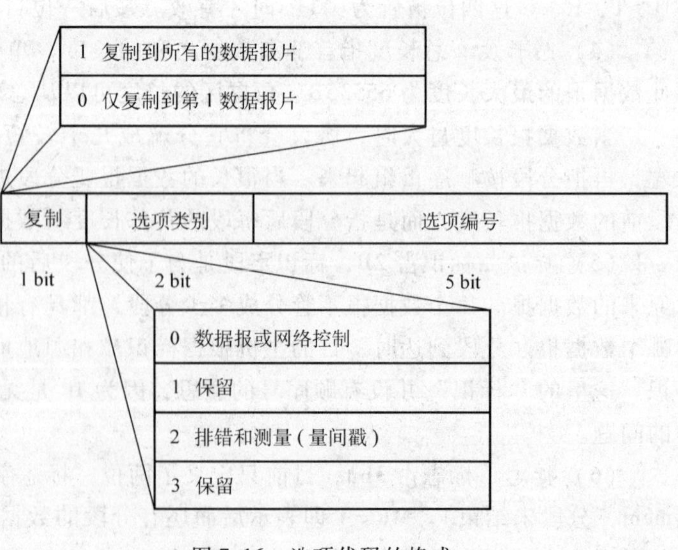

图 7.16　选项代码的格式

选项代码共有 3 个字段。第 1 个字段是复制字段，占 1bit，它的作用是控制网络中的路由器在将数据报进行分段时所作的选择。当复制字段为 1 时，必须将此选项字段复制到每一个数据报分段中。而当复制字段为 0 时，只复制到第 1 个数据报分段中。

第2个字段是选项类别字段，占2bit。但目前只有两类可供选用。当类别为0时，用作数据报或网络控制（主要是这类）。当类别为2时，用作排错和测量，即Internet时间戳。

第3个字段是选项编号，占5bit，它指出可用的选项及其作用，如表7.3所示。

表7.3 IP数据报中可能的选项类及选项号码

选项类	选项号	长度	描述
0	0	1	选项表结束。在首部的结尾选项仍没有结束时使用(也见首部填充字段)
0	1	1	无操作(用来对齐选项表中的八位组)
0	2	11	安全和处理限制(用于军事目的)
0	3	可变	不严格的源站选路。用来在一个指定路径为数据报选路
0	7	可变	记录路径。用来跟踪路由
0	8	4	流标识符。用来携带一个SATNET流标识符(已过时)
0	9	可变	严格的源站选路。用来在指定路径上为数据报选路
2	4	可变	Internet的时间戳。用来记录路由上的时间戳

下面介绍几个选项。

(1) **记录路由选项** 记录路由选项选项编号为7。该选项是用来监视和控制互联网中的路由器是如何转发数据报的。使用记录路由选项时，源站发出一个空白的表，让数据报所经过的各路由器填上其IP地址，以此获得路由信息。图7.17是记录路由的选项格式。

0	8	16	24 31
选项代码	长度	指针	
第1个IP地址			
第2个IP地址			
…			

图7.17 记录路由的选项格式

记录路由的前3B：

1) 选项代码：包括选项类和选项号，选项类为0，选项号为7。

2) 长度：填入此选项的长度，单位为字节。

3) 指针：指出下一个可填入IP地址的空白位置的偏移量。

之后是若干个4B长的IP地址区域，由各个路由器填入。当一个路由器收到包含有记录路由选项的数据报时，先检查指针所指的位置是否超过了表的长度。若不超过，则填入自己的IP地址，并将指针值加4，然后转发出去；若表已填满，则不再填入自己的IP地址，仅仅转发此数据报。

当数据报到达目的地时，目的主机提取出IP地址表进行处理。一般的计算机在收到这样的数据报时，并不理睬该数据报中所记录的路由。因此，要使用记录路由选项的话，源站必须和目的主机协商，请目的主机在收到记录的路由信息后，将路由信息提取出来，并发回源站。

(2) **源站选路** IP支持两种形式的源站选路：严格的源站选路（Strict Source Routing）

和不严格的源站选路（Loose Source Routing）。

1）严格的源站选路：选项编号为9，其长度可变。

2）不严格的源站选路：选项编号为3，其长度也是可变的。

严格的源站选路给出一个从源到目的的IP地址序列，要求数据报严格按指定路由表传输，不允许改变源站规定的路由。其最大功能是当路由表破坏时，可由系统管理器发出一个紧急包或做定时检测。但不严格的源站选路只是指定一个必须经过的路由器，不同情况下则可以通过路径上其他路由器，它允许在数据报传送的过程中，将路由表中源站规定要经过的一些路由器改换成其他路由器。

源站选路选项的格式与图7.17记录路由格式相似，前面也是3个固定的字节。但选项代码中的3个字段，对于不严格的源站选路，分别填入0、3和1；对于严格的源站选路，分别填入0、9和1。此外，这3B后面的IP地址是事先由源站写好的，数据报按源站指定的路由传送。当路由器收到此数据报后，若指针已超过表的范围，则转发此数据报，不写任何数据。若指针不超过表的范围，则填入自己的IP地址，覆盖掉原来的IP地址，并按照表中指出的下一个地址转发出去。这里要注意：一个路由器有两个或两个以上的IP地址，路由器写的是其出口的IP地址。

源站选路可使网络管理者了解网络中某一条通路状况。一般用户并不使用这一功能。

（3）时间戳选项　该选项类别为2，选项编号为4，用作Internet时间戳，其长度可变。时间戳选项与记录路由选项的工作方式类似，它也包含一个开始为空的表，从源站到目的站的路径上的每个路由器都要在表中填入一项。表中每项都包含两个32位的项：提供表项的路由器的IP地址以及一个32位整数时间戳，格式如图7.18所示。长度字段和指针字段分别指定了为选项所保留的空间大小及下一个可使用空间的位置。4位的溢出字段包含一个整数计数器，它统计因为选项空间太小而不能提供时间戳的路由器的个数。4位的标志字段的值控制选项的确切格式，并指明路由器应如何提供时间戳。标志字段含义如表7.4所示。

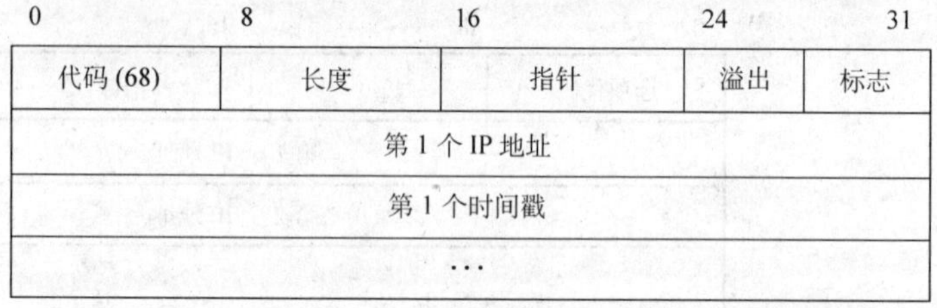

0	8	16	24	31
代码(68)	长度	指针	溢出	标志
第1个IP地址				
第1个时间戳				
…				

图7.18　时间戳选项格式

表7.4　时间戳选项标志字段的含义

标志字段值	含　义
0	仅记录时间戳;忽略IP地址
1	在每个时间戳之前记录一个IP地址
2	由发送方指定IP地址;如果表中下一个IP地址与路由器的IP地址匹配,则路由器仅记录时间戳

标志字段区分几种情况：

1）只写入时间戳。

2）写入IP地址和时间戳。

3）IP地址由源站规定好，路由器只写入时间戳。溢出字段写入一个数，此数值即数据报所经过的路由器的最大数目（考虑到太多的时间戳可能会写不下）。

时间戳记录了路由器收到数据报的日期和时间，占用4B，单位是毫秒，是从午夜算起的通用时间（Universal Time）。时间戳可用来统计数据报经路由器产生的时延和时延的变化。

7.5.4 IP数据报的路由选择

网络层中IP数据报的传输有两种形式：直接传输和间接传输。

直接传输是指在一个物理网络上，数据报从一台机器上直接传送到另一台机器。在同一物理网络上，两台机器之间的IP数据报的传送不涉及路由器。发送方把数据报封装在物理帧中，把目的IP地址和一个物理硬件地址绑定在一起，并把产生的帧直接发送到目的站点。因为在同一物理网络上的所有机器的IP地址都有相同的网络地址，因此通过比较数据报中的目的IP地址的网络地址与源IP地址的网络地址来确定数据报是否可以直接发送。

间接传输是指目的站点与源站点不在一个直接连接的物理网络上时，发送方必须把数据报发给一个路由器才能传送。IP是Internet的网络层协议，它所面对的环境是由多个路由器或网关和物理网络所组成的网络。每个路由器可能连接不止一个物理网络，每个物理网络中可能连接若干台主机，IP的任务则是提供一个虚拟网络，找到下一个路由器和物理网络，把IP数据报从源主机无连接地、逐跳地转送到目标主机，这就是IP的路由选择。IP路由选择的主要依据是路由表，路由表是保存在每个路由器或网关中通向其他网络的路径信息，由目标网络地址和路由器标号组成。

图7.19是一个路由表的简单的例子。有四个A类网络通过三个路由器连接在一起。每一个网络上都可能有成千上万台主机。可以想像，若按这些主机的完整IP地址来制作路由

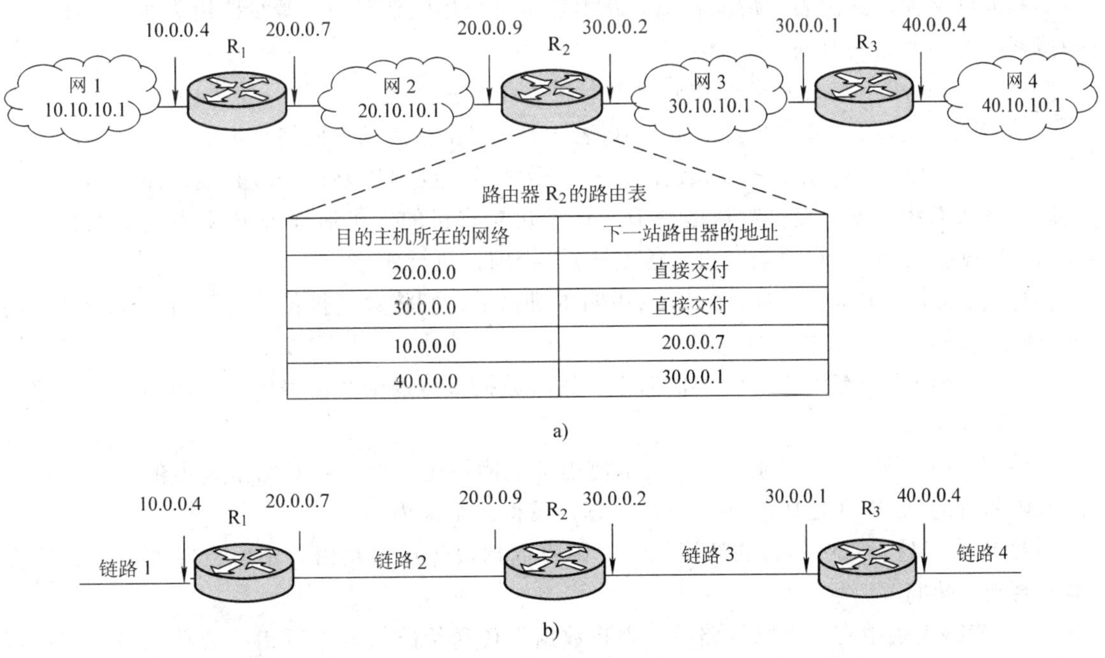

目的主机所在的网络	下一站路由器的地址
20.0.0.0	直接交付
30.0.0.0	直接交付
10.0.0.0	20.0.0.7
40.0.0.0	30.0.0.1

图7.19 多路由器网络

a）路由器R_2的路由表 b）将网络简化为一条链路

表，则路由表将过于复杂。但若按主机所在的网络地址来制作路由表，那么每一个路由器中的路由表就只包含四个要查找的网络。以路由器 R_2 的路由表为例，由于 R_2 同时连接在网络 2 和网络 3 上，因此只要目的站在这两个网络上，都可由路由器 R_2 直接交付（可能要利用地址转换协议 ARP 才能找到这些主机相应的物理地址）。若目的站在网络 1 中，则下一路由器应为 R_1，其 IP 地址为 20.0.0.7。路由器 R_2 和 R_1 由于同时连接在网络 2 上，因此从路由器 R_2 转发分组到路由器 R_1 是很容易的。同理，若目的站在网络 4 中，则路由器 R_2 应将分组转发给 IP 地址为 30.0.0.1 的路由器 R_3。

既然在选择路由时只根据目的站的网络号，那么就可以根据目的站的网络号来确定下一站路由器的位置。这样做的结果是：

1）所有到同一个网络的数据报都走同一个路由。

2）只有最后一个路由器才试图与目的主机进行通信，因此只有最后一个路由器才知道目的主机是否在工作。可见需要安排一种方法，使最后一个路由器能将有关最后的交付情况报告给源站主机。

3）由于每个路由器都独立地进行路由选择，因此从主机 A 发往主机 B 的数据报完全可能与主机 B 发回给主机 A 的数据报选择不同的路由。当需要进行双向通信时，就必须要几个路由器协同工作。

虽然 Internet 所有的路由选择都是基于目的主机所在的网络，但是大多数的 IP 路由选择软件都允许将指明对某一个目的主机的路由作为一个特例，这种路由叫做指明主机路由。采用指明主机路由可使网络管理人员能更方便地控制网络和测试网络，同时也可在需要考虑某种安全问题时采用这种指明主机路由。在对网络的连接或对路由表进行排错时，指明到某一个主机的特殊路由就十分有用。

和节点交换机路由表的情况相似，路由器也可采用默认路由以减少路由表所占用的空间和搜索路由表所用的时间。

在 Internet 中一个路由器的 IP 层所执行的路由算法如下：

1）从数据报的首部提取目的站的 IP 地址 D，得出目的站的网络号为 N。

2）若 N 是与此路由器直接相连的某一个网络号，则不需要再经过其他的路由器，而直接通过该网络将数据报交付给目的站 D（这里包括将目的主机地址 D 转换为具体的物理地址，将数据报封装为 MAC 帧，再发送此帧）；否则，执行 3)。

3）若路由表中有目的地址为 D 的指明主机路由，则将数据报传送给路由表中所指明的下一站路由器；否则，执行 4)。

4）若路由表中有到达网络 N 的路由，则将数据报传送给路由表中所指明的下一站路由器；否则，执行 5)。

5）若路由表中有子网掩码项，表示使用了子网掩码，这时应对路由表中的每一行用子网掩码和目的站 IP 地址 D 进行“与”运算，设得出结果为 M。

若 M 等于这一行中的目的站网络号，则将数据报传送给路由表中所指明的下一站路由器；否则，执行 6)。

6）若路由表中有一个默认路由，则将数据报传送给路由表中所指明的默认路由器；否则，执行 7)。

7）报告路由选择出错。

这里再强调指出，在IP数据报中始终不出现下一站路由器的IP地址。在IP数据报的首部写上的地址是源站和目的站的IP地址。图7.20说明了IP软件如何处理下一站路由器的IP地址。

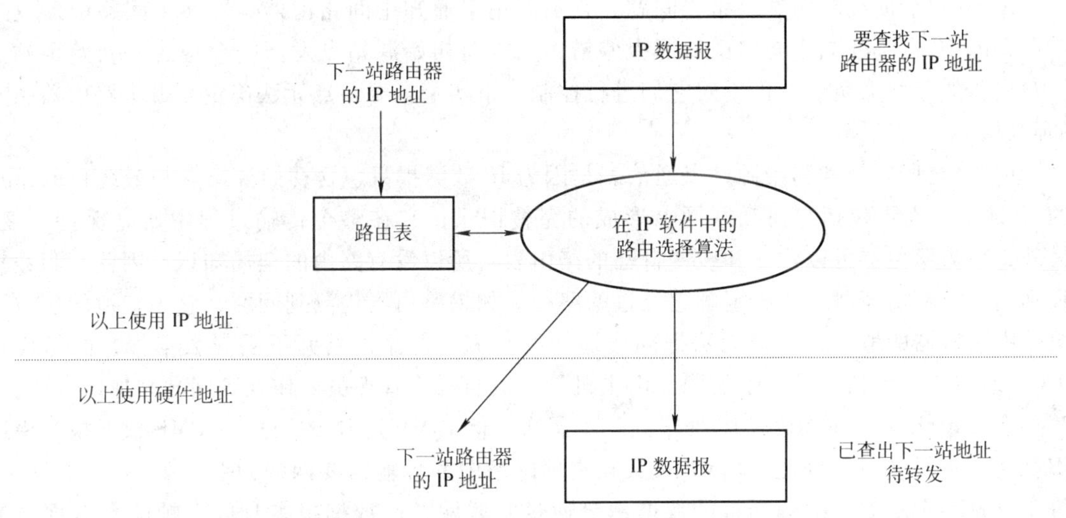

图7.20 IP软件对下一站路由器IP地址的处理

在IP软件中的路由选择算法用路由表得出下一站路由器的IP地址后，不是将此IP地址填入IP数据报，而是送交下层的网络接口软件。网络接口软件负责将下一站路由器的IP地址转换成物理地址，并将此物理地址放在链路层的MAC帧的首部，然后用这个物理地址找到下一站路由器。由此可见，当发送一连串的数据报时，上述的这种查找路由表、计算物理地址、写入MAC帧的首部等过程，将不断地重复进行。

7.6 Internet 控制报文协议 ICMP

7.6.1 概述

IP数据报的传送不保证不丢失。在无连接的系统中，每个路由器是自治地运行的，选路或投递到达的数据报都没有与初始发送方协调。这种系统在所有机器运行正确并且同意所选路由的情况下工作的很好。但没有一个系统能在任何时候都工作正确。除了通信线路和处理器故障外，当目的主机临时或永久断开连接或者中间路由器拥塞而无法处理传入的通信业务时，IP都无法投递数据报。由于互联网络是使用软件实现的，所以发送方无法判断一次投递失败是本地故障还是远端故障。为了减少分组的丢失，就要使用TCP/IP中的Internet控制报文协议ICMP（Internet Control Message Protocol）。ICMP允许主机或路由器报告差错情况和提供有关异常情况的报告。但ICMP不是高层协议，它仍是IP层中的协议。ICMP报文作为IP层数据报的数据，加上数据报的首部，组成IP数据报发送出去。ICMP允许路由器向其他路由器或主机发送差错或控制报文；ICMP在两台机器上的Internet协议软件之间提供通信。

ICMP是一种差错报告机制，它为遇到差错的路由器提供向初始源站点报告差错的办法。

但 ICMP 并没有全部指定对每个可能差错所采取的措施。简而言之，当数据报产生差错时，ICMP 只能向数据报的初始源站点汇报差错情况，源站点把差错交给一个应用程序或采取其他措施来解决问题。

ICMP 只能向初始源站点报告问题，它不能用于通知中间路由器。即使中间路由器发生错误，ICMP 也不能向中间路由器回报差错，只能向初始源站点发回一个报告。初始源站点不对出错的路由器负责，也不对它们进行控制。事实上，源站点无法确定是哪个路由器引起的问题。

ICMP 之所以只和初始源站点通信，是因为 IP 数据报只包含初始源站点和最终目的站点的 IP 地址，而不包括它在互联网上形成的完整记录，它在整个传输过程中始终保持不变。另外，因为路由器可以建立和改变自己的路由表，所以没有路由的全局知识。因此，当数据报到达指定路由器时，无法了解它经过的路径。如果路由器检测到问题，它不知道处理数据报的中间机器的地址，所以无法把问题通知给它们。但路由器并不丢弃数据报，而是使用 ICMP 通知最初源站点发生了问题，由主机管理员与网络管理员协作找到问题并加以解决。

在 TCP/IP 中，ICMP 与 IP 处于同一个层次，但 ICMP 是 IP 的用户，ICMP 数据报要借助 IP 数据报进行传输。因此，ICMP 报文在物理网络中的传输需要两级封装，如图 7.21 所示。每个 ICMP 报文放在 IP 数据报的数据部分通过互联网，而数据报本身放在帧的数据部分通过物理网络，即 ICMP 是以 IP 数据报发送的。携带 ICMP 报文的数据报与携带用户信息的数据报具有相同的路由选择策略，没有附加的可靠性或优先级。因此，ICMP 数据报不能保证传输的可靠性，可能丢失或被丢弃。

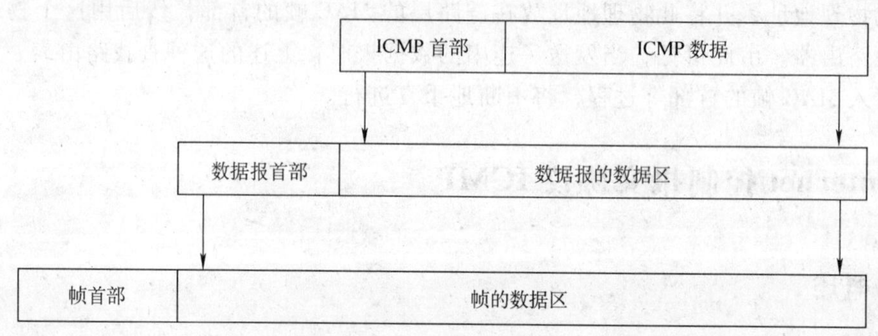

图 7.21 ICMP 报文的两级封装

7.6.2 ICMP 报文格式

1. ICMP 报文格式

ICMP 报文格式如图 7.22 所示。它也分为首部和数据字段两部分，其中首部的前 4B 在各种类型的 ICMP 报文中是统一的，后面的数据部分与报文的类型有关，是长度是可变的，其长度取决于 ICMP 的类型。

ICMP 报文首部共有 3 个字段：类型、代码和检验和。

1）类型：1B，用来标识报文的类型，其值与类型的关系如表 7.5 所示。

2）代码：1B，用来进一步区分某种类型中的不同的情况。

3）检验和：2B，检验整个 ICMP 报文，其算法与 IP 数据报首部校验和算法相同。

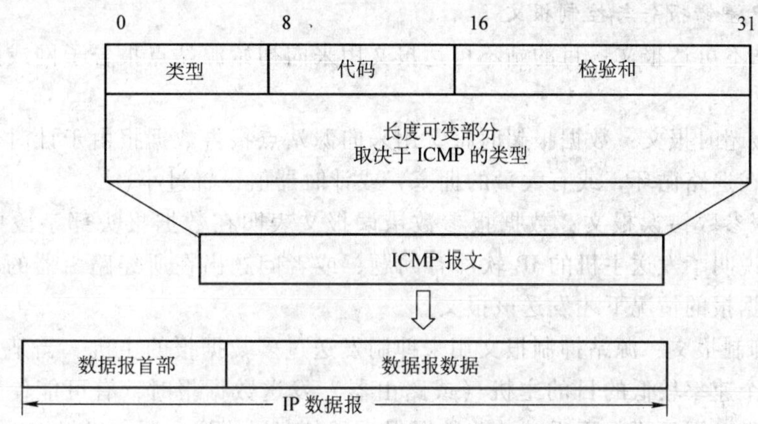

图7.22　ICMP报文格式

表7.5　ICMP报文的类型

类型字段的值	ICMP报文的类型	类型字段的值	ICMP报文的类型
0	Echo(回送)回答	12	数据报的参数有问题
3	目的站不可达	13	时间戳(Timestamp)请求
4	源站抑制(Source Quench)	14	时间戳回答
5	改变路由(Redirect)	17	地址掩码(Address Mask)请求
8	Echo请求	18	地址掩码回答
11	数据报的时间超过		

2. ICMP报文类型

数据报首部的检验和并不校验数据报的内容，因此不能保证经过传输的ICMP报文不产生差错。报告差错的ICMP报文包括产生差错的数据报的首部及其开头的64位数据，以便接收方能够精确地判断哪个协议及哪个应用程序对该数据报负责。

ICMP报文的类型很多，可分为两类：ICMP询问报文和ICMP差错报告与控制报文。

(1) ICMP询问报文

1）回送（Echo）请求和回送（Echo）应答报文：ICMP Echo请求报文是由主机或路由器向一个特定的目的主机发出的询问。收到此报文的机器必须给源主机发送ICMP Echo回答报文。这种询问报文用来测试目的站是否可达以及了解其有关状态。在应用层有一种PING（Packet Internet Groper）服务，用来测试两个主机之间的连通性。PING使用了ICMP Echo请求与Echo回答报文。

2）时间戳请求和时间戳应答报文：ICMP时间戳（Timestamp）请求报文是请某个主机或路由器回答当前的日期和时间。在ICMP时间戳应答报文中有一个32位的字段，其中写入的整数代表从1900年1月1日起到当前时刻一共有多少秒。时间戳请求与应答可用来进行时钟同步和测量时间。

3）地址掩码请求和地址掩码应答报文：ICMP地址掩码（Address Mask）请求报文可使主机向子网掩码服务器得到某个接口的地址掩码。在ICMP地址掩码应答报文中有一个32位的子网地址掩码字段。地址掩码请求和应答可用来获得主机的子网地址。

（2）ICMP 差错报告与控制报文

1）目的站不可达报文：目的站不可达报文用来向初始源站点报告子网或路由器不能定位目的站。

2）数据报超时报文：数据报超时报文用来向源站点报告数据报由于计时器为零而被丢弃。这表明存在选路循环，或有大量的拥塞，或计时器值设置过小。

3）数据报参数错误报文：数据报参数错误报文表明在数据报头部字段中发现了非法值。这一事实说明了发送主机的 IP 软件有问题，或者问题出在所经路由器的软件中。只有在必须丢弃数据报的情况下才发送该报文。

4）源站抑制报文：源站抑制报文用来抑制发送过多数据报的主机。当某个速率较高的源主机向另一个速率较低的目的主机（或路由器）发送数据报时，有可能使速率较低的目的主机产生拥塞，因而不得不丢弃一些数据报。通过高层协议，源主机得知丢失了一些数据报，就不断地重发这些数据报。这就使得本来就已经拥塞的目的主机更加拥塞。在这种情况下，目的主机就要向源主机发送 ICMP 源站抑制报文，使源站暂停发送数据报，过一段时间再逐渐恢复正常。

5）改变路由报文：改变路由报文用来向主机报告路由可能的错误。如果网络的拓扑改变了，主机或路由器中的路由表就要改变。路由器定期交换路由信息以适应网络变化并保持它们的路由总是最新的。

7.7 地址解析协议 ARP 和反向地址解析协议 RARP

7.7.1 地址解析协议 ARP

1. 逻辑地址与物理地址

IP 根据 IP 地址传输报文，但 IP 地址中的网络地址、路由器地址和目的主机地址，都是 TCP/IP 内部使用的逻辑地址，不是网络设备的物理地址，不能用它们来发送分组，因为数据链路层硬件不能识别 IP 地址。大多数主机都是通过一个只能识别局域网地址的网卡连接局域网。IP 地址是主机在网络层中的地址。若将网络层中传送的数据报交给目的主机，需要传到数据链路层转变成 MAC 帧后才能发送到网络上去。而 MAC 帧使用的是源主机和目的主机的硬件地址。因此必须在 IP 地址和主机的硬件地址之间进行转换。

实际上任何联网设备（主机、路由器、交换机、集线器等）都有唯一的物理地址（硬件地址），即 MAC 地址，如 IEEE802.3 标准以太网中，其主机地址就是网卡的6B（48 位）MAC 地址。但是不同厂家的设备，或使用不同的协议，则物理地址的长度、格式都不尽相同，所以 TCP/IP 采用统一的 IP 地址正是为了屏蔽这些差别。物理地址和逻辑地址的区别可以从以下两个方面看：从网络互联的角度看，逻辑地址在整个互联网络中有效，而物理地址只是在子网内部有效；从网络协议分层的角度看，逻辑地址由互联层使用，而物理地址由网络接口层（数据链路层）使用。这两种地址需要一种映射关系对应起来。ARP 和 RARP 则在源和目的两端实现 IP 地址和物理地址相互转换，它们是 IP 的一个子集。

在从源站点到目的站点的路径上，每一步都要进行地址映射。有两种情况：第一，在发送分组的最后一步，分组必须通过某个物理网络到达它的目的站点。发送分组的计算机必须把目的站点的IP地址映射到它的物理地址；第二，沿着从源站点到目的站点的路径，除了最后一步，在每一步都必须把分组发送到一个中继的路由器上。因此，发送方必须把中继路由器的IP地址映射到一个物理地址。

2. 地址解析协议ARP

从IP地址到物理地址的转换是由地址解析协议ARP来完成。由于IP地址有32位，而局域网（如以太网）的物理地址是48位，因此它们之间不是一个简单的转换关系。此外，在一个网络上可能经常会有新的计算机加入进来，或撤走一些计算机。更换计算机的网卡也会使其物理地址改变。可见在计算机中应存放一个从IP地址到物理地址的转换表，并且能够经常动态更新。地址解析协议ARP很好地解决了这个问题。

每一个主机都应有一个ARP高速缓存（ARP Cache），里面有IP地址到物理地址的映射表，这些都是该主机目前知道的一些地址。当主机A欲向本局域网上的主机B发送一个IP数据报时，就先在其ARP高速缓存中查看有无主机B的IP地址。如有，就可查出其对应的物理地址，然后将此物理地址写入MAC帧，再通过局域网发往此物理地址。

也有可能查不到主机B的IP地址的项目。这可能是主机B才入网，也可能是主机A刚刚加电，其ARP高速缓存还是空的。在这种情况下，主机A就自动运行ARP，按以下步骤找出主机B的物理地址：

1）ARP进程在本局域网上广播一个ARP请求分组，上面有主机B的IP地址。

2）在本局域网上的所有主机上运行的ARP进程都能收到此ARP请求分组。

3）主机B在ARP请求分组中看到自己的IP地址，就向主机A发送一个ARP响应分组，上面写入自己的物理地址。

4）主机A收到主机B的ARP响应分组后，就在其ARP高速缓存中写入主机B的IP地址到物理地址的映射。

在很多情况下，当主机A向主机B发送数据报时，很可能主机B也要向主机A发送数据报，因而主机B也要向主机A发送ARP请求分组。为了减少网络上的通信量，主机A在发送其ARP请求分组时，就将自己的IP地址到物理地址的映射写入ARP请求分组。当主机B收到主机A的ARP请求分组时，主机B就将主机A的这一地址映射写入自己的ARP高速缓存中。这样，可以节省网络资源。

3. ARP的协议格式

当ARP报文从一台机器上传送到另一台机器时，它们必须放入物理帧中。图7.23说明了ARP报文封装在物理帧中的结构。

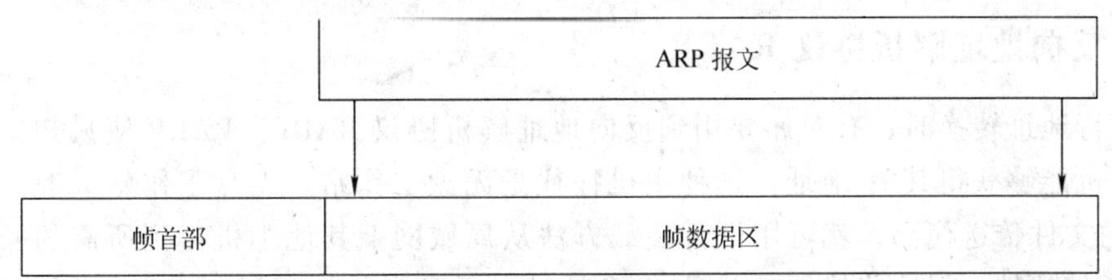

图7.23 ARP报文的封装

为了识别携带ARP报文的帧，发送方给帧首部的类型字段分配一个特殊值，并把ARP报文放在该帧的数据字段中。当一帧到达一台机器时，IP软件通过帧类型确定该帧的内容。

在大多数技术中，所有携带 ARP 报文的帧都使用一种类型值，而接收方的 IP 软件必须进一步区分 ARP 请求和 ARP 应答。

ARP 报文格式如图 7.24 所示。

0	8	16	24	31
硬件类型		协议类型		
物理地址长度	协议地址长度	操作		
源物理地址 (N 字节)				
源协议地址 (M 字节)				
目的物理地址 (N 字节)				
目的协议地址 (M 字节)				

图 7.24 ARP 报文格式

(1) 硬件类型 硬件类型字段指明了网络接口硬件的类型。ARP 支持多种网络，如以太网、令牌环网、FDDI、X.25 及 ATM 网络等。以太网该值为“1”。

(2) 协议类型 协议类型字段指明发送方提供的协议类型，IP 协议类型值为 0800H。

(3) 操作 操作字段指明操作的类型，包括 ARP 请求、ARP 应答、RARP 请求、RARP 应答。

(4) 物理地址长度和协议地址长度 物理地址长度和协议地址长度字段指明了物理地址和协议地址的长度，它允许 ARP 在任意网络中使用。

(5) 源和目的物理地址 源和目的物理地址一般小于或等于 6B，若小于 6B，则用填充位。

(6) 源和目的协议地址 源和目的协议地址如果是 IP 地址，则占 4B。

当发出请求时，发送方用“目的协议地址”字段发出目的主机的 IP 地址。目的主机在响应之前，它填好所缺的物理地址，并交换目的和发送方地址对的位置，并把操作改成应答。因此，一个应答携带了最初请求方的 IP 地址和物理地址，以及所寻找机器的绑定 IP 地址和物理地址。

7.7.2 反向地址解析协议 RARP

在进行地址转换时，有时还要用到反向地址解析协议 RARP。RARP 使只知道自己物理地址的主机能够获得其 IP 地址。这种主机往往是无盘工作站。无盘工作站一般只要运行其 ROM 中的文件传送代码，就可用下行装载方法从局域网上其他主机得到所需的操作系统和 TCP/IP 通信软件，但这些软件中并没有 IP 地址。无盘工作站要运行 ROM 中的 RARP 来获得其 IP 地址。

RARP 的工作过程大致如下：

为了使 RARP 能工作，在局域网上至少有一个主机要充当 RARP 服务器，RARP 服务器是授权提供 RARP 服务的机器，它可以处理请求并发出回答。无盘工作站先向局域网发出一个指定它自己既是发送方又是接收方的 RARP 请求分组（在格式上与 ARP 请求分组相似），并在此分组中给出自己的物理地址。网上的所有机器都接收到该请求，但只有 RARP 服务器才能处理请求并给出回答。

RARP 服务器有一个事先做好的从无盘工作站的物理地址到 IP 地址的映射表，当收到 RARP 请求分组后，RARP 服务器就从这映射表查出该无盘工作站的 IP 地址。然后将 IP 地址写入 RARP 响应分组中的目的协议地址字段，发回给无盘工作站。无盘工作站用此方法就可获得自己的 IP 地址。

7.8 下一代网络互联协议 IPv6

7.8.1 IPv4 和 IPv6

目前 Internet 中广泛使用的 IPv4 协议，也就是人们常说的 IP，它是 20 世纪 70 年代设计的。随着 Internet 技术的迅猛发展和规模的不断扩大，IPv4 已经暴露出了许多问题，其中最主要的一个问题就是 IP 地址资源的短缺。预测表明，以目前 Internet 发展的速度来计算，在不久的将来，所有的 IPv4 地址将分配完毕。尽管目前已经采取了一些措施合理利用 IPv4 地址资源，如非传统网络区域路由和网络地址翻译等，但是都不能从根本上解决问题。

为了彻底解决 IPv4 存在的问题，Internet 工程任务组 IETF（Internet Engineering Task Force）从 1995 年开始就着手研究开发下一代 IP，即 IPv6。IPv6 具有长达 128 位的地址空间，几乎可以不受限制地提供地址，从而彻底地解决了 IPv4 地址不足的问题。此外，IPv6 还考虑了 IPv4 中存在的其他问题，采用了分级地址模式、高效 IP 包头、服务质量、主机地址自动配置、认证和加密等许多技术。

IPv6 所具有的以上优点使得 IPv6 成为下一代互联网的核心，国际上无论是在标准化、产品化，还是在网络部署及其应用方面，IPv6 都日渐成熟。可以预见，经过一个较长的 IPv4 和 IPv6 共存的时期，IPv6 最终会完全取代 IPv4 在互联网上占据统治地位。

7.8.2 IPv6 编址

1. IPv6 地址表示形式

和 IPv4 相比，IPv6 的主要改变是地址的长度为 128 位（16B）。RFC1884 建议把 IPv6 地址的 128 位写成 8 个 16 位的无符号整数，每个整数用四个十六进制位表示，并且这些数之间用冒号分开，例如：2001：250：1f40：fcc3：1：ce17：afe：3871。在每个 4 位一组的十六进制数中，如果其高位为 0，则可以省略。例如将 004f 可简写为 4f，这主要是为了书写和辨认的方便。

为了进一步简化表示，IPv6 的地址引入了重叠冒号的规则，即用重叠冒号来置换地址中连续 16 位的 0。例如可以把地址 2001：250：0：0：0：0：2f0a：b241 表示成缩写形式：2001：250：：2f0a：b241。需要注意的是重叠冒号规则在一个地址中只能使用一次，例如地址 0：0：0：ce0e：963b：0：0：0，可以缩写为：：ce0e：963b：0：0：0 或者 0：0：0：ce0e：963b：：，但是不能写成：：ce0e：963b：：，因为这种写法两次用到了冒号置换原则。

另外，可以用“IPv6 地址/前缀长度”这种方法来表示地址前缀。这种表示方法与 IPv4 中的 CIDR 相似。这里 IPv6 地址是上述任一种表示法所表示的 IPv6 地址，前缀长度是一个十进制值，表示前缀由多少个最左侧相邻位构成。例如：2001：0：0：8：：371f/64。其中地址的前 64 位“2001：0：0：8”构成了地址的前缀。在 IPv6 地址中，地址前缀用于表示 IPv6 地址中有多少位表示子网，并且在一定意义上代表了这个 IP 地址的类型。

2. IPv6 地址的类型

IPv6 地址是独立接口的标识符，所有的 IPv6 地址都被分配到接口，而非节点。由于每个接口都属于某个特定节点，因此节点的任意一个接口地址都可用来标识一个节点。在 IPv6 地址中也作了相应分类，但与 IPv4 的分类方法不同，它主要是通过其地址前缀来划分传输类型。传输类型分为三种：

（1）单播地址（Unicast Address） 用来标识单一网络接口。目标地址是单播地址的数据包被送到由该地址标识的接口。

IPv6 单播地址包括：可聚集全球单播地址、链路本地地址、站点本地地址和其他一些特殊的单播地址。

1）可聚集全球单播地址：可聚集全球单播地址，顾名思义是可以在全球范围内进行路由转发的地址，格式前缀为 001。全球地址的设计有助于构架一个基于层次的路由基础设施。与目前 IPv4 所采用的平面与层次混合型路由机制不同，IPv6 支持更高效的层次寻址和路由机制。

2）链路本地地址：链路本地地址是指在单个链路上使用的地址，用于同一链路的相邻节点间通信。其格式前缀为 1111 1110 10。链路本地地址可用于邻居发现，且总是自动配置的，包含链路本地地址的包永远也不会被 IPv6 路由器转发。

3）站点本地地址：站点本地地址指在单个站点上使用的地址，用于在站点内部进行编址，而不需要考虑全球的前缀，相当于 10.0.0.0/8、172.16.0.0/12 和 192.168.0.0/16 等 IPv4 私用地址。这里站点通常是指位于同一地理位置的机构网络或子网。站点本地地址的格式前缀为 1111 1110 11。站点本地地址不可被其他站点访问，同时含此类地址的数据包也不会被路由器转发到站外。与链路本地地址不同的是，站点本地地址不是自动配置的，而必须使用无状态或全状态地址配置服务。

（2）任播地址（Anycast Address） 任播地址也称作泛播地址，用来标识一组网络接口（通常属于不同的节点）。目标地址是任播地址的数据包将发送给根据路由协议测量的距离最近的接口上。适合于“One to One-of-Many”（一对组中的一个）的通信场合。接收方只需要是一组接口中的一个即可。如移动用户上网，因地理位置的不同，就需要接入离用户最近的一个接收站，这样才可以使移动用户上网不受地理位置的限制。

（3）多播地址（Multicast Address） 也称作组播地址，用来标识一组网络接口（通常属于不同的节点）。目标地址是多播地址的数据包将发送给本组中所有的网络接口。在 IPv6 中没有 IPv4 中的广播地址（Broadcast Address），用多播地址取代。这种 IP 地址类型适合于“One to Many”（一对多）的通信场合。

7.8.3 从 IPv4 过渡到 IPv6

尽管 IPv6 已被认为是下一代互联网络协议核心标准之一。但是，新生事物从诞生到广泛应用需要一个过程，目前IPv4仍然很好的支撑着的Internet。在IPv6的网络流行于全球之前，总是有一些网络首先使用IPv6协议栈并希望能够与当前的Internet正常通信。为达到这一目的，必须开发出IPv4/IPv6互通技术以保证IPv4能够平稳过渡到IPv6，此外，互通技术还应该对普通用户做到“无缝”，使用起来没有感到不便，对信息传递做到高效。

目前解决过渡问题的基本技术主要有三种：双协议栈技术（Dual Stack）、隧道技术（Tunnel）、网关转换技术（NAT-PT）。

（1）双协议栈技术　采用该技术的节点上同时运行IPv4和IPv6两套协议栈。这是使IPv6节点保持与纯IPv4节点兼容最直接的方式，其应用对象是通信端节点（包括主机、路由器）。这种方式对IPv4和IPv6提供了完全的兼容，但是对于IP地址耗尽的问题却没有任何帮助。由于需要双路由基础设施，这种方式增加了网络的复杂度。

（2）隧道技术　隧道技术提供了一种以现有IPv4路由体系来传递IPv6数据的方法，它将IPv6的分组作为无结构意义的数据，封装在IPv4数据报中，被IPv4网络传输。隧道技术巧妙地利用了现有IPv4网络，它提供了一种使IPv6节点之间能够在过渡期间通信的方法，但它并不能解决IPv6节点与IPv4节点之间相互通信的问题。

（3）网关转换技术　转换网关除了要进行IPv4地址和IPv6地址转换，作为通信的中间设备，可在IPv4和IPv6网络之间转换IP报头的地址，同时根据协议不同对分组做相应的语义翻译，从而使纯IPv4和纯IPv6站点之间能够透明通信。

习　题

7.1　TCP/IP参考模型是什么？它与OSI参考模型的区别是什么？

7.2　TCP/IP参考模型的协议簇中有哪些主要协议？作用是什么？

7.3　协议UDP的数据报格式是什么？各字段有什么含义？

7.4　什么是端口？其作用是什么？

7.5　TCP如何进行流量控制？

7.6　IP地址的形式是什么？各类网络的IP地址的使用范围如何？

7.7　如何划分子网？子网掩码有什么意义？

7.8　IP数据报格式是什么？其服务类型如何表示？

7.9　IP数据报的选项类有哪些？记录路由及时间戳选项格式是什么？

7.10　IP如何进行路由选择？

7.11　Internet控制报文协议ICMP的作用是什么？其报文如何进行两级封装？

7.12　地址解析协议ARP和反向地址解析协议RARP是如何工作的？

7.13　IPv6的编址方式与IPv4有何不同？

7.14　IPv6有哪些地址类型？

7.15　IPv4/IPv6之间通信可以采用哪些技术？

第8章 Internet与Intranet

Internet从形成到今天，已经渗透到人们日常的生活、工作、学习和娱乐当中，接入Internet的用户逐年上升，它推动着世界科学、文化、经济和社会的发展。Internet已经成为覆盖全球的信息基础设施。

8.1 Internet的形成与发展

Internet译为因特网，它是全球最大的、开放的、由众多网络互联而成的计算机互联网，它连接世界上各种各样的计算机系统和计算机网络。它为人类提供多种形式的信息资源，是人们获取信息的方便、快速、高效的手段。

8.1.1 Internet的发展历史

Internet起源于美国国防部高级研究计划局（Advanced Research Project Agency，ARPA）研究开发的实验性网络ARPANET。在1969年建立时，在美国四个地区进行了网络互联，采用TCP/IP作为基础，主要用作网络技术的研究和实验，在一部分美国大学和研究部门中运行和使用。1983年以后，ARPANET的规模逐渐扩大，在美国和一部分发达国家的大学和研究部门中得到了广泛使用，作为教学、科研和通信的学术网络。与此同时，世界上许多国家相继建立了本国的主干网，并采用TCP/IP接入ARPANET，使ARPANET上的主机不断增多，ARPANET成为Internet的主干网。

1986年，美国国家科学基金会（National Science Foundation，NSF）采用ARPANET发展起来的TCP/IP通信协议技术，提出了NSFNET计划，通过计算机网络把各个大学和科研机构的计算机和超级计算中心连接起来。NSFNET和ARPANET也相互联接，NSFNET是一个三级计算机网络，分为主干网、地区网、校园网，覆盖了全美的大学和科研机构。主要目的是共享美国超级计算中心的资源，增强全国研究人员之间的合作，加速学术研究成果的传播，提供网络研究环境以确保美国在网络技术上的优势。

在美国迅速发展自己的计算机网络的同时，世界各国政府和科研机构也在建设自己国家的计算机网络。20世纪90年代后，这些网络也逐渐连接到Internet上来，这就使Internet成为一个世界范围的网中网。

Internet的最初用户一般只限于科学研究和学术领域，其目的是进行研究和教育，但随着Internet规模的扩大、应用服务的发展以及市场全球化需求的增长，到1991年，Internet允许商业入网，开始了商业化服务。商业应用的推动，使Internet的发展更加迅猛，几乎深入到了社会生活的每一个角落，成为一种全新的工作、学习和生活方式。

1993年，美国政府公布“NII（National Information Infrastructure）建设计划”，是指一个国家的信息网络能使任何人、在任何地方、任何时间可将文本、声音、图像、电视信息传递给任何地点的任何人，即建设全美的高速通信网络，因而被称为“信息高速公路”。1994

年，美国政府提出了 GII（Global Information Infrastructure）计划，旨在实现全世界范围的信息共享。Internet 的迅速发展，使其成为未来信息高速公路的雏形，同时也标志着 Internet 的发展进入了成熟与提高阶段。

随着 Internet 规模和用户的不断增长，其应用也进一步开拓，不仅仅是一种资源共享、信息查询的手段，也已成为人们了解世界、讨论问题、购物休闲、商贸活动、学术研究的重要途径。

8.1.2 Internet 的组织与管理

在 Internet 中没有一个有绝对权威的管理机构，接入 Internet 的各国主干网可以独立处理内部事物。

Internet 协会（Internet Society，ISOC）负责制定 Internet 标准，它是一个完全由志愿者组成的组织，目的是推动 Internet 技术的发展和促进全球化的信息交流。在 Internet 协会中，Internet 体系结构委员会（Internet Architecture Board，IAB）专门负责协调 Internet 技术管理与技术发展，制定 Internet 技术标准，发布 Internet 工作文件。IAB 下设两个工作部门：Internet工程任务组（Internet Engineering Task Force，IETF）负责技术管理方面的具体工作；Internet 研究任务组（Internet Research Task Force，IRTF）负责技术发展方面的研究工作。

Internet 的日常运行工作由网络运行中心（Network Operating Center，NOC）和网络信息中心（Network Information Center，NIC）负责。其中 NOC 负责保证 Internet 的正常运行与监督 Internet 的活动；NIC 负责顶级域名的申请及管理，为 Internet 用户或用户服务机构提供信息支持。

8.1.3 Internet 在我国的发展

我国从 20 世纪 80 年代就开始了计算机网络的建设和实验，先后建立了一些局域网和部门的专用计算机网络。1986 年，中国科学院等一些单位通过长途电话线以拨号方式接入 Internet，进行国际联机信息检索，标志着我国开始使用 Internet。1990 年，中科院高能所等单位通过 CHINAPAC（X.25）与 Internet 相连接，实现了中国用户与 Internet 用户间的国际 E-mail通信。

1994 年 4 月，中国科学技术网 CSTNET 建成，首次实现了与 Internet 的直接连接，同时获准注册了顶级域名 .cn，标志着我国正式接入 Internet。CSTNET 主导思想是为科研、教育和非赢利性政府部门服务，提供科技数据库、科研成果、信息服务等。1995 年我国建成了中国教育与科研网 CERNET，由教育部主管，主要为高等院校和科研单位服务，目标是建立一个全国性的教育科研信息基础设施，利用计算机技术和网络技术把全国大部分高校和有条件的中小学校连接起来，改善教育环境，推动教育科研信息共享和交流，为我国信息化建设培养人才。1995 年中国公用计算机互联网 CHINANET 建成开通，由原邮电部主管，其主干网覆盖全国各省（市），其主要服务对象是科研、教育领域和部分信息服务公司，可以提供接入 Internet 的服务、信息服务等。1996 年，我国“三金”工程中的金桥网 CHINAGBNET 建成开通，由原电子工业部主管，它是全面向社会开放的网络系统，可提供各种增值业务、多媒体业务和 Internet 基本业务，目前已在全国各省市联网开通，主要用于商业发展。

我国组织与管理 Internet 的机构是 1997 年 6 月在北京成立的中国互联网信息中心

CNNIC，管理我国的 Internet 主干网，主要职责是为我国互联网用户提供域名注册、IP 地址分配等服务，提供网络技术资料、政策与法规、网络通信目录、主页目录与各种信息库等目录服务。

8.2 域名与域名服务系统

8.2.1 域名与域名系统

Internet 地址能够唯一地确定 Internet 上每台计算机与每个用户的位置。Internet 地址有两种表示形式：IP 地址与域名。IP 地址为 Internet 提供了统一的编址方式，直接使用 IP 地址就可以访问 Internet 中的主机。但是，IP 地址是一串很难记忆的二进制主机数字地址，用户希望使用具有一定意义的易于记忆的字符序列的主机名字。

早期的 Internet 规模较小，使用一个 HOSTS 文件来记录所有主机名字及每台主机名字到 IP 地址的映射。HOSTS 文件不断改动，并定期向全网络传递。只要用户输入一个主机名字，计算机就可以很快地将其转换成计算机能够识别的二进制 IP 地址。这种命名机制是一种无层次名字机制。随着 Internet 规模的不断扩大，网络上的主机数量迅速增加，这种简单的管理方式带来了一些问题：保持主机命名的唯一性越来越困难；不断地更新 HOSTS 文件加重了网络的负担等。

为了解决这些问题，1983 年 Internet 开始采用层次结构的命名树作为主机的名字，并使用域名系统（Domain Name System，DNS）。在 DNS 中的主机名字即为域名。

Internet 的域名系统 DNS 采用了层次化的联机分布式数据库系统，并采用客户机/服务器模式。所有域名数据均采用层次型的方式分布在许多不同的域名服务器（Domain Name Server）上，其他主机也向这些域名服务器查询域名对应的 IP 地址及相关信息。域名系统允许命名管理者在较低的结构层次上管理他们自已的名字。这样可以把名字空间划分得足够小，由不同的组织进行分散管理，使名字管理更加灵活和方便。

8.2.2 Internet 的域名结构

1. 主机域名

Internet 采用层次树状结构的命名方法，任何一个连接在 Internet 上的主机或路由器，都有一个唯一的层次结构的名字，即域名（Domain Name）。域还可以继续划分为子域，如二级域、三级域等。

Internet 主机域名由若干个子域名组成，各域名之间用点隔开，其格式为：

…. 四级域名. 三级域名. 二级域名. 顶级域名

Internet 主机域名的排列原则是低层的子域名在前面，而它们所属的高层域名在后面。每一级的域名都是由英文字母和数字组成（不超过 63 个字符，不区分大小写字母），完整的域名不超过 255 个字符。域名系统一般不规定一个域名需要包含多少个下级域名。各级域名由其上一级的域名管理机构管理，而最高的顶级域名则由 Internet 的有关机构管理。

2. 顶级域名

Internet 的域名结构是由 TCP/IP 协议集的域名系统 DNS 来定义的。DNS 将整个 Internet

划分为多个顶级域，并为每个顶级域规定了通用的顶级域名，如表 8.1 所示。顶级域的划分采用了两种模式：组织模式与地理模式。由于美国是 Internet 的发源地，因此美国的顶级域名是以组织模式划分的。对于其他国家，它们的顶级域名是以地理模式划分的，每个申请接入 Internet 的国家都可以作为一个顶级域出现。例如，cn 代表中国，jp 代表日本，fr 代表法国，uk 代表英国，ca 代表加拿大，an 代表澳大利亚等。

表 8.1 Internet 的顶级域名分配

顶级域名	域名类型	顶级域名	域名类型
com	商业组织	mil	军事部门
edu	教育机构	net	网络支持中心
gov	政府部门	org	各种非赢利性组织
int	国际组织	国家代码	各个国家

3. 我国的域名结构

中国互联网信息中心（CNNIC）负责管理我国的顶级域，它将 cn 域划分为多个二级域，如表 8.2 所示。我国二级域的划分采用了两种模式：组织模式与地理模式。其中，前七个域对应于组织模式，行政区代码对应于地理模式。例如，bj 代表北京市，sh 代表上海市，tj 代表天津市，he 代表河北省，hl 代表黑龙江省，nm 代表内蒙古自治区，hk 代表香港等。

表 8.2 我国的二级域名分配

二级域名	域名类型	二级域名	域名类型
ac	科研机构	int	国际组织
com	商业组织	net	网络支持中心
edu	教育机构	org	各种非赢利性组织
gov	政府部门	行政区代码	我国的各个行政区

CNNIC 将 cn 域划分为多个二级域，并将各个二级域的管理权授予各部门，各部门再负责分配下一级域名，如此层层细分，形成层次管理。例如，我国将二级域名 edu 域的管理权授予 CERNET 网络中心。CERNET 网络中心将 edu 域划分为多个三级域，将三级域名分配给各个大学与教育机构。例如，edu 域下的 tju 代表天津大学，并将 tju 域的管理权授予天津大学。天津大学又将 tju 域划分为多个四级域，将四级域名分配给下属部门或主机。例如，tju 域下的 mail 代表邮件主机域名。

4. Internet 的层次域名结构

Internet 网络信息中心 NIC 将顶级域的管理权授予指定的管理机构，各个管理机构再为它们所管理的域分配二级域名，并将二级域名的管理权授予其下属的管理机构。如此层层细分，就形成了 Internet 层次状的域名结构，如图 8.1 所示。

例如，主机域名：

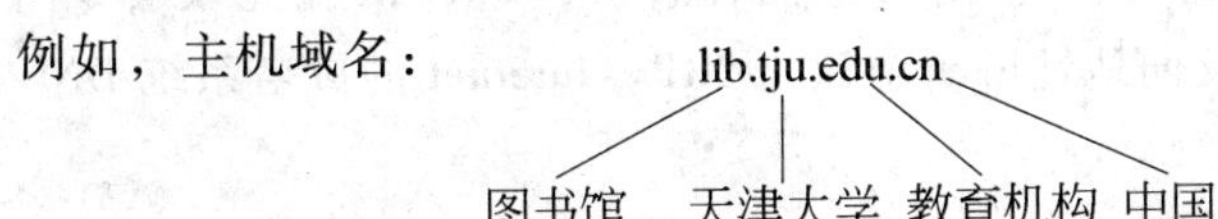

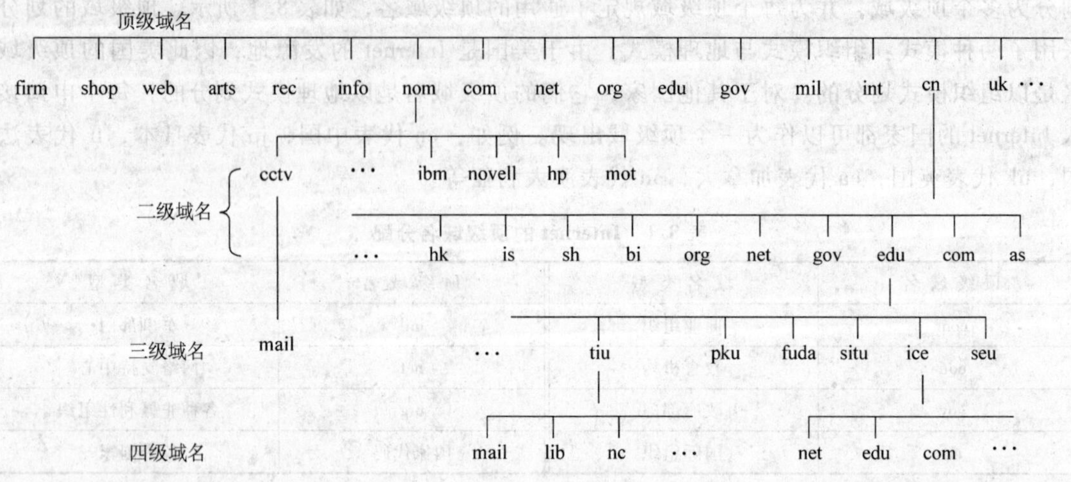

图 8.1 Internet 层次域名结构

表示中国天津大学图书馆的主机。

天津大学是一个教育机构，学校中的主机域名都包括 tju. edu 后缀。如果有一家名为“tju”的公司也想用 tju 来命名它的主机，则由于它是一个商业机构，它可使用 tju. com 作为域名，因此其主机域名都带 tju. com 后缀。

再如，主机域名：

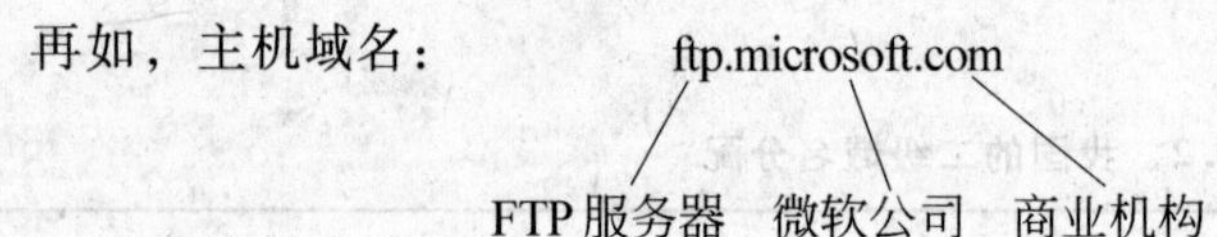

表示美国微软公司的 FTP 服务器，美国的主机名省略了国别代码。

在域名系统 DNS 中，每个域是由不同的组织来管理的，而这些组织又可将其子域分给其他的组织来管理。这种层次结构的优点是：各个组织在它们的内部可以自由选择域名，只要保证组织内的唯一性，而不用担心与其他组织内的域名冲突。只要是在不同域名分支下，同名的域名可以同时存在，仍能保证在 Internet 中的域名是唯一的。

需要注意的是：一台计算机可能有多个域名，即一个 IP 地址可以对应多个域名。另外，Internet 的名字空间是按照机构的组织来划分的，与物理网络无关，与 IP 地址中的“子网”也没有关系。

8.2.3 域名解析

Internet 域名系统为用户提供了极大的方便，用人们熟悉的自然语言去标识一台主机域名，显然要比用数字型的 IP 地址更容易记忆。但是，主机域名不能直接用于 TCP/IP 的路由选择。当用户使用主机域名进行通信时，必须首先要将其映射成 IP 地址，这种将主机域名映射为 IP 地址的过程称为域名解析。域名解析包括两种方式：正向域名解析（从域名到 IP 地址）与反向域名解析（从 IP 地址到域名）。对应这两种解析，TCP/IP 在互联层专门定义了两个协议：地址解析协议 ARP 和反向地址解析协议 RARP。Internet 的域名系统 DNS 能够透明地完成这项工作。

如果要寻找一个主机名所对应的 IP 地址，则需要借助域名服务器来完成。Internet 中存

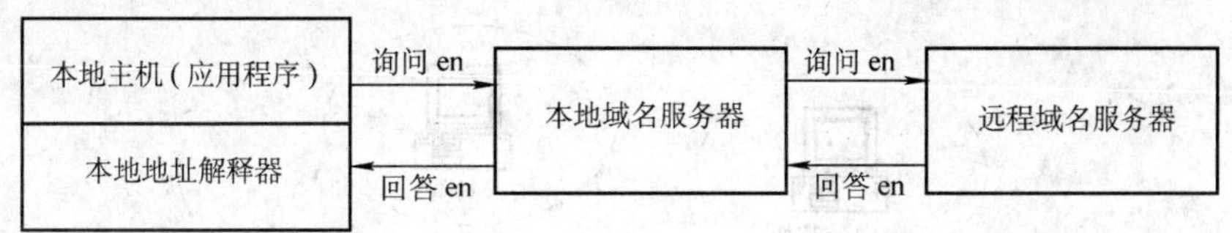

图 8.2　Internet 的域名服务器系统

在着大量的域名服务器，也是按照域名的层次来安排的，如图 8.2 所示。每一个域名服务器都只对域名体系中的一部分域名进行管理，在每台域名服务器中保存着它所管辖区域中的主机域名与 IP 地址的映射表及能完成从域名到 IP 地址的映射的域名服务器程序。当 Internet 应用程序收到一个主机域名时，它向本地域名服务器查询该主机域名所对应的 IP 地址。如果在本地域名服务器中找不到该主机域名对应的 IP 地址，则本地域名服务器就向其他域名服务器发出请求，请求其他域名服务器协助查找，并将找到的 IP 地址返回给发出请求的应用程序。

8.3　Internet 接入技术

要使用 Internet 提供的服务，首先必须将计算机接入 Internet，然后才能访问 Internet 中提供的各类服务与信息资源。

8.3.1　接入 Internet 的准备工作

连接 Internet 的要求并不很高，硬件方面，486 以上的机器即可，当然，机器速度越快越好，上网速率也相应也比较快。还需要一块网卡，通过局域网连接到 Internet；或者是一个 Modem，通过拨号方式连接到 Internet。同时还需要必要的软件支持，操作系统应能方便地支持联网操作，包括拨号上网、专线上网等。如果需要网络的多功能服务，还需要安装一些网络工具软件。

具备了上述的硬件和软件后，就可以上网了。在使用 Internet 之前，应选择一条通路，使数据能在用户计算机与 Internet 之间传送，这条通路可以是一条高速数据通信链路、本地局域网（LAN）、电话线或一条无线频道。其次还要选择用户的 Internet 服务提供商 ISP（Internet Service Provider），申请账号。

Internet 服务提供商 ISP 是用户接入 Internet 的入口点。一方面，它为用户提供 Internet 接入服务；另一方面，还为用户提供各类信息服务，如电子邮件服务，WWW 服务等。

不管使用哪种方式接入 Internet，首先都要连接到 ISP 的主机。ISP 位于 Internet 的边缘，用户计算机（或计算机网络）通过某种通信线路连接到 ISP，再通过 ISP 的连接通道接入 Internet，如图 8.3 所示。

用户只有在 ISP 处申请到 Internet 账号，成为合法用户，才能通过 ISP 访问 Internet。目前 ISP 很多，各个国家和地区都有自己的 ISP。我国的四大互联网运营机构 CHINANET、CERNET、CSTNET、GBNET 都在全国大中型城市设立了 ISP。此外，国内还存在着众多的由四大互联网延伸出来的小型 ISP。

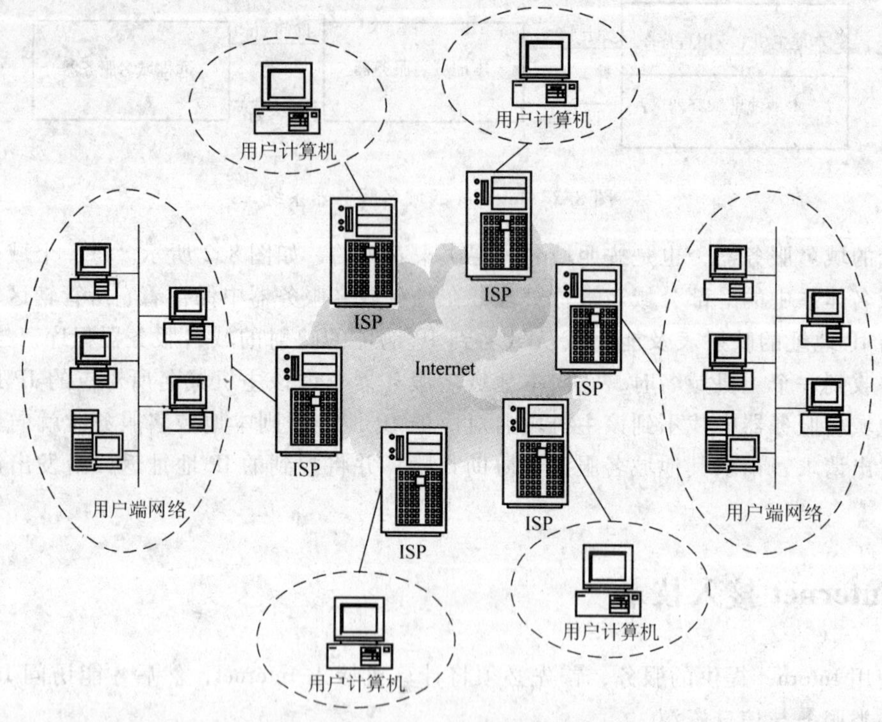

图 8.3 用户通过 ISP 接入 Internet

8.3.2 接入 Internet 的方式

1. 通过电话拨号接入

用户计算机（或代理服务器）和 ISP 的主机通过调制解调器与电话网相连，用户在访问 Internet 时，通过拨号方式与 ISP 的主机建立连接，借助 ISP 的连接通路访问 Internet。这种方式普遍用于个人用户，或使用代理服务器的小型局域网。

由于电话线路传输的是模拟信号，计算机输出的数字信号不能在电话线路上直接传输，需要在计算机与电话网之间加入调制解调器以进行模拟与数字信号的转换。调制解调器的速率影响访问速度，但用户与 ISP 间通信线路的带宽是由电话线路决定的，一般由于各种因素的影响，调制解调器的实际传输速率总是无法达到标出的理想传输速率。

在这种接入方式中，ISP 一般采用串行线 Internet 协议 SLIP（Serial Line Internet Protocol）或点到点协议 PPP（Point to Point Protocol）作为拨号连接的通信协议。在拨号连接之前要先安装 SLIP 或 PPP 的报文分组驱动程序，或加装 SLIP 或 PPP 的模块，之后再执行通信程序进行拨号。现在的 Windows 本身带有的拨号服务程序支持 SLIP 或 PPP。

一旦通过拨号方式与 ISP 的主机建立了连接，用户终端就成为 Internet 上的一个终端，就可以访问 Internet 上主机的信息。

2. 通过局域网接入

用户计算机连接到某个局域网络中，而该网络已经连接到 Internet 上。一般只有规模较小的局域网通过电话拨号接入 Internet，大多数局域网是利用路由器通过数据通信网与 ISP

相连，借助 ISP 与 Internet 的连接通路访问 Internet。数据通信网的种类很多，如 DDN、X. 25、帧中继、ISDN 等。

通过局域网访问 Internet，首先需要在用户计算机上安装网卡，然后再通过电缆将用户计算机连接到局域网中的 HUB、交换机或者是路由器。目前传输电缆多用双绞线，局域网通常是以太网。以太网的速率一般为 10Mbit/s、100Mbit/s、1000Mbit/s。对于不同速率的以太网，有不同连接速率的 IIUB、交换机和网卡。

通过局域网访问 Internet，方便、速率高。

3. 通过 ISDN 接入

综合业务数字网（Integrated Service Data Network，ISDN）利用普通的电话线双向传送高速数字信号，实现话音、数据、图像等通信业务，俗称“一线通”。ISDN 主要用于 Internet 接入、话音新业务、公司网络的互联或远程接入、桌面可视系统及视频会议等。ISDN 是专为高速数据传输和高质量语音通信而设计的一种高速、高质量的通信网络。凡加入这个网的用户，都可以用一对电话线连接不同的终端，开展不同类型的通信业务。用户可以到电信局申请 ISDN 线，使用数字式的 Modem 或是指定路由器（该路由器能将数据转换为 ISDN 协议格式）连入 ISDN。使用 ISDN 比普通电话线有许多优势，可以获得至少 64Kbit/s 的传输速率，如果不传输声音，可获得 128Kbit/s 的速率。

4. 通过 X. 25 分组网专线接入

X. 25 是一个公共分组交换网接口标准，它规定了数据终端设备 DTE 和数据通信设备 DCE 之间的接口。通过 X. 25 分组网专线接入 Internet，要求用户计算机安装一块 X. 25 网卡，一台同步专线 Modem。用户要有 X. 25 的分组同步端口号码，再申请一个 Internet 账号。

如果 X. 25 用户使用 TCP/IP 协议软件或路由器，用户就可为自己局域网上的所有设备申请 IP 地址和域名，则网上所有的终端都成了完全的 Internet 用户，可以使用 Internet 上的各种服务。

通过分组网和路由器入网的用户，既可以在 Internet 上通信，又可以和分组网上的用户通信。

5. 通过 DDN 专线接入

公共数字数据网（Digital Data Network，DDN）是利用数字信道传输信号的数据传输网，利用数字通道提供半永久性连接电路，传输数据信号。DDN 的传输介质有光缆、数字微波、卫星信道以及用户端可用的普通电缆和双绞线。DDN 是同步数据传输网，不具备交换功能，也是可以支持任何规程、不受约束的透明网络，可支持网络层及其以上的任何协议，从而可满足数据、图像、声音等多种业务的需要。DDN 将数字通信技术、计算机技术、光纤通信技术以及数字交叉连接技术有机结合在一起，提供了高速度、高质量的通信环境。DDN 传输带宽为 2.4 ~ 2048Kbit/s，可提供点对点专用电路、点到点广播、数据轮询和多点桥接电路业务。采用 DDN 专线方式接入 Internet 具有通信效率高、误码率低等优点，适合大业务量的网络用户使用。

用户只需向电信部门申请一条 DDN 专线，配置一台路由器、一台基带 Modem 即可。入网后，局域网上的所有终端和工作站都享有所有的 Internet 服务。

6. 通过 ADSL 接入

非对称数字用户线 ADSL 是一种通过铜质电话线提供宽带数据传输服务的技术。ADSL

支持同步和非同步传输方式，传输速率自适应，其下行速率是 1～8Mbit/s，上行速率是 640Kbit/s～1Mbit/s，传输距离达 3km～5km，支持在同一线路上同时传输数据和语音信号。

ADSL 的关键技术是复用技术和调制技术。复用技术用来建立多个信道，ADSL 通过非对称传输，利用频分复用技术或回波抵消技术对电话线进行频带划分，使上、下行信道分开以减少串音的影响，从而实现信号的高速传送。ADSL 技术适用于双向带宽要求不一样的应用，如 Web 浏览、多媒体点播、信息发布、视频会议等。

用户接入 ADSL 方便快捷，只需在用户端安装 ADSL 终端设备，利用现有的电话线路就可以接入 Internet，享受高带宽的服务。ADSL 能够实现同时打电话和数据传输，而不互相影响。随着 ADSL 技术的进一步推广，用户通过 ADSL 使用 Internet 提供的服务将更加方便、快速。

7. 通过 Cable Modem 接入

线缆调制解调器（Cable Modem）用于接入有线电视网络。Cable Modem 是近年开始使用的一种超高速 Modem，它利用现成的有线电视（CATV）网进行数据传输，已是比较成熟的一种技术。随着有线电视网的发展壮大，利用 Cable Modem 通过有线电视网访问 Internet 已成为越来越受业界关注的一种高速接入方式。

由于有线电视网采用的是模拟传输方式，因此网络需要用一个 Modem 来协助完成数字数据的转化。Cable Modem 与以往的 Modem 在原理上都是将数据进行调制后在电缆的一定频率范围内传输，接收时进行解调，传输机理与普通 Modem 相同，不同之处在于它是通过 CATV 网进行调制解调的。

Cable Modem 连接方式可分为两种：对称速率型和非对称速率型。前者的数据上传速率和下载速率相同，都是 500Kbit/s～2Mbit/s；后者的数据上传速率为 500Kbit/s～10Mbit/s，数据下载速率为 2～40Mbit/s。

采用 Cable Modem 上网的缺点是：由于 Cable Modem 模式采用的是相对落后的总线型网络结构，这就意味着网络用户共同分享有限带宽。另外，购买 Cable Modem 和初装费也都不很便宜，这些都阻碍了 Cable Modem 接入方式的普及。但是，它的市场潜力是很大的。

另外，Cable Modem 技术主要是在广电部门原有线电视线路上进行改造时采用，此种方案与新兴宽带运营商的社区建设成本比较不具有优势。

8. 通过无源光网络接入

无源光网络（PON）技术是一种点对多点的光纤传输和接入技术，下行采用广播方式，上行采用时分多址方式，可以灵活地组成树形、星形、总线型等拓扑结构，在光分支点不需要节点设备，只需要安装光分支器即可。具有节省光缆资源、节省机房投资、带宽资源共享、设备安全性高、建网速度快、综合建网成本低等优点。

PON 包括基于 ATM 的无源光网络（ATM PON，APON）和基于以太网的无源光网络（Ethernet PON，EPON）两种。APON 技术发展比较早，具有综合业务接入、QoS 服务质量保证等特点。

PON 接入设备主要由光线路终端（OLT）、光网络终端（ONT）和光网络单元（ONU）等组成，由无源光分路器将 OLT 的光信号分到树型网络的各个 ONU。一个 OLT 可接 32 个 ONT 或 ONU，一个 ONT 可接 8 个用户，而 ONU 可接 32 个用户，因此，一个 OLT 最大可负载 1024 个用户。PON 技术的传输介质采用单芯光纤，局端到用户端最大距离为 20km，接入系统总的传输容量为上行和下行各155Mbit/s，每个用户使用的带宽可以从64Kbit/s到155Mbit/s灵活划分，一个OLT上的所有用户共享155Mbit/s带宽。

9. 通过LMDS接入

本地多点分配业务（LMDS）是一种无线通信，是目前可用于社区宽带接入的一种无线接入技术。

LMDS是一种微波宽带技术，该技术利用毫米波进行传输，几乎可以提供任何种类的业务，支持双向话音、数据及视频业务，能够实现从64Kbit/s到2Mbit/s，甚至高达155Mbit/s的用户接入速率。具有高的可靠性，被比喻为“无线光纤”技术，可在近距离实现双向话音、数据图像、视频、会议电视等宽带业务，并支持ATM、TCP/IP和MPEG-2技术等。

一个完整的LMDS系统包括网络运行中心（NOC）、骨干网络、基站系统、远端站四大部分。

（1）*网络运行中心* 网络运行中心以软件平台为基础，它负责管理多个区域的用户网络，完成包括故障诊断和告警、系统配置管理、计费管理、性能分析管理、安全管理等基本功能。大型的LMDS系统应有多个网络运行中心，分为中心管理和多个本地管理。

（2）*骨干网络* 骨干网络可以由光纤传输网、ATM交换或IP交换架构成的核心交换平台以及与Internet、公用电话网等的互联模块组成。基站的信号送入骨干网络，完成各种业务交换。

（3）*基站系统* 基站是骨干网络与远端站的接口，它能实现骨干网络与远端站之间的信号传送和转换。基站可以包含本地交换功能，也可以不包括本地交换功能，可以是全向基站，也可以是多扇区基站。

（4）*远端站* 远端站起承上（基站）启下（固定用户）的作用。基站系统到远端站是下行链路，采用时分复用（TDM）方式；远端站到基站系统是上行链路，采用时分多址（TDMA）方式或频分多址（FDMA）方式。TDMA适用于突发性或低速率数据的接入，FDMA适用于连续数据的接入。

8.4 Internet提供的服务

Internet的飞速发展，它所能提供的服务多达几万种，其中大多数服务是免费的，Internet的商业化趋势，将使它所能提供的服务进一步增加。

8.4.1 电子邮件服务

电子邮件简称E-mail（Electronic Mail），是通过Internet发送和接收的邮件，是Internet为用户提供的最基本的服务，也是Internet上最广泛的应用服务，为Internet的用户提供了快速、简便、廉价的现代化通信手段。

1. 电子邮件服务的特点

电子邮件服务与传统的邮件服务相似，只要通信双方都有电子邮件地址，便可以电子传播为媒介，交互往返邮件。电子邮件服务具有以下优点：

（1）*速度快* 发送一封电子邮件到国外，一般只需几秒至几分钟就可以传送到收件人的邮箱中。

(2) 价格低　发送一封电子邮件比普通信件便宜很多。

(3) 一信多发　可以利用电子邮件提供的一对多的邮件传送功能，将一封信同时发送给多个收件人。

(4) 多媒体邮件　目前电子邮件系统不仅能传送各种文字信息，而且能传送图像、语音与视频等多种信息，电子邮件已成为多媒体信息传输的重要手段之一。

2. 收发电子邮件的协议

在电子邮件收发过程中，提供邮件中转服务的计算机叫做邮件服务器。邮件服务器是Internet 邮件服务系统的核心，它的作用与邮局类似。

收发电子邮件时，各邮件服务器之间必须遵守同样的规则才能正确地传递信息，这些规则就是电子邮件协议。对应于接收和发送邮件服务器，有两种基本协议。

发送邮件服务器遵守的是简单邮件传输协议（Simple Mail Transfer Protocol，SMTP）。它属于 TCP/IP 协议簇中的应用层协议，能实现不同类型的计算机之间电子邮件的传送。

大多数接收邮件的服务器遵循协议 POP3（Post Office Protocol），但也有的遵循协议 IMAP（Interactive Mail Access Protocol）。

当服务器采用 POP3 时，邮箱中的邮件被复制到客户机中，在邮件服务器中不保存邮件的副本，用户在自己的计算机中阅读与管理邮件。这种方式适合于用户从一台固定的计算机中访问邮件服务器的情况。

当服务器采用 IMAP 时，可以选择是否将邮箱中的邮件复制到客户机中，是否在邮件服务器中保存邮件的副本，以及是在客户机还是在服务器上阅读与管理邮件。这种方式适合于从多台计算机访问邮件服务器的情况。但是，目前支持这种协议的邮件服务器并不多。

有的 ISP 使用同一台计算机同时完成接收和发送电子邮件的功能，这时接收邮件服务器和发送邮件服务器的名称是一样的，但这两个服务器和协议并没有必然的对应关系。

3. 电子邮件账号与电子信箱

使用电子邮件服务首先要拥有一个电子信箱（Mail Box），用来存放用户的电子邮件。电子邮箱是由提供电子邮件服务的机构（一般是 ISP）为用户建立的。当用户向 ISP 申请 Internet 账号时，ISP 就会在它的邮件服务器上建立该用户的电子邮件账号，其中包括用户名（User Name）与用户密码（Password）。

电子信箱是用户申请到电子邮件账号后，由 ISP 在邮件服务器的硬盘上为用户开辟的一块专用的存储空间，用来存放该用户的电子邮件。对于某用户的电子信箱，任何人都可以将邮件发送到该信箱中，但只有该信箱的合法用户才能打开信箱，查看电子邮件内容，并处理其中的邮件。

Internet 上的许多网站，例如：sohu、yahoo 等都提供电子邮件服务，并且还提供免费的电子信箱，用户可以申请使用。

4. 电子邮件地址

每个电子信箱都有一个地址，称为电子邮件地址（E-mail Address）。有了电子邮件地址，才能发送和接收电子邮件。电子邮件地址的格式是固定的，并且在全球范围内是唯一的。

用户的电子邮件地址格式为：用户名@主机名，其中“@”符号表示“at”。用户名是指在其邮件服务器上为用户建立的电子邮件账号，由用户指定，一般是用户的姓名或其他易于记忆的标识；主机名指的是拥有独立 IP 地址的邮件服务器的域名。邮件域名也采用分层体系结构，例如：一个电子邮件地址为 liu@ tju. edu. cn。其中，liu 是用户名，tju. edu. cn 是用户 ISP 的邮件服务器的主机名。

5. 电子邮件应用程序

Internet 上的电子邮件服务是工作在客户机/服务器方式下的，用户在客户端要和电子邮件服务器进行交互，必须有相应的客户端软件——电子邮件应用程序。常用的电子邮件应用程序有 Microsoft 公司的 Outlook Express、Netscape 公司的 Netscape Communicator。电子邮件应用程序负责将写好的邮件发送至邮件服务器中，也负责从邮件服务器中读取邮件，并对它们进行处理。

目前，各种电子邮件应用程序所提供的服务功能基本相同，都可以完成以下操作：

1）创建与发送电子邮件。

2）接收、阅读与管理电子邮件。

3）账号、邮箱与通信薄管理。

6. 电子邮件服务的工作过程

在 Internet 上的电子邮件服务的具体工作过程如下：

1）发送方根据需要利用电子邮件应用程序编写邮件。

2）发送方将写好的邮件发送给自己的邮件服务器。

3）发送方邮件服务器接收用户送来的邮件，并使用 SMTP 根据收件人地址将邮件发送到收件人的邮件服务器中。

4）接收方邮件服务器接收其他服务器发送来的邮件，并根据收件人地址放到收件人电子信箱中。

5）接收方使用电子邮件应用程序从自己的邮件服务器中接收邮件。

6）接收方使用电子邮件应用程序阅读，处理接收的邮件。

图 8.4 描述了电子邮件服务过程。

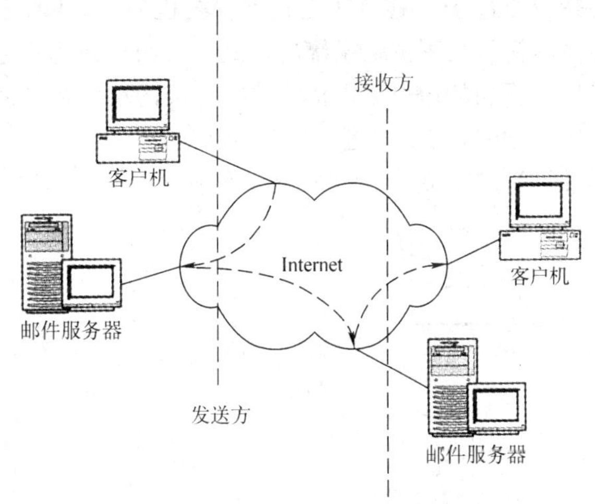

图 8.4　电子邮件服务工作过程

7. 电子邮件的格式

Internet 上的电子邮件有其标准的格式。电子邮件包括邮件头与邮件体两部分。邮件头又由两部分内容构成：其中一部分是由系统自动生成的，包括发信人地址、邮件发送的日期与时间等；另一部分是由发件人自己输入的，包括收信人地址、抄送人地址与邮件主题等。邮件体是实际要传送的信函内容。当电子邮件系统采用多目的电子邮件系统扩展（Multipurpose Internet Mail Extensions，MIME）时，邮件不但能传输各种文字信息，而且还能传输图像、语音与视频等多媒体信息，从而使得电子邮件内容更加丰富多彩。

8.4.2　远程登录服务

远程登录服务是 Internet 最早提供的基本服务之一，其功能是把用户正在使用的终端或主机变为某一远程主机的仿真远程终端。利用远程登录服务，用户使自己的计算机与远程主机相连，从而可以使用远程主机上的多种资源，包括硬件资源、软件资源以及数据资源等。

远程登录允许在任意类型的计算机之间进行通信，因为所有的操作都是在远程主机上完成的，用户的计算机仅仅作为一台仿真终端向远程主机传送击键信息和显示结果。

1. 远程登录协议

Internet 上最简单和最常用的远程登录协议是 Telnet。Telnet 是 TCP/IP 协议族中的应用层协议，包括网络虚拟终端（Network Virtual Terminal，NVT）和选项协商等内容。网络虚拟终端 NVT 是 Telnet 为实现异种计算机之间的互操作而提供的一种标准键盘格式。Telnet 具有包容异构计算机和异构操作系统的能力，它不要求客户和服务器所用系统是同种系统。不同系统之间存在着异质性。所谓系统的异质性，是指不同厂家生产的计算机在硬件或软件方面的不同，系统的异质性给计算机系统的互操作性带来了困难。Telnet 协议的主要特点就是能够解决不同类型的计算机系统之间的互操作问题。

2. 远程登录的工作原理

Telnet 采用了客户机/服务器模式。在远程登录过程中，用户终端采用用户终端的格式与本地 Telnet 客户机进程通信；远程主机采用远程系统的格式与远程 Telnet 服务器进程通信。

通过 TCP 连接，在 Telnet 客户机进程与 Telnet 服务器进程间通过网络虚拟终端 NVT 标准进行通信。Telnet 客户程序负责把从用户终端键盘输入的指令转换成 NVT 的标准格式。当指令通过 TCP 连接传送到远程主机后，Telnet 服务器程序又负责把具有标准 NVT 格式的指令转换成远程主机系统的格式，从而保证远程主机能够正确执行指令。在采用网络虚拟终端后，不同的用户终端格式只与标准的网络虚拟终端打交道，而与各种不同的本地终端格式无关。Telnet 客户机进程与 Telnet 服务器进程一起完成用户终端格式、远程主机系统格式与标准网络虚拟终端 NVT 格式的转换。Telnet 工作原理如图 8.5 所示。

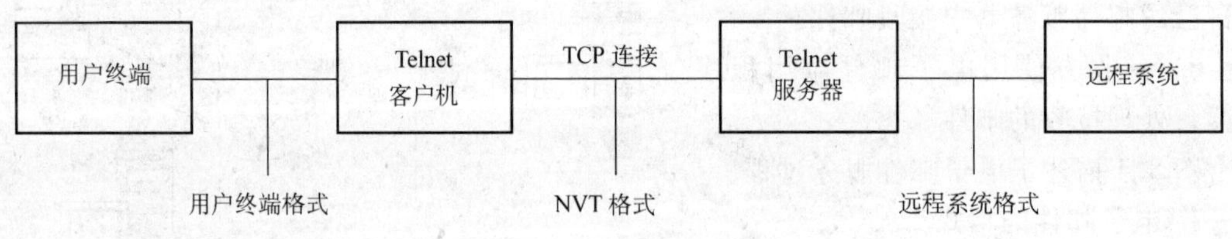

图 8.5　Telnet 工作原理

3. 远程登录类型

要使用 Telnet 功能，需要具备以下条件：

1）用户的计算机要有 Telnet 应用软件，例如 Windows 提供的 Telnet 客户程序。

2）在远程计算机上有自己的用户账号，包括用户名与用户密码，或者该远程计算机提供公开的用户账号。

远程登录分为特许登录和客户登录两种。特许登录是指用户在远程登录的主机上有一个账号，特许登录的用户使用远程主机上的资源时限制较小。客户登录是指用户在所要登录的主机上设有专门的账号，此时，用户应根据主机系统的规定登录和使用，并且在使用资源方面有一定的限制。

用户在使用 Telnet 命令进行远程登录时，首先应在 Telnet 命令中给出对方计算机的主机名或 IP 地址，然后根据对方系统的询问，正确键入自己的用户名与用户密码。有时还要根据对方的要求，回答自己所使用的仿真终端的类型。

8.4.3 文件传输服务

文件传输服务是 Internet 中最早提供的服务功能之一，目前仍然在广泛使用。文件传输服务提供了在 Internet 的任意两台计算机之间相互传输文件的机制，它是用户获得丰富的 Internet 资源的重要方法之一。

1. 文件传输

文件传输服务是由 TCP/IP 协议簇中的文件传输协议 FTP（File Transfer Protocol）支持的，它允许用户将文件从一台计算机传输到另一台计算机上，并且能保证传输的可靠性，因此，人们通常将文件传输服务称为 FTP 服务。

FTP 的作用是在不同的计算机系统间传送文件，与主机的类型无关，文件的种类不限，只要它们都支持 FTP，就可以相互传送文件。文件的传送既有从远程主机到本地主机的“下载”，也有从本地主机到远程主机的“上载”。

2. FTP 服务的工作过程

FTP 服务采用典型的客户机/服务器工作方式，它的工作过程如图 8.6 所示。远程提供 FTP 服务的计算机称为 FTP 服务器，它通常是信息服务提供者的计算机；用户的本地计算机称为客户机。FTP 客户机与服务器之间建立的连接是双重连接，即控制连接和数据连接。控制连接用于传送客户机与服务器间的命令和响应，数据连接用于客户机与服务器间的数据交换。FTP 是一个交互会话系统，客户每次调用 FTP 就与 FTP 服务器建立一个会话，会话由控制连接维持，直至退出 FTP。客户使用控制命令向服务器提出请求。对于客户的每一次请求，服务器与客户建立数据连接进行实际的数据传输。数据传输完成后，数据连接随即撤消，但控制连接仍然存在，用户可以继续发出命令，直到所有的数据传输完毕。用户输入关闭命令关闭控制连接，再输入退出命令退出 FTP 会话。

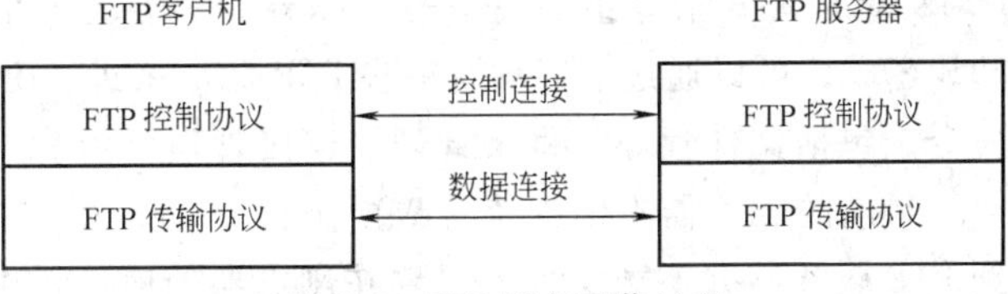

图 8.6　FTP 服务工作过程

3. FTP 的使用

FTP 服务是一种实时的联机服务，访问 FTP 服务器前，用户在客户机上启动 FTP 客户端程序，与远程主机建立连接，在 FTP 服务器上进行登录，登录时用户要正确键入自己的用户名与用户密码。只有在登录成功后，才能访问 FTP 服务器，向 FTP 服务器发出传输命令，服务器在收到命令后会立即回应，传输文件。

根据所使用的用户账号的不同，可以将 FTP 服务分为特许 FTP 服务与匿名 FTP 服务两种类型。

（1）特许 FTP 服务　特许 FTP 服务是指用户在 FTP 服务器上建立有自己的账户，在进行 FTP 操作时，要求用户在登录时提供正确的用户名与用户密码，否则将无法使用 FTP 服务。显然，这对于大量没有账号的用户是不方便的。

（2）匿名 FTP 服务　为了便于用户获得在 Internet 上公开发布的各种信息，许多机构提供了一种称为匿名 FTP（Anonymous FTP）的服务。匿名 FTP 服务的实质是：提供服务的机构在它的 FTP 服务器上建立一个公开账户（一般为 Anonymous），并赋予该账户访问公共目录的权限。如果用户要访问这些提供匿名服务的 FTP 服务器，登录时以“anonymous”作为用户名，用“guest”作为用户密码。有些 FTP 服务器可能要求用户用自己的电子邮件地址作为用户密码。

目前，Internet 用户使用的大多数 FTP 服务都是匿名服务。为了保证 FTP 服务器的安全，几乎所有的匿名 FTP 服务都只允许用户下载公共目录中可读的文件，而不允许用户上载文件或修改服务器中的文件。

4. FTP 文件的格式

FTP 提供文本文件和二进制文件两种格式文件的传输。文本文件又称 ASCII 文件，其内容是由按行排列的一串 ASCII 字符组成，不同的计算机使用不同编码的文本文件，FTP 可以在使用不同编码的计算机之间传输文件。二进制文件是指除 ASCII 文件以外的文件，如压缩文件、图形与图像文件、声音文件等，传送的是文件的比特序列。

5. FTP 客户端程序

目前，FTP 客户端程序通常有三种类型：传统的 FTP 命令行、浏览器与 FTP 下载工具。

传统的 FTP 命令行是最早的 FTP 客户端程序，它在 Windows 的系统目录下有一个模拟 UNIX 下的 FTP 指令的程序——ftp. exe。只要运行该程序，就相当于建立了一个 UNIX 下 FTP 客户，可以通过 UNIX 的一些 FTP 命令来进行 FTP 的所有操作。FTP 提供了大量的用户命令，包括文件管理、目录管理、连接管理、传输管理等。

目前的浏览器不但支持 WWW 方式访问，还支持 FTP 方式访问，通过它可以直接登录到 FTP 服务器并下载文件。只要在浏览器的地址栏中输入相应的 FTP 服务器 URL 地址即可。例如要访问北京大学图书馆的 FTP 服务器，则要在地址栏中输入 ftp：//ftp. lib. pku. edu. cn。

使用 FTP 命令行或浏览器从 FTP 服务器下载文件时，如果在下载过程中网络连接意外中断，下载完的那部分文件将会前功尽弃。使用 FTP 客户端程序的断点续传功能，可以继续剩余部分的传输。目前，常用的 FTP 下载工具主要有 CuteFTP、TurboFTP、FlashFXP 等。

8.4.4 WWW 服务

环球信息网（World Wide Web，WWW）又称为万维网，是一种交互式图形界面的 Internet 服务，具有强大的信息连接功能，是目前 Internet 上最方便、最受用户欢迎的信息服务类型。WWW 服务又称为 Web 服务，它深进入人类生活的各个领域。

1. 超文本与超媒体

超文本（Hypertext）与超媒体（Hypermedia）是 WWW 的两个最基本的概念，也是 WWW 的信息组织形式。

超文本是一种非线性的信息组织结构，它是将文本文件中的某些字、符号或短语以变化的字体、颜色或标有下划线显示，以区别于一般的正文，它起着“热链接”的作用。当鼠标单击某个链接文本时，显示便跳转到该文件的另一处或另一个文件，并将它调来阅读或处理。超文本正是在文本中包含了与其他文本的链接，才使得读者可以有选择地阅读自己感兴趣的文本。这就是超文本的最大特点：无序性。

具有“热链接”作用的信息形式是多种多样的，除了文本信息外，还可以是语音、图形、图像、动画等多媒体形式。当超链接的信息形式为多媒体时，就是超媒体。用户单击超媒体信息时，不仅可以在文本之间跳转，还可以在各种图形、图像、声音等形式信息之间跳转，使用更加灵活、方便。

2. WWW

WWW 是以超文本标注语言（Hyper Text Markup Language，HTML）与超文本传输协议（Hyper Text Transfer Protocol，HTTP）为基础，提供面向 Internet 服务、具有一致的用户界面的信息浏览系统。

WWW 系统的结构采用了客户机/服务器模式。信息资源以网页的形式存储在 WWW 服务器中，各网页采用超文本的形式连接在一起，用户通过 WWW 客户端程序（浏览器）向 Web 服务器发出请求；WWW 服务器根据客户端的请求内容，将保存在 WWW 服务器中的某个页面发送给客户端；浏览器在接收到该页面后对其进行解释，并最终将该页面显示给用户。用户可以通过页面中的超链接方便地访问位于其他 WWW 服务器中的页面，或是其他类型的网络信息资源。

3. HTML 语言

HTML 是一种计算机程序语言，用来编写 Web 网页。它所编写的对象不仅仅有普通的文字字符元素，还有声音、图形等其他对象元素。HTML 描述文件结构格式的方法是利用一些指令符号，将文件格式效果展现出来，HTML 只是提供指令符号的标注语法。因此，HTML是一种标注式的语言。

4. HTTP

HTTP 是 WWW 服务程序所用的网络传输协议，属于 TCP/IP 协议簇的应用层协议。HTTP 由两部分组成：资源定位和信息内容格式。由于传输的内容为多媒体文件，HTTP 采用电子邮件中的 MIME 协议定义被传送数据的格式。

WWW 工作可分成四个基本阶段：连接、请求、应答、关闭。

（1）*连接*　当用户键入一个链接地址时，浏览器查找相应的 WWW 服务器的主机名并请求建立连接。

（2）*请求*　一旦与 WWW 服务器连接成功，浏览器向服务器发送一个请求。该请求要指出所用的协议、所寻找的目标和用户的应答方式。

（3）*应答*　WWW 服务器的 HTTP 软件响应客户的服务，把用户所需的数据文件按 MIME 格式传送给客户机。

（4）*关闭*　完成此次链接服务后，关闭连接。

如果用户用鼠标点中屏幕上另一个链接，就开始下一个请求和响应过程。

5. 主页 HomePage

在 WWW 环境中，信息是以网页形式显示与链接的。网页由 HTML 语言实现，其中可以包含文字、表格、图像、声音、动画与视频等信息内容，并在网页之间建立超文本链接以便于浏览。

主页是指个人或机构的基本信息页面，是用户使用 WWW 浏览器访问 Internet 上 Web 站点所看到的第一个页面，它包含有到同一 Web 站点上其他网页和其他站点的链接，用户通过主页可以访问有关的信息资源。

主页是人们通过 Internet 了解学校、公司或政府部门的重要手段，人们可以使用主页介绍公司的概况，展示公司新产品的图片，介绍新产品的特性，或利用它公开发行免费软件等。目前，几乎所有连接到 Internet 上的公司和大学都有自己的主页。

6. 统一资源定位器 URL

利用 WWW 获取信息要标明资源所在位置。Internet 上资源的地址由统一资源定位器（Uniform Resource Locator，URL）定义，URL 以一种全球统一的唯一标识来确定某个网络资源。标准的 URL 由三部分组成：浏览器检索资源所使用的协议、资源所在主机地址、资源所在的路径名与文件名。URL 地址格式为：

应用协议类型：//信息资源所在的主机地址（或域名）/路径名/文件名

例如：要访问 www. microsoft. com 主机上采用 HTTP 的一个名为 index 的 HTML 文件的 URL 为：http：//www. Microsoft. com/index. html。

再如：要通过 FTP 连接获得北京大学 FTP 服务器上的在 pub/dos 路径下的 readme. txt 文件的 URL 为：ftp：//ftp. pku. edu. cn/pub/dos/readme. txt。

7. WWW 浏览器

WWW 的客户端程序在 Internet 上称为 WWW 浏览器（Browser），它是用来浏览 Internet 网页的软件。用户只需在 WWW 浏览器中给出要访问的网页的 URL，WWW 浏览器会自动连接该 URL 的 WWW 服务器，从中取回用户所需网页，在浏览器中显示其内容。

WWW 浏览器是采用 HTTP 协议与 WWW 服务器相连的，网页按照 HTML 格式制作与阅读。用户要想浏览 WWW 服务器上的网页内容，必须按照 HTTP 从服务器上取回网页，然后按照 HTML 格式阅读网页。

绝大多数浏览器除了能够利用 HTTP 来浏览和显示超文本超媒体信息外，还支持各种 Internet 基本功能，包括远程登录 Telnet、文件传输 FTP、电子邮件 E-mail、信息浏览 Gopher、新闻组 Usenet 等。在使用浏览器时，必须在主页的 URL 中注明要连接哪一类服务器，即指明其所使用的协议。

第一个浏览器是欧洲核研究中心的 Tim Burners-Lee 于 1989 年开发出来。1993 年 1 月美国国家超级计算应用中心的 Marc Andreeasen 开发了第一个图形化的浏览器 Mosaic。从此以后，浏览器软件层出不穷。目前使用最广泛的浏览器软件是 Microsoft 公司的 Internet Explorer 和 Netscape 公司的 Navigator。它们集成了 Internet 上的整套工具，不仅可以浏览网页，收发电子邮件、阅读新闻组，还可以制作和发布主页，进行网上聊天等，给用户带来了极大的方便。

8.4.5 网络新闻 Usenet

网络新闻（Usenet）是为数众多的综合性新闻或专题讨论组的总称，也叫新闻论坛，是人们利用 Internet 互换创意、发表看法、收集信息以及回答问题的地方。它利用网络新闻传输协议（NNTP）在 Internet 发送网络新闻。网络新闻系统可以对信息进行分类整理，根据内容归类成一个个专题讨论小组。Internet 用户可以根据自己的爱好选择感兴趣的讨论小组，可以随时加入或者退出讨论小组。在每一个小组内，用户可以阅读他人发来的文章，也可以发表自己的意见。网络新闻系统还提供了各种检索途径，用户可以快捷地找到自己所需的信息。用户要发表自己的见解只需将编辑好的文本文件发送到相应的讨论小组，该小组中的其他用户可以马上看到这篇文章。

网络新闻系统由新闻、新闻组和新闻阅读软件组成。新闻是指网络新闻用户就某项讨论专题所发表的个人见解、文章或用户发布的消息。内容相关的新闻组织在一起，形成了一个个新闻组，多个新闻组还可进一步组成内容上更为广泛的更大的新闻组，新闻和新闻组形成一种层次化的树状结构。新闻阅读程序是对新闻和新闻组进行操作的工具，用户通过它来阅读、发送新闻。

8.4.6 电子公告板 BBS

电子公告板（Bulletin Board Service，BBS）是一种利用计算机通过远程访问得到的一个信息源及报文传送系统。BBS 能够把多种共享资源、信息及联机提供给用户。

BBS 是 Internet 上的一种电子信息服务系统。它提供一块公共电子白板，每个用户都可以在上面书写、发布信息或提出看法。电子公告板可以方便、迅速地使用户了解公告信息，是一种强有力的信息交流工具。大部分 BBS 网站是由教育机构、研究机构或商业机构创建并管理的。

电子公告板可以按不同的主题分成很多个组，分组是依据大多数 BBS 用户的需求与喜好的主题设立的。电子公告板的主题多种多样，其范围从科学、政治、文学、艺术到幽默、厨艺、体育、产品、影视、股票、音乐等，无所不包。用户进入 BBS 后，可以阅读他人关于某个主题的最新看法，也可以将自己的看法写到公告板上，同样也可以看到别人对自己观点发表的意见。如果需要私下进行交流，可以将想说的话直接发到某人的电子信箱中。

与 BBS 系统通信使用的应用协议是远程登录协议 Telnet。用户在自己的 PC 机上使用 Telnet 和 BBS 主机建立连接，根据自己的要求发出相应的指令，接收主机的信息。在主机对用户的身份认证通过以后，用户和 BBS 主机的连接就正式地建立了。主机在接收到用户的指令以后，按照用户的要求向用户发出数据或者做一些其他的操作。当用户要退出系统时，要向 BBS 主机发送相应的消息，相互确认后就可以和 BBS 主机断开连接。

由于每个用户登录时，BBS 主机都需要启动一个进程来和用户通信，而每一个进程都会占用主机的一些资源，因此，根据 BBS 主机性能的不同，主机一般有一个同时连接的最大用户数。如果达到最大用户数，系统将会不允许新的用户再登录进来。而且在用户的数量达到一定程度以后，由于大量的主机资源被占用，主机的负荷太重，主机对在线用户的响应也会变慢。

8.4.7 信息搜索

Internet 是一个信息量非常大的“图书馆”，这个“图书馆”里的信息不单单是文字或图片信息，还有声音（如 mp3）、图像信息（如电影、连续剧等）。Internet 上众多的信息资源中可能有用户所需的信息，若清楚信息的存放地址，通过在线可快捷而便利地获得这些信息，但是主要问题是如何找到这些信息。

1. 查找信息的途径

在 Internet 上查找信息有多种途径，可大致分为以下几种：

(1) 偶然发现　这是在 Internet 中发现信息的原始方法。当在 Internet 上遨游时，也许会意外发现一些很有用的信息。由于这种方法的不可预见性，所以可能收获颇丰，也可能一无所获。

(2) 浏览(Browsing) 浏览就如同走进图书馆的书库,然后在书架上直接翻看一样。目前 Internet 上提供的 Gopher 服务就是这种方法的电子等价物。WWW 提供的超文本方式可以看做是浏览的一种特殊形式。

(3) 搜索(Searching) 搜索就像通过索引或分类卡片来帮助查找一样。在 Internet 中有许多不同类型的搜索工具,如 WAIS、Archie、Veronia、Jughead 等,它们都有各自不同的搜索目的。还有许多网站则提供给用户一种组合式的搜索界面。

(4) 通过资源指南(Resource Guide)查找 目前,Internet 上有许多资源指南,如 http://www.rpi.edu/Internet/Guides/decemj/icmc/toc3.html 就是一个资源指南,它搜索了关于 Internet 各种技术、文化、组织、应用等大量的信息指针。用户可利用这些指针进行资源引导。但是应注意 Internet 上的信息变化极快,几乎每六个月就需对这些信息进行更新,参照的资源指南可能已经过时。

Internet 上提供了成千上万的信息源和各种各样的信息服务,而且信息源和服务种类、数量还在不断快速地增长。对这些信息源和服务,由于时间、精力和财力限制,不可能一一亲身尝试。上面提到的偶然发现和浏览两种方法虽然在某些场合下十分有效,但有时花费时间与效益可能不会令人太满意,而使用搜索方法则可缩小查找范围,达到事半功倍的效果。

2. 信息搜索步骤

(1) 制定信息搜索策略 在 Internet 上进行信息搜索时,可采取以下几个策略:

1) 首先确定提供相关信息的优秀信息源。

2) 检查信息源所提供的信息粒度是否适中,所提供的信息量是否合适。信息量太多,冗而杂,搜索不便;信息量太少,则搜索不到足够的信息。

3) 研究信息源所提供的搜索命令及搜索方法,制定搜索计划,然后开始进行搜索。

(2) 确定信息源 确定信息源是非常关键的一步,若起点没有找准,搜索结果可能会一无所获。下面介绍几个优秀的搜索网点。

① http://www.altavista.digital.com。该网点是数字设备公司(Digital Equipment Corp)无偿提供的 Altavista 服务。该网点对上百万个 Web 主页建立了索引,并且包含了 13000 多个实时更新的 Usenet 新闻组的全文索引。它的优势在于:允许把搜索对象的范围限制在一个时间段内,而且可以使用"AND"、"OR"、"NOT"及"NEAR"等关键字把词与短句结合起来,组成搜索条件。

② http://www.infoseek.com。该网站是 WWW 上的一个商业服务网站,但所提供的 Web 搜索服务是免费的。它提供了 100 多个电脑出版物,13000 个 Internet 新闻组(分两个新闻集合:本周发布的新闻和前四周发布的新闻),20 万个 WWW 及邮件清单目录。数据库中包括一些公司简介、电影及录像评述、书讯、音乐唱片评述和技术支持信息(其中包括 100 多家电脑杂志多年出版的文章及摘要信息)。对这些信息可用自然英语,也可通过输入关键字或短语来进行查找。

(3) 信息搜索方法及搜索机制 对于各个服务网站,具体搜索起来还有许多实际问题。因为不同网站提供搜索服务的实现方法不同,目前没有一个对所有在线服务都是行之有效的简单的搜索规则。对某一服务来说是很好的方法,对另一服务来说则可能完全无用。

许多服务在线提供完全的搜索命令文档。当用户使用某一网站进行搜索时，应先研究此服务提供的搜索命令、搜索方法及其特点，这样才能明确如何进行搜索并充分利用该网站的优势。例如有些搜索网站允许用户在新一轮的搜索中利用上一次的搜索条件，当第一次搜索结果中满足条件的记录很多时，就可以通过增加条件进行第二次搜索，这样能够节省大量的时间。

在搜索过程中，输入搜索条件是最关键的一步。若用户对自己输入条件所期望的含义与搜索网站“理解”的含义不同，则所得到的搜索结果就会与希望得到的相差甚远。当刚开始涉足某一服务搜索信息时，搜索者可用不同单词进行试验性搜索，然后研究搜索结果的前 5~10 个记录，注意它们的信息头及索引，通过这种方式就可大致了解这种服务的索引项是如何组织的，下一步就清楚该用什么关键词来搜索所需要的信息了。

不同网站所提供的搜索机制不同。布尔搜索是较普遍的一种机制，它使用 AND、OR、NOT 三个布尔操作符来组合搜索项。使用 AND 操作符组合的搜索项，每个项都必须出现在搜索结果中。使用 OR 操作符组合的搜索项，任一项出现在文档中，都是符合条件的。使用 NOT 操作符时一定要注意，它也许会把所希望查到的结果给筛选出去。

除了布尔搜索机制外，许多在线服务提供了一些其他搜索机制。如自然语言搜索、相关等级搜索、概念搜索等。相关等级搜索与 AND 搜索类似，但同时它利用了 OR 搜索的一些优点。在搜索串出现的所有项不需要同时出现在某一搜索结果中。如前面提到的 Altavista 服务就提供了增强型的相关等级搜索机制。

有些服务还提供了对特殊型信息的搜索。如 Altavista 向用户提供了对 URL 或超链(hyperlink)进行搜索。例如，若输入查询条件“ + link：eunet. no/ - presno/ - url：enuet. no/ - presno/”，就会查出位于其他 Web 服务器上包含指向此主页指针的主页，并排除此主页本身所位于的 URL。“ - ”操作符的作用类似于“NOT”，“link:”意指 Web 服务器上的指针，“url:”是指 URL 地址。

3. 著名搜索引擎简介

(1) Yahoo　Yahoo 是 Internet 上 WWW 最流行的搜索工具。Yahoo 是 1994 年 4 月创建的，目前，已成为网上最热门的搜索工具之一。Yahoo 由 65000 个数据库组成，HTML 文献和其他 Internet 资源共 20 多万个条目。Yahoo 有三种信息查询方式：

1) 归类信息方式：如最新消息、当前热点信息等。

2) 专题浏览方式：将所有普通信息分为 12 大类：艺术、商业和经济、计算机和互联网、教育、娱乐、政府、健康、新闻、休闲和运动、参考消息、区域、科学和社会科学。每一大类又分多个小类，可用鼠标单击链接词进入相关专题，非常方便。

3) 关键词检索方式：这是最快速、最方便的检索方式，只需在 Yahoo 主页的搜索框内键入要查找信息的关键词，然后单击 Search 按钮即可列出查找结果。

(2) Google　Google 的使命就是要为用户提供网上最好的查询服务，促进全球信息的交流。Google 开发出了世界上最大的搜索引擎，提供了最便捷的网上信息查询方法。通过对 20 多亿网页进行整理，可为用户提供所需的搜索结果，而且搜索时间通常不到半秒。现在，Google 每天提供 1. 5 亿次查询服务。

两位斯坦福大学的博士生 Larry Page 和 Sergey Brin 在 1998 年创立了 Google。Google 通过自己的公共站点 www. google. com 提供服务。访问 google 可以使用多种语言查找信息、查看股价、地图和要闻、搜索数十亿计的图片并详读全球最大的 Usenet 信息存档，档案存有超过十亿条帖子，发布日期可以追溯到 1981 年。用户可以不必访问 Google 主页，就可以访问这些信息。使用 Google 工具栏，可以从网上的任何位置执行 Google 搜索。Google 并非只使用关键词或代理搜索技术，它将自身建立在高级的 PageRank（网页级别）技术基础之上。这项技术可确保始终将最重要的搜索结果首先呈现给用户。

(3) Altavista　Altavista 检索服务是 1995 年 12 月开始的，也是一个非常优秀的搜索引擎，每天访问它的次数超过亿次。Altavista 检索非常快，一般只需数秒钟。它维护了一个含时间变量的数据库，能保证所查询的资料是最新的。

Altavista 的查询分为简单查询和高级查询。简单查询通过输入一个或几个关键词后提交查询任务即可，这与其他引擎的查询方法差别不大。高级查询必须使用 AND、OR、NOT、NEAR 以及（ ）等操作符来连接词和词组，如 internet OR intranet 查询包括 internet 或者 intranet 的资料。

Altavista 支持过滤查询，如 host：digital. com 查询来自主机为 digital 的文章。

(4) Excite　Excite 是由 Architext Software 公司开发网上查询系统。Excite 收集了 5000 万网页数据，它的检索方式由 Excite search（主题词检索）、Excite city-net（城市网络）、Excite live（生活信息）、Excite reference（黄页）等组成。

Excite 的最大特点是采用一个称为“智能概念抽取”的专用查询软件，允许用户使用自然语言提问。

(5) Infoseek　Infoseek 于 1995 年由 Infoseek 公司推出，对 2500 万 WWW、FTP、Gopher、Newsgroups 网站进行全文索引，是 Web 上一家收费的查询系统。但免费提供查到的前 100 条记录，这对于一般用户已绰绰有余。

Infoseek 服务的特点是采用词频统计方法来确定词语的重要性和相关性，可按词序检索，词汇大小写有区别，采用双引号、连字符、加号、减号、括号来表示词语的句法。另外，Infoseek 提供下载免费软件的功能。

(6) *百度*　百度于 2000 年 1 月创立，是全球最大的中文搜索引擎。2001 年 8 月，发布 Baidu. com 搜索引擎 Beta 版，2001 年 10 月正式发布 Baidu 搜索引擎。百度主要提供网页、音乐、图片、新闻搜索，同时有帖吧和 WAP 搜索功能。

(7) *搜狐*　搜狐公司（NASDAQ：SOHU）是中国领先的新媒体、通信及移动增值服务公司，是中文世界最强劲的互联网品牌。目前，搜狐拥有超过 1 亿注册用户，日浏览量高达 7 亿，是中国网民上网冲浪的首选门户网站。

1998 年 2 月，搜狐分类查询搜索引擎诞生。1999 年，搜狐推出新闻及内容频道，奠定了综合门户网站的雏形，开启了中国互联网门户时代。2000 年，树立了国内最大的中文网站地位。目前，搜狐新闻和内容频道已成为主流人群获取资讯的最大平台，搜狗也已成为新崛起的拥有最新技术的搜索引擎。

8.5　企业内部网 Intranet

Internet 的迅速增长使得 Internet 技术的应用更为广泛。Internet 的发展不但为企业网络提供了全球信息交换和信息发布的能力，而且 Internet 的技术以其开放性、标准性、成熟性和实用性为企业网络的建设、应用、开发、管理和维护等带来了很好的借鉴，给传统的企业管理信息系统的网络和应用模型带来巨大的冲击。在市场经济和信息社会中，现代企业信息的计算机化、网络化对企业的综合竞争能力起着十分重要的作用，已成为连接企业、事业内部各部门并与外界交流信息的重要基础设施。于是，将 Internet 的技术模式和成熟技术应用到企业网络环境中就形成了所谓的“Intranet”的概念。

8.5.1 Intranet 的概念和特点

1. Intranet 的概念

企业内部网 Intranet 看做是一种“专用 Internet”。它利用已成熟而被广泛采用的 Internet 技术，以 TCP/IP 为基础，以 Web 为核心应用，构成统一和便利的信息交换平台。用户通过 WWW 的工具能方便地浏览企业内部和 Internet 上丰富的信息资源，并且可将电子邮件、电子新闻、电子表格和各种数据库应用等系统集成到浏览器界面中，同时又能够较好地与传统的 C/S 模式相融合，使传统应用平滑地过渡到 Intranet。Intranet 还采用企业防火墙或安全网关等安全保护措施防止外界侵入，为企业更好服务。

2. Intranet 的特点

Intranet 之所以在世界范围内为众多用户接纳，与传统的管理信息系统相比有许多优势。

1）它的协议和标准是公开的，即平台独立。它不局限于任何硬件平台和操作系统，用户能对任何一台计算机进行访问或从任何一台计算机上进行访问。跨平台性是 Intranet 最重要的特性。

2）支持多媒体信息。数据、声音、图形和图像等多种信息，通过标准浏览器显示出来，界面统一、友好且简单易用，从而减轻了培训工作量，减少了培训费用。

3）所有与 Intranet 有关的文档均用 HTML 编写。由于 HTML 简单易用，客户通过浏览器存取信息，数据传递快速、准确，文件易于共享。

4）Intranet 开发简单。传统管理信息系统的开发复杂，除了要在服务器端进行大量开发外，还要在客户端进行大量开发，对不同的功能，都要重新开发用户界面。而对于 Intranet，开发者只需做服务器端开发，客户端只要安装一个通用的浏览器即可，不需做任何开发。

5）在现有网络中建立 Intranet，只是改变目前企业网的应用方式和界面，并不需要改动现有企业网的物理结构，而且与现有管理信息系统可以有机地集成，平滑过渡到 Intranet。

8.5.2 Intranet 的应用

Intranet 提供许多服务，最基本的有以下几种：

（1）文件传输　该功能基于协议 FTP。网络上的两台计算机无论地理位置如何，只要它们都支持 FTP，用户就可将文件在两台计算机之间进行传送。使用 FTP 几乎可以传送任何类型的文件，如文本文件、二进制文件、图像文件、声音文件、数据压缩文件等。

（2）信息发布　企业信息的发布是将企业的电话号码、企业法规、工作计划和有关文件等存储在 Web 服务器上，供企业内部客户或授权的外部客户，通过浏览器方便地查询。这些信息是以 HTML 页面方式发布的。

（3）电子邮件　Intranet 中的电子邮件（E-mail）不仅用于个人间的通信，许多商业应用也都是依赖 E-mail 来实现的。例如，企业的日程安排、报告、文件、订单、发票、票据等都可使用电子邮件的形式在企业的各部门、各个职能人员间传送。

（4）用户与安全管理　根据具体情况建立用户组，用户组由若干个用户组成，可以对不同的用户组或用户设置不同的访问权限，以达到对各种信息的访问权限进行控制的目的。对于需要在传输中保密的信息，还可以采用加密手段，保护信息提供者的利益。

（5）数据处理与查询　通过 WWW 技术，实现 Web 服务器与数据库系统的连接，完成对数据的处理与查询，用户可以通过操作浏览器来查询所需要的信息。

8.5.3 Intranet 的基本组成

不同的企业其 Intranet 的结构不同，但 Intranet 一般包括四个基本部分：服务器、客户机、企业内部物理网和防火墙，其基本结构如图 8.7 所示。

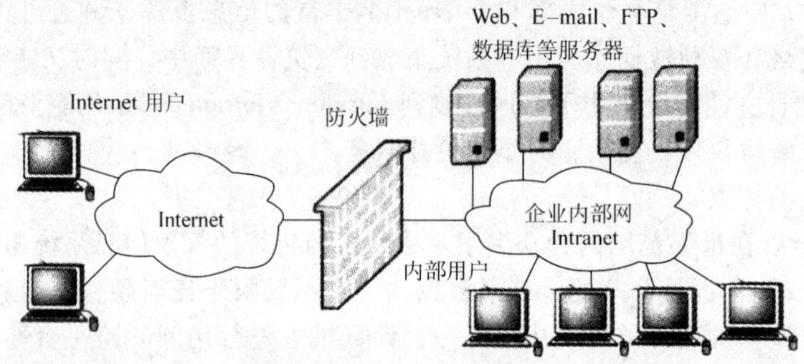

图 8.7　Intranet 结构

1. 服务器

Intranet 上的服务器一般包括 E-mail 服务器、WWW 服务器、数据库服务器等。E-mail 服务器为企业成员提供信息传递的电子邮件服务。WWW 服务器中存储用 HTML 形式的企业的主页信息，提供 WWW 服务。用户通过客户端的浏览器访问 WWW 服务器的内容，以获得企业各种信息。数据库服务器存储和管理企业的各种数据和信息。WWW 服务器通过开放式数据接口 ODBC 与数据库连接。各种常用的数据库都可以以 WWW 形式显示，通过在主页中嵌入结构化查询语言 SQL 语句，用户就能直接通过主页访问数据库中的数据。

2. 客户机

客户机是 Intranet 中的用户端，是用户与 Intranet 之间的接口。用户通过客户机中的浏览器提出访问服务器信息的请求，服务器接收请求并对数据进行处理，再将结果返回客户机提供给用户。

3. 企业内部物理网

企业内部物理网是 Intranet 的核心，其规模、复杂程度依据企业的需求而异。一般企业的局域网采用浏览器/服务器模式，通过通信线路和通信设备将分布在企业内的各个节点计算机连接在一起，实现全企业的网络通信。

4. 防火墙

所谓防火墙是一种运行特定安全软件的计算机系统，是 Intranet 的一种安全机制，它是在企业内部网与外部网之间构筑一个保护层，防止未授权访问、非法入侵和破坏行为，只有被授权的通信才能通过保护层。

8.5.4 Intranet 的网络技术

1. TCP/IP

TCP/IP 协议簇已经成为 Internet 的协议体系。TCP/IP 既可用于广域网（WAN），也可用于局域网（LAN），Intranet 使用 TCP/IP 作为其主要网络通信协议。

2. IP 地址

Intranet 中使用的 IP 地址可分为两种类型：授权的 IP 地址和非授权的 IP 地址。

授权的 IP 地址同 Internet 上的 IP 地址一样，由全球统一管理的有关机构进行分配。这种 IP 地址具有全球唯一性。在 Intranet 中与外界具有直接通信能力的主机或网络设备必须使用授权的 IP 地址。

非授权的 IP 地址仅在 Intranet 内部使用，由管理该 Intranet 的运行机构在本 Intranet 内部统一管理分配。这种 IP 地址在该 Intranet 内部是唯一的，可以与外部的 IP 地址重复。具有非授权 IP 地址的主机或网络设备没有直接对外通信的权限，它们对外通信可通过代理服务器进行，或者根本不允许对外通信。在 Intranet 内部使用非授权的 IP 地址，可大大节省现有的 IP 地址资源，也便于 Intranet 的安全管理。

3. 域名系统

Intranet 中与外界具有直接通信能力的主机或网络设备使用的是授权的 IP 地址。其 IP 地址有对应的在域名管理部门申请的域名，通过域名系统（DNS）实现转换。企业的域名已成为企业在网上的标志。

DNS 服务器负责实现主机名对 IP 地址的静态解析，当 Intranet 内部有多个 Web 服务器或其他应用服务器时，域名服务将有助于网络的管理和运行。如果 Intranet 对外服务扩展后，当有多个 Web 服务器或应用服务器也对外提供服务时，并且已向有关部门申请了三级域名之后，DNS 服务器将承担解析内部四级域名的工作。

4. 路由器

路由器是 Intranet 中非常重要的网络设备。Internet 是一个基于路由器的广域网，Internet 的局域网是用路由器分隔子网的局域网。Intranet 在局域建网时通常也是采用路由器分隔各个子网，以便于子网管理和安全控制。

5. 代理服务器

代理服务器（Proxy Server）也称托管服务器，受网络管理者的委托对某个子网的某些功能进行代管，常常用于将内部网络与外部网络分离。内部网络中使用未经授权的 IP 地址的主机，所有进出内部网的数据分组都经过代理服务器，对这些主机上的用户使用的各种服务进行控制和转换。代理服务器的安全控制功能可以做得十分强大，但会给代理服务器带来很大的开销。

在将 Intranet 接入 Internet 的工作，代理服务器担任很重要的角色，它在提供给 Intranet 用户访问 Internet 能力的同时，还将控制 Intranet 与 Internet 之间的信息交换，提供一些防火墙的功能。

习　题

8.1 简述我国 Internet 的发展情况，Internet 的组织机构有哪些？

8.2 区别物理地址、IP 地址、主机名，说明它们之间的对应关系。

8.3 什么是域名系统？Internet 上的域名结构是怎样的？域名是怎样转化为 IP 地址的？

8.4 电子邮件的地址格式是怎样的？各部分的含义是什么？

8.5 文件传输协议 FTP 的主要工作过程是怎样的？

8.6 远程登录 Telnet 的主要特点是什么？什么叫虚拟终端 NVT？

8.7 试述邮局协议 POP3 的工作过程。IMAP 与 POP3 有何区别？

8.8 什么是 Intranet？它有哪些特点？

8.9 影响 Intranet 网络安全的因素是什么？常用哪些安全技术？

第9章 网络管理

9.1 网络管理的概念

9.1.1 网络管理的必要性

计算机网络从诞生到发展成为跨越国际的、连接数以万计台计算机和网络设备的 Internet，已成为个人和企事业单位日常活动必不可少的工具。许多公司、国家机关、大学和机构每天都要利用网络上的数据业务、视频业务和话音业务来保证他们的生存和发展。如何保证网络的安全、高效地运行是一项极其重要的工作。计算机网络结构复杂，从单一结构的计算机网络发展到计算机网、通信网、电话网、卫星网相互渗透、相互融合的复杂的异构网络。网络互联规模的扩大、联网设备的异构性、多制造商环境、多协议栈都为网络管理增加了难度。一个网络，从用户账号和存取权限的设置到网络通信状态的监测，从网络应用软件的调试到网络设备端口信息流量的控制，从网络安全策略设置到防止对网络资源的非法访问，都需要进行合理、科学和高效的管理。

网络管理就是为保证网络系统能够持续、稳定、安全、可靠和高效地运行，对网络系统实施的一系列方法和措施。网络管理的任务就是收集、监控网络中各种设备和设施的工作参数和状态信息，将结果显示给管理员并进行处理，从而控制网络中的设备和设施、工作参数和工作状态，以实现对网络的管理。

通过网络管理，管理者可记录网络资源的使用情况和检测网络运行状态，监控用户对网络系统的操作和对网络资源的使用，分析网络数据流量和网络性能，监测对网络的非法入侵或对非法地址的访问，从而加强对网络的管理，提高设备利用率，减少运行费用。

9.1.2 网络管理的要求

一个网络管理系统应该满足以下要求。

1. 网络监视和控制

网络监视就是要掌握网络的当前状态；网络控制就是采取措施调整网络的运行状态。网络管理系统应同时具有这两方面的能力。

2. 管理各层次的网络协议

网络体系结构是分层设计的，网络的功能和完成这些功能的协议也分布在不同层次上的。不同层次的协议完成不同的功能，可能具有不同的运行状态。网络管理系统应能够管理网络中尽可能多的协议层。

3. 能够进行全面管理

在管理尽可能多的网络协议层的同时，还应扩大网络管理范围，不仅要管理点到点的网络通信和基本的网络设备，还要管理端到端的网络通信和应用层的功能。

4. 减少系统开销

网络管理系统应根据实际情况在扩大网络管理范围和减小系统开销之间进行合理的选择和分配。在满足网络管理需要的条件下，尽可能较少系统开销，提高网络的运行效率。

5. 能够管理不同厂家的联网设备

网络设备的生产厂家众多，网络管理和运行应不受具体设备生产厂家的限制，能够管理不同厂家的设备。

6. 能够容纳不同的网络管理系统

由于网络结构的差异，不同厂家针对自己的设备和操作系统提供了各自的网络管理产品。网络管理应尽可能容纳不同的管理系统，形成全网统一的网络管理和运行机制。

7. 网络管理的标准化

联网设备的不同，网络管理系统的不同，需要在设计和实施网络管理系统时应该采用标准化的网络管理机制和协议。为此，ISO 制定了一系列的网络管理标准。

9.1.3 网络管理的基本内容

1. 流量控制

计算机网络传输容量是有限的，当在网络中传输的数据量超过网络容量时，网络就会发生拥塞，严重时会导致网络系统的瘫痪。所以，流量控制是网络管理需要首先解决的问题。

2. 路由选择策略

网络中的路由选择算法不仅应该正确、稳定、公平、最佳，还应该能够适应网络规模、网络拓扑和网络中数据流量的变化。路由选择算法决定着数据分组在网络系统中通过哪条路径传输，它直接关系到网络传输开销和数据分组的传输质量。网络管理必须要有一套管理和提供路由的机制。

3. 安全防护

计算机网络实现了资源共享，共享资源开放程度越大，资源的安全性就越小，从而出现了系统资源的共享与保护之间的矛盾。为了解决这个矛盾，网络管理中必须引入安全机制，以保护网络用户资源不受非法侵犯。

4. 故障诊断

计算机网络系统在运行过程中不可避免地会发生故障，网络管理应该能够准确及时地确定故障的位置、产生原因，以便及时消除系统隐患，保证系统正常运行。

5. 费用计算

在公共数据网中，网络管理应该能够根据用户对网络的使用情况核算费用并提供费用清单。数据网中的费用计算方法通常要涉及到互联的多个网络之间的核算和分配费用的问题。网络费用的计算是网络管理中的一项重要内容。

9.1.4 网络管理系统模型

网络管理系统是对网络的全面有效的管理、实现网络管理目标的系统。在一个网络的运营管理中，网络管理人员是通过网络管理系统对整个网络进行管理的。概括地说，一个网络管理系统从逻辑上包括管理对象、管理进程、管理协议和管理信息库四部分。网络管理系统的逻辑模型如图9.1所示。

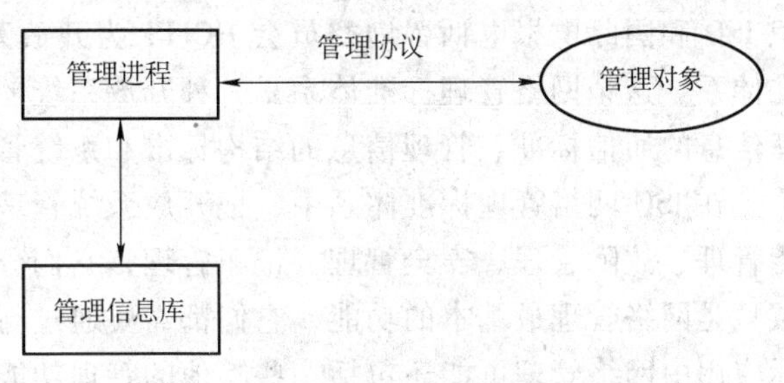

图9.1 网络管理系统的逻辑模型

1. 管理对象

用户主机和网络互联设备等都被称为管理对象（Management Objects），包括服务器、工作站、网关、路由器、网桥、交换机、集线器、网卡等，它们都具有一定的自治能力和相对独立工作的能力。这些管理对象都设计有相应的管理软件对本节点进行管理，包括本节点的系统参数配置、运行状态控制、安全访问控制、故障检测诊断、业务流量统计等。这些驻留在管理对象上，配合网络管理的处理实体被称为代理（Agents）。

2. 管理进程

每个网络都有一个负责对全网进行全面控制管理的软件，驻留在管理节点上与管理员交互，被称为管理进程（Manager）。这些软件将根据网络中管理对象的变化而控制网络设备的操作。

3. 管理协议

管理进程和管理对象之间要交换信息，这种交换是通过管理协议（Management Protocol）来实现的。管理协议负责在管理系统和管理对象之间传递操作命令、解释操作命令等。

管理进程一般都位于网络系统的主干位置，负责发出管理操作的指令，接收来自代理的信息。代理接收管理进程的命令或信息，将这些命令或信息转换成本设备特有的指令，完成管理进程的指示，同时反馈管理过程所需要的各种设备参数。代理也可以自动把发生在自身系统的事件通知给管理进程。

一个管理进程可以和多个代理进行信息交互；同时一个代理也可以接受来自多个管理进程的管理操作，但代理需要处理来自多个管理进程的多个操作之间的协调问题。

4. 管理信息库

网络中管理对象的各种状态参数值被存储在管理信息库MIB（Management Information Base）中。例如：状态类对象的状态代码、参数类管理对象的参数值等。通过网络协议来保证管理信息中的数据与网络设备中的实际状态和参数保持一致，达到能够真实地、全面地反映网络设备或设施状况的目的。

网络管理信息库MIB在网络管理中起着重要作用。通过MIB，管理进程对管理对象的管理就简化成为管理进程对管理对象的MIB内容的查看和设置。对不同的网络设备，只要它们有相应的代理和统一的MIB，管理进程就可以对它们进行统一管理。同时，管理进程对网络设备的控制也可以通过MIB转变为对MIB中的变量值的设置，新的控制功能也可以通过在MIB中增加新的变量来实现。MIB的内容一般包括系统与设备的状态信息、运行数据统计和配置参数等。

9.2 网络管理的功能

为了实现不同网络管理系统之间互操作，支持各种网络互联管理的要求，国际标准化组织 ISO 和国际电报电话咨询委员会 CCITT 为开放系统的网络管理制订了一整套网络管理标准体系。这个网络管理标准体系是一种开放系统的网络管理系统，它是由体系结构标准、管理信息的通信标准、管理信息的结构标准和系统管理的功能等组成。

在 ISO 网络管理标准体系中，把开放系统管理功能划分成五个功能域，即配置管理、性能管理、故障管理、安全管理、记账管理，它们分别完成不同的网络管理功能。这五个功能域只是网络管理最基本的功能，它们都需要通过与其他开放系统交换管理信息来实现。在实际应用中网络管理可能还包括一些其他的管理功能，如网络规划、网络操作人员的管理等。

9.2.1 配置管理

一个计算机网络包含多种多样的计算机设备和网络通信设备，这些设备组成连接网络的各种物理结构和逻辑结构，每个设备和结构都有自己的名字、技术参数、状态变量等信息。这些设备和结构在网络系统中的位置和相互关系有时可能改变，所以必须有一个面向全网的设备配置管理系统，用来统一和科学地管理各个设备和结构的静态信息或动态变化状况。这种对网络系统中各物理资源与逻辑资源的信息以及它们之间关系的管理，实际上是管理一个表格或一个数据库，内容可能是一台计算机或网络设备的名字、其在网络系统中的物理位置、设备的技术参数、维护联系人及电话号码等。

网络配置（Configuration Management）指的是网络中每台设备的功能、相互间的连接关系和工作参数等，反映的是网络的状态。网络管理必须提供足够的手段来支持系统配置的改变。配置管理（Configuration Management）的主要目的是为了保证网络所有节点间的协同工作，并在网络节点变化时能自动维持系统的协同。网络管理就是用来支持网络服务的连续性而对管理对象进行的定义、初始化、控制、鉴别和检测，以适应系统要求。因此，配置管理是提供网络管理员掌握网络拓扑结构的动态变化及网络工作状况的基础，也是实施其他网络管理的基础。

配置管理提供的主要功能包括：

1）源与其名字对应。

2）收集和传播系统当前资源的状态。

3）对系统日常操作的参数进行设置和控制。

4）修改系统属性。

5）更改系统配置，初始化或关闭某些资源。

6）系统配置的重大变化监控。

7）管理配置信息库。

8）设备的备用关系管理。

配置管理主要包括网络节点地址分配管理、节点接入与撤出的自动管理、网络中远程加载与转储管理以及虚拟网络节点配置管理等。

1. 网络节点地址分配管理

地址管理保证给每一网络设备分配一个能在网络中唯一标识的节点地址。依靠这个唯一标识的节点地址，使网络中成千上万的报文正确地送达各自的目的地。

2. 网络节点的接入与撤出管理

由于一方面有新网络设备的加入或者老网络设备的撤出，另一方面联网节点动态的联网与退网，使得计算机网络的节点在不断地变化。对网络节点接入和撤出的自动管理，使管理系统能实时掌握网络实际运行节点的基本情况，这是网络管理的重要基础，也是绘制网络动态拓扑结构图的基础。

3. 网络系统中自动加载和转储管理

某些网络专用设备，例如网络计算机 NC、网络打印服务器等，可能没有硬盘、没有操作系统、没有网络软件，所有这些系统软件都由网络指定设备在需要时远程加载。而这些被加载设备上需要永久存储的数据，则可以通过网络通信转储到其他的永久性存储设备中。

9.2.2 性能管理

性能管理（Performance Management）是对管理对象的行为和通信活动的有效性进行管理。性能管理通过收集、统计数据，对收集的数据按照一定的算法进行分析获得系统的性能参数，以保证网络可靠的、连续的通信能力。

网络性能管理能够通过监测系统资源的状态、响应时间、瞬间或阶段数量流量及流向、误码率、部件或设备的时延、资源利用率，提供有关系统资源运行性能（动态或静态的）等信息，为进行系统性能分析、流量调节和优化提供参考依据，对性能下降问题进行跟踪和控制，避免产生拥塞。

网络性能管理主要是持续评测网络运行过程中的主要性能指标，以验证网络服务是否达到预期的水平，找出已经发生或潜在的瓶颈，预测网络性能的变化趋势，为管理机构提供决策依据。

网络系统性能、网络通信性能、计算机节点性能都是网络性能管理的内容。但网络性能管理的重点是网络通信性能管理。网络通信即是网络节点间的通信，是保证网络中各节点协同工作的基础，也是支持各种网络应用服务的基础。

网络性能管理可分为两大部分：网络监测和网络控制。

网络监测是指网络工作状态信息的收集与整理；网络控制则是指为改善网络设备的性能而采取的动作和措施。

性能管理包括一系列的管理功能。这些管理功能以网络性能为准则，收集、分析和调整管理对象的状态，以保证网络提供可靠的、连续的通信能力，并占用最少的网络资源和最小的系统开销。网络性能管理的功能包括：

1）收集管理对象中与性能相关的数据。

2）分析、统计与性能相关的数据，产生、记录和维护与性能相关的历史数据。

3）根据统计数据判断网络性能、检测性能故障、产生性能告警、报告性能事件。

4）将网络当前性能数据与历史数据进行比较以预测网络性能变化趋势。

5）确定、调整网络性能评价标准和性能阈值，调整性能监测模型。

6）根据性能分析结果调整网络拓扑结构，优化网络设备的配置，改进管理操作模式，以保证网络性能达到预期的水平。

9.2.3 故障管理

故障管理（Fault Management）是用来维护网络的正常运行。网络故障管理又称失效管理，是与设备故障的检测、故障设备的诊断、恢复或排除等措施相关的网络管理功能，其目的是保证网络能够提供连续而可靠的服务。通过故障管理及时发现故障，找出故障原因，实现对系统异常操作的检测、诊断、跟踪、隔离、控制和纠正等处理。故障管理是网络管理系统的基本功能之一，是每个网络管理系统都必须包括的功能。

计算机网络系统的故障，主要包括组成网络的各计算机节点的故障和通信链路故障。引起网络系统故障的环境因素主要有电磁干扰、温度、湿度、尘埃、电源波动、化学污染、自然灾难等。

故障管理功能一般包括以下五个部分：

1）检测管理对象的故障现象，或接收管理对象的故障报警。

2）利用冗余网络设备替代故障对象提供临时网络服务。

3）诊断网络故障，追踪故障点，确定故障位置和故障性质，制定故障解决方案。

4）维修故障设备，排除网络故障，恢复网络正常服务。

5）对故障进行分析，将有关数据记录到故障日志库，并对故障日志库进行维护。

9.2.4 安全管理

网络安全管理是用来保护网络资源的安全。安全管理（Security Management）主要是针对网络环境中各种人为因素对网络信息安全所造成的威胁。

网络中的不安全因素包括网络“黑客”入侵和恶意攻击、IP 地址盗用、主机假冒、用户口令窃取、对网络和系统的非法访问、病毒感染，以及系统管理员或用户的疏忽大意造成的文件破坏等。

安全管理是对网络信息访问权限的控制，特别是网络上存在着敏感数据时，必须对网络用户建立访问权限设置。

安全管理活动能够利用各种层次的安全防卫机制，减少非法入侵事件的发生；能够快速检测到非法入侵活动，查出入侵点并对非法活动进行审查与追踪；对非法入侵活动采取相应的措施，例如给入侵者以警告，取消其使用网络的权力等；收集有关数据进行分析、记录和存档，建立、维护安全日志等。系统安全日志是安全管理的重要工作内容和进行管理的依据。所有与系统安全有关的事件都要记录在安全日志中，包括用户的登录与退出、重要资源的使用、被拒绝的登录请求、访问控制定义事项的变更、网络设备的启动、关闭和重启动、对网络资源的毁坏与威胁等。

网络安全管理必须采取相应的技术，包括防病毒技术、防火墙技术、数字签名认证技术、数据加密技术及网络访问控制技术等，来防范各种外来的攻击，保护网络信息的安全。这些外来的攻击行为可划分为窃取信息、破坏信息、污染信息和篡改信息四种类型。

安全管理的主要功能包括：

1）安全报警。

2）安全审计跟踪功能。

3）访问控制。

9.2.5 记账管理

记账管理（Accounting Management）记录网络资源的使用情况和监测网络运行状态，监控每个用户或用户群对网络系统的操作和对网络资源的使用。通过分析网络数据流量、流向和网络性能，可监测对网络的非法访问，为分析系统运行瓶颈和安全漏洞提供基本数据，从而及时调整资源分配，允许或禁止某些用户对特定资源的访问，保证网络系统整体服务质量。

记账管理又称计费管理，是记录网络用户对网络资源的使用情况并核算用户费用的管理。计费管理是网络管理中唯一具有约束和控制一般网络用户网络行为的管理功能，它根据管理机构制定的计费政策，统计用户使用的网络资源，并量化为网络费用。

网络服务计费信息主要涉及用户对以下四类网络资源的使用情况：

1）硬件资源：通信线路、计算机等。

2）软件和系统资源：网络数据库、各种网络应用软件等。

3）网络服务：电子邮件服务、语音邮件服务等。

4）其他网络设施开销。

对于大多数企业内部网，用户使用网络资源不需要交费。但计费管理功能可以用来记录、统计用户的使用时间、网络利用率、各种网络资源的使用情况等。

网络计费管理一般包括以下功能：

1）有关网络资源使用的数据采集，如网络流量等。

2）确定计费标准。

3）根据用户基本信息和计费标准计算用户账单。

4）财务数据的维护，如计算用户费用结余、欠款等。

5）提供计费信息查询。

9.3 简单网络管理协议 SNMP

9.3.1 网络管理协议

一个大型网络系统常常是由不同厂家、不同类型、不同型号的计算机和网络设备以及复杂的软件系统、分布式的和异构数据库、不同的操作系统和应用平台集成而成的，如何进行规范化管理，是高效使用网络和维护网络正常运行的关键。网络管理必须有网络管理协议。在设计和构造网络管理的基础结构和制定协议时，必须遵循以下原则：

1）管理信息的通信量不应明显地增加网络的数据流量。

2）被管设备上的管理代理不应明显地加重系统主机的额外负担，以至于削弱该设备的其他重要功能。

9.3.2 SNMP 的概念

随着 Internet 的迅猛发展，负责 Internet 标准化工作的 IETF 为了管理 Internet，开发了简单网络管理协议 SNMP（Simple Network Management Protocol）。SNMPv1 版本于 1988 年问世，由于其简单性和易于实现，在短短几年内得到了广泛的应用和支持，特别是数百家厂商的支持，其中包括 IBM、HP、Sun 等著名的大公司和厂商。在实践中，SNMP 以其简单易用、管理能力强等特点占据了网络管理协议的主导地位，成为适用的工业标准。SNMP 可以在异构的环境中进行集成化的管理，几乎所有的计算机主机、工作站、路由器、集线器厂商都提供基本的 SNMP 功能。1993 年 SNMPv2 发布，在 SNMPv2 中重新定义了安全级并提供了管理程序到管理程序之间的通信支持，解决了 SNMP 网络管理系统的安全性和分布式管理的问题。并且，通过加密和鉴别技术，SNMPv2 提供了更强的安全能力。

Internet 工程任务组 IETF 于 1991 年 11 月公布的用于监视局域网通信的远程网络监视（Remote network Monitoring，RMON）标准，定义了监视网络通信的管理信息库 MIB，它是 SNMP 管理信息库的扩充，与 SNMP 配合可以提供更有效的管理性能，因而得到了广泛应用。

SNMP 是 Internet 组织用来管理采用 TCP/IP 的互联网和以太网的简单网络管理协议，它是一个与通信协议无关的网络管理协议。SNMP 可以提供相对比较简单但很有效的网络管理方法。

SNMP 是基于 Internet TCP/IP 应用层的网络管理协议，也可以在 IPX、AppleTalk、DecNet、OSI 上运行，用来管理网络设备间的信息交换，如从网络设备某一个活动端口获取每秒的数据封包数和传输误码率等。SNMP 是一组协议，这些协议允许网络管理者从远程对一个被管理设备进行查询或者为这些对象设置新的值，并允许被管理设备向网络管理系统发出警告。由于 SNMP 结构简洁、明晰，基于 UDP 的传输使得管理数据在网上传输速率高且负载轻，故受到计算机设备厂商的青睐，纷纷为自己的产品加上对 SNMP 的支持。目前，SNMP 已成为网络互联管理的事实上的工业标准。

SNMP 具有以下两个特点：

1）虽然 SNMP 是为在 TCP/IP 之上使用而开发的，但它的监测和控制活动是独立于 TCP/IP 的。

2）SNMP 仅需要 TCP/IP 提供无连接的数据报传输服务。

由于 SNMP 具有以上特点，很容易应用于其他网络。SNMP 的体系结构是围绕以下目标设计的：

1）保持管理代理的软件成本尽可能低。

2）最大程度地保持远程管理的功能，以便充分利用 Internet 的网络资源。

3）体系结构必须能在将来需要时有扩充的余地。

4）保持 SNMP 的独立性，不依赖于具体的计算机、网管和网络传输协议。

9.3.3 SNMP 的网络管理模型

SNMP 定义了一种在工作站或微机等典型的管理平台与设备之间使用 SNMP 命令进行网络设备管理的标准。

SNMP 网络管理模型由三部分构成：管理进程（Management Station）、管理代理（Agent）、管理信息库（MIB），其模型如图 9.2 所示。

1. 管理进程

管理进程是管理模型的核心，是一个或一组软件程序，一般运行于网络中的某个主机上，它可以在 SNMP 的支持下命令管理代理执行各种管理操作，负责完成网络管理的各项功能。通过各设备中的管理代理对网络内的各种设备、设施和资源实施监测和控制，如排除网络故障、配置网络参数等。管理进程包含与管理代理进行通信的模块，收集网络设备的管理信息。管理进程同时还为网络管理员提供管理界面，以便网络管理员通过管理进程对全网进行管理。

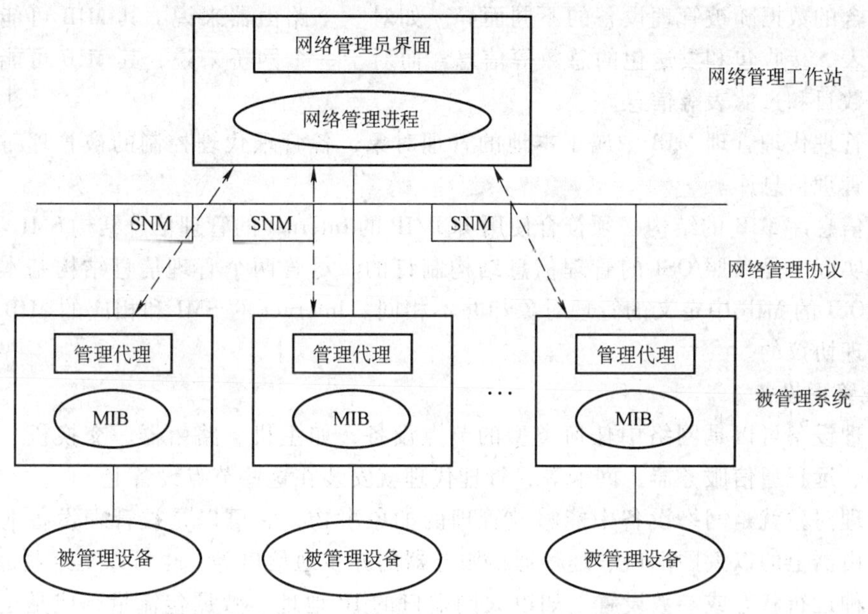

图 9.2　SNMP 网络管理模型

2. 管理代理

管理代理是运行在网络被管理设备上的管理程序，负责执行管理进程的管理操作。管理代理可以运行的设备种类很多，如路由器、集线器、主机等。管理代理监测所有网络设备的工作状况及周围局部网络的状况，收集有关网络管理信息。

管理代理所收集的管理信息包括网络设备的系统信息、资源使用情况、各网段信息流量等，把它们存储到管理信息库 MIB 中。每个管理代理拥有自己的本地 MIB，一个管理代理管理的本地 MIB 不一定具有被定义的 MIB 的全部内容，但必须包括与本网络设备有关的管理信息。管理代理直接操作本地 MIB，可以根据需要改变本地 MIB 或提取数据传回到管理进程。管理代理维护的只是整个 MIB 的一个子集。管理进程通过查看 MIB 的内容来实现对网络的监测，通过修改 MIB 的内容完成对网络的控制。

管理代理有两个基本功能：

1）根据管理进程发送的要获得某一被管理设备的状态或数据的信息的命令，从 MIB 中读取各种变量值，传输给管理进程。

2）根据管理进程发送的要改变某一被管理设备的状态或数据的信息的命令，在 MIB 中修改相应变量值。

管理进程与管理代理之间的通信是通过网络管理协议 SNMP 来实现的。管理操作过程由管理进程向管理代理发送协议操作命令来完成。

SNMP 提供的是一种面向无连接的服务，采取轮询驱动法进行管理。管理进程每隔一段时间向每个管理代理发出询问以获取管理信息。但是为了对紧急事件做出迅速的处理，SNMP 还引进了汇报机制，当管理对象发生了紧急情况时管理代理就主动向管理进程汇报。

3. 管理信息库

管理信息库 MIB 是一个被管理设备上所有的被管理对象及其参数值的数据库。该数据库中所包含的数据随被管理设备的不同而异。如对一个路由器来说，其 MIB 可能包含关于路由选择表、接收包和发送包的总数等信息；而对于一个网桥来说，其 MIB 可能包含关于转发包的数目和过滤表等信息。

每个管理代理管理 MIB 中属于本地的管理对象，各管理代理控制的被管理对象共同构成全网的管理信息库。

管理信息库 MIB 的结构必须符合使用 TCP/IP 的 Internet 的管理信息结构 SMI。这个管理信息结构实际上是参照 OSI 的管理信息结构制订的。尽管两个管理信息结构基本一致，但 SNMP 和 OSI 的 MIB 中定义的管理对象却并不相同。Internet 的 SMI 和相应的 MIB 是独立于具体的管理协议的。

4. 被管理设备

被管理设备可以是网络中任何类型的节点设备，如主机、路由器、交换机、调制解调器、网桥、远程通信服务器、网卡等，管理代理就安装在这些节点设备上。

被管理对象就是网络设备中能够被管理的抽象事物，它可以是被管理设备上的一些部件，如路由器上的以太网端口、远程通信服务器的异步通信口等，也可以是这些部件运行的协议、某种运行状态或参数设置，如以太网端口的 IP 地址、数据包流量，或是远程通信服务器上某个异步通信口上用户登录和离开的时间。一个被管理对象可以只有一个属性，也可以有零个或多个属性，每个属性可以具有一个或一组值。

对一个被管理对象可以由管理代理发出一个操作命令，该命令要求对被管理对象的某个属性进行读、写操作，从而获取该对象的数据或状态，或改变该属性的值，供管理代理控制使用。

9.3.4 远程网络监控 RMON

Internet 工程任务组 IETF 公布 RMON MIB 帮助解决 SNMP 在日益扩大的分布式网络中面临的局限性，以便使 SNMP 能更有效、更积极主动地监控远程设备。

RMON 是对 SNMP 的补充，是简单网络管理向互联网管理过渡的重要步骤。RMON 扩充了 SNMP 的管理信息库 MIB，可以提供有关互联网管理的主要信息，在不改变 SNMP 的条件下增强了网络管理的功能。

RMON 系统包括两类实体：探测器和管理程序。

探测器可以是一个单独的设备，也可以是运行监控软件的工作站或服务器等。探测器运行在各个网段上，负责收集和分析本网段的网管信息，当发现有异常事件发生时，向管理站点做出报告。RMON 探测器不影响网络的正常工作，无论何时出现意外的网络事件，都能自动地及时报给 RMON 管理程序。

管理程序运行在中央工作站上，负责配置远程探测器，接收来自探测器的事件报告。对于多网段的网络可以安排多个探测器；在大规模网络中，可以用探测器来监视关键网段。

RMON 可以方便地进行网络管理，例如，通过 RMON，网络管理员可以为网络的不同网段指定不同的通信量阈值，当网络的通信量超过阈值时，探测器向管理程序发出报警，通知网络管理员。如果管理程序收到多个报警，网络管理员可以首先确定通信量过大的网段，再利用 RMON 的统计功能进一步对这些可疑网段进行跟踪分析。RMON 的自主性操作和分布式管理体系可以提高网络管理效率，节省经费和时间。

RMON MIB 采用 SNMP 管理信息结构格式标准，可以通过 SNMP 命令对其进行访问。在 RMON MIB 中，统计表格被划分为九个表格组（Group）。RMON 探测器利用这些表格收集数据，同时，探测器还可以独立地操作这些表格进行优化处理，以减小网络上的数据处理量。

RMON MIB 的九个表格组为：

（1）统计组（Statistics Group）　记录有关描述网络运行效率的信息。所使用的统计变量包括报文数、字节数、广播帧数、多目报文数、丢弃报文数、软件错误数和报文分布等。

（2）历史组（History Group）　利用统计组的历史数据进行网段趋势分析。

（3）主机表（Host Table Group）　为网段上的每台主机系统收集变量信息。

（4）主机排名（Host Top N）　根据活动情况对主机进行排序，并给出每个网段上最活跃的前 n 台主机。主机数 n 由网络管理员指定。

（5）通信量矩阵组（Traffic Matrix Group）　负责报告任意两台主机间的通信情况和出错情况。

（6）报警组（Alarms Group）　报告网络特性的变化。用户可以为任意 MIB 变量设定阈值；当阈值条件满足时，探测器触发事件进行报警。

（7）事件组（Events Group）　提供事件记录，包括对任何超出阈值事件的时间和描述的记录。事件还可以用于启动数据捕获，隔离网络通信的特定部分。

（8）过滤器（Filters Group）　过滤器是一些报文匹配规则，为网络管理员隔离特定的通信信息。

（9）报文捕获组（Pack Capture Group）　复制满足过滤规则的报文。

RMON 探测器分析网段上传输的每一个报文，分析处理后把报文记录在 Statistics 和 History 组中。报文内的发送站和接收站的地址记录在 Host 和 Matrix 组中，如果报文符合某个 Filter 条件，则触发某些 Events，产生一个中断（Trap）信号通知管理程序等。

探测器的使用简化了网络性能统计数据的收集过程，管理员还可以通过配置探测器来监视网络资源的使用趋势。借助 RMON 和分布在各处的监控设备，网络管理员还可以从中央控制台上执行不同的管理任务。所有这些工作都是远程执行的，甚至可以跨越广域网链路，因而大大减小了网络管理的通信开销，提高了网络的效率。

9.4　常用网络管理系统

9.4.1　网络管理系统的运行机制

在网络代理能力有限的情况下，网络管理的主机就要负担沉重的管理工作，这就要求网络管理系统所在的计算机应该是较高档次的。这些管理工作站应该有很高的 CPU 速度、较大的内存、足够的磁盘容量和高分辨率大屏幕彩色显示器，支持用户图形界面 GUI。在大型网络中网络设备很多、网络管理系统负担过重的情况下，可以使用多个网络管理系统或多台管理工作站，即分布式网络管理信息系统。

网络管理工作站从被管理设备中获取数据的方法有两种：基于轮询法和基于中断或自陷法。

1. 轮询法

轮询（Polling-based）法即网络管理工作站周期性地向被管理设备查询被管理对象的状态并获得数据。轮询法减轻了被管理设备的负担，但其信息的实时性差，特别是对网络故障反映的实时性差。

如果只用轮询法，则网络管理工作站总是处于控制状态，向各个被管理设备询问被管理对象的情况。需解决的问题是，如何确定轮询间隔，以何种顺序对被管理设备进行轮询。轮询间隔太小，将产生过多不必要的通信量；如果轮询间隔太大，网络负担减轻了，但可能对一些灾难性的突发事件获知就会太慢，造成网络失效甚至崩溃的后果。

2. 自陷法

自陷（Trap）法又称基于中断（Interrupt-based）的方法。当网络有异常事件发生时，例如某个被管理对象的值超过阈值，管理代理可以立即向网络工作站发出通知，使网络管理工作站及时处理该事件。

然而，仅仅用该方法也有缺陷。首先，产生中断或自陷需要被管理设备上的系统资源。如果自陷必须转发大量的信息，那么被管理设备可能不得不消耗更多的时间和系统资源来产生自陷，这必然会影响它执行的主要功能。其次，如果同时发生几个同类型自陷事件，大量网络带宽可能被相同的信息所占用，更有甚者，如果自陷是由于网络拥塞产生的，事情就会变得更加严重。

单独使用上述两种方法各有优缺点，结合这两种方法的“面向自陷的轮询”（Trap-directed Polling）法可能是执行网络管理更为有效的方法。在这种模式下，网络管理工作站通过轮询方式在被管理设备中的管理代理来收集网络管理对象数据，当一个被管理设备产生自陷时，网络管理系统可以自动处理该问题，或通过网管代理查询该设备，以获得更多的信息。网络管理工作站的大屏幕上用数字或图形来显示这些数据并给出分析结果，优秀的管理软件还可以提供故障分析报告和解决方案。

9.4.2 常用网络管理软件产品

一个好的网络管理软件，或称网络管理平台，除能完成各项网络管理任务外，还应有如下特点：有友好的图形界面；可以自动发现网络设备，自动生成拓扑图；具有多种数据库支持；有可供用户二次开发的应用程序编程接口 API；可靠的安全机制，完备详细的系统日志支持；多平台协作功能等。

众多的网络设备生产厂家开发出了不同的网络管理软件。这些软件各具特点，具有代表性的四种网络管理系统是：

1）惠普（HP）公司的 OpenView。

2）国际商用机器公司（IBM）的 NetView。

3）Sun 公司的 Sun Net Manager。

4）Cabletron 公司的 Spectrum。

这些网络管理系统在支持本公司网络管理方案的同时，还支持通过 SNMP 对网络设备进行全面管理。下面简要介绍这四种网络管理系统。

1. OpenView

在众多的网络管理软件中，HP 公司的 OpenView 是第一个综合的、实用的网络管理系统，它赢得了广泛的市场。OpenView 具有开放式管理特性。首先，它不是一个面向单一网络设备管理的特定产品，而是一个功能完善的系列产品，包括一系列网络平台、一整套网络和系统应用开发工具，可以为其他厂家的网络管理系统提供统一工作界面下的嵌入式工作环境。其次，它有从微机到大型机的不同硬件平台的版本，可在 Windows 到 UNIX 等操作系统下运行。再者，OpenView 具有友好的图形界面和易学易操作特性，对绝大多数支持 SNMP 协议的产品和对第三方厂商管理软件的嵌入的支持，使得 OpenView 比其他管理系统更受用户的欢迎。

HP OpenView 网管系统中的各个产品都采用一致操作方式的图形界面，并且可以自动或根据用户设置动态反映网络拓扑结构和监测系统资源。提供用户灵活的设置功能，如阀值设定，以监测网络故障的发生。无论是故障和事件管理产品、数据库管理产品、资源和性能管理产品都能提供用户对希望监测系统参数的灵活阀值设置，以监测其运行状态。

提供丰富的应用程序接口，方便用户开发自己的网络管理程序。HP OpenView 提供多种用户二次开发工具，可以根据用户实际需要开发符合自己需求的网管软件。具有分发软件和数据的功能，数据能分发至各机器上。

HP OpenView 主要包括以下软件：

（1）Network Node Manager（NNM）　NNM 是网络和系统管理的基础和平台，NNM 与第三方的管理应用集成在一起，可以形成强大的综合的管理环境。可自动发现网络节点、自动产生网络拓扑图，并对网络事件进行处理。分布式及可伸缩结构可为用户指定域分配采集器，采集器可向分布在广域网上的一个或多个管理器报告发现设备的情况与设备变化的情况，只有重要的数据才被传往管理器，这样减少了全网的信息流量，从而最大限度地节约网络带宽。可以集成数百个 HP OpenView 解决方案合作伙伴开发的应用程序，以满足用户特定的网络、系统、应用及数据库管理的需求。

（2）HP OpenView IT/Operations　IT/Operations 是集中的系统问题管理工具，能自动发现系统中出现的问题，提醒系统管理员及时解决问题。通过该特征，可以配置 IT/Operations 监视某些与系统性能和资源有关的变量，及时发现网络系统中存在的性能问题；通过配置，IT/Operations 可以监视管理员所定义的关键系统资源的使用情况。

（3）HP PerfView/MeasureWare Agent　惠普公司提供的系统性能管理工具 PerfView/MeasureWare 可以监视管理广泛的性能测量指标，快速辨别并解决系统中现有的和潜在的性能问题，准确地发现系统瓶颈，帮助领导者和系统管理人员制订正确的解决方案。通过 MeasureWare Agent 模块收集关键系统的性能数据，进行时间标记、日志记录和产生报警，然后将这些数据传递给 PerfView 进行集中分析、处理、图形显示及趋势预测等。使用 PerfView 这一性能管理工具，管理人员可以得到整个网络系统和关键节点在一段时期内的运行情况，进一步分析当前系统能否满足业务处理的要求，从而产生系统的升级、扩展的策略和方法。

（4）HP OpenView Software Distributor　HP OpenView Software Distributor 是一个功能强大且基于行业标准的软件分发工具，它可以支持多机环境，适应软件分发策略，有强大的安全保证。

2. NetView/6000

NetView 是 IBM 推向市场的一种网络管理系统。它是基于 HP 公司的 OpenView 理系统开发的，但 IBM 进一步发展了它。IBM NetView 的原始动机是，对系统网络体系结构（SNA）进行管理，但现在已经成为支持开放式系统互联（OSI），以及采用 TCP/IP 的局域网（LAN）管理系统。

IBM NetView 对被管理的网络定义了三个部件：聚焦点、入口和服务点。IBM NetView 是接收来自网络上被管理设备警报的聚焦点；入口是在被管理设备上的代理，例如主机系统、前端处理器、控制器和 LAN 部件；服务点向非 SNA 协议系统提供了一个进入的途径，并支持简单网络管理协议（SNMP）和公用管理信息协议（CMIP）。

IBM NetView 有以下一些主要部件：

（1）命令设备　基本命令和对 IBM NetView 的控制中心。它建议在一些情况下如何采取行动。

（2）硬件监督器　负责管理网络警告，并存储它们。

（3）会话监督器　收集关于网络会话的信息，例如会话的状态、配置响应时间、失效情况和出错代码等。

（4）状态监督器　收集 SNA 网络上资源的信息，这些信息对图形监督器是可用的。

（5）图形监督器　运行在 OS/2 上的软件，可提供网络和其资源的图形化显示，用户可以通过单击获得关于 LAN 网络段、节点或设备的信息。

（6）浏览设备　提供了一种观看 IBM NetView 收集信息的途径。

IBM NetView 可以被需要收集和显示网络特定信息的用户个性化。使用 C 语言、再构可执行外部语言 REXX（Restructured Executive External Language）和命令表（CLIST）等编程工具来个性化这一系统。

3. SunNet Manager

Sun 公司的 SunNet Manager 是一个使用平台体系结构方法的网络管理系统。SunNet Manager 平台处理网络管理系统的所有核心功能，如通信协议接口、数据定义等。其他的产品可通过插入平台或平台接口而获得所有其内置的功能，这些功能包括访问多协议网、多供应商系统和数据管理系统。

SunNet Manager 是一个管理应用程序的开发平台，这个平台提供了一个 OSI 管理代理模式，并且通过 Sun 开放网络计算（ONC）策略和简单网络管理协议（SNMP）以及其他协议提供对第三方产品的支持。这些产品在 TCP/IP 上运行。OPENLOOK 图形用户接口使网络管理员可查看网络情况，并简化了系统和事务的管理。

4. Cabletron Spectrum

作为一个可扩展的、智能的网络管理系统，Cabletron 的 Spectrum 采用了客户机/服务器体系结构和面向对象的方法。借助于面向对象的设计，Spectrum 可以管理多种实体对象。Spectrum 的引擎 Inductive Modeling Technology 具有人工智能的功能。

Spectrum 提供对 Novell 的 Netware 和 Banyan 的 VINES 局域网操作系统网关的支持。经过进一步的开发，一些本地协议，例如 AppleTalk、IPX 等，都可以利用外部协议加入到 Spectrum 当中。

习　题

9.1　网络管理的必要性是什么？

9.2　网络管理的要求是什么？

9.3　网络管理的基本内容是什么？

9.4　什么是网络管理进程、网络管理协议、网络管理对象、网络管理信息库？

9.5　网络管理的五大功能是什么？

9.6　SNMP是什么协议？其特点是什么？管理模型包括哪几部分？

9.7　SNMP有哪些操作命令？

9.8　常用的网络管理系统有哪些？

第10章 网络安全

计算机网络中资源共享和信息安全是一对矛盾，一方面，计算机网络分布范围广，采用了开放式体系结构，提供了资源的共享，通过网络人们可以协同工作，提高了工作效率；另一方面，也正是这些特点增加了网络安全的脆弱性和复杂性。网络上的敏感信息和保密数据经常受到各种各样的攻击，如信息泄露、信息窃取、数据篡改、数据增删及计算机病毒感染等。随着计算机资源共享的进一步加强，随之而来的网络安全问题也日益突出。

10.1 计算机网络安全

10.1.1 计算机安全的概念

安全，通常是指这样一种机制：只有被授权的人才能使用其相应的资源。对于计算机安全，目前国际上还没有一个统一的定义。我国提出的定义是：计算机系统的硬件、软件、数据受到保护，不因偶然的或恶意的原因而遭到破坏、更改、显露，系统能连续正常工作。

从技术上讲，计算机安全主要有以下几种。

1. 实体安全

实体安全又称物理安全，主要是指主机、网络硬件设备、各种通信线路和信息存储设备等物理实体造成的信息泄漏、丢失或服务中断。产生原因：

(1) 电磁辐射与搭线窃听　入侵者利用高灵敏度的接收仪，获取网络设备和线路的电磁辐射，或使用各种协议分析仪和信道监测器对网络进行搭线窃听，并对信息流进行分析和还原，得到口令和重要的信息。

(2) 盗用　入侵者将电脑接入内部网络，非法访问系统控制台和服务器。

(3) 偷窃　偷走磁带、可移动硬盘、光盘、软盘等存储介质，或拷贝程序、工作日志、系统账号和配置清单等。

(4) 硬件故障　硬盘、光盘等存储介质损坏、设备损毁造成数据丢失。

(5) 超负荷　系统或设备超负荷运行，造成负担过重，丧失服务能力，数据丢失。

(6) 火灾及自然灾害　失火、故意纵火或不可抗拒的自然力，如地震、洪水、台风等对网络造成影响，使其无法工作。

为保护网络实体的安全，除加强和严格执行各种安全防范措施外，应注意电缆的布置、机房应有良好的通风、防潮、报警、防火、放电磁辐射等措施，以及严格的人事、机房出入的控制与管理、运行管理等。

2. 系统安全

系统安全是指主机操作系统本身的安全，如系统中用户账号和口令设置、文件和目录存取权限设置、系统安全管理设置、服务程序使用管理等。主要问题有以下几种：

(1) 系统本身安全性不足　许多操作系统本身就存在安全漏洞，应采用新版本操作系统或补丁程序，提高系统的安全性。

（2）未授权的存取　未授权人进入系统将可能造成不良后果，应建立一系列管理规则，实现严格的口令管理，养成打开系统日志记录功能的习惯，以记录用户的登录活动和系统资源使用情况；定期检查日志和系统文件属性以发现非法访问的痕迹。

（3）越权使用　普通用户越权获取系统管理员权限或获取其他高等权限，可能有意或无意地破坏系统。

（4）保证文件系统的完整性　做好定期文件系统的备份，制订系统崩溃后的故障恢复对策，对重要数据加密并分多处保存，防止病毒侵入系统等，都是保证文件系统的完整性的必要措施。

3. 信息安全

信息安全是指保障信息不会被非法阅读、修改和泄露。信息安全主要包括软件安全和数据安全。对信息安全的威胁有两种：信息泄漏和信息破坏。信息泄漏指由于偶然或人为因素将一些重要信息为别人所获，造成信息泄密；信息破坏则可能由于偶然事故和人为因素故意破坏信息的正确性、完整性和可用性。

10.1.2　网络安全的概念

随着计算机工作形式由各自独立工作方式向互联合作方式发展，安全问题也从单个计算机延伸到了计算机网络。由于计算机网络分布的广域性、网络体系结构的开放性、网络信息资源的共享性和公用性，为各种威胁提供了可乘之机，使计算机网络的安全面临着前所未有的挑战。

计算机网络安全是指网络系统中用户共享的软、硬件等各种资源的安全，防止各种资源不受有意和无意的各种破坏，不被非法侵用等。

10.1.3　网络安全面临的主要威胁

计算机网络系统的安全威胁来自多方面，可以分为被动攻击和主动攻击两类。被动攻击不修改信息内容，如偷听、监视、非法查询、非法调用信息等；主动攻击则破坏数据的完整性，删除、冒充合法数据或制造假的数据进行欺骗，甚至干扰整个系统的正常运行。

一般认为，黑客攻击、计算机病毒和拒绝服务攻击三个方面是计算机网络系统受到的主要威胁。

1. 黑客攻击

黑客攻击是指黑客非法进入网络并非法使用网络资源。例如：通过网络监听获取网络用户的账号和密码；非法获取网络传输的数据；通过隐蔽通道进行非法活动；采用匿名用户访问进行攻击；突破防火墙等。

（1）非授权访问　攻击者或非法用户通过避开系统访问控制系统，对网络设备及资源进行非正常使用，获取保密信息。主要有两种方式：

1）假冒用户：使用特殊程序套取合法用户登录账号、口令、密钥等信息，或对窃取的系统用户口令文件进行破解，然后利用这些信息冒充合法用户进入系统；或利用系统安全漏洞，将使用权限修改为超级用户，使系统处在入侵者的控制下。

2）假冒主机：使用假冒主机地址以欺骗合法用户及主机，其中包括 IP 盗用和 IP 诈骗。

① IP 盗用：非法增加节点并使用合法主机的 IP 地址。

② IP 诈骗：在合法用户与远程主机或网络建立连接的过程中，利用网络协议的漏洞，用插入非法节点的方法接管该合法用户，从而达到欺骗系统、占用合法用户资源、获取信息的目的。

(2) *对信息完整性的攻击*　攻击者通过改变网络中信息的流向或次序，修改或重发甚至删除某些重要信息，使被攻击者受骗，做出对攻击者有益的响应，或恶意增添大量无用的信息，干扰合法用户的正常使用。

2. 计算机病毒

计算机病毒是一种能将自己复制到别的程序中的程序，它会影响计算机的能力，使计算机不能正常工作。计算机病毒侵入网络，对网络资源进行破坏，使网络不能正常工作，甚至造成整个网络的瘫痪。

3. 拒绝服务攻击

通过对网上的服务实体进行连续干扰，或使其忙于执行非服务性操作，短时间内大量消耗内存、CPU 或硬盘资源，使系统繁忙以致瘫痪，无法为正常用户提供服务，称为拒绝服务攻击。有时，入侵者会从不同的地点联合发动攻击，造成服务器拒绝正常服务，这样的攻击称为分布式拒绝服务攻击。

拒绝服务攻击的一个典型的例子就是电子邮件炸弹。它使用户在很短的时间内收到大量无用的电子邮件，从而影响正常业务的进行。严重时会使系统关机，网络瘫痪。

10.1.4　网络系统的安全漏洞

互联网实现资源共享的背后，有很多技术上的漏洞。许多提供使用灵活性的应用软件变成了入侵者的工具。一些网络登录服务，如 Telnet，在向用户提供了很大的使用自由和权限的同时，也带来很大的安全问题，为此，需要有复杂的认证方式和防火墙以限制其权限和范围。网络文件系统 NFS、文件传输协议 FTP 等简单灵活的应用也因信息安全问题而在使用时受到限制。网络上明文传输实现的方便性，同时也为窃听提供了方便。

网络系统的安全漏洞大致可以分为以下三个方面。

1. 网络漏洞

网络漏洞包括网络传输时对协议的信任以及网络传输的漏洞，比如 IP 欺骗和信息腐蚀（篡改网络上传播的信息）就是利用网络传输时对 IP 和 DNS 的信任。嗅包器（Sniff）是长期驻留在网络上的一种程序，利用网络信息明文传送的特点，可以监视记录各种信息包。由于 TCP/IP 对所传送的信息不进行加密处理，黑客只要在用户的 IP 包经过的路径上安装嗅包器程序就可以窃取用户的口令。

2. 服务器漏洞

服务进程的 bug（错误）和配置错误常被用来获取对系统的访问权，任何对外提供服务的主机都有可能被攻击。

在校园网中存在着许多虚弱的口令，长期使用而不更改，甚至有些系统没有口令，这对网络系统安全产生了严重的威胁。其他漏洞还有：访问权限不严格；网络主机之间、甚至超级管理员之间存在着过度的信任；防火墙本身技术的漏洞等。

3. 操作系统漏洞

操作系统可能存在安全漏洞，著名的 Internet 蠕虫事件就是由 UNIX 的安全漏洞引发的。此外，在网络管理、人员管理等方面也可能存在一些漏洞，也给不法分子以可乘之机。

10.2 网络安全策略

10.2.1 网络安全的内容与要求

随着网络技术和应用的迅速发展，人们对系统安全也提出了新的要求。主要有以下几个方面。

1. 保密性

为用户提供安全可靠的保密通信是计算机网络安全最为重要的内容。尽管计算机网络安全不仅仅局限于保密性，但不能提供保密性的网络肯定是不安全的。保密性包含两点：

1）保证计算机及网络系统的硬件、软件和数据只为合法用户服务，可以采用专用的加密线路实现。

2）由于无法绝对防止非法用户截取网络上的数据，因此必须采用数据加密技术以确保数据本身的保密性。

网络的保密性机制除为用户提供保密通信以外，也是其他安全机制的基础。例如，存取控制中登录口令的设计、安全通信协议的设计以及数字签名的设计等，都离不开密码机制。

2. 完整性

完整性是指应确保信息在传递过程中的一致性，即收到的肯定是发出的。为了防止非法用户对数据的增加、删除或修改，必须采用数据加密和校验技术。

3. 可用性

在提供信息安全的同时，不能降低系统可用性，即合法用户根据需要可以随时访问系统资源。

4. 身份认证

身份认证的目的是为了证实用户身份是否合法、是否有权使用信息资源。身份认证的方法很多，从简单的基于用户名和口令的认证，到一次性口令、数字签名、基于第三方的可靠的权威认证（数字证书）或基于个人人体特征（如指纹、眼纹、声音）的认证等。

5. 不可抵赖性

不可抵赖性或称不可否认性。通过记录参与网络通信的双方的身份认证、交易过程和通信过程等，使任一方无法否认其过去所参与的活动。这是网上实现电子交易的基本保证，有时要依靠第三方（安全认证机构）的支持。

6. 安全协议的设计

目前在安全协议的设计方面，主要是针对具体的攻击设计安全的通信协议。协议安全性的保证通常有两种方法：一种是用形式化方法来证明；另一种是用经验来分析协议的安全性。形式化证明的方法是人们所希望的，但一般意义上的协议安全性是不可判定的，只能针对某种特定类型的攻击来讨论其安全性。对复杂通信协议的安全性，形式化证明比较困难，所以主要采用找漏洞的分析方法。对于简单的协议，可通过限制攻击者的操作（即假定攻击者不会进行某种攻击）来对一些特定情况进行形式化的证明，这种方法有很大的局限性。

7. 存取控制

存取控制也称为访问控制，即对接入网络的权限加以控制，并规定每个用户的接入权限。由于网络是非常复杂的系统，其存取控制机制比操作系统的存取控制机制更复杂。网络的存取控制机制是建立在操作系统的访问控制机制之上的，尤其在高安全性级别的多级安全性情况下更是如此。

网络的安全程度被定义为该网络被攻击成功的可能性。在一个大系统中，整个网络安全的强度取决于网络中最弱部分的安全强度，一旦该部分被攻破，则系统安全就遭到了破坏。

计算机网络的安全与密码技术紧密相关。如在保密通信中，要用加密算法对消息进行加密，以对抗可能的窃听；安全协议中的一项重要内容就是要论证协议的安全性取决于加密算法的强度；在存取控制系统的设计中，也要用到加密技术。

10.2.2 网络安全策略

要保证计算机系统的安全，首先要确立保证安全的策略，做到以预防为主，消除隐患。

1. 网络安全策略的一般性原则

（1）综合分析网络风险　任何网络都难以达到绝对安全。对一个网络的各种风险、潜在的危害、威胁、系统易受到攻击的脆弱性等进行定性与定量分析，在此基础上制定有关规范和措施，确定系统的安全策略。

（2）系统性原则　一个好的安全措施应该是多种方法综合应用的结果。计算机网络包括用户、硬件、软件、数据等多个环节，要用系统工程的观点和方法综合分析这些环节在网络安全中的地位、影响及作用，才可能获得有效、可行的措施。

（3）易操作性原则　制定的各项网络安全措施应该易于操作。如果措施过于复杂，对具体操作人员要求过高，反而会降低安全性。而且，使用的各种安全措施也不能影响系统的正常运行。

（4）灵活性原则　任何一个网络都不会是一成不变的。各项网络安全措施应该能够随着网络性能及安全需求的变化而变化，要具有一定的适应性，易于修改。

（5）技术与制度　在采用各种技术手段保护网络安全的同时，还要制定网络用户应遵守的网络使用制度与方法。只有将两方面相结合才能有效地保护网络资源的安全。

2. 制定网络安全策略的方法

在制定网络安全策略时有两种不同的逻辑方式：

1）凡是没有明确表示允许的就要被禁止。

2）凡是没有明确表示禁止的就要被允许。

这两种方法导致的结果是不相同的，按照第一种方法，如果决定某台服务器可以提供E-mail服务，那么除了E-mail服务之外的所有服务都是被禁止的。按照第二种方法，如果决定某台服务器禁止提供E-mail服务，那么除了E-mail服务之外的所有服务都是被允许的。

网络服务类型很多，而且随着网络技术的发展，新的网络服务功能不断涌现。采用第一种思想方法所表示的安全策略明确规定了允许用户做什么；而第二种思想方法所表示的安全策略明确规定了用户不能做什么。当一种新的网络应用出现时，对于第一种思想方法，如果允许用户使用，必须明确地在安全策略中表述出来；而按照第二种思想方法，如没有明确表示禁止，那就意味着允许用户使用。

为了网络的安全与管理，在网络安全策略上往往采用第一种思想方法，明确地限定用户的访问权限与能够使用的服务。这与限定用户在网络访问的“最小权限”的原则相符合，即仅给予用户能完成其任务所需要的最小访问权限和可以使用的服务类型，以方便网络的管理。

3. 网络安全策略的层次结构

网络系统的安全策略是对局部网络实施的分层次、多级别的，包括入侵检测、实时告警和修复等应急反应功能的实时系统策略，如图10.1所示。

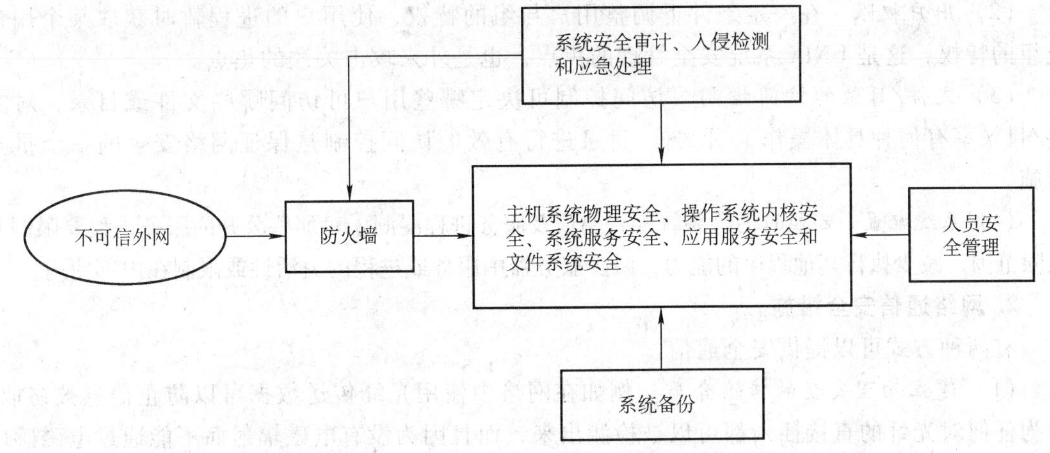

图10.1 网络系统安全策略的层次结构

系统对外防御的第一道防线是防火墙。防火墙用来隔离被保护的内部网络，明确定义网络的边界和服务，功能复杂的防火墙同时还可以完成用户代理、授权、访问控制以及安全设计等功能。

防火墙的功能是有限的，它并不能完全保护内部网络，必须结合其他措施才能提高系统的安全强度。在防火墙之后是基于网络主机的操作系统安全、物理安全、系统服务安全、应用服务安全、文件服务安全措施等。同时把对主机系统进行安全检查和漏洞修补以及系统备份作辅助安全措施，这些措施构成整个网络系统的第二道防线。

系统整体安全检查和反应措施是第三道防线，由系统安全审计、入侵检测和应急处理构成。它可以从防火墙、网络服务器甚至直接从网络链路上提取网络状态信息，作为分析数据提供给入侵检测子系统。入侵检测子系统根据安全规则判断是否有入侵事件发生，如果有，则启动应急处理系统，并对系统管理员产生告警信息。同时，系统的安全审计把所有的入侵活动记录下来，作为对攻击行为和后果进行事后分析及系统安全策略改进的依据。

当一个网络被攻击，或由于不可抗拒的自然力造成数据丢失时，系统备份可作为在遭受攻击、数据被破坏之后进行系统恢复的最后手段。另外，系统备份也可以用在网络主机的安全检查方面。

在整个安全系统中，人员的安全管理是最重要的，因为任何安全措施都是要人去执行的。根据国家有关信息安全的法律法规，各单位可以制订一系列的安全规章制度，对参与信息管理人员进行安全教育，从法律的角度来约束他们的行为，为信息安全提供整体保证。

10.3 网络安全措施

网络的主要安全措施包括：物理访问控制、逻辑访问控制、组织控制、人员控制、操作控制、应用程序开发控制、服务控制、工作站控制、数据传输保护等。

1. 网络服务器的安全措施

(1) *口令管理* 口令管理主要是口令的选择、管理、使用期限等。每个用户，包括系统管理员都必须注意要定期或不定期地更换口令。

(2) *用户权限* 在一定条件下调整用户与组的特权，使用户的进程暂时获取某个用户或组的特权，这是 UNIX 系统安全管理的焦点，也是外来攻击关注的焦点。

(3) *文件/目录的访问控制* 访问控制可决定哪些用户可访问哪些文件或目录，对文件/目录享有何种具体操作。对文件/目录进行有效的访问控制是保证网络安全的一个重要措施。

(4) *系统配置* 要及时消除系统配置错误及服务进程漏洞。对那些公开的服务进程要限制其权限范围，减少执行其他程序的能力，减少服务器中服务或进程的灵活性或限制在内部使用。

2. 网络通信安全措施

有两种方式可以提供安全通信。

(1) *建立物理安全的传输介质* 例如在网络中使用光纤传送数据可以防止信息被窃取，因为任何对光纤的直接插入都可以被检测出来，而且因为没有电磁辐射而不能通过电磁感应窃取数据。

(2) *对传输数据进行加密* 保密数据在进行数据通信时应加密，包括链路加密和端到端加密。对传输数据进行加密的算法，例如 RSA 公用密钥算法。加密文件和公用密钥一起构成“数据信封”，只有接收方的专用密钥才能打开。

3. 设置防火墙

防火墙是互联网络上的首要安全技术。防火墙在开放与封闭的界面上构造了一个保护层，以防止不可预料的、潜在的破坏侵入网络，使得网络的安全性得到很好的保证。设置防火墙是目前互联网防范非法进入的有效方法。在网络的边界设置防火墙，还可减轻网络中其他主机安全防范的负担。虽然仅靠防火墙无法保证网络完全不受外部非法侵入，但它可以明显起到保护隔离作用。

4. 拨号网络安全管理

拨号网络的用户存在着不确定性和广泛性的特点，因此，拨号功能的加入会影响并降低网络的安全性。可以通过以下措施进行网络安全性管理：

(1) *确认授权用户的身份* 可在路由器或登录服务器上采用用户及口令验证。通过对路由器的设置，使用户在通过特定线路登录时必须进行用户及口令检查，以确认用户的合法身份。

(2) *反向拨号* 采用反向拨号等方法来检验用户的真实身份。

5. 安全审计

审计是网络安全的一项重要内容，应该在网络服务器中为网络系统中的各种服务项目设置审计日志。经常整理日志的内容可以发现异常，这是防范网络被非法侵入的基本手段之一。要根据网络的规模和安全的需要来确定审计日志的检查方式、检查时间等。在检查中要特别注意那些违反安全性和一致性的内容，例如不成功的登录、未授权的访问或操作、网络挂起、长期不登录的用户、具有相同的用户名和用户密码的用户、脱离连接及其他规定的动作等。

对于大型网络设备或服务器，如果审计日志的信息量很大，还应该制定审计日志数据的维护和备份方法。

6. 检查系统进程

经常不定期地检查系统进程，能及时发现服务失效的情况，而且，还有助于发现攻击者设置的“特洛依木马”等。

7. 物理设备安全与人员安全措施

物理安全性包括机房的安全、网络设备（包括服务器、工作站、通信线路、路由器、网桥、磁盘、打印机等）的安全性以及防火、防水、防盗、防雷等。网络物理安全性除了在系统设计中需要考虑之外，还要在网络管理制度中分析物理安全性可能出现的问题及相应的保护措施。

要加强网络管理人员的自身管理，限制特权用户的人数，明确管理人员各自的职能和级别权限。

要加强网络用户的网络安全意识教育，使用户在使用网络时能够主动参与到网络安全管理当中。例如，用户注意保护自己口令的安全性和合法权益，使自己的数据不受危害。

8. 设置陷阱和诱饵

防范网络非法侵入可分为主动方式和被动方式。在被动方式下，当系统安全管理员发现网络安全遭到破坏时，应立即制止非法侵入活动并将入侵者驱逐出去，及时恢复网络的正常工作状态，尽量减少网络可能遭受的危害。

当系统的安全防范能力较强时可采用主动方式：在保证网络资源及各项网络服务不受损害的基础上，让非法入侵者继续活动，追踪入侵者并检测入侵者的来源、目的、非法访问的网络资源等，以取得可追究其责任的证据，减少今后的威胁。但要注意的是，只有当具备有较强的技术力量和经济力量时，才可以从事安全追踪工作。

10.4 网络防病毒技术

10.4.1 计算机病毒及其危害

1. 计算机病毒的概念

计算机病毒是指进入计算机系统的一段程序或一组指令，它们能在计算机内反复地自我繁殖和扩散，危及计算机系统或网络的正常工作，造成不良后果，最终使计算机系统或网络发生故障乃至瘫痪。这种现象与自然界病毒在生物体内部繁殖，相互传染，最终引起生物体致病的过程极为相似，所以人们形象地称之为“计算机病毒”。

最常见的几种病毒类型有：

（1）Boot 区病毒　这种病毒在启动计算机时繁殖自己。如果用一个已经感染病毒的软盘启动，病毒会自动将自己安装在硬盘上；如果从被感染的硬盘启动，病毒则会把自己复制到任何没有写保护的软盘上。

(2) 感染文件的病毒　这种病毒将自己附在可执行程序的后面。当执行已被病毒感染的可执行文件时，病毒把自己复制到内存中，并感染能找到的所有可执行文件。

(3) 多形体病毒　这种病毒每次在计算机中转移时都修改自身，以逃避检测。

(4) 隐含性病毒　这种病毒将自己隐藏起来以防被检测。

(5) 编码病毒　这种病毒将自己编码以防被检测。

(6) 蠕虫病毒　蠕虫（Worm）实质上并不是一种真正的病毒，它是一个独立运行的程序，并在计算机和网络之间移动。蠕虫自身不改变其他的程序，但它可携带一个具有此功能的病毒。

(7) 特洛伊木马病毒　特洛伊木马也不是一种真正的病毒，它在一个未来有用的程序中镶嵌有害的代码。特洛伊木马不复制自己，它其实是一段程序，伪装成另外一个似乎有用的东西，通过许诺某些有用的好处来欺骗用户执行它，然后执行一系列恶劣的操作（例如窃取用户的密码等）。

(8) 定时炸弹　这种病毒在某一特定的时间执行一个有害的操作。

(9) 逻辑炸弹　这种病毒当满足一定的逻辑条件时执行一个有害的操作。

(10) 宏病毒　这种病毒采用宏的形式，它可能会在未知的情况下，当一个常规任务被调用时执行。

不管哪一种病毒，一般都具有隐蔽性、传染性、潜伏性、表现性等特点。

2. 计算机病毒对网络的危害

不断发展的网络使终端用户变得越来越强大，给予了他们强大的通信能力，但同时也正是巨大的网络使得计算机病毒的传播更方便。统计表明，目前 70% 的病毒发生在网络上。联网的计算机病毒的传播速度是单机的 20 倍，而网络服务器处理病毒所花的时间是单机的 40 倍。

从理论上说，由于任何计算机系统和网络都有薄弱点，任何软件系统都不可能十全十美，因此，针对这些薄弱点设计出各式各样的计算机病毒，使任何系统都有可能遭受病毒的攻击。

计算机病毒对网络的危害主要有以下几方面：

1) 计算机病毒通过“自我复制”传染其他程序，并与正常程序争夺网络系统资源。

2) 计算机病毒可破坏存储器中的大量数据，致使网络用户的信息蒙受损失。

3) 在网络环境下，病毒不仅侵害所使用的计算机系统，而且还可以通过网络迅速传染网络上的其他计算机系统。

网络病毒感染一般是从用户工作站开始，而网络服务器是病毒主要的攻击目标，也是网络病毒潜藏的重要场所。网络服务器在网络病毒传播中起着两个作用：一是它可能被感染，造成服务器瘫痪；二是它可以成为病毒传播的代理，在工作站之间迅速传播与蔓延病毒。

网络病毒的传染与发作过程与单机基本相同，它将本身复制覆盖在宿主程序上。当宿主程序执行时，病毒也被启动，然后再继续传染给其他程序。如果病毒不发作，则宿主程序还能照常运行；当符合某种条件时，病毒便会发作，它将破坏程序与数据。

要保护计算机网络系统不受病毒侵害，就必须将反病毒计划纳入到网络安全策略当中。

10.4.2 网络防病毒措施

引起网络病毒感染的主要原因是网络用户没有遵守网络使用制度，擅自使用没有检查的软盘，擅自下载未经检查的网络内容。网络病毒问题的解决，只能从采用先进的防病毒技术与制定严格的用户使用网络的管理制度两方面入手。网络防病毒措施重点在于预防病毒，避免病毒的侵袭。

1. 采用先进的网络防病毒软件或防病毒卡

网络防病毒可以从两方面入手：一是工作站，二是服务器。防病毒软件或防病毒卡是预防病毒传染的一种措施。目前用于网络的防病毒软件很多，其中多数是运行在文件服务器上的，可以同时检查服务器和工作站病毒。由于实际局域网中可能有多个服务器，网络防病毒软件为了方便多服务器的网络管理工作，可以将多个服务器组织在一个“域”中，网络管理员只需要在域中主服务器上设置扫描方式与扫描选项，就可以检查域中多个服务器或工作站是否带有病毒。

网络防病毒软件的基本功能是：对文件服务器和工作站进行查毒扫描、检查、隔离、报警，当发现病毒时，由网络管理员负责清除病毒。

利用防病毒软件对将在网络上使用的程序、软盘等都必须预先进行查毒和杀毒，减少病毒的侵入机会。

没有十全十美、万无一失的防病毒软件或防病毒卡，安装了防病毒软件或防病毒卡并不代表此项任务完成了。网络病毒的防治，很大程度上还取决于网络管理员的经验、水平和对所管理网络的了解程度。

2. 使用无盘工作站

计算机病毒的传染途径主要是两条：一是通过文件的复制；二是病毒已经潜伏在计算机内存中，而且在病毒已经激活的情况下还运行或使用了一些安全措施薄弱的程序或数据。所以，对没有特殊要求的用户要尽量使用无盘工作站，以减少工作站和外界（网络以外）的交流。无盘工作站用户不能对服务器装入或卸出文件，只能执行服务器允许执行的文件，这样就可以减少计算机病毒从工作站侵入系统的机会，提高了网络的安全性，但用户在软件的使用上会受到一些限制。

3. 合理地分配用户访问权限

病毒的作用范围在一定程度上与用户对网络的使用权限有关。用户的权限越大，病毒的破坏范围和破坏性也越大。

网络管理员及超级用户在网络上的权限最大，因此在上网前必须认真检查本工作站内存及磁盘，在确认无病毒后再登录入网。为防止非法用户冒充网络管理员和超级用户身份，应限制他们的入网工作站地址，增加口令长度。只有在必要时才授予某个用户有超级用户和存取控制的权力。

对网络的一般用户，首先要合理地限制用户访问文件服务器目录的数量；其次，应严格限制用户对公用目录的权限，只分配其文件浏览和读取权；第三，要把所有可执行文件属性定义为只读属性，除用户个人单独使用的目录和文件外，尽量不要分配修改等权限，只读文件可以避免病毒的侵入。

4. 合理组织网络文件，做好网络备份

网络上的文件可以分为三类：网络系统文件、用户使用的系统文件或应用程序、用户的数据文件。

若有条件，将这三类不同的文件分别放在不同的卷上、不同的目录中。

网络备份是减少病毒危害的有效方法，也是网络管理的一项重要内容。如果系统遭到了破坏，就需要使用备份文件恢复系统，尽量减少损失。

备份网络文件就是将网络中所需要的文件复制到光盘、磁带或磁盘等存储介质上，并将它们保存在远离服务器的安全地方。日常网络备份工作包括四个部分：选择备份设备、选择备份程序、建立备份制度、确定备份工作执行者。

使用何种备份设备是根据网络文件系统的规模、文件的重要性来决定的。常用的备份存储介质有光盘、活动硬盘、软盘、磁带等。光盘因其存储量大、易于保存和恢复，是一种较为理想的备份存储介质。在大中型网络系统及重要数据备份上，一般都选择光盘或活动硬盘作为备份的存储介质。

备份程序可以使用网络操作系统提供的功能，也可以使用专用的备份工具。

备份制度规定多长时间做一次网络备份以及每次备份哪些文件。例如可以选择每月备份一次网络用户、打印服务程序和打印队列的地址、口令与属性信息等文件；每周备份一次所有的网络文件；每天做一次仅从上次备份以来修改过的文件的备份等。在制定备份计划时，还应规定每次备份的份数、如何存放备份介质等有关问题。

10.4.3 病毒的清除

一旦发现网络上有病毒，要立即进行清除。可按照以下步骤进行：

1）发现病毒后，立即通知系统管理员，通知所有用户退网，关闭网络服务器。

2）用干净的、无病毒的系统盘启动系统管理员的工作站；并清除该机上的病毒。

3）用干净的、无病毒的系统盘启动网络服务器，并禁止其他用户登录。

4）清除网络服务器上所有的病毒，恢复或删除被感染文件。

5）重新安装那些不能恢复的系统文件。

6）扫描并清除备份文件和所有可能染上病毒的存储介质上的病毒。

7）确认病毒已彻底清除并进行备份后，才可以恢复网络的正常工作。

10.5 数据加密技术

数据加密是为提高信息系统及数据的安全性和保密性、防止数据被外界破译而采用的一种技术手段，也是网络安全的重要技术。

10.5.1 数据加密概述

密码技术分为加密和解密两部分。加密是把需要加密的报文按照以密钥为参数的函数进行转换，产生密码文件。解密是按照密钥参数对密码文件进行解密还原成原报文。利用密码技术，在信源发出与进入通信信道之间进行加密，经过信道传输，到信宿接收时进行解密，以实现网络保密通信。一般的数据加密与解密模型如图 10.2 所示。

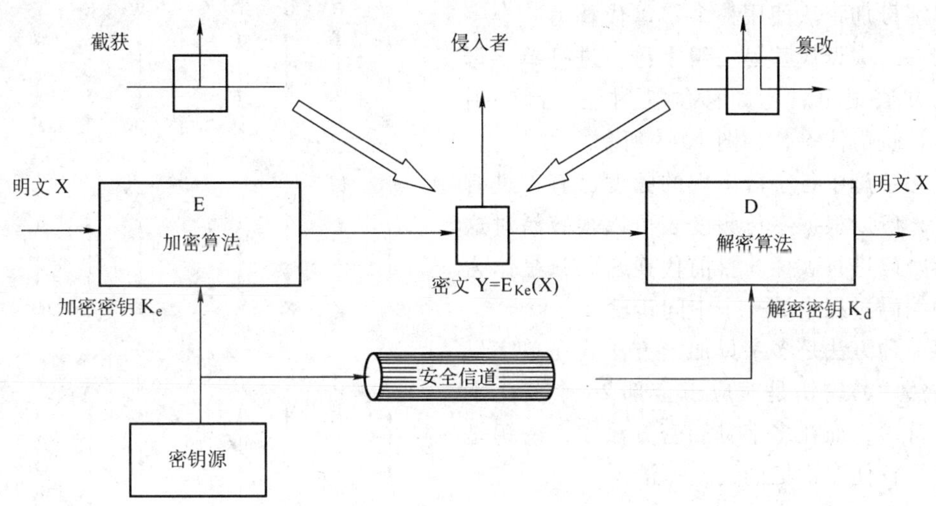

图 10.2 一般数据加密解密模型

在发送方，明文 X 使用加密算法 E 和加密密钥 K_e 得到密文 $Y = E_{K_e}(X)$。在接收方，利用解密算法 D 和解密密钥 K_d，解出明文 $X = D_{K_d}(Y) = D_{K_d}(E_{K_e}(X))$。在传送过程中可能会出现密文截取者，又称入侵者。一般情况加密密钥和解密密钥可以是一样的，也可以是不一样的，密钥通常是由一个密钥源提供。当密钥需要向远地传送时，一定要通过另一个安全信道。

计算机密码学是解决网络安全问题的技术基础，是一个专门的研究领域。密码技术主要研究下述几个问题。

(1) *数据加密* 通过对信息重新组合使得只有接收方才能解码还原信息。加密密钥是加密系统的基础。

(2) *加密* 加密是把明文变换成密文的过程。常用的方法有换位、取代、代数运算等。加密可使用其中一种或多种方法。

(3) *认证* 认证是指识别个人、网络上的机器或机构的身份。身份认证主要包括认证依据、认证系统和安全要求。

(4) *解密* 解密是把密文还原成明文的过程。解密算法是加密算法的逆过程。

(5) *数字签名* 数字签名是将发送文件与特定的密钥捆在一起。

为了增加安全性，大多数电子交易采用两个密钥组合加密方式：密文和用来解码的密钥一起发送形成“数据信封”，而该解密密钥本身又被加密，还需要另一个密钥来解码。这种数字签名，可能成为未来电子商务中首选的安全技术。

(6) *签名识别* 签名识别是数字签名的逆过程，它证明签名有效。

10.5.2 常规密钥密码体制

常规密钥密码体制，即加密密钥与解密密钥是相同的密码体制。

1. 代换密码法与转换密码法

在早期的常规密钥密码体制中，常用的是代换密码和转换密码。

(1) *代换密码法* 代换密码法有两种方法：单字母加密法和多字母加密法。

单字母加密法使用一个字母代替另一个字母，用一组字母代替另一组字母。进行单字母代换的方法很多。比如移位映射法、倒映射法、步长映射法等，如图 10-3 所示。

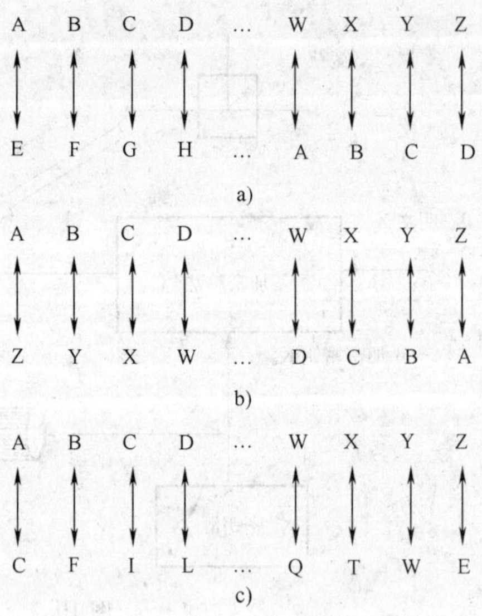

图 10.3 单字母加密

a）移位映射 b）倒映射 c）步长映射（步长为 B）

英文字母中各字母出现的频度已有人进行过统计，所以根据字母频度表可以很容易对这种代换密码进行破译。目前代换密码只是作为复杂的编码过程中的一个中间步骤。

另一种方法是多字母加密方法。在单字母代换方法中，密钥是对应于全部 26 个英文字母的字符串，而在多字母加密方法中，密钥是一个简短且便于记忆的词或短语。

以 Vigenere 密码为例，如图 10.4 所示。它设有一个含有 26 个凯撒字母的方阵，其加密方法是选择一个简短的单词做密钥，例如选择 GOODBYE 做密钥，重复密钥在原文上方，则原文每个字母上方所对应的字母在方阵中所在的行就是原文中各字母在字母方阵中所处的行，各字母在正常字母序列中的顺序号就是其在字母方阵中所处的列。处在方阵中被映射位置上的字符就是密码符。这种加密方法的加密效果要比单字母加密方法好，并且密钥越长效果越佳。

第 1 行	A B C D E F G H I J K L M N O P Q R S T U V W X Y Z
第 2 行	B C D E F G H I J K L M N O P Q R S T U V W X Y Z A
第 3 行	C D E F G H I J K L M N O P Q R S T U V W X Y Z A B
⋮	⋮
第 24 行	X Y Z A B C D E F G H I J K L M N O P Q R S T U V W
第 25 行	Y Z A B C D E F G H I J K L M N O P Q R S T U V W X
第 26 行	Z A B C D E F G H I J K L M N O P Q R S T U V W X Y

图 10.4 凯撒字母方阵

（2）转换密码法　在代换密码加密中，原文的顺序没有被改变，而是通过各种字母映射关系把原文隐藏了起来。转换密码法不是对字母进行映射转换，而是重新安排原文字的顺序。例如，设密钥为 GERMAN，对下列一段文字进行加密，明文如下：

it can allow students to get close up views

首先对密钥按字母在字母表中的顺序由小到大编号，结果为

```
G E R M A N
3 2 6 4 1 5
```

其次，按密钥长度，把明文按顺序排列，结果为

```
i t c a n a
l l o w s t
u d e n t s
t o g e t c
```

l o s e u p
v i e w s

这样就形成了明文长度与密钥长度相同的新的明文格式。明文各列与密钥中的各字母及其编号相对应。按密钥字母编号由小到大顺序，把明文以此顺序按列重新排列，就形成了密文，结果为 nsttustldooiilutlvawneewatscpcoegse。

接收者按密钥中的字母顺序按列写下按行读出，即得明文。这种密码很容易破译，同样只是作为加密过程中的中间步骤。

2. 数据加密标准 DES

数据加密标准 DES（Data Encryption Standard）体制属于常规密钥密码体制。它由 IBM 公司研制，于 1977 年被美国定为联邦信息标准后，ISO 曾将 DES 作为数据加密标准。

DES 是一种分组密码。在加密前，先对整个的明文进行分组。每一组长为 64 位，然后对每一个 64 位二进制数据进行加密处理，产生一组 64 位密文数据。最后将各组密文串接起来，即得出整个密文。使用的密钥为 64 位，实际密钥长度为 56 位，有 8 位用于奇偶校验，其加密算法如图 10.5 所示。

该算法的加密过程分别包括 16 次的加密迭代，每次迭代都采用一种乘积密码方式，即密码函数。它们包含了置换、错位和逻辑运算。图中示出了密码数据、密码 K 和密码函数 g 之间的关系。外部提供的密钥 K 由 64 位组成，其中 56 位作为密码算法用。从 56 位密钥中，选出含 48 位的不同子集供不同的迭代使用，用作加密的密钥位子集记为 K(1)、K(2)、…、K(16)。解密时，算法相同，但需要密钥序号颠倒过来使用，即第一次迭代用 K(16)，第二次迭代用 K(15)，以此类推。

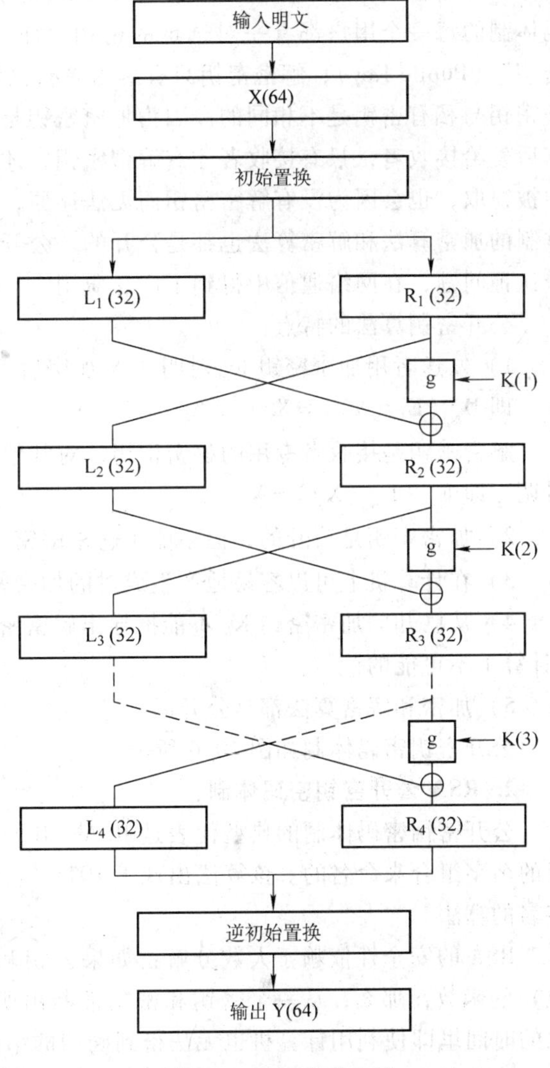

图 10.5 DES 加密标准

DES 的保密性仅取决于对密码的保密，而算法是公开的。DES 可由软件和硬件实现。

10.5.3 公开密钥密码体制

1. 公开密钥密码体制

公开密钥密码体制是现代密码学的重要发明和进展。公开密钥密码体制的产生主要是基于两个方面的原因，一是由于常规密钥密码体制的密钥分配问题，另一是由于对数字签名的需求。

在常规密钥密码体制中，加密方和解

密方使用相同的密钥，因此在双方进行保密通信以前必须持有相同的密钥。要做到这一点，一种是事先约定，另一种是用信使来传送。在计算机网络中，用信使来传送密钥显然是不安全的。如果事先约定的话，若有 n 个人要相互进行保密通信，每一个人就必须保存另外 $n-1$ 个人的密钥，因而网络中就会有 $n(n-1)/2$ 个密钥，这给密钥的管理和更换都带来了不便。为了自动管理常规密钥密码体制的密钥，人们为常规密钥密码体制设计了许多自动密钥分配方案。但这些方案大多使用了高度安全的密钥分配中心，这使得网络成本增加、性能降低。另外，如果两个从来未见过面的人要进行保密通信，那么他们必须要事先协商出一个密钥。

对数字签名的迫切需求也是产生公开密钥密码体制的一个原因。在许多应用中，人们需要对某些信息进行签名，表明该信息确实是某个特定的人给出的。

公开密钥密码体制是基于这样的一种基本思想：如果将一个加密系统的加密密钥和解密密钥分开，加密和解密分别由两个不同的密钥来实现，那么当密钥位数足够长时由加密密钥推导出解密密钥（或由解密密钥推导出加密密钥）在计算上是不可行的。采用公开密钥密码体制的每一个用户都有一对选定的密钥，加密密钥公布于众，谁都可以用，称为“公用密钥”（Public Key）；解密密钥只有解密者自己知道，称为“私有密钥”（Private Key）。公开密钥与私有密钥是不相同的。因为加密密钥是公开的，任何人都可使用公用密钥将信息加密后发给接收者，只有接收者才有解密密钥，才能将加密的信息还原。即使信息在传送过程中被窃取，也会因为没有解密密钥而无法还原，从而数据的安全得到了保护。公开密钥密码体制的加密算法和解密算法也都是公开的。公开密钥密码体制能够很好地解决数据加密和身份认证问题，在网络通信中得到了广泛应用。

公开密钥算法的特点：

1）发送者用加密密钥 K_e 对明文 X 加密后，接收者用解密密钥 K_d 解密，就可恢复出明文，即 $D_{K_d}(E_{K_e}(X))=X$

解密密钥是接收者专用的秘密密钥，对其他人是保密的。此外，加密和解密的算法可以对调，即 $E_{K_e}(D_{K_d}(X))=X$

2）加密密钥是公开的，但不能用它来解密，即 $D_{K_e}(E_{K_e}(X))\neq X$

3）在计算机上可以容易地产生成对的加密密钥 K_e 和解密密钥 K_d。

4）从已知的加密密钥 K_e 不能推导出解密密钥 K_d，即从加密密钥 K_e 到解密密钥 K_d 是“计算上不可能的”。

5）加密和解密算法都是公开的。

公开密钥密码体制如图 10.6 所示。

2. RSA 公开密钥密码体制

公开密钥密码体制的典型代表是 RSA（Rivets Shamir Adleman）算法，它是以三个发明者的名字组合来命名的。该算法出现于 1978 年，是第一个既能用于数据加密也能用于数字签名的算法。

RSA 的安全性依赖于大数分解：如果公钥和私钥都是两个大素数（大于 100 个十进制位）的函数，那么，从一个密钥和密文推断出明文的难度等同于分解两个素数的积，在有限的时间里即使利用计算机也无法得到确切的结果。

RSA 的基本方法是：找两个很大的质数，一个作为“公钥”公开，一个作为“私钥”

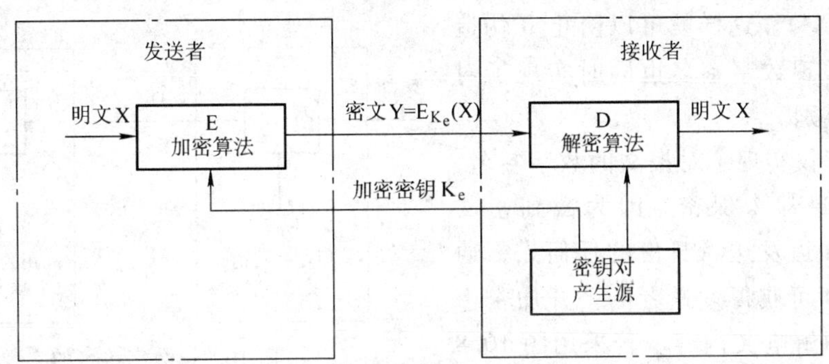

图10.6 公开密钥密码体制

不告诉任何人。这两个密钥是互补的，用公钥加密的密文可以用私钥解密，反过来用私钥加密的密文也可以用公钥解密。假设甲、乙二人之间要交流信息，他们互相知道对方的公钥。甲用乙的公钥加密信息发出，乙收到后就用自己的私钥解密出甲的原文。由于除了乙之外没人知道乙的私钥，从而解决了信息保密问题。另一方面，由于乙的公钥是公开的，任何人都能给乙发送信息。那么，如何确认信息是甲发送的呢？这就需要通过数字签名来认证甲的身份。

甲用自己的私钥对自己的签名加密，乙用甲的公钥对数字签名解密。RSA公开密钥密码体系的特点既能满足保密性（Privacy）要求，又能满足认证（Authentication）要求。

除了RSA算法之外，还有几十种公开密钥密码体制的实现方案。

3. 公开密钥密码体制的优点

(1) *密钥分配简单* 由于加密密钥与解密密钥不同，且不能由加密密钥推导出解密密钥，因此，加密密钥可以公开发布，而解密密钥则由用户自己掌握。

(2) *密钥管理方便* 网络中的每一成员只需保存自己的解密密钥，n个成员只需产生n对密钥，与其他的密码体制相比，密钥保存量小。

(3) *既可保密又可完成数字签名和数字鉴别* 发信人使用只有自己知道的密钥进行签名，收信人利用公开密钥进行检查，既方便又安全。

10.5.4 数字签名

在网上正式传输的书信或文件常常要根据亲笔签名或印章来证明真实性，数字签名就是用来解决这类问题的技术。数字签名必须保证以下三点：

1）接收者能够核实发送者对报文的签名。

2）发送者事后不能抵赖对报文的签名。

3）接收者不能伪造对报文的签名。

现在通常都采用公开密钥算法来实现数字签名。发送者A用其私有且保密的解密密钥对报文X进行运算，将结果$D_{K_{dA}}(X)$传送给接收者B。B用已知的A的公开加密密钥K_{eA}得出$E_{K_{eA}}(D_{K_{dA}}(X))=X$。因为除A外没有别人能具有A的解密密钥$K_{dA}$，所以除A外没有别人能产生密文$D_{K_{dA}}(X)$。数字签名如图10.7所示。

如果A要抵赖曾发送报文给B，B可以将报文X及$D_{K_{dA}}(X)$出示给第三者。第三者很容易用K_{eA}去证实A确实发送报文X给B。反之，若B将X伪造成X′，则B不能在第三者

前出示 $D_{K_{dA}}(X')$。这样就可以防止 B 伪造报文。可见实现数字签名也同时实现了对报文来源的鉴别。

上述过程仅实现了对报文的数字签名，对报文 X 本身却未保密。因为截到密文 $D_{K_{dA}}(X)$ 并知道发送者身份的任何人，通过查阅手册即可获得发送者的公开加密密钥，因而能理解电文内容。若采用图 10.8 所示的方法，可同时实现保密通信和数字签名。

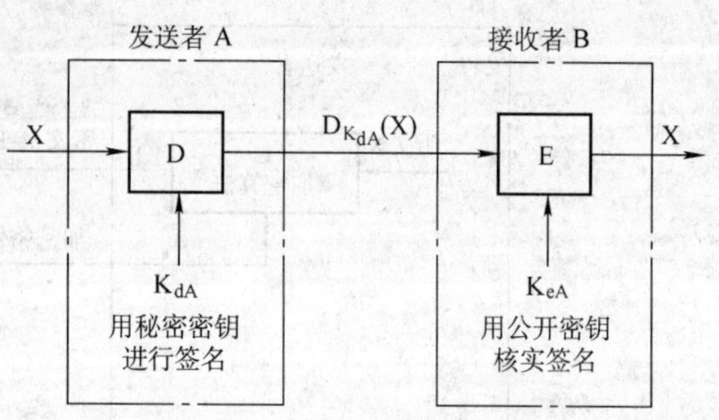

图 10.7 数字签名的实现

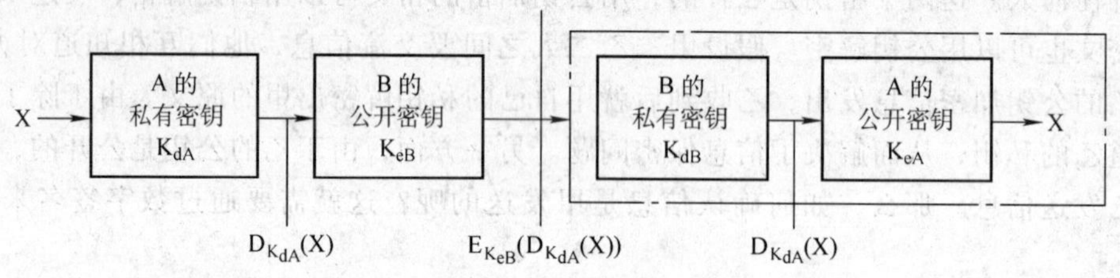

图 10.8 具有保密性的数字签名

发送者 A 用其私有且保密的解密密钥对报文 X 进行运算，得到签名了的报文 $D_{K_{dA}}(X)$，再用 B 的公开加密密钥 K_{eB} 对其进行加密，得到加密了的密文 $E_{K_{eB}}(D_{K_{dA}}(X))$ 传送给接收者 B。B 接收到密文后，用自己的私有解密密钥 K_{dB} 对其进行解密，得到经 A 签名的报文 $D_{K_{dA}}(X)$，B.再用已知的 A 的公开加密密钥 K_{eA} 得出明文 $E_{K_{eA}}(D_{K_{dA}}(X)) = X$。这样，即使截获了密文 $E_{K_{eB}}(D_{K_{dA}}(X))$，由于 B 的解密密钥保密，因此不能对密文进行运算，也就不能获知发送者。使用这种方法不仅可以对报文 X 签名，同时实现了通信的保密。

10.6 报文鉴别

对数据加密可以保证信息不受到窃听，使用报文鉴别（Message Authentication）可以保证数据完整性，防止数据在传输的过程中受到篡改或伪造。因此，报文鉴别的目的是接收方保证这个报文没有被变动过。如果攻击者修改了报文却不知如何修改鉴别码，接收方收到报文后计算的鉴别码与收到的鉴别码不同，于是可以判定报文的内容受到了破坏。

报文鉴别在身份认证中占有非常重要的地位，是认证系统的一个重要环节，在金融商业系统中有着广泛的应用。

报文鉴别常用报文鉴别码 MAC（Message Authentication Code）作为鉴别的基础，其基本原理是用一个密钥（Private Key）生成一个固定长度的小数据块附加在要传输的报文后面。这种技术是假定通信双方共享一个密钥 K，当通信的一方要给另一方传输报文 M 时，通过特定的算法计算出该报文 M 的报文鉴别码 MAC = F(K, M)，这里的 F 是一种鉴别运算函数，然后把 MAC 附加到报文 M 后面一起传送给接收方。当接收方收到报文时，先用同样的算法 F 计算出 MAC，然后和传输过来的 MAC 进行比较，如果相同，则认为报文是正确的。

用来生成报文鉴别码 MAC 的算法很多，实际应用中大多采用单向散列函数（Hash Function）。单向散列函数接收可变长报文输入，并产生固定长度的 MAC 作为输出。由于单向散列函数的运算过程是不可逆的，好的散列算法输入不同报文生成相同 MAC 的概率非常小，这使得篡改过的报文不被发现的可能性微乎其微。目前最常用的单向散列算法有 MD5 和 SHA-1。

MD5 是目前用得较为广泛的单向散列算法。该算法以一个任意长信息作为输入，产生一个 128 位的报文鉴别码，也被称为信息摘要（Message Digest）。

10.7 IPsec 协议

由于最初设计 TCP/IP 协议簇时，人们并没有重点考虑它的安全性。以 IPv4 为代表的 TCP/IP 协议簇存在的安全脆弱性主要有以下四点：

1）协议 IP 没有为通信提供良好的数据源认证机制。仅采用基于 IP 地址的身份认证机制，用户通过简单的 IP 地址伪造就可以冒充他人。即在 IP 网上传输的数据，其声称的发送者可能不是真正的发送者。因此，需要为 IP 层通信提供数据源认证。

2）IP 没有为数据提供强的完整性保护机制。虽然通过 IP 头的校验和为 IP 分组提供一定程度的完整性保护，但这对蓄意攻击者远远不够，它可以在修改分组后重新计算校验和。因此，需要在 IP 层对分组提供一种强的数据完整性保护机制。

3）IP 没有为数据提供任何形式的机密性措施。网上的任何信息都以明文传输，无任何机密而言，这已经成为电子商务应用的瓶颈问题。因此，对 IP 网通信数据的机密性保护势在必行。

4）协议本身的设计存在一些细节上的缺陷和实现上的安全漏洞，使各种安全攻击有机可乘。

IPSec 正是为了弥补 TCP/IP 协议簇的安全缺陷，为 IP 层以及上层协议提供保护而设计的。它是由 IETF IPSec 工作组于 1998 年制定的一组基于密码学的安全的开放网络安全协议，总称 IP 安全（IP Security）体系结构，简称 IPSec。

IPSec 的设计目标是：为 IPv4 和 IPv6 提供可互操作的、高质量的、基于密码学的安全性。它工作在 IP 层，提供访问控制、无连接的完整性、数据源认证、机密性、有限的数据流机密性，以及防重发攻击等安全服务。在 IP 层上提供安全服务，具有较好的安全一致性和共享性及应用范围。这是因为，IP 层可为上层协议无缝地提供安全保障，各种应用程序可以享用 IP 层提供的安全服务和密钥管理，而不必设计自己的安全机制，因此减少密钥协商的开销，也降低了产生安全漏洞的可能性。

IPSec 提供了两种安全机制：认证和加密。认证机制使 IP 通信的数据接收方能够确认数据发送方的真实身份以及数据在传输过程中是否遭篡改。加密机制通过对数据进行编码来保证数据的机密性，以防数据在传输过程中被窃听。IPSec 协议组包含 AH（Authentication Header）协议、ESP（Encapsulating Security Payload）协议和 IKE（Internet Key Exchange）协议。其中 AH 协议定义了认证的应用方法，提供数据源认证和完整性保证；ESP 协议定义了加密和可选认证的应用方法，提供可靠性保证。在进行 IP 通信时，可以根据实际安全要求同时使用这两种协议或选择使用其中的一种。AH 和 ESP 都可以提供认证服务，不过，

AH 提供的认证服务要强于 ESP。IKE 用于密钥交换。

10.7.1 认证机制

1. AH 协议结构

AH 协议为 IP 通信提供数据源认证、数据完整性和反重播保证，它能保护通信免受篡改，但不能防止窃听，适合用于传输非机密数据。AH 的工作原理是在每一个数据包上添加一个身份验证报头。此报头包含一个带密钥的 hash 散列（可以将其当作数字签名，只是它不使用证书），此 hash 散列在整个数据包中计算，因此对数据的任何更改将致使散列无效，这样就提供了完整性保护。

AH 协议提供数据完整性、数据源认证以及可选的反重传服务，但不能提供加密服务，这就意味着分组将以明文的形式传送。由于 AH 的速度比 ESP 稍快，因此仅当需要确保分组的源和完整性而不考虑机密性时，可选择使用 AH。

在 IP 头与第 3 层协议的头之间插入 AH 协议头，如图 10.9 所示。

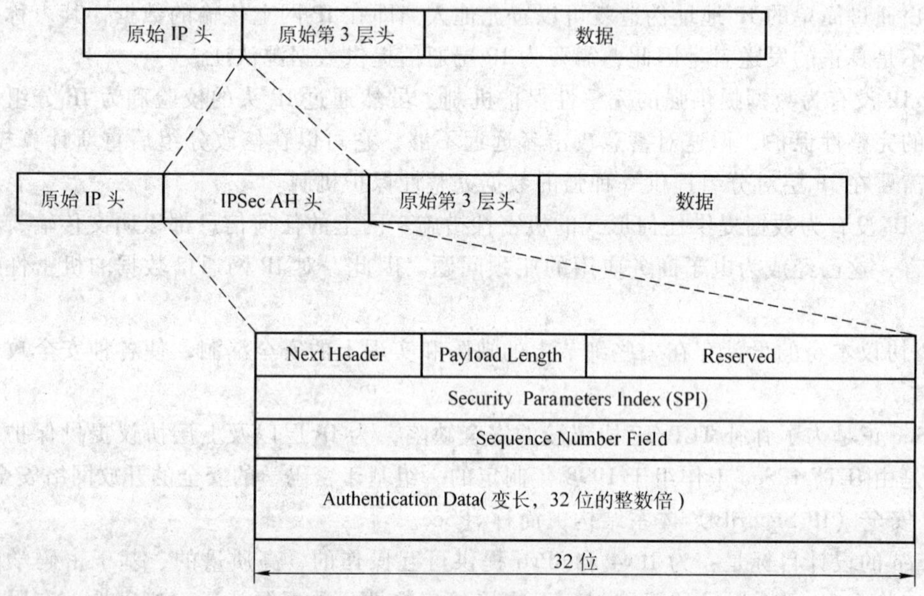

图 10.9 IPSec 数据报中的 AH 头

由于处理开销与 IPSec 相关，所以可以通过配置 VPN 来选择保护哪个流，例如，选择保护电子邮件流而不是保护 Web 流。而且在安全对等实体之间，IPSec 和非 IPSec 流可以共存。

AH 头各字段的含义如下：

① Next Header：1B，为 IPSec 头之后的第 3 层协议头的协议号。如果第 3 层协议是 TCP，该字段值为 6；如果是 UDP，其值为 17。

② Payload Length：1B，为 IPSec 协议头长度减 2。协议头的固定部分是 96 位，即 3 个 32 位字。认证数据部分长度可变，但标准长度为 96 位，同样也是 3 个 32 位字。这样总共是 6 个 32 位字。最后减去 2，进入 Payload Length 字段的值将是 4，即指 4 个 32 位字。

③ Reserved：2B，目前没有使用，用 0 填充。

④ Security Parameters Index（SPI）：4B，目的 IP 地址、IPSec 协议及编号，用来为这个分组确定安全关联（Security Association，SA）。

安全关联 SA 是单向的，在两个使用 IPSec 的实体（主机或路由器）间建立的逻辑连接，定义了实体间如何使用安全服务（如加密）进行通信。它由三个元素组成：安全参数索引 SPI、IP 目的地址和安全协议。

SA 是一个单向的逻辑连接，也就是说，在一次通信中，IPSec 需要建立两个 SA，一个用于入站通信，另一个用于出站通信。若某台主机，如文件服务器或远程访问服务器，需要同时与多台客户机通信，则该服务器需要与每台客户机分别建立不同的 SA。每个 SA 用 SPI 索引标识，当处理接收数据包时，服务器根据 SPI 值来决定使用哪种 SA。

⑤ Sequence Number Field：4B，这是一个无符号单调增计数器，对于一个特定的 SA，它实现反重传服务。这些信息不被接收对等实体使用，但发送方必须包含这些信息。当建立一个安全关联 SA 时，该值被初始化为 0。如果使用反重传服务重传，则该值不能重复。

⑥ Authentication Data（认证数据）：长度可变，但必须是32 位的整数倍。该字段包含了针对分组的完整性校验值（Integrity CheckValue，ICV）。

通过使用认证算法来计算 ICV，这些算法包括消息认证码（Message Authentication Codes，MACs）。MACs 基于对称加密算法或是基于单向函数，例如 DES、3DES 或是 MD5、SHA-1。当计算 ICV 时，使用新的分组来完成计算过程。为了保证元素正确排列，任何不可预知的可变字段以及 IPSec 头的认证数据字段都应该被置为 0。可预知的可变字段应该置为预知的值。假设上层的数据是不可变的。为了使得 MAC 难以伪造，在 MAC 计算中通常使用共享密钥。

VPN 端点的每个对等实体都分别计算 ICV。如果这些 ICV 不能匹配，分组将被丢弃，因此可以确保分组在传送过程中没有被修改。

2. ESP 协议结构

该协议通过原始分组的加密来提供数据机密性。另外，ESP 还提供数据源认证、完整性服务、反重传服务以及一些有限制的流的机密性。当在 IPSec 流中需要数据机密性时，应使用 ESP。

ESP 的工作方式与 AH 不一样，ESP 使用一个头和一个尾包围原始数据报，从而封装它的全部或部分内容。图 10.10 给出了封装过程。

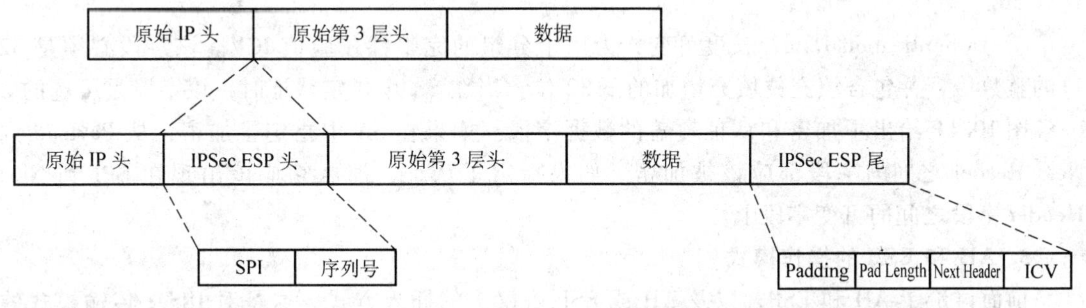

图 10.10　ESP 封装过程

图 10.11 给出了关于各种 ESP 组件的长度和位置的详细内容。

封装安全负载 ESP 各字段的含义如下：

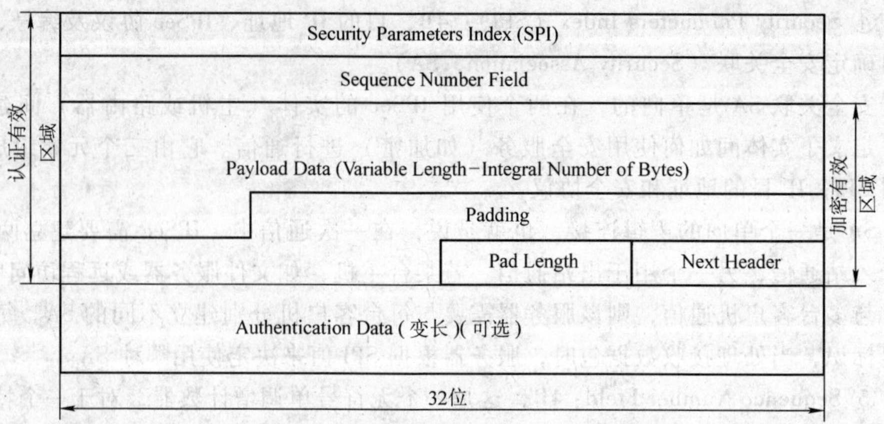

图 10.11 封装安全负载 ESP

① Security Parameters Index（SPI）：安全参数索引，32bit，目的 IP 地址，IPSec 协议以及编号，它们为该分组确定一个 SA。

② Sequence Number Field：4B，这是一个无符号单调增计数器，它为特定的 SA 实现反重传服务。这些信息不能被接收对等实体使用，但发送方必须包含它。当 SA 建立时，该值被初始化为 0。如果使用反重传服务，则该值不允许重复。

③ Payload Data：长度可变，原始 IP 数据报，或者数据报的一部分。它是否是完整的数据报依赖于使用的模式。当使用隧道模式时，负载包括完整的 IP 数据报。在传输模式中，它仅包含原始 IP 数据报的上层部分。负载的长度是字节的整数倍。

④ Padding：0～255bit，Pad Length 以及 Next Header 字段必须在 4B（32bit）的右边界对齐，如图 10.11 所示。如果负载不能实现右对齐，必须添加填充字段以确保右对齐。另外，可以添加填充字段来支持加密算法的多块尺寸请求。还可以添加填充字段来隐藏 Payload 的真正长度。

⑤ Pad Length：1B，为前面填充字段中的填充字节数。

⑥ Next Header：1B，为 IPSec 头之后的第 3 层协议头的协议号。如果第 3 层协议是 TCP，则该字段的值为 6；如果是 UDP，则该值为 17。

当 ESP 用作 IPSec 协议时，在 IPSec 协议头前的 IP 协议头中的 Next Header 或 Protocol 值包含 50。

⑦ Authentication Data：长度可变，为用于分组的完整性校验值 ICV。该字段必须是 32 位的整数倍，并包含填充位填充增加的下 32 位。当在 SA 中指定认证时，该字段是可选的。

图 10.11 给出了加密和认证覆盖的数据字段。如果在 SA 中指定了加密，从 Payload 到 Next Header 之间的字段都应该被加密。如果指定了认证，那么它应该出现在 SPI 到 Next Header 字段之间的可变字段上。

3. AH 和 ESP 的操作模式

前面讨论了 AH 和 ESP，以及 AH 或 ESP 协议头的插入方式。这是对 IPSec 传输模式的典型描述。IPSec 的另外一种操作模式就是隧道模式。这两种模式为 IPSec 提供进一步的认证或加密支持。

（1）传输模式 传输模式主要用于主机或充当主机的设备之间的端对端连接。当一个管理人员为了配置或者其他管理操作而访问一个IPSec网关时，该网关（比如路由器、防火墙或集中器等）都可能充当主机。图10.12给出了传输模式AH IPSec连接，在第2层与第3层协议头之间插入了AH。认证可以保护原始IP协议头中除可变字段以外的其余部分。

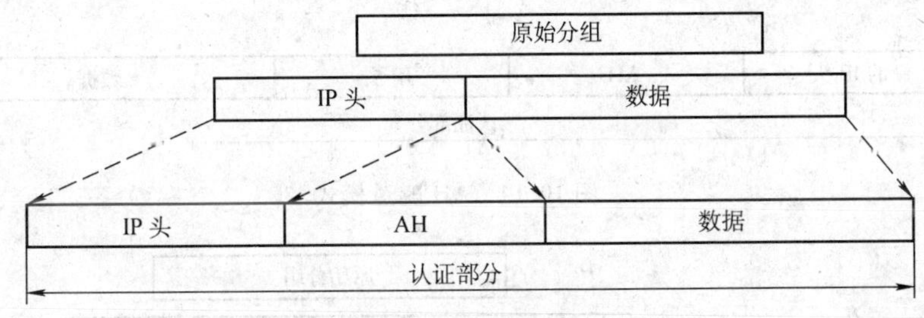

图10.12　AH传输模式

图10.13给出了ESP传输模式。同样，在IP协议头和数据报之间插入ESP协议头。ESP协议尾及ICV附加在数据报末端。如果需要加密（在AH中无效），仅对原始数据和新的ESP协议尾进行加密。认证从ESP协议头到ESP协议尾。

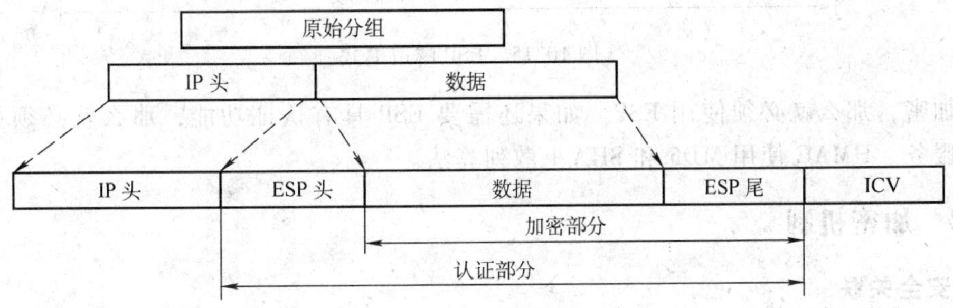

图10.13　ESP传输模式

即使在两种情况中原始协议头保持不变，但是由于改变源IP协议头中的IP地址将导致认证失败，因此AH传输模式不支持NAT。如果需要在AH中使用NAT，则必须确保NAT出现在IPSec之前。

需要注意的是在ESP传输模式中不存在这个问题。对于ESP传输模式的数据报，IP协议头位于认证及加密部分之外。

(2) 隧道模式　IPSec隧道模式用于两个网关（比如路由器、防火墙以及集中器）之间。当一台主机为了获得对某个网关控制网络的访问而与其建立连接时，通常使用IPSec隧道模式，比如大多数远程访问用户通过拨号接入一个路由器或集中器就是这种情况。

在隧道模式中，不是在原始的IP协议头后插入IPSec协议头，而是复制原始IP协议头，并将复制的IP协议头移到数据报最左边作为新的IP协议头。随后在原始IP协议头与IP协议头的副本之间插入IPSec协议头。原始IP协议头保持不变，并且整个原始IP协议头都被认证或加密算法保护。

图10.14给出了AH隧道模式。新的IP协议头位于认证算法的保护之下，不支持NAT。

在图10.15中给出了ESP隧道模式。整个原始数据报都可以进行加密或认证。如果既选择ESP认证又选择ESP加密，那么应该首先实现加密。这就需要在传输之前与发送方没有改变数据报的保证一同实现认证，而接收方在对分组进行解密之前认证数据报。

不管是在隧道模式还是在传输模式中，ESP都支持NAT，而且仅有ESP支持加密。如

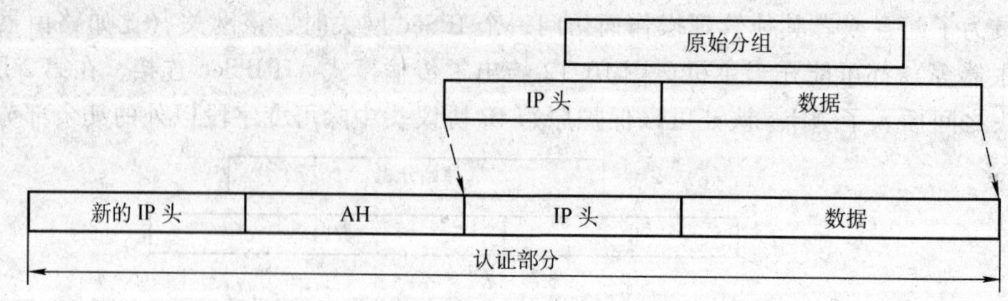

图 10.14　AH 隧道模式

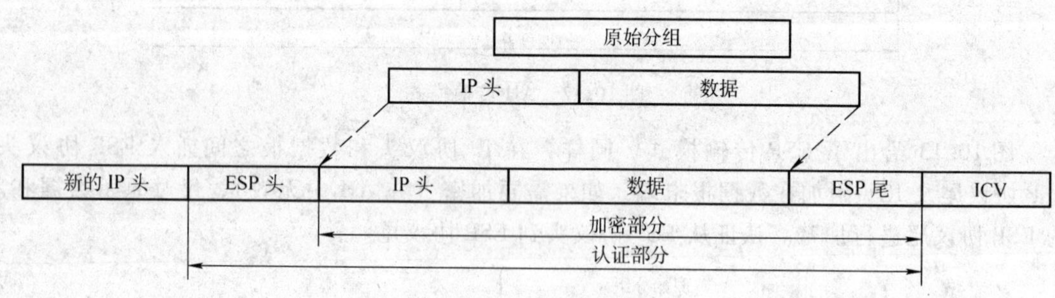

图 10.15　ESP 隧道模式

果需要加密，那么就必须使用 ESP。如果还需要 ESP 具有认证功能，那么就必须选择 ESP HMAC 服务。HMAC 使用 MD5 和 SHA-1 散列算法。

10.7.2　加密机制

1. 安全关联

所谓安全关联 SA 是指通信双方之间为了给需要保护的数据流提供安全服务时而对某些要素的一种协定。如 IPSec 协议，协议的操作模式、密码算法、密钥、密钥的生存周期等。

一个安全关联由三个参数唯一指定：

1）参数索引 SPI：一个与 SA 相关的位串，仅在本地有意义。SPI 由 AH 和 ESP 携带，使得接收系统能选择合适的 SA 处理接收包。

2）IP 目的地址：目前，只允许使用单一地址，表示 SA 的目的地址，可以是用户末端系统，防火墙或路由器。

3）安全协议标识：标识该关联是一个 AH 安全关联还是 ESP 安全关联。

安全关联 SA 的组合是指一个 SA 不能同时对 IP 数据报提供 AH 和 ESP 服务，如果需要提供多种安全保护，就需要使用多个 SA。当把一系列 SA 应用于 IP 数据报时，称这些 SA 为 SA 集束。SA 集束中各个 SA 应用于始自或者到达特定主机的数据。多个 SA 可以用传输邻接和嵌套隧道两种方式联合起来组成集束。

2. IKE 协议

用 IPSec 保护一个 IP 数据流之前，必须先建立一个安全关联 SA。SA 可以手工或动态创建，当用户数量不多、密钥更新频率不高时，可以选择手工方式。但当用户较多，网络规模较大时，应该选择自动方式。IKE 就是 IPSec 规定的一种用于动态管理和维护 SA 的协议，它使用了两个交换阶段，定义了四种交换模式，允许采用四种认证方法。

两个交换阶段：阶段一用于建立 IKE SA，阶段二利用已建立的 IKE SA 为 IPSec 协商具体的一个或多个安全关联，即建立 IPSec SA。四种交换模式：主模式、野蛮模式、快速模式和新群模式。四种认证方法：基于数字签名的认证、基于公钥加密的认证、基于修订的公钥加密的认证和基于预共享密钥的认证。

IKE 和 IPSec 在对等实体之间协商加密及认证服务，这种协商过程以在安全对等实体之间建立 SA 作为结束。IKE SA 是双向的，但是 IPSec SA 不是双向的。为了建立双向通信，VPN 对等实体的每个成员必须建立 IPSec。为了在对等实体之间建立安全通信，对等实体必须有一个相同的 SA。与每个 SA 相关的信息存储在安全关联数据库中，并且为每个 SA 都分配一个 SPI，当它与日的 IP 地址以及安全协议 AH 或者 ESP 结合在一起时，就唯一地标识了一个 SA。

IPSec 的关键是建立 SA。当满足某个条件时，一旦开始 IPSec 会话就开始协商 SA，并且贯穿整个会话过程。为了避免为每个分组协商安全措施，需要利用安全对等实体之间已达成一致的 SA 来进行通信。

AH 和 ESP 这两种协议是实现从一个对等实体到其他对等实体分组安全性的一种手段。这两种协议都是插入到第 2 层（IP 层）与第 3 层（TCP 或 UDP）协议头之间。在每个协议头中包含的关键元素是 SPI，给出了需要用来认证及解密分组的目的对等实体的信息。

10.8　防火墙技术

防火墙是从 Intranet 的角度来解决网络的安全问题。目前，防火墙技术在网络安全技术中最为引人瞩目，它提供了对网络路由的安全保护，连入 Internet 的计算机大多数都在防火墙的保护之下。

10.8.1　防火墙的概念

防火墙（Firewall）是一种形象的说法，其实它是一种由计算机硬件和软件组成的一个或一组系统，用于增强对内部网络的访问控制。防火墙系统决定了哪些内部服务可以被外界访问，外界的哪些人可以访问内部的哪些服务，内部人员可以访问哪些外部服务等。设立防火墙后，所有来自和去向外界的信息都必须经过防火墙，接受防火墙的检查。因此，防火墙是网络之间的一种特殊的访问控制，是一种屏障，限制内部网与外部网之间数据的自由流动，仅允许被批准的数据通过。防火墙通过检查所有穿越内部网与外部网交界面的信息来确定内部网和外部网之间的服务请求是否合法，网络中传送的数据是否会对网络安全构成威胁，只有那些允许的服务才能通过。

防火墙的主要功能就是控制对于网络的合法和非法访问。它通过监视、限制、更改通过网络的数据流，一方面尽可能屏蔽内部网的拓扑结构，用以防范外对内的非法访问和攻击；另一方面对内屏蔽外部危险站点，防范内部用户对外网的非法访问。具有防火墙的网络结构如图 10.16 所示。防火墙用于隔离内外网，同时还必须为内外网用户之间的信息交流提供安全可靠的传输通道。

10.8.2　防火墙的结构

防火墙用来检查所有通过内部网与外部网的分组，典型的防火墙结构如图 10.17 所示。

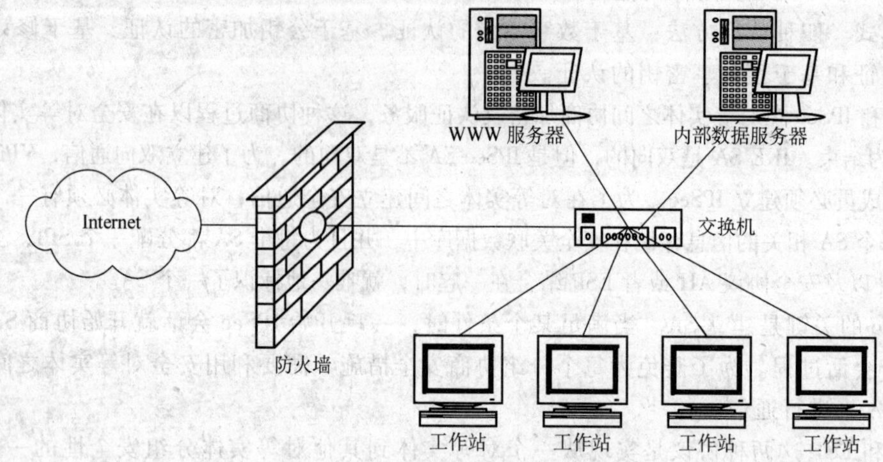

图 10.16 具有防火墙的网络结构

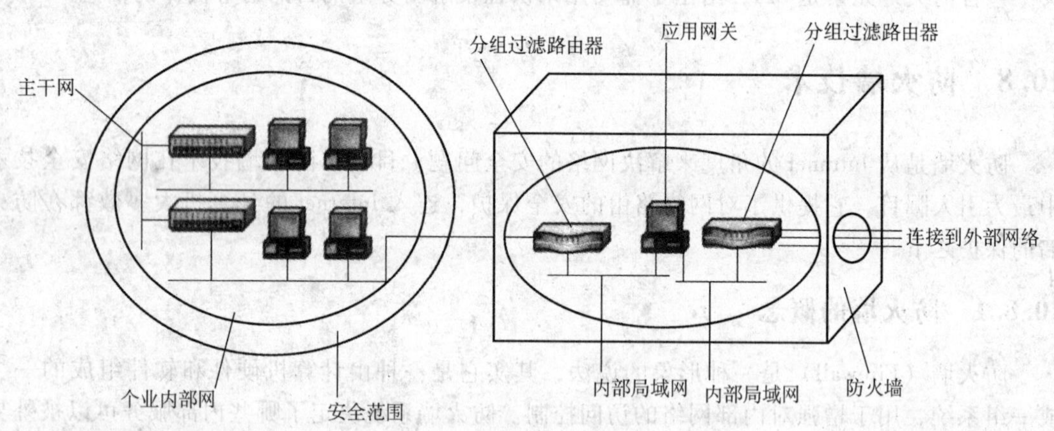

图 10.17 防火墙结构

一般来说，防火墙可以由以下两部分组成：分组过滤路由器（Packet Filtering Router）与应用网关（Application Gateway）。

防火墙的基本功能是：安全规定检查、过滤网络之间传送的报文分组，以确定它们的合法性。这些功能一般是通过具有分组过滤功能的路由器来实现的。通常把这种路由器称为分组过滤路由器，也可以称为筛选路由器（screening router）。

分组过滤路由器一般是作为系统的第一级保护，它与普通的路由器在工作机理上有较大的不同。普通的路由器工作在网络层，可以根据网络层分组的 IP 地址决定分组的路由；而分组过滤路由器要对 IP 地址、TCP 或 UDP 分组头进行检查与过滤。分组过滤路由器检查过的报文，还要进一步接受应用网关的检查。因此，从协议层次模型的角度看，防火墙应覆盖网络层、传输层与应用层。

10.8.3 防火墙的类型

防火墙包括三种类型：数据包过滤器、应用级防火墙和线路级防火墙。

1. 数据包过滤器

数据包过滤器又称包过滤防火墙，是众多防火墙中最基本、最简单的一种，也是费用最低的一种。数据包过滤器通过访问控制表来拒绝或允许路由器间数据包的交换。数据包过滤器按照数据包协议、报文的源IP地址、目的IP地址、传输方向或服务类型（即端口号）来过滤数据包，可用于内部过滤或外部过滤。数据包过滤器一般在路由软件中实现，可以是带有数据包过滤功能的商用路由器，也可以是基于主机的路由器。

数据包过滤器对所接收的每个数据包做出转发或丢弃决定。路由器审查每个数据包的报文头中的报文类型、源IP地址、目的IP地址和目的端口等，并与包过滤规则库的规则相比较。如果与某一包过滤规则匹配而且该规则允许该数据包，那么该数据包就会按照路由表中的路由被转发；如果匹配而该规则拒绝该数据包，那么该数据包就会被丢弃：如果没有相匹配的规则，则根据用户的缺省配置参数决定是转发还是丢弃数据包。

过滤规则是数据包转发或丢弃的依据，常以表格的形式出现，用来存放用于防火墙中的一系列安全规则，其中包括以某种次序排列的条件和动作。条件包括源地址/地址掩码/端口、目的地址/地址掩码/端口、传输协议、绑定的网络设备等。动作包括允许通过/同时记录、拦截/返回代码/同时记录、记录/简单记录/详细记录、流量分配和统计等。根据安全规则对数据包进行检查，限制数据包的进出。当数据包过滤器收到一个数据包时，则按照从前至后的顺序与表格中每行条件进行比较，直到满足某一条件，然后执行相应的动作，转发或丢弃。

数据包过滤器的最大优点是对用户透明，传输效率较高。但由于其安全控制层次在网络层和传输层，安全控制的范围也只限于数据包的源地址、目的地址和TCP的静态端口号，因而只能进行比较初级的安全控制，如果黑客使用的是基于合法端口的恶意拥塞攻击、内存覆盖攻击或病毒攻击等高层次的攻击方法，单纯的包过滤手段就无法阻止。

建立一个正确的、完善的过滤规则集是数据包过滤器技术中的重要的内容。

2. 应用级防火墙

应用级防火墙不使用通用的过滤器，而是使用针对某个特定应用的过滤器。应用级防火墙通常是一段专门的程序，如针对E-mail、DNS等，还可以进行相应的日志管理。

应用级防火墙不依赖包过滤工具来管理网络服务在防火墙系统中的进出，而是采用为每种服务在网关上安装特殊的代理服务的方式来进行管理。如果某种应用未在防火墙上安装代理服务程序，那么该项服务就不能通过防火墙系统来转发。

一个应用级防火墙常常被称作“堡垒主机”（Bastion Host)，它是一个专门的系统，有特殊的装备，能抵御攻击。运行代理服务程序的服务器称为代理服务器（Proxy Server)。代理服务器用以分隔内外网络，为内外网间的合法访问提供通道。

代理服务将通过防火墙的通信链路分为两段：内部网络的网络链路到代理服务器；代理服务器到外部计算机的网络链路。没有直接连接内部网和外部网的网络链路。

运行代理服务程序的代理服务器连接了两个网络。相应地，代理服务也由两部分构成：服务器端程序和客户端程序。客户端程序代理服务器连接，代理服务器再与要访问的真实服务器连接，整个代理服务过程对用户透明。

当用户需要访问代理服务器另一侧的内部服务器时，代理服务器会启动用户身份认证功能，首先检查该用户是否是一个合法用户，如果是，则根据安全规则列表，检查其应用请求是不是一个符合安全规则的连接，如果是，代理服务器为该用户的连接建立一个暂时的堆栈（缓冲区），存放该用户连接的所有相关信息。代理服务器采用网络地址翻译技术，把数据包源地址改为代理服务器的合法 IP 地址，并重新向被访问主机发出一个相同的连接请求。当此连接请求得到被访问主机的回应并建立连接后，内部主机与外部主机之间的通信将通过代理程序将相应连接过程一一映射来实现，直到应用结束，代理服务器释放连接和堆栈内存，完成本次代理工作。代理服务器对用户是透明的，用户好像是与外部网络直接相连的。外部合法用户对内网服务器的访问也必须通过代理服务器进行。但对外部非法入侵者而言，由于代理服务机制完全阻断了内部网络与外部网络的直接联系，所以保证了内部网络的拓扑结构、IP 地址、应用服务的端口号等重要信息被限制在代理网关内侧，不会外泄，从而减少了对内网的攻击。例如堡垒主机上的 Telnet 代理服务，Telnet 代理永远不允许外部用户注册到内部服务器或直接访问内部服务器。外部客户指定目标主机后，Telnet 代理建立一个自己到内部服务器的连接，替外部客户转发命令。在外部客户看来，Telnet 代理是一个真正的内部服务器，而内部服务器则把 Telnet 代理看做是外部客户。

代理是一个专门为网络安全设计的简短程序，在堡垒主机上每个代理都是独立的，与其他代理无关。如果某一代理的工作出现问题，或在应用中出现了安全脆弱性，则只需将这一代理程序简单地卸出，不会影响其他代理的工作。

只有网络管理员认为必要的服务才安装在堡垒主机上。在堡垒主机上一般安装有限的代理服务，如 Telnet、DNS、FTP、SMTP 以及用户认证等。用户在访问代理服务之前可能被堡垒主机要求附加认证。

3. 线路级防火墙

线路级防火墙实际上是一种 TCP 连接的中继服务。TCP 连接的发起方并不直接与响应方建立连接，而是与一个作为中继的线路级防火墙交互，再由它与响应方建立 TCP 连接，并在此过程中完成用户鉴别和在随后的通信中维护数据的安全，控制通信的进展。

线路级防火墙可以由应用层网关来完成。线路级防火墙只提供内部网和外部网的中继，并不具备任何附加的包处理或过滤能力。

例如，当进行 Telnet 连接时，线路级防火墙只是简单地中继 Telnet 连接，并不做任何审查、过滤或 Telnet 协议管理。线路级防火墙只是在内部连接和外部连接之间来回复制字节。但是从外部网络看来，信息流好像是直接起源于防火墙。外部用户仅看到防火墙的 IP 地址，任何与内部网络主机的直接接触都被阻止，从而保护了内部网络的安全。

这三种类型的防火墙各有利弊，在实际应用中应综合考虑网络环境、安全策略和安全级别等各方面的因素来选择合适的防火墙。如果受保护的内部网中的用户都是可以信任的，并且只允许内部网访问外部网，不允许外部网访问内部网，那么，线路级防火墙和数据包过滤器就特别适用。应用级防火墙的缺点是：防火墙对用户不是透明的，用户访问受保护的网络之前必须进行登录。但应用级防火墙和包过滤防火墙混合使用则能提供比单独使用应用级防火墙或包过滤器具有更高的安全性和更大的灵活性。

10.9 入侵检测

为了保障信息安全，除了要进行信息的安全保护，还应该重视提高系统的入侵检测能力、系统的事件反应能力以及系统遭到入侵破坏后的快速恢复能力。它有别于传统的加密、身份认证、访问控制、防火墙、安全路由等安全技术，信息安全保障强调信息系统整个生命周期的防御和恢复。入侵检测（Intrusion Detection）作为信息安全保障中的一个重要环节，很好地弥补了访问控制、身份认证等传统保护机制所不能解决的问题。入侵检测是一个全新的、迅速发展的领域，已成为网络安全中一个极为重要的课题。

入侵检测是对入侵行为的发觉。它从计算机网络或计算机系统的关键点收集信息并进行分析，从中发现网络或系统中是否有违反安全策略的行为和被攻击的迹象。负责入侵检测的软硬件组合体称为入侵检测系统（Intrusion Detection System，IDS）。入侵检测是一种增强系统安全的有效方法，能检测出系统中违背系统安全性规则或者威胁到系统安全的活动。检测时，通过对系统中用户行为或系统行为的可疑程度进行评估，并根据评价结果来鉴别系统的行为特性，从而帮助系统管理员进行安全管理或对系统所受到的攻击采取相应的对策。

入侵检测系统的主要功能有：

1）监测并分析用户和系统的活动。

2）核查系统配置和漏洞。

3）评估系统关键资源和数据文件的完整性。

4）识别已知的攻击行为。

5）统计分析异常行为。

6）操作系统日志管理，并识别违反安全策略的用户活动。

1. 入侵检测系统分类

入侵检测系统有不同的类型，主要根据数据来源和分析方法进行分类。

（1）根据数据来源分类

1）基于主机的入侵检测系统（Host—based IDS，HIDS）：这种入侵检测系统通常将检测模块安装在被监测的主机上，以便对该主机的网络连接以及系统审计日志进行分析和判断，从而检测出入侵行为。

2）基于网络的入侵检测系统（Network—based IDS，NIDS）：这种入侵检测系统通常将检测模块放置在需要监测的网段内，以监视网段中的数据包，并通过分析数据包来检测入侵行为。

3）分布式入侵检测系统（Distributed IDS，DIDS）：是前两种入侵检测系统的结合，综合了二者的优点。

（2）根据分析方法分类

1）异常（Abnormal）入侵检测系统：这种入侵检测系统首先提取出正常操作或行为应该具有的模式，然后将当前获得的操作或行为与之对比，一旦发现统计学或其他意义上的偏离，便说明有入侵行为发生。

2）误用（Misuse）入侵检测系统：这种入侵检测系统与杀毒软件类似，先收集非正常操作的特征行为，建立相关的特征库，然后将当前收集到的数据与特征库中的特征代码进行比较，以检测出入侵行为。

2. 入侵检测系统模型

当前从事入侵检测标准化工作的组织主要有两个，一个是 CIDF（Common Intrusion Detection Framework），另一个是 IETF 下属的 IDWG（Intrusion Detection Working Group），它们从各自的角度开展入侵检测标准化工作。

（1）CIDF　CIDF 标准化工作把重点放在了 IDS 系统各组件的互操作上。它提出了一个通用的入侵检测系统框架，然后进行这个框架中各个部件之间通信的协议和 API 的标准化，以实现不同 IDS 组件间的通信和管理。

CIDF 的框架（Architecture）定义了 IDS 的通用体系结构，用以说明 IDS 各组件间通信的环境。CIDF 把一个入侵检测系统划分为四个相对独立的功能模块：事件产生器（Event Generators）、事件分析器（Event Analyzers）、响应单元（Response Units）和事件数据库（Event Databases）。在上述四个模块之间以通用入侵检测对象（Generalized Intrusion Detection Objects，GIDOs）的形式进行数据交换，如图 10.18 所示。

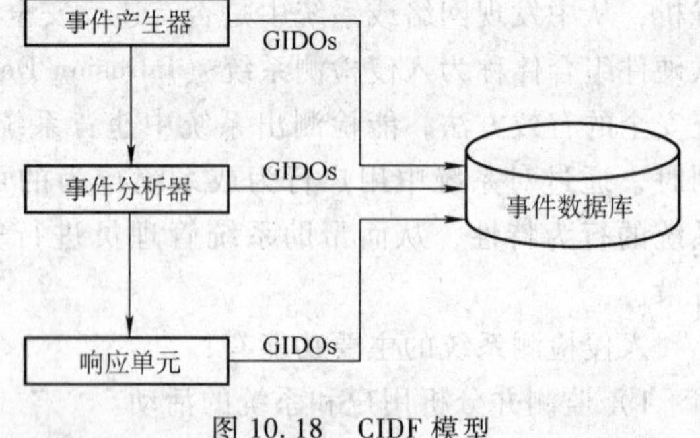

图 10.18　CIDF 模型

CIDF 将 IDS 需要分析的数据统称为事件（Event），它可以是网络中的数据包，也可以是从系统日志等其他途径得到的信息。

事件产生器的目的是从整个计算环境中获得事件，并向系统的其他部分提供此事件。事件分析器分析得到的数据，并产生分析结果。响应单元则是对分析结果做出反应的功能单元，它可以做出切断连接、改变文件属性等反应，也可以只是简单的报警。事件数据库是存放各种中间和最终数据的地方的统称，它可以是复杂的数据库，也可以是简单的文本文件。

在这个模型中，前三者以程序的形式出现，而最后一个则往往是文件或数据库的形式。

（2）IDWG　IDWG 的任务是：定义数据格式和交换规程，用于入侵检测与响应（IDR）系统之间或与需要交互的管理系统之间的信息共享。IDWG 提出的建议草案包括三部分内容：入侵检测消息交换格式（IDMEF）、入侵检测交换协议（IDXP）以及隧道轮廓（Tunnel Profile）。

1）IDMEF：IDMEF 描述了表示入侵检测系统输出信息的数据模型，并解释了使用此模型的基本原理。该数据模型用 XML 实现，并设计了一个 XML 文档类型定义。自动入侵检测系统可以使用 IDMEF 提供的标准数据格式对可疑事件发出警报，提高商业、开放资源和研究系统之间的互操作性。IDMEF 最适用于入侵检测分析器（或称为“探测器”）和接收警报的管理器（或称为“控制台”）之间的数据信道。

2）IDXP：IDXP（入侵检测交换协议）是一个用于入侵检测实体之间交换数据的应用层协议，能够实现 IDMEF 消息、非结构文本和二进制数据之间的交换，并提供面向连接协议之上的双方认证、完整性和保密性等安全特征。IDXP是块可扩展交换协议（BEEP）的一部分，后者是一个用于面向连接的异步交互通用应用协议，IDXP的许多特色功能（如认证、保密性等）都是由BEEP框架提供的。

3）隧道轮廓：入侵警报协议（IAP）是用于交换入侵警报信息，运行于TCP之上的应用层协议；入侵检测交换协议（IDXP）是在入侵检测实体间交换数据，提供入侵检测报文交换格式（IDMEF）报文，无结构的文本，二进制数据的交换。IDMEF是数据存放格式隧道（TUNNEL）文件，允许BEEP对等体能作为一个应用层代理，用户通过防火墙得到服务。IAP是最早设计的通信协议，它将被IDXP替换，IDXP建立在BEEP基础之上，TUNNEL文件配合IDXP使用。

3. 入侵检测技术

对各种事件进行分析，从中发现违反安全策略的行为是入侵检测系统的核心功能。从技术上，入侵检测技术分为两类，一种基于标志（Signature-Based），另一种基于异常情况（Anomaly-Based）。

（1）*基于标志的检测*　对于基于标志的检测技术来说，首先要定义违背安全策略的事件的特征，如网络数据包的某些头信息。检测主要判别这类特征是否在所收集到的数据中出现。此方法非常类似杀毒软件。

（2）*基于异常的检测*　基于异常的检测技术则是先定义一组系统“正常”情况的数值，如CPU利用率、内存利用率、文件校验和等，这类数据可以人为定义，也可以通过观察系统，并用统计的方法得出，然后将系统运行时的数值与所定义的“正常”情况比较，得出是否有被攻击的迹象。这种检测方式的核心在于如何定义所谓的“正常”情况。

基于异常的检测技术的核心是维护一个知识库。对于已知的攻击，它可以详细、准确地报告出攻击类型，但是对未知攻击却效果有限，而且知识库必须不断更新。该检测技术无法准确判别出攻击的手法，但它可以判别更广泛、甚至未发觉的攻击。两者结合的检测能达到更好的效果。

习　题

10.1　什么是计算机安全？计算机安全分哪几类？

10.2　网络安全的主要威胁有哪些？

10.3　网络安全的主要漏洞是什么？

10.4　网络安全的要求有哪些？

10.5　制定网络安全策略的原则是什么？

10.6　网络安全措施有哪些？

10.7　什么是计算机病毒？试举出几种常见的计算机病毒并说明其危害。

10.8　网络防病毒的措施有哪些？

10.9　什么是数据加密？画出数据加密的一般模型。

10.10　常规密钥密码体制有哪几种加密方法？试举例说明。

10.11　什么是公开密钥密码体制？其特点是什么？

10.12　说明 RSA 体制的基本原理。

10.13　说明数字签名的基本原理。

10.14　什么是 IPSec 协议？包括哪些协议？

10.15　什么是防火墙？有哪几种？其工作机制是什么？

10.16　什么是入侵检测？如何分类？

第11章　网络系统设计与实现

要做好计算机网络设计，应对网络的需求有详细的了解。一旦明确了需求，设计者就可以用多种方法来设计网络。虽然所有的通信网络都有许多相似之处，但是广域网、局域网和互联网的设计技术还是有所不同的。设计者应了解不同的通信技术，以便根据需求和不同网络技术的对应关系，以最小的代价得到最优的网络设计。网络设计完成并得到批准后，就可以确定路由、订购设备、购买软件，开始建网。

网络设计和实现是一个系统化的过程，包括多个阶段，每个阶段都要有许多技术。通过本章的学习，很好地理解网络的设计与实现过程，掌握每个阶段的任务和采用的技术。

11.1　网络设计原则与步骤

计算机网络建设涉及面广、技术复杂、系统性很强，要完成一个网络系统的规划设计，首先应当有一套系统的规划设计方法，对所建网络要求的业务功能、技术指标、性能特点等方面都应有明确的了解，并建立相应的技术文件。一个好的系统规划设计是建设成功系统的前提。

网络规划与设计是既有联系，又有区别的。网络规划是为拟建网络系统提出一套完整的设想与方案；网络设计则是对规划的设想与方案的具体落实过程。二者相辅相成，缺一不可。

为了使所建网络系统经济合理、技术先进、性能优良，应遵循以下基本原则：

1）以用户需求服务为依据，认真做好需求分析。需求分析要实事求是，全面合理。

2）要充分保证网络的先进性、可靠性、安全性、实用性、开放性和扩充性。尽量采用先进技术，但这些先进技术必须是经过考验、成熟可靠的。网络的先进技术是重要的，但实用性、可靠性更为重要。这些性能是相互依存，又相互矛盾的，不应片面追求某一方面的指标，而忽略了另一方面。

3）严格遵循国际和国家标准。

4）采用良好的网络拓扑结构和具有良好扩充性的网络设备，以适应未来的需要和发展。

5）保护原有投资，尽量使用原有设备。

6）统筹规划，滚动发展。

7）便于管理，易于维护。

网络规划和设计是一项复杂的系统性工作，必须统一协调，精心筹划，分工负责，密切配合。这对于规划和设计一个好的网络是非常关键的。

网络系统建设包括一系列的阶段，主要有：需求分析、规划设计、设备选型、网络实现等。每个阶段又包括多个不同的实施过程，如设备和软件购买、安装、调试、切换等一系列工作的过程。

在整个网络建设的过程中，需要有记录各项工作的文档，包括需求分析、方案设计、器材购买、设备规格参数以及实现结果等，这些都是日后验收、维护和管理的依据。

11.2 需求分析

任何单位要建立一个网络总要有一定的目的，总是要解决一定的问题，这就是用户的需求问题。用户需求是由用户提出的，一般由用户提交相应的需求报告，网络设计人员可根据用户需求报告要达到的目标和解决的问题进行分析，以便进行网络规划设计，这就是网络需求分析。需求分析是网络建设过程中用来获取和确定系统需求的方法，是网络设计的第一步。然而，仅根据用户的需求报告进行网络规划设计是很不够的，因为对大多数用户来说，他们可能不具备或很少具备计算机或计算机网络的知识，往往对网络的功能、技术以及利用网络所进行的业务缺乏深入的了解，或者一知半解，不能把问题和需求用专业术语表达出来，这样，用户提出的需求往往是很不理想的，甚至是不切实际的，这就需要由技术人员将用户的问题和需求描述清楚。如果对现有状况不能深入理解，未来设计的网络系统就难以恰如其分的反映用户的真正意愿。为此，应由网络设计人员组成专门的调查分析小组，对用户开展深入细致的调查研究，查阅技术文档，分析用户系统的现状和将来的发展，了解用户的真正意愿和要求。

需求分析是网络规划设计的基础，好的网络设计是在充分、准确的需求分析的基础上实现的，全面综合的网络需求分析包括一系列的复杂过程。

11.2.1 可行性分析

可行性分析的目的是为了清楚地描述现有系统所存在的问题，并确定网络在现有条件和技术环境下能否解决这些问题。

1. 问题定义

问题定义就是要确定用户使用网络要解决什么问题，达到什么目的。在明确了要解决的问题之后，还需要对这些问题进行分析，以确定它们是否以及如何影响网络的建立。

2. 系统调查

问题定义中所确定的问题并不具体，无法确定它们之间的关系，因此就需要对现有系统进行深入的调查，以便对问题进行准确地定义和细致地描述。

与用户面谈可以帮助设计者准确地把握现有数据处理的需求，确定当前存在的问题。查阅文档资料能对用户所谈问题进行补充完善，有利于全面掌握情况，形成一份可行性分析报告。

11.2.2 需求分析

在需求分析阶段需要对可行性分析阶段收集的有效数据进行分析，以确定网络系统的功能和性能要求，指明网络必须实现的指标参数。需求分析包括以下几个方面。

1. 环境需求

网络系统所基于的环境对网络建设有直接影响。首先，网络安装的物理位置将决定布线情况，不合理的布线会影响网络的性能以及今后的升级改造。其次，网络的规模大小、用户终端的分布等都会影响网络的规划设计。同时，任何一个网络都不应是一成不变的，随着用户的增加，业务量的扩大，业务范围的拓展，网络的升级改造和规模的扩充都是可能的。因此，规划设计时应留有余地，以适应将来的发展。概括起来说，环境需求分析包括以下几个方面：

1）网络用户数目。

2）节点地理范围、站点之间的最大距离、用户分布状况。

3）网络规模和子网划分。

4）数据流量。

5）系统布线。

2. 设备需求

设备需求应从两方面进行。若用户单位已有网络，应考虑与之兼容，或经改造后与之兼容。对新建网络应从可靠性、先进性和实用性等方面配置设备，保证总体目标的实现，同时还要考虑与其他网络的互联。

3. 功能需求

网络功能是用户最关心的问题，功能好坏直接影响到用户的认可程度。功能需求分析应考虑以下几个方面：

（1）*数据类型* 应掌握网上所传输的数据类型，如文本、图形、图像、语音等。

（2）*数据流量* 应计算网络总数据流量以及流量分配，以便于合理规划带宽。

（3）*资源共享* 建立网络的主要目的是资源共享，但并非是所有资源的共享。因此，应掌握共享数据的类型和分布。

（4）*网络服务* 合理选择网络软件，充分发挥网络效能，为用户提供良好的服务。

4. 安全需求

网络没有安全性显然是不现实的，即使对安全没有太多的要求，为了保护网络，保护数据，也需要采取必要的安全措施，例如用户认证、数据加密等。

5. 成本/效益分析

成本/效益分析是从经济的角度出发，分析计算建立一个网络所需投资和由此带来的经济效益。它涉及以下三个方面：

（1）*成本估算* 包括硬件、软件和施工费等。

（2）*网络运行、维护费用* 网络运行需要管理人员、操作人员；网络维护需要维护人员，这些需要支付人员费用。同时还需要配备必要的配件和消耗品，这也要支付必要的费用。

（3）*效益分析* 对产生的经济和社会效益进行分析。

6. 风险预测

任何投资都是有风险的，网络建设也不例外，因此应对建设网络可能出现的风险作出预测。

7. 目标分析

目标分析包括用户目标分析和网络目标分析。在任何情况下，用户都有其特殊需求，例如，一些用户希望连通特殊资源，而另一些用户则希望连通外部设备等。必须认真对待，明确需求。

不同的单位，对建立网络的目标是不同的，但下述几点对各种网络都是共同的。

(1) 功能性 网络可以完成用户提出的各项任务和需求，能为用户到用户、用户到应用提供速度合理、功能可靠的联接。

(2) 管理性 为保证网络稳定运行，网络能提供方便的监测和管理功能。

(3) 适应性 网络应是可扩展的，即不做大的改动就能对网络规模和性能提升。网络设计应着眼于未来技术的发展，网络对新技术的实现不应有所限制。

11.3 网络规划

根据对用户需求的分析，应做出整体网络建设规划。根据目前的应用和将来的发展，以及现有技术经济条件，提出一套能满足现在、适应将来的解决方案。深入细致的网络规划是网络成功建设的根本保证，一个好的规划能够起到事半功倍的作用。缺乏规划和规划粗略的网络，其扩展性、安全性、可用性等都得不到保证，在实际实施过程中也会遇到很多问题。不仅不能保证工期，工程质量也难以保证。

需求分析反映了用户的需求和系统的总体目标，它并不是一套网络解决方案，从需求到方案，应经过技术上的论证。技术论证应对用户的需求做技术上的分析，剔除不合理成分，提出规划方案，为网络设计奠定基础。

网络规划应从以下几个方面考虑：

(1) 网络规模 网络规模包括网络用户数量、用户分布、用户之间的最大距离、网络区域要求和限制等。

(2) 设备和类型 用户工作站数量及配置、服务器数量及配置、共享设备数量及类型(如交换机、集线器、路由器等)以及其他设备。

(3) 网络类型 拟建网络属于局域网、城域网、广域网还是互联网。

(4) 网络功能和服务 网络功能包括：管理功能、计费功能、互联功能、安全功能等。网络服务应是多方面的，例如，电子邮件、文件传送、数据处理等，应满足用户需求目标。

11.4 网络设计技术

网络规划为网络系统的建设提出了一套整体设想方案，根据该方案并不能具体实施。而网络设计则是根据总体设想制定出网络实现的技术方案。二者相辅相成，缺一不可。在进行网络设计时，全面考虑各种因素的影响是十分重要的。一个设计良好的网络，在网络环境发生变化时，能适应环境变化的要求，并便于未来的升级。同时，设计良好的网络，是保证网络快速稳定运行的关键之一。如果网络设计不完善，可能会遇到许多难以预见的问题，将阻碍网络的发展。考虑各种因素的影响，设计方案往往不止一个，需要对各种方案进行比较。

11.4.1 网络结构设计技术

网络结构设计涉及所选用的网络模式和互联模式等。

1. 网络模式

网络模式主要有共享式和交换式。

(1) 共享式网络 当今使用的局域网很多都是共享介质局域网。但共享介质局域网存在一些缺点：

1）网络带宽被网络中计算机共享，随着计算机数目的增加，每台计算机所获得的带宽将按比例下降。

2）共享式局域网不能很好地适应结构化布线。

3）共享式局域网不能划分虚拟网络，改变网络结构困难。

（2）*交换式网络* 交换式网络可以解决共享式网络中存在的一些缺点。交换式网络分为两类：帧交换式网络和信元交换式网络。

1）帧交换式网络：帧交换式网络主要是指交换式以太网。一个以太网交换机能够提供几十～几百个交换端口，每个端口可以接一台计算机或一个共享式以太网段。当一个以太网帧到达一个交换端口时，交换机将根据帧的目的地址将帧转发到相应的端口，其延时很小。交换式以太网的主要优点是：

① 带宽分享，总带宽是端口带宽和端口数的乘积。

② 能很好地适应结构化布线。

③ 可以定义虚拟局域网，便于管理。

交换式以太网的主要缺点是在客户机/服务器计算模式下，服务器将成为网络的瓶颈。

2）信元交换式网络：基于信元交换式的网络是ATM网，它是计算机网络的重要发展方向，但是目前受到一些因素的制约，如设备投资较大，标准不完善，配套技术未跟上等，因此尚没有广泛应用。

2. 网络互联模式

网络之间通常使用路由器或网桥互联，二者各有优缺点。

根据ISO网络协议的规定，互联网络上的两台计算机之间相隔不能超过六个网桥，因此，利用网桥互联，其互联网络规模受限。

利用路由器进行网络互联，其规模不受路由器个数的限制，因此，可以构造任意规模的互联网络。

利用网桥或路由器进行网络互联，可形成两种结构形式的互联网络。

（1）*层次结构形式* 这种结构形式的互联网络，全网有一个主干网络。各个子网通过网桥或路由器与主干网互联。不同子网的计算机之间交换数据，必须通过主干网转发。子网内部也可以采取层次结构形式。

（2）*平面结构* 子网之间通过网桥或路由器联接，互联网络的各个子网地位是平等的。不同子网的计算机之间交换数据，可能要经过中间多个子网转发，也可能只经过一个网桥或路由器转发。

11.4.2 网络计算模式

在计算机网络技术发展过程中，出现了不同的计算模式，主要有以下几种：

1. 以大型机为中心的计算模式

在以大型机为中心的环境下，用户同时共享CPU资源和数据存储功能，这是以大型机为中心的计算模式，也称为分时共享模式。这种计算模式的特点是：系统提供专门的用户界面，用户终端联接到主机或终端控制器上，用户命令被送入主机，系统采用严格的控制和管理。这种计算模式是利用主机的能力进行应用，采用无智能的终端对应用进行操作。

2. 以服务器为中心的计算模式

以服务器为中心的计算模式，也叫资源共享模式。这种计算模式能向用户提供灵活的服务，它有以下特点：

1）用于共享共同的应用、数据及打印机。

2）每一应用提供自己的用户界面，并对界面提供全面控制。

3）用户的所有查询或命令处理均在工作站方进行。

这一计算模式是利用工作站的能力运行所有的应用，利用服务器的能力作外设的延伸。

3. 客户机/服务器计算模式

客户机/服务器计算模式（Client/Server，C/S）把应用划分为前端客户机和后端服务器，如图 11.1 所示。客户机发出请求，网络将请求传送到服务器，服务器根据请求完成相应的操作，然后把结果送回客户机。客户机和服务器工作在不同的逻辑实体上，它们协同工作，共同完成某一任务。服务器随时等待客户机发出的请求，它用预先指定的语言与客户机进行交互。

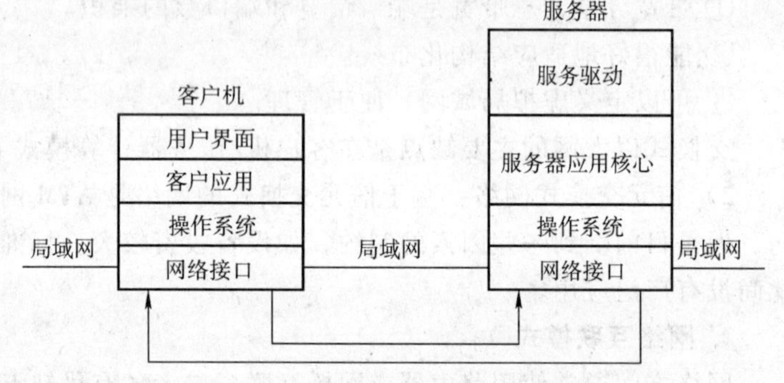

图 11.1 客户机/服务器计算模式

（1）客户机/服务器计算模式的特点 在 C/S 计算模式中，一个或多个客户机与一个或多个服务器，以及支持客户机和服务器进行通信的网络操作系统共同组成一个分布式计算和处理的系统。

1）客户机的特点：在客户机/服务器模式中，客户机是用户与系统交互的接口，它具有以下特点：

① 客户机提供一个用户界面（User Interface，UI），这个界面负责完成用户命令和数据的输入，并显示服务器处理的结果。典型的客户机用户界面是一个图形用户界面（Graph User Interface，GUI）。

② 一个 C/S 系统可以有多个客户机，每个客户机都有一个用户界面，多个用户界面共存于同一系统中。

③ 客户机使用预定义的语言（如结构化查询语音 SQL）来构成一条或多条到服务器的查询或命令，客户机和服务器使用一种标准的或特定的语言来传递信息，用户在客户机上的查询或命令不必对应客户机到服务器的查询。

④ 客户机可以使用缓存或优化技术以减少到服务器的查询或执行安全和访问控制检查，客户机还可以检查用户发出的查询或命令的完整性。

⑤ 客户机可以利用网络操作系统的进程通信机制与服务器通信，并向用户屏蔽进程通信的细节和差异。

⑥ 客户机对服务器送回的查询或命令结果进行分析处理，然后提交给用户。

2）服务器的特点：在 C/S 系统中，服务器是一个或一组进程，能向一个或多个客户机提供服务，它具有以下特点：

① 服务器可以向客户机提供服务，服务类型由 C/S 系统自己确定。

② 服务器只负责响应来自客户机的查询或命令，不主动与客户机建立会话，它只是一个信息的存储者或服务的提供者。

③ 在多服务器环境中，服务器之间可以协同工作，共同向客户机提供服务，服务器之间的通信过程对客户机是透明的。

3）客户机/服务器计算模式的优点：C/S 计算模式与传统的资源共享模式相比有以下优点：

① 减少了网络通信量：客户机和服务器相互协调工作，在它们之间只传送必要的信息。如果需要对数据更新，则只传送更新信息。由于处理数据的主要过程和数据是放在一起的，数据不必来回传送。与此不同，资源共享模式通常需要传送大量的数据，因为整个文件需要下载到工作站上做本地处理。

② 响应时间短：大量的运算、数据处理是在功能强大的服务器上进行的，从而减少网络流量，网络流量的减少必然能降低响应时间。

③ 分布式环境：通过充分利用客户机和服务器双方的处理能力，组成一个分布式应用环境。C/S 计算模式将二者的优点结合起来，充分利用双方的优点，完成用户的特定任务。

④ 将应用程序与其处理的数据隔离，可以使数据具有独立性：服务器内部产生变化，客户机觉察不到这种变化。数据处理被隔离在服务器上，服务器可以对数据存取进行有效地控制。数据的封装性使得对改变数据的操作变得容易，可以方便地开发新的应用。

⑤ 有利于保护数据的完整性：将数据放在服务器中，服务器可以对数据访问实行有效地管理和控制，未授权的用户无法对数据进行访问，系统的数据完整性可以得到很好地保护。

⑥ 一个服务器可以支持多个用户：由于客户机有自己的管理用户的界面，使得一个服务可以支持多个用户。

(2) 客户机/服务器模式的中间件　对大多数从事应用程序开发的程序员来说，编写跨平台、多协议、多编程语言的网络应用软件是一件相当困难的工作。如果程序要依赖于网络协议和网络软件的话，那么这种程序就很难编写和维护，同时也难以移植到其他操作系统环境中。为了解决应用程序对网络过分依赖的问题，一种有效地解决方法就是在客户机和服务器之间加一层软件，这层软件就称为中间件。

利用中间件所提供的应用程序接口（Application Program Interface，API），可以将底层网络协议与实现技术屏蔽起来，让程序员把精力集中到应用软件编程上。中间件可以将应用与网络隔离开来，如图 11.2 所示。

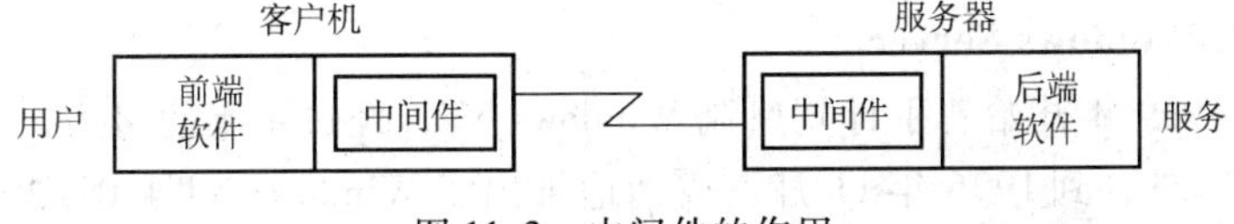

图 11.2　中间件的作用

中间件向程序员提供了高层的、跨平台和多协议的接口，使得 C/S 计算模式下的应用程序编写变得更加简单、容易，能适应运行环境的变化和发展。

4. 浏览器/服务器计算模式

随着 Internet 技术的发展，WWW 服务已成为核心服务，用户在浏览器统一界面上能完成各种网络服务和应用。20 世纪 90 年代中期一种新的计算模式逐渐形成和发展起来，这是一种基于浏览器、WWW 服务器和应用服务器的计算结构，称之为浏览器/服务器（Browser/Server，B/S）计算模式。

（1）浏览器/服务器计算模式的优点　B/S 计算模式继承和发展了 C/S 计算模式的许多技术，具有 C/S 计算模式所不及的许多优点，主要表现在以下几方面：

1）开放的标准。B/S 计算模式所基于的标准是开放的，是由标准化组织确定的。

2）低的开发和管理成本。在 C/S 计算模式中，无论是安装、配置还是升级，都需要在所有的客户机上实施；而 B/S 计算模式一般只需安装、配置在服务器上，浏览器只有很少的工作，从而使得开发、管理成本较低。

3）自由访问信息及应用系统。用户可自由地、主动地通过浏览器访问信息和系统。

4）低的培训成本。浏览器技术易学，培训简单，成本低。

B/S 结构简化了客户机的管理工作，客户机上只需安装配置少量的客户端软件，对数据库的访问和应用系统的执行都在服务器上完成。客户机不必关心每个具体的服务器，而可以把分布在网络上的许多服务器当成一台巨大的“虚拟主机”。因此，从本质上来说，B/S 计算模式是在 C/S 体系基础上扩充而成的。

在 B/S 计算模式中，网络用户在基于浏览器的客户机上以网络用户界面来访问服务器的资源，用户访问服务器资源以动态交互或互相合作的方式进行。而 C/S 计算模式则不然。由于客户机配置了大量的应用逻辑和业务处理规则软件以及开发工具软件，则软件的变动和升级以及硬件平台的适应能力牵动着系统中的所有客户机。而 B/S 计算模式，则把应用逻辑和业务处理规则放置在服务器端，客户机可以做得尽量“瘦”。

（2）浏览器/服务器计算模式的特性　B/S 计算模式主要有以下两个方面的特性：

1）与面向对象技术相结合，具有实时性、可伸缩性和可扩展性的协同事务处理功能。

2）具有浏览三维动画超媒体技术的功能。

11.4.3　网络操作系统

网络操作系统是用户与计算机网络的接口，是使网络上各计算机能方便而有效地共享网络资源，为网络用户提供所需要的各种服务的软件和有关规程的集合。网络操作系统在很大程度上能决定整个网络的性能，选择一个合适的网络操作系统，能明显地提高网络系统的效率，是网络设计中的重要一环。

目前的主流网络操作系统有 Microsoft Windows 系列、UNIX、Linux 和 Novell NetWare 等。下面简要介绍这几种操作系统。

1. Microsoft Windows Server

微软公司从 1989 年开始着手计划研制 Windows NT，经过 4 年的努力，于 1993 年正式发布了 Windows NT 3.1，到 1996 年 11 月，成功地推出了 Windows NT 4.0。2003 年 4 月微软公司又推出了 Windows Server 2003，它是 Windows NT 的替代产品，并且是一个多功能的操作系统。根据需要，可执行不同的服务任务，无论是集中的还是分布的。Windows Server 2003 包括文件和打印服务器、邮件、远程访问和虚拟专用网（VPN）服务器、Web 和 Web 应用服务器、目录服务器、域名系统（DNS）、动态主机配置协议（DHCP）服务器、Windows 因特网命名服务（WINS）和流媒体服务器等。

（1）Windows Server 2003 版本　Windows Server 2003 有四种版本：

1）标准版：Windows Server 2003 标准版是为部门和小企业设计的。该版本基于 Windows2000 服务器技术，但其安全性、可靠性和可扩展性更强，更易于部署、使用和管理。

2）企业版：Windows Server 2003 企业版是为大、中企业设计的。该版本提供高性能服务器支持，可以支持服务器集群，提供更强的负载处理能力，甚至在网络发生故障的情况下，仍保证系统的可用性。它有 32 位和 64 位两种版本。

3）数据中心版：Windows Server 2003 数据中心版是为高级别的可伸缩性、可用性和可靠性要求设计的。该版本可作为数据库 、企业资源规划、大容量的实时事务处理和服务器合并等关键任务的解决方案，是微软功能最强大的服务器操作系统，也有 32 位和 64 位两种版本。

4）Web 版：Windows Server 2003 Web 版是为生成和发布 Web 应用、Web 页面和基于 XML 的 Web 服务而设计的。Web 版具有方便地部署和管理 Web 服务器和 Web 服务器托管的功能。

（2）Windows Server 2003 的主要特点

1）应用方便。Windows Server 2003 沿用 Windows 界面，用户熟悉，使用方便。系统向导简化了服务器角色的安装与日常管理，安装工具可以帮助管理员快速创建系统映像和服务器部署。

2）基础结构安全。活动目录中标识管理的范围跨越整个网络，利于确保整个企业网的安全。

3）高的可靠性、可用性、扩展性。通过改进原有功能和增加新功能，提高了可靠性。集群服务支持 8 节点的集群和地理分散的节点，提高了可用性。支持单处理器到 32 路系统，提高了扩展性。

4）技术新。Windows Server 2003 提供许多新技术，可帮助企业降低成本。

5）开发速度快。Windows Server 2003 中集成了 .NET 框架，能帮助用户生成高性能的 Web 应用程序，加快开发速度。

除此之外，还有一些特点，如管理工具稳定，内置 Web 服务器等。

（3）Windows Server 2003 的主要服务

1）活动目录服务：活动目录服务是 Windows Server 2003 的核心组件，它存储了有关网络对象的信息。网络对象包括用户、打印机、服务器、数据库、用户组、计算机以及安全策略等。活动目录使用了结构化的数据存储方式，以此对目录进行分层管理。

2）用户账户和组：用户账户是网络用户的唯一标识，组是用户账户的集合，通过对组设置权限和权利，可以自动赋予组内每个成员，简化了管理。

3）文件系统：数据一般以文件方式保存。文件系统是指操作系统中文件组织、存储、存取的综合结构。Windows Server 2003 首选的磁盘文件系统为 NTFS，也可以使用文件分配表文件系统 FAT16 和 FAT32。

4）打印服务：Windows Server 2003 支持两类打印：本地打印和网络打印。

5）Internet 服务：Windows Server 2003 提供多种 Internet 服务。Windows Server 2003 内嵌

IIS6.0WWW 服务器软件，同时集成了.NET 框架，支持新的网络服务规范，如超文本标记语言 XML、简单对象访问协议 SOAP、Web 服务定义语言 WSDL 以及通用描述发现和集成服务 UDDI 等。

Windows Server 2003 内嵌了邮件服务，可以作为 POP3 和 SMTP 邮件服务器。同时，还支持域名服务、FTP 服务、新闻服务以及动态主机配置协议（DHCP）服务等。

6）服务器集群：服务器集群是指将网络上若干个物理服务器通过网络进行联接，使得这些服务器共享磁盘、内存等资源，对外提供整体服务，从而提高服务的能力。Windows Server 2003 支持 8 节点集群。还支持网络负载平衡技术，在集群的各节点之间平衡网络负载。

2. UNIX

UNIX 系统是一种应用广泛的操作系统。虽然 UNIX 不能作为严格意义上的网络操作系统，但由于它具有通信功能，能提供给大型服务器作为操作系统使用，因此把它作为一种网络操作系统，并应用在广域网中。

在 20 世纪 80 年代，UNIX 主要用作小型计算机操作系统，以替代一些专用操作系统。进一步发展，成为一种可移植的操作系统，能运行在各种计算机上，包括大型机和巨型机。后来，UNIX 又发展成为一种新的有很强图形功能的工作站的操作系统。

UNIX 作为服务器操作系统，支持局域网上众多 PC 的访问。它采取了相应的通信技术，特别是 TCP/IP 和网络文件系统（NFS）。

UNIX 虽然并不具有网络操作系统的全部功能，但它提供了网络操作系统的基础，且具有成熟的应用开发环境。

（1）特点　UNIX 是一个通用的多任务、多用户的操作系统。运行 UNIX 的计算机能够同时支持多个计算机程序。UNIX 支持对用户的分组，系统管理员可以将多个用户分在同一个工作组中。

UNIX 操作系统有以下几方面的特点：

1）是一个多用户系统。

2）是一个多任务系统。

3）用户界面友好。

4）可移植性强。

5）具有很强的核外程序功能。

6）文件、目录和设备采用统一的处理方式。

7）可以直接支持网络功能。

（2）优点　在众多操作系统中，UNIX 在安全性和稳定性方面都有非常突出的表现。例如，使用 UNIX 的服务器很少出现死机和系统瘫痪等现象。其优点主要表现为：

1）安全性好。UNIX 对文件、目录、用户权限和数据都有非常严格的保护措施，目前很少有病毒能够入侵 UNIX 操作系统。

2）与 Internet 联接方便。UNIX 一开始就使用 TCP/IP 作为主要的通信协议，从而使它与 Internet 之间最早建立了紧密联系。

3. Linux

Linux 的发展和 Internet 的发展相辅相成，可以说，没有 Internet 就没有 Linux 的诞生和发展，而 Linux 的发展又大大促进了 Internet 的发展。由于它免费提供源代码和可执行文件，并且在 Internet 上公布，因此，吸引了众多 UNIX 行家为 Linux 编写了大量驱动程序和应用软件，使 Linux 成为一个相当完善的操作系统。

（1）*Linux 的发展* 1991 年 8 月，Linus Benedict Torvalds 发布了一个独立的、UNIX 类的免费操作系统，将这套操作系统的源代码放在了赫尔辛基大学的 FTP 服务器上公布。在网络上，任何人在任何地方都可以得到基本 Linux 文件。后来，网上的使用者将其不断完善，1994 年 3 月，形成了 Linux1.0 版本。

正是这种自由的氛围，使得 Linux 快速地成长起来，成为一个具有很强生命力的桌面计算机的 UNIX 系统。它能够运行 X 窗口系统、网络协议 TCP/IP、Emacs、UUCP 电子邮件和新闻组等软件。几乎所有的免费软件都已被移植到了 Linux 上，而且一些商业软件也在推出，越来越多的硬件得到系统的支持。

UNIX 的许多应用程序，可以很容易地移植到 Linux 上，几乎所有的主流程序设计语言都已移植到了 Linux 上。同时，UNIX 的绝大多数命令都可以在 Linux 里找到并有所改进。UNIX 的可靠性、稳定性以及强大的网络功能在 Linux 身上得到了充分的体现。

（2）*Linux 的特点* Linux 作为一个优秀的操作系统，具有许多特性。Linux 与 UNIX 兼容，通过 Linux 可以找到 UNIX 的几乎所有优点。此外，Linux 还包括 UNIX 所不具有的一些功能。

1）开放性。凡是遵循国际标准开发的硬件和软件，都能与之兼容，可方便地实现互联。

2）多任务。Linux 是一个多任务系统，可以给特殊任务指定较高的优先级。

3）多用户。多用户是指系统资源可以被不同的用户各自拥有和使用，即每个用户对自己的资源，如文件、设备等拥有特定的权限，相互不产生影响。多用户是 UNIX 的重要特性，也是 Linux 的一个重要特性。

4）设备独立性。设备独立性是指操作系统把所有外部设备统一当作文件来看待，只要安装它们的驱动程序，用户就可以像使用文件一样，操作、使用这些设备，而不必知道它们的具体存在形式。

5）强大的网络功能。Linux 为用户提供完善的、强大的网络功能。支持 Internet，免费提供大量的支持 Internet 的软件；用户可通过 Linux 命令进行文件传输；能为系统管理员和技术人员提供远程访问窗口。

6）良好的用户界面。Linux 向用户提供两种界面：用户界面和系统调用，方便系统管理和编程。

7）安全可靠。Linux 采取了多项安全技术措施，包括对读写进行权限控制、带保护的子系统、审计跟踪、核心授权等，为网络用户提供了安全保障。

8）可移植性。Linux 是一种可移植的操作系统，能够在微机到大型机的任何环境和平台上运行，而不需要另外增加通信接口。

9）与 UNIX 源代码兼容。UNIX 下的许多应用程序可以轻松地移植到 Linux 下，UNIX 的大多数命令可以在 Linux 中使用。Linux 支持一系列的 UNIX 开发工具，几乎所有的主流程序设计语言都已移植到了 Linux 下。

10）完全免费。Linux 内核程序、驱动程序和开发工具可以免费得到，用户可以根据自己的需要随意修改，通过编译其内核生成自己的操作系统。

4. Novell NetWare

1983年Novell公司发布了第一个局域网操作系统，实现了计算机之间共享硬盘和打印机等设备。之后，Novell公司一直提供NetWare产品。2003年Novell发布了NetWare6.5。

NetWare6.5属于新一代网络操作系统，主要有以下特点：

（1）代码开放　NetWare6.5是完备的源代码开放系统。

（2）基于标准的服务　NetWare6.5开放源代码、基于标准的服务有利于用户保护原有投资。当用户需要修改系统或应用程序时，可采用所包含的或因特网上提供的开放源代码工具，无需购买新软件或采用外包就可完成工作。

（3）Internet应用服务　NetWare6.5可以使用户快速开发和部署移动Internet服务。提供直观和可视的开发环境，减少了方案的部署时间和投资成本。

（4）虚拟办公室服务　NetWare6.5的Virtual Office是一个集成的自助服务产品组，包括多个产品。这些产品提供了网络打印、密码管理、文件备份、网上发布、信息管理以及同事间的高效沟通等功能。

（5）业务连续性服务　NetWare6.5能预防服务器故障导致的网络中断，先进的快照技术可以随时备份重要数据到中央存储库，无需中断网络。

5. 网络操作系统的选择

常见网络操作系统各有特色，用户应根据需要选择合适的网络操作系统，为此，可从以下几个方面考虑：

（1）性能和兼容性　Windows、Linux和NetWare可用于PC机，而UNIX多数只兼容某些型号的工作站，因此只适用于金融、电信等部门的核心网络。

NetWare对硬件要求不高，Windows在低配置的机器上不如NetWare稳定，但在硬件兼容性方面表现出色。

（2）网络规模　网络操作系统对网络用户的数量是有限制的，因此选择操作系统时要考虑对支持网络当前用户数量的稳定性，同时还要考虑适应将来网络规模的发展。

（3）远程通信质量　传输链路影响远程通信质量。各网络操作系统都提供了较多的远程通信工具，较新版本的Linux和NetWare本身集成了路由器、网关等功能。Windows要把外来的IP包转化为NetBIOS封装，其效率将会下降。

（4）安全可靠性　一般来说，Windows的安全可靠性要比其他同类产品稍差一些，但是，如果保密性要求不是很高，仍是可以满足要求的。相比之下，UNIX、Linux和NetWare的安全可靠性要比Windows高一些。

总体来说，Windows产品简单易用、界面友好、管理方便以及应用功能强大，中小型网络一般应选择Windows产品。对于高级应用或者要求很高的安全性和稳定性的大型网络，应选择UNIX。

11.4.4　综合布线系统

所谓综合布线就是用标准的、统一的、结构化的方式在建筑物或建筑群内布置各种系统的线路，包括数据通信系统、电话系统、报警系统、监控系统等，将它们综合为一种布线系统，进行统一布置，并提供标准的信息插座，以联接不同类型的终端设备。综合布线系统是一种标准的通用信息传输系统，为用户提供合理的布线方式。

1. 综合布线系统的特点

综合布线与传统的布线相比，有许多优点，主要表现为兼容性、开放性、灵活性、可靠性、先进性和经济性等。同时在设计、施工和维护等方面也带来了极大方便。

（1）兼容性　所谓兼容性是指可以适应各种应用系统。过去的布线往往是各系统之间都是互相独立的，不同的设备使用不同的配线材料，联接这些不同配线的插头、插座和线架各不相同，彼此互不相容。一旦需要改变终端或其位置，就要敷设新的线路，并安装新的插座。

综合布线将各种系统进行统一规划和设计，把它们综合到一套标准的布线系统中。因此，这种布线比传统的布线大为简化，可节省空间、时间和材料。使用时，通过在管理间和设备间的交接设备上做相应的接线操作，就可使终端接入各自的系统。

（2）开放性　传统的布线方式对应着特定设备，更换设备时，原来的布线系统也要更换。而综合布线由于采用的是国际标准，著名厂商的设备都支持这些标准，因此，更换设备不用更换布线，呈现出开放性。

（3）灵活性　综合布线采用标准传输线缆和联接硬件，能支持多种终端工作，用户组网可以灵活多样。

（4）可靠性　采用传统布线方式的各个应用系统是互相独立的，线路之间存在着各种交叉，容易形成干扰。综合布线所用原材料均通过 ISO 认证，构成的是高标准的信息传输通道。应用系统布线采用点到点端接，任何一条线路故障均不影响其他线路的运行，保障了系统的可靠性。

（5）先进性　综合布线均按世界上最新标准，采用先进线缆进行布线，整个系统具有先进性。

（6）经济性　综合布线能满足相当长时间的需求，不用随着设备的更换不断改造线路，能明显地节约资金。

2. 综合布线系统的构成

综合布线系统由六个子系统构成，它们是：工作区子系统、水平子系统、管理子系统、干线子系统、设备间子系统和建筑群子系统。

（1）工作区子系统　一个独立的需要设置终端的区域可划分为一个工作区。工作区子系统是将用户终端设备联接到综合布线系统的子系统，它包括信息插座及将用户终端设备联接到信息插座的各种配件。工作区子系统的信息插座能支持电话机、数据终端、计算机、电视机、监视器等终端设备的设置和安装。

（2）水平子系统　水平子系统由楼层平面范围内的信息传输介质组成。为了适应通信发展的需要，应采用4 对（8 芯）UTP 双绞线作为传输介质。水平布线的 UTP 长度限制在 90m（加上工作区子系统的 10m 长度，一共是 100m）之内。在有些场合，如果距离较远，超过 UTP 双绞线的作用范围，则应采用光纤作传输介质。

设计水平布线子系统时应注意：

1）走线必须使用线槽。

2）合理安排插座位置。

3）可采用多种类型的信息插座。

4）信息插座应在内部做固定线联接。

(3) 管理子系统 管理子系统设置在每层配线设备的房间内，由交连、互连、配线架及相关跳线等组成。管理子系统为联接水平线子系统和干线子系统等提供联接手段。通过交连可以安排或重新安排路由，更容易地管理通信线路，在移动终端设备时能方便地进行插拔。

管理子系统的设备通常由配线架、跳线模块、光电转换模块、光纤耦合器、交换机等组成。这些设备统一安装在配线机柜内，以便于管理。

通常，为了安全，管理子系统应设在一个专门的房间内，尽量避免他人干扰。管理子系统应位于楼层的适当位置，以保证联接设备与管理子系统的布线距离满足要求。

设计管理子系统应注意：

1）配线架的规格由配线数决定，配线数由管理的信息点数决定。

2）配线架和网络设备（交换机、集线器等）应统一放置在配线柜中。

3）交换区应有良好的标记，如位置、区号、起始点、功能等。

4）对于需要经常重组的线路宜采用插接方式。

5）对于较小修改、移位或重新组合的线路宜采用夹接方式。

6）在交接场之间应留出空间，以便容纳未来扩充的交换部件。

(4) 干线子系统 干线子系统是综合布线系统的骨干，负责管理子系统到设备间子系统的联接。一般地，干线子系统都是垂直分布的，通常选用光纤或大对数 UTP 双绞线电缆作传输介质。

对于大楼宇且每一楼层的信息点很多时，垂直干线必须使用光纤，以避免产生信息传输瓶颈。如果干线位于同层建筑物内，且总传输距离（垂直布线距离与水平布线距离之和）不超过 100m 时，主干线可以使用大对数双绞线电缆。

设计干线子系统时应注意：

1）干线子系统一般采用光纤，以提高数据传输速率。

2）光纤可以是单模的，也可以是多模的。

3）干线光缆在竖井中敷设时要外套保护管（如 PVC 管）。

4）干线光缆弯曲要有一定弧度，以免光缆受损。

5）干线也可以使用大对数 UTP 双绞线电缆。

(5) 设备间子系统 设备间子系统是集中安装大型通信设备（如大型计算机等）的场所。设备间子系统即是安装在机房中的布线系统，实际上是一栋大楼内的信息交换与控制中心。

设备间子系统一般由配线架、跳线模块、光电转换模块、光纤耦合器、交换机、局域网服务器等组成，它们通常安装在配线机柜中，通过跳线把水平布线子系统、管理子系统和干线子系统与每个工作区子系统联接起来，使整幢大楼的所有信息点连成一个整体，构成网络。

设计设备间子系统时应注意：

1）设备间的建设标准应按机房建设标准设计。

2）设备间应有独立于建筑物的接地装置。

3）设备间应有良好的温度和湿度。

4）设备间的设备应放置在专门的配线机柜中。

5）设备间内的所有进线终端宜采用色标区别各类用途的进线区。

6）设备的位置、大小应根据当前的需要和未来的发展综合考虑确定。

（6）建筑群子系统　建筑群子系统是用来联接分散建筑物的综合布线系统，包括联接建筑物的缆线和配线设备，用于支持楼宇间的通信。

建筑群子系统宜采用光缆，也可采用粗缆、细缆或屏蔽双绞线，但应注意雷击和电磁干扰。室外敷设电缆一般采用架空、直埋和管道铺设三种方式。

设计建筑群子系统应注意：

1）建筑群子系统一般采用光缆。信息点较少时，可使用屏蔽双绞线或同轴电缆。

2）光纤可以是单模的，也可以是多模的。

3）光缆弯曲必须有一定弧度，以免光缆受损。

3. 综合布线系统的等级

综合布线系统有三类等级：基本型、增强型和综合型。

（1）基本型　基本型适用于综合布线系统中配置标准较低的场合，使用双绞线电缆组网。

1）配置：

① 每个工作区有一个信息插座。

② 每个工作区的配线电缆为1条4对双绞线。

③ 采用夹接式交接方式。

④ 每个工作区的干线电缆至少有1对双绞线。

2）特点：

① 能支持话音和数据的应用，是一种富有价格竞争力的综合布线方案。

② 应用于话音、话音/数据或高速数据。

③ 管理方便。

④ 能支持各种计算机系统的数据传输。

（2）增强型　增强型适用于中等配置标准的综合布线场合，用双绞线电缆组网。

1）配置：

① 每个工作区有两个或两个以上信息插座。

② 每个工作区的配线电缆为2条4对双绞线。

③ 采用夹接式或插接式交接方式。

④ 每个工作区的干线电缆至少有2对双绞线。

2）特点：

① 每个工作区至少有两个信息插座。

② 任何一个信息插座都可提供话音和高速数据应用。

③ 可利用端子板进行管理。

④ 是一种能为多个数据设备创造部门环境服务的经济有效的综合布线方案。

（3）综合型　综合型适用于综合布线系统中配置标准较高的场合，用光纤和双绞线混合组网。综合型布线系统是在基本型和增强型基础上增设了光缆系统，能适用于规模较大的智能大厦。

4. 综合布线系统工程设计要求

在进行综合布线系统工程设计时，应按以下要求进行：

1）选用电缆、光缆、配线、跳线、联接器等，均应符合国际标准，确保系统指标。

2）选用产品指标应高于系统指标，以确保满足系统总体指标要求。但不是指标越高越好，选得太高，会增加工程造价，要恰如其分。

3）详细记录与综合布线系统相关的硬件设施的工作状态信息，这些状态信息包括：设备和线缆的用途、使用部门、局域网的拓扑结构、信息传输速率、终端设备配置状况、硬件编号、色标、链路功能和各项主要参数、链路状态、故障等。此外，还应记录设备位置、线缆走向、建筑物的名称、位置、区号、楼层号和房间号等内容。

4）在设计时，全系统所选用缆线、跳线、联接线、联接件等必须与确定的类型相一致，例如，采用屏蔽措施时，则全系统都必须按屏蔽系统进行设计，所有部件都应是屏蔽的，且要求接地良好，这样才能保证屏蔽效果。

11.5 局域网设计

由于网络技术发展迅速、网络设备推陈出新快，再加上网络环境的多样性，使得网络设计成为一项比较困难的工作。虽然前面介绍了一些网络设计的原则，但真正把这些原则落到实处，还有很多工作要做。本节介绍局域网设计中应考虑的一些问题。

11.5.1 服务器的功能与位置

成功地设计一个网络，其中一个关键在于设计者要了解网络对服务器功能与位置的要求。服务器提供文件、打印、通信和应用等服务，是网络的核心。服务器的运行方式不同于工作站，它运行特定的操作系统，例如，Windows、UNIX、Linux 或 Netware 等。当然，一台服务器也可以只提供一种功能，这取决于构建的网络模式。

服务器可分为两类：工作组服务器和企业服务器。工作组服务器只为特定用户群提供服务。企业服务器支持所有用户提出的服务要求，提供网络的核心功能。

由于二者的功能不同，它们在网络上所处的位置也不同。企业服务器要放置在网络的主配线设备（Maindistribution Facility，MDF）上，它的流量只发送到 MDF。通常情况下，工作组服务器应放置在距应用其服务的用户群最近的中间配线设备（Intermediate Distribution Facility，IDF）上。数据流只通过网络传输到 IDF，而不影响网络其他用户。网络的第二层交换机应为企业服务器和工作组服务器分配 100Mbit/s 或更大的带宽。

11.5.2 拓扑结构设计

由于目前星形及其拓展形式的网络应用广泛，因此重点讨论星形网络拓扑结构的设计。

1. 一层交换结构

对于多数桌面应用来讲，100Mbit/s 的传输能力在未来几年内都是够用的。这意味着典型的群组可以使用基本的 100Mbit/s 以太网交换机，附带一些 1Gbit/s 端口或者具有宽带信道功能，就可以和一个或多个本地文件服务器 S 相联接了。图 11.3 示出了用一台 100Mbit/1Gbit/s 的以太网交换机的情况。

2. 两层交换结构

当应用范围从一个群组扩大到几个群组时，可考虑使用两层交换式网络。第一层交换机专门支持特定的群组，包括本地服务器。第二层交换机为主干交换机，被用来联接群组交换机，如图 11.4 所示。

3. 多层交换结构

在两层以上可以考虑使用路由器联接地理上分散的部门。这样就形成了多层交换网络，如图 11.5 所示。

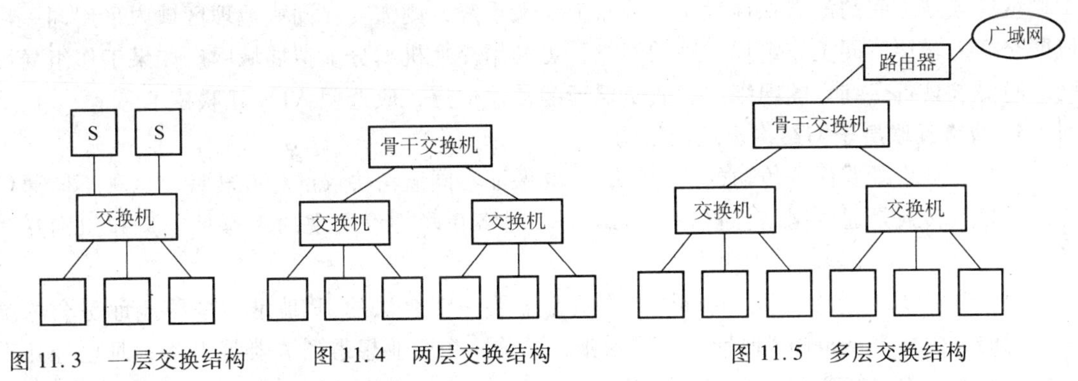

图 11.3 一层交换结构　图 11.4 两层交换结构　图 11.5 多层交换结构

11.6 Intranet 设计

Intranet 建设的目标是以信息技术为手段，把分布在不同地理位置的资源组织起来，形成一个不受时间和空间约束的统一的实体。它可能涉及到局域网或者局域网与广域网之间的互联，其覆盖的地理范围可以是几 km、几十 km、几百 km 甚至更远。它既是建设一个集计算机网络技术与各类信息的收集、传递、加工、处理为一体的信息枢纽中心，又是一项为企业的生产、经营、产品开发及领导决策服务的综合性工程。

1. 工作组局域网

工作组局域网常用技术包括：对于高宽带要求的站点，例如视频点播、视频会议协同工作环境，当带宽要求大于 3Mbit/s、利用率超过 50% 时，应采用 ATM 或交换局域网技术。对于 C/S 应用结构，应保证带宽平衡，Server 端联接的带宽不应小于各接入带宽之和的 50%。要求具有带宽预留功能时，可采用 ATM 技术。各站点要求有公平的访问权力时，可采用令牌环网技术。如果要求工作组局域网经费最节省，可采用以太网技术，并且使用集线器联接站点。

2. 楼宇网络

楼宇网络是一种局域网互联结构，它基于建筑物内已有的或者新设计的布线结构进行设计，同时还要考虑楼宇内信息中心的设置，局域网之间应采用的安全策略，网络互联模式（网桥、路由器或者网关互联）和结构。

楼宇网络设计常用的技术方案包括：楼宇内传输距离如果小于 100m，可采用双绞线作为传输介质。如果楼宇内电磁干扰严重，应采用光纤作为传输介质。如果楼宇内传输距离大于 100m，可采用互联设备互联或采用光纤作为传输介质。当相同类型的工作组局域网互联时，如果可以共享带宽，且无安全控制要求，只是由于工作组局域网覆盖的距离不够，则可以采用集线器级联方式扩展网络。如果工作组局域网需要独立的传输带宽，则可通过网桥或交换机联接。当不同类型的工作组局域网互联时，如果互联的工作组局域网较少，且各工作组局域网之间不需要提供安全访问控制措施，但是，各工作组局域网之间要求快速数据传输，则可采用支持多种局域网接口的网桥或交换机互联。如果互联的工作组局域网较多，且各工作组局域网内部有较多的广播报文分组，或者工作组局域网之间需要较为严格的安全访问控制，同时在工作组局域网之间没有多媒体数据传输，可采用路由器进行互联。如果不同工作组局域网之间的站点在地理位置分布上交叉重复，则需要在同一地理区域内采用同一局域网交换机联接不同工作组局域网的站点，可利用交换机划分虚拟局域网。如果工作组局域网之间要求具备点到点的网络服务质量保证的传输信道，应选用 ATM 互联技术。

3. 网络互联层子网结构及地址结构

互联的网络既要保证传输的连通性，又要保证不同通信协议的相互转换。这种不同通信协议的相互转换是通过网络互联协议实现的。网络互联协议实现的关键是定义和识别互联子网。

（1）IP 地址　每个访问 Intranet 的主机都需要一个合法的 IP 地址，这种地址是全球统一分配的。由于 Internet IP 地址资源的紧张，目前一个企业想得到 A 类或 B 类地址已经几乎不太可能，一般只能争取一个或几个 C 类地址。Intranet 可能是一个覆盖全国，甚至是全球的庞大网络，一个或几个 C 类地址远远不能满足需求。因此，一般采用合法 IP 地址与内部 IP 地址结合使用的方法。

Intranet 的服务子网可采用合法 IP 地址，以便于 Internet 用户的访问。在 Intranet 内部可采用一个 A 类地址，每个 Intranet 内部用户访问 Internet 时，可动态地分配一个合法的 IP 地址。这样不仅解决了合法 IP 地址不足的问题，同时也给网络带来了安全，因为内部 IP 地址对 Internet 是不可见的。

（2）DNS 域名管理　域名需要一台主域名服务器和至少一台备份域名服务器来管理。所有域名资料的更新都由主域名服务器完成，备份域名服务器保存备份并跟踪主域名服务器的数据更新，自动与主域名服务器保持一致。两台以上的域名服务器来管理域名，一方面分流了域名查询信息负担，加快了整个系统的响应速度；另一方面保证了 Intranet 运行的可靠性，因为几乎所有的 Intranet 响应都是依赖域名管理来实现的。

在建立 Intranet 域名管理体系时，要注意以下几点：

1）在起步阶段，首先建立 Intranet 信息中心，配备主域名服务器和备份域名服务器。

2）对用户较多，发展较快的部门或地区，本地主域服务器应放置在 Intranet 信息中心，并由一台功能强大的大型服务器来完成其域名服务，统一管理所有部门或地区的域名，而本地的域名服务器仅完成备份域名服务器的功能。

3）在全面建设阶段，各部门内部的域名管理完全由部门内的域名服务器完成，同时由 Intranet 信息中心对各部门的域名系统作相应的备份。

在 Intranet 中，应采用双域名服务器机制，一个内部 DNS 用于解析内部名字，一个外部 DNS 用于解析外部名字。内部名字可通过下述策略对外部用户隐藏起来：

① 外部域名服务器只对有限的几个内部主机有主入口。

② 外部域名服务器不能对内部域名服务器发出查询。

③ 内部域名服务器能够查询外部域名服务器。

通过上述办法，可使内部域名服务器被限制于只为内部用户解析内部名字，而外部用户不能得到任何内部名字情况，从而保证了系统的安全。

4. 网络管理系统

网络管理系统设计包括：网络总体管理模式设计，管理中心的设置，关键网络管理节点的设置，以及网络节点管理功能的设置。应注意在网络规划和设计的同时，规划和设计 Intranet 的管理结构，使得网络可以被有效地监视、控制和管理，以便高效、安全、可靠地运行。

5. 高层应用协议结构及协议转换结构

Intranet 高层应用协议结构的设计是基于网络互联协议的，其高层应用协议对 Intranet 的网络节点呈透明性，高层应用协议仅仅关系到企业网服务器的系统平台对高层协议的需求。如果企业网上有分布式数据库系统或者网络文件系统，而且不同数据库服务器或者文件服务器上采用不同的高层应用协议，则需要设计高层应用需要的转换结构，以便实现企业网内信息的透明传输。

前面叙述的设计步骤 1 ~ 3 是企业网基础设施的设计。为了使得企业网具有可用性，必须在设计企业网基础设施的同时，还应设计企业网的总体管理和控制结构，这是步骤 4 的设计内容。应该说，前四个设计步骤就可以完成企业网的全部设计。当网络要面向应用时，设计步骤 5 则是必须的。

11.7 网络互联设计

网络互联主要是解决一个网络上的设备与另一个网络上的设备之间的通信问题。由于不同的网络处于不同的地点，且不同的网络可能使用不同的协议，还有，不同用户的网络互联有不同的要求，因此，网络系统互联设计将是一项技术性很强且很复杂的工作。

11.7.1 基于中继器的网络互联

使用中继器互联的网络在物理上仍是一网络，所以在总线型网络互联时，必须符合 CSMA/CD 网络线路设计规则。

图 11.6 示出了利用中继器互联不同介质的网络的情况，这里包括 10Base-T 、10Base-F 和 100Base-T 等。其中 UTP 长度限定为 100m，光纤长度限定为 2000m。

11.7.2 基于网桥和交换机的网络互联

1. 基于网桥的以太网互联

一个典型的利用网桥互联以太网的拓扑结构如图 11.7 所示。这里使用了两种网桥：一种是本地网桥，用于联接本地两个 LAN；另一种是远程网桥，用于联接两个远程 LAN。

由于网桥允许广播包通过其发送，在图 11.7 的设计中，广播包可能会通过网桥无限循环。为了防止这种情况的发生，网桥要使用生成树协议，关闭相应的链路，使网络中任意两点之间不存在逻辑环路。图中 × 表示被生成树协议关闭的链路。

网桥可以联接不同类型的 LAN，例如，LAN1 可以是 10Base-T 以太网，而 LAN2 可以是 100Base-T 以太网。因为网桥可以接收完整帧，检查其内容后重新发送。能够处理多种速率

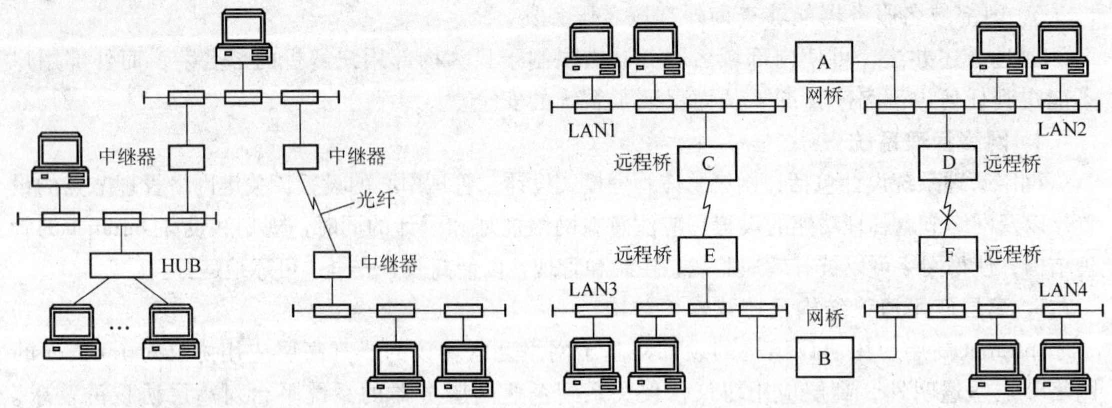

图 11.6 中继器互联

图 11.7 网桥互联以太网

的网桥一般都能够检测 LAN 的速率并自动进行匹配。

2. 基于局域网交换机的网络互联

利用局域网交换机进行网络互联，根据应用环境可有不同的互联方式。图 11.8 示出了一种分布式服务器的网络互联。在这种应用环境，每个部门都有自己的服务器，而且大部分数据都是在部门内部的服务器上进行处理。这样，每个部门可以配备一台局域网交换机，部门内的计算机直接或者通过集线器间接连到局域网交换机上，服务器联接到 LAN 交换机的高速端口上，部门之间由于交换的数据相对较少，可通过一般端口相互联接。

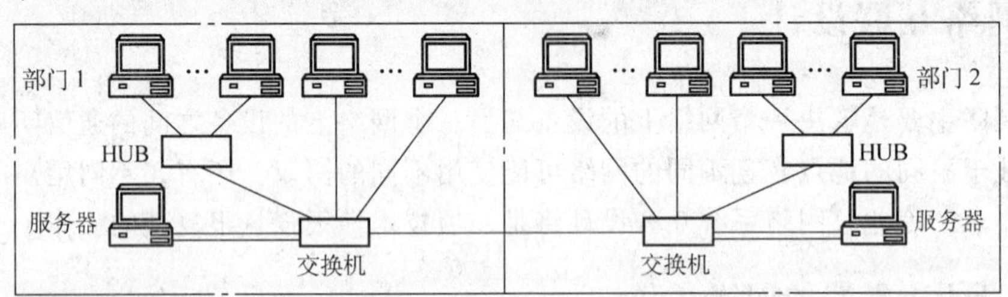

图 11.8 交换机互联 LAN

如果服务器采用集中放置的方式，各部门的服务器放置在网络中心，则各部门必须配置带有高速端口的 LAN 交换机，才能真正发挥 LAN 交换机的作用，集中放置服务器的 LAN 互联如图 11.9 所示。

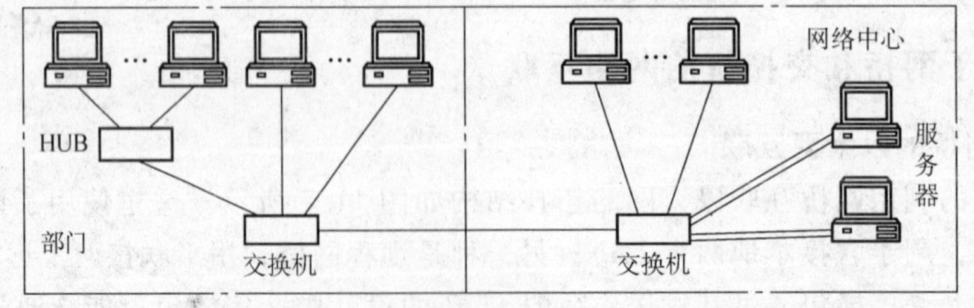

图 11.9 集中式服务器的 LAN 互联

11.7.3 基于路由器的网络互联

路由器是基于网络层协议的网络互联设备。路由器为网络互联和网络扩展提供了方便，它可以用于互联异构的网络。

1. 路由器互联物理网

目前广泛采用的一种网络互联技术是以交换机为中心，将路由器放到网络的边缘，通常用于联接广域网，如图 11.10 所示。这种网络互联结构，基于协议 IP 进行子网划分，利用 IP 进行网络互联，同时路由器兼有防火墙的功能。

2. 路由器互联 VLAN

基于 LAN 交换机的 VLAN 可以根据需要划分广播域。每个 VLAN 是异构独立的广播域，广播报文被限制在异构 VLAN 中，不同 VLAN 的站点不能通过广播报文相互发现，因而也就不能相互通信。这样，每个 VLAN 可被看做是一个孤立的网段。

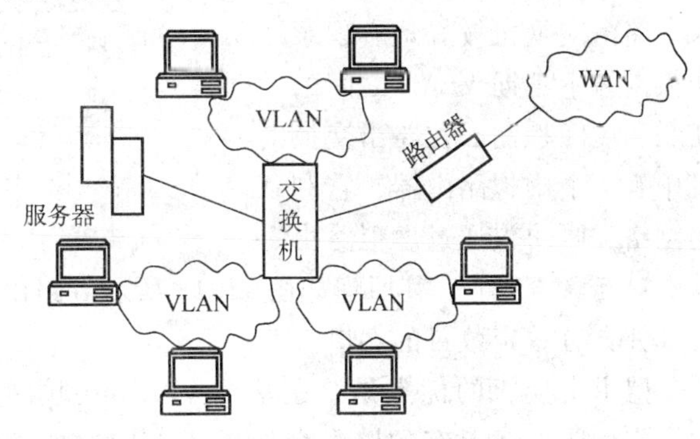

图 11.10 路由器互联网络

交换局域网的路由功能可通过两种方式实现：一种是通过在一个网络端口上支持多个 VLAN 的路由器，实现 VLAN 之间的互联；另一种是通过具有路由功能的局域网交换机实现不同 VLAN 之间的互联。这种具有路由功能的局域网交换机称为“路由交换机”。

（1）*基于路由器互联* 采用路由器互联 VLAN 有两种方案：一种是基于物理端口互联不同的 VLAN；另一种是基于虚拟端口互联不同的 VLAN。

1）基于物理端口互联 VLAN：利用路由器物理端口互联不同 VLAN 的方案如图 11.11 所示。路由器每个物理端口联接一个交换机端口，每个交换机端口对应一个 VLAN，不同的 VLAN 通过路由器实现基于特定网络互联协议的相互联接。

这种方案的缺点是要占用较多的路由器和交换机物理端口，由于路由器端口成本较高，所以这种方案互联成本也较高。此外，路由器不是端口密集型设备，当 VLAN 超过一定数量后，这种互联方案则会比较麻烦。

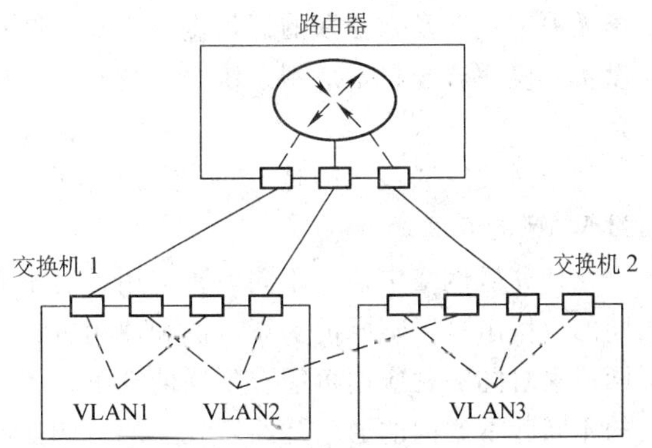

图 11.11 路由器物理端口互联 VLAN

2）基于虚拟端口互联 VLAN：通过路由器虚拟端口互联 VLAN 的方案如图 11.12 所示。该方案要求路由器必须具有支持多个 VLAN 的高速端口。支持 VLAN 的局域网交换机通过上连端口（这种端口也是可以支持多个 VLAN 的“主干”网口）与路由器上支持多个 VLAN 的高速端口联接，在路由器上与每个 VLAN 对应的虚拟端口通过网络互联协议相互联接，从而也可实现 VLAN 之间的互联。

路由器虚拟端口互联 VLAN 方案的优点是：互联的 VLAN 数目不受路由器物理端口数目的限制，仅受路由器端口和交换机上连端口可以同时支持的 VLAN 数目的限制。这种方案的缺点在于，互联 VLAN 的路由器端口或者交换机上连端口到路由器的联接信道，可能会造成系统的瓶颈。另外，如果专门为互联 VLAN 而设置一台或多台较高性能的路由器，将会使投资加大。

(2) 基于路由交换机互联　路由交换机较好地实现了交换网络中不同 VLAN 之间的互联和访问控制。在路由交换机中有一个虚拟路由器，它利用网络互联协议通过虚拟路由器端口互联 VLAN，其原理如图 11.13 所示。路由交换机中的虚拟路由器可以支持几种路由协议并具有一定数目的端口。

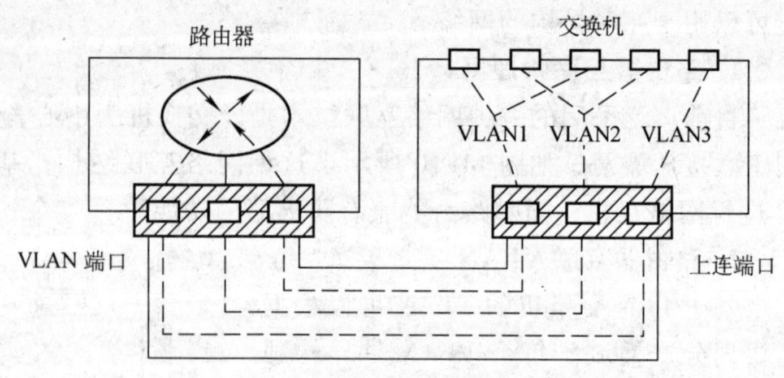

图 11.12　路由器虚拟端口互联 VLAN

路由交换机的优点是：在整个 VLAN 互联网中没有性能瓶颈，有的路由交换机还支持虚拟路由器的冗余备份。另外，这种互联方案具有较好的性能价格比。但是，目前这种路由交换机中的虚拟路由器还不具备路由器的全部功能。

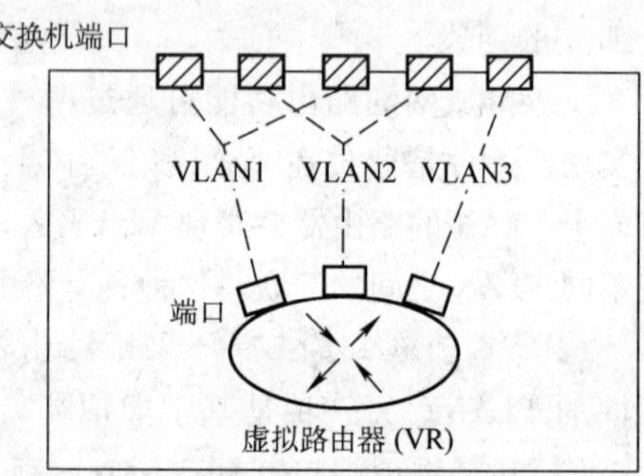

图 11.13　路由交换机

11.7.4　基于网关的网络互联

中继器、网桥（包括局域网交换机）和路由器分别实现物理层、数据链路层和网络层的网络互联，这些设备所完成的功能与互联网络的应用系统无关，只涉及到互联的通信网络本身的结构。而网关则不同，它属于应用系统之间的转换设备，仅适合于特定应用系统之间的互联。所以网关是为特定应用而设计的，成本一般比较高。

利用网关互联最多的是 LAN 之间的互联或者 LAN 与 WAN 之间的互联。下面介绍 LAN 通过 WAN 的互联。

在计算机网络中，对于同一种应用常有不同的标准化组织对其分别进行标准化，这导致相同的应用出现了不同的实现方法和使用方式。另外，还有些应用是建立在标准推出之前，不同厂家对同一种应用可能有不同的理解，因而也导致了同种应用具有不同的功能。同种应用的不同版本之间的通信是经常发生的。例如电子邮件系统，不同的标准对邮件的处理方式是不同的，ISO 推出的电子邮件系统是基于消息处理系统（Message Handing System，MHS）的，IETF 推出的电子邮件系统是基于 Internet 的 SMTP（Simple Mail Transfer Protocol）的，不同的局域网中还可能有各自专用的邮件系统，彼此之间欲进行邮件通信，就不得不利用邮件网关将它们联接以实现不同邮件系统的转换。图 11.14 给出了基于网关的具有不同邮件系统的 LAN 之间的互联。

在这个互联网络系统中，不同的 LAN 通过 WAN 互联，LAN 包含有不同的邮件应用系统，通过网关实现不同邮件系统用户之间的邮件交换。在此例中是将不同的邮件系统通过网关转换为 MHS 邮件系统，同时还设置 MHS 应用服务器作为访问其他系统的网关，并存储用

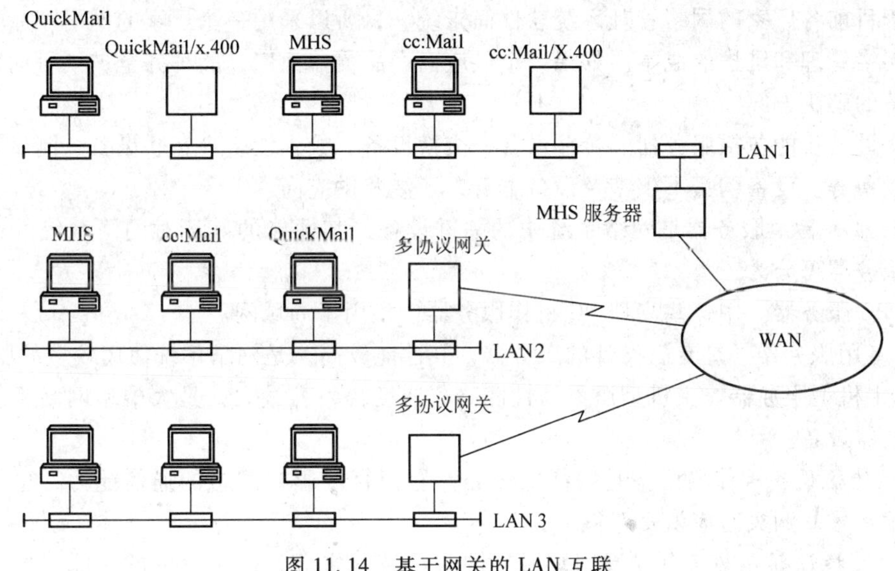

图 11.14 基于网关的 LAN 互联

户转换邮件。

此例中利用 MHS 作为所有邮件的转换基础，当网络再增加新的应用时，只需建立对 MHS 的转换网关，就可实现它们之间的互通。这里还采用了多协议网关来支持多种应用系统之间的转换，图中 LAN2 和 LAN3 就是采用的多协议网关方式。

11.8 网络系统实现

网络系统实现是将网络的具体设计方案变为实际可用的网络系统的过程。在完成了网络设计之后，接下来的工作就是具体落实和实施该设计方案。在网络系统实现阶段，要进行网络设备和软件的购买、安装、调试、培训和切换等工作。

1. 软件购买

要组建一个网络，就必须购买网络操作系统软件、相应的应用软件、管理软件、工具软件以及有关的协议软件等。为了保证网络系统的顺利实施和网络系统性能，需要对多个供应商的软件价格、技术支持、售后服务等方面进行比较，择优选购。

2. 设备购买

网络设备购买在网络建设中可采用这两种模式：集中购买和分散购买。集中购买是由网络建设单位统一规划购买；分散购买是由网络建设单位所涉及的各部门独立购买。集中购买利于整体网络系统建设的优化，分散购买仅注重部门级系统建设的优化。随着网络信息技术应用水平的提高，目前网络建设倾向于统一规划、集中购买模式。

由于网络建设涉及的产品较多，技术较为复杂，需要对多种产品进行集成，因此就要面对产品供应商和系统集成商。

设备购买的第一步是选择产品和产品供应商，第二步是系统集成和选择系统集成商。但通常的做法是由系统集成商提出系统集成方案和建议采用的产品。这种方法要求系统集成商应具有所建议产品生产厂家的代理资格授权证书，以保证可靠和长久的服务。

由于目前各厂家的网络管理系统软件尚未统一，所以采用一个厂家的网络产品，可以大大降低网络管理和维护的成本。如果一个供应商产品覆盖面广，品种齐全，则可向用户提供一套完整的解决方案。

网络设备可能包括服务器、传输设备、交换设备、接入设备、互联设备、测试设备和网络布线设备等。设备购买不仅涉及设备本身，还涉及供应商。

（1）服务器　服务器是网络系统中的关键设备，其性能的好坏对网络系统的性能影响很大。服务器可分为三类：

1）PC 服务器。用一些高档 PC 机作服务器，多用于局域网。

2）专用服务器。是专门设计的服务器，其性能较高，是网络系统使用较多的服务器。

3）主机型服务器。主机型服务器性能高，速度快，容量大，是大中型网络系统中使用较多服务器设备。

（2）传输设备　传输设备是网络的核心，它们直接影响网络的通信能力，也体现了网络的技术水平。购买时应认真对待。

（3）交换设备　网络有局域网、城域网和广域网之分，由于它们的性能不同，所采用的交换设备也不同。应根据不同的需要，选择不同功能和技术水平的交换设备。

（4）接入设备　由于网络的规模不同，故所采用的接入技术也不同。接入设备有有线接入设备和无线接入设备，有直接接入设备和间接接入设备，应根据实际需要选取。

（5）互联设备　网络互联设备有多种，按照网络互联类型和层次，选取合适的互联设备，如交换机常用于局域网，路由器常用于广域网等。

（6）测试设备　网络测试分为电缆测试、信道测试和网络系统测试，每种测试都有专门的仪器，要有针对性地购买。

（7）网络布线设备　网络布线系统是网络的中枢神经，也是网络信息的载体。网络布线设备的质量和传输介质的好坏，将直接影响网络系统的整体性能。

（8）供应商选择

1）性能/价格比。在满足技术性能要求的条件下，价格就是关键因素。

2）售后服务。包括保修期限，维修服务方式等。

3）厂商信誉。包括技术、经济实力和市场占有份额等。

4）交货日期及信用保证。应能保证如期交货。

5）技术支持和培训。应能提供相应的技术支持和用户培训等服务。

3. 设备验收

在网络施工之前，必须对网络设备的功能和性能进行认真测试验收，以保证购买的产品能够很好的支持网络运行。设备到货验收必须由网络管理部门负责。网络管理部门指定专门人员与设备供应方人员，根据订货清单，核对到货设备的产品名称、编号、数量和设备完好情况。

设备到货验收完毕后，设备的所有权归属于企业，但设备使用权还是属于负责网络安装和调试的系统集成商。所以，在网络安装之前，不能开启原包装箱，分发网络设备。

4. 传输线路申请

如果建设的网络要联接广域网，就必须利用专用或公用通信线路实现网络的联接。通信线路可以由公用数据网、专用数据网或者电信部门的通信网提供。

5. 电缆铺设

电缆铺设是指在网络覆盖范围内铺设网传输介质，如光缆、双绞线等。铺设电缆的原则是：

1）按照网络建设总体规划，一次设计、施工到位。

2）设计和施工要留有余量，以便备用和扩展。

3）结合近期和长远发展规划，采用合理的技术方案。

6. 场地准备

场地准备应注意以下几个环节：

（1）*地线*　机房和安装网络设备场地的地线质量好坏，直接影响网络运行的安全和可靠性。网络设备地线应与强电设备（如空调、大电机、电梯等）地线分开，也要与强电磁干扰设备（如无线电台、日光灯等）地线分开，且地线的接地电阻应小于1Ω。

（2）*电源*　电源系统要采用不间断电源。不间断电源的额定输出功率应大于实际消耗功率，最好留有50%～100%的富裕量。电源线应穿管铺设，并注意与网络传输线保持30cm以上的间隔，以防强电对网络传输的电磁干扰。

（3）*运行环境*　设备运行环境是设备可靠运行的保证。运行环境包括温度、湿度和灰尘等指标。应采用防尘、防潮、恒温等措施，以保证运行环境符合设备安全运行要求。

（4）*设备联接电缆*　设备联接电缆是指机房和网络设备安装点设备的联接电缆，包括与主干设备的联接电缆，与桌面设备的联接电缆、与广域网联接的电缆以及与访问外部服务器的联接电缆等。要求电缆布线结构合理、走向清楚、标记明确、易于排错和扩展。

（5）*安全*　网络安全防范包括严禁无关人员对网络设备的接触，防止静电、雷电对设备的损坏，防火灾、水灾的发生等

为了便于网络设备的维护、线缆的联接以及网络设备的安全管理，机房中通常配置设备安装机架，机架可以配置风扇、走线槽、安全锁、电源插座等。

这些仅是场地准备的一般要求，实际的场地可能还会有其他特殊要求，此时，应根据系统集成商提供的技术手册进行设计和施工。在场地准备完毕后，应由系统集成商进行场地测试，确保场地满足实际要求。

7. 培训

为了便于用户网络管理维护人员和实施人员尽早地参与网络的实现和维护，用户培训应在网络系统安装调试之前开始分阶段进行。培训是指对相关人员的技术培训，包括初级培训、现场培训和高级培训三类。

（1）*初级培训*　初级培训是在系统安装调试之前进行的培训，目的是在系统安装调试时，使用户的实施人员具备相应知识。

（2）*现场培训*　现场培训是指在系统安装时，由设备和软件供应商及系统集成商的技术人员对用户方相关人员的现场指导和问题解答。现场培训的时间一直持续到系统正式投入运行为止。

（3）*高级培训*　高级培训的对象是用户的主要管理和维护人员，培训应在系统正常运行之后进行。

8. 安装和调试

网络系统的安装和调试是网络实现过程中的重要步骤。在安装和调试过程中，应注意以

下几个方面：

（1）环境　安装和调试必须在网络实际运行环境下进行。

（2）新老网络的集成问题　在安装和调试新网络时，必须考虑新网络与原有网的集成问题，以减少网络管理和维护的开销。

（3）网络配置技术方案　在系统安装和调试前，系统集成商应与网络管理维护人员讨论和确定网络的配置技术方案。主要包括：参照设计方案，根据网络的应用和管理需要，结合现有网络的配置，设计子网划分、虚拟局域网划分、IP 地址配置、网络设备和主机命名、路由选择等方案。这些工作可使网络安装和配置参数一次到位，减少安装和调试周期。

（4）分步实施　系统的安装和调试可按主干网、部门网和接入网的顺序，由近而远地分步安装和调试。广域网和园区网的安装和调试也要分步进行。

（5）标记　在系统安装调试时，应标记每台设备的名称、子网地址、IP 地址等。在安装调试后，提交网络最终实现结构图，标明图中各设备的名称、子网和 VLAN 的划分、IP 地址的分配等技术参数，供测试和验收使用。

（6）文档　在安装调试时，如果对网络联接作了变动，对变动原因和变动方案需建立文档。

9. 测试和验收

（1）测试　要以集成的形式对网络系统进行测试，即同时对网络软件和硬件进行测试，并加载运行，测试网络的最大运行效率。通过测试，发现问题，调整网络。集成测试要确保网络系统的所有部件、所有功能都能有效、正常地工作，以达到设计指标要求。系统测试应按指标逐一进行。系统测试包括特定功能的测试和整体功能的测试。

1）特定功能测试：特定功能测试是针对网络的具体技术指标，如可支持的 VLAN 数、IP 子网数、站点数、可同时提供的拨号访问网络的远程站点数、跨 VLAN 的访问功能、网络链路备份功能、多个主机间互为备份功能、特定访问控制功能等。

网络系统的特定功能测试是十分具体的测试，可在网络安装调试后立即进行。特定功能测试应由系统集成商和网络管理维护人员共同参加，由网络管理维护人员负责测试和提供测试报告。对于较大型的网络，最好由具有网络技术和产品专业技能的第三方参与，并负责提供测试报告。测试内容要齐全，测试环境要符合实际应用环境，并且不能脱离网络设计和实现的技术方案。

2）整体功能测试：整体功能测试包括：

① 连通性。这是网络的基本功能。在 TCP/IP 网络环境下，可通过 ping（数据报的传递）和 ftp（文件的传输）命令来实现，分别测试网络传输单个报文和成批报文的能力。

② 可管理性。这是网络的一个必备功能，包括本地网络管理、远程网络管理、通过串行接口或者其他维护接口的带外（Out-Band）管理和通过网络传输信道的带内（In-Band）管理。在系统的特定功能测试中，可能也进行了集中网络管理软件的功能测试，但那是针对具体网络管理系统进行的测试。这里的网络可管理性不仅是指集中的、自动的网络管理，而且还包括其他方式的网络管理。

③ 稳定性。网络系统必须连续试运行 200 小时以上无异常情况发生，特别是不应出现网络中断情况。在试运行过程中，网络必须执行相应的应用或者模拟应用，网络系统应有相

当的负荷量。

④ 可靠性。在网络试运行过程中，必须通过网络管理软件监视和记录网络上的差错和故障发生情况，确定有无非正常差错和异常事件出现。在特殊配置的可靠网络环境下，可通过人为设置一些故障，判断网络的故障恢复功能。

⑤ 安全性。网络对用户和网络管理员进入系统能否提供安全严密的身份验证机制；不同身份的用户进入网络系统后，是否可以赋予不同的网络访问权限。一般用户应无法以网络管理员身份进入网络，无法随意修改网络系统配置和使用网络资源。

⑥ 吞吐量。通常利用多个站点的大批文件传输来测试网络吞吐量。在测试吞吐量时，应区别网络服务器的吞吐量和网络本身的吞吐量。

网络系统的整体功能测试是在一段时间内对网络系统总体功能的测试。对于可用性要求较高或运行环境比较复杂的网络，应进行整体功能测试，以保证网络稳定可靠运行。

网络系统测试后应提交测试报告。报告中应注明参与测试的人员和单位及其在测试中所承担的责任；测试时间、地点、内容、条件和结果；测试责任机构或负责人给出测试结论并签名。网络测试报告是网络系统验收的重要依据。

(2) 验收　网络系统验收包括以下内容：

1) 设备到货验收报告。设备到货验收要与设备采购合同中的采购清单对照，确定所需设备是否全部到位，这是可以验收的基本条件。

2) 网络最终技术方案。网络最终技术方案须经网络管理维护负责人签字，确认是最终实现的网络技术方案。网络最终技术方案应作为重要技术资料存档，作为今后网络升级、扩展的依据。

3) 网络系统最终配置方案。网络系统最终配置方案也应由网络管理维护负责人签字，确认该配置方案是否满足管理和维护的要求。

4) 网络系统测试报告。网络系统测试报告应满足一定的格式要求，且应有测试机构或负责人的测试结论意见和签名。用户可以对测试报告提出疑义，要求说明或者重测。

5) 安装场地实地考核。主要考核安装工艺、运行状况等，例如：安装位置、连线是否有条理、标记是否明确、运行状态是否良好等。

6) 验收报告。如果上述过程符合设计要求，网络单位的有关负责人签署验收报告，验收报告包括网络设计单位、建设单位、工程投资、竣工时间、试运行时间、验收时间、验收负责人和验收意见以及附件等。全部内容齐全，同意接收新建网络。至此，网络的安装、调试过程结束，网络进入管理、应用和维护阶段。

10. 提交文档

文档是网络设计各个阶段的资料，这些文档反映了网络系统从概念到最终实现的各个方面，而且这些文档必须伴随网络永久保留。文档可以是技术手册、参考手册、使用手册等。

11. 切换

系统切换是指从原有的系统迁移到新设计系统的过程。可按三种方式进行切换：

(1) 双运行方式　两种系统同时运行，以判定新系统的性能。

(2) 逐步替代方式　以新系统逐步替代原有网络的功能运行。

(3) 直接切换方式　完全停止旧系统，运行新系统。

11.9　设计举例

本节以高层办公大楼为例，讨论组网中的一些实际问题，为了便于从总体结构考虑，不涉及具体厂家产品和型号，只强调所选设备类型。

11.9.1　网络环境与要求

1. 环境

大厦高 85m，宽 40m，共 30 层。

2. 要求

1）第 1 ~ 10 层（F1 ~ F10）每层配置 120 个信息端口；第 11 ~ 20 层（F11 ~ F20）每层配置 60 个信息端口；第 21 ~ 30 层（F21 ~ F30）每层配置 20 个信息端口。

2）每个信息端口数据传输速率均为 10Mbit/s。

3）网络主干数据传输速率为 1Gbit/s。

4）网络主干交换机背板带宽不低于 30Gbit/s。

5）每楼层设置一配线间，整个大厦设置一中心设备间。

6）大厦局域网与 Internet 互联。

7）大厦局域网是 Intranet 的一部分。

8）主服务器联接到主交换机上。

9）整个网络能划分为多个 VLAN。

11.9.2　网络结构设计

整个网络结构分为三层，网络主干交换机联接中间层交换机的上连端口，构成网络结构的最高层，传输速率为 1Gbit/s；中间层交换机联接低层交换机的上连端口，构成网络结构的中间层，传输速率为 100Mbit/s；低层交换机联接各楼层信息端口，构成网络结构的最低层，传输速率为 10Mbit/s。网络结构如图 11.15 所示。

1）与主干交换机相联接的主服务器有 WWW 服务器，E-mail 服务器、DNS 服务器、数据库服务器、文服务器等。

2）根据实际需要，各中间层交换机也可联接相应的服务器，这些服务器配置在相关的楼层配线间。

3）主干交换机通过防火墙（或者代理服务器）和路由器与 Internet 联接，联接线路可选用 DDN 或 ISDN，通过 ISP 联接到 Internet。

4）移动用户或远程用户可通过电话交换网（PSTN）访问本系统内部服务器或 Internet。

5）为了网络的安全，系统配备了内外防火墙。WWW 和 DNS 等服务器，可对外发布信息，提供服务。

6）网络管理站联接在主干交换机上，对整个网络系统进行管理。

7）可根据需要划分 VLAN，并由网络管理站进行管理。

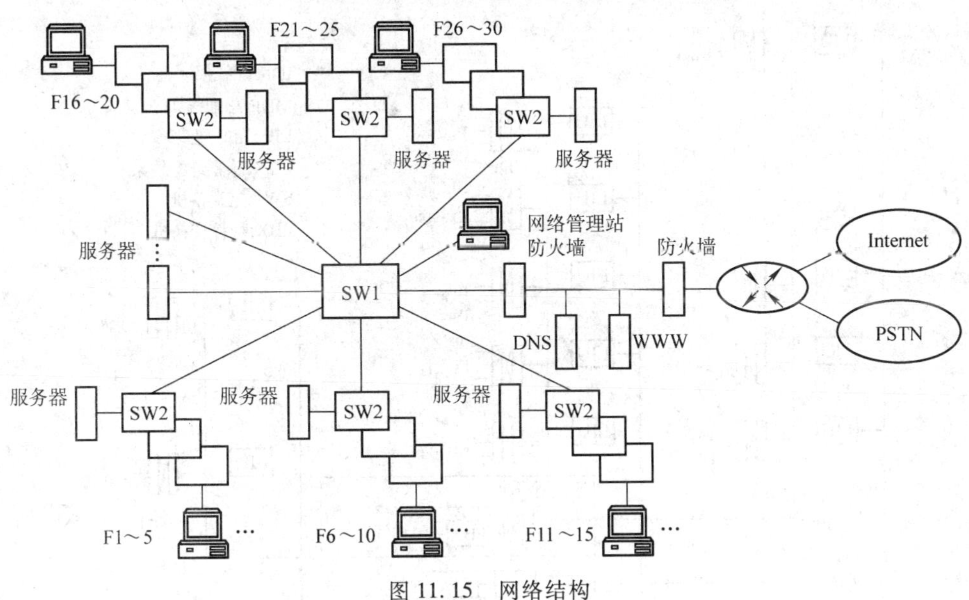

图 11.15　网络结构

11.9.3　系统布线

1）由于大厦规模较大，楼层较多，数据速率较高，所以垂直布线是考虑的主要问题。目前在这类工程中通常采用多模光纤联接中心设备间和相关楼层配线间。多模光纤在1Gbit/s的全双工快速以太网中允许的数据传输距离可达500m，选用多模光纤可以满足系统要求，同时考虑今后的发展，对传输带宽要留有一定余地。

2）在水平布线系统设计中，可根据各楼层信息端口的多少确定配线间。对于信息端口比较少的楼层，可几个楼层设置一个配线间；对于信息端口比较多的楼层，可每个楼层设置一个配线间。当到楼层信息端口的水平布线距离不超过90m时，可采用五类（或超五类）UTP双绞线及相应联接模块和配线架。如果超过90m，则考虑采用多模光纤进行水平布线，并配置相应的光纤模块和配线架。

3）对于话音传输，也可采用五类UTP双绞线，并配置相应的联接模块和配线架。

4）各楼层所有信息端口通过水平布线汇集到配线间的配线架上，在楼层配线间中配置底层交换机，并在相关楼层配线间中配置中间层交换机。高层交换机、主服务器、网络管理站、防火墙和路由器等设备集中放置在中心设备间，便于管理和维护。

5）在进行布线时，F1～F10每层有120个信息端口，由于信息端口较多，可每层配置一个配线间；F11～F20每层有60个信息端口，则可每两层设置一个配线间；F21～F30每层只有20个信息端口，由于信息端口较少，可每5层设置一个配线间。在此设计中，中心设备间设置在F1，从中心设备间到各楼层配线间的垂直干线采用多模光纤。系统布线结构如图11.16所示。

6）各楼层数据线分别经各自相关楼层配线间的配线架IDF，联接到底层和中间层的交换机上，再通过中间层交换机的上连端口与光纤联接，经光纤配线架LIU与中心设备间的光纤总配线架LGX联接，最终连到主交换机SW1上。来自各楼层的话音线分别经各自相关楼层的配线架IDF与中心设备间的总配线架MDF联接，最后连到系统的程控交换机PBX上，

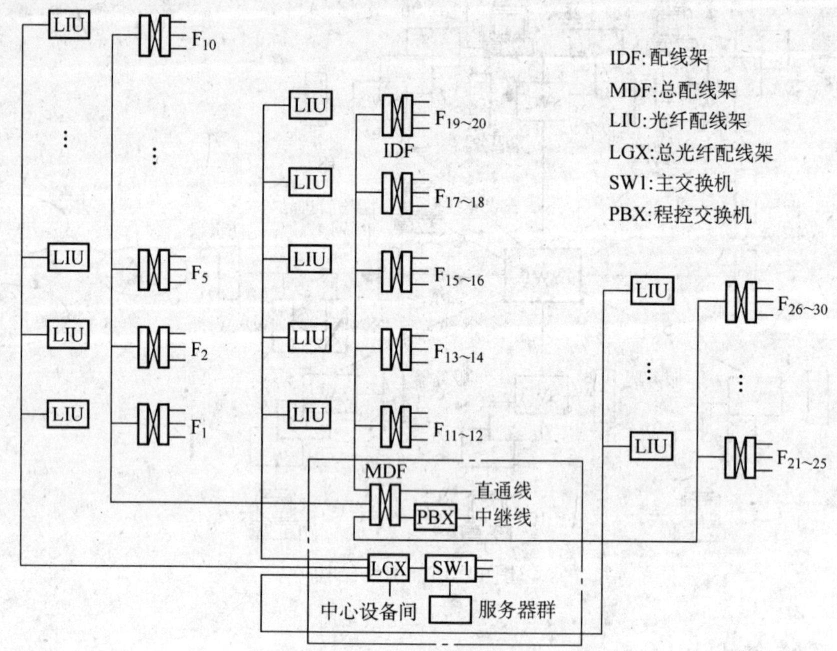

图 11.16 系统布线示意图

再与电话网相连。

习 题

11.1 为什么要进行网络规划？应从哪几个方面进行网络规划？

11.2 网络规划设计的原则是什么？

11.3 网络需求分析的作用是什么？

11.4 如何评价和选择供应商？为什么说购买设备时价格不是最重要的因素？

11.5 什么是 C/S 计算模式？什么是 B/S 计算模式？二者各有什么特点？

11.6 什么是中间件？中间件有什么作用？

11.7 Windows Server 2003 有哪些版本？它们各应用在什么环境？

11.8 Windows Server 2003 能提供哪些主要服务？

11.9 UNIX 有哪些特点？

11.10 Linux 有什么特点？为什么 Linux 发展如此迅速？

11.11 Novell Netware6.5 有什么特点？

11.12 综合布线有什么好处？

11.13 综合布线系统由哪些子系统构成？它们之间如何联接？

11.14 进行 Intranet 设计分为几个步骤？

11.15 利用路由器虚拟端口互联 VLAN 有什么优点？

11.16 结合实际设计一局域网。

第12章　网络新技术

12.1　智能网

智能网（Intelligent Network，IN）是在原有通信网络的基础上，为提供新业务而增设的附加网络结构。智能网技术的一个重要特征是它有一个统一的智能网概念模型（Intelligent Network Conceptual Model，INCM）。提出INCM的目的不仅是为了更好地理解智能网的概念，同时也是为了满足不断发展的智能网技术制定阶段性标准的需要。

本节讨论智能网的概念模型、体系结构、业务等。

12.1.1　智能网的概念模型

智能网的概念模型（INCM）是一个用来描述智能网各种概念及其相互关系的框架，它运用了层次化、结构化及面向对象的原理和技术，将智能网用四个层次来描述，每个层次代表从不同角度所提供的网络能力。这四个层次由上而下依次是：业务层、全局功能层、分布功能层和物理层，如图12.1所示。

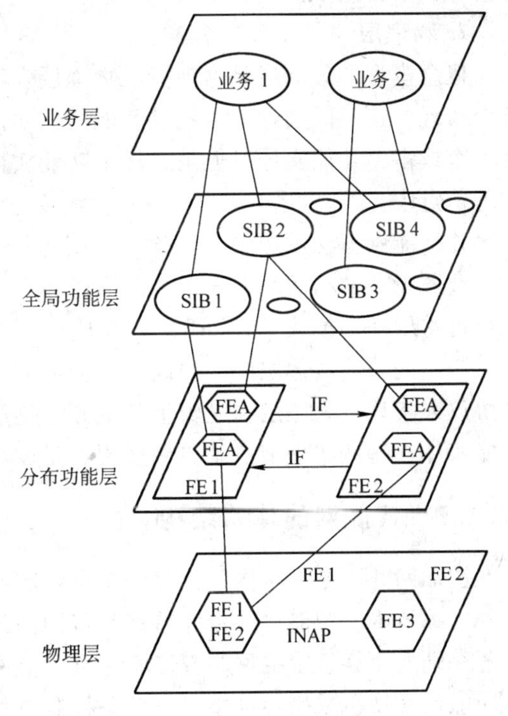

图12.1　智能网概念模型

这四个层次可使人们从不同角度来观察、理解智能网和智能业务。下面介绍这四个层次的功能。

1. 业务层

业务层是面向用户的，是智能网概念模型的最高层，呈现出了智能网所提供的业务及其各种业务属性。它只说明业务具有什么样的性能、特征，而与业务的实现无关。用户可以根据自己的需要在业务管理系统（Service Management System，SMS）的支持下，对业务进行客户化操作，而不必关心业务实现的细节。

业务属性（Service Feature，SF）是业务层中最小的描述单位。一个业务由一个或多个业务属性组合而成，例如，被叫集中付费业务可表示为：

被叫集中付费 =“公用一个号码” +“反向计费” +“登记呼叫记录” + …

其中，等号左边表示业务，等号右边表示该业务所具有的业务属性。

2. 全局功能层

业务层下面一层是全局功能层，该层是面向设计者的。全局功能层将 IN（智能网）看做一个整体，通过可重用软件功能模块来标识网络的基本能力，并描述如何将这些模块组合在一起，实现业务层中所确定的业务和业务属性。这些软件功能模块覆盖了网络的鉴权、计算、号码翻译、用户交互、连接、数据查询、数据修改、计费等所有基本能力。

这些功能模块统称为与业务无关的构成块（Service Independent Building Block，SIB）。业务设计者只需要描述出一个业务需要用的 SIB、SIB 之间的顺序、每个 SIB 的输入输出参数等，就可完成一个业务的设计。这使得业务的设计既标准又灵活，能迅速地设计出新的业务。

3. 分布功能层

全局功能层下面一层是分布功能层。分布功能层对 IN 的各种功能进行划分，从设计者的角度来描述智能网的功能结构。该层由一组称为功能实体的软件单元组成，每个功能实体完成 IN 的特定功能，如呼叫控制、业务控制等。各功能实体之间采用标准信息流进行联系。这种标准信息流的集合就构成了智能网的应用程序接口协议。

功能实体和信息流的规范描述与其物理实现方式无关。它们为智能网开发者提供了一个逻辑高层模型，该高层模型只说明一个功能实体应具有什么样的功能，而不必关心这些功能可由什么语言或硬件平台来实现。

4. 物理层

概念模型的最低层是物理层。物理层表明了分布功能层中的功能实体可以在哪些物理节点中实现。这里的物理节点就是智能网的功能部件，也叫智能网节点。一个物理节点可以包括一个或多个功能实体，但是，一个功能实体只能位于一个物理节点中，而不能分散在多个物理节点中。

在智能网概念模型中，业务层由业务和业务属性组成，它们可以进一步采用全局功能层中与业务无关的构成块 SIB 来加以描述和实现。全局功能层将智能网视为一个整体，它的每一个可重用功能模块（即 SIB）都完成网络的某一标准功能。每个 SIB 的功能是通过分布功能层中不同功能实体之间的协同工作完成的。不同功能实体之间的协同通过标准的智能网接口协议来实现。上三层在逻辑上从上到下逐层细化。而分布功能层与物理层之间的关系则是功能实体在哪些物理节点中得到实现，是软件功能在硬件设备上的定位。

12.1.2 智能网的体系结构

智能网并不是一个网，而是一个可将新业务、新功能快速灵活地引入到现有电信网中的一种支撑技术。智能网的最大特点是将网络的交换功能和控制功能分开，把电话网中原来位于各个端局交换机中的网络智能集中到智能网的业务控制点，让原有交换机只完成基本的接续功能。交换机采用标准接口与业务控制点相连，服从业务控制点的控制。由于网络的控制功能不再分散于各交换机，因此，当需要增加或修改新业务时，无需修改各交换机，只需要在业务控制点中增加或修改新业务的逻辑，并在集中数据库中增加新的业务数据和用户数据即可。新业务可以随时提供，不会对正在进行中的业务产生影响。如果在智能网中再配备业务生成环境，用户就可以根据需要定义个人业务。

智能网中增设的网络功能部件有：业务交换点（SSP）、业务控制点（SCP）、智能外设

(IP)、业务管理系统（SMS）、信令转接点（STP）、业务生成环境(SCE)、数据库等，这些功能部件构成的系统结构如图12.2所示。

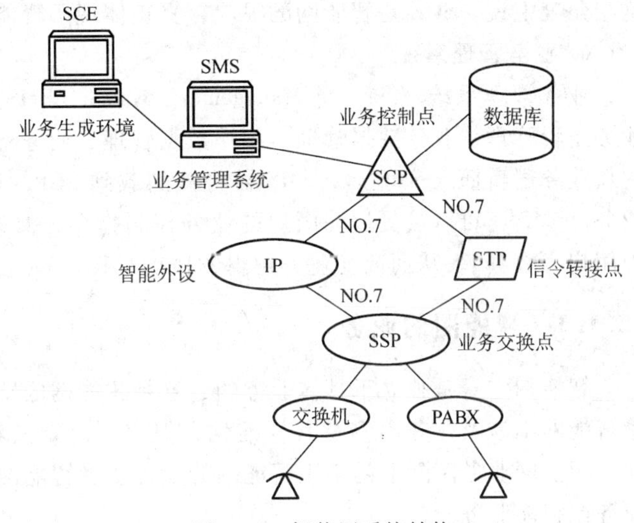

图12.2 智能网系统结构

1. 业务交换点

业务交换点（Service Switching Point，SSP）是智能业务的接入点，具有呼叫处理和业务交换功能。呼叫处理具有接收用户呼叫、执行呼叫建立和呼叫保持等基本接续功能。业务交换功能接收、识别智能业务呼叫并向业务控制点报告，接受业务控制点的控制命令等。业务交换点一般以原有的数字程控交换机为基础，再配以必要的软硬件以及No.7信令系统接口构成。

2. 业务控制点

业务控制点（Service Control Point，SCP）是智能网的核心。它存储用户数据和业务逻辑，其主要功能是接收SSP送来的查询信息并查询数据库，并进行译码。同时，它还根据SSP送来的呼叫启动业务逻辑，根据业务逻辑向相应的SSP发出呼叫控制指令，从而实现智能呼叫。智能网提供的所有业务控制功能都集中在SCP中。SCP与SSP之间按照智能网的标准接口协议进行通信，SCP一般由大、中型计算机和大型实时高速数据库构成。SCP要有高的可靠性，每年服务的中断时间不能超过3min，因此，就要求SCP要有容错功能，在网络中应采用双备份或者三备份。

3. 信令转接点

信令转接点（Signal Transfer Point，STP）是No.7信令网的组成部分，转接No.7信令，用于沟通SSP和SCP之间的信号联络。

4. 智能外设

智能外设（Intelligent Peripheral，IP）是协助完成智能业务的专用资源，是具有语音合成、录音播放、接收双音多频拨号、进行语音识别等功能的物理设备。IP可以是独立的，也可以是SSP的一部分。它受SCP的控制，执行SCP业务逻辑所指定的操作。IP设备一般价格较高，若网络中的每个交换节点都配备IP设备，是很不经济的，因此智能网中通常将其独立配置。

5. 业务生成环境

业务生成环境（Service Creation Environment，SCE）是业务开发者设计新业务的专用系统，其功能是根据用户的需要生成新业务。SCE为业务开发者提供友好的图形界面，用户可利用各种标准图形元设计新业务的业务逻辑，并为其定义相应的数据。新业务开发完后，需要进行验证和模拟，以保证不对智能网中已有业务带来损害。然后，才能将该业务逻辑送到SMS，再由SMS加载到SCP上运行。

智能网的一个重要目标是要便于新业务的开发，SCE是为用户设计新业务而设置的。从这个角度上说，SCE 是智能网的灵魂，真正体现了智能网的优点。

6. 业务管理系统

业务管理系统（Service Management System，SMS）是一计算机系统，具有五种功能：业务逻辑管理、业务数据管理、用户数据管理、业务检测和业务量管理。业务生成环境创建的新业务逻辑插入 SMS 后，SMS 再将其加载到 SCP，这样，就可以在智能网上提供该项新业务。SMS 还可以接受远端用户的业务控制指令，修改业务数据（如修改虚拟专用网的网内用户个数等），从而改变业务逻辑的执行过程。

12.1.3 智能网的业务

智能网本身是独立于具体业务的，这是智能网区别于其他专用业务平台的重要特征。尽管智能网不涉及业务内容及其标准化，但它可以定义和标准化将业务引入网络的方式。因此，智能网业务实际上是基于智能网的业务或者智能网支持的业务，但通常将其称为智能网业务或智能业务。

理论上，智能网提供的业务没有限制，包括话音业务和非话音业务。但实际上真正能在智能网上运行的业务，将取决于用户的需求、效益、信令系统和网络能力等相关因素。目前，智能网上运行的业务主要是话音业务。但随着智能网技术的发展，非话音业务将会逐渐得到应用。

目前，已定义了多种智能网业务。下面介绍几种比较有代表性的智能网业务。

1. 被叫付费业务

被叫付费业务又称 800 号业务。用户在使用该业务时不必支付电话费用，而由被叫方也就是该业务的租用者支付。业务的租用者通常都是一些大公司或服务行业，它们为了扩大产品或公司的影响，增加销售机会而向客户提供免费呼叫。每个 800 号用户，头三位数字都是 800，在特定区域内普通电话用户都可以用这一号码免费呼叫 800 号业务用户。

该业务的另一个特点是：申请 800 号业务的单位或个人不管有多少个电话号码，只需将其中的一个号码登记为 800 号业务，对外只公开这个号码，但 800 号的来话呼叫，可根据主叫地理位置的不同，接至该单位的不同电话机上。例如某公司在全国的各大城市都有自己的子公司，并且都有各自的不同本地电话号码。当申请了 800 号业务以后，该公司对外的联系电话可以只有一个，当客户需要与该公司联系时，拨打该公司的 800 号电话，则会被接至离客户最近的一个子公司的电话上，这次通话很可能是本地通话，该公司只需支付本地话费。

800 号业务的优点：

1）对客户方便，客户只需记住该单位一个号码。

2）800 是免费电话，对客户有吸引力，对单位起到了对外广告宣传的作用。

3）费用可以接受，申请 800 号业务的单位，支付的话费大部分是本地话费。

正因为 800 号业务具有这些优点，从它一诞生起，就深受社会欢迎。

2. 通用号码业务

这项业务允许给某个单位在全国或局部范围内的各个分支机构分配一个共同使用的号码。当用户拨打这一号码时，智能网根据主叫用户所在位置，将该呼叫接至与主叫用户最近的分支机构予以处理。还可以根据呼叫日期、时间等因素确定呼叫的接续目的地。这种业务在分配呼叫功能方面与 800 业务很相似，所不同的是这种业务由主叫用户付费。

3. 呼叫转移业务

呼叫转移也称 700 号业务。用户向智能网申请呼叫转移业务时，系统将分配给申请者一个唯一的个人通信号码。用户可以在任何话机上向智能网登记该话机的号码作为来话的目的地，这样，所有对此个人通信号码的呼叫，都将转接到所登记的话机上。因此，只要知道用户的个人通信号码，就可以方便地接到该用户的所在地。该业务是全球个人通信的一种过渡实施方案。

4. 记账卡呼叫业务

记账卡呼叫业务又称 300 号业务，使用该业务时，主叫用户可通过输入自己的账号和密码在任意的话机上进行呼叫。通话费用将从主叫的账号中扣除，而不会向主叫所用的话机收费。300 号业务的优点是用户可以用任意的双音频话机进行本地或长途通话，不论该话机是否有长途权限。

用户使用该业务时，主叫用户首先拨 300，听到提示音后根据提示音依次输入账号、密码，听到拨号音后输入被叫号码进行通话。通话过程中实时计费，通话结束，系统将自动保存有关的呼叫信息，并更新账号上的余额。若用户输入账号、密码有误或金额不足，系统将给予相应的提示。目前，在我国广泛使用的 200 号、300 号、校园卡 201 等业务均属于这一类。

5. 虚拟专用网业务

虚拟专用网业务也称 600 号业务，该业务使得用户可以利用公用网的资源来提供专用网的特性与功能，即利用公用网的传输线路与交换设备，构成一个能在特定用户群内进行相互通信的网络。与建立实际的专用网相比，虚拟专用网可以为用户节省大量的建网费用和维护费用，尤其是当这种需求是暂时的时候，虚拟专用网的优点更加突出，用户可以根据自己的需要确定租用的期限和设定专用网的参数等。这种业务的开展，将会逐步减少或者取消专用网，因而可以避免不必要的重复建设和投资。

6. 电话投票业务

电话投票业务又称为 400 号业务。顾名思义，该业务是通过电话进行投票的一项智能业务。电话投票业务通常是电台、电视台、报纸或政府机构用于民意调查。使用这种业务时，智能网向电台、电视台或者报纸提供一个特殊的号码，用户（听众、观众或读者）呼叫该号码时，可以听到提示音，告诉用户各种意见的不同代码，用户输入所选代码后，系统将这些意见汇总统计，把投票结果通知电台、电视台、报纸或政府机构。

这种投票方式的优点：

1）投票人可根据自己的意愿进行投票，能免除外界的干扰，非常民主。

2）选票统计方便、快捷，可以节省大量人力、物力，特别适用于大型投票活动。

3）投票人不用集中到一起，可节省大量时间和开支。

7. 大众呼叫业务

大众呼叫业务提供一种类似热线电话的服务。它是新闻界、传播媒体等通过通信手段与广大读者、听众、观众等沟通联系的一种服务方式。例如，对某一热门话题的各种意见规定为不同的代码，当大众拨通指定的业务号码后，输入相应的代码或接通主持人表达自己的意见，智能网将分时间段统计出不同意见的累计数。

大众呼叫业务与电话投票业务有许多重叠的业务属性，但是大众呼叫的一个重要特征是在瞬时高额话务量情况下有防止网络拥塞的能力。它允许大量用户同时使用该业务，但该业务的开放时间一般比电话投票业务时间要短。

8. 广告业务

广告业务是向各种商业部门提供的一种投入少，见效快的宣传渠道。申请该业务的用户事先将要宣传的内容录制成提示音，用户拨一个特殊业务号码，他会听到一段广告录音，然后得到一定的免费通话时长，这段时间的通话费用由广告业务的申请者支付。如用户在一次免费通话时间到时，还可以选择接听下一个广告，再次享受免费通话的好处。

12.2 虚拟专用网

虚拟专用网（Virtual Private Network，VPN）是指无需专线即可为各个办公地点、远程工作人员之间提供网络连接并可通过因特网接入的网络配置。专线在物理上是一条通信线路，只有按月租用这些线路的机构才能使用。与此相反，虚拟专用网采用共享电路的方式使用运营商网络的线路。

12.2.1 概述

虚拟专用网的基本思想是：充分利用已有的公用网络（通常是 Internet），通过隧道和加密技术来建立一个私有的、安全的连接，即一条穿过公用网络的安全、稳定的隧道，同时避免昂贵的专线租用费用。

VPN 中虚拟的概念是相对传统的企业私有网络而言的，对于远程的广域网连接，传统的企业私有网络组网方式是通过远程拨号或专线连接来实现的，而虚拟专用网是利用服务提供商所提供的公共网络来实现的。

由于 VPN 中没有与其相应的私有物理通信系统，因此 VPN 是处于没有物理实体的虚拟情境中。VPN 是指在公共通信基础设施上构建的虚拟专用网络，可以认为是一种从公共网络中隔离出来的网络。VPN 的隔离特性提供了某种程度的通信保密性和虚拟性。

从通信角度来看，VPN 是一种通信环境，在这个环境中，存取受到控制，只允许被确定为同一个共同体的内部建立对等连接。

从组网角度来看，VPN 可以看做是通过共享通信基础设施为用户提供定制的网络连接，这种定制的连接要求用户共享相同的安全性、可靠性、可管理性和优先级服务等，在共享的基础通信设施上采用隧道技术和特殊配置技术，以仿真点到点的连接。

VPN 可以帮助远程用户、公司分支机构、商业伙伴及供应商与公司内部网建立可信的安全连接，并保证数据的安全传输。通过将数据流转移到低成本的公共网络上，一个企业的虚拟专用网解决方案将大幅度地减少网络建设的费用。同时，也将简化网络的设计和管理，加速连接新的用户和网站。另外，虚拟专用网还可以保护现有的网络投资。虚拟专用网可用于不断增长的移动用户的因特网接入，以实现安全连接；可用于实现企业网站之间安全通信的虚拟专用线路，经济、安全地连接到商业伙伴和用户的外联网。

12.2.2 VPN 的分类

根据 VPN 的服务类型和所起的作用，可以将 VPN 分为三类：拨号 VPN（Virtual Private

Dial Network, VPDN)、内部 VPN（Intranet VPN）和外部 VPN（Extranet VPN）。

1. VPDN

远程用户或移动雇员通过电话拨号方式和公司内部网之间建立的 VPN，称为 VPDN。在该方式下远端用户拨号接入到用户本地的 ISP，采用 VPN 技术在公用网上建立一个虚拟的通道到公司的远程接入端口。这种应用既可适应企业内部人员移动和远程办公的需要，又可用于商家提供企业对客户的安全访问服务。

VPDN 的实现过程如下：用户拨号至 NSP（网络服务提供商）的网络访问服务器 NAS（Network Access Server），发出 PPP 连接请求，NAS 收到呼叫后，在用户和 NAS 之间建立 PPP 链路，然后，NAS 对用户进行身份验证，确定用户身份合法后，启动 VPDN 功能，与公司总部的 LAN 连接，访问其内部资源。

2. Intranet VPN

内部 VPN 为公司的多个异地机构局域网之间在公用网上建立 VPN，通过 Internet 将公司在各地分支机构的 LAN 连到公司总部的 LAN，以便实现公司内部资源的共享、文件传输等，可以节省专线所带来的高额费用。

3. Extranet VPN

在企业网与相关合作伙伴的企业网之间采用 VPN 技术互联，与 Intranet VPN 相似，但由于是不同公司的网络相互通信，考虑到不同公司网络环境的差异性，所以要更多地考虑设备的互联、地址的协调、安全策略的协商等问题。公司的网络管理员还应该设置特定的远程控制表（Access Control List，ACL），根据访问者的身份、网络地址等参数来确定相应的访问权限和资源等。

Extranet VPN 通过使用一个专用连接的共享基础设施，将客户、供应商、合作伙伴或兴趣群体连接到企业内部网。企业拥有与专用网络的相同政策，包括安全、服务质量（QoS）、可管理性和可靠性等。

12.2.3 VPN 的特点

VPN 可以使用户利用公用网的资源将分散在各地的机构动态地连接起来。VPN 可以使运营公司、客户和最终业务用户三者获利。对于运营公司，利用 VPN 可以增强自己的竞争力，将一部分专用网用户吸引到公用网中来，提高网络的利用率。对于客户，VPN 提供了安全、可靠的 Internet 访问通道，为企业的进一步发展提供可靠的技术保障。VPN 具有以下特点。

（1）*费用低* 用户以 Internet 作为隧道与企业内部网络相连，通信费用大幅度降低。同时企业可以节省购买和维护设备的费用。

（2）*安全性高* 只有拥有适当权限的用户才能通过远程访问建立与 Intranet 服务器的 VPN 连接，并且可以访问网络中受到保护的资源。所有的流量均经过加密和压缩后在网络中传输，为用户信息提供了安全性保护。

（3）*灵活性强* 用户不论是在家、出差或在其他环境中，只要能够接入 Internet，便能够安全地接入企业内部网，不受地域和接入方式的限制。

（4）*可管理性好* VPN 具有可管理性。由于网络设施、应用不断增加，网络用户所需的 IP 地址的数量持续增长，网络管理越来越复杂。VPN 管理的目标是减少网络风险，提供高扩展性、经济性、可靠性等。

(5) *接入方式灵活* 用户可以选择使用本地服务供应商所能够提供的任何宽带接入技术，不论是 ADSL、Cable Modem，还是在信息化小区或酒店中使用的以太网都可以接入。

(6) *多种协议支持* VPN 支持最常用的网络协议，包括基于 IP、IPX 和 NetBEUI 协议。因此，客户可以很容易地使用 VPN。

(7) *IP 地址具有安全保障* VPN 数据包封在 Internet 数据中传输，Internet 上的用户只能看到公用的 IP 地址，看不到 VPN 使用的协议。因此，利用 Internet 作为传输载体，采用 VPN 技术，具有安全保障。

随着运营商进入 VPN 服务领域，国内企业对 VPN 的认识正在逐步加深。目前，国内 VPN 应用已出现向银行、保险、运输、大型制造与连锁企业迅速扩散的趋势，这既是一种技术的跟进，也是市场发展的必然。

12.2.4 VPN 使用的协议

实现 VPN 的关键技术是隧道技术和加密技术，同时 QoS 技术对 VPN 的实现也至关重要。

使用隧道传递的数据可以是不同协议的数据帧或包。VPN 包头提供了路由信息，从而使封装的负载数据能够通过互联网络传递。

被封装的数据包在隧道的两个端点之间通过公共网络进行路由。被封装的数据包在公共网络上传递时所经过的逻辑路径称为隧道。一旦到达隧道终点，数据将被解包并转发到最终目的地。隧道技术是指包括数据封装、传输和解包在内的全过程。图 12.3 显示了基于隧道技术的 VPN 的结构。

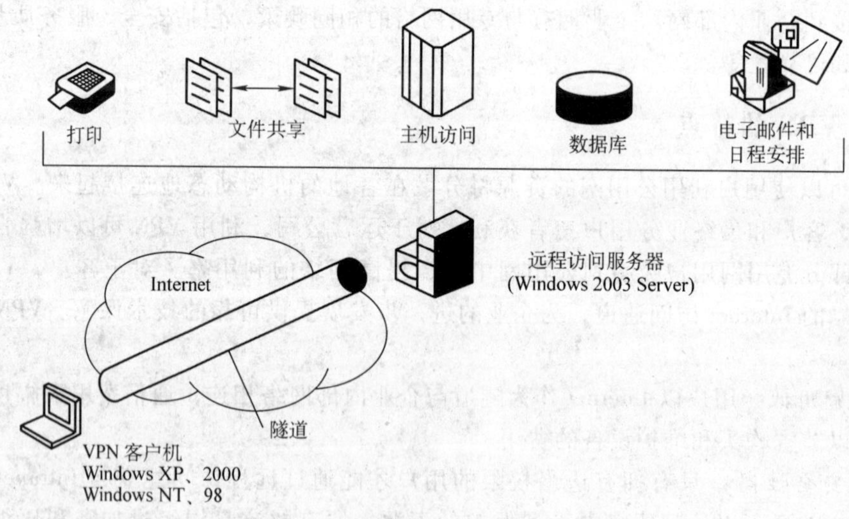

图 12.3 基于隧道技术的 VPN 结构

隧道所使用的传输网络可以是任何类型的公共网络，目前普遍使用的是 Internet。为创建隧道，客户机和服务器双方必须使用相同的隧道协议。

隧道技术可以以第 2 层或第 3 层隧道协议为基础。第 2 层隧道协议对应 OSI 模型中的数据链路层，以数据帧作为交换单位。PPTP（Point-to-Point Tunneling Protocol）和 L2TP（Layer 2 Tunneling Protocol）属于第 2 层隧道协议，是将数据封装在 PPP 帧中通过互联网络传输。第 3 层隧道协议对应 OSI 模型的网络层，以数据包作为交换单位。IP over IP 以及 IPSec 都属于第 3 层隧道协议。另外，Socks v5 协议则是在传输层实现数据安全。

对于像 PPTP 和 L2TP 这样的第 2 层隧道协议，创建隧道的过程类似于在通信双方之间建立会话，隧道的两个端点必须同意创建隧道并协商隧道各种配置变量，如地址分配、加密或压缩等参数。一般情况下，通过隧道传输的数据都使用基于数据报的协议。隧道维护协议被用来作为管理隧道的机制。

第 3 层隧道协议不对隧道进行维护。与之不同，第 2 层隧道协议（PPTP 和 L2TP）则包括对隧道的创建、维护和终止。

隧道一旦建立，数据就可以通过隧道传输。隧道客户端和服务器端使用隧道数据传输协议传输数据。当隧道客户端向服务器端发送数据时，客户端首先给负载数据加上一个隧道数据传送协议包头，然后把封装的数据通过互联网络发送，并由互联网络将数据路由到隧道的服务器端。隧道服务器端收到数据包之后，去除隧道数据传输协议包头，然后将负载数据转发到目标网络。

1. PPTP 与 L2TP

第 2 层隧道协议 PPTP 和 L2TP 以 PPP 为基础。PPTP 作为第 2 层协议，将 PPP 数据帧封装在 IP 数据报内通过 IP 网络传输。PPTP 通过 TCP 连接对隧道进行维护，使用通用路由封装（Generic Routing Encapsulation，GRE）技术把数据封装成 PPP 数据帧通过隧道传输。可以对封装 PPP 帧中的负载数据进行加密或压缩。GRE 主要用于源和目的路由之间所形成的隧道，将通过隧道的报文用一个新的报文头（GRE 报文头）进行封装，然后加上隧道终点地址放入隧道中。当报文到达隧道终点时，GRE 报文头被剥掉，用原始报文的目标地址进行寻址。GRE 隧道通常是点到点的，即隧道只有一个源地址和一个终地址。

第 2 层转发（Layer 2 Forwarding，L2F）是 Cisco 公司提出的隧道技术，作为一种传输协议，L2F 支持拨号接入服务器。将拨号数据流封装在 PPP 帧内通过广域网链路传送到 L2F 服务器或路由器。L2F 服务器把数据包解包后重新注入（Inject）网络。与 PPTP 和 L2TP 不同，L2F 没有确定的客户方，L2F 只在强制隧道中有效。隧道的建立有两种方式：用户初始化隧道和 NAS（Network Access Server）初始化隧道。前者一般指“主动”隧道，后者指“强制”隧道。“主动”隧道是用户为某种特定目的的请求建立的，而“强制”隧道则是在没有任何来自用户的动作以及选择的情况下建立的。

第 2 层隧道协议（L2TP）结合了 PPTP 和 L2F 协议的优势，支持封装的 PPP 帧在 IP、X. 25、帧中继或 ATM 等网络上进行传输。当使用 IP 作为 L2TP 的数据报传输协议时，可以使用 L2TP 作为 Internet 网络上的隧道协议。L2TP 还可以直接在各种 WAN 上使用，而不需要使用 IP 传输层。

IP 网上的 L2TP 使用 UDP 和一系列的 L2TP 消息对隧道进行维护。L2TP 同样使用 UDP 将 L2TP 封装的 PPP 帧通过隧道发送。可以对封装 PPP 帧中的负载数据进行加密或压缩，然后通过支持点对点数据报传递的任意网络传输。

2. 安全 IP 隧道模式

IPSec 是一种由 IETF 设计的端到端的确保基于 IP 通信的数据安全性机制，是第 3 层的协议标准。IPSec 支持对数据加密，同时确保数据的完整性。按照 IETF 的规定，IPSec 使用封装安全负载（Encapsulated Security Payload，ESP）与加密一道提供来源验证，确保数据完整性。除对 IP 数据流的加密机制进行了规定外，IPSec 还制定了 IP over IP 隧道模式的数据包格式，一般被称作 IPSec 隧道模式。一个 IPSec 隧道由一个隧道客户和隧道服务器组成，两端都配置使用 IPSec 隧道技术，采用协商加密机制。IPSec 协议下，只有发送方和接收方知道密钥。如果验证数据有效，接收方就可以知道数据来自发送方，并且在传输过程中没有受到破坏。

为实现在专用或公共 IP 网络上的安全传输，IPSec 隧道模式使用安全方式封装和加密整个 IP 包。隧道服务器对收到的数据报进行处理，在去除明文 IP 包头并对内容进行解密之后，获得最初的负载 IP 包。负载 IP 包在经过正常处理之后被路由到位于目标网络的目的地。

可以把 IPSec 想像成是位于 TCP/IP 协议栈的下层协议。该层由每台机器上的安全策略和发送、接收方协商的安全关联（Security Association，SA）进行控制。安全策略由一套过滤机制和关联的安全行为组成。如果一个数据包的 IP 地址、协议、端口号满足一个过滤机制，那么这个数据包将要遵守关联的安全行为。

通过一个位于 IP 包头和传输包头之间的验证包头可以提供 IP 负载数据的完整性和数据验证。验证包头包括验证数据和一个序列号，共同用来验证发送方身份，确保数据在传输过程中没有被改动，防止受到第三方的攻击。IPSec 验证包头不提供数据加密，信息将以明文方式传输。为了保证数据的保密性并防止数据被第三方窃取，ESP 提供了一种对 IP 负载进行加密的机制。另外，ESP 还可以提供数据验证和数据完整性服务。

IPSec 隧道模式具有以下特点：

1）只支持 IP 数据流。

2）工作在 IP 栈（IP stack）的底层，因此，应用程序和高层协议可以继承 IPSec 的行为。

3）由一个安全策略（一整套过滤机制）进行控制。安全策略按照优先级的先后顺序创建加密和隧道机制以及验证方式。当需要建立通信时，双方机器执行相互验证，然后协商使用何种加密方式。此后的所有数据流都将使用双方协商的加密机制进行加密，然后封装在隧道包头内。

3. MPLS

MPLS（Multiprotocol Label Switching）即多协议标记交换。MPLS VPN 是一种基于 MPLS 技术的 IP VPN，是在网络路由和交换设备上应用 MPLS 技术，简化核心路由器的路由选择方式，结合传统路由技术的标记交换实现的 IP 虚拟专用网络（IP VPN），可用来构造宽带的 Intranet、Extranet，满足灵活的业务需求。

MPLS 是一个网络层包转发的新兴标准，它主要基于 IETF 提交的一系列信令协议。在这些协议里，最主要的有标记分配协议（LDP）、资源预留协议（Resource ReSerVation Protocol，RSVP）以及限制路由的标签分配协议（CR_LDP）三种。这些协议应用在分配标签和转发 MPLS 数据流上。

MPLS 技术是一个可以在多种第 2 层协议上进行标签交换的网络技术，并且不用改变现有的路由协议。目前第 2 层的协议有 ATM、FR（帧中继）、Ethernet 以及 PPP。MPLS 技术综合了第 2 层交换和第 3 层路由的功能，将第 2 层的快速交换和第 3 层的路由有机地结合在一起，第3层的路由在网络的边缘实施，而在MPLS网络内部采用第2层交换。这样各层协议可以互相补充，充分发挥第2层良好的流量管理以及第3层“Hop-By-Hop”路由的灵活性，实现端到端的QoS保证。

MPLS VPN运行在IP或者IP+ATM环境下，对应用完全透明；服务激活只需要一次性地在用户边（CE）和服务供应商边（PE）设备进行配置就可以让站点成为某个MPLS VPN组的成员；VPN成员资格由服务供应商决定；对VPN组未经过认证的访问被设备配置所拒绝。MPLS VPN的安全性通过对不同用户间、用户与公网间的路由信息进行隔离实现。

MPLS VPN能够利用公用网络的广泛而强大的传输能力，降低企业内部网络的建设成本，极大地提高用户网络运营和管理的灵活性，同时能够满足用户对信息传输安全性、实时性、方便性、宽频带的需要。

中国电信和中国网通在各自的宽带互联网上推出了基于MPLS技术的IP VPN业务，使得MPLS VPN在中国的发展势头更加强劲。

4. Socks v5

Socks v5是建立在TCP层上的安全协议，可协同IPSec、L2TP、PPTP等一起使用。Socks v5能对连接请求进行认证和授权。

Socks v5是一个需要认证的防火墙协议。当Socks同SSL（Secure Socket Layer）协议配合使用时，可作为建立高度安全的虚拟专用网的基础。Socks现在被IETF建议作为建立虚拟专用网的标准，尽管还有一些其他协议，但Socks协议得到了一些著名的公司如Microsoft、Netscape、IBM的支持。

Socks v5在OSI模型的会话层控制数据流，它定义了非常详细的访问控制机制。在网络层只能根据源和目的IP地址允许或拒绝数据包通过，在会话层控制手段要更多一些。Socks v5在客户机和主机之间建立了一条虚电路，可根据对用户的认证进行监视和访问控制。用Socks v5的代理服务器可隐藏网络地址结构。如果Socks v5同防火墙结合使用，数据包经一个唯一的防火墙端口（默认的是1080）到代理服务器，再经代理服务器过滤后发往目的计算机。Socks v5能为认证、加密和密钥管理提供“插件”模块，可让用户自由地采用所需要的技术。Socks v5可根据规则过滤数据流。

Socks v5通过代理服务器过滤数据包增加了安全性，比网络层和传输层的方案更安全，但要制定比低层协议更为复杂的安全管理策略。基于Socks v5的虚拟专用网，最适合用于客户机到服务器的连接模式。

5. SSL协议

IPSec VPN和SSL VPN主要解决的是基于互联网的远程接入和互联，虽然从技术上来说，它们也可以部署在其他网络（如专线网）上，但更适用于商业客户等对价格敏感的客户。

对IPSec VPN和SSL VPN两种技术，目前业内存在着较多争议。目前企业应用IPSec VPN较广泛，但研究表明，在未来的几年中，IPSec的市场份额将下降，而SSL VPN将逐渐上升。用户在考虑采用哪种技术时经常会遇到两难的选择，即安全性与使用便利的冲突。IPSec VPN比较适合拥有较多的分支机构的中小企业，通过VPN隧道进行站点之间的连接，交换大容量的数据。而SSL VPN更适合那些需要很强灵活性的企业，员工可以在不同地点通过移动终端或设备轻易地访问公司内部资源。SSL VPN对企业的维护水平要求低，对员工的技术要求少，并且企业投资也不多。

SSL VPN 的优点：

1）使用方便，不需要配置，可以立即安装使用。

2）无需客户端，直接使用内嵌的 SSL 协议，而且几乎所有的浏览器都支持 SSL 协议。

3）兼容性好，支持电脑、PDA、智能手机、3G手机等一系列移动终端用户接入应用。

SSL VPN 缺点是只适合 Site-to-LAN（点对网）的连接，无法解决 LAN to LAN VPN 的需求。

表 12.1 是 SSL VPN 与 IPSec VPN 主要性能比较。

表 12.1 SSL VPN 与 IPSec VPN 的性能比较

选项	SSL VPN	IPSec VPN
身份验证	单向、双向身份验证，数字证书	双向身份验证，数字证书
加密	强加密，基于 Web 浏览器	强加密，依靠执行
全程安全性	端到端安全 从客户到资源端全程加密	网络边缘到客户端 仅对从客户到 VPN 网关之间通道加密
可访问性	用于任何时间、任何地点访问	限制已定义好受控用户的访问
费用	低，无需任何附加客户端软件	高，需要管理客户端软件
安装	即插即用安装 无需任何附加的客户端软、硬件安装	通常需要长时间的配置 需要客户端软件或者硬件
用户易用性	界面友好，使用熟悉的 Web 浏览器，无需终端用户培训	对没有相应技术的用户比较困难，需要培训
支持的应用	基于 Web 的应用；文件共享；E-mail	所有基于 IP 的服务
用户	客户、合作伙伴、远程用户、供应商等	更适用于企业内部使用
可伸缩性	容易配置和扩展	在服务器端容易实现自由伸缩，在客户端比较困难

12.2.5 VPN 的安全技术

Internet 为创建 VPN 提供了极大的方便，但是需要建立强大的安全机制，确保通过公共网络传送的数据的安全，使企业内部网络不受外来攻击。VPN 主要采用以下几项安全技术：

1. 隧道技术

隧道技术是 VPN 的基本技术，是在公用网上建立一条数据通道（隧道），让数据包通过该通道传输，以实现点到点的连接。

2. 加密、解密技术

（1）对称加密　在对称加密体制中，通信双方使用相同的密钥，发送方使用密钥将明文加密成密文，接收方使用相同的密钥将密文还原成明文。

（2）非对称加密　非对称加密是一种公开密钥加密技术。通信双方加密和解密使用两个不同的密钥，加密和解密分别由这两个密钥来实现。加密密钥公布于众，称为“公用密钥”；解密密钥只有解密者自己知道，称为“私有密钥”。公用密钥与私有密钥是不相同的，但在加密算法上相互关联。因为加密密钥是公开的，任何人都可使用公用密钥将信息加密后发给接收者，只有接收者有解密密钥，才能将加密的信息还原。

公开密钥加密技术允许对信息进行数字签名。数字签名发送方使用专用密钥对信息进行加密。接收方收到该信息后，使用发送方的公用密钥对数字签名进行解密，验证发送方身份。

3. 密钥管理技术

密钥管理技术的主要任务是如何在公用数据网上安全地传递密钥而不被窃取。

4. 身份认证技术

常用用户身份认证技术主要是用户名称与密码或卡片认证方式。

12.2.6 VPN 展望

从目前的市场情况来看，IPSec 仍占据最大的市场份额，但是它的种种弊端已经暴露出来。一些用户已经开始同时部署两种解决方案，比如远程访问通过 SSL VPN，而站点之间的连接通过 IPSec VPN。在未来几年内，两种解决方案还将共存，但是 SSL VPN 简单易用、部署及维护成本低，受到企业用户的青睐，将会有更大的发展空间。

用户的需求正在从简单的通过 VPN 实现“连接”这一基本要求，逐渐在向 VPN 网络的效率、可管理性、扩展性等方面发展。另外移动办公的 VPN 应用也在迅速增长。SSL VPN 不需安装客户端，在移动办公领域具有易用、易管理的优势。同时，VPN 作为网关产品，用户（尤其是中小企业用户）也希望该网关不仅仅具备 VPN 功能，而且能把防火墙、网关杀毒、垃圾邮件过滤等功能集成于一体。这就要求 VPN 的解决方案必须和网络服务质量 QoS 解决方案结合在一起。目前 IETF 已经提供了支持 QoS 解决方案的资源预留协议 RSVP 等。

基于公用网的 VPN 通过隧道技术、数据加密技术以及 QoS 机制，使得企业能够降低成本、提高效率、增强安全性。VPN 产品从第一代的 VPN 路由器、交换机，发展到第二代的 VPN 集中器，性能不断提高。

12.3 计算机无线网

采用无线传输技术的计算机网络称为计算机无线网，它是一种能让计算机在无线基站覆盖范围内的任何地点（包括室内外）发送、接收数据的局域网，是局域网的无线连接形式。20 世纪 80 年代以来，计算机有线局域网得到迅速的发展和普及，在诸多领域发挥了重要作用。但有线局域网的站点不能移动，并且在很多情况下有线网络布线困难，这使其应用受到了一定限制。而能克服这种缺点的无线网络应运而生，目前已成为计算机网络发展的重要方向。作为有线局域网的一种补充和扩展，无线网络能使计算机具有移动性，能快速、方便地解决有线网络不易实现的网络连接问题，

无线局域网（Wireless LAN，WLAN）是 20 世纪 90 年代计算机技术与无线通信技术相结合的产物，它采用无线电波或红外线作为传输介质，无须布线就可以组成计算机网络，提供传统有线局域网的所有功能，计算机能在移动的状态下保持与网络的连接，用户可随时随地进行通信交互。WLAN 既可满足各类移动计算终端的入网要求，也可作为传统有线 LAN 的补充。为通信的移动化、个人化和多媒体应用提供了有利的条件，并成为无线接入的一种有效手段。

12.3.1 无线网的特点

无线网有多方面的特点，主要表现在以下几个方面：

(1) 移动性 克服有线网安装与扩展时的布线不便。无线安装便捷、使用灵活、经济节约、易于扩展。能提供“漫游”（roaming）等有线网络无法提供的特性。易安装、易扩展、易管理、易维护、具有移动性等特点，对于那些不易布线的场所，以及临时需要的宽带接入，流动工作站等，建立WLAN是较为理想的选择。作为有线网络的无线延伸，无线局域网的应用主要集中在公众服务、政府机构等领域，但随着应用的逐渐深入，市场重心将从公众服务渐渐过渡到企业及家庭应用上。

(2) 带宽有限 与有线网络相同，无线网络的数据传输也受到带宽限制。由于无线传输没有外部屏蔽能力，无线信道的物理特性决定其提供的带宽相对有线信道要低，

(3) 传输距离 有线网络与无线网络都有信号衰减问题。与有线网络相比，无线信号由于在空气中传输，随着气候条件的改变，衰减有高有低，往往实际有效距离达不到理论上的最大极限，尤其在有钢筋水泥墙和电器设备环境条件下，更是如此。红外线局域网采用红外线作为传输媒体，具有较强的方向性，受太阳光的干扰大，适于近距离通信。而采用无线电波为媒体，覆盖范围较红外线大，信号更强，通信更可靠。采用无线电波为媒体的无线局域网较为普遍。

(4) 抗干扰能力 有线网络传输介质通过加屏蔽层等技术来提高干扰能力，采用光纤技术可进一步提高传输质量。而无线网络信号通过空间传播，没有任何屏蔽能力，只能通过信号发射强度、频率、频谱扩展等技术来增强抗干扰性能。

(5) 安全性 无线网络的信号没有边界，任何人都可能截获。为了保证安全性，对无线信号提供加密功能后，能提高安全性，但也因此增加了成本，降低了兼容性。

(6) 适用范围 无线技术的固有特性决定了它的使用范围。一般来说，无线网络更适用于移动特征较明显的场合，而有线网络则适用于固定的、对带宽需求较高的场合。

12.3.2 无线网的应用

无线局域网主要应用于四个方面：有线局域网的扩展和补充、建筑物之间的互联、漫游访问和Ad Hoc网络（Ad Hoc Networking）。

1. 有线局域网的扩展和补充

早期的无线局域网产品是作为有线局域网的替代品出现在市场上的，但由于现代的建筑物在建设过程中就预先布好了电缆，因此用无线局域网来替代有线局域网就显得不太可能。但在某些环境中，如不能打洞布线的建筑物，建立和维护有线网不太方便的办公室等。在这些环境中，无线局域网显得更有吸引力。但通常由有线网来支持服务器和一些固定的工作站。这时，无线局域网被连接在有线网上，作为有线局域网的扩展和补充。

2. 建筑物之间的互联

无线网可用来连接邻近建筑物中的局域网，不论它们是有线的还是无线的。在这种情况下，两建筑物用一条点到点的无线链路连接，就可以互联，连接设备可以是网桥或路由器。

3. 漫游访问

漫游访问（Nomadic Access）功能在局域网集线器和移动数据设备（笔记本电脑等）之

间提供一条无线链路。这种应用为移动用户随时随地访问服务器提供了方便。

4. Ad Hoc 网络

Ad Hoc 网络又叫自组网络，是一种临时的对等网络（无集中的服务器）。这对野外作业人员或临时需要的用户是十分方便的，任务结束后网络也就不存在了。

12.3.3 IEEE802.11 标准

1997 年 IEEE 制定了无线局域网标准 IEEE802.11，该标准提供 WLAN 的物理层和 MAC 子层规范。IEEE802.11 标准规定，在物理层使用红外线和无线电波作为传输介质。MAC 协议可以是完全分布式的，也可以由处于访问点（AP）的中央协调功能来完成。

1. 网络模型

IEEE802.11 工作组提出了一种无线局域网模型，如图 12.4 所示。在该模型中，无线局域网的最小构成模块是基本服务集（Basic Service Set，BSS），它由一些使用相同 MAC 协议，争用同一共享介质的站点组成。一个基本服务集可以是独立的，也可以通过访问点（AP）连接到主干分布系统上。AP 的作用类似于网桥。

一个扩展服务集（Extended Service Set，ESS）由两个或多个 BSS 通过分布式系统互联而成。典型的分布式系统是一个有线主干 LAN。扩展服务集相对于逻辑链路控制（LLC）子层来说是一个单独的逻辑网络。

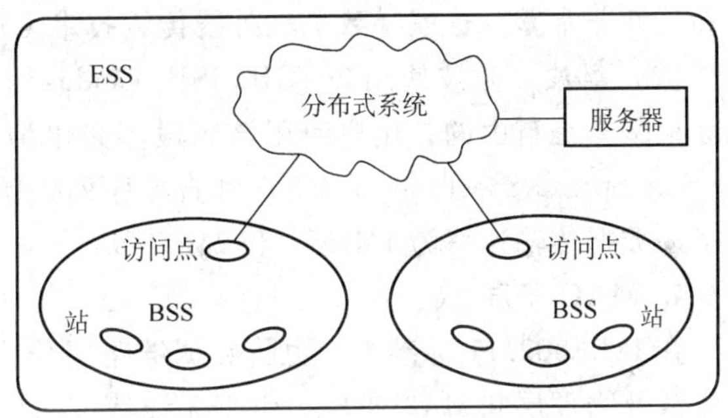

图 12.4 IEEE802.11WLAN 网络模型

IEEE802.11 标准定义了三种站点：

（1）*不移动站点* 不移动站点的位置是固定的，或者是在一个 BSS 的直接通信范围内移动。

（2）*BSS 移动站点* BSS 移动站点在同一个 ESS 中从一个 BSS 移动到另一个 BSS。

（3）*ESS 移动站点* ESS 移动站点从一个 ESS 的 BSS 移动到另一个 ESS 的 BSS。

同一个 BSS 内的所有站点可以相互直接通信，但同一个 ESS 中不同 BSS 的站点通信必须通过 BSS 的访问点。而不同 ESS 站点通信，要通过高层协议实现，但由于 IEEE802.11 对高层连接的维护得不到保证，因此服务有可能会受到破坏。

IEEE802.11 还支持 Ad Hoc 网络，能在对等的移动站点之间通信，没有访问点 AP，即图 12.4 中没有 AP 的 BSS。

2. 提供的服务

IEEE802.11 定义了无线局域网提供的服务，主要有五种。

（1）*关联* 关联（Association）是指站点和访问点 AP 之间建立的初始联系。站点首先必须与一个 BSS 的访问点 AP 建立联系，将其身份和地址告诉 AP。AP 可以将这些信息传送给 ESS 的其他访问点，以便进行通信。

（2）*重关联* 重关联（Reassociation）是指把一个已经建立的关联从一个访问点 AP 转移到另一个访问点 AP，以便站点能从一个 BSS 移动到另一个 BSS。

（3）*终止关联* 站点在离开一个 ESS 或关机之前必须通知访问点 AP，终止关联（Disassociation）。MAC 管理机制也能够在站点没有通知就离开的情况下保护自己。

（4）认证　认证（Authentication）是站点之间相互确认的标志。IEEE802.11 标准未指定采用的认证方式，可以采用握手或公开密钥的方式认证。

（5）隐私权　IEEE802.11 标准提供加密选项来保证隐私权（Privacy），以防止信息被窃听。

3. 物理层

OSI 模型的物理层定义的是网络节点之间实际连接的电气特性。对于有线网络，该层涉及传输介质类型、电压电平等参数。而对于无线网络，无线电波是物理层的一个组成部分，物理层要负责制定无线电波的频率范围和调制类型。物理层协议的任务就是将数字信号位流从发送节点传输到接收节点。由于无线局域网自身的特殊性，需要制定新的物理层标准。IEEE802.11 标准定义的物理层介质是红外线和微波。

（1）红外线　红外线波长在 850～950nm 波段，数据速率为 1Mbit/s 和 2Mbit/s。红外线传输方式是 WLAN 初期应用最广泛的一种技术，其最大优点是不受无线电波的干扰，而且也不受国家无线电管理委员会的限制。但红外线的传输距离有限，并且红外线对非透明物体的穿透性非常差，这就导致了红外线传输技术无法成为无线局域网的主要传输技术。

（2）微波　微波使用 2.4GHz ISM（Industrial、Scientific and Medical）频段，该频段在国际上基本是自由的，用户使用该频段不必申请。在 ISM 频段上采用跳频扩频（Frequency Hopping Spread Spectrum，FHSS）和直接序列扩频（Direct Sequence Spread Spectrum，DSSS）技术，数据传输速率为 1Mbit/s 和 2Mbit/s。

4. MAC 子层

在 IEEE802.11 标准中，也将数据链路层分为 LLC 子层和 MAC 子层。无线局域网协议主要涉及物理层和 MAC 子层。由于无线信道的特殊性，使得 MAC 标准成为无线局域网的关键。IEEE802.11 工作组提出了两种方案：一种是分布式的访问控制，就像以太网一样，使用载波侦听的方法将对介质的访问权力分布到各站点；另一种是集中式的访问控制，即由一个中央控制点协调单元控制各站点的访问。分布式访问控制方法适用于突发通信的 WLAN，而集中式访问控制方法适用于几个无线站点通过基站与有线网连接的情况，特别是那些对于时间敏感或高优先级的数据。

无线网协议与以太网协议之间最重要的区别之一是它们处理流控的方法。以太网使用带有冲突检测的载波侦听多路访问（CSMA/CD）技术，但是，使用无线的节点并不是一直都能监测到所有其他用户和节点的活动，这是由于它自身的信号可能会屏蔽网络上任何一个其他节点的信号的缘故。

IEEE802.11 采用分布式无线介质访问控制（DFWMAC）协议，该协议将 MAC 层又分为两个子层，如图 12.5 所示。

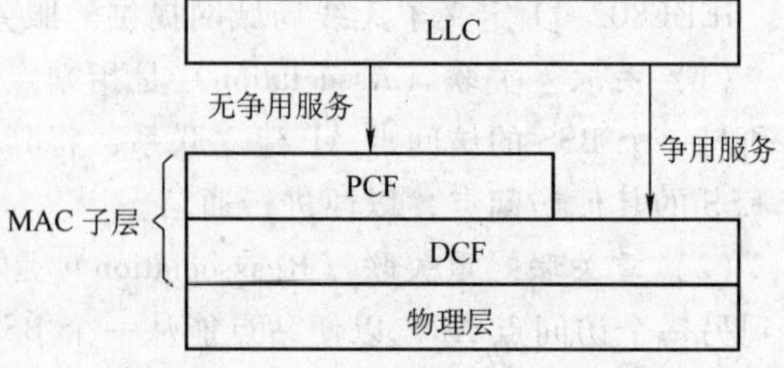

图 12.5　IEEE802.11 MAC 子层协议

DFWMAC 低子层称为分布协议功能（Distributed Coordination Function，DCF）子层。DCF 的每个节点使用 CSMA 机制的分布式接入算法，让各站点通过争用信道以获得访问权。因此，DCF 向上提供的是争用服务。高子层称为点协调功能（Point Coordination Function，PCF）子层。PCF 使用集中控制接入算法，一般在接入点实现集中控制，用轮询的方法将访问权轮流分配给各个站点，从而避免了冲突的发生。所以，PCF 提供的是无争用服务。对于时间敏感的业务，应当使用点协调功能 PCF。

(1) 分布式协调功能　DFWMAC 的基础是 CSMA/CA 协议，为了更好地理解 DFWMAC 协议，先介绍 CSMA/CA 协议。

CSMA/CA（CSMA/Collision Avoidance）是一种与 CSMA/CD 相类似的方法，只是其效率略低于 CSMA/CD，但实现起来比 CSMA/CD 容易。实现 CSMA/CD 的一个重要前提是：各节点能够非常容易地实现冲突检测功能，在有线局域网（如以太网等）的情况下，各节点能够很容易地实现冲突检测。但是，当使用无线传输介质时，各节点不能够容易地检测冲突，故 CSMA/CD 方法不能搬到无线局域网中来，但由 CSMA 发展起来的 CSMA/CA 方法能适用于无线传输介质的访问控制。CSMA/CA 方法的原理是：网络中每一节点在开始发送数据前，首先侦听总线忙闲，若总线忙，则继续侦听；若总线空闲，则开始做发送数据的准备工作。为了避免与这段时间内发送的数据相冲突，在开始发送数据前，再对总线进行一次检测（二次检测）。若总线忙，则按一定后退算法随机延迟一段时间，然后重复上一过程；若总线空闲，则立即发送。由于发送一次数据要进行两次检测，这使发送数据的冲突机会大大减少。接收方成功接收数据后，马上发送一应答帧。若发送方在规定的时间内没收到应答帧，再按后退算法选择一个延迟时间，然后重发。和 CSMA/CD 一样，重发次数也有一定限制，重发次数超过限制，则不再重发，将这种情况报告给高层协议处理。CSMA/CA 方法的工作流程如图 12.6 所示。

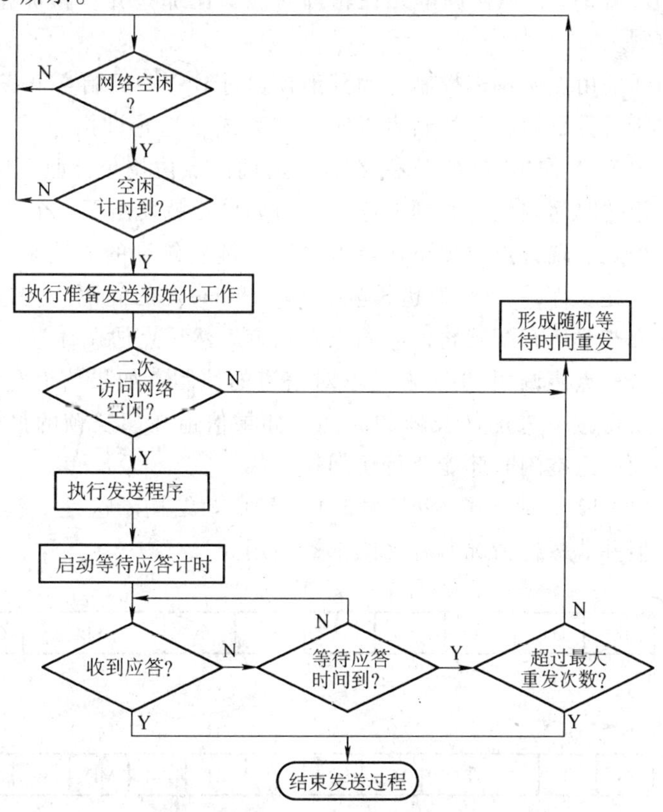

图 12.6　CSMA/CA 工作流程

为了保证此算法的公平，DCF 采用了一系列延时来实现优先级机制。IEEE802.11 规定了三种帧间隔（Interframe Space，IFS）时间，它们的长度不同。

1）SIFS：短 IFS，其长度为 28μs，用于具有最高优先级的帧传输。

2）PIFS：点协调功能 IFS，其长度为 SIFS 再加一个时隙（50μs），即 78μs，用于 PCF 方式下的轮询。

3）DIFS：分布协调功能 IFS，其长度比 PIFS 多一个时隙（50μs），即 128μs，用于 DCF 方式。

使用 SIFS 的站点具有最高的优先级，它比使用 PIFS 和 DIFS 的站点能优先得到访问权。PIFS 被集中控制者用于轮询时要比普通竞争者优先级高，但低于 SIFS。DIFS 的优先级最低，用于所有普通异步通信情况。

下面考虑使用 IFS 的 CSMA 访问规则的原理。

1）欲发送数据的站点先侦听信道，若信道空闲，则继续侦听一个 IFS 的时间，看信道是否仍然空闲。若信道空闲，则站点可立即发送。

2）如果信道忙，站点则继续侦听，直到信道空闲。

3）一旦信道出现空闲，站点再延迟一个 IFS 时间。若信道在该 IFS 时间内出现忙状态，则站点继续侦听；只有信道空闲，站点才可以发送帧。这样在网络负荷较重时，能有效地减少冲突。

（2）点协调功能　点协调功能 PCF 是在 DCF 之上实现的一个可选择的访问方式，其操作由轮询构成，它由点协调单元发出轮询，使站点得到访问权。AP 在发出轮询时使用 PIFS，因为 PIFS 比 DIFS 小，点协调单元在轮询时能够比那些异步帧优先获得介质访问权，并保持对信道的控制。

对时间敏感的通信由点协调来控制，而其他帧通过 CSMA 机制竞争获得访问。点协调单元以轮询的方式向所有配置为轮询的站点以时间片方式发送轮询指令。当一个轮询发出后，被轮询的站点可以用 SIFS 作出响应。如果在期望时间内点协调单元收到响应，就用 PIFS 重新轮询；如果在期望的时间内没有收到响应，点协调单元就发出下一个轮询。

如果上述过程得到实现，点协调单元就可以用连续发轮询的方式来排除所有的异步帧。为了提供竞争机会，定义了一个称为超长帧（Superframe）的间隔。在超长帧的起始部分，由点协调以轮询的方式对所有配置轮询的站点发轮询。然后点协调休息一段时间，允许异步竞争使用。在此之后，点协调用 PIFS 来竞争对信道的控制。如果信道空闲，点协调立即对信道进行控制，并获得接下来的超长帧的时间。如果信道在超长帧的最后部分是忙的，这时，点协调必须等到信道空闲时才能获得访问控制权。

（3）MAC 帧　图 12.7 示出了 IEEE 802.11 MAC 帧结构。这是一般格式，它适用于所有数据和控制帧，但并非每种情况所有字段都被使用。

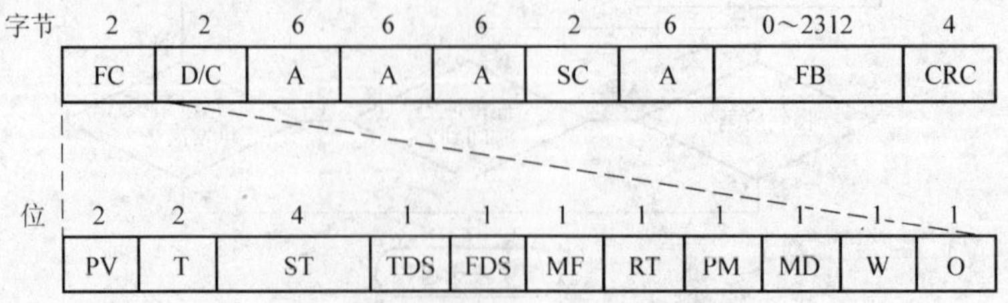

图 12.7　IEEE802.11 MAC 帧结构

各字段的含义如下：

1）FC（Frame Control）：帧控制，2B，用于表示帧类型，提供控制信息。其中各字段含义是：

① PV（Protocol Version）：802.11 版本，2bit，目前为版本 0。

② T（Type）：类型，2bit，标明是控制帧、管理帧或数据帧。

③ ST（Subtype）：子类型，4bit，进一步标识帧的功能。

④ TDS（To DS）：到分布式系统，1bit，MAC 协调把发往分布式系统帧的该位置为 1。

⑤ FDS（From DS）：由分布式系统发出，1bit，MAC 协调把分布式系统发出帧的该位置为 1。

⑥ MF（More Fragment）：更多段，1bit，如果该段后还有段，该字段置 1。

⑦ RT（Retry）：重试，1bit，如果是重发帧，该字段置 1。

⑧PM（Power Management）：电源管理，1bit，如果传输站点处于休眠模式，该字段置 1。

⑨ MD（More Data）：更多数据，1bit，表示站点要发送更多数据。

⑩ W：连线等效隐私位，1bit，用于交换数据加密密钥。如果实现了等效的有线协议，该字段置 1。

⑪ O（Order）：顺序，1bit，如果数据帧使用顺序服务该字段置 1，告诉接收点，按顺序处理帧。

2）D/C ID（Duration/Connection ID）：持续时间/连接标识符，2B，该字段表示成功传输一个 MAC 帧所需分配的时间（μs）。

3）A：地址，24B，包括源、目的、传输站点和接收站点地址。

4）SC（Sequence Control）：序列控制，2B。其中有一个 4bit 的分段标号子字段，用于分段和重装；其余 12bit 作为序列号，用作传输站和接收站之间往来帧的编号。

5）FB（Frame Body）：帧体，0～2312B，是一个 LLC 协议数据单元或 MAC 控制信息。

6）CRC：帧校验序列，4B，采用 CRC 校验。

12.3.4　IEEE 802.11 族标准

IEEE 802.11 包括一系列标准，下面介绍其中一些标准。

1. IEEE 802.11b

1999 年 9 月 IEEE 发布了 IEEE 802.11b 批准，该标准是对 IEEE 802.11 的修订和补充。802.11b 工作在 2.4GHz 频段，信号调制方式为补码键控（Complcmcntary Code Keying，CCK）的直接序列扩频（DSSS）。物理层支持 5.5Mbit/s 和 11Mbit/s 的传输速率，随着环境变化，传输速率可在 11Mbit/s、5.5Mbit/s、2Mbit/s、1Mbit/s 之间切换，且在 2Mbit/s、1Mbit/s 速率时与 802.11 兼容。适用于家庭和热点接入。所谓热点是指利用 802.11 技术提供因特网接入业务的咖啡厅和机场等公共场所。

2. IEEE 802.11a

802.11a 的开发早于 802.11b，但是 802.11b 的复杂度较低，其产品首先在市场上出现。802.11a 工作在 5GHz 频段，采用正交频分复用（Orthogonal Frequency Divition Multiplexing，OFDM）扩频技术和四相相移键控（Quadrature Phasic Shift-Keyislg，QPSK）调制方式，提供

6Mbit/s、12Mbit/s、18Mbit/s、24Mbit/s、36Mbit/s、48Mbit/s、54Mbit/s 的传输速率，支持语音、数据和图像等多种业务。由于 802.11a 和 802.11b 工作在不同的频段，导致这两种标准互不兼容。802.11a 工作在 5GHz 频段，避开了当前微波、蓝牙以及大量工业设备广泛采用的 2.4GHz 频段。802.11b 只有 3 个信道，而 802.11a 有 24 个信道，所以，能够支持更多的用户。802.11a 的优点是传输速率高、抗干扰性强、应用范围广。其缺点是成本高、兼容性差。

3. IEEE 802.11c

IEEE 802.11c 是关于 802.11 网络和普通以太网之间的互通标准，目前已应用于大多数产品中。

4. IEEE 802.11d

IEEE 802.11d 最初致力于开发工作在其他频段的 802.11b 版本，使其在许多没有 2.4GHz 频段的国家和地区也可以使用 802.11b。由于 ITU 的推荐和许多厂商的努力，大多数国家和地区都开通了 2.4GHz 频段，只有西班牙一个国家未开通。虽然如此，802.11d 仍然可以用在其他授权频段上。

5. IEEE 802.11e

IEEE 802.11e 标准提供分级服务，定义了语音和视频业务的优先级，旨在改善和管理服务质量，实现多媒体传输。对 WLAN 的 MAC 层协议进行了改进，采用 TDMA 技术，对重要通信增加额外纠错功能，保证 QoS。

6. IEEE 802.11f

IEEE 802.11f 目的是改善 802.11 中的切换机制，让用户在不同的频段或者在不同有线网络的访问点之间漫游时仍能保持连接。

7. IEEE 802.11g

2003 年 6 月推出了 IEEE 802.11g 标准，该标准是 802.11b 标准的一个增强版本，也工作在 2.4 GHz 频段，但拥有最高 54Mbit/s 的数据传输速率，其带宽能满足各种网络应用的要求。更重要的是，可以向下兼容 802.11b 设备，安全性较 802.11b 好。调制方式采用 802.11a 的 OFDM 和 802.11b 的补码键控 CCK，做到与 802.11a 和 802.11b 兼容。但在抗干扰方面不及 802.11a。

802.11g 实际上是一种混合标准，支持 802.11b 的 CCK 调制技术和 2.4GHz 工作频段，提供 5.5Mbit/s 和 11Mbit/s 的数据传输率，同时还支持 802.11a 的正交频分多路复用（OFDM）技术，提供 54Mbit/s 数据传输率。因此，802.11g 是一种具有发展潜力的 WLAN 标准。

8. IEEE 802.11h

IEEE 802.11h 用于 802.11a 的频谱管理，作为 802.11a 标准的补充。

9. IEEE 802.11i

IEEE 802.11i 是被整个 IEEE 802.11 族所共用的新一代 WLAN 安全标准。

10. IEEE 802.11n

IEEE 802.11n 是横跨 MAC 与 PHY 两层的标准。其传输速率为 108Mbit/s，最高可达 320Mbit/s。802.11n 芯片多被安装在家庭媒体中心，也被用来支持基于 WLAN 的 VoIP 业务。

802.11n 采用双频工作模式，包括 2.4GHz 和 5GHz 两个频段，保证与 802.11a、b、g 网络兼容。例如，配备 802.11g 芯片的笔记本电脑可以工作在基于 802.11n 的接入点。通过克服某些特定的干扰，802.11n 技术允许无线局域网覆盖更大的范围。同时，它增加了可用速率，并在每一个接入点能够支持更多的用户。随着无线局域网环境下用户数量和应用的不断增加，频率效率和一定空间内可支持的用户数都将成为标准的关键因素。例如，越来越多的用户数量和应用将使得目前的热点难以支持大量的业务，特别是语音和多媒体的应用将进一步导致当前容量的紧张。

由于天线方面的改进，802.11n 能够更有效地利用频谱并克服了很多覆盖盲点。所谓盲点是指由于来自建筑物或者距离方面的影响使访问点无法覆盖的区域。802.11n 的天线采用多输入多输出（MIMO）技术。MIMO 天线可以通过一个单独的信道同时传输多个不同频率的数据流，在每个访问点上使用多副天线传输多个数据流。接收设备将收到的多个数据流按照相应的顺序恢复成原来的数据流。在基于 802.11a 和 g 的网络中，802.11n 设备能够达到 27 ~ 40Mbit/s 的速率，这取决于设备到访问点的距离。

802.11n 还能够增加用户设备中电池的使用时间。和其他几个标准相比，802.11n 设备成本更低。

12.3.5　无线网的其他标准

IEEE 组织按照无线网络覆盖范围的大小把其标准分 IEEE 80.11、IEEE 802.15、IEEE 802.16 、IEEE 802.20 等。IEEE 80.11 是我们已熟知的无线局域网（WLAN）标准；IEEE 802.15 是个人区域网络（ PAN）标准；IEEE 802.16 是无线城域网（MAN）标准；而 IEEE 802.20 是覆盖面积更广的广域网（WAN）标准。PAN 的通信距离在 10m 左右，WLAN 的通信距离可达 100m 左右，而全新的 WiMAX（IEEE 802.16d/e）的通信距离可以高达 30 ~ 70km。

1. IEEE 802.15

(1) 蓝牙技术　IEEE 802.15 是蓝牙技术的学名。蓝牙（BlueTooth）也是一种无线局域网标准，对于 802.11 来说，它的出现不是为了竞争而是相互补充。蓝牙同 802.11b 一样，使用 2.4GHz 频段，具有成本低、体积小，适用于多种设备安装等优点。蓝牙比 802.11 更具良好的移动性。

蓝牙标准是专门为近距离无线通信而设计的一个开放式标准，该标准所规定的工作范围在 10cm ~ 10m，增加功率后可达到 100m。该标准之所以规定如此小的工作范围，其目的是使蓝牙设备足够小和足够便宜，以便能够将其置入到许多设备之中，例如，笔记本电脑、个人数字助理（PDA）、打印机、调制解调器等。任何设备如果使用了蓝牙标准，它们之间就可以相互通信，而无需用户进行任何设置，可以看成是“即插即用”。

蓝牙标准由 IEEE802.15 定义，在技术上类似于 IEEE802.11 无线局域网标准的跳频版本，采用时分双工/跳频工作方式。蓝牙系统将信道分成若干个长度为 625μs 的时隙，每个时隙交替进行发送和接收，实现时分双工。蓝牙系统工作在 2.402 ~ 2.480GHz 频段，划分成 79 个信道，信道间隔为 1MHz。每个时隙对应不同的跳频频率，每个载频传送一个分组数据。采用 FSK 方式传输，频偏在 140 ~ 175kHz 之间，信道的比特率为 1Mbit/s。最大跳频速率为 f_{hmax} = 1600 次/s；最小跳频速率为 f_{hmin} = 320 次/s。

蓝牙系统用于音频传输时，数据速率为 64Kbit/s，最多可并发传送三个 64Kbit/s 的音频数据。用于数据传输时，支持 432Kbit/s 速率的对称工作方式；或者非对称工作方式，在一个方向上支持 57.6Kbit/s 的速率，在另一个方向上支持 721Kbit/s 的速率。

最基本的蓝牙网络叫做“微微网”（Piconet），它有 2～8 个节点，各节点的功能是对等的，以同样的方式工作。但是，最先发起通信的站点可以承担主节点的任务，提供定时和跳频同步，而其他站点则为从节点，如图 12.8 所示。

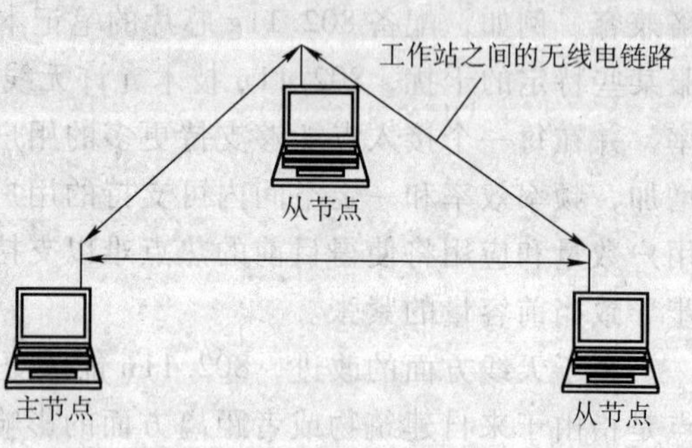

图 12.8　蓝牙微微网

一个蓝牙设备可以同时工作在两个微微网上，这时它在两个微微网之间起桥梁的作用。两个或多个微微网连在一起，就形成“分散网”（scatternet），如图 12.9 所示。

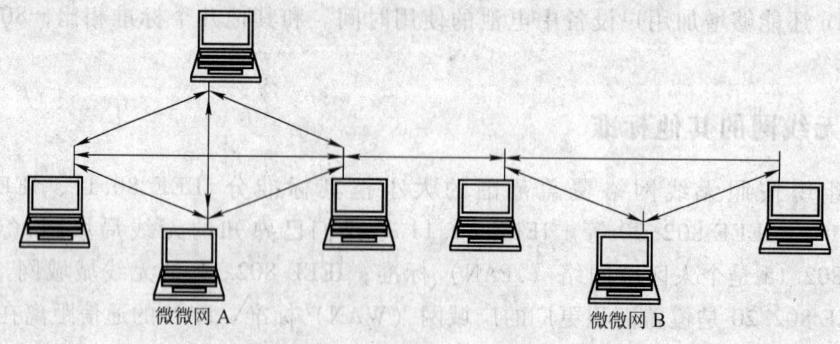

图 12.9　蓝牙分散网

蓝牙可以用来建立无线 LAN 或用于连接到有线 LAN，这与 802.11 标准是一致的。它与 802.11 的主要区别在于，蓝牙网络的数据速率和工作范围都要小一些。但将蓝牙功能添加到设备中所花费用只有一般以太网节点成本的几十分之一，因此，其应用是很有前途的。

（2）无线传感器网络　无线传感器网络是一种新兴的技术，它可用来监测大楼内的情况、为军队收集情报以及控制生产制造系统。由于传感器之间以及传感器和局域网之间需要有线连接，因此，大型的传感网络还是非常昂贵的。新型网络采用无线方式在传感器之间传递信息。传感器网络可采用两种拓扑结构：全网状或部分网状。在全网状拓扑中，每一个传感器通过无线方式和其他所有传感器连接；在部分网状拓扑中，只有一部分节点连接到其他所有传感器，其余的一些节点则只与一些需要传递重要信息的节点相连接。

802.15.4 是一种低速的适合于传感器网络的非视距协议，它的工作速度为 20～250Kbit/s，基于网状拓扑，支持电池多年使用。传感器网络之所以能够具有较长的电池使用时间，这是因为设备可以工作在休眠模式。休眠模式下的传感器不消耗功率，只有在其他传感器发射信号或者被监测设备产生的信号所激励时，传感器才会在短暂时间内发送一条信息。该协议使用非许可证频段，包括全球范围内的 2.4GHz、美国的 915MHz 和欧洲的 868MHz。网络覆盖范围为 75～100m。

802.15.4 协议与蓝牙协议的主要区别在于应用场合、支持设备的数量以及传输速率。802.15.4 的传输速率低于蓝牙（1Mbit/s），但支持更多的设备，最多可达 255 台设备，而蓝牙仅只能支持 8 台设备。802.15.4 协议的主要功能是检测而不是数据传输。蓝牙的主要目的是消除设备和外设之间的线缆，它能够被用来在手持移动设备和计算机之间交换照片和联系人的信息。然而，802.15.4 协议主要被用来传输仅有几个比特的状态信息，而不是需要更多带宽的信息。802.15.4a 是 802.15.4 的修改版，基于 802.15.4a 协议的网络可以支持更高的传输速率，并为传感器网络提供更多的智能以及支持更多的传感器。

2. IEEE 802.16

IEEE 802.16 为无线城域网（MAN）标准。2002 年 4 月，IEEE 802.16 标准获得批准，该标准工作在 10～66GHz 频段，采用全双工模式。由于 802.16 标准受到 OSI 参考模型的影响，结构复杂。

（1）*IEEE 802.16 标准协议模型*　IEEE 802.16 标准协议模型如图 12.10 所示。

物理层支持 QPSK、16QAM 和 64QAM 调制技术。目前正在考虑增加 802.11a 标准支持的 2～11GHz 的 OFDM，802.16b 标准将运行在 5GHz 的 ISM 频段。

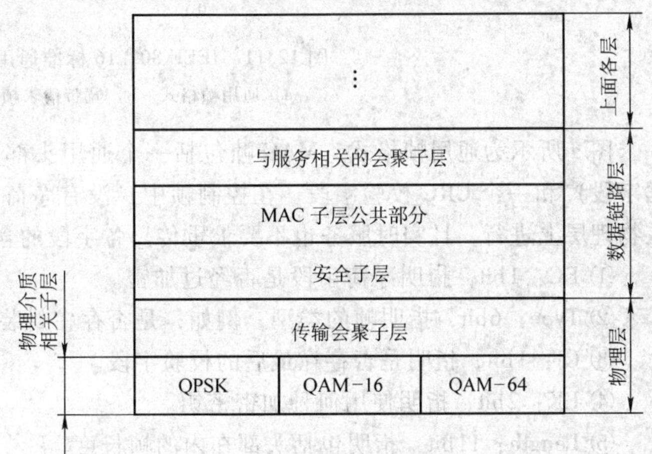

图 12.10　IEEE 802.16 标准协模型

会聚子层将不同的物理层调制技术与数据链路层隔开。

数据链路层包括三个子层：安全子层、MAC 子层公共部分和与服务相关的会聚子层。安全子层用来处理加密和安全性，主要功能是加密、解密和密钥管理。MAC 子层公共部分提供信道的管理功能，确保面向连接通信的服务质量。LLC 子层由与服务相关的会聚子层代替，建立网络的接口，使无连接的数据报协议和面向连接的 ATM 能够无缝集成。

（2）*物理层*　IEEE 802.16 标准物理层为支持不同的用户采用了三种调制方式。对于近距离的用户使用 64QAM 调制技术；对于中等距离的用户使用 16QAM 调制技术；对于距离较远的用户使用 QPSK 调制技术，以此来保证信噪比。

802.16 标准提供了两种带宽分配方案：频分双工和时分双工。物理层的另一个重要特性是能够将多个相邻的 MAC 帧封装到一次物理传送中。该特性可以提高频谱利用率，降低同步信号的数量，减小物理层头部。

由于无线信道经常发生传输错误，为此，802.16 标准在物理层利用汉明码进行前向纠错，而在数据链路层进行校验和校验。

（3）*MAC 子层*　802.16 标准 MAC 子层公共部分的主要功能是决定上、下行信道的分配。下行信道由基站决定哪一个子帧中放什么样的内容。上行信道的分配与服务质量有关，在没有协调的情况下，采取竞争的方式。

802.16 标准中所有的服务都是面向连接的。对于固定速率的服务，传输未经压缩的语音信号。通过将特定时隙分配给这种类型的每个连接提供服务，用户无需申请时隙。对于可变速率的实时服务，传输压缩的多媒体或者实时运行的软件。对此，基站每隔一段固定时间就为这种用户提供一次服务，并满足其带宽要求。对于可变速率的非实时服务，传输非实时要求的文件，这是基站经常提供的服务。

（4）IEEE 802.16 标准的帧格式　IEEE 802.16 标准的帧格式如图 12.11 所示。

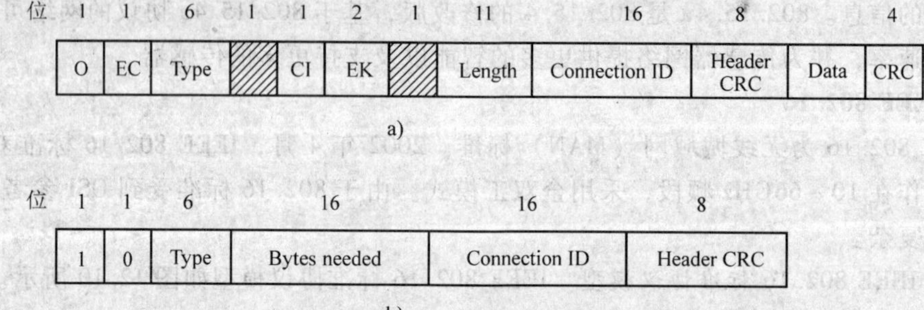

图 12.11　IEEE 802.16 标准通用帧格式

a）通用帧格式　b）宽带请求帧格式

图 a 所示为通用帧格式。MAC 帧包括一个通用头部、一个可选的净荷字段（即用户数据字段）和一个 CRC 校验字段。在控制帧中，没有净荷字段，CRC 校验字段为可选，纠错在物理层上进行，且实时服务也不要求重传。各字段的含义如下：

① EC：1bit，指明净荷字段是否经过加密。

② Type：6bit，指明帧的类型，例如，是否存在封装和分段。

③ CI：1bit，指明是否存在最后的校验字段。

④ EK：2bit，指明使用何种加密密钥。

⑤ Length：11bit，指明包括头部在内的帧长度。

⑥ Connection ID：2B，指明该帧属于哪一个连接。

⑦ Header CRC：1B，对头部进行校验，其生成多项式为 x^8+x^2+x+1。

2003 年 1 月 IEEE 批准通过的 IEEE802.16 最大数据传输速率为 100Mbit/s，也能够传输有质保的语音。

IEEE 802.16e 是一项宽带无线接入标准（Broadband Wireless Access），它所对应的是无线城域网（WMAN）技术。基于 2～11GHz 频段（2.5GHz、3.5GHz 和 5.8GHz）的多载波传输，传输距离可达 30～70km。其请求帧格式如图 b 所示。

802.16d 于 2004 年被批准，主要针对固定无线业务，在两个固定点之间进行通信。

802.16e 主要针对移动无线业务，既可支持行人之间的无线通信，也可用于时速高达 120mile（即 193km）的交通工具。

3. IEEE 802.20

IEEE 802.20 是覆盖面积更广的无线广域网（WAN）标准，工作在 3.5GHz 以下的许可证频段。有“奔驰宽带”之称的 802.20 可以使时速 250km 的车辆以 16Mbit/s 的速率上网。802.20 还能够支持 VoIP、在线游戏以及金融交易等实时应用。

新型 IP 移动通信技术的目标是：无论坐在桌前还是处于移动之中，用户都可以得到无线方式的局域网速度。802.20 标准正是这样一种技术，在时速高达 250km 以上的交通工具上提供对移动性的支持。

将某种形式的正交频分复用（OFDM）技术应用到设备中，该种设备具有无缝切换、高速、低延时接入特性，可以与 Wi-Fi 网络进行切换。IEEE802.20 能够支持 VoIP 并且为所传输的业务提供优先级。该技术主要针对高速数据传输业务，用户到网络的上行数据速率可达 200～375Kbit/s，从网络到用户的下行数据速率可达 1～1.5Mbit/s。由于它工作在 3.5GHz 以下频段，移动 IP 也可以作为一种覆盖技术来实现。IEEE802.20 采用与现有网络相同的频段，并且可以与已有的基站共存。现有的基站和辅助通信设备仍然可以被用来传输语音和低速数据。

4. Wi-Fi 与 WiMAX

Wi-Fi 是一种基于 802.11 标准的无线局域网技术，利用这项技术，用户不用为接入因特网再连接电缆。热点能够提供比大多数蜂窝通信网络高很多的因特网接入业务，同时，热点的建设成本又远低于蜂窝基站。

WiMAX 全称是微波接入全球互通，它基于 802.16 技术来提供固定的无线业务。WiMAX 需要用户在建筑物顶上安装一个天线，用户与天线之间采用无线传输方式，在天线和城区之间采用有线传输方式。

WiMAX 使用 2～11GHz 频段，主要被用来传输数据，能够承载多种协议，包括以太网、IP 和 ATM。WiMAX 是一种具有较高数据传输速率的无线宽带业务，它使用 OFDM 技术。

WiMAX 业务最常用的频段是 2.5GHz、3.5GHz 和 5.8GHz。802.16d 是固定 WiMAX 业务的基础，它是一个一点对多点的协议。

12.3.6　Ad Hoc 网络

Ad Hoc 网络（Ad Hoc Networking）又叫自组网络，是一个临时的对等网络，无集中的服务器。这对临时需要的用户是十分有用的，任务结束后网络也就不存在了。

1. 概述

无线局域网设计有两种基本的类型：基础型和专门型。基础型无线局域网与传统的局域网相似，利用访问点桥接进行通信。专门型网络是典型的不使用访问点的临时性网络，它只针对有限的用户。在用户群内部，当主接入点被动态地指定后，其余的节点就都成了从属节点。

无线网络一般采用集中控制方式，通过固定基础设施的支持来实现主机之间的通信，形成对有线网络的补充。但在某些特殊环境或紧急情况下，如战场、自然灾害后的营救、野外科考等，基于固定基础设施的移动网络难于适应。因此，无基础设施支持的专门型网络便应运而生。Ad Hoc 网络是一种无需基础设施的专门型网络，网络设备本身具有路由功能，支持网络路由。Ad Hoc 网络利用无线通信技术和计算机技术，新设备加入后能很快投入运行。Ad Hoc 网络是一种点对点的网络结构，不需要网桥之类的连接设备就可以使计算机构成一个网络，相互之间进行通信，因而，也称为自组网络。Ad Hoc 网络与传统的无线网络有许多不同，其中最明显的区别就是不依赖于任何固定的网络基础设施，而是通过移动节点的相互协作进行通信。

Ad Hoc 网络是一种特殊的无线网络，不同于通常的无线局域网。在通常的无线局域网中，移动节点通过访问点 AP 相互通信或接入有线网络。在 Ad Hoc 网络中，当两台主机在彼此通信覆盖的范围内时，可以相互直接通信。由于移动主机的通信覆盖范围是有限的，当两台主机相距较远，超出了彼此通信覆盖的范围时，就必须借助其他主机转发才能进行通信。所以，在 Ad Hoc 网络中，主机必须具有路由功能，以便为其他主机寻找路由和转发报文。

Ad Hoc 网络也不同于目前 Internet 环境下的移动 IP 网络。在移动 IP 网络中，移动主机通过无线、有线等链路接入网络，移动主机不具有路由功能。而在 Ad Hoc 网络中，移动主机只能通过无线链路接入网络，同时，移动主机要具有路由功能。虽然二者主机都是移动的，但其功能却有不同。

2. Ad Hoc 网络的特点

Ad Hoc 网络是由分组无线网演变而来的，是一种新的网络模式，它有以下特点：

(1) 健壮性和抗毁坏性　由于节点冗余性和无单节点故障点，使得网络的健壮性和抗毁坏性好。

(2) 网络拓扑动态变化　主机随意移动，网络拓扑不断变化，变化方式和速度不可预测。

(3) 分布性　Ad Hoc 网络是一种无中心的网络，所有节点的地位是平等的，节点通过分布式算法进行协调。

(4) 终端局限性　由于终端移动性的限制，其电源、内存、屏幕小，CPU 性能低，给应用程序的开发带来一定困难，也限制了连续工作时间。

(5) 信道带宽有限　由于无线信道的物理特性决定其提供的带宽相对有线信道要低，同时 Ad Hoc 网络信道是一种多跳共享的多点信道，且碰撞、噪声、衰减等因素的影响，使得每个终端可用带宽有限。

(6) 生存周期短　Ad Hoc 网络用于临时通信，因此生存周期短。

(7) 多跳路由　由于节点发送功率的限制，覆盖范围有限。为了实现远离节点之间的通信，需要中间节点转发，于是形成了多跳路由。

(8) 安全性差　链路的开放性，易受窃听、干扰、主动入侵等攻击。

3. 应用

Ad Hoc 网络是由一组移动终端组成的一个多跳临时自治系统，移动终端具有路由功能，通过无线链路可以构成任意网络拓扑。Ad Hoc 网络可以单独工作，也可以和 Internet 或蜂窝无线网络连接，提供廉价和快速网络部署，可用于军事和民用领域，主要体现在以下几个方面：

(1) 军事　Ad Hoc 网络一个很重要的应用领域是军事。由于无需架设基础设施，具有快速、抗毁坏性的特点，在信息化战场通信中作为首选技术，并已成为战术互联网的核心技术。

(2) 突发现场　对于地震、水灾、火灾等突发现场，可能无法利用固定通信设施进行工作，Ad Hoc 网络能在这种恶劣环境提供通信支持，这对抢险救灾具有重要意义。

(3) 传感器网络　在很多场合下传感器网络只能使用无线通信技术进行通信，并且传感器的发射功率很小，因此 Ad Hoc 网络技术可用于传感器网络。分散的传感器通过 Ad Hoc 网络技术组成一个网络，实现传感器与控制中心的数据传输。

(4) 边远地区　对于无法依赖固定网络进行通信的边远地区，可利用 Ad Hoc 网络技术组网通信。

(5) 临时组网　在临时应用的场合，例如会议、展览、野外作业等场合，利用 Ad Hoc

网络技术快速、简便的组网能力组建临时网络，避免了布线和部署网络设备的麻烦。

12.3.7 移动IP技术

移动终端的大量涌现，推动了移动接入Internet的研究，移动IP（Mobile IP，MIP）技术就是该研究的成果。MIP能使移动用户和固定用户一样接入Internet，共享Internet的资源和服务。

1. 动态主机配置协议

动态主机配置协议DHCP是一种基于C/S模式的协议，它需要有相应的DHCP服务器支持该协议的运行。DHCP服务器可通过DHCP向DHCP客户发送有关IP地址分配和默认路由信息。

DHCP提供三种IP地址分配模式：

（1）动态分配　在动态分配方式中，DHCP服务器根据本身拥有的空闲IP情况分配IP地址。移动用户在不同的地区可以获得不同的IP地址，但需要重新启动DHCP，与DHCP服务器协商以获得新的IP地址。

（2）默认分配　在默认分配方式中，DHCP服务器从其地址库中选择IP地址分配给新接入的移动用户。与动态分配方式不同，默认分配方式的IP地址是永久性的。但到达时限时，服务器与移动客户机的连接将被自动断开。由于默认分配方式的IP地址分配是永久性的，因此，用户必须在通信完毕后发送释放请求报文，退出与DHCP服务器的连接，归还IP地址。

（3）手工分配　在手工分配方式中，DHCP服务器操作人员为移动用户事先分配好IP地址，一旦移动用户申请IP地址，便把IP地址传送给移动用户。手工分配方式的移动用户没有选择地址的权力。

2. 移动IP协议

动态主机配置协议DHCP存在一些问题：

1）由于不知道移动用户新的IP地址，所以其他节点不易与其建立连接。

2）由于移动主机每次连接获得新的IP地址，使得Internet的C/S软件的应用程序必须重新启动。

3）Internet中每个IP地址标识一个特定的终端系统，如果动态地分配IP地址，整个DNS系统需要不断地更新，这可能会导致网络不能正常工作。

4）现有的路由选择机制是基于固定IP地址的。

5）动态分配的临时IP地址不允许移动主机在IP子网之间漫游。

移动IP提供了一种新的机制，一个节点在对Internet接入时，不需改变其IP地址。移动IP是一种能在Internet上无缝漫游的技术。

几个有关术语：

① 移动节点（Mobile Node，MN）：移动节点MN可以是一台主机，也可以是一台路由器，当它改变在Internet上的接入点时，不改变其IP地址，且仍能保持与其他节点的通信，使上层协议感觉不到该节点的移动。

② 家乡网络（Home Network）：节点移动前所在的网络。

③ 外地网络（Foreign Network）：家乡网络以外的网络。

④ 家乡代理（Home Agent，HA）：位于移动节点家乡网络上的一台具有移动 IP 功能的路由器。

⑤ 外地代理（Foreign Agent，FA）：位于移动节点外地网络上的一台具有移动 IP 功能的路由器。

⑥ 家乡地址（Home Address）：节点位于家乡网络时所分配的 IP 地址，具有“永久性”。当节点移动时，其家乡地址不变，其他节点通过家乡地址来识别移动节点。

⑦ 转交地址（Care-of-Address）：通常由外地代理提供，这种情况下的转交地址叫做外地代理转交地址（Foreign Agent Care-of-Address）。另外，移动节点也可以通过某个配置规程（如 DHCP、PPP 的 IPCP 或手动配置）来获得一个配置转交地址（Collocated Care-of-Address），它是暂时分配给移动节点某个端口的 IP 地址。

⑧ 隧道（Tunneling）：封装后的 IP 包所经过的路径。

⑨ 通信对端节点（Correspondent Node，CN）：与移动节点进行通信的对等实体称为通信对端节点。

移动节点通过它的家乡地址来标识。当移动节点改变其位置时，它的家乡地址保持不变。移动节点接入家乡网络（Home Network，HN）称为本地接入。

当移动节点接入到外地网络时，就称对这个网络访问，它的转交地址（Care-of Address）则可提供当前位置的有关信息。外地代理和家乡代理通过代理公告（Agent Advertisements）标明自己的存在。移动节点接收到这些公告并判别自己是接入到本地网络还是外地网络。如果移动节点接入的是本地网络，和本地网络的任何固定主机和路由器一样工作，不需要任何移动性的支持。如果移动节点接入的是外地网络，必须获得外地代理的 IP 地址，并以此地址到家乡代理中登记注册。若外地网络支持动态主机配置协议，移动节点可以获得一个转交地址，并以此转交地址在家乡代理中登记注册。

MIP 执行三个相关的功能：

① 代理发现（Agent Discovery，AD）：代理在它们能够提供服务的网络上发布代理公告信息。

② 注册（Registration）：当移动节点在外地网络时，要向家乡代理登记注册它当前的转交地址。

③ 隧道技术：当移动节点在外地网络时，对移动节点的访问首先被家乡代理截获。为了使数据包能够传送到移动节点，家乡代理把转交地址封装进数据包，通过转交地址传送给外地代理，再由外地代理转交给移动节点。

3. 移动 IP 协议路由过程

图 12.12 给出了一种网络拓扑结构，局域网通过节点连入广域网，局域网包括有线局域网和无线蜂窝单元。

网络用户可分为两类：固定用户和移动用户。从来不移动的用户称为固定用户，它们通过有线介质与网络相连。移动用户可能是不断地从一个固定地方迁移到另一个固定地方，但通过有线传输介质与网络连接；也可能是在移动过程中仍然使用计算机，并希望始终能与网络保持连接。

在图 12.12 所示拓扑结构中，按地理范围将网络分成许多小单元，称之为区域，每个区域常常是一个 LAN 或无线单元。在每个区域中设置一个或多个外地代理，用来管理所有来

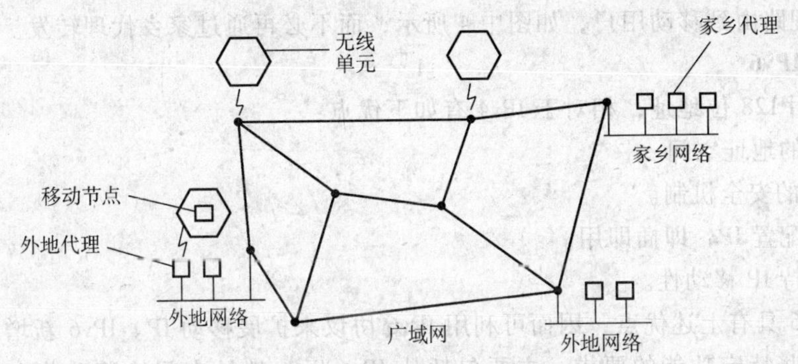

图 12.12　一种计算机网络拓扑结构

到该区域的移动用户。同时，每个区域还设置一个家乡代理（HA），用来管理原本属于该区域，但当前正在外地的用户。

当一个移动用户进入某区域时，首先必须登录到该区域的外地代理中。典型的登录过程如下：

1）外地代理定期广播一个分组，通告自己的存在及地址。一个新来的移动主机可以等待这个分组；但如果这个分组来得不够快，移动主机也可以广播一个分组，询问有否外地代理。

2）移动主机登录到外地代理，并给出家乡网络地址、当前数据链路层地址以及一些安全性信息。

3）外地代理与移动主机的家乡代理联系。外地代理发给移动主机家乡代理的信息包括外地代理的网络地址、安全信息等，以向家乡代理证实移动主机的存在。

4）家乡代理检查安全性信息。该信息包括一个时间标记，以证实它是过去几秒内生成的。检查通过后，就向外地代理发一应答分组。

5）当外地代理得到家乡代理的确认后，就允许移动主机登录，并通知移动主机。

在正常情况下，当一个用户离开其区域时，应退出登录。但可能有很多情况是用户突然关机。

当一个分组被发往移动用户时，该分组先被路由到用户的家乡网络，如图 12.13 中 1。发送到家乡网络的移动用户数据分组将被家乡代理截获，家乡代理查找移动用户所在的外地网，并找到该外地网络的外地代理。而后，家乡代理将发送给移动用户的数据分组封装到一个分组的有效载荷字段中，然后将该分组发给外地代理，如图中 2 所示，这一机制称为隧道。接下来，外地代理收到封装的分组后，将原数据分组从封装分组的有效载荷字段中取出，再以数据帧的形式转发给移动用户。

家乡代理将移动用户的数据分组转发给外地代理后，还将外地代理地址转发给移动用户的通信对端节点，如图中 3 所示。此后，通信对端节点发送给移动用户的数据分组都可直接

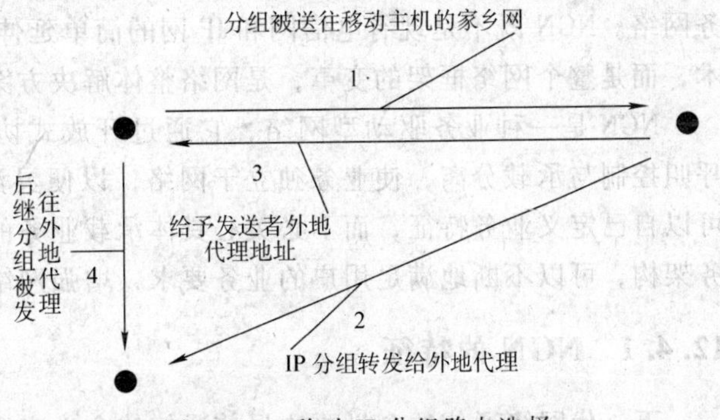

图 12.13　移动 IP 分组路由选择

通过外地代理路由到移动用户，如图中 4 所示，而不必再通过家乡代理转发。

4. 移动 IPv6

IPv6 采用 128 位地址，相对于 IPv4 有如下优点：

1）巨大的地址空间。

2）IP 层的安全机制。

3）自动配置 IP，即插即用。

4）可支持 IP 移动性。

由于 IPv6 具有上述优点，因而可利用 IPv6 协议来扩展移动 IP。IPv6 新增的功能降低了对移动 IP 某些特定功能的要求，主要包括从 IPv6 巨大地址空间给移动节点分配地址的能力，以及 IPv6 对认证和加密的安全性支持。给处于外地网络的移动节点分配一个家乡地址，允许给每个移动节点配备转交地址，可使隧道在移动节点处终止，减少了外地代理，也减少了为支持网络扩展所采用的隧道嵌套。

移动 IPv6 的工作原理概括如下：

1）移动节点采用 IPv6 的路由器发现（Router Discovery）确定它的转交地址。

2）当移动节点在它的家乡网络时，与任何固定主机和路由器一样工作。

3）当移动节点处于外地网络时，它采用 IPv6 定义的地址自动配置方法得到转交地址。

4）移动节点将其转交地址通知家乡代理。

5）如果可以保证操作的安全性，移动节点也可将它的转交地址通知几个友好节点。

6）不知道移动节点转交地址的节点，发给移动节点的数据包先被路由到移动节点的家乡代理，然后利用转交地址隧道到移动节点。

7）知道移动节点转交地址的节点，可直接将数据包送给移动节点。

8）移动节点发出的数据包可以直接路由到目的节点。

12.4 下一代网络

近年来，随着科学技术的飞速发展和 Internet 业务的突飞猛进，人们对通信业务的需求已由语音逐渐变为对语音、数据、图像等多媒体的综合，因此，传统的通信网络已经越来越不能满足人们的需要，需要新的网络来提供语音、数据、图像等多媒体业务，下一代网络（NGN）将是一个能够实现这种愿望的新型网络。

所谓下一代网络（NGN）是指以 IP 为中心，同时可以支持语音、数据和多媒体的全业务网络。NGN 既不是现有电信网和 IP 网的简单延伸和叠加，也不是单项节点技术和网络技术，而是整个网络框架的变革，是网络整体解决方案。

NGN 是一种业务驱动型网络，它通过开放式协议与接口，实现业务与呼叫控制分离，呼叫控制与承载分离，使业务独立于网络，以便灵活、快速地提供业务。在 NGN 中，用户可以自己定义业务特征，而不必关心具体承载业务的网络形式和终端类型。这种开放式的业务架构，可以不断地满足用户的业务要求，增强网络的竞争能力，实现可持续发展。

12.4.1 NGN 的特征

下一代网络通信的含义要比目前通信的含义广泛得多，将由现在人与人之间的通信扩展为人与人、人与机器、机器与机器之间的通信，其特征主要体现在以下几个方面。

(1) 开放性 下一代网络具有标准的、开放的接口，业务提供商或者运营商开发的程序可以通过开放的应用程序接口加载到网络上，为用户快速提供多样性业务。随着 NGN 技术的发展，业务提供商可以为特定用户提供个性化业务，对普通业务进行补充。

(2) 多媒体化 多媒体化是下一代网络通信业务最基本、最明显的特征。NGN 中没有通信带宽的限制，人们在语音沟通的同时可以得到更多的信息，如可视电话、视频点播（VOD）等。另外，语音识别和语音文本的双向转换业务也将逐渐受到人们的关注和青睐，如从电话中收听 E-mail，或将会议的录音直接转换为文本进行存储等业务。

(3) 个性化 NGN 中将拥有大量的个性化业务，如针对某个公司、某所大学或某座城市开展的业务。这种业务可由业务提供商来提供。同时用户也可以根据自己的需要进行定制，从而方便用户的工作和管理。

(4) 虚拟化 虚拟业务是将用户个人信息（如身份、联系方式、住所等）虚拟化，采用与通信设备的物理端口无关的虚拟号码来代替用户的多个号码（包括手机号码、家庭电话号码、办公室电话号码等），主叫用户只需拨打虚拟号码，就可以找到被叫用户，而不必关心他身处何地。另外，虚拟家庭、虚拟社区等也是 NGN 中具有代表性的虚拟业务，这些业务可以使人们打破地域和时间限制，方便地进行各种交流。

(5) 智能化 NGN 的通信终端具有多样化、智能化的特点，网络业务和终端特性相结合可以提供智能化的业务。同时，用户还可以将多种业务组合，形成新的业务。用户也可以对业务进行选择和配置，智能地生成符合自己需要的业务。

12.4.2 基于软交换的 NGN 体系结构

1. 概述

传统的电路交换机将传输交换硬件、呼叫控制与交换以及业务与应用功能结合到交换机设备内，是一种封闭的、厂家专用的系统结构。新业务的开发也是以专用设备和专用软件为载体，开发成本高、周期长，无法适应快速变化的市场环境和多样化的用户要求。

软交换（Soft Switch）也称呼叫代理（Agent）、呼叫服务器或媒体网关控制，它通过媒体控制协议将呼叫控制与媒体传送相分离。因此，软交换的含义是把呼叫控制功能从媒体网关中分离出来，利用服务器上的软件实现基本呼叫控制功能，包括呼叫选路、管理控制、连接控制（会话建立、拆除）、信令互通等。将呼叫传输与控制分离，为控制、交换和软件可编程功能建立分离的界面，使业务提供者可以自由地将传输业务与控制协议结合起来，实现业务转移，使软交换能无缝地软统一于数据通信、传真、视频等多媒体业务。同时，软交换采用了开放式应用程序接口（API），允许在交换机制中灵活引入新业务。

软交换是 NGN 呼叫与控制的核心，是下一代网络体系结构中的关键技术。软交换的基本思想是硬件软件化，利用软件来实现硬件交换机的控制接续和业务处理等功能，实体间通过标准化协议进行连接和通信，便于在 NGN 中更快地实现各类复杂协议，更方便地提供业务。软交换主要处理实时业务，首先是语音业务，也包括视频和其他多媒体业务，还提供一些基本的补充业务。软交换是语音、数据、视频业务呼叫、控制和业务提供的核心设备。

软交换结合了 PSTN 的可靠性和 IP 技术的灵活性、有效性等优点，并吸取了 ATM 和 IN 等技术的长处，形成了开放的分层体系结构，使得电信运营商可以根据需要，全部或部分利用软交换体系产品，充分利用现有资源，采用适合的网络解决方案。

2. 体系结构

NGN是一种开放性网络，以软交换技术为核心，利用软交换技术将传统交换机的业务功能、呼叫控制功能、承载功能分离为独立的网络部件，这样，使得这些部件可以独立发展。NGN的网络模型也是分层的，基于软交换技术的NGN的层次结构从功能上可分为：业务层（Service Layer）、控制层（Control Layer）、传输层（Transport Layer）和接入层（Access Layer），其体系结构如图12.14所示。

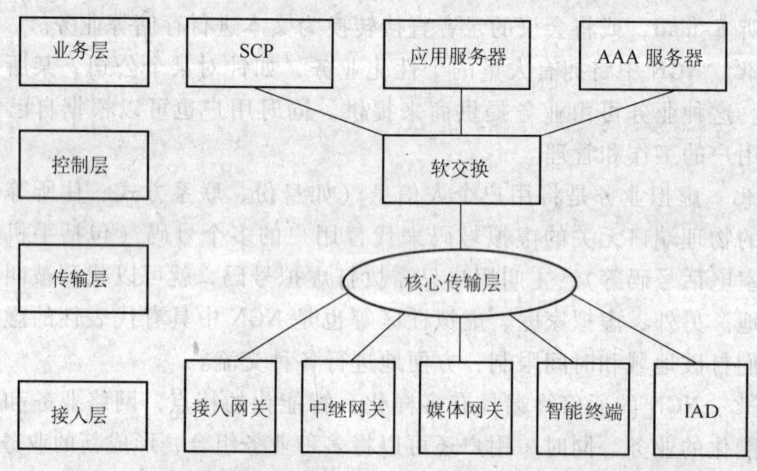

图12.14 基于软交换的NGN体系结构

（1）*业务层* 业务层提供终端用户增值业务的网络管理功能。在呼叫建立的基础上提供各种增值业务，控制逻辑相应的网络管理及服务，完成增值业务处理，如业务生成、业务逻辑定义和业务编程接口等。此外，该层还负责业务相关的管理，如业务认证与计费等。同时还提供开放的第三方可编程接口，便于引入新型业务。业务层由一系列业务应用服务器组成，包括SCP、AAA服务器、数据库服务器、应用服务器、网络管理服务器等。业务层通过开放的业务层接口向用户提供丰富多彩的下一代网络业务。

（2）*控制层* 控制层提供呼叫智能，控制传输层网络元素建立端到端的连接。主要涉及软交换相关的功能，完成业务逻辑的具体执行，其中包括呼叫控制、资源管理、接续控制和路由操作等，实现各种信令协议的互通和转换。该层决定用户收到的业务，能够控制低层网络元素对业务流的处理。

控制层是NGN的网络核心层，主要包括软交换设备。软交换设备是呼叫控制的核心，实现呼叫连接的建立和释放，以及媒体网关的接入、资源管理、带宽管理、选路、信令互通和安全管理等功能。控制层向业务层提供开放的API接口，使业务提供者可自由组合承载业务和控制协议，灵活、快速、有效地开发新业务。

（3）*传输层* 传输层的功能是将不同类型的信息格式转换成能够在网上传输的格式，例如，将PSTN语音信号转换成IP包或ATM信元。此外，该层还负责将媒体信息流路由到目的地。传输层包括提供IP包转发的各种承载网络实体。采用高速分组化传输方式，不论语音、数据还是视频，一律数字化。利用高速分组交换网络，实现电信网、计算机网和有线电视网三网融合，支持语音、数据、视频等业务的综合传输。目前，NGN传输技术的发展主要包括以MPLS与IPv6为重点的下一代IP网和自动交换光传输网。

(4) 接入层 接入层的功能是提供灵活的接入手段，保护已有的用户接口，同时支持先进的接入技术，例如宽带或窄带接入、移动或固定接入等。接入层包括接入网关、中继网关、媒体网关、智能终端及综合接入设备（IAD）等。各类网关和智能终端主要负责媒体流格式的转换，以便实现语音在分组网的承载和传输。通过接入网关、中继网关等可以实现与PSTN、Internet等网络的互通，有效地继承原有网络的业务。多样化的接入方式可使用户借助智能终端、媒体终端等接入NGN，通过接入网关、综合接入设备（IAD）等满足语音、数据、视频业务的需要。

NGN是一种分层的开放式网络，其开放性主要体现在以下几个方面：

(1) 业务与控制分离 业务层和控制层之间的接口是标准的、开放的，利用软件进行控制，使控制与业务分离，各自独立发展，业务更新和控制方式改进互不影响。

(2) 控制与承载分离 控制层与传输层之间有开放的标准协议接口，控制技术与传输技术各自独立发展，互不影响，承载网络的技术改进不影响控制层。

(3) 承载与接入分离 目前存在着各种各样的用户终端，不同的用户终端对应不同的接入方式。承载与接入分离，允许不同的接入网连接承载网，便于用户接入。

12.5 网格技术

网格（Grid）技术是一种面向服务的技术，该技术利用开放式标准实现因特网及专用网上的分布计算，各种设备虚拟地共享、管理和访问，用户可以无缝、无干扰地访问这些资源。网格技术能够充分实现应用层面的互联互通，消除信息孤岛，应用方便、有效。

12.5.1 网格的概念

今天的电力网无所不在，可以在其覆盖的范围内使用任何用电设备，而不管这些设备的种类，只是在使用这些用电设备时，才需要区分它们接220V电源还是380V电源。只要接插正确，就可以源源不断地获得电能，用户不用考虑所用的是水电、火电还是核电，也不用管这些电站位于何处，其原因在于这些电站构成的是一个统一的电力网格。

网格的概念是由电力网引申而来的，网格的最终目的是希望用户在使用网格计算能力解决问题时像使用电力一样方便，用户不用去考虑获得的服务来自于何处，由什么样的计算设施提供。也就是说，网格给用户提供的是一种通用的计算能力。

电力网中需要有大量的变电站等设施对电网进行调控，相应地网格中也需要大量的管理站点来维护网格的正常运行。网格所关心的问题不再是文件交换，而是直接访问计算机、软件、数据和其他资源，这就要求网格要具有解决资源与任务的分配与调度、安全传输与通信实时性保障、人与系统以及人与人之间的交互等能力。网格提供的资源是动态的，原来拥有的资源或者功能，在下一个时刻可能会出现故障或者被拒绝使用，而原来没有的资源，可能随时加入进来。

作为一种集成的计算与资源环境，能够吸收各种计算资源，将它们转换为一种随时可得的、可靠的、标准的且相对经济的计算能力。它吸收的计算资源包括各种类型的计算机、网络通信能力、数据资料、仪器设备甚至具有操作能力的人等。

网络的出现改变了人们使用计算机的方式，而Internet的出现改变了人们使用网络的方式。Internet 实现了计算机硬件的连通，Web 技术实现了网页的连通，为人们提供收发邮件、浏览和下载网页信息等服务。而网格试图实现互联网上的所有资源的连通，把互联网上的众多资源整合在一起，形成一台虚拟的超级计算机，实现计算资源、存储资源、通信资源、软件资源、数据资源、知识资源的全面共享。网格的根本特征不是它的规模，而是资源共享的方式。Internet 第三次浪潮的实质就是要将 WWW 升华为网格（Great Global Grid，GGG），实现 WWW 到 GGG 的变革。

网格计算将改变 C/S 结构，形成新的普适/网格计算（Pervasive/Grid，P/G）体系结构。在 P/G 结构中，客户端是各种上网设备，而连在网络上的各种服务器将组成一个逻辑网络。在目前的 C/S 结构中，是通过对客户的确认和检查授权程度来决定该客户可以在服务器上做什么。在 P/G 结构中，客户机和服务器的功能划分没有这么明确，一台计算机可以要求另外几台计算机去完成一项任务，同时这些计算机还可以为其他的计算机完成另一项任务。用户不用关心是通过什么途径实现的，也不用在完成工作的每台计算机上去登录，也不用检查使用计算机的人的授权。网格管理依靠的是社区授权，只要成为一个社区的成员，该社区允许的都可以做。

12.5.2 网格技术的特点

网格技术具有一些特点，主要表现在以下几个方面：

1）网格是建立在 Internet 和 Web 基础上的，但是，它们之间不是取代关系而是共存关系。Internet 将分散的计算机互联成网，Web 使互联网上的计算机之间的信息共享变得简单、方便。但各行业应用层面上的互联互通还远没有实现，而网格技术能够实现应用层面上的互联互通，用户可以在应用层相互交流。

2）网格可以实现计算资源、存储资源、数据资源、信息资源、知识资源、专家资源等的共享，并且能够有效地利用这些资源。网格采用一种广域存储技术，自动把用户最需要的信息放到离用户最近的服务器上。

3）利用网格技术互联起来的网络比以前的 Internet 需要更大的带宽，网格上高性能的计算机更多，因此，网格的计算速度、数据处理速度可以大幅度地提高。

4）网格采用国际标准，接入设备使用方便。

12.5.3 网格计算协议

目前互联网结构不是针对网格计算设计的，为了使网格计算和现在的互联网结构兼容，需要有一个可扩展的中间件，即位于操作系统之上的网格管理软件。网格管理软件实际上是更高层次的网格操作系统，建立网格服务协议与标准是网格发展的重点与难点。全球网格论坛下属 Globus 项目组开发的标准软件工具包是当前建立网格系统和开发网格软件的参考标准，该工具包基于开放结构、开放服务资源和软件库，支持网格和网格应用。Globus 网格计算协议是建立在互联网协议之上的，以 Internet 协议中的通信、路由、名字解析等功能为基础。Globus 协议分为五层：构造层、连接层、资源层、汇聚层和应用层，其协议结构模型如图 12.15 所示。

网格的应用通过协议提供，上层协议调用下层协议的服务。各层的功能简述如下。

(1) *构造层*　构造层的功能是向上提供网格中可共享的资源，常用资源包括处理机、存储系统、目录、网格资源、分布式文件系统、分布式计算机池、计算机集群等；侦测可用软硬件资源的特性、状态、负荷等，将它们打包供上层协议调用。

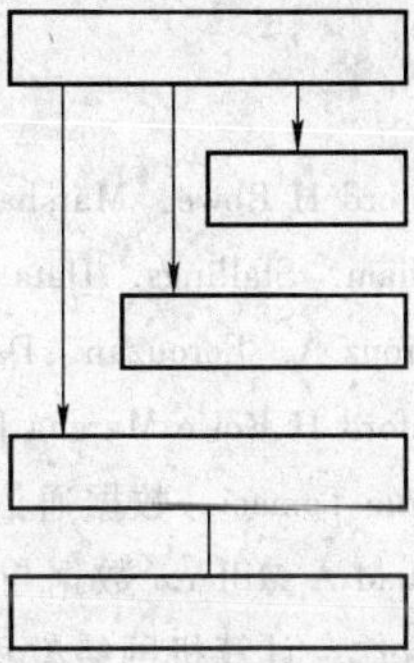

(2) *连接层* 连接层是网格中处理通信和授权控制的核心协议。构造层提交的各种资源间的数据交换、授权验证、安全控制等在这一层实现。协议提供一次登录、委托授权、局部安全方案整合、基于用户的信任关系等功能。

(3) *资源层* 资源层的功能是对单个资源实施控制、与可用资源进行安全握手、对资源做初始化处理、检测资源运行状况、统计与付费有关的资源使用的数据等。

图 12.15 Globus 网格计算协议结构模型

(4) *汇聚层* 汇聚层的作用是将资源层提交的受控资源汇聚在一起，供虚拟组织的应用程序调用、共享，管理和控制来自应用层的共享过程。汇聚层提供目录服务、资源分配、时间安排、资源代理、资源监测和诊断、网格启动、负荷控制、账户管理等功能。

(5) *应用层* 应用层对应的是网格上用户的应用程序。应用程序通过应用程序接口调用相应的服务，再通过服务调用网格上的资源来完成任务。应用程序的开发涉及大量的库函数，为便于网格应用程序的开发，需要构建支持网格计算的库函数。

目前，网格计算协议已在某些领域应用，如天气预报、高能物理实验、航天器研究等，已取得良好效果。这表明网格计算可以胜任一些超级计算机都难以胜任的大型计算任务。

习 题

12.1 什么是智能网？

12.2 智能网的概念模型划分为几个层次？每个层次的功能是什么？

12.3 智能网业务生成环境的作用是什么？

12.4 什么是虚拟专用网？VPN 分为几类？

12.5 什么是 VPN 的隧道？

12.6 无线局域网模型与 OSI 模型之间的对应关系如何？

12.7 无线局域网采用何种介质访问控制方法？它是如何工作的？

12.8 什么是动态主机配置协议？它是如何分配 IP 地址的？

12.9 MIP 的工作过程如何？

12.10 在移动计算环境中，为什么要采用 IPv6 协议？

12.11 下一代网络划分为几个层次？各有什么功能？

12.12 网格技术有什么意义？

参考文献

[1] Stanford H Rowe, Marsha L Schuh. Computer Networking [M]. 北京：清华大学出版社，2006.

[2] William. Stallings. Data and Computer Communications [M]. 7th ed. 北京：高等教育出版社，2006.

[3] Behrouz A. Forouzan. Data Communications and Networking [M]. 北京：机械工业出版社，2006.

[4] Stanford H Rowe Marsha L Schuh. 计算机网络 [M]. 李春洪，等译. 北京：清华大学出版社，2006.

[5] Wayne Tomasi. 数据通信与联网技术 [M] 张宝生、孙岩，译. 北京：清华大学出版社，2006.

[6] Michad A Miller. 数据与网络通信 [M] 宋维森，宋小午，译. 北京：科学出版社，2005.

[7] 谢希仁. 计算机网络教程 [M]. 2 版. 北京：人民邮电出版社，2006.

[8] 吴功宜，等. 计算机网络教程 [M]. 4 版. 北京：电子工业出版社，2007.

[9] 孙学军，等. 计算机网络 [M]. 北京：电子工业出版社，2003.

[10] 张曾科. 计算机网络 [M]. 2 版. 北京：清华大学出版社，2005.

[11] Andrew S. Tanenbaum. 计算机网络 [M]. 4 版. 北京：清华大学出版社，2004.

[12] 孙学军. 通信原理 [M]. 2 版. 北京：电子工业出版社，2007.

[13] 胡金初. 计算机网络 [M]. 北京：高等教育出版社，2006.

[14] 李俊生. 计算机网络 [M]. 北京：科学出版社，2005.

[15] 朱稼兴. 现代计算机网络教程 [M]. 北京：北京航空航天大学出版社，2006.

[16] 夏靖波，等. 通信网理论与技术 [M]. 西安：西安电子科技大学出版社，2006.

[17] 姚永翘，等. 网络基础与 Internet 应用 [M]. 北京：清华大学出版社，2006.

[18] 李志球. 计算机网络基础 [M]. 北京：电子工业出版社，2006.

[19] 赵锐，等. 计算机网络应用基础 [M]. 北京：科学出版社，2006..

[20] 刘东飞，等. 计算机网络 [M]. 北京：清华大学出版社，2007.

[21] 张曾科，等. 计算机网络 [M]. 北京：清华大学出版社，2006.

[22] 杨风暴. 计算机网络教程 [M]. 北京：国防工业出版社，2006.

[23] 胡道元. 计算机局域网 [M]. 3 版. 北京：清华大学出版社，2005.

[24] 黄永峰，等. 计算机网络教程 [M]. 北京：清华大学出版社，2006.

[25] 陈功富. 现代计算机网络 [M]，北京：电子工业出版社，2006.

[26] 王允聪. 网络安全基础 [M]. 北京：清华大学出版社，2006.

[27] 吴金龙，等. 数据通信与网络应用 [M]. 北京：清华大学出版社，2006.

[28] 易建勋. 计算机网络设计 [M]. 北京：人民邮电出版社，2007.

[29] 赵启升，等. 计算机网络工程教程 [M]. 北京：科学出版社，2007.

[30] 余浩，等. 下一代网络原理与技术 [M]. 北京：电子工业出版社，2006.

[31] 桂小林. 网格技术导论 [M]. 北京：北京邮电大学出版社，2006.